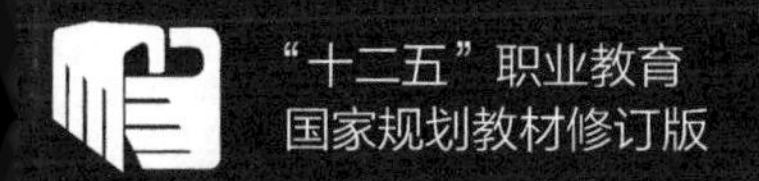

"十二五"职业教育
国家规划教材修订版

金工实习

（第5版）

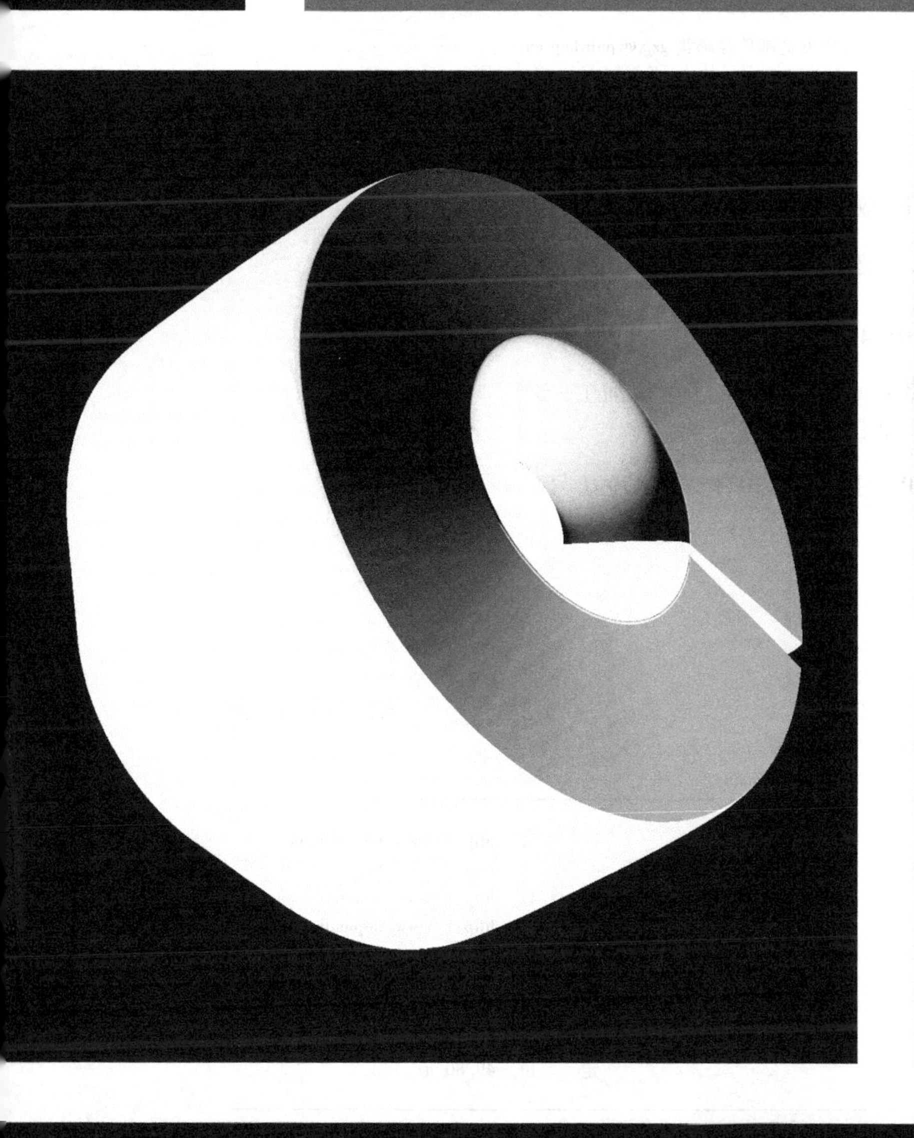

主　编｜程孝鹏
金禧德
副主编｜吴　思

高等教育出版社·北京

内容提要

本书是“十二五”职业教育国家规划教材修订版。

本书是在第4版教材的基础上，根据高等职业教育教学改革需要修订而成的。

全书内容包括实习基础知识、毛坯制造实习（铸造、锻压、焊接、热处理）、传统切削加工方法实习（钳工、车削加工、刨削加工、铣削加工、磨削加工）、现代制造技术实习（数控机床加工、特种加工）及装配调试实习（机器的装配和机器的拆卸）。各校可根据本校专业设置的特点及需要安排各工种的实习时间。

本书可作为高等职业教育专科院校、职业教育本科院校及应用型本科院校的机械类专业的实习教材，亦可供有关工程技术人员参考。

授课教师如需本书配套的教学课件，可发送邮件至邮箱 gzjx@pub.hep.cn 获取。

图书在版编目(CIP)数据

金工实习/程孝鹏，金禧德主编．--5版．--北京：高等教育出版社，2023.1

ISBN 978-7-04-057428-9

Ⅰ.①金…　Ⅱ.①程…　②金…　Ⅲ.①金属加工-实习-高等职业教育-教材　Ⅳ.①TG-45

中国版本图书馆CIP数据核字(2021)第247991号

金工实习(第5版)

JINGONG SHIXI

策划编辑　张　璋　　责任编辑　张　璋　　封面设计　张志奇　　版式设计　张　杰

插图绘制　杨伟露　　责任校对　吕红颖　　责任印制　赵义民

出版发行　高等教育出版社
社　　址　北京市西城区德外大街4号
邮政编码　100120
印　　刷　北京中科印刷有限公司
开　　本　787mm×1092mm　1/16
印　　张　23.5
字　　数　520千字
购书热线　010-58581118
咨询电话　400-810-0598

网　　址　http://www.hep.edu.cn
　　　　　http://www.hep.com.cn
网上订购　http://www.hepmall.com.cn
　　　　　http://www.hepmall.com
　　　　　http://www.hepmall.cn
版　　次　1992年9月第1版
　　　　　2023年1月第5版
印　　次　2023年1月第1次印刷
定　　价　49.80元

物 料 号　57428-00

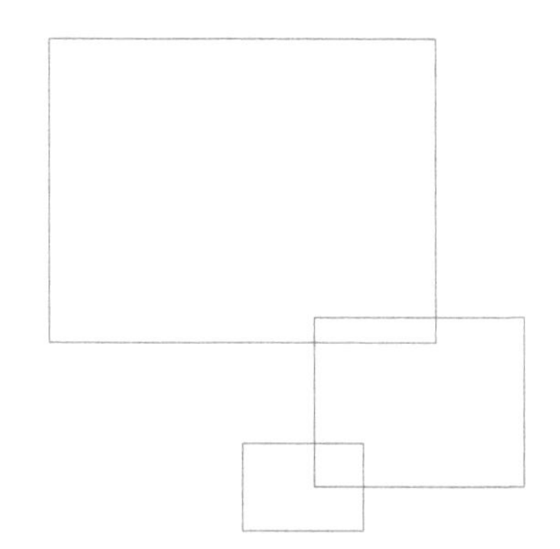

第5版前言

本次修订是在第4版教材的基础上进行的,为适应现代先进制造技术的发展以及教学改革的需要,对部分内容进行了修改和调整,主要有:

1. 新增特种加工内容。特种加工技术是先进制造技术的重要组成部分,是我国从制造大国过渡到制造强国的重要技术手段,为了让学生们了解特种加工并能应用这门技术,在原有实习基础知识上对特种加工内容进行了扩充。将特种加工内容分为电火花线切割、激光切割、激光内雕和3D快速成型技术,主要介绍了各技术的加工原理、特点与应用、加工设备和实习操作。使学生通过学习能认识到特种加工工艺方法,通过实习操作增强学生的创新能力和工程素养。

2. 对数控机床加工内容进行部分修改和调整。

3. 根据新颁布的国家标准,更新有关内容。

4. 对相关内容根据技术发展情况和教学改革需求作了增删。部分扩展内容,读者可扫描二维码阅读。

本次修订工作除原编写人员参加外,特种加工内容由安徽职业技术学院吴思编写。

限于编者水平有限,书中难免还存在错误与不当之处,敬请广大读者批评指正。

编　者

2021年7月

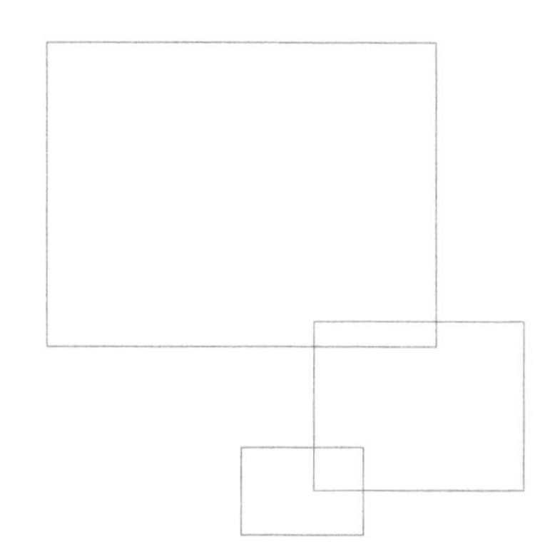

第 4 版前言

本次修订是在前 3 版的基础上，按教育部新制定的《高等职业教育机械设计与制造类专业教学标准》而进行的。

本教材在保持前 3 版教材优点的基础上，主要从以下几方面进行了修订。

1. 结构体系的调整。除实习基础知识外，在编排上以产品生产为主线，将铸造、锻压、焊接、热处理归为毛坯制造实习，将切削加工分为传统切削加工方法实习（钳工、车削加工、铣削加工、刨削加工、磨削加工）及现代制造技术实习（数控机床加工、电火花线切割加工等）两部分，将机器的装配和机器的拆卸列为装配调试实习。使学生通过实习能认识到工艺流程的连续性和完整性，并初步建立机械制造生产过程的整体概念。

2. 进一步加强现代制造技术的实习内容。

3. 根据新颁布的国家标准，更新有关内容。例如，金属材料力学性能指标符号的更替。

4. 对相关内容根据技术发展情况和教学需求做了增删。

本次修订工作除原编写人员参加以外，现代制造技术实习由安徽职业技术学院程孝鹏编写。

限于水平，不当之处，敬请批评指正。

编　者

2004 年 5 月

第3版前言

随着高职高专教育的发展以及数控加工等先进技术在工业生产中的广泛应用，有必要对金工实习教材进行修订及补充，以使之更具有高职高专教育的特色。

本书在保持前两版教材优点的基础上，主要从以下几方面进行了修订。

1. 根据新颁布的国家标准更新有关内容。例如，表面粗糙度的内容变化较大。

2. 对个别实习内容进行了修改和补充。例如，将实习基础知识中课题二金属材料常识改为工程材料的基本知识，并增加了常用钢材的种类和规格的内容。

3. 加强了数控机床加工实习的分量。将数控机床加工实习与特种加工实习分为两个独立的实习单元，内容做了增删，增加了电火花线切割加工的实习内容，更有利于实习教学的进行。

4. 对前两版教材中的个别图例及文句做了删改。

本次修订工作除原有编写人员参加以外，数控机床加工实习部分由周晶编写。

限于水平，不当之处，敬请批评指正。

编　者

2008年2月

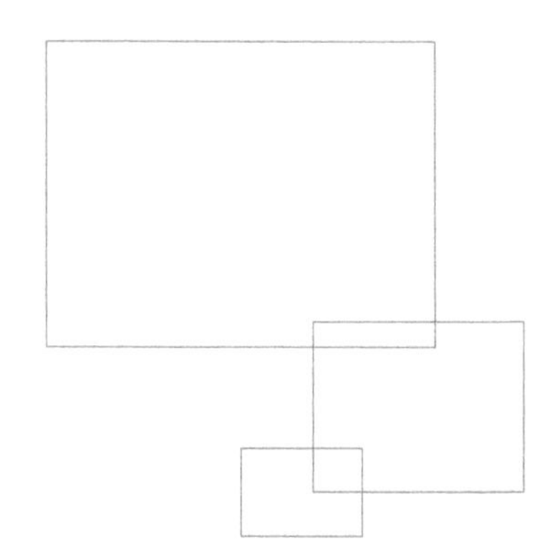

第2版前言

本书是教育部高职高专规划教材，是在第1版的基础上，根据近几年来高职高专的教学需要以及读者使用本教材后提出的意见而进行修订的。

本教材与第1版教材的不同之处，有以下几点：

1. 名词术语和计量单位采用了最新国家标准；

2. 在实习工种顺序的编排上作了调整，将热加工实习移至切削加工实习之前；

3. 对个别工种的实习内容做了补充、修改，并增加了数控机床与特种加工实习的内容，由第一版的63个课题增加到69个课题。

本书由金禧德（实习基础知识、铸工、锻压、焊工、热处理实习及数控机床与特种加工）、周宏（钳工实习）和王志海（车工、铣工、刨工和磨工实习）修订。金禧德为主编并统稿，王志海为副主编。湘潭机电高等专科学校朱起凡副教授为主审，并经原国家教委高等学校“工程专科机械基础课委会金工课程组”复审。

许多读者对本教材的修订编写提出了许多宝贵的建议，在此一并致谢。

限于水平，书中难免有不妥之处，敬请读者批评指正。

编　者

1998年8月

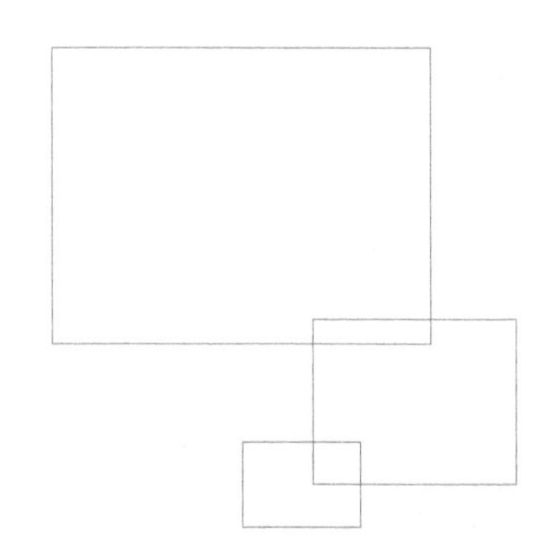

第 1 版前言

本教材系根据 1991 年国家教育委员会审定的《高等学校工程专科金工实习教学基本要求》(机械类专业适用)编写,是与讲课教材《机械工程材料(金属工艺学Ⅰ)》(许德珠主编)、《热加工工艺基础(金属工艺学Ⅱ)》(司乃钧、许德珠主编)、《机械加工工艺基础(金属工艺学Ⅲ)》(司乃钧主编)配套使用的实习教材。

编写本教材的目的有两个:一是帮助学生在进行金工实习时,正确地掌握金属的主要加工方法,了解毛坯和零件的加工工艺过程,指导实际操作,获得初步的操作技能;二是帮助学生巩固实习中所接触到的感性知识,并使之条理化,为以后的学习和工作打下一定的实践基础。

本书内容包括:实习基础知识、钳工、车工、铣工、刨工、磨工、铸工、锻工、冲压工、焊工及热处理工,按实习单元编成 63 个课题。编写时力求简明扼要,切合实际,采取图文对照或列表说明,尽量做到清晰、形象、生动易懂。

对本教材内容的处理和使用有以下几点说明和建议:

1. 实习基础知识:介绍机械制造过程、金属材料常识、常用量具以及安全生产知识,使学生对机械制造生产实际、常用的金属材料及量具有个概略的了解。该部分内容以学生自学为主,各校可根据本校的实习具体安排,作选择性讲解。

2. 各实习工种的内容由以下三部分组成:实习目的和要求、实习安全技术及实习课题。实习课题以操作为主,包括基本知识、实习操作及操作要点、综合作业及复习思考题,某些课题还有教师演示。其中,基本知识介绍各种加工方法的实质、特点和应用,主要设备的工作原理及组成,常用工具的结构及与该课题有关的加工工艺知识;实习操作及操作要点主要是对学生提出明确的操作要求,并对操作内容作详细介绍,如操作准备、操作步骤和操作要领等。这两部分内容要求学生在实习操作前必须预习。

3. 各实习工种的内容是本着循序渐进、由浅入深和减少重复的原则编写的。如各校实习顺序与本书所列的工种顺序不同,则教师应根据情况向学生指定阅读范围。

4. 考虑到有些学校具有热处理实习条件,本书增加了未列入基本要求的热处理工内容。若无此条件,则可供学生自学,以扩大知识面。

5. 本教材车工、铣工、刨工、磨工等部分有关课题,均以目前各校大多数金工实习工厂所使用的设备为例进行叙述。

本书由南京机械专科学校金禧德主编、沈阳工业高等专科学校王志海副主编,参加编写的有湘潭机电专科学校周宏和南京机械专科学校谭宝诚。编写分工如下:实习基础知识、铸工、锻工和冲压工、焊工及热处理工由金禧德编写,车工、铣工由王志海编写,钳工由周宏编写,刨工、磨工由王志海、谭宝诚编写。此外,湘潭机电专科学校郭蒲清参加了车工部分初稿的编写工作。东北水利水电专科学校康云武副教授担任本教材的主审,参加审稿工作的还有上海机械专科学校王运炎副教授、洛阳建筑材料工业专科学校肖玉珂副教授。

由于水平有限,编写时间仓促,书中一定存在不少缺点甚至错误,恳请读者批评指正。

编　者

1992 年 6 月

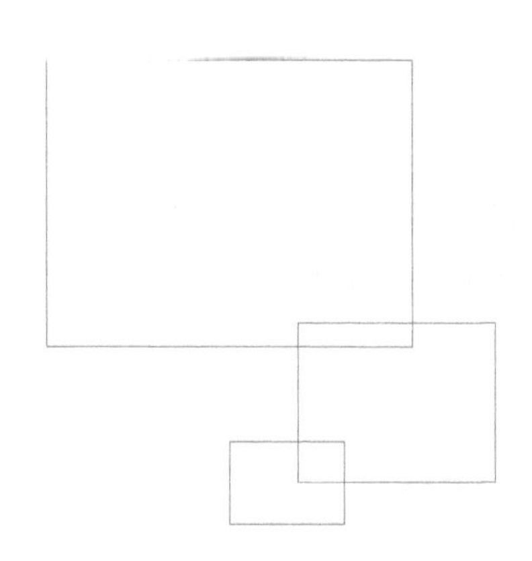

目　　录

毛坯制造实习

传统切削加工方法实习

现代制造技术实习

装配调试实习

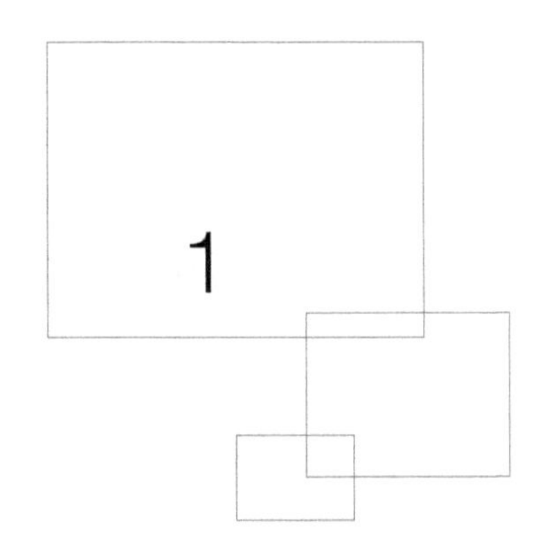

实习基础知识

目的和要求

1. 了解机械制造的一般过程。
2. 了解常用的工程材料。
3. 了解常用量具的构成并掌握使用方法。
4. 了解极限与配合、表面粗糙度的基本概念。
5. 认识安全生产的重要意义。

课题一　机械制造过程概述

【基础知识】

任何机器或设备,例如汽车或机床,都是由相应的零件装配组成的。只有制造出合乎要求的零件,才能装配出合格的机器设备。零件可以直接用型材经切削加工制成,如某些尺寸不大的轴、销、套类零件。但更多时候要将原材料经铸造、锻造、冲压、焊接等方法制成毛坯,然后再将毛坯经切削加工制成。有的零件还需在毛坯制造和加工过程中穿插不同的热处理工艺。因此,一般机械产品的生产过程可简要归纳为:

原材料 → 毛坯制造(铸、锻、焊……) —热处理→ 切削加工 {传统加工方法(钳工、车、刨、铣、磨……)；现代制造技术(数控车、数控铣、加工中心……)} —热处理→ 装配调试

(原材料 → 切削加工)

（一）毛坯制造

常用的毛坯制造方法如下。

1. 铸造

制造铸型，熔炼金属，并将熔融金属（金属液）浇入铸型，凝固后获得一定形状和性能的铸件的成形方法。

2. 锻压（锻造、冲压）

在加压设备及工（模）具的作用下，使金属坯料产生塑性变形，以获得一定几何尺寸、形状和质量的锻件的加工方法，称为锻造。

在压力机上利用冲模对板料施加压力，使其产生分离或变形，从而获得一定形状、尺寸的产品（冲压件）的方法，称为冲压。冲压产品具有足够的精度和表面质量，只需进行很少的（甚至无需）切削加工即可直接使用。

3. 焊接

通过加热或加压或两者共用并辅之以使用或不使用填充材料，使焊件达到原子结合的加工方法。

毛坯的外形与零件近似，其需要加工部分的外部尺寸大于零件的相应尺寸，而孔腔尺寸则小于零件的相应尺寸。毛坯尺寸与零件尺寸之差即为毛坯的加工余量。

采用先进的铸造、锻压方法，也可直接生产零件。

（二）切削加工

要使零件达到精确的尺寸和相应的表面质量，须将毛坯上的加工余量经切削去除。传统的加工方法有车、铣、刨、磨、钻和镗等。一般来说，毛坯要经过若干道切削加工工序才能成为成品零件。由于工艺的需要，这些工序又分为粗加工、半精加工与精加工。随着生产的发展、科学的进步、数控技术的应用，如数控车、数控铣等现代制造技术广泛应用到生产中。

在毛坯制造及切削加工过程中，为便于切削和保证零件的力学性能，还需在某些工序之前（或之后）对工件进行热处理。所谓热处理，是指将金属材料（工件）采用适当的方式进行加热、保温和冷却，以获得所需要的组织结构与性能的一种工艺方法。热处理之后工件可能有少量变形或表面氧化，所以精加工（如磨削）常安排在最终热处理之后进行。

（三）装配与调试

加工完毕并检验合格的各零件，按机械产品的技术要求，用钳工或钳工与机械相结合的方法按一定顺序组合、连接、调整固定，成为整台机器，这一过程称为装配。装配是机械制造的最后一道工序，也是保证机器设备达到各项技术要求的关键。

装配好的机器设备，还要经过试运转，以观察其在工作条件下的效能和整机质量。机器设备只有在检验、试车合格之后，才能装箱出厂。

复习思考题

1. 在你熟悉的日常用品中，哪些为铸件？哪些为锻造件？哪些为冲压件或焊接件？试各举数例说明。

2. 试述一种你所熟悉的零件的生产过程。

课题二　工程材料的基础知识

【基础知识】

工程材料是指在各个工程领域中所使用的材料。常用的工程材料按组成特点,可作如下分类:

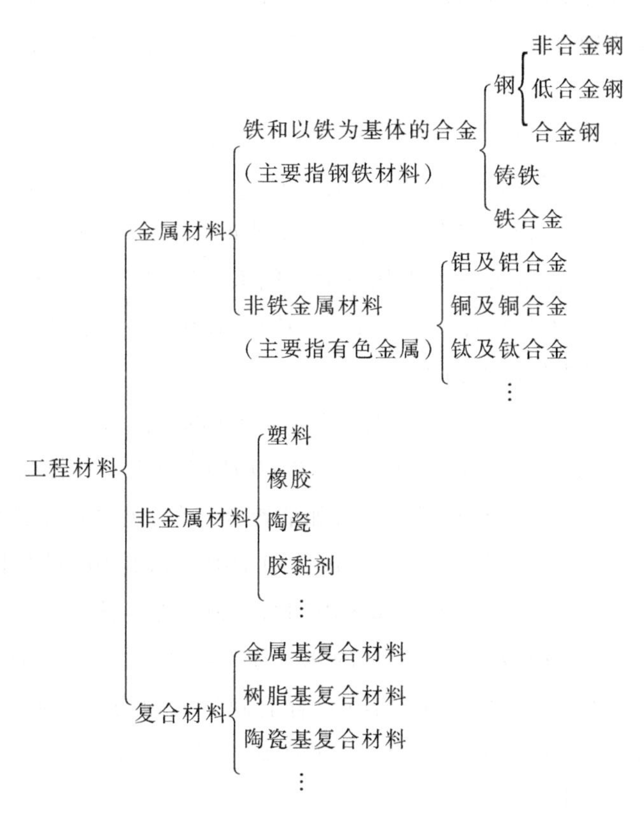

金属材料是应用最广泛的工程材料。随着科技与生产技术的发展,非金属材料和复合材料也得到了广泛的应用。

(一)金属材料的性能

生产中,无论是制造机器零件,还是制造工具,首先要知道所使用的是什么材料以及这些材料的性能,以便正确地进行加工。

金属材料的性能分为使用性能和工艺性能。使用性能反映材料在使用过程中所表现出来的特性,如力学性能、物理性能、化学性能等;工艺性能反映材料在加工制造过程中所表现出来的特性。

1. 金属材料的力学性能

任何机器零件在工作时都承受外力(载荷)的作用,因此材料在外力作用下所表现出来的特性就显得格外重要。这种性能叫做力学性能。力学性能主要有强度、塑性、硬度和韧性等。

（1）强度　金属抵抗永久变形和断裂的能力称为强度。常用的强度判据是屈服强度和抗拉强度。屈服强度用符号 $R_{eL}(\sigma_s)$ * 表示，单位为 MPa，屈服强度代表材料抵抗微量永久变形的能力。抗拉强度用符号 $R_m(\sigma_b)$ 表示，单位为 MPa，抗拉强度代表材料抵抗断裂的能力。

（2）塑性　材料断裂前发生塑性变形的能力称为塑性。常用的塑性判据是断后伸长率[用符号 $A(\delta)$ 表示]和断面收缩率[用符号 $Z(\psi)$ 表示]。断后伸长率和断面收缩率的数值越大，则材料的塑性越好。

（3）硬度　材料抵抗变形，特别是压痕或划痕，形成的永久变形的能力称为硬度，是衡量金属软硬的判据。材料的硬度是用专门的硬度计测定的。常用的硬度有布氏硬度和洛氏硬度两种。

布氏硬度试验，是用硬质合金球为压头，以规定的压力将其压入被测材料表面，停留一段时间后卸载，测量其表面的压痕直径。按照国家标准规定，布氏硬度用 HBW 表示。

洛氏硬度试验，是用硬质合金或钢球，或金刚石圆锥体为压头，在规定的压力下压入被测材料表面，洛氏硬度值从硬度计的度盘上直接读取。国家标准规定，洛氏硬度用 HR 表示。根据压头和压力的不同，洛氏硬度的标度分别用 HRA、HRB、HRC 表示，其中使用最广泛的是 HRC，如热处理后高速钢车刀刀头的硬度约为 62 HRC。

在生产现场没有硬度试验计时，可采用锉刀锉削金属的方法来判别工件硬度值的高低。锉刀应使用新的细锉刀，长度为 200 mm 左右，硬度在 60 HRC 以上。如锉削时锉刀打滑或锉刀上有划痕，说明工件材料的硬度高于锉刀的硬度；如能锉动工件，则可根据锉削的难易程度，判别该工件大致的硬度值。当工件硬度为 30 HRC～40 HRC 时，稍用力即可锉动；为 50 HRC～55 HRC时，已不太容易锉动；为 55 HRC～60 HRC 时，用力仅能稍锉动一些。

（4）韧性　金属在断裂前吸收变形能量的能力称为韧性。金属的韧性可通过夏比冲击试验获得。该试验方法是由两个砧座支承试样（试样有缺口或预裂纹），测量摆锤冲击并折断试样时所吸收的能量来评价韧性的冲击试验。金属的韧性通常随加载速度的提高、温度的降低、应力集中程度的加剧而减小。

2. 金属材料的工艺性能

金属材料的工艺性能主要有铸造性、锻造性、焊接性和切削加工性。

（1）铸造性　是指金属材料能否用铸造方法制成优质铸件的性能。铸造性的好坏取决于熔融金属的充型能力。影响熔融金属充型能力的主要因素之一是流动性。

（2）锻造性　是指金属材料在锻压加工过程中能否获得优良锻压件的性能。它与金属材料的塑性和变形抗力有关，塑性愈高，变形抗力愈小，则锻造性愈好。

（3）焊接性　主要指金属材料在一定的焊接工艺条件下，获得优质焊接接头的难易程度。焊接性好的材料，易于用一般的焊接方法和简单的工艺措施进行焊接。

---

* 采用 GB/T 10623—2008 规定的符号，括弧内为旧标准 GB/T 10623—1989 规定的符号，以下同。

(4) 切削加工性　是指用刀具对金属材料进行切削加工时的难易程度。切削加工性好的材料,在加工时刀具的磨损量小,切削用量大,加工的表面质量也比较好。

(二) 钢铁材料简介

1. 钢

钢是以铁为主要元素,碳的质量分数一般在2.0%以下,并含有其他元素的金属材料。按化学成分不同,钢可分为非合金钢、低合金钢和合金钢。非合金钢中除以铁和碳为主要成分外,还有少量的锰、硅、硫、磷等元素,这些元素是在冶炼时由原料、燃料带入钢中的,通常称为杂质。低合金钢和合金钢是在非合金钢的基础上,在炼钢过程中有目的地加入某种或某几种元素(也称合金元素)而形成的钢种。

非合金钢俗称碳素钢,简称碳钢(考虑到行业习惯,本书简称碳钢)。按钢的主要质量等级和主要性能或使用特性,碳钢分为普通质量碳钢、优质碳钢及特殊质量碳钢。下面列举常用的碳钢钢号。

普通质量碳钢 Q235A(Q 表示钢材屈服强度"屈"字汉语拼音字首,235 表示屈服强度值为235 MPa,A 表示质量等级为 A 级),用于制作螺钉、螺母、垫圈等。

优质碳钢 08F 钢、10 钢用于制作冲压成形的外壳、容器、罩子等,40 钢用于制作轴、杆,45 钢用于制作齿轮、连杆等(两位数字表示钢平均碳的质量分数的万分数)。

特殊质量碳钢主要包括碳素工具钢、碳素弹簧钢、特殊易切削钢等。T7 钢、T8 钢用于制作手钳、錾子、锤、螺丝刀等,T10A 钢用于制作丝锥、钻头等,T12 钢用于制作锉刀、刮刀(T 表示碳素工具钢"碳"字汉语拼音字首,数字表示钢平均碳的质量分数的千分数,A 表示高级优质)。

此外,按碳含量的不同,可将碳钢分为低碳钢、中碳钢和高碳钢。

低碳钢——碳的质量分数在0.25%以下,强度低,塑性、韧性好,易于成形,焊接性好,常用于制作受力不大的结构和零件。

中碳钢——碳的质量分数在0.25%~0.6%,具有较高的强度,并兼有一定的塑性、韧性,适用于制造机械零件。

高碳钢——碳的质量分数在0.6%~1.4%(不包括0.6%),塑性和焊接性都差,但热处理后可达到很高的强度和硬度,用于制作工(模)具。

低合金钢和合金钢的分类在本书中不予详述,下面只列举两个钢种。

(1) 工具钢　用于制作刀具、模具、量具等工具。含较多钨、铬、钒、钼合金元素的工具钢可做切削速度较高的刀具,并在600 ℃高温时仍能保持刀具原有的硬度。常用的高速工具钢(又称锋钢、白钢)车刀,其钢牌号为 W18Cr4V2、W6Mo5Cr4V2(数字为合金元素含量的百分数)。

(2) 不锈、耐腐蚀和耐热钢　在空气、水、酸、碱等介质中具有较强的耐腐蚀能力或在高温时具有良好的抗氧化性并能保持高强度,典型的牌号有 1Cr13、1Cr18Ni9 等。

2. 铸铁

铸铁是主要由铁、碳和硅组成的合金的总称。生产上应用的铸铁,碳的质量分数通常在2.5%~4.0%,硅、锰、磷、硫等杂质的质量分数也比钢高。

常用的铸铁是灰铸铁。灰铸铁中的碳主要以片状石墨形式出现,断口呈灰色。其抗拉强度、塑性和韧性都较低,但承受压力的性能好,减摩性、减振性好,切削加工性好,成本低,因而应用广泛。灰铸铁的铸造性好,可以浇注形状复杂或薄壁的铸件。灰铸铁属脆性材料,不能锻压,其焊接性也差。常用的牌号有HT200(HT是"灰铁"两字的汉语拼音字首,数字表示该铸铁的最低抗拉强度值,单位为MPa),用来制造机床床身、齿轮箱、刀架等。

3. 常用钢材的种类和规格

常用钢材的种类有型钢、钢板、钢管和钢丝。

型钢的品种很多,常见的有圆钢、方钢、扁钢、角钢、工字钢、槽钢等。每种型钢都有具体的规格,通常用反映其断面形状的主要轮廓尺寸表示。常用型钢规格的表示方法见表1.1。

表1.1 常用型钢规格的表示方法

材料名称	断面形状	规格的表示方法	材料名称	断面形状	规格的表示方法
圆钢	直径	直径	工字钢	高 腰厚 腿宽	高×腿宽×腰厚
方钢	边宽	边宽	槽钢	高 腰厚 腿宽	高×腿宽×腰厚
扁钢	边厚 边宽	边厚×边宽	等边角钢	边厚 边宽	边宽×边宽×边厚

续表

材料名称	断面形状	规格的表示方法	材料名称	断面形状	规格的表示方法
六角钢	对边距离	对边距离(即内切圆直径)	不等边角钢	长边 边厚 短边	长边×短边×边厚
八角钢	对边距离	对边距离(即内切圆直径)	螺纹钢	d_0 d_0(计算直径)	计算直径

工字钢、槽钢和角钢还可用号数来表示规格的主要尺寸。工字钢和槽钢的号数表示其高度数值(单位为 cm)。例如 12 号(12#)工字钢,表示高度为 12.6 cm 的工字钢。角钢的号数表示其边宽数值(单位为 cm),如 12 号(12#)、10/6.3 号(10/6.3#)分别表示边宽为 12.5 cm 的等边角钢和长边为 10 cm,短边为 6.3 cm 的不等边角钢。此外,型钢中直径在 10 mm 以下的圆钢称为线材,由于轧制的线材常盘成圆形,所以通常称为盘圆或盘条。普通低碳钢热轧盘圆大量用于拔丝、制钉、捆扎、牵拉等,也可用作混凝土中的钢筋。

钢板按厚度分为厚板(厚度>4 mm)和薄板(厚度≤4 mm)。厚板经热轧制成,薄板有热轧和冷轧两种。薄板经镀锌、镀锡等处理后制成镀锌薄钢板(或称白铁皮)、镀锡薄钢板(或称马口铁)等,可提高耐腐蚀性。钢带亦称带钢,是指厚度和宽度较小、长度很大的钢板,也分热轧和冷轧两种,大多为成卷供应。

钢管分为无缝钢管和焊接钢管两类,断面形状多为圆形,也有异形钢管。无缝钢管的规格以外径×壁厚×长度表示。若无长度要求,则只标注外径×壁厚。

钢丝是由盘条经拉拔加工而制成的。钢丝的截面一般为圆形,其规格用直径数值(单位为 mm)表示。在实际生产中,钢丝的规格也有用线规号表示的。号数愈大,直径愈小。例如,线规号为 10 号的钢丝,其直径为 3.251 mm;17 号钢丝的直径为 1.422 mm。

生产中为了区别钢材的牌号、规格、质量等级等,通常在材料上做有一定的标记,常用的标记方法有涂色(涂在材料端面或端部)、打(盖)印、挂标记牌等。例如,Q235 钢涂红色,45 钢涂白色+棕色,等等。使用时,可依据这些标记来鉴别钢材。

(三) 非铁金属材料简介

非铁金属材料主要指有色金属材料。其中应用最多的是铝、铜及其合金。

工业用纯铝和纯铜(也称紫铜)有良好的导电性、导热性和耐腐蚀性,塑性好,强度低,主要用于制造电线、油管、日用器皿等。

铝合金分为变形铝合金和铸造铝合金两类。变形铝合金的塑性较好,常制成各种型材、板材、管材等,用于制造门窗、油箱、铆钉和飞机构件等。铸造铝合金(如 LAlSi12)的铸造性能好,用于制造形状复杂及有一定力学性能要求的零件,如活塞、仪表壳体等。

铜合金主要有黄铜和青铜。黄铜(如 H62,H68)是以锌为主要添加元素的铜合金,主要用于制造冷冲压件、轴套和耐腐蚀零件等;青铜按主要添加元素的不同,又分为锡青铜、铝青铜、铍青铜等,主要用于制造轴瓦、蜗轮、弹簧以及要求减摩、耐腐蚀的零件等。

复习思考题

1. 以下工件用什么材料制造?

铁钉,缝纫机机架,手锤,铣刀,丝杠,液化石油气瓶体,车刀刀杆。

2. 以下工具和零件应具有哪些主要力学性能?

锉刀,弹簧,锯条,火车挂钩。

课题三 常用量具

【基础知识】

为保证质量,机器中的每个零件都必须根据图样制造。零件是否符合图样要求,只有经过测量工具检验才能知道,这些用于测量的工具称为量具。常用的量具有钢直尺、卡钳、90°角尺及塞尺、游标卡尺、千分尺、百分表等。

(一) 钢直尺

钢直尺的长度规格有 150 mm、300 mm、500 mm、1 000 mm 四种。其中长度规格为 150 mm 钢直尺的测量精度为 0.5 mm,其余规格的为 1 mm。钢直尺常用来测量毛坯和要求精度不高的零件。

钢直尺的使用方法,应根据零件形状灵活掌握,例如:

(1) 测量矩形零件的宽度时,要使钢直尺和被测零件的一边垂直,和零件的另一边平行(图 1.1a);

(2) 测量圆柱体的长度时,要把钢直尺准确地放在圆柱体的母线上(图 1.1b);

(3) 测量圆柱体的外径(图 1.1c)或圆孔的内径(图 1.1d)时,要使钢直尺靠着零件端面一侧的边线来回摆动,直到获得最大的尺寸,即直径的尺寸。

(二) 卡钳

卡钳是具有两个可以开合的钢质卡脚的测量工具。卡钳有外卡钳和内卡钳两种(图 1.2),分别用于测量外尺寸(外径或工件厚度)和内尺寸(内径或槽宽)。卡钳是一种间接的量具,它本身不能直接读出所测量的尺寸,必须与钢直尺(或其他刻线量具)配合使用,才能得出测量数值;或用卡钳在钢直尺上先取得所需要的尺寸,再去检验工件是否符合规定的尺寸。

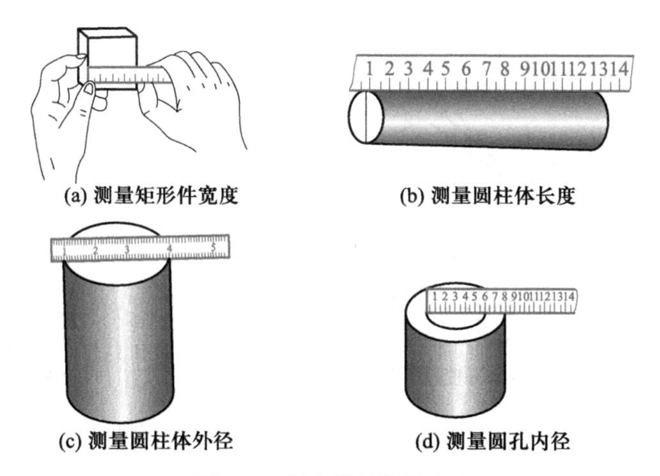

图 1.1　钢直尺的使用方法

1. 外卡钳

外卡钳量取尺寸的方法如图 1.3 所示。先将卡钳一个卡脚的测量面靠在钢直尺的端面上，再将另一个卡脚的测量面调整到所需要的尺寸上（两个卡脚的测量面的连线应与钢直尺平行，人的视线要垂直于钢直尺），这样便可取得所需要的尺寸。

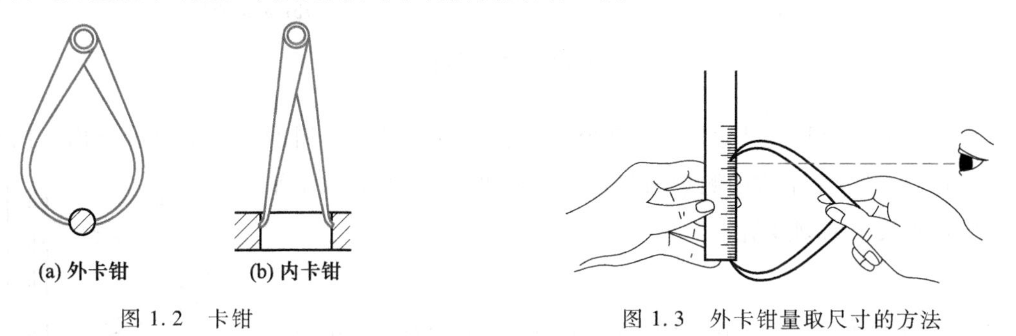

图 1.2　卡钳

图 1.3　外卡钳量取尺寸的方法

调整卡钳的开度时，可轻敲卡钳的两侧面（图 1.4），不要敲击卡钳的测量面，以免损伤。

取好尺寸的卡钳，应放在稳妥的地方，以免影响开度。

用取好尺寸的外卡钳去检验工件的外径时，要使卡钳两个卡脚测量面的连线与工件的轴线垂直相交，如图 1.5 所示。测量时，从工件正上方利用卡钳的自重下垂，使其滑过工件的外圆。如果这时外卡钳与工件恰好是点接触，则工件外径与卡钳开度尺寸相符。卡钳与工件接触过紧或过松都表示工件外径与卡钳开度尺寸不符。

工件在旋转时，不能用卡钳去测量，否则会使钳口磨损，甚至可能造成事故。

2. 内卡钳

用内卡钳测量内径的方法如图 1.6 所示。用两手将卡脚开至孔径的大约长度，右手大拇指和食指握住卡钳的铆接部位，将一个卡脚置于孔口边，用左手固定，另一个卡脚置于孔的上口边（图 1.6a），并沿孔壁的圆周方向摆动，摆动的距离为 2~4 mm。当感觉过紧时需减小内卡钳的开度，反之，需增大开度，直到调整适度为止。在圆周方向上测量的同时，再沿孔的轴向测量，直至该方向上卡钳的开度为最小（图 1.6b）。

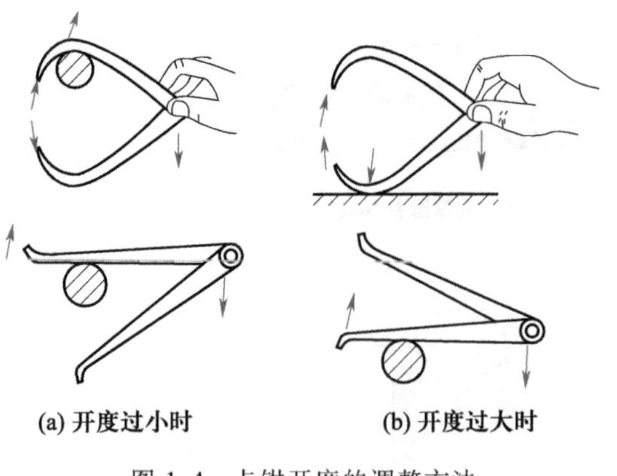

(a) 开度过小时　　(b) 开度过大时

图 1.4　卡钳开度的调整方法

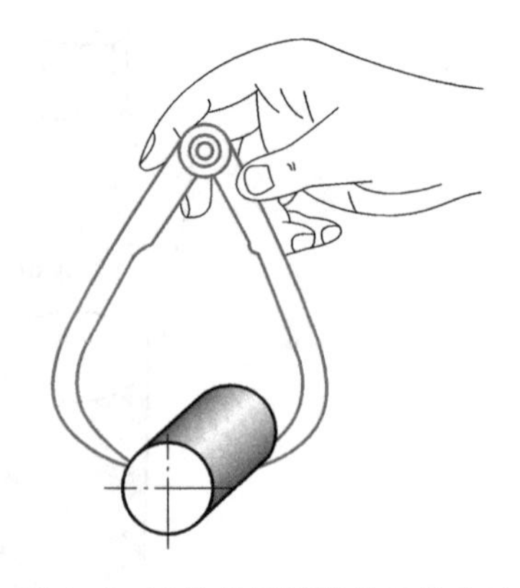

图 1.5　用外卡钳测量外径的方法

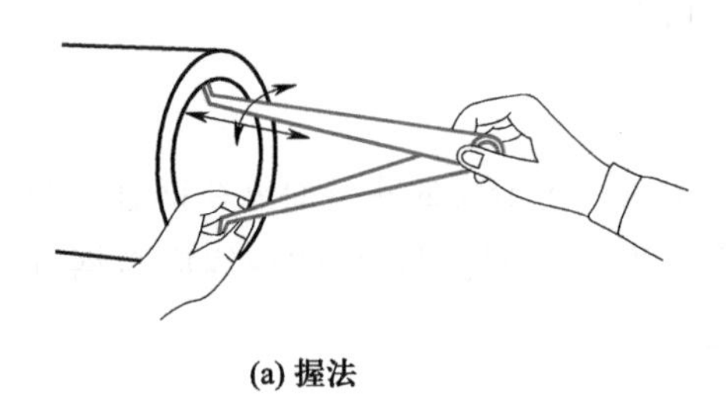

(a) 握法　　(b) 测量方法

图 1.6　用内卡钳测量内径的方法

用钢直尺读内卡钳的开度尺寸如图 1.7 所示。将钢直尺及内卡钳的一个卡脚测量面一同垂直放置,使内卡钳另一个卡脚的测量面与钢直尺刻度重合,然后从水平方向读出钢直尺上的刻度值。

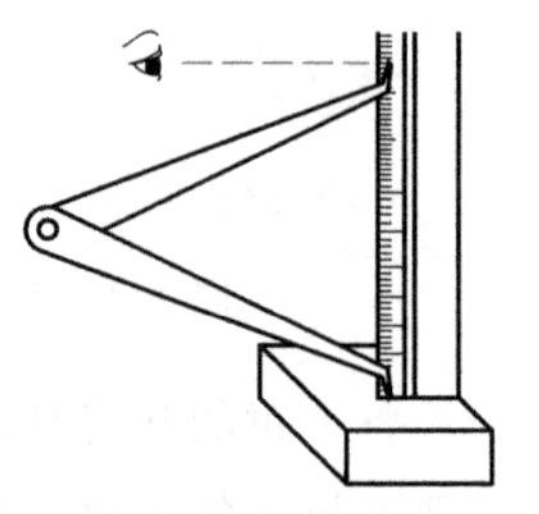

图 1.7　用钢直尺读内卡钳的开度尺寸

(三) 90°角尺及塞尺

90°角尺如图 1.8 所示。它的两边成 90°角,用来检查工件的垂直度。使用时将它的一边与工件的基准面贴紧,然后使另一边与工件的另一表面接触,如工件的两个面不垂直,可根据光隙判断误差状况。也可用塞尺(图 1.9)检测其间隙大小。

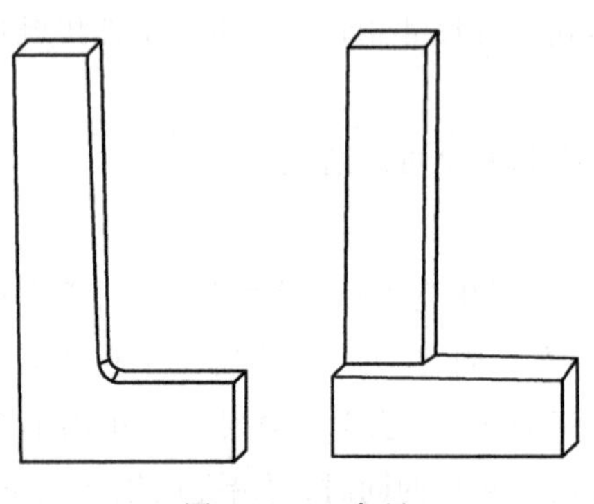

图 1.8　90°角尺

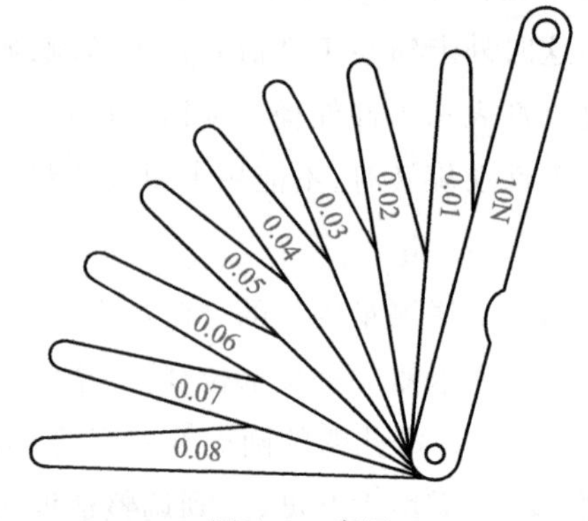

图 1.9　塞尺

塞尺又称厚薄尺，是检测间隙的薄片量尺。它由一组厚度不等的薄钢片所组成，每片钢片上印有厚度标记。使用时根据被测间隙的大小，选择厚度接近的钢片（可用几片组合）插入被测间隙。能塞入钢片的最大厚度即为被测间隙的间隙值。使用塞尺时必须先擦净尺面和工件，组合成某一厚度时选用的片数越少越好。塞尺插入间隙时用力不要太大，以免折弯钢片。

（四）游标卡尺

游标卡尺是一种结构简单、中等精度的量具，可以直接量出工件的外径、内径、长度和深度的尺寸，其结构如图 1.10 所示。游标卡尺由尺身和游标组成。尺身与固定卡脚制成一体，游标和活动卡脚制成一体，并能在尺身上滑动。按游标卡尺测量尺寸的范围有 0~125 mm、0~150 mm、0~200 mm、0~300 mm 等多种规格。游标卡尺的测量精度有 0.02 mm、0.05 mm、0.1 mm 三种。使用时根据零件精度要求及零件尺寸大小进行选择。

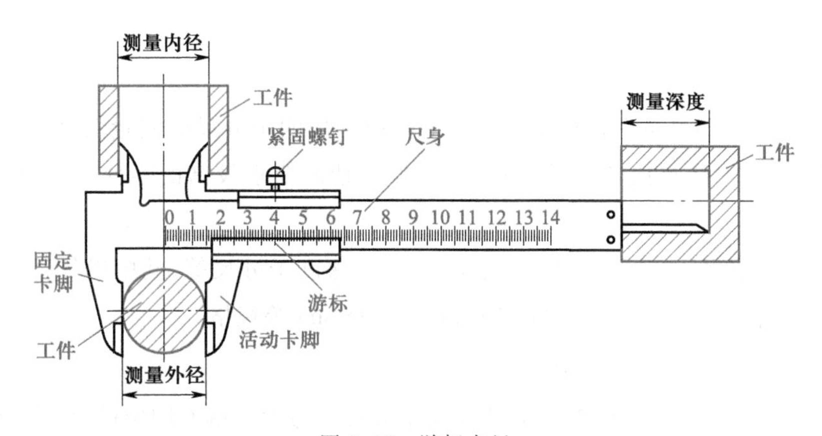

图 1.10　游标卡尺

1. 游标卡尺刻线原理

图 1.11 所示为 0.02 mm 游标卡尺的刻线原理。尺身每小格是 1 mm，当两卡脚合并时，尺身上 49 mm 刚好等于游标上 50 格，游标每格长为 49 mm/50 = 0.98 mm，尺身与游标每格相差为 1.00 mm−0.98 mm = 0.02 mm。因此，它的测量精度为 0.02 mm。

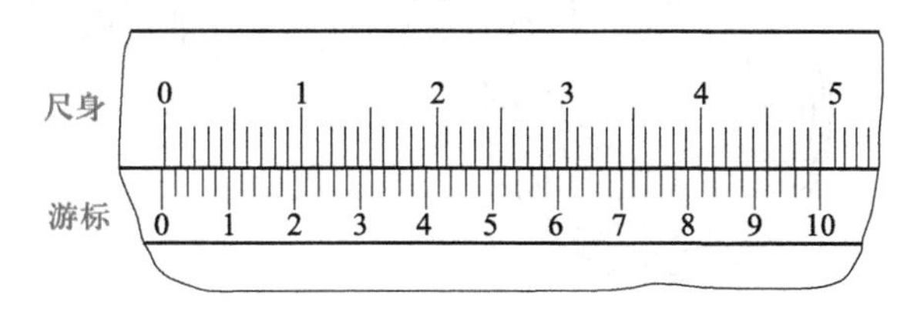

图 1.11　0.02 mm 游标卡尺的刻线原理

2. 游标卡尺的读数方法

在游标卡尺上读尺寸时可以分为三个步骤：

（1）第一步　读整数，即读出游标零线左面尺身上的整毫米数；

（2）第二步　读小数，即读出游标与尺身对齐刻线处的小数毫米数；

（3）第三步　把两次读数相加。

图 1.12 所示是 0.02 mm 游标卡尺的尺寸读法。

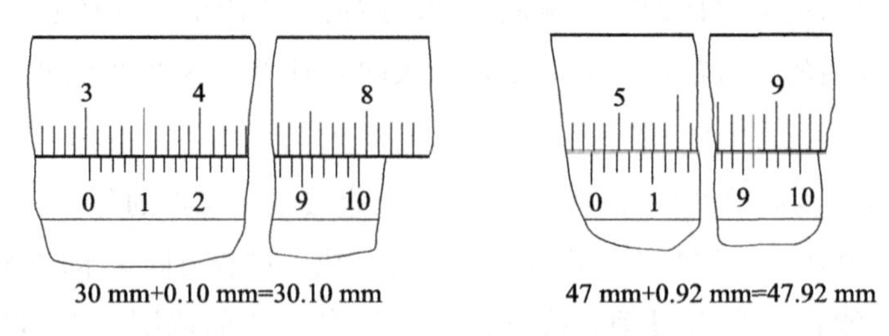

图 1.12　0.02 mm 游标卡尺的尺寸读法

用游标卡尺测量工件时，应使卡脚逐渐靠近工件并轻微地接触，同时注意不要歪斜，以防产生读数误差。

（五）千分尺

千分尺（又称分厘卡）是一种精密量具。生产中常用的千分尺的测量精度为 0.01 mm。它的精度比游标卡尺高，并且比较灵敏，因此对于加工精度要求较高的零件尺寸，要用千分尺来测量。

千分尺的种类很多，有外径千分尺、内径千分尺、深度千分尺等，其中以外径千分尺用得最为普遍，按其测量范围有 0～25 mm、25～50 mm、50～75 mm 等规格。

1. 千分尺的刻线原理及读数方法

图 1.13 所示为测量范围 0～25 mm 的外径千分尺。弓架左端有固定砧座，右端的固定套筒在轴线方向上刻有一条中线（基准线），上、下两排刻线互相错开 0.5 mm，即主尺。活动套筒左端圆周上刻有 50 等分的刻线，即副尺。活动套筒转动一周，带动螺杆一同沿轴向移动 0.5 mm。因此，活动套筒每转过 1 格，螺杆沿轴向移动的距离为 0.5 mm/50＝0.01 mm。

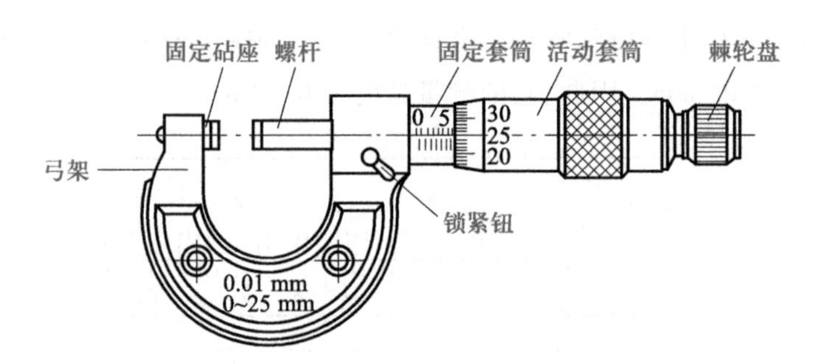

图 1.13　测量范围 0～25 mm 的外径千分尺

其读数方法为：被测工件的尺寸＝副尺所指的主尺上的整数（应为 0.5 mm 的整倍数）＋主尺中线所指副尺的格数×0.01 mm。

图 1.14 所示为千分尺的几种读数示例。读取测量数值时，要防止读错 0.5 mm，也就是要防止在主尺上多读或少读半格（0.5 mm）。

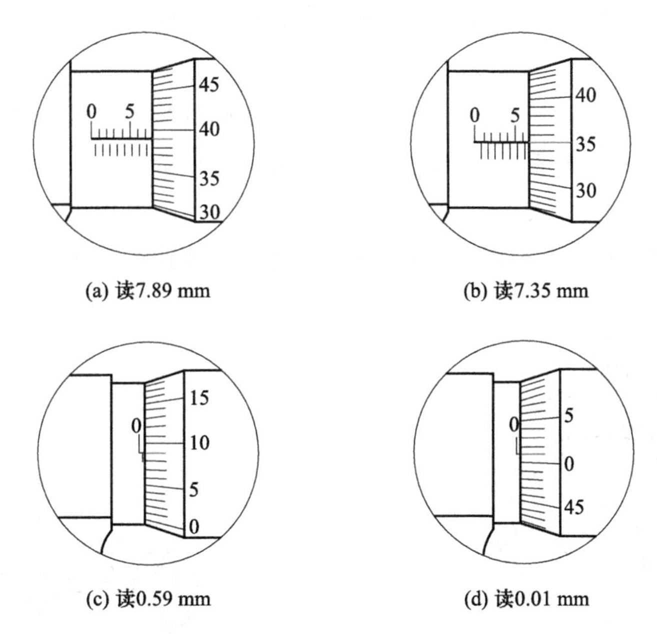

图 1.14　千分尺的几种读数示例

2. 千分尺的使用注意事项

(1) 千分尺应保持清洁。使用前应先校准尺寸,检查活动套筒上零线是否与固定套筒上基准线对齐。如果没有对准,必须进行调整。

(2) 测量时,最好双手操作千分尺,左手握住弓架,用右手旋转活动套筒(图 1.15),当螺杆即将接触工件时,改为旋转棘轮盘,直到棘轮发出"咔咔、咔"声为止。

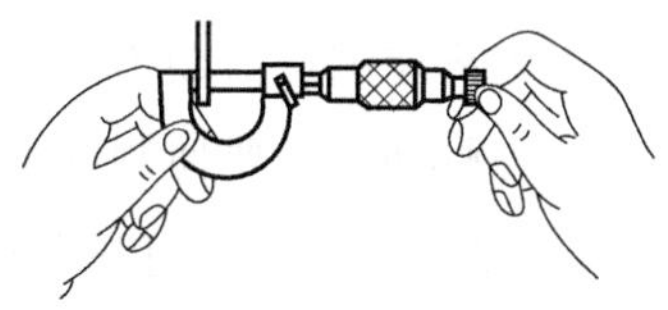

图 1.15　千分尺的使用

(3) 从千分尺上读取尺寸,可在工件未取下时进行,读完后,松开千分尺,再取下工件;也可将千分尺用锁紧钮锁紧,把工件取下后读数。

(4) 千分尺只适用于测量精度较高的尺寸,不能测量毛坯面,更不能在工件转动时测量。

(六) 百分表

百分表是精密量具,主要用于校正工件的安装位置,检验零件的形状、位置误差,以及测量零件的内径等。常用百分表的测量精度为 0.01 mm。

1. 百分表的读数方法

图 1.16 所示的百分表度盘上刻有 100 个等分格,大指针每转动一格,相当于测杆移动 0.01 mm。当大指针转一周时,小指针转动一格,相当于测杆移动 1 mm。用手转动表壳时,度盘也跟着转动,可使大指针对准度盘上的任一刻度。

百分表的读数方法为:先读小指针转过的刻度数(即毫米整数),再读大指针转过的刻度数并乘以 0.01(即小数部分),然后两者相加,即得到所测量的数值。

2. 百分表的使用注意事项

(1) 使用前,应检查测杆活动的灵活性。轻轻推动测杆时,测杆在套筒内的移动要灵活,没有任何卡阻现象,且每次松开手后,指针能自行回到原刻度位置。

(2) 使用时,必须把百分表固定在可靠的夹持架(表架)上,如图 1.17 所示。切不可贪图省事,随便夹在不稳固的地方,否则容易造成测量结果不准确或摔坏百分表。

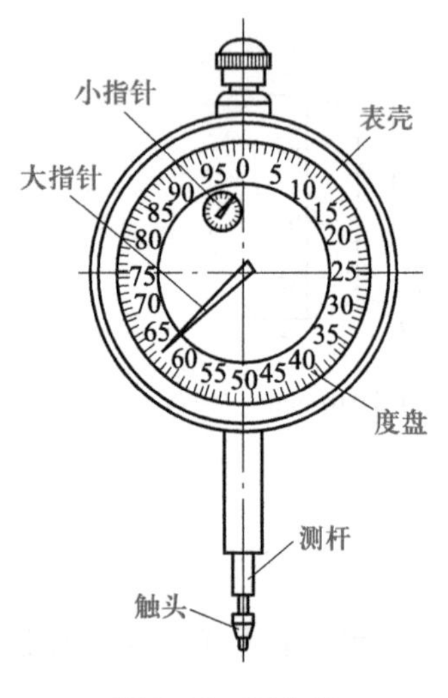

图 1.16 百分表

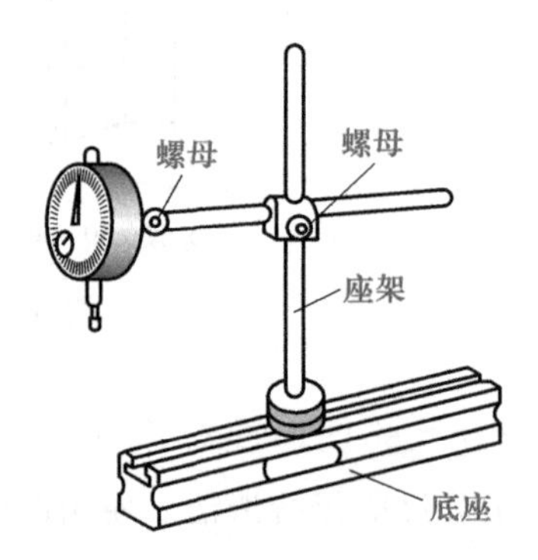

图 1.17 百分表的夹持架

(3) 测量平面时,百分表的测杆要与平面垂直,测量圆柱形工件时,测杆要与工件的中心线垂直,否则将使测杆活动不灵或测量结果不准确。

(4) 测量时,不要使测杆的行程超过它的测量范围,不要使触头突然撞到工件上,也不要用百分表测量表面粗糙或有显著凹凸不平的工件。

(5) 为方便读数,在测量前让大指针指到度盘的零位。对零位的方法是:先将触头与测量面接触,并使大指针转过一周左右(目的是为了在测量中既能读出正数也能读出负数),然后把表夹紧,并转动表壳,使大指针指到零位。然后再轻轻提起测杆几次,检查放松后大指针的零位有无变化。如无变化,说明已对好,否则要再对。

(6) 百分表不用时,应使测杆处于自由状态,以免表内弹簧失效。

(七) 量具的保养

量具的精度直接影响检测的可靠性,即零件的测量精度,因此必须加强对量具的保养,应做到以下几点:

(1) 量具在使用前、后必须擦干净。

(2) 不用精密量具测量毛坯或运动中的工件。

(3) 测量时不用力过猛、过大,不测量温度过高的工件。

(4) 不乱扔、乱放量具,更不能把量具当敲击的工具使用。

（5）不用不清洁的油洗量具，不给量具注不清洁的油。

（6）量具用毕应擦洗干净、涂油，并放入专用的量具盒内（不将量具与其他工具混放）。

复习思考题

1. 试述测量精度为 0.05 mm 的游标卡尺的刻线原理及读数方法。

2. 图样上标注的下列外圆柱面尺寸，应选用何种量具测量？未加工的有 ϕ50 mm、ϕ35 mm，已加工的有 ϕ40 mm、ϕ(34±0.2) mm、ϕ(30±0.02) mm。

课题四　极限与配合、表面粗糙度的基本概念

【基础知识】

（一）极限与配合

现代化机械制造工业中大多数产品为成批生产或大量生产，要求生产出来的零件不经任何修配和挑选就能装到机器上去，并能达到规定的配合（紧松）要求和其他技术要求。

在同一规格的一批零件中，任取一个，不需任何修配就能装到机器上去，并达到规定的技术性能要求，称这种零件具有互换性。互换性在机械制造中具有重要的作用。例如，自行车和手表的零件损坏后，修理人员很快就可以用同一规格的零件换上，恢复自行车和手表的功能。

在实际生产过程中，加工出来的零件不可避免地会产生误差，这种误差被称为加工误差。实践证明，只要加工误差控制在一定范围内，零件就能够具有互换性。

按零件的加工误差及其控制范围制定的技术标准，是实现互换性的基础。为了满足各种不同精度的要求，国家标准 GB/T 1800.1—2020《产品几何技术规范（GPS）　线性尺寸公差 ISO 代号体系　第 1 部分：公差、偏差和配合的基础》规定标准公差分为 20 个公差等级（公差等级是指确定尺寸精确程度的等级），它们是 IT01、IT0、IT1、IT2、…、IT18。IT 表示标准公差，数字表示公差等级。其中，IT01 为最高，IT18 为最低。公差等级高，公差值小，精确程度高；公差等级低，公差值大，精确程度低。即

高　公差等级　低 ←

IT01、IT0、IT1、IT2、…、IT18

→ 小　公差值　大

标准公差数值由公称尺寸和公差等级确定，见表 1.2。

同一公差等级（如 IT8）对所有公称尺寸的一组公差值被认为具有同等精确程度，故标准公差等级就是确定尺寸精确程度的等级。常用的加工方法中，磨削可达到的尺寸公差等级为 IT7～IT5 级；车削为 IT9～IT7 级；刨削为 IT10～IT8；锻造及砂型铸造为 IT16～IT15。

表 1.2 标准公差数值(摘自 GB/T 1800.1—2020)

公称尺寸/mm		公差等级																			
		IT01	IT0	IT1	IT2	IT3	IT4	IT5	IT6	IT7	IT8	IT9	IT10	IT11	IT12	IT13	IT14	IT15	IT16	IT17	IT18
大于	至	μm													mm						
—	3	0.3	0.5	0.8	1.2	2	3	4	6	10	14	25	40	60	0.10	0.14	0.25	0.4	0.6	1	1.4
3	6	0.4	0.6	1	1.5	2.5	4	5	8	12	18	30	48	75	0.12	0.18	0.3	0.48	0.75	1.2	1.8
6	10	0.4	0.6	1	1.5	2.5	4	6	9	15	22	36	58	90	0.15	0.22	0.36	0.58	0.9	1.5	2.2
10	18	0.5	0.8	1.2	2	3	5	8	11	18	27	43	70	110	0.18	0.27	0.43	0.7	1.1	1.8	2.7
18	30	0.6	1	1.5	2.5	4	6	9	13	21	33	52	84	130	0.21	0.33	0.52	0.84	1.3	2.1	3.3
30	50	0.6	1	1.5	2.5	4	7	11	16	25	39	62	100	160	0.25	0.39	0.62	1	1.6	2.5	3.9
50	80	0.8	1.2	2	3	5	8	13	19	30	46	74	120	190	0.3	0.46	0.74	1.2	1.9	3	4.6
80	120	1	1.5	2.5	4	6	10	15	22	35	54	87	140	220	0.35	0.54	0.87	1.4	2.2	3.5	5.4
120	180	1.2	2	3.5	5	8	12	18	25	40	63	100	160	250	0.4	0.63	1	1.6	2.5	4	6.3
180	250	2	3	4.5	7	10	14	20	29	46	72	115	185	290	0.46	0.72	1.15	1.85	2.9	4.6	7.2
250	315	2.5	4	6	8	12	16	23	32	52	81	130	210	320	0.52	0.81	1.3	2.1	3.2	5.2	8.1
315	400	3	5	7	9	13	18	25	36	57	89	140	230	360	0.57	0.89	1.4	2.3	3.6	5.7	8.9
400	500	4	6	8	10	15	20	27	40	63	97	155	250	400	0.63	0.97	1.55	2.5	4	6.3	9.7

注:公称尺寸小于 1 mm 时,无 IT14~IT18。

(二)几何公差

根据 GB/T 1182—2018《产品几何技术规范(GPS) 几何公差 形状、方向、位置和跳动公差标注》几何公差包括零件的形状、方向、位置和跳动公差。一般零件通常只规定尺寸公差。对要求较高的零件,除了规定尺寸公差以外,还规定其所需要的几何公差。

几何公差的几何特征及符号见表 1.3。

表 1.3 几何特征及符号

公差类型	几何特征	符号	有无基准
形状公差	直线度	—	无
	平面度	⏥	无
	圆度	○	无
	圆柱度	⌭	无
	线轮廓度	⌒	无
	面轮廓度	⌓	无
方向公差	平行度	//	有
	垂直度	⊥	有

续表

公差类型	几何特征	符号	有无基准
方向公差	倾斜度	∠	有
	线轮廓度	⌒	有
	面轮廓度	⌓	有
位置公差	位置度	⌖	有或无
	同心度(用于中心点)	◎	有
	同轴度(用于轴线)	◎	有
	对称度	⌯	有
	线轮廓度	⌒	有
	面轮廓度	⌓	有
跳动公差	圆跳动	↗	有
	全跳动	⌰	有

用公差框格标注几何公差时,要求将公差注写在划分成两格或多格的矩形框格内。各格自左至右顺序标注以下内容(图 1.18):

(1) 几何特征符号;

(2) 公差值,以线性尺寸单位表示的量值。如果公差带为圆形或圆柱形,公差值前应加注符号“ϕ”;如果公差带为圆球形,公差值前应加注符号“$S\phi$”;

(3) 基准,用一个字母表示单个基准或用几个字母表示基准体系或公共基准。

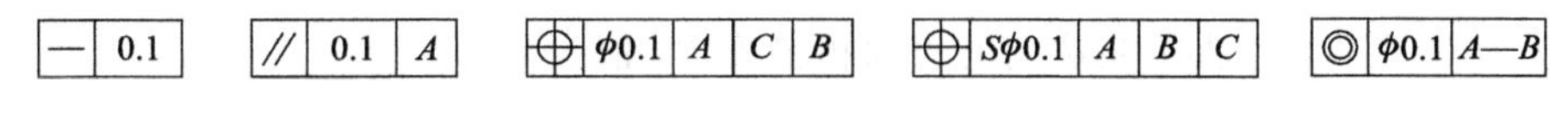

图 1.18　用公差框格标注几何公差

(三) 表面粗糙度

零件加工时,在零件表面会形成加工痕迹。表面粗糙度是表征零件表面在加工后形成的由较小间距(波距小于 1 mm)的峰谷组成的微观几何形状特性。这种微观几何形状特性,一般是在零件加工过程中,由切削残留面积、塑性变形和机床-工具-工件系统的振动等引起的。表面粗糙度会影响零件的耐磨性、强度和抗蚀性,还会影响配合的稳定性。此外,表面粗糙度对密封性、产品的外观及表面反射能力等都有明显的影响。因此,表面粗糙度是评定产品质量的重要指标之一。在保证零件尺寸、几何公差精度的同时,也要对表面粗糙度提出相应的要求。

1. 表面粗糙度的评定

GB/T 1031—2009《产品几何技术规范(GPS)　表面结构　轮廓法　表面粗糙度参数及其数值》规定,表面粗糙度参数从下列两项中选取:轮廓的算术平均偏差 *Ra* 和轮廓的最大高度 *Rz*。

常用的幅度参数(峰和谷)值范围内(Ra 为 0.025～6.3 μm,Rz 为 0.1～25 μm)推荐优先采用 Ra。

轮廓的算术平均偏差 Ra 值规定见表 1.4。

表 1.4 轮廓的算术平均偏差 Ra 值(GB/T 1031—2009) μm

0.012	0.2	3.2	50
0.025	0.4	6.3	100
0.05	0.8	12.5	
0.1	1.6	25	

轮廓的最大高度 Rz 值规定见表 1.5。

表 1.5 轮廓的最大高度 Rz 值(GB/T 1031—2009) μm

0.025	0.4	6.3	100	1 600
0.05	0.8	12.5	200	
0.1	1.6	25	400	
0.2	3.2	50	800	

取样长度(l_r)值从表 1.6 给出的系列中选取。

表 1.6 取样长度(l_r)值 mm

l_r	0.08	0.25	0.8	2.5	8	25

表 1.7 为常用加工方法所能达到的表面粗糙度 Ra 值。

表 1.7 常用加工方法所能达到的表面粗糙度 Ra 值

<table>
<tr><th colspan="2">加工方法</th><th>Ra/μm</th><th>表面特征</th></tr>
<tr><td colspan="2" rowspan="3">粗车、粗镗、粗铣、粗刨、钻孔</td><td>50</td><td>明显可见刀痕</td></tr>
<tr><td>25</td><td>可见刀痕</td></tr>
<tr><td>12.5</td><td>微见刀痕</td></tr>
<tr><td rowspan="3">精铣、精刨</td><td rowspan="2">半精车</td><td>6.3</td><td>可见加工痕迹</td></tr>
<tr><td>3.2</td><td>微见加工痕迹</td></tr>
<tr><td>精车</td><td>1.6</td><td>不见加工痕迹</td></tr>
<tr><td colspan="2">粗磨、精车</td><td>0.8</td><td>可辨加工痕迹的方向</td></tr>
<tr><td colspan="2">精磨</td><td>0.4</td><td>微辨加工痕迹的方向</td></tr>
<tr><td colspan="2">刮削</td><td>0.2</td><td>不辨加工痕迹的方向</td></tr>
<tr><td colspan="2">精密加工</td><td>0.1～0.008</td><td>按表面光泽判别</td></tr>
</table>

零件的表面粗糙度可用标准样块比较测定。也可以用肉眼观察，或用手指抚摸，或依靠指甲在表面上轻轻划动时的感觉来判断。表面粗糙度的检测方法还有针描法、光切法和干涉法。

表面粗糙度与零件的精度要求有一定的联系。一般零件工作表面的粗糙度 *Ra* 值在 0.4～3.2 μm 范围内选择，非工作表面的粗糙度 *Ra* 值可以选得比 3.2 μm 大一些。一般说来，零件的精度要求越高，表面粗糙度 *Ra* 值越小。但是，表面粗糙度 *Ra* 值小，零件的精度要求不一定高，如手柄、手轮表面等，其表面粗糙度 *Ra* 值较小，精度要求却不高。

2. 图样上表示表面粗糙度的符号

图样上表示表面粗糙度的符号如下：

○√ 表示该表面是用不去除材料的方法（如铸、锻造、冲压变形等）获得的，或者是用来表示保持原供应状况的表面。

▽√ 表示该表面是用去除材料的方法（如车、铣、刨、磨、钻、剪切等）获得的。

表面粗糙度 *Ra* 值的标注举例如下：

√Ra 3.2 表示用去除材料方法获得的表面，*Ra* 的上限值为 3.2 μm；

○√Ra 3.2 表示用不去除材料方法获得的表面，*Ra* 的上限值为 3.2 μm。

课题五　安全生产

【基础知识】

金工实习中如果实习人员不遵守工艺操作规程或者缺乏一定的安全知识，很容易发生机械伤害、触电、烫伤等工伤事故。因此，必须对实习人员进行安全生产教育。

安全生产的基本内容就是安全。为了更好地生产，生产必须安全。生产最基本的条件是保证人和设备在生产中的安全。人是生产中的决定因素，设备是生产的手段，没有人和设备的安全，生产就无法进行。在这当中，人的安全尤为重要。

安全生产是我国在生产建设中一贯坚持的方针。国家采取了一系列行之有效的措施，积极推动安全生产立法的完善和安全生产执法的加强，已制定《安全生产法》等多部关于安全生产的法律、行政法规，为安全生产指明了方向。

金工实习中的安全技术有冷热加工安全技术和电气安全技术等。

冷加工主要指车、铣、刨、磨和钻等切削加工，其特点是使用的装夹工具和被切削的工件或刀具间不仅有相对运动，而且速度较高。如果设备防护不好，操作者不注意遵守操作规程，很容易造成人身伤害，需要格外注意。

热加工一般指铸造、锻造、焊接和热处理等工种，其特点是生产过程伴随着高温、有害气体、粉尘和噪声，这些都严重恶化了劳动条件。热加工工伤事故中，烫伤、喷溅和砸碰伤害约占事故的70%，应引起高度重视。

电力传动和电气控制在加热、高频热处理和电焊等方面的应用十分广泛，实习时必须严格遵守电气安全守则，避免触电等电气类事故。

各工种的安全技术可参见后续相关内容，在实习中务必严格遵守。

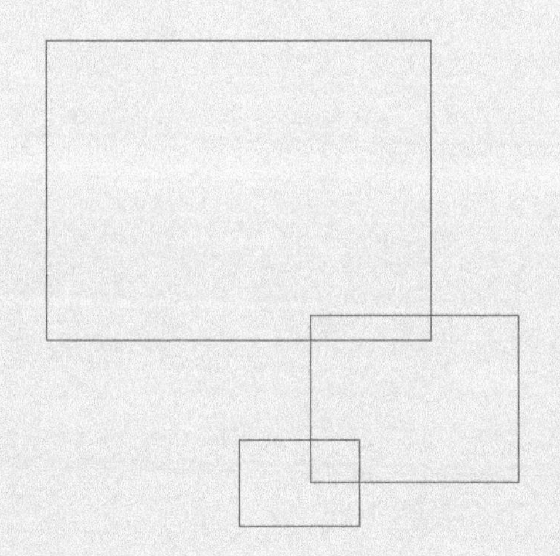

毛坯制造实习

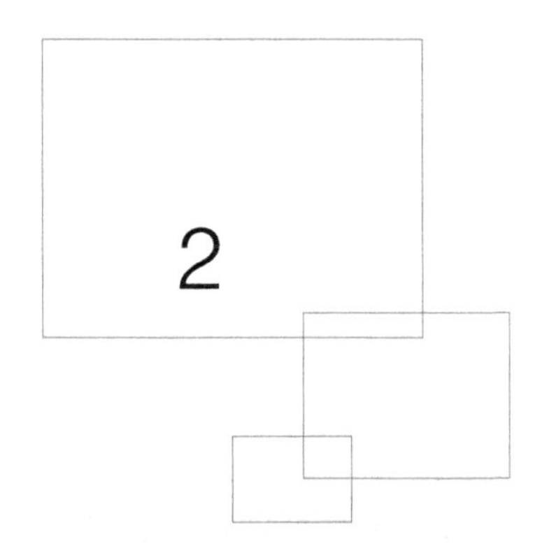

铸　　造

目的和要求

1. 了解铸造生产工艺的过程、特点和应用。
2. 了解型砂、芯砂等造型材料的性能、组成及其制备过程。
3. 熟悉铸型(砂型铸造)、型芯的结构和作用。分清零件、模样和铸件之间的主要区别。
4. 掌握手工两箱造型各种方法的工艺过程、特点和应用,并进行整模和分模造型的独立操作。熟悉型芯的制造方法。
5. 了解三箱造型的特点和应用。了解机器造型的特点、应用以及造型机的结构和工作原理。
6. 熟悉浇注系统的组成与作用。
7. 了解冲天炉的构造、特点,冲天炉炉料,熔炼和铸件浇注。了解其他熔炼方法及设备。参加浇注作业,并对铸件进行初步工艺分析。
8. 了解铸件的落砂和清理,熟悉铸件常见缺陷及其产生的主要原因。
9. 熟悉铸工车间生产安全技术,简单了解经济分析。

安全技术

1. 穿戴好防护用品。
2. 砂箱堆放要平稳,搬动砂箱要注意轻放,以防砸伤手脚。
3. 造型(芯)时不可用嘴吹型(芯)砂。
4. 浇注时,浇包必须烘干且浇包内的金属液不可过满,一般不超过浇包容量的80%,不操作浇注的同学应远离浇包。
5. 铸件冷却后才能用手接触。
6. 清理铸件时,要注意周围环境,防止伤人。

课题一 概述

【基础知识】

（一）铸造的特点、方法及应用

熔炼金属，制造铸型，并将熔融金属浇入铸型，凝固后获得一定形状和性能的铸件的成形方法称为铸造，其特点是金属在液态下成形。铸件一般作为零件的毛坯，要经过切削加工后才能成为零件，但若采用精密铸造方法或对零件的精度要求不高时，铸件也可不经切削加工而直接使用。

用于铸造的金属有铸铁、铸钢和铸造有色金属，其中以铸铁应用最广。

由于铸造时金属处在液态下成形，因此可用铸造方法制造形状复杂，特别是具有复杂内腔的铸件，如箱体、气缸体、机座、机床床身等。铸件的质量可以从几克到百吨以上。生产铸件的成本较低，一般不需要昂贵的设备，其原材料来源广、价格低，可利用废机件和金属切屑等原料进行铸造。

铸造也存在一定缺点。铸件的力学性能较低，又受到最小壁厚的限制，所以铸件较笨重，从而增加了机器的重量。同时，铸造的工序多，铸件质量不稳定，废品率较高。

铸造生产的方法很多，主要分为砂型铸造和特种铸造两类。砂型铸造是用型砂紧实成形的铸造方法。除砂型铸造外，其他的铸造方法称为特种铸造，如金属型铸造、压力铸造、离心铸造、熔模铸造等。砂型铸造具有较大的灵活性，对不同的生产规模、不同的铸造合金都能适用，因此应用最为广泛。

（二）砂型铸造的工艺过程、砂型的组成、模样及芯盒

1. 砂型铸造的工艺过程

砂型铸造的主要工序为制造模样和芯盒、制备型砂及芯砂、造型、造芯、合型、熔化金属及浇注、铸件凝固后开型落砂、表面清理和质量检验。大型铸件的铸型及型芯，在合型前还需烘干。图 2.1 所示为压盖铸件的生产过程。

2. 砂型的组成

图 2.2 所示为合型后的砂型。型砂被舂紧在上、下砂箱之中，连同砂箱一起，称作上砂型和下砂型。砂型中取出模样后留下的空腔称为型腔。上、下砂型间的接合面称为分型面。使用型芯（砂芯）的目的是为了获得铸件的内孔，型芯的外伸部分称为芯头，用以定位和支承型芯。铸型中专为放置芯头的空腔称为芯座。

金属液从外浇口浇入，经直浇道、横浇道、内浇道而流入型腔。砂型及型腔中的气体由通气孔排出，而被高温金属液包围后芯中产生的气体则由芯通气孔排出。

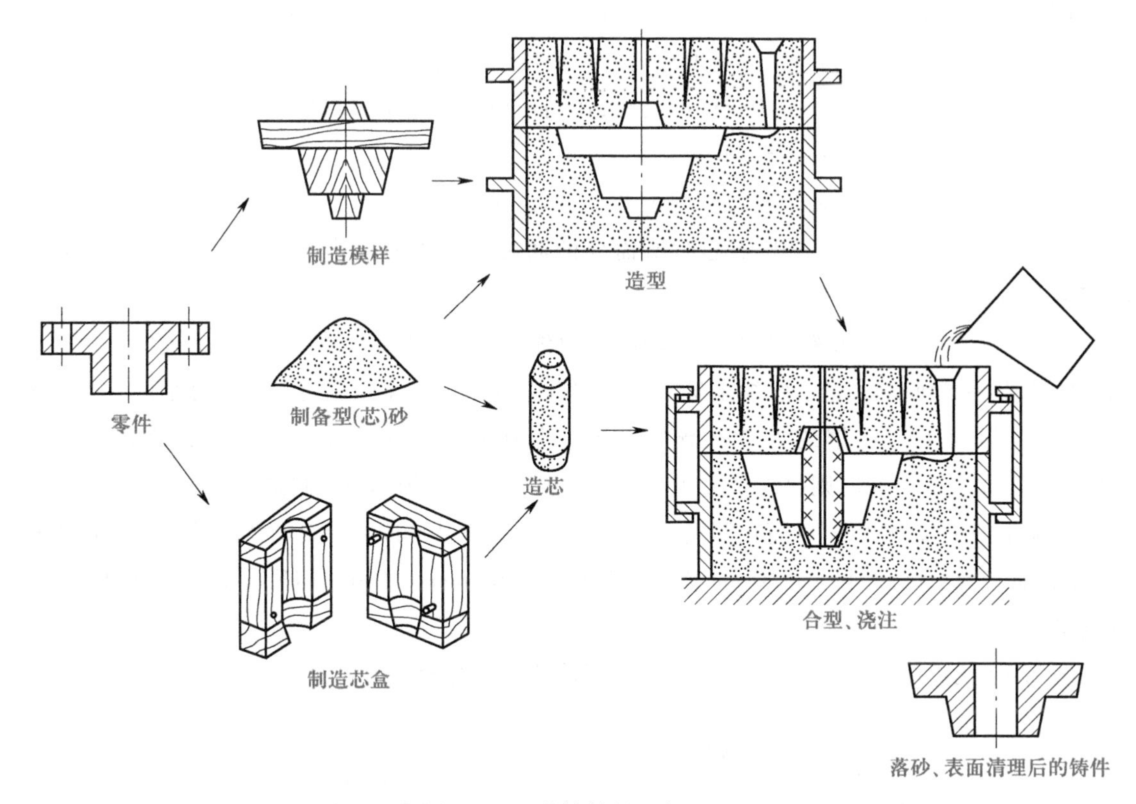

图 2.1　压盖铸件的生产过程

3. 模样和芯盒

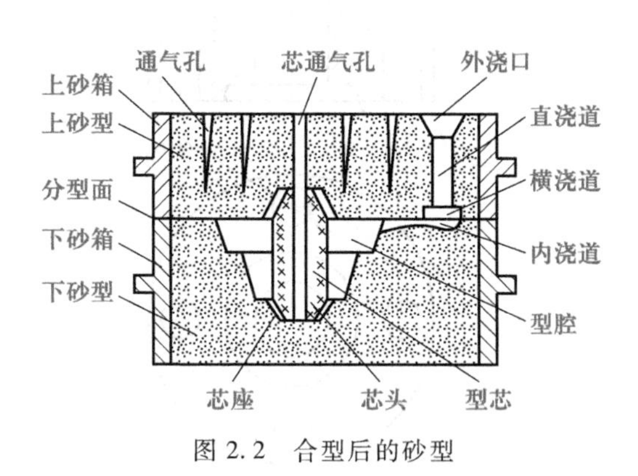

图 2.2　合型后的砂型

模样和芯盒是造型和造芯用的模具。模样用来造型，以形成铸件的外形，芯盒用来造芯，以形成铸件的内腔。小批生产时，模样和芯盒常用木材（杉木、红松等）制造，大批生产中常用铝合金或塑料制造。

在制造模样和芯盒之前，要以零件图为依据，考虑铸造工艺特点，绘制铸造工艺图。在绘制铸造工艺图时，要考虑如下几个问题：

（1）分型面　分型面的选择必须使造型、起模方便，同时应保证铸件质量。分型面的位置在铸造工艺图上用线条标出，并加箭头以表示上砂型和下砂型。

（2）加工余量　铸件上有些部位需要切削加工，切削加工时从铸件上切去的金属层厚度称为加工余量。因此，铸件上凡需要切削加工的表面，制造模样时，都要相应的留出加工余量。加工余量的大小根据铸件尺寸、铸造合金种类、生产量、加工面在浇注时的位置等确定。一般小型灰铸铁件的加工余量为 3～5 mm。此外，铸铁件上直径小于 25 mm 的孔，一般不予铸出，待切削加工时用钻孔方法钻出。

（3）起模斜度　为便于起模或从芯盒中取出砂芯，模样（或芯盒）垂直于分型面的壁，应该有向着分型面逐渐增大的斜度，该斜度称为起模斜度。木模的起模斜度为1°~3°。

（4）铸造圆角　铸件上各相交壁的交角，在制作模样时应做成圆角过渡，以改善铸件质量，可防止应力集中和起模时损坏砂型。

（5）芯头和芯座　为便于安放和固定型芯，在模样和芯盒上应分别做出芯座和芯头。芯座应比芯头稍大些，两者之差即为下芯时所需要的间隙。对于一般中小尺寸的型芯，此间隙为0.25~1.5 mm。

（6）收缩余量　金属液在砂型里凝固时要收缩，为了补偿铸件收缩，模样比铸件图样尺寸增大的数值，称为收缩余量。收缩余量主要根据合金的线收缩率来确定。各种合金的线收缩率是：灰铸铁约为1%，铸钢约为2%，铜、铝合金约为1.5%。例如，有一灰铸铁件的长度为100 mm，线收缩率为1%，则收缩余量为1 mm，模样长度为101 mm。制造模样时，应采用已考虑了收缩率的缩尺来度量，以简化制模时尺寸的折算。缩尺是按照合金的线收缩率放大而做成的，如收缩率为1%的缩尺上的1 mm代表实际尺寸1.01 mm。常用的缩尺有1%、1.5%和2%三种规格。

图2.3所示为联轴器的零件图、铸件简图和模样图（芯盒图未列出）。

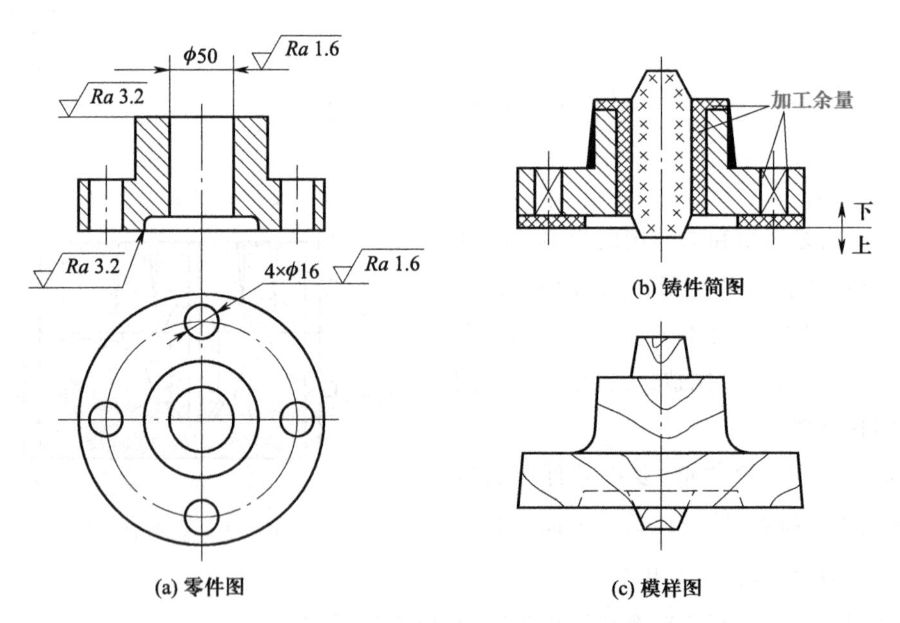

图2.3　联轴器的零件图、铸件简图和模样图

复习思考题

1. 试述铸造生产的特点及应用。

2. 试述砂型铸造的工艺过程及砂型的组成。

3. 模样、铸件和零件三者在形状与尺寸上有何区别？能否用铸件代替模样来造型？

课题二　型砂和芯砂

【基础知识】

砂型和型芯是用型砂和芯砂制造的。型(芯)砂由砂、黏结剂、水和附加物按一定比例混合制成。黏结剂种类很多,有黏土、水玻璃、桐油、合脂等,应用最广的是价廉而丰富的黏土。用黏土作为黏结剂的型(芯)砂称为黏土砂。用其他黏结剂的型(芯)砂则分别称为水玻璃砂、油砂、合脂砂等。图 2.4 所示为黏土砂结构示意图。

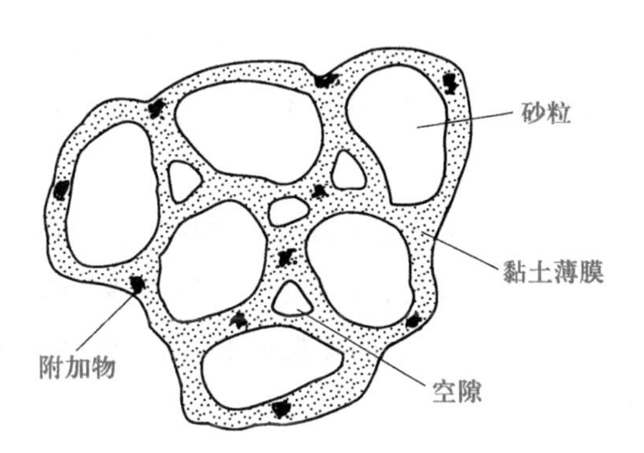

图 2.4　黏土砂结构示意图

(一) 型(芯)砂的组成

1. 砂

原砂(即新砂)的主要成分是石英(SiO_2)。铸造用砂要求原砂中 SiO_2 的质量分数为 85%~97%,砂粒以圆形、大小均匀为佳。

为了降低成本,对于已用过的旧砂,经过适当处理后,还可以掺在新砂中使用。一般小型铸造车间的手工生产,往往只将旧砂过筛,以去除砂团、铁块、铁钉、木片等杂物。

2. 黏结剂

能使砂粒相互黏结的物质称为黏结剂。常用的黏结剂是黏土。黏土主要分为普通黏土和膨润土两类。湿型(造型后砂型不烘干)型砂普遍采用黏结性能较好的膨润土,而干型(造型后将砂型烘干)型砂多用普通黏土。

3. 附加物

为了改善型(芯)砂性能而加入的物质称为附加物。常用的附加物有煤粉、木屑等。加入煤粉能防止铸件黏砂,使铸件表面光滑,加入木屑可改善铸型和芯的透气性。

4. 水

水使黏土和原砂混成一体,并具有一定的强度和透气性。水分过多,易使型砂湿度大,强度低,造型时易黏模,使造型操作困难;水分过少,型砂则干而脆,造型、起模困难。因此,水分要适当,黏土和水分的质量比为 3∶1 时,强度可达最大值。

5. 扑料和涂料

为防止铸件表面黏砂并使铸件表面光滑,常在铸型型腔表面覆盖一层耐火材料,称为扑料。通常在铸铁件的湿型表面扑撒一层石墨粉或滑石粉,铸钢件的湿型表面扑撒石英粉。干型和干芯的表面,可以刷一层涂料,铸铁件可用石墨粉加黏土水剂,铸钢件常用石英粉加黏土水剂。

（二）型（芯）砂应具备的主要性能

1. 透气性

透气性是指紧实砂样的孔隙度。若透气性不好，易在铸件内部形成气孔缺陷。型（芯）砂的颗粒粗大、均匀且为圆形，黏土含量少，型（芯）砂舂得不过紧，这些均可使透气性提高。水的质量分数过少时，砂粒表面黏土膜不光滑，透气性不高；而水的质量分数过多，空隙被堵塞，又会使透气性降低。

2. 流动性

流动性是指型（芯）砂在外力或本身重力的作用下，沿模样表面和砂粒间相对移动的能力。流动性不好的型（芯）砂不能造出轮廓清晰的铸件。

3. 强度

型（芯）砂抵抗外力破坏的能力称为强度。型（芯）砂强度过低，易造成塌箱、冲砂和砂眼等缺陷，而强度过高，则易使型（芯）砂透气性变差。型（芯）砂的强度随黏土含量和砂型紧实度的增加而增加。砂子的颗粒愈细，强度愈高。水的质量分数过多或过少均可使型（芯）砂的强度降低。

4. 韧性

韧性是指型（芯）砂吸收塑性变形能量的能力。韧性差的型（芯）砂在造型（芯）起模（脱芯）时，砂型（芯）易损坏。韧性不好的型（芯）砂，在铸件凝固和成形后的收缩过程中，将产生收缩应力，可能导致铸件产生裂纹。

5. 溃散性

型（芯）砂在浇注后是否容易溃散的性能称为溃散性。溃散性对清砂效率和劳动强度有显著影响。

6. 耐火性

耐火性是指型（芯）砂抵抗高温热作用的能力。耐火性差，铸件易产生黏砂，使铸件清理和切削加工困难。砂中 SiO_2 含量愈高，砂的颗粒愈大，耐火性愈好。

型（芯）砂除了应具备上述主要性能之外，还有一些其他的性能要求，如耐用性、发气性、吸湿性等。

（三）型砂和芯砂的制备

1. 型（芯）砂常用的配比

型（芯）砂组成物需按一定的比例配制，以保证一定的性能。型（芯）砂有多种配比方案，下面举两例供参考。

小型铸铁件湿型型砂的配比（质量分数）：新砂 10%～20%，旧砂 80%～90%，另加膨润土 2%～3%，煤粉 2%～3%，水 4%～5%。

铸铁中小件芯砂的配比（质量分数）：新砂 40%，旧砂 60%，另加黏土 5%～7%，纸浆 2%～3%，水7.5%～8.5%。

在同一砂型内，与金属液接触的面层型砂比背部型砂要求高，因此型砂又有面砂和背砂（又称填充砂）之分。

2. 型（芯）砂的制备

型（芯）砂的性能不仅决定于其配比，还与配砂的工艺操作有关。混碾愈均匀，型（芯）砂的性能愈好。

型（芯）砂的混制工作是在混砂机中进行的，目前工厂常用的是碾轮式混砂机（图 2.5）。混砂工艺是：按比例将新砂、旧砂、黏土、煤粉等加入混砂机中先干混 2~3 min，混拌均匀后再加水或液体黏结剂（水玻璃、桐油等）湿混 10 min 左右，即可出砂。混制好的型砂应堆放 2~4 h，使水分分布得更均匀，这一过程称为调匀。型砂在使用前还需进行松散处理，使砂块松开，空隙增加。

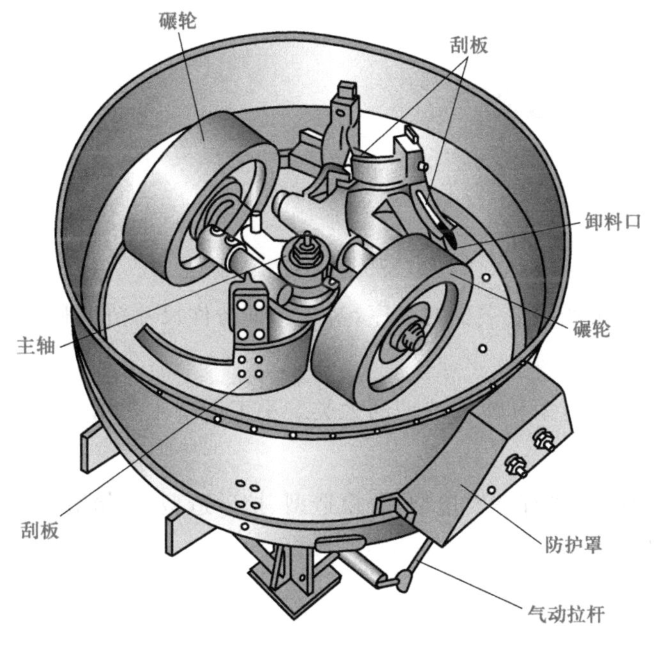

图 2.5　碾轮式混砂机

型（芯）砂的性能应用型砂性能试验仪检测。单件小批生产时，可用手捏检验法（图 2.6）检测，即当型砂湿度适当时，可用手把型砂捏成团，手放开后砂团不松散，手上不黏砂，抛向空中则沙团散开。

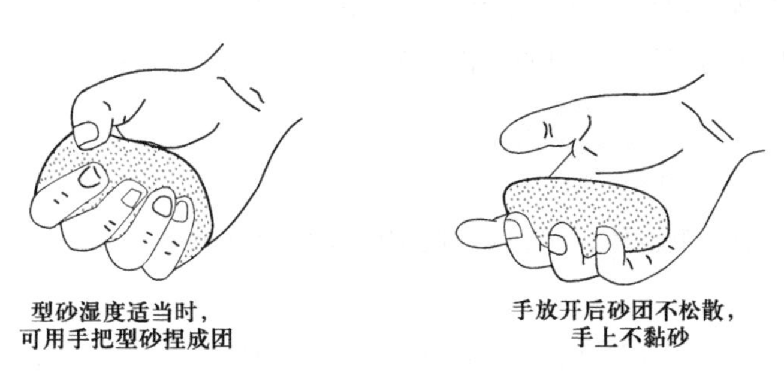

图 2.6　型砂性能手捏检验法

【实习操作】

按规定的配比配制黏土砂。

复习思考题

1. 解释下列名词:型砂,砂型,新砂,旧砂,混砂,配砂。

2. 对型砂和芯砂有哪些基本要求?它们的主要组成及其作用是什么?

3. 型砂中加入锯木屑、煤粉起什么作用?

4. 型砂反复使用后,为什么性能会降低?回用旧砂有什么意义?如何用简易办法判断型砂性能是否符合要求?

课题三　整模造型及造芯

【基础知识】

造型和造芯是铸造生产中最主要的工序,对于保证铸件尺寸精度和提高铸件质量有着重要的影响。

造型方法可分为手工造型和机器造型两大类。手工造型主要用于单件或小批量生产,机器造型主要用于大批量生产。

手工造型灵活多样,主要有整模造型、分模造型、挖砂造型、假箱造型、刮板造型等。

本课题仅介绍整模造型。

(一)整模造型

1. 砂箱及造型工具

手工造型常用的砂箱及造型工具如图 2.7 所示。

砂箱常用铝合金或灰铸铁制成,它的作用是在造型、运输和浇注时支承砂型,防止砂型变形或损坏。底板用于放置模样。舂砂锤用于舂砂,用尖头舂砂,用平头打紧砂箱顶部的砂。手风箱(又称皮老虎)用于吹去模样上的分型砂及散落在型腔中的散砂。镘刀(砂刀)用于修平面及挖沟槽。秋叶(圆勺、压勺)用于修凹的曲面。砂钩(提钩)用于修深而窄的底面或侧面,以及钩出砂型中的散砂。

2. 整模造型方法

整模造型的模样是一个整体,其特点是造型时模样全部放在一个砂箱(下砂箱)内,分型面为平面。

图 2.8 所示是整模造型工艺过程。① 把模样放在底板上;② 放好下砂箱,撒上厚度约 20 mm 的面砂,再加填充砂;③ 均匀捣实每层型砂,刮去多余型砂;④ 翻转下砂箱,用镘刀修光

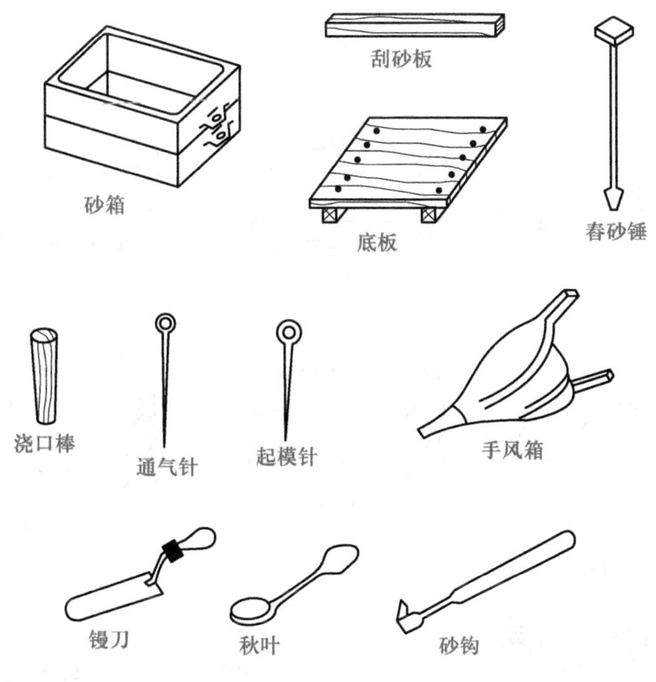

图 2.7　砂箱及造型工具

分型面；⑤ 套上上砂箱，撒分型砂；⑥ 放浇口棒，加填充砂，并舂紧，刮平多余型砂，扎通气孔，拔出浇口棒，在直浇道上部挖出外浇口（图 2.8k），划合型线；⑦ 把上砂箱拿下；⑧ 在下砂箱上挖出内浇道，用毛笔蘸水把模样边缘湿润；⑨ 用起模针起出模样；⑩ 修型，吹去多余砂粒，撒石墨粉；⑪ 合型，紧固上、下砂型或放上压铁；⑫ 通过浇注，凝固冷却，待落砂后，得到带浇注系统的铸件。

整模造型操作简便，铸件不会由于上、下砂型错位而产生错型缺陷，其形状、尺寸较准确。

整模造型适用于最大截面靠一端且为平面的铸件，如压盖、齿轮坯、轴承座等。

3. 浇注系统

为了填充型腔和冒口而开设于铸型中的一系列通道，称为浇注系统。

浇注系统的作用是：保证金属液平稳、连续、均匀地流入型腔，避免冲坏铸型；防止熔渣、砂粒或其他杂质进入型腔；调节铸件的凝固程序或补给铸件在冷凝收缩时所需的金属液。

浇注系统通常由四个部分组成，如图 2.9 所示。但并不是每个铸件都非要有这四个部分不可，如一些简单的小铸件，有时就只有直浇道与内浇道，而无横浇道。

外浇口的作用是承受从浇包倒出来的金属液，减轻金属液对铸型的冲击和分离熔渣。因此，浇注时应随时保持充满状态，不得断流。大、中型铸件常用盆形外浇口（浇口盆）（图 2.9a），小型铸件常用漏斗形外浇口（浇口杯）（图 2.9b）。

直浇道是浇注系统中的垂直通道，通常带有一定的锥度（上大下小），它可用来调节金属液流入铸型的速度，并产生一定的压力。直浇道愈高，金属液流入型腔愈快，对型腔内金属液的压力愈大，愈容易充满型腔的细薄部分。

横浇道是开设在直浇道下方、内浇道上方的水平通道，其截面形状多为梯形，它能进一步起

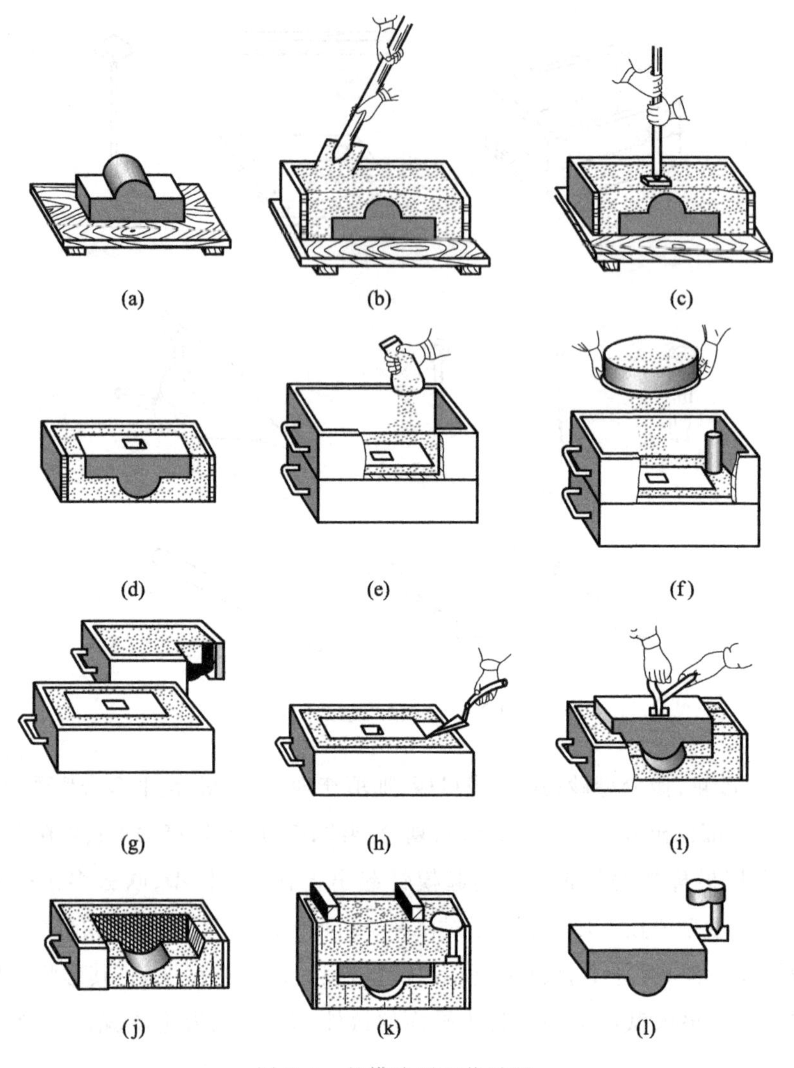

图 2.8 整模造型工艺过程

挡渣作用,同时减缓金属液的流动,使其平稳地通过内浇道进入型腔。为了更好地起到挡渣作用,浇注过程中横浇道应该始终被充满。

内浇道是浇注系统中引导金属液进入型腔的部分,常设置在下砂箱的分型面上,其截面形状多为扁梯形或三角形。内浇道的作用是控制金属液流入型腔的速度和方向,调节铸件各部分的冷却速度。为避免金属液直接冲击型芯或型腔,内浇道不能正对型芯或型壁。

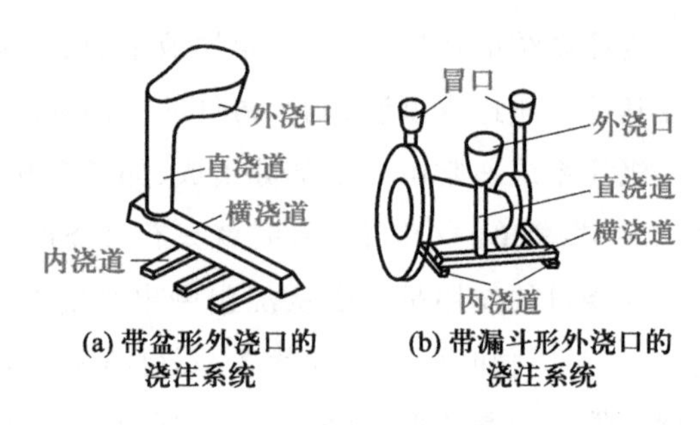

图 2.9 浇注系统的组成

4. 冒口与冷铁

对于大铸件或收缩率大的合金铸件,由于凝固时收缩大,如不采取措施,在最后凝固的地方

(一般是铸件的厚壁部分)会形成缩孔和缩松。为使铸件在凝固的最后阶段能及时得到金属液而增设的补缩部分称为冒口。冒口即为在铸型内储存供补缩铸件用的熔融金属的空腔,也指该空腔中充填的金属。冒口的大小、形状应保证其在铸型中最后凝固,这样才能形成由铸件至冒口的凝固顺序。冒口有明冒口和暗冒口两种,如图 2.10 所示。明冒口(图 2.10a)的位置一般设在铸件的最高部位,顶面敞露在铸型外面,除了起补缩作用外,还有排气和集渣作用。此外,通过它还可以观察金属液是否充满了型腔。暗冒口设置在铸型中,由于其散热较慢,故补缩效果比明冒口好。一般情况下,铸钢件常用暗冒口,如图 2.10b 所示(图中 A、B 为大截面处)。

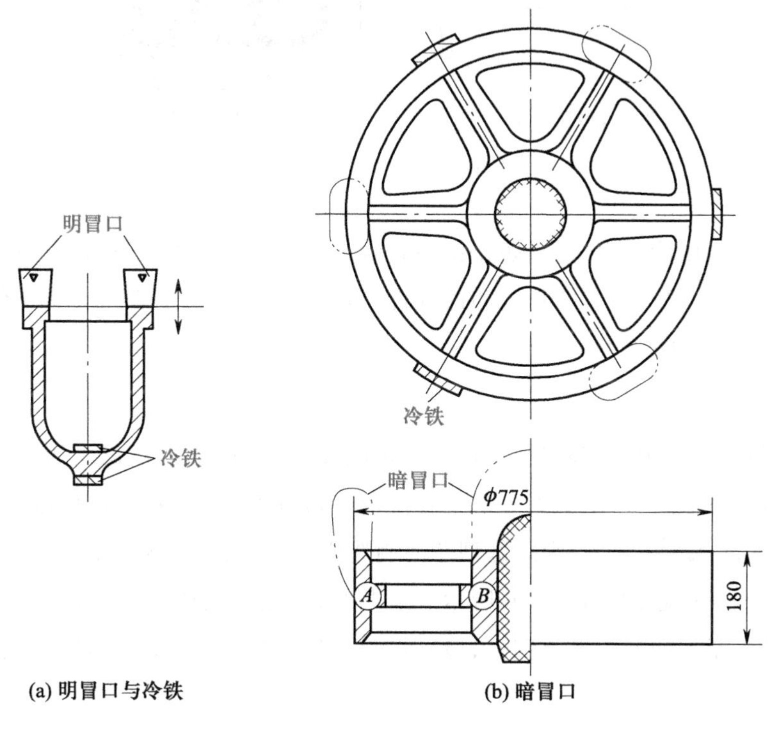

图 2.10　冒口与冷铁

为增加铸件局部的冷却速度,在砂型、型芯表面或型腔中安放的金属物,称为冷铁。位于铸件下部的大截面处很难用冒口补缩,如果在这里安放冷铁,由于该处的金属液冷却较快,可使截面处先凝固,从而实现自下而上的顺序凝固(图 2.10)。冷铁通常用钢或铸铁制成。

(二) 造芯

1. 型芯的用途及要求

型芯的主要作用是形成铸件的内腔,也可形成铸件局部外形。型芯在浇注过程中受到高温金属液的冲击,浇注后大部分被金属液包围,因此要求型芯具有高的强度、耐火性、透气性和韧性,并便于清理。除配制符合要求的芯砂外,在造芯过程中还应采取下列措施:

(1) 在型芯中放芯骨,可以提高强度并便于吊运及下芯。小型芯的芯骨用铁丝、铁钉制成,中、大型芯的芯骨用铸铁浇注成骨架。

（2）在型芯中开设通气孔，提高排气能力。芯通气孔应贯穿型芯内部，并从芯头引出。形状简单的型芯，大多用通气针扎出通气孔；形状复杂的型芯（如弯曲芯），可在型芯中埋放蜡线（图 2.11a），在型芯烘干时蜡线熔化或燃烧后形成通气孔。在制作大型芯时，为了使气体易于排出和改善韧性，可在型芯的内部填放焦炭（图 2.11b），以减少砂层厚度，增加孔隙。

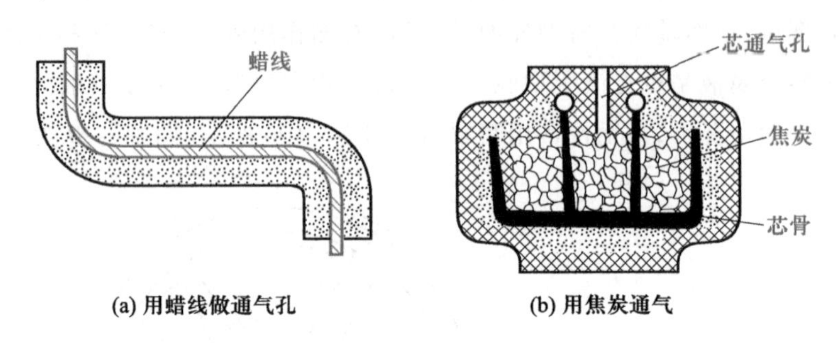

图 2.11　芯的通气

（3）在型芯表面刷涂耐火材料，防止铸件黏砂。铸铁件用型芯一般以石墨粉作为涂料。

（4）将型芯烘干，提高型芯的强度和透气性。烘干温度与造芯材料的成分有关，黏土芯为 250～350 ℃，油砂芯为 180～240 ℃。

2. 造芯方法

在单件、小批量生产中，大多用手工造芯。在成批、大量生产中，广泛采用机器造芯。

手工造芯可用芯盒，也可用刮板。手工芯盒造芯如图 2.12a 所示。这种造芯方法应用最普遍，其造芯过程如图 2.13 所示。为降低型芯的制造成本，在制造形状简单、尺寸较大的型芯时，有时可采用手工刮板造芯，如图 2.12b 所示。造芯时，在底板上放置刮板，它可沿着导板移动，将多余的砂从预先紧实的型芯坯上刮去，最后将两个制好的半型芯烘干后胶合成整体。

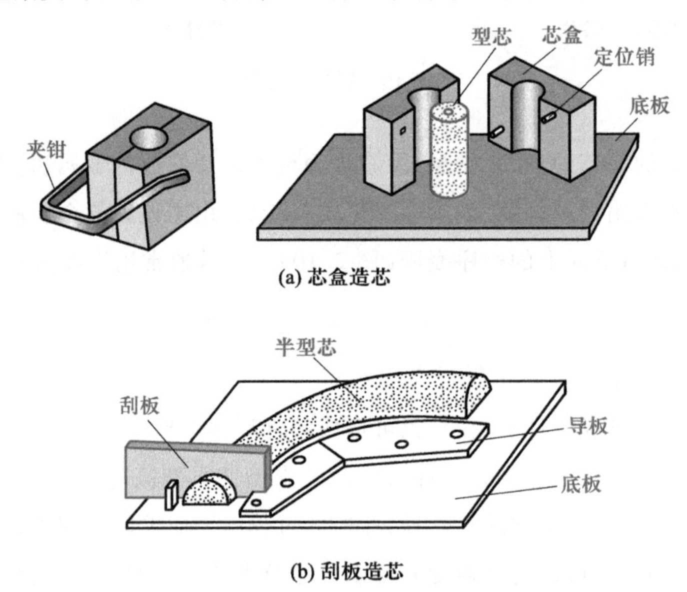

图 2.12　手工造芯简图

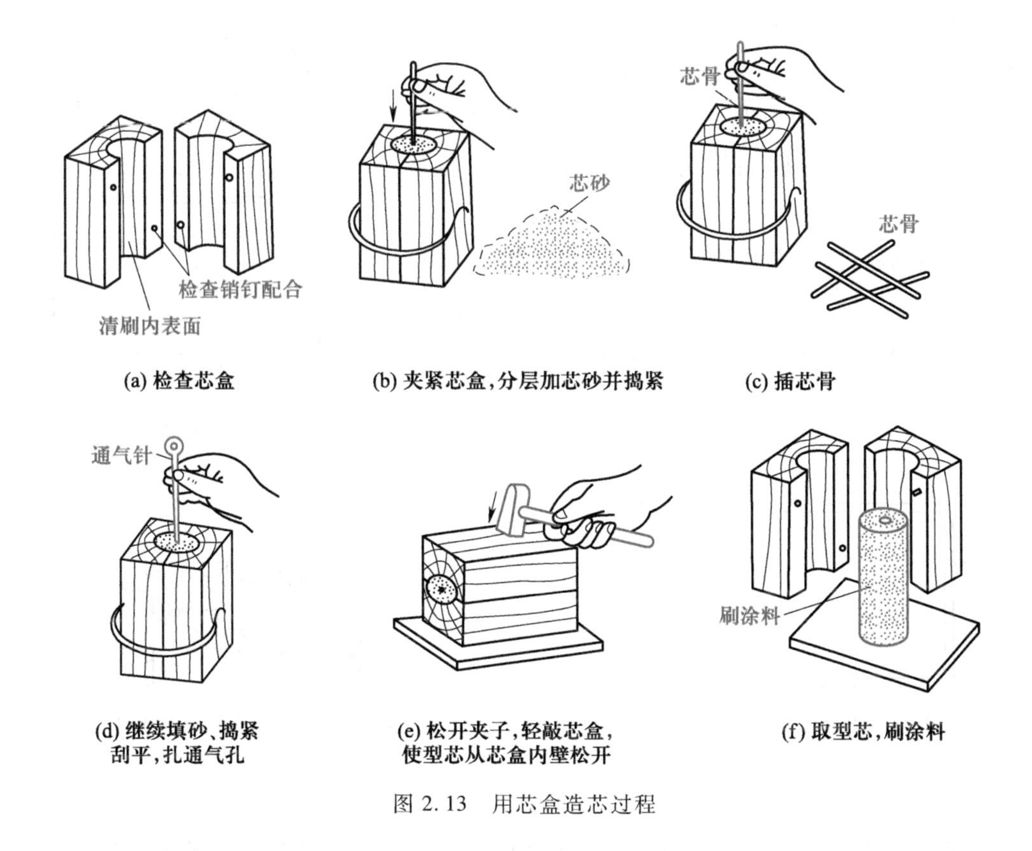

图 2.13 用芯盒造芯过程

【实习操作】

独立完成中等复杂件(带 1~2 个型芯)的整模造型。要求能正确使用造型工具,合理选择分型面,设置浇注系统和具有一定的修型能力。

【操作要点】

整模造型时,各项基本操作要点如下。

1. 安放模样

应选择平直的底板和大小适当的砂箱。安放模样时要做到:① 将模样擦净,以免造型时型砂黏在模样上,起模时损坏型腔;② 注意模样的起模斜度方向,使之便于起模;③ 使铸件加工面,特别是重要的加工面,尽量朝下或处于垂直位置;④ 要留出浇注系统位置,模样边缘及浇口外侧需与砂箱内壁留有30~100 mm 的距离,称为吃砂量,其值视模样大小而定,如图 2.14 所示。

2. 填砂与舂砂

填砂与舂砂时要做到:① 必须分层加砂,每次加入量要适当。先加面砂,并用手将模样周围的砂塞紧,然后加填充砂。对于小砂箱,每次加砂厚度为 50~70 mm,过多或过少均舂不紧。

② 舂砂应按一定路线进行(图 2.15),以保证砂型各处紧实度均匀。注意舂砂时不要撞到模样上。③ 舂砂用力大小应适当。用力过大,砂型太紧,浇注时型腔内气体跑不出,将使铸件产生气孔缺陷;用力太小,砂型太松,容易塌箱。

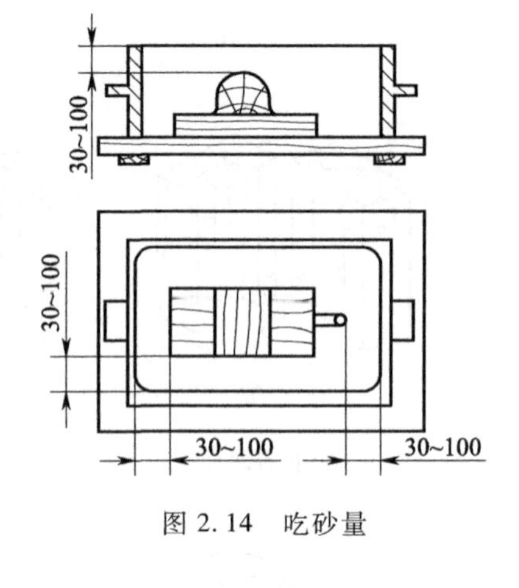

图 2.14 吃砂量

同一砂型的各处,对舂紧的要求是不同的(图 2.16),靠近砂箱内壁应舂紧,以免塌箱;靠近模样处也应较紧,以使型腔承受金属液的压力;远离模样处可较松,以利于透气。

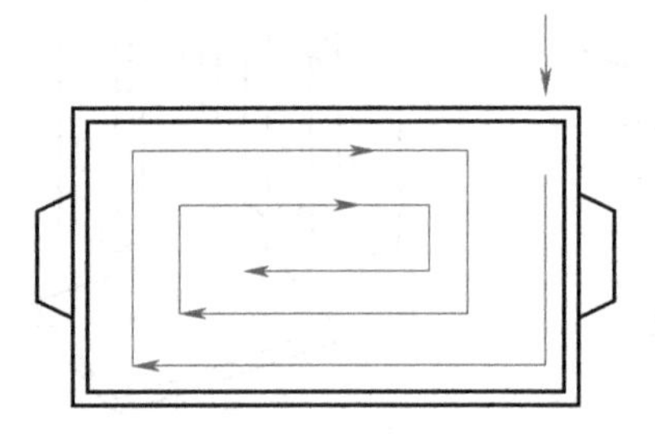
图 2.15 舂砂应按一定路线进行

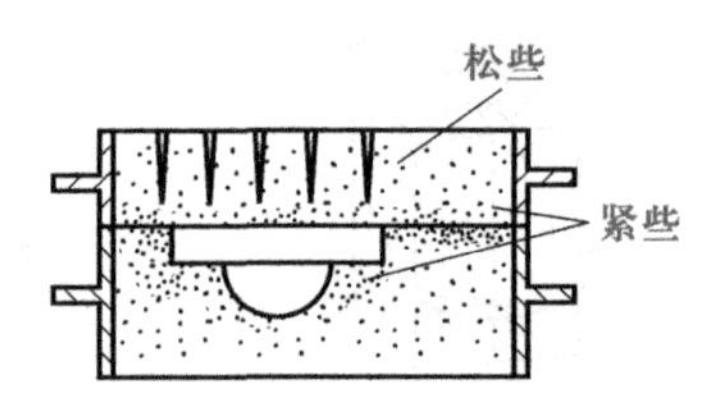

图 2.16 砂型各处舂紧要求不同

3. 撒分型砂

下砂型造好,将下砂箱翻转 180°后,放在底板上。上砂型是叠放在下砂型上进行舂砂的,为了防止上、下砂型黏连,在造上型之前,需在分型面上撒分型砂(分型砂是不含黏土的细颗粒干砂)。撒分型砂时,手应距砂箱稍高,一边转圈,一边摆动,使分型砂缓慢而均匀地散落下来,薄薄地覆盖在分型面上,并用手风箱将散落在模样上的分型砂吹掉,以免影响铸件质量。

4. 扎通气孔

砂型舂实刮平后,要扎通气孔。其深度要适当,分布要均匀,如图 2.17 所示。

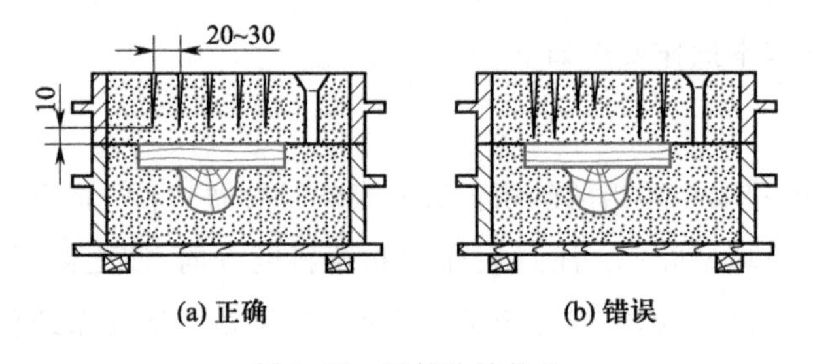

图 2.17 通气孔的扎法

通气孔应在砂型刮平后扎出,以免被堵塞。下砂型一般不扎通气孔。

5. 开外浇口

漏斗形外浇口的形状如图 2.18 所示,锥孔大端直径为 60~80 mm,锥角为 60°,外浇口与直浇道连接处应圆滑过渡。

6. 划合型线

合型时,上砂型必须和下砂型对准,否则在浇注后,铸件会产生错型缺陷。若砂箱上没有定位装置,则应在上、下砂型打开之前,在砂箱壁上作出合型线。作合型线的方法是先用粉笔或砂泥涂敷在砂箱的 3 个侧面上,然后用划针或镘刀划出细而直的线条,如图 2.19 所示。

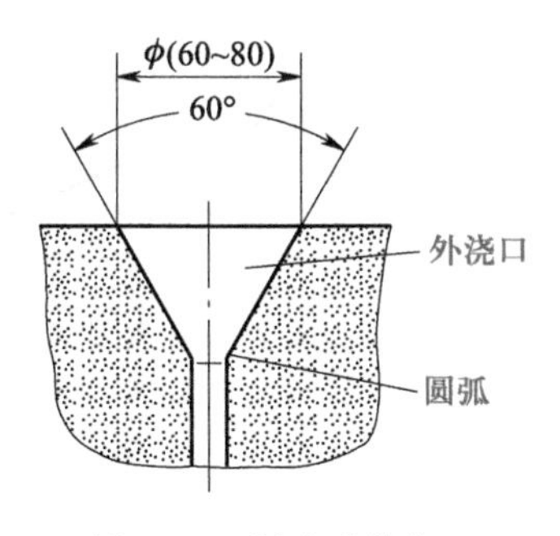

图 2.18　漏斗形外浇口

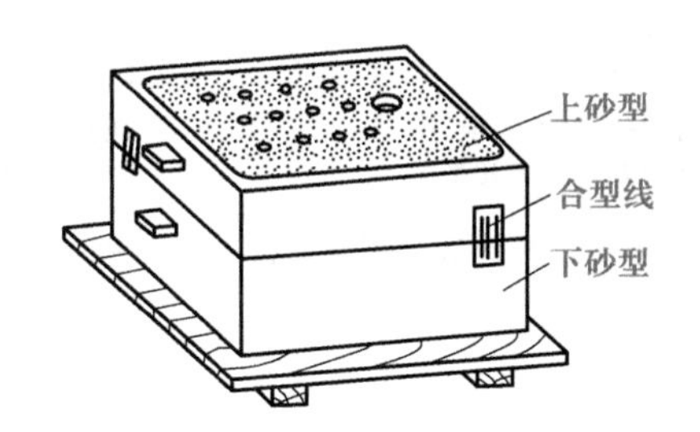

图 2.19　划合型线

7. 起模

上砂型拿下后,起模前要用毛笔沾些水,刷在模样周围的型砂上,以增加这部分型砂的强度,防止起模时损坏砂型。刷水时应一刷而过,不宜过多,否则铸件可能会产生气孔。起模时,起模针应钉在模样的重力作用线上,并用小锤前后左右轻轻敲打起模针的下部,使模样和砂型之间松动,然后轻轻敲打模样的上方并将模样垂直向上提起。起模动作开始时要慢,当模样将要从砂型中拔出时,动作要快,用这样的方法起模,砂型不易损坏。

8. 修型

起模后,型腔如有损坏,应根据型腔形状和损坏程度进行修补。修补工作应由上而下进行,避免在下部修补好后又被上部掉下来的散砂弄脏。局部松软的地方,可在该处补上型砂,用手或小锤等把它再次舂紧,然后用镘刀光平。为使修上去的型砂能牢固地黏在被修补的地方,在烘干和浇注时不致发生脱离,修补时应注意:① 要修补的地方,可用水润湿一下,但水不可过多,否则在浇注时将产生大量水汽,易使修补上去的型砂冲落;② 损坏的地方较大时,修补前应先将要修补的表面砂型弄松,使补上去的型砂能与其连成一体;③ 损坏的地方如果是较大的一块薄层,要将下面的型砂挖深一些,再进行修补,必要时插入铁钉加固。

修型时需使用各种修型工具。图 2.20 所示为用镘刀修补尖角破损。用镘刀修补平面时,要注意镘刀的拿法,手握刀柄,食指轻压镘刀,沿运动方向,刀片应稍翘起(2°~4°),以免镘刀将砂刮起,镘刀的拿法如图 2.21 所示。用砂钩和秋叶修型的示例如图 2.22 所示。

9. 合型

合型是一项细致的操作。修型后合型前,应在分型面上撒扑料(铸铁件湿型表面上扑撒石墨粉),并应仔细检查砂型各个部分,看看是否有损坏的地方。用手风箱将型腔中撒落的灰、砂吹去,还应检查型芯安放的位置是否正确等。合型时应注意使上砂型保持水平下降,并按定位装置或合型线定位。必要时,合型后可再将上砂型吊起来,检查在合型时有无压坏的部分。

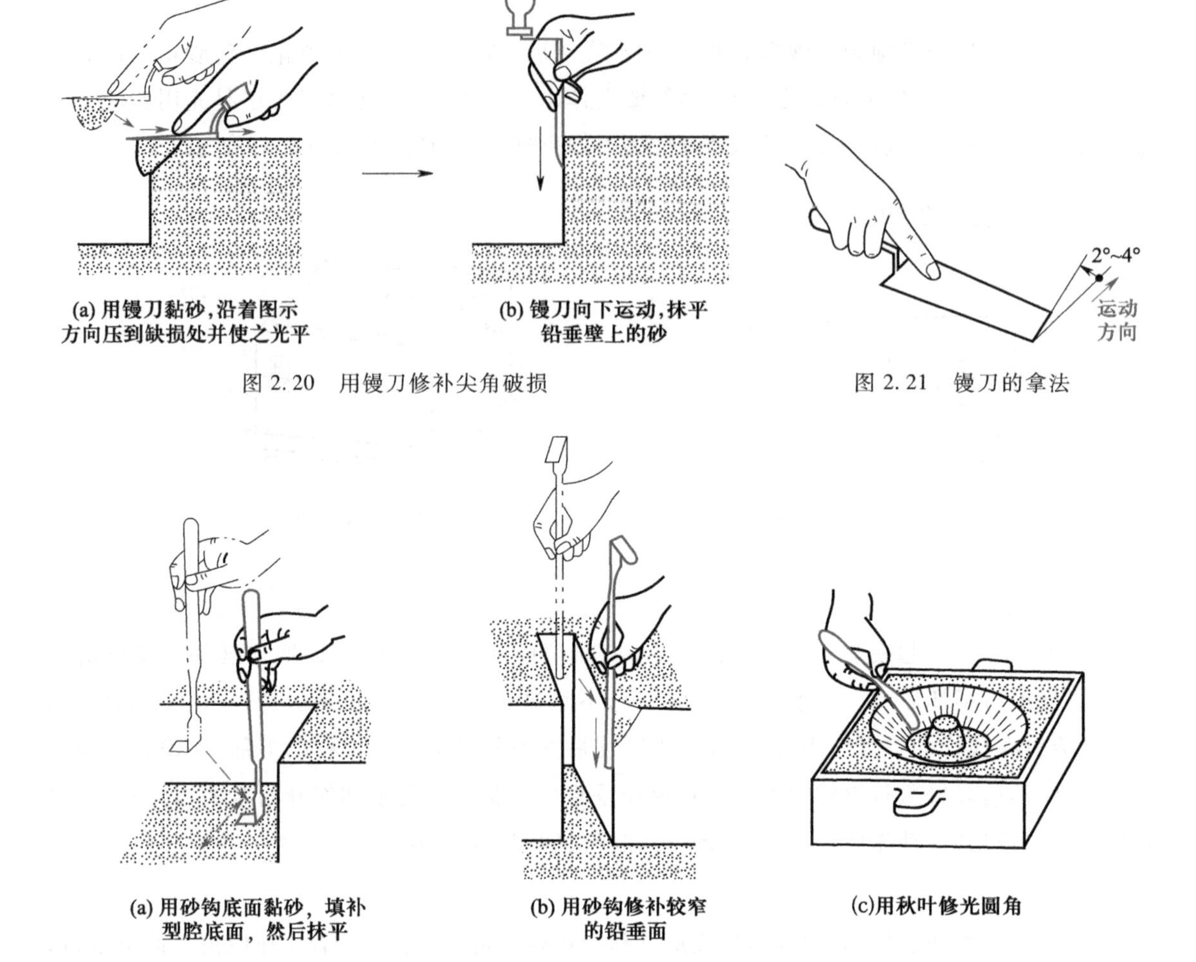

图 2.20 用镘刀修补尖角破损

图 2.21 镘刀的拿法

图 2.22 用砂钩和秋叶修型示例

复习思考题

1. 叙述整模造型工艺过程。
2. 绘图说明浇注系统的组成及其作用。如浇注系统不正确，会产生什么缺陷？
3. 何谓冒口？明冒口应设置在何处？何谓冷铁？应设置在哪里？
4. 常用哪些方法来加强型芯的通气性？各在什么情况下应用？

课题四 分模造型

【基础知识】

当铸件的最大截面不是在铸件一端而是在铸件的中间，采用整模造型不能取出模样时，常采用分模造型方法。

分模造型时所用的模样沿其最大截面分为两部分，即分为上半模和下半模，并用销定位。模样上分开的平面常作为造型时的分型面，所以分模造型时，模样分别放置在上、下砂箱内。

下面以图 2. 23a 所示的三通管铸件为例说明分模造型的过程。三通管铸件的模样如图 2. 23b所示，对称地分成上下两半。模样在分模面上做有定位装置。下半模的分模面上为定位孔，上半模的分模面上为定位销，以保证上半模和下半模对准。

造型时，先将底板和模样清理干净，将下半模放在底板上，套放砂箱，加型砂并舂紧，刮平，扎通气孔。造好下砂型后将其翻转，在下半模上放好上半模(图 2. 23c)，撒分型砂，并将模样上的分型砂吹掉，放浇口棒，造上砂型。上砂型造好后，开箱，起模。起模方法如图 2. 23d 所示。将型芯放入砂型，如图 2. 23e 所示。将上砂型合到下砂型上，如图 2. 23f 所示。可见，分模造型的过程基本上与整模造型相同。

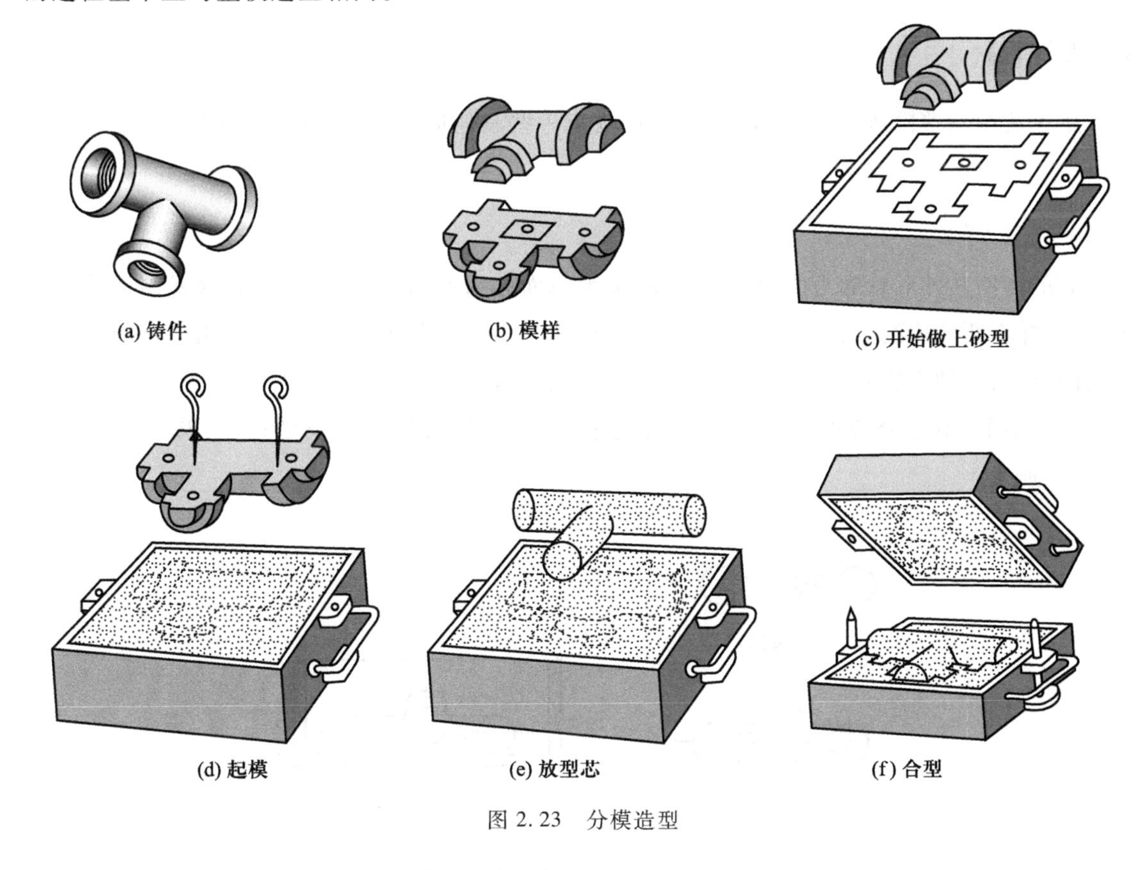

图 2. 23　分模造型

分模造型时，型腔分别处在上砂型和下砂型中，起模和修型均较方便，但合型时要注意使上、下砂型准确定位，否则铸件会产生错型缺陷。

分模造型方法操作简单，适用于形状复杂的铸件，特别是有孔的铸件，即带芯的铸件，如套筒、管子、阀体和箱体等。

分模造型的分模面总是开在模样最大截面处，一般为平面，但也可以根据铸件形状设计为曲面、阶梯面等。

【实习操作】

独立完成中等复杂件(带 1~2 个型芯)的分模造型。

复习思考题

1. 分模造型适合于何种形状的铸件?
2. 铸件采用分模造型时,模样应从何处分开?

课题五 其他手工造型方法

【基础知识】

手工造型除整模造型、分模造型方法外,还有一些其他造型方法,下面作简单介绍。

(一) 挖砂造型和假箱造型

1. 挖砂造型

有的铸件其外形轮廓为曲面或阶梯面,最大截面亦为曲面,但由于模样太薄或制造分模有困难,模样不便分成两半,这时,可将模样做成整体。为了能起出模样,造型时用手工挖去阻碍起模的型砂,这种方法称为挖砂造型。手轮就是属于这一类铸件。在制作这一类铸件模样时,因分型面不平,不能分成两半,因此在单件、小批量生产时,常采用挖砂造型,其造型过程如图 2.24 所示。

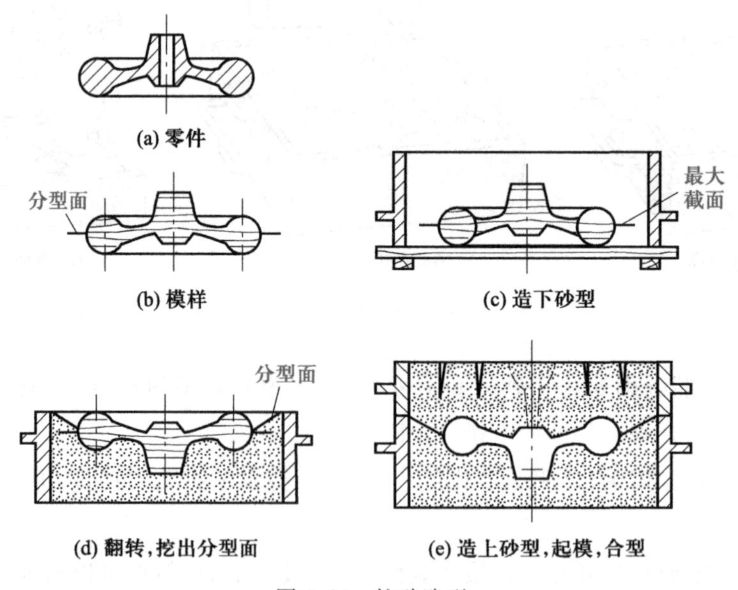

图 2.24 挖砂造型

挖砂造型时，每造一型需挖砂一次，操作麻烦，生产率低，要求操作水平较高，同时往往因挖砂时不易准确地挖出模样的最大截面，致使铸件在分型面处产生毛刺，影响外形的美观和尺寸精度，因此，这种方法只适用于单件、小批量生产。

2. 假箱造型

为了克服挖砂造型的缺点，保证铸件的质量，提高生产率，在造型时可用成形底板代替平面底板，并将模样放置在成形底板上造型（图 2.25a），以省去挖砂操作；也可用含黏土量多、强度高的型砂舂紧制成砂质成形底板（图 2.25b），称之为假箱，代替平面底板进行造型，这种造型方法称为假箱造型。

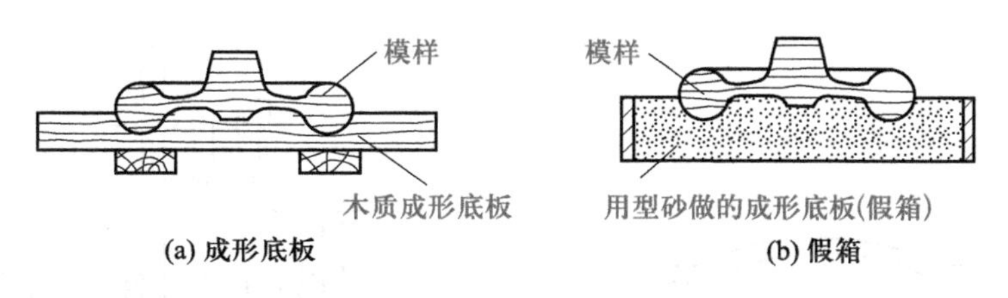

图 2.25　假箱造型

造型时，先将模样放在假箱或成形底板上造下砂型，然后将下砂型翻转造上砂型。由于假箱只在造型时使用，并不用来构成砂型，所以称为假箱。用假箱或成形底板造下砂型，不必挖砂就可使模样露出最大截面，便于起出模样。

假箱造型比挖砂造型简便，生产率高，适用于小批或成批生产。

（二）活块造型

制作模样时，将零件上妨碍起模的部分（如小凸台、肋等）做成活动的，称为活块。造型起模时，先取出模样主体，然后再从侧面将活块取出。采用带有活块的模样进行造型的方法，称为活块造型，如图 2.26 所示。

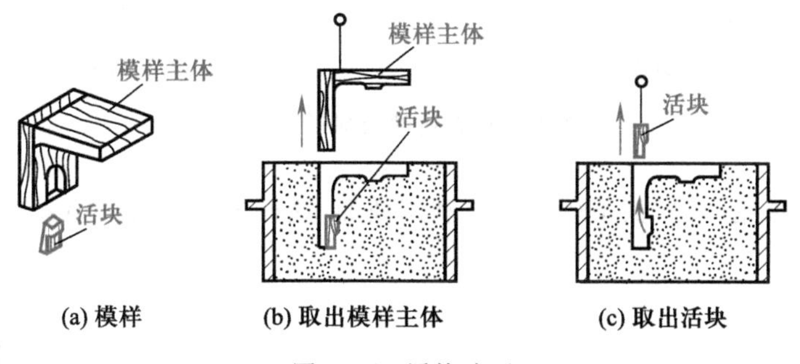

图 2.26　活块造型

活块造型操作应特别细心，舂砂时要注意防止舂坏活块或将其位置移动。活块部分的砂型损坏后，修补较麻烦，取出活块亦要花费工时，故生产率低。另外，由于活块是用销或燕尾榫与模样主体连接，而销、榫易磨损，造型过程中活块也可能移动而错位，所以铸件的尺寸精度较低。活块造型只适用于单件、小批量生产。

（三）刮板造型

制造有等截面形状的大、中型回转体铸件时，如带轮、大齿轮、飞轮、弯管等，若生产数量很少，在造型时，可用一个与铸件截面形状相同的木板（称为刮板）代替模样，刮出所需铸型的型腔，这种造型方法称为刮板造型。

图 2.27 所示为圆盖铸件的刮板造型过程。用刮板代替实体模样造型具有节约材料、减少制造模样所需费用，缩短生产周期等优点。铸件尺寸愈大，优点就愈显著。但刮板造型生产率低，要求操作技术水平较高，所以只适用于有等截面的大、中型回转体铸件的单件、小批量生产。

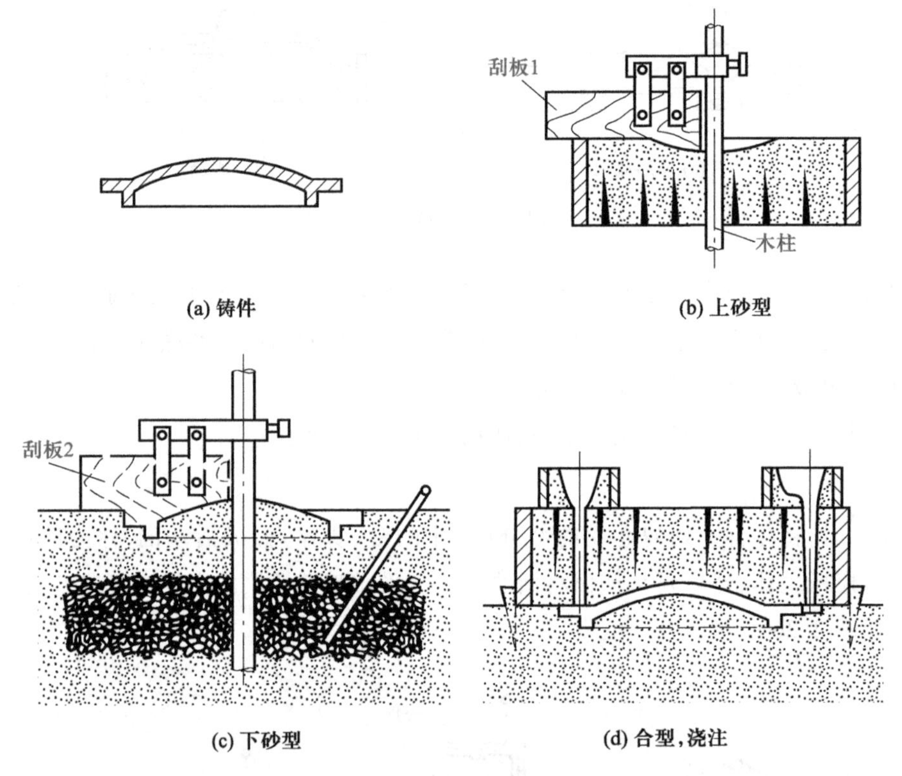

图 2.27　圆盖铸件的刮板造型过程

刮板造型可在砂箱内进行，下砂型也可利用地面，这样可以节省下箱并降低了砂型的高度，便于浇注。

（四）三箱造型

当铸件具有两端截面大而中间截面小的外形时，如采用整模两箱造型，则无法起模。这时，若将模样从小截面处分开，将其分为上、中、下三部分，用两个分型面，三个砂箱造型，模样便可起出，这种造型方法称为三箱造型，如图 2.28 所示。

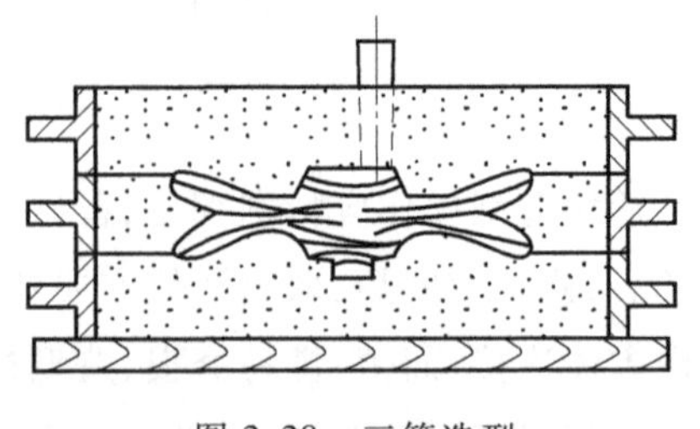

图 2.28　三箱造型

三箱造型操作复杂,生产率低。由于分型面增多,产生错型的可能性增加。此外,还要求高度相当的中箱,所以只适用于单件、小批量生产。

【教师演示】

由指导教师演示挖砂造型、活块造型及刮板造型。

复习思考题

1. 按模样特征来区分,有哪几种造型方法?活块造型和刮板造型各适用于哪些场合?
2. 按砂箱特征来区分,有哪几种造型方法?什么时候采用三箱造型?
3. 图 2.29 所示的两个铸件,单件生产时应采用何种造型方法?

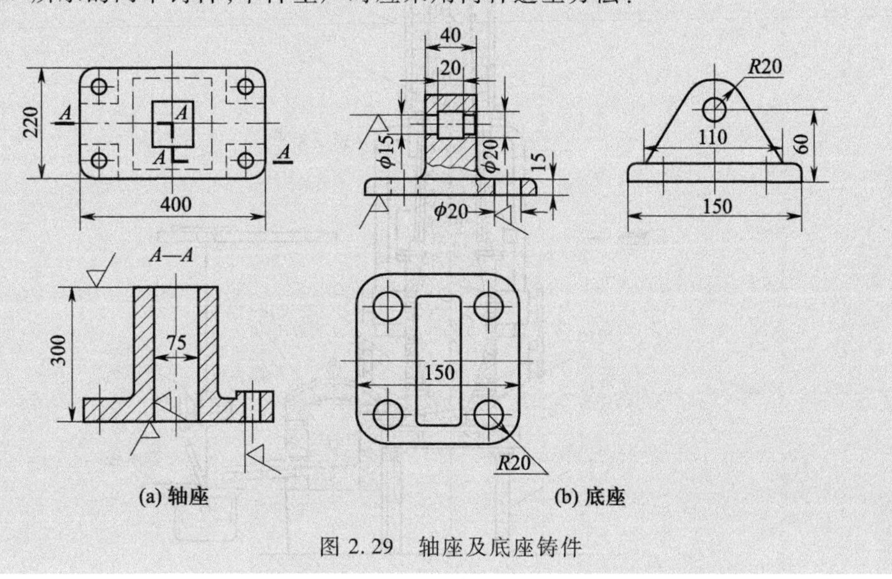

(a) 轴座　　(b) 底座

图 2.29　轴座及底座铸件

课题六　铸铁的熔炼与浇注

【基础知识】

铸铁的熔炼是获得高质量铸件的一个重要环节,其目的是要求得到一定成分和温度的铁水。铸铁熔炼应满足铁水温度高,铁水的化学成分符合要求,生产率高和燃料消耗少等条件。

熔炼铸铁的设备有冲天炉、反射炉、电弧炉和工频炉等。目前使用较多的是冲天炉,其优点是结构简单、操作方便、成本低,而且能连续生产。

(一)冲天炉的构造

冲天炉是圆柱形竖式炉,其结构形式较多,但主要部分基本相似。图 2.30 所示为冲天炉结构示意图。冲天炉由下列几部分组成。

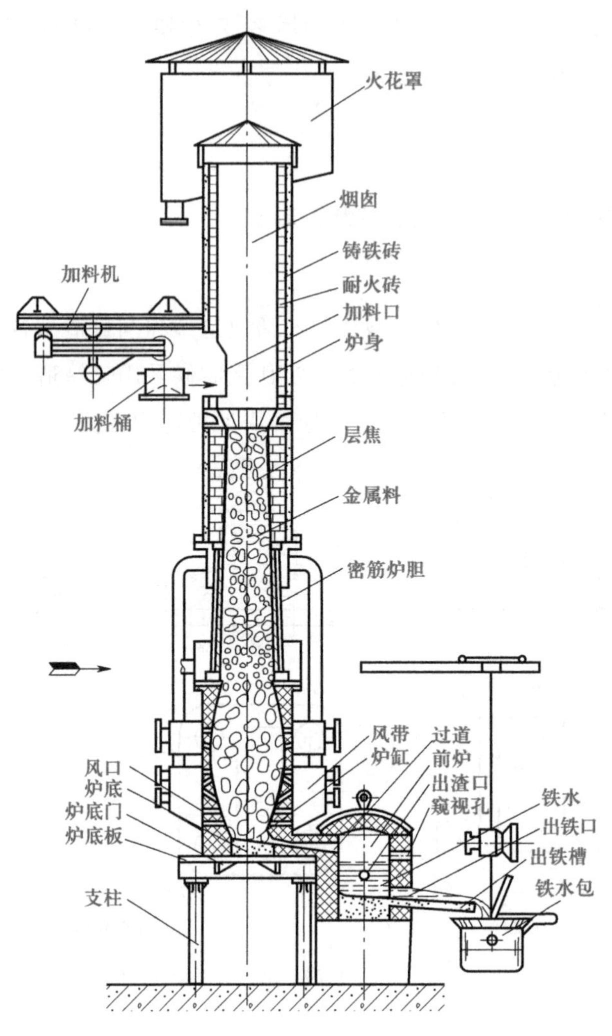

图 2.30 冲天炉结构示意图

1. 炉底

整个冲天炉装在炉底板上,炉底板用 4 根支柱支承,炉底板上装有两扇可以开闭的炉底门。在开炉前,将炉底门关闭,上面用型砂等材料舂实,结成炉底;熔炼结束,打开炉底门,便可清除余料和修炉。

2. 炉体

炉体包括炉身和炉缸两部分。风口沿炉高度方向有若干排,最下面一排(底排)为主风口,其他各排为辅助风口。从主风口到炉底为炉缸,从主风口至加料口为炉身。炉体外壳由钢板焊成,内砌耐火砖。

由鼓风机鼓出的冷风经过密筋炉胆(热风装置)转变为热风,再经风带、风口进入炉内,以使焦炭充分燃烧。

3. 烟囱

从加料口到炉顶为烟囱。烟囱顶部设有火花罩,用来收集焦炭颗粒和烟尘。

4. 前炉

前炉通过过道与炉缸相连，前炉上开设窥视孔、出渣口、出铁口及出铁槽。前炉的主要作用是储存铁水，使铁水的成分和温度更加均匀。前炉中的铁水由出铁口放出，熔渣则从位于出铁口侧面上方的出渣口放出。

5. 加料装置

由加料机和加料桶组成，其作用是将炉料按一定的配比和分量，按次序分批从加料口投入炉内。

冲天炉的大小是以每小时能熔炼出的铁水吨数来表示的，常用的冲天炉为 1.5~10 t/h。

（二）冲天炉炉料

冲天炉炉料由金属炉料、燃料和熔剂三部分组成。

1. 金属炉料

由高炉生铁（即生铁锭）、回炉铁（浇冒口、废铸件等）、废钢及铁合金（硅铁、锰铁等）按比例配制而成。高炉生铁是主要的金属炉料；回炉铁可降低铸件成本；废钢可降低铁水的碳的质量分数；铁合金用来调整铁水的化学成分或配制合金铸铁。

2. 燃料

常用的燃料是焦炭。焦炭的燃烧为铸铁熔炼提供热量，要求焦炭中碳的质量分数要高，挥发物、灰分、硫等的质量分数要低。焦炭燃烧的情况直接影响铁水的温度和成分。每批炉料中金属炉料和焦炭的质量比称为铁焦比，铁焦比一般为 10∶1。

3. 熔剂

拓展阅读

冲天炉的熔炼原理

熔剂主要起造渣作用。金属炉料中的氧化物、焦炭中的灰分等相互作用会形成熔点较高、黏度大的熔渣，如不及时排除，会黏附在焦炭上，影响焦炭的燃烧。加入熔剂后，可降低渣的熔点并使熔渣稀释，以利于渣与铁水分离，并使渣从出渣口排出。常用的熔剂有石灰石（$CaCO_3$）和萤石（CaF_2），加入量为金属炉料质量的3%~4%。

（三）浇注

将熔融金属注入铸型的操作，称为浇注。浇注是铸造生产的一个重要环节，为保证铸件质量、提高生产率和工作安全，应严格遵守浇注操作规程。

1. 浇包

用来盛放、输送和浇注熔融金属用的容器称为浇包。常用的浇包如图 2.31 所示。手提浇包容量为 15~20 kg；抬包容量为 25~100 kg，由 2~6 人抬着浇注。容量更大的浇包用吊车吊运，称为吊包。浇包的外壳用钢板制成，内衬耐火材料。

2. 浇注工艺

浇注时要控制好浇注温度和浇注速度。

（1）浇注温度　浇注温度过高，铁水气的质量分数大，液体收缩大，对型砂的热作用剧烈，容

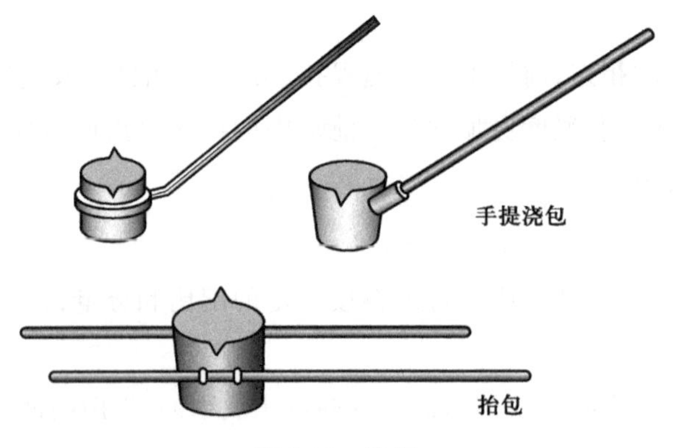

图 2.31 浇包

易产生气孔、缩孔、缩松、黏砂等缺陷。浇注温度过低,会产生冷隔、皮下气孔、浇不到等缺陷。浇注温度与合金种类、铸件大小和壁厚有关,一般中小型灰铸铁件的浇注温度为 1 260~1 350 ℃,形状复杂和壁薄铸件的浇注温度为 1 350~1 400 ℃。

(2) 浇注速度 单位时间内浇入铸型中的金属液质量称为浇注速度。浇注速度应适中,太慢会充不满型腔,铸件容易产生冷隔和浇不足等缺陷;太快会冲刷铸型,且使铸型中气体来不及逸出,在铸件中产生气孔以及造成冲砂、抬箱、跑火等缺陷。同时,浇注速度还应根据铸件形状和壁厚确定,对于形状复杂和壁薄的铸件,浇注速度应高一些。

(四) 铸造铝合金的熔炼

铝合金是一种应用最为广泛的轻合金,其熔炼一般采用焦炭坩埚炉(图 2.32)或电阻坩埚炉(图 2.33)。

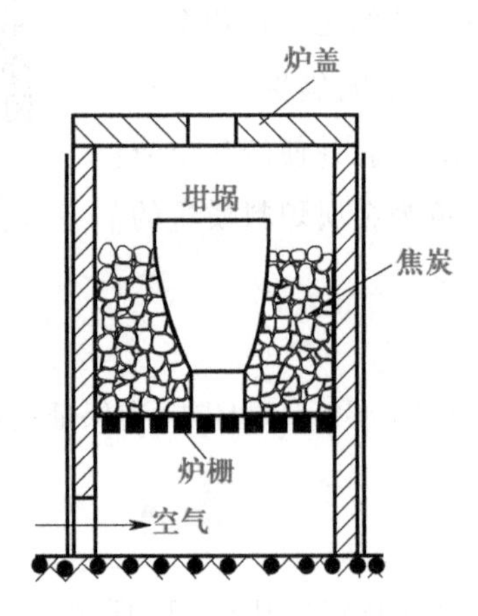

图 2.32 焦炭坩埚炉示意图

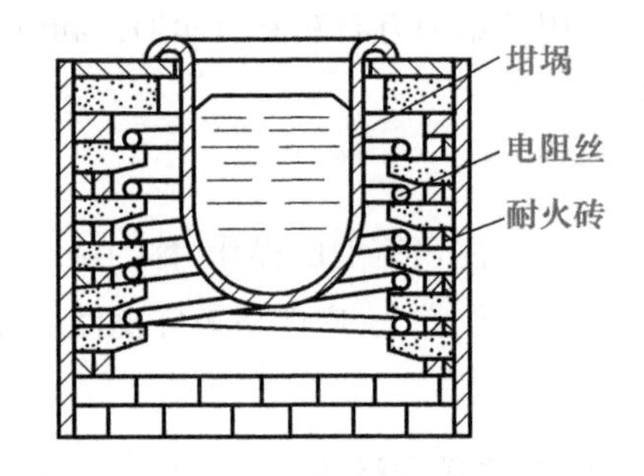

图 2.33 电阻坩埚炉示意图

铝合金在高温下容易氧化,且吸气(氢气等)能力很强。铝的氧化物 Al_2O_3 呈固态夹杂物悬浮在铝水中,在铝水表面形成致密的 Al_2O_3 薄膜。合金液体所吸收的气体被其阻碍而不易排出,便在铸件中产生非金属夹杂物和分散的小气孔,降低其力学性能。为避免铝合金氧化和吸气,熔炼时加入熔剂(KCl、$NaCl$、NaF_2 等),使铝合金液体在熔剂层覆盖下熔炼。当铝合金液体被加热到700~730 ℃时，加入精炼剂（六氯乙烷等）进行去气精炼，将液体中溶解的气体和夹杂物带到液面而被去除，以使金属液净化，提高合金的力学性能。

【实习操作】

参加加料、炉前操作，安全地进行浇注工作。

【操作要点】

1. 冲天炉的操作

冲天炉熔炼时，其操作步骤为：① 修炉、烘干与点火；② 加底焦；③ 加炉料；④ 鼓风熔化；⑤ 出渣出铁；⑥ 停炉。

2. 浇注时应注意的事项

（1）浇注前要将铸型紧固　浇注时，金属液对上砂型产生浮力，当浮力大于上砂箱的重力时，上砂箱将被液态金属抬起（称为抬箱），使铁水流出箱外（称为射箱）或使燃烧着火的气体窜出箱外（称为跑火）。为防止上述问题的出现，合型后浇注前应将铸型紧固。单件生产时，可在上砂箱上放置压箱铁，压箱铁质量一般为铸件质量的3~5倍。在成批和大批量生产中，一般用夹子、螺栓等紧固件将铸型卡紧。

（2）准备浇包和清理场地　浇包在使用前必须烘干烘透，否则盛入金属液后会降低金属液的温度，并引起铁水飞溅。浇注工具如撇渣棒、火钳、铁棒等都要经过预热干燥，以免接触金属液时造成飞溅伤人。

浇注场地要有通畅的走道，并且无积水。炉子出铁口和出渣口下的地面，不能有积水，一般应铺上干砂。

浇注人员必须穿戴好防护用品，浇注时应戴防护眼镜。

（3）去渣　浇注以前，一般需把金属液表面的熔渣除尽，以免浇入铸型造成夹渣。这个操作要迅速，以免因时间过久，使金属液温度降低太多。除渣后，可在金属液面上撒上一层稻草灰保温。

（4）引火　为了使铸型中残留的气体和铸型及型芯因受热而产生的气体能很快地排出，在浇注时宜先在铸型的出气孔和冒口处用纸或刨花引火燃烧。

（5）浇注　浇包中的金属液不能太满（一般不超过80%），以免抬运时飞溅伤人。浇包抬起和放下，均应平稳。浇注时应把包嘴对准外浇口，把撇渣棒放在包嘴附近的金属液表面上，以阻止熔渣随金属液流下。浇注时应使外浇口保持充满，这样可使外浇口的熔渣不会带进铸型。同时铁水不可断流，以免铸件产生冷隔。

浇注开始时，应以细流注入，防止飞溅。快浇满时，也应以细流注入，防止溢出，同时也可减少抬箱力。

铸型浇满后，稍停一下，再往冒口补浇一些金属液，并在上面盖以干砂、稻草灰或其他保温材料，以有利于防止铸件产生缩孔和缩松。

有些铸件在凝固后要把压铁和紧固工具卸去，使铸件能自由收缩，避免产生裂纹和断裂。

复习思考题

1. 画简图表示冲天炉的主要组成部分，并说明其作用。出渣口为什么要比出铁口高？
2. 浇注温度过高和过低，有什么不好？
3. 浇注速度的高低对铸件有何影响？浇注时断流会产生什么缺陷？

课题七 铸件的落砂、清理及缺陷分析

【基础知识】

（一）铸件的落砂

把铸件与型砂、砂箱分开的操作称为落砂。落砂应在铸件充分冷却后进行，落砂过早，会使铸件冷却太快，容易产生表面硬皮、内应力、变形、裂纹等缺陷，但也不能太迟，以免降低生产率。对于形状简单、质量小于 10 kg 的铸件，在浇注后 1 h 左右就可以落砂。

小型铸件的手工落砂是用铁钩和手锤进行的。手工落砂不仅生产率低，而且由于灰尘多、温度高，劳动条件很差。为改善劳动条件和提高劳动生产率，常用振动落砂机来进行落砂。图 2.34所示为惯性振动落砂机的原理图及外形图。当振动落砂机主轴旋转时，主轴两端质量不平衡的偏心重产生惯性力，使机身与上面的砂箱一起振动，完成落砂。

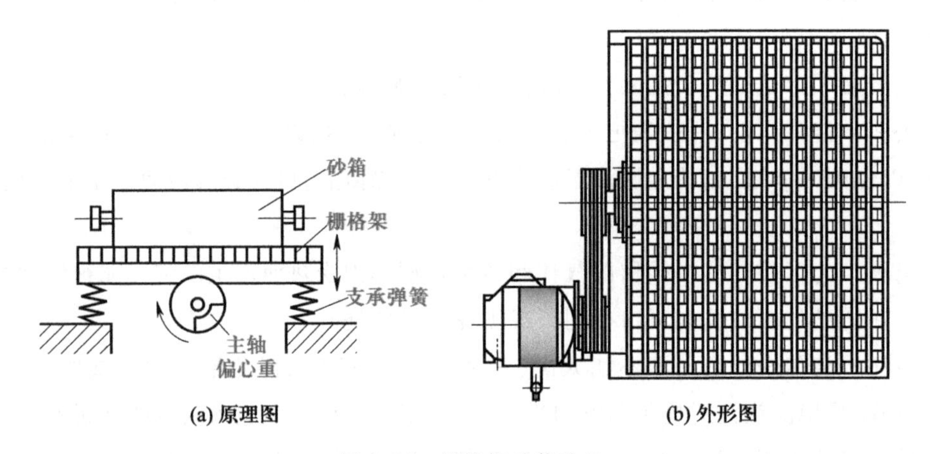

图 2. 34 惯性振动落砂机

（二）铸件的清理

落砂后的铸件必须清理。铸件清理包括清除表面黏砂、芯砂、浇冒口、飞翅和氧化皮等。

对于小型灰铸铁件上的浇冒口，可用手锤或大锤敲掉，敲击时要选好敲击的方向，以免将铸件敲坏，并应注意安全，敲打方向不要正对他人；铸钢件因塑性好，浇冒口要用气割切除；有色金

属件上的浇冒口则多用锯削。

铸件内腔的芯砂可用手工或机械方法清除。手工清除的方法是用钩铲、风铲、铁棍、钢凿和手锤等工具在型芯上慢慢铲削，或者轻轻敲击铸件，振松型芯，使其掉落；机械清除可采用振砂机、水力清砂、水爆清砂等方法。

表面黏砂、飞翅和浇冒口余痕的清除，一般使用钢丝刷、錾子、锉刀等手工工具进行。手工清理，劳动强度大，条件差，效率低，现多用机械代替。常用的清理机械有清理滚筒、喷砂及抛丸机等，其中清理滚筒(图 2.35)是最简单而又普遍使用的清理机械。为提高清理效率，在滚筒中可装入一些白口铸铁制的铁星。当滚筒转动时，铸件和铁星互相撞击、摩擦而将铸件表面清理干净。滚筒端部有抽气口，可将所产生的灰尘吸走。

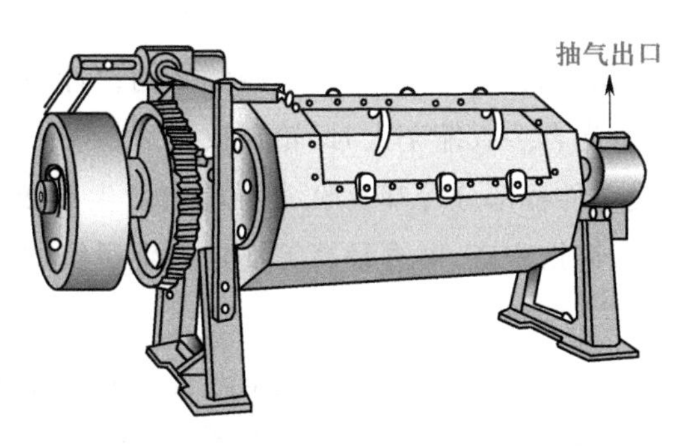

图 2.35　清理滚筒

（三）铸件缺陷分析

经清理后的铸件，要经过检验，并应对出现的缺陷进行分析，找出原因，采取措施加以防止。

常见铸件缺陷的特征和产生的主要原因如下。

1. 气孔

气孔是在铸件内部或表面上呈梨形、圆形的孔眼，其特征是孔的内壁较光滑，如图 2.36 所示。产生的主要原因是砂型舂得太紧或透气性差，型砂含水过多或起模、修型时刷水过多，型芯通气孔被堵塞或型芯未烘干，浇冒口设置不当使气体难于排出等。

2. 缩孔

缩孔的特征是孔的内壁粗糙，形状不规则，一般出现在铸件最后凝固(厚壁)处，如图 2.37 所示。产生的原因是铸件结构设计不合理，壁厚不均匀；浇冒口开设的位置不对，或冒口尺寸小，补缩能力差；浇注温度太高或铁水化学成分不合格，收缩量过大等。

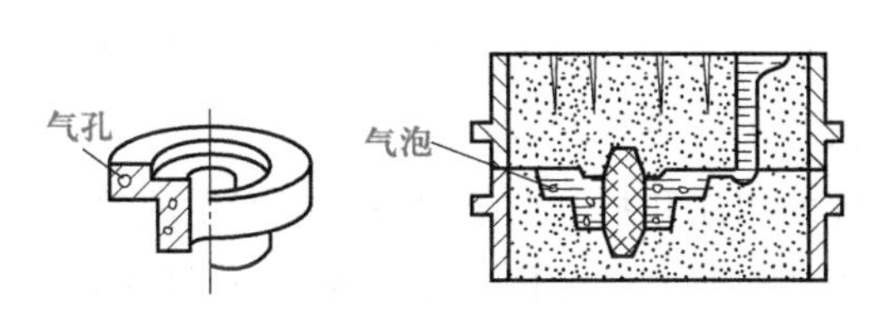

图 2.36　气孔

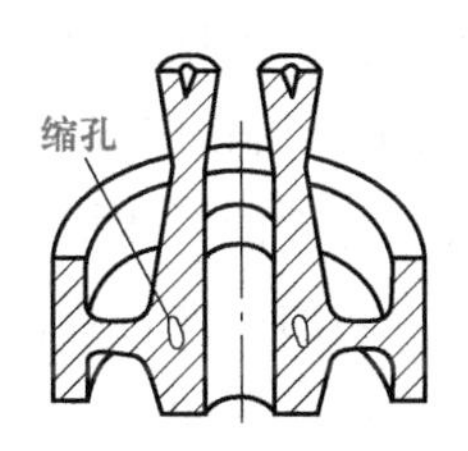

图 2.37　缩孔

3. 砂眼

铸件的内部或表面上有带有型砂的孔眼，称为砂眼，如图 2.38 所示。产生的原因是造型时落入型腔内的散砂未吹干净；型芯的强度不够，被铁水冲坏；型砂未舂紧，被铁水冲垮或卷入；内浇道的方向不对，致使铁水冲坏砂型；合型时砂型局部损坏。

4. 裂纹

在高温下形成的裂纹称为热裂纹。热裂纹形状曲折而不规则，裂纹短，缝隙宽，断面严重氧化。在较低温度下形成的裂纹称为冷裂纹。冷裂纹细小，较平直，没有分叉，断面未氧化或轻微氧化。裂纹产生的原因是铸件结构设计不合理。如图 2.39 所示的带轮铸件，由于采用直的轮辐，当合金收缩率大时，轮辐被拉裂，产生裂纹。又如型（芯）砂韧性差，浇注系统位置不当，会使铸件各部分冷却及收缩不均匀产生裂纹。还有，由于浇注温度不高，浇注速度太低，落砂过早，铸铁中硫、磷含量高等都是产生裂纹的原因。

5. 冷隔

冷隔是指铸件有未完全融合的缝隙和洼坑，其交接处呈圆滑状，一般出现在离内浇道较远处、薄壁处或金属汇合处，如图 2.40 所示。冷隔产生的原因是浇注温度太低，浇注速度太低或浇注时发生中断，浇道太小或位置不当。

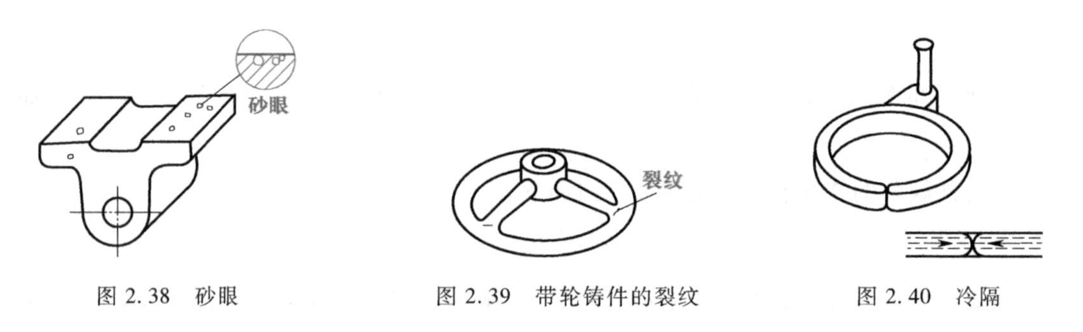

图 2.38　砂眼　　图 2.39　带轮铸件的裂纹　　图 2.40　冷隔

6. 浇不足

浇不足是指铸件未浇满。产生的原因是浇注温度太低，浇注太慢或浇注时发生中断，浇道太小或未开出气口，铸件结构不合理及局部过薄等。

7. 错型

铸件沿分型面产生相对位置的错移，称为错型。它是由于合型时上、下砂型未对准或砂箱的合型线或定位销不准确及造型时分模的上半模和下半模未对准而造成的。

由上述分析可见，铸件缺陷的分析是一项相当复杂的工作，这不仅是因为铸造工艺过程的环节较多，牵涉面较广，而且因为同一种缺陷，可能是由多种不利因素综合作用造成的，所以一定要对每一铸件的具体情况作铸件缺陷分析，分析前应做好调查研究。

具有缺陷的铸件是否作为废品，则由铸件的用途和技术要求以及缺陷产生的部位和严重程度等情况确定。例如，对于不重要的铸件或铸件的非要害部位存在砂眼、气孔等缺陷，如果不影响使用或修补后不影响使用，可以不列为废品。

【实习操作】

利用车间设备和工具，安全地进行铸件的落砂、清理工作，并对铸件质量进行分析。

复习思考题

1. 铸铁件、铸钢件、铝合金铸件的浇冒口分别采用什么方法去除？
2. 铸件清理有哪些方法？
3. 怎样辨别气孔、缩孔、砂眼等缺陷？如何防止？
4. 经过检验后，有缺陷的铸件是否都要报废？为什么？

课题八　机器造型简介

【基础知识】

机器造型把造型过程中紧砂和起模两个基本操作实现了机械化，大大提高了生产率，是现代化铸造车间的基本生产方法。

机器造型是用模板和双砂箱在专用的造型机上进行的。模板是将模样、浇注系统沿分型面与底板连接为一整体的专用模具。模板可用螺钉紧固在造型机工作台上，造型时底板形成分型面，模样形成铸型型腔。

机器造型多是由专门造上砂型及专门造下砂型的两台造型机配对生产，造好的上、下两个砂型用箱锥定位进行合箱，因此机器造型通常只允许两箱造型。

造型机的种类很多，常用的振压式造型机工作原理如图 2.41 所示。工作台 5 上固定着模板 7，上面放置填满型砂的砂箱 6，压缩空气沿着振实进气口 9 进入振实活塞 4 的底部并举起工作台及砂箱，当振实活塞上升至将振实排气口 10 打开的位置后，活塞下面的压力下降，工作台下落，产生振击，如此反复多次，直到型砂振紧。然后将型砂堆高使之高出砂箱，再使压缩空气进入压实气缸 1 的下部使压实活塞 3 上升，将工作台连同砂箱一起抬起，顶到上面的压头 8，将型砂压实。最后使压实气缸排气，靠工作台及砂箱的自重而下降，完成紧砂过程。

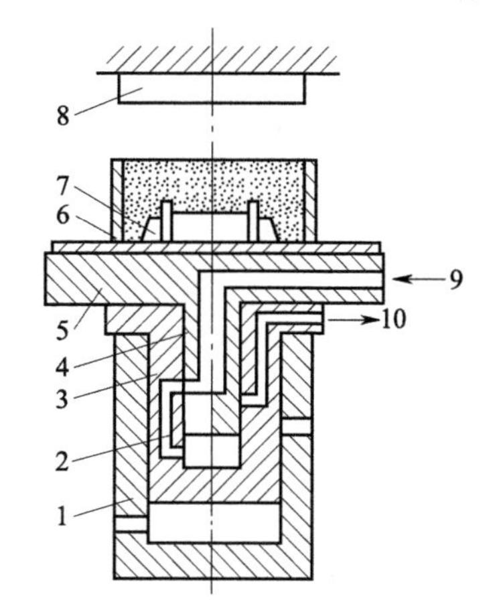

1—压实气缸；2—振实气路；3—压实活塞；4—振实活塞；5—工作台；6—砂箱；7—模板；8—压头；9—振实进气口；10—振实排气口

图 2.41　振压式造型机工作原理

造型机大都装有起模机构，其动力也多是应用压缩空气。起模机构有顶箱、漏模和翻转三种。

图 2.42a 所示为顶箱起模。型砂紧实后，开动顶箱机构使分布在砂箱四角的顶杆 2 上升，顶杆穿过模板 1 上的通孔而将砂箱 3 顶起，模板仍然留在工作台上，完成起模工作。顶箱起模结构简单，但起模时易掉砂，因此适用于模样形状简单且高度较小的铸型，常用于制造上砂型。

图 2.42b 所示为漏模起模。它是将模样 4 上难以起模

的部分制成可漏下的模样 6,起模时,由于漏板 5 托住了图中 A 处的型砂,从而避免了掉砂。漏模起模适用于模样形状复杂、高度较大和难于起模的铸型。

图 2.42c 所示为翻转起模。型砂紧实后,在翻转气缸的推动下,砂箱 10、底板 9、模样 8 和翻转台 7 一起翻转 180°,然后再使砂箱随承受台 11 下降,起出模板。翻转起模不易掉砂,适用于型腔较深、形状复杂的铸型。由于下砂型型腔通常较深,且本身为了合型的需要,也需翻转 180°,因此翻转起模多用于制造下砂型。

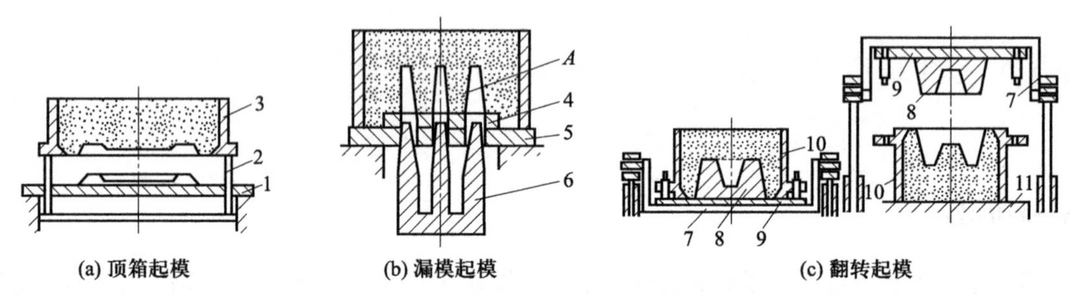

1—模板;2—顶杆;3、10—砂箱;4—模样;5—漏板;6、8—模样;
7—翻转台;9—底板;11—承受台

图 2.42 起模机构

【实习要求】

由指导教师演示或现场参观(条件具备的学校)或看录像。

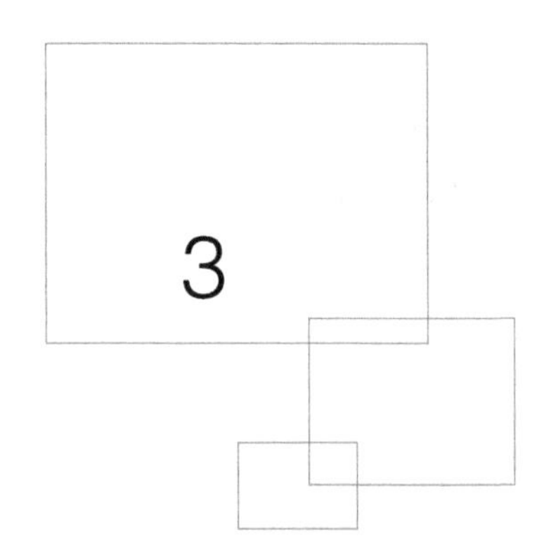

锻　　压

目的和要求

1. 了解锻压生产的实质、特点和应用。
2. 了解锻压生产常用设备(空气锤、冲床)和工具的构造、工作原理和使用方法。
3. 了解锻造前坯料的加热、常见的加热缺陷、碳钢锻造温度范围及锻件冷却方法。
4. 掌握自由锻基本工序并进行操作;熟悉轴类、盘套类锻件自由锻的工艺过程;用自由锻方法锻制简单锻件并对锻件进行初步工艺分析。
5. 了解胎模锻造工艺过程、特点、应用和胎模结构。
6. 了解冲压基本工序及简单冲模的结构并完成简单件的冲压加工。
7. 熟悉锻件、冲压件的常见缺陷及其产生的主要原因。
8. 熟悉锻压车间生产安全技术,了解简单经济分析。

安全技术

1. 穿戴好工作服等防护用品。
2. 对所使用的工具进行检查,如锤柄、锤头、砧子以及其他工具是否有损伤和裂纹,并随时检查锤柄和锤头是否松动。
3. 加热时,操作者不要用眼睛盯着加热部位,以免光热刺伤眼睛。
4. 操作时,手钳或其他工具的柄部应置于身体的旁侧,不可正对人体。
5. 手锻时,严禁戴手套打大锤。打锤者应站在与掌钳者成90°的位置,抡锤前应观察周围有无障碍或行人。切割操作时,在料头飞出方向不准站人,操作到快要切断时应轻打。
6. 机锻时,严禁用锤头空击下砧铁,不准锻打过烧或已冷的工件。锻件及垫铁等工具必须放正、放平，以防飞出伤人。

7. 必须用手钳等工具放置或取出工件，用扫帚清除氧化皮。不得用手摸或脚踏未冷透的锻件。
8. 冲压操作时，手不得伸入上、下模之间的工作区间。从冲模内取出卡住的制件及废料时，要用工具，严禁用手抠，而且要把脚从脚踏板上移开，必要时，应在飞轮停止后再进行。

课题一　概述

【基础知识】

锻造和冲压都是对坯料施加外力，使其产生塑性变形，改变尺寸、形状并改善性能，以获得毛坯或零件的加工方法，这种加工方法统称为锻压。

用于锻压的金属应具有良好的塑性，以便在锻压加工时能产生较大的塑性变形而不破坏。常用的金属材料中，钢、铝、铜等塑性良好，可以锻压，铸铁塑性很差，不能锻压。

按照成形方式的不同，锻造可分为自由锻和模锻两类。自由锻按其设备和操作方式又可分为手工自由锻和机器自由锻。中小型锻件常以圆钢、方钢为原材料，锻造前要把原材料用剪切、锯削等方法切成所需要的长度。锻造是在加热状态下进行的，而冲压则多以板料为原材料，在室温下进行。

金属材料经过锻造后，内部组织更加致密、均匀，强度及冲击韧性都有所提高。所以，承受重载及冲击载荷的重要零件，多以锻件为毛坯。冲压件则具有强度大、刚度高、结构轻等优点。锻压加工是机械制造中的重要加工方法。

复习思考题

1. 锻压加工有哪些特点？

2. 用于锻压加工的材料主要应具有什么样的性能？常用材料中哪些可以锻压？哪些不能锻压？

课题二　坯料的加热和锻件的冷却

【基础知识】

（一）坯料加热的目的和要求

锻造前要对金属坯料加热，目的在于提高其塑性和降低其变形抗力，亦即提高其锻造性。

加热过程中，金属表面被氧化而形成氧化皮，不仅造成金属损耗，而且在锻造时易被压入锻件表面，影响表面质量。钢的加热温度愈高，加热时间愈长，则氧化皮愈多。因此，对坯料加热的要求是：在保证坯料均匀热透的前提下，用最短的时间加热到所需的温度，以减少金属的氧化和降低燃料的消耗。

（二）锻造温度范围

锻造是在一定温度范围内进行的。锻坯开始锻造时的温度，称为始锻温度，终止锻造时的温度，称为终锻温度。锻件由始锻温度到终锻温度的间隔称为锻造温度范围。一般来说，始锻温度应使锻坯在不产生过热、过烧缺陷的前提下尽可能高些，终锻温度应使锻坯在锻造中不产生冷变形强化的前提下，尽可能低些，这样可减少加热次数和提高生产率。

常用金属材料的锻造温度范围见表3.1。

表3.1　常用金属材料的锻造温度范围

种类	始锻温度/℃	终锻温度/℃
低碳钢	1 200～1 250	800
中碳钢	1 150～1 200	800
低合金钢	1 100～1 150	850
铝合金	450～500	350～380
铜合金	800～900	650～700

锻造时金属的温度可用仪表来测量，但实际生产中，锻工一般都用观察金属坯料火色的方法来判断。碳钢加热温度与火色的关系见表3.2。

表3.2　碳钢加热温度与火色的关系

温度/℃	1 300	1 200	1 100	900	800	700	600
火色	黄白	淡黄	黄	淡红	樱红	暗红	赤褐

（三）加热方法与加热设备

金属坯料的加热，按所采用的热源，可分为火焰加热与电加热两大类。

1. 火焰加热

火焰加热采用烟煤、焦炭、重油、柴油、煤气作燃料，当燃料燃烧时，产生含有大量热能的高温火焰将金属加热。

（1）手锻炉　锻工实习操作常使用手锻炉，其构造如图3.1所示，由炉膛、烟罩、风门、风管等组成，常用的燃料为烟煤。手锻炉具有结构简单、操作容易等优点，但生产率低，加热质量不高。

（2）重油炉和煤气炉　室式重油炉的结构及工作原理如图3.2所示。重油与具有一定压力的空气分别由两个管道送入喷嘴，当压缩空气从喷嘴喷出时，所造成的负压能将重油带出，在喷嘴口附近混合雾化后，喷入炉膛进行燃烧。调节重油及空气流量，便可调节炉膛的燃烧温度。

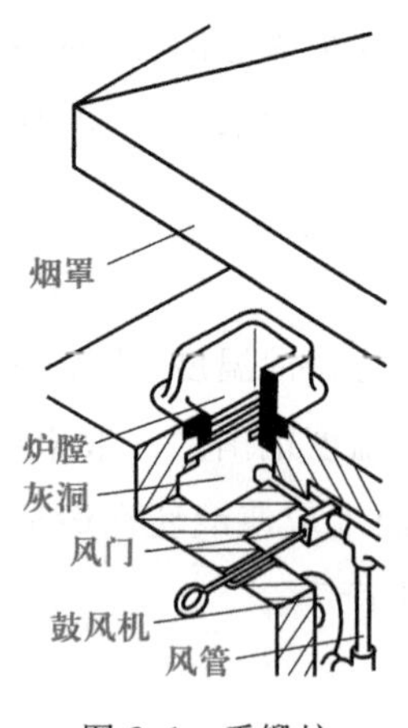

图 3.1 手锻炉

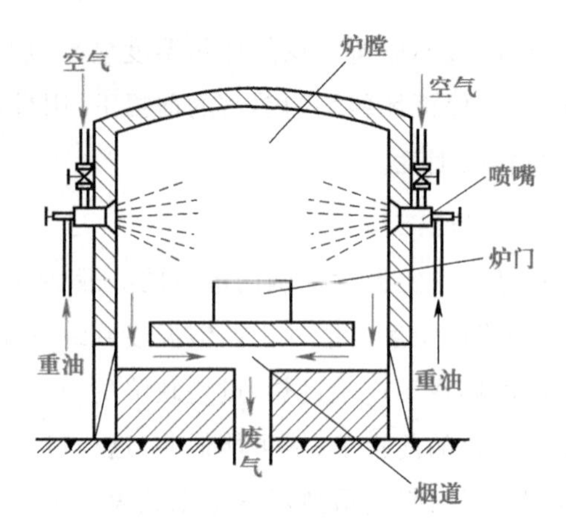

图 3.2 室式重油炉的结构及工作原理

煤气炉的构造与重油炉基本相同,主要区别在于喷嘴的结构不同。

2. 电加热

电加热通过把电能转变为热能来加热金属坯料,是更为先进的加热方法。电加热的方法主要有电阻加热、接触加热和感应加热,工作原理如图 3.3 所示。

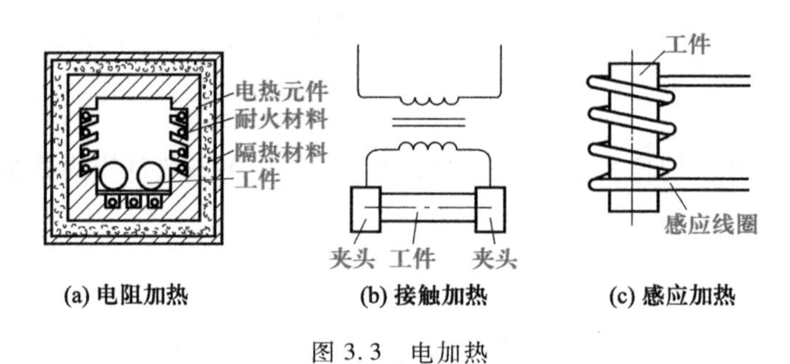

图 3.3 电加热

电阻加热是利用电流通过电热元件产生热量,间接加热金属,其炉子通常做成箱形。电阻加热的特点是结构简单、炉内气氛容易控制,升温慢,温度控制准确。电阻加热主要用于有色金属、耐热合金和高合金钢的加热。

接触加热是利用变压器产生的大电流通过金属坯料,坯料因自身的电阻热而得到升温。这种方法的优点是加热速度高,热效率高,金属烧损少,耗电少,加热温度不受限制。接触加热适用于棒料的加热。

感应加热是用交变电流通过感应线圈产生交变磁场,使置于线圈中的坯料内部产生交变涡流而升温。感应加热设备复杂,但加热速度高,加热质量好,温度控制准确,便于和锻压设备组成生产线以实现机械化、自动化,适用于现代化生产。

(四) 加热缺陷及其防止措施

1. 氧化

在高温下,坯料的表层金属与炉气中的氧化性气体(氧、二氧化碳、水蒸气及二氧化硫等)

进行化学反应生成氧化皮,造成金属烧损,这种现象称为氧化。减少氧化的措施是在保证加热质量的前提下,尽量采用快速加热和避免金属在高温下停留时间过长。在使燃料完全燃烧的条件下,严格控制送风量,尽量减少送进的空气也是减少氧化的办法。坯料在燃煤炉中每加热一次,氧化烧损量约占坯料质量的 2.5%~4%,在计算坯料的质量时,应加上这个烧损量。

2. 脱碳

在加热过程中,金属表层的碳与炉气中的二氧化碳、水蒸气、氧气等发生化学反应,引起表层碳的质量分数减少的现象称为脱碳。脱碳层厚度小于锻件的加工余量时,对零件没有危害,脱碳层厚度大于加工余量时,零件表层的硬度和强度会降低。一般用来减少氧化的措施可用于防止脱碳。

3. 过热

当坯料加热温度过高或高温下保持时间过长时,内部晶粒会迅速长大,成为粗晶粒,这种现象称为过热。过热的坯料在锻造时容易产生裂纹,力学性能变坏,所以应当尽量避免产生过热。锻后如发现晶粒粗大,可经热处理使之细化。

4. 过烧

加热温度超过始锻温度过多,使晶粒边界出现氧化及熔化的现象称为过烧。碳钢发生过烧时,由于晶界被氧化,会射出耀眼的白炽火花。过烧缺陷是无法挽救的,故加热时不允许有过烧现象。避免金属过烧的措施是注意加热温度、保温时间和控制炉气成分。

5. 裂纹

大型或复杂的锻件,由于其材料的塑性差或导热性差,如加热速度过高或装炉温度过高,使坯料内外温差大,膨胀不一致,就可能会产生裂纹。为了防止裂纹产生,要严格遵照正确的加热速度和装炉温度操作。

(五)锻件的冷却

锻件的冷却是保证锻件质量的重要环节。冷却的方法如下。

1. 空冷

热态锻件在空气中冷却的方法,称为空冷。这种冷却方法,冷却速度较高。低、中碳钢和低合金钢的小型锻件一般采用这种方法冷却,这种方法对环境的要求是没有过堂风,地面干燥。

2. 坑冷

将热态锻件放在地坑(或铁箱)中缓慢冷却,这种方法称为坑冷,其冷却速度较空冷低。

3. 灰砂冷

将热态锻件埋入炉渣、灰或砂中缓慢冷却,这种方法称为灰砂冷,其冷却速度低于坑冷。

4. 炉冷

锻后将锻件放入炉中缓慢冷却,这种方法称为炉冷,其冷却速度低于灰砂冷。

一般而言,锻件中碳及合金元素的质量分数越高,锻件越大,形状越复杂,其冷却速度越要缓慢,否则锻件会产生变形,甚至裂纹。冷却速度过快,还会使锻件表面产生硬皮,难以切削。

【实习操作】

（1）正确使用手锻炉加热坯料。

（2）能用火色大致鉴别钢料的始锻温度和终锻温度。

（3）判断加热缺陷的种类并能采取相应防止办法。

【操作要点】

1. 手锻炉点燃步骤

关闭风门，开动鼓风机；在炉膛内铺以木刨花或废油棉纱，将其点燃；逐渐打开风门，并向火苗周围加干煤；干煤燃烧后添加湿煤，并加大风量；煤火烧旺后，就可放入工件，进行加热。

2. 加热操作注意事项

工件在炉膛内不要埋得太深，应放在温度最高且便于取出的煤层内；为防止工件过烧或熔化，需经常调节风门以控制炉温；隔一段时间要翻转工件，使其各部分均匀受热；要及时加煤和清理煤渣、炉灰，以便保持旺盛的火力；取出工件时，要先关闭风门，以防火焰喷射及避免煤灰或小煤粒被风吹散飞扬。

复习思考题

1. 金属在锻造前为什么要加热？

2. 什么是始锻温度和终锻温度？低碳钢和中碳钢的始锻温度和终锻温度是多少？各呈现什么颜色？

3. 为什么坯料低于终锻温度后不宜继续锻造？

4. 过热和过烧对锻件质量有什么影响？如何防止过热和过烧？

课题三 手工自由锻

【基础知识】

（一）手工自由锻工具

手工自由锻工具有大锤、手锤、冲子、平锤、摔锤及手钳。

在手工自由锻操作时，掌钳者左手握钳，用以夹持、移动和翻转工件；右手握手锤，用以指挥打锤者的锻打（落点和轻重程度），并可作变形量很小的锻打。

手钳钳口的形式根据被夹持的工件形状而定并要求两者形状吻合，夹持牢靠。夹持工件时，用左手拇指和虎口夹住手钳的一个钳把，其余四指控制另一钳把，不要将手指放在钳把之间，以防夹伤手指。

平锤主要用于修整锻件的平面。

摔锤用于摔圆和修光锻件的外圆面。

冲子用于冲孔。根据孔的形状,可将冲子的头部做成各种截面的形状。为了冲孔后便于从孔内取出冲子,任何冲子都必须做成锥形。

(二)基本工序及操作

手工自由锻的基本工序有镦粗、拔长、冲孔、弯曲、扭转、错移和切割等,前三种工序应用最多。

1. 镦粗

镦粗是使坯料横截面积增大而高度减小的锻造工序。根据坯料的镦粗范围和所在部位不同,可分为全镦粗和局部镦粗。手工锻造的镦粗方法如图 3.4 所示。

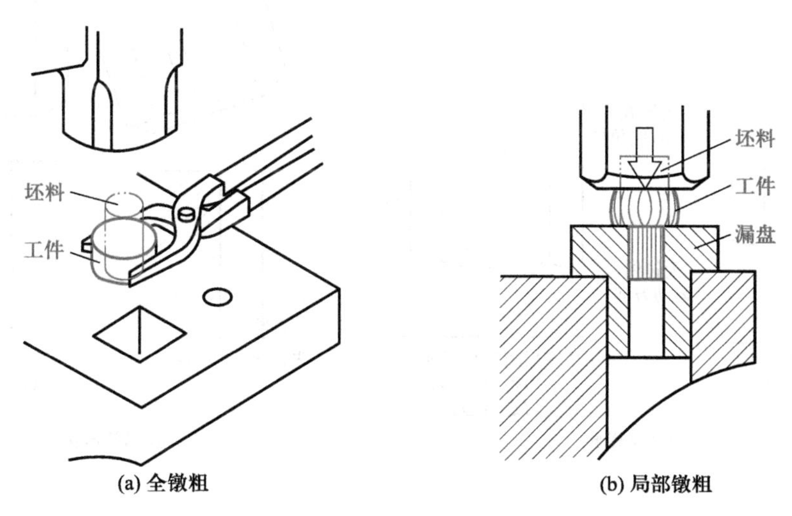

图 3.4　镦粗

镦粗常用来锻造齿轮坯、凸缘、圆盘等高度小、截面积大的锻件。在锻造环、套筒等空心类锻件时,可作为冲孔前的预备工序,以减小冲孔深度。也可作为提高锻件力学性能的预备工序。

镦粗的规则、操作方法及注意事项:

(1) 镦粗部分的原始高度与直径之比应小于 2.5,否则会镦弯。工件镦弯后应将其放平,轻轻锤击矫正。

(2) 镦粗前应使坯料的端面平整,并与轴线垂直,以免镦歪。坯料镦粗部分的加热必须均匀,否则镦粗时变形不均匀,镦粗后工件将呈畸形。

(3) 镦粗时锻打力要重而且正。如果锻打力正,但不够重,工件会锻成细腰形,若不及时纠正,会镦出夹层;如果锻打力重但不正,工件就会镦歪,若不及时纠正,就会镦偏。图 3.5 所示为镦粗时用力不当所产生的现象。

工件镦歪后应及时纠正,方法如图 3.6 所示。

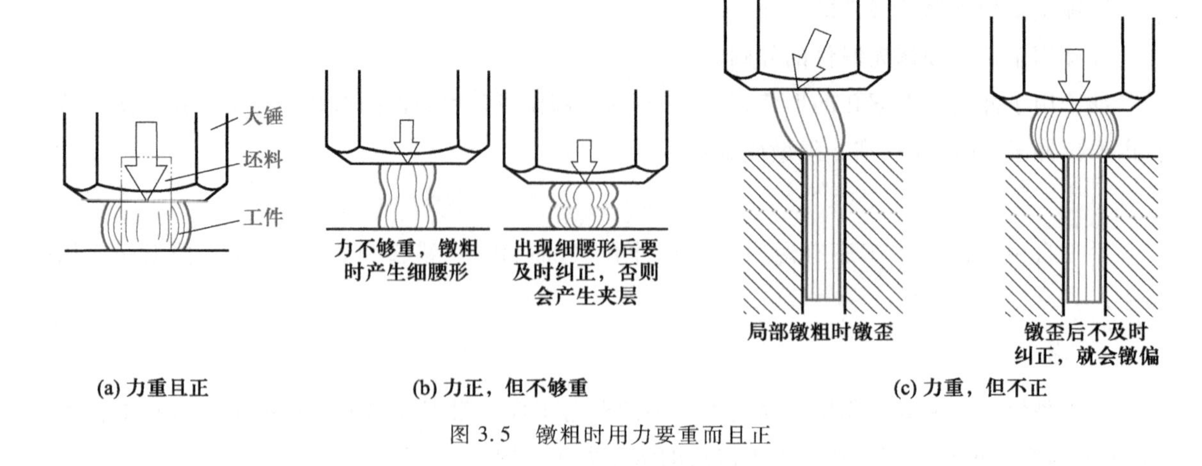

图 3.5 镦粗时用力要重而且正

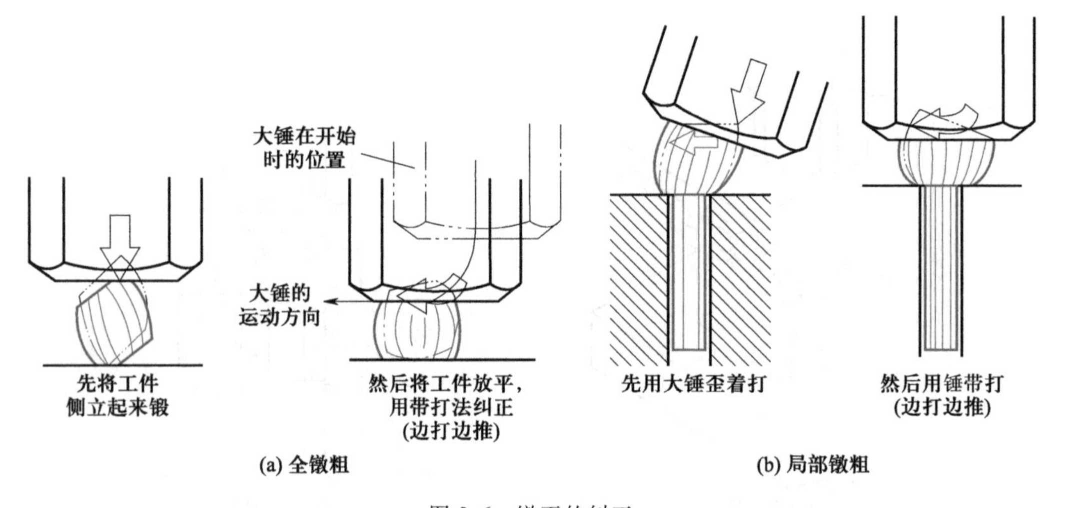

图 3.6 镦歪的纠正

2. 拔长

拔长是使坯料的横截面积减小而长度增加的锻造工序，如图 3.7a 所示。拔长用于锻制轴类和杆类锻件。如果是锻制空心轴、套筒等锻件，坯料应先镦粗、冲孔，再套上心轴拔长，如图 3.7b 所示。

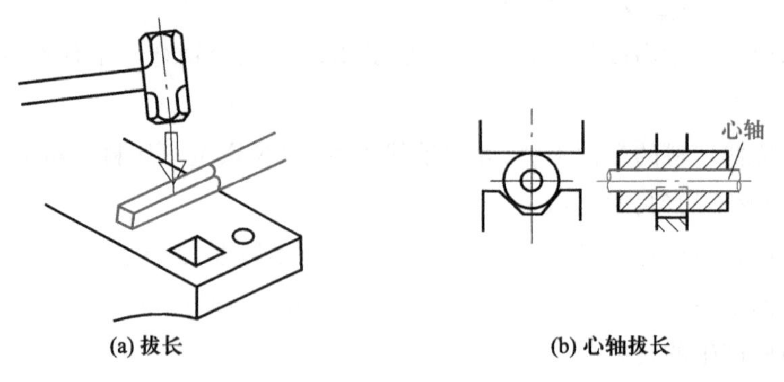

图 3.7 拔长

拔长的规则、操作方法及注意事项：

（1）坯料在拔长过程中应作90°翻转，翻转的方法有两种，如图3.8所示。质量大的锻件的拔长方法常采用打完一面后翻转90°，再打另一面（图3.8a）。采用这种方法，应注意工件的宽度与厚度之比不要超过2.5，否则工件锻得太扁，翻转后再继续拔长，将会产生夹层。质量较小的一般钢件，常采用来回翻转90°锻打的拔长方法（图3.8b）。

（2）圆形截面的坯料拔长时，应先锻成方形截面，在拔长到方形的边长接近工件所要求的直径时，将方形锻成八角形，最后倒棱滚打成圆形（图3.9），这样拔长的效率较高又能避免引起中心裂纹。

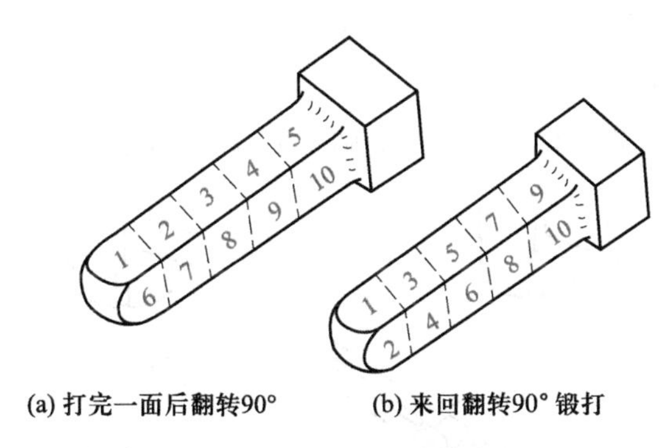

图3.8　拔长时坯料翻转方法

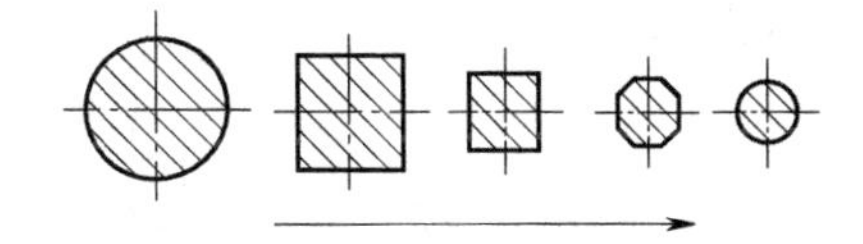

图3.9　圆形截面的坯料拔长方法

（3）拔长时，工件要放平，并使侧面与砧面垂直，锻打要准，力的方向要垂直，以免产生菱形（图3.10）。

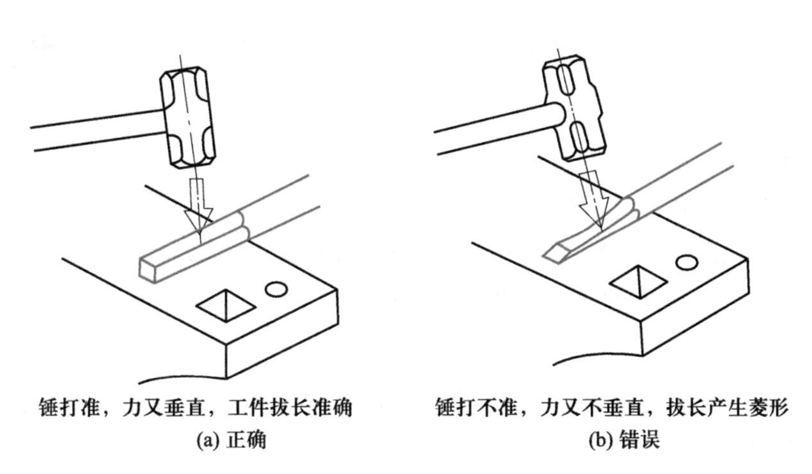

图3.10　锻打的位置要正确，力的方向要垂直

（4）拔长后，由于工件表面不平整，所以必须修光。平面修光用平锤，圆柱面修光用摔锤，如图3.11所示。

3. 冲孔

冲孔是在坯料上锻出通孔或不通孔的锻造工序。冲孔前一般需先将坯料镦粗，以减少冲孔深度并使端面平整。由于冲孔时锻件的局部变形量很大，为了提高塑性，防止冲裂和损坏冲子，应将坯料加热到允许的最高温度，并应均匀热透。

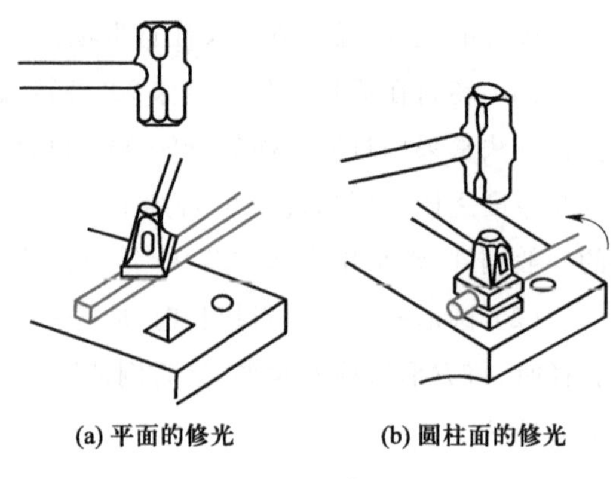

图 3.11　修光

冲孔的步骤如图 3.12 所示。首先为了保证冲出孔的位置准确，需先试冲。即在孔的位置上轻轻冲出孔的痕迹（图 3.12a），如果位置不准确，可对其修正。然后冲出浅坑，并在坑内撒些煤末，以便冲子容易从深坑中拔出（图 3.12b）。最后，再将孔冲至工件厚度约 2/3 的深（图 3.12c），拔出冲子。将工件翻转，从反面冲通（图 3.12d）。这种操作方法可避免在孔的周围冲出毛刺。还应注意，孔快要冲通时，应将工件移到砧面的圆孔上，以便将余料冲出。

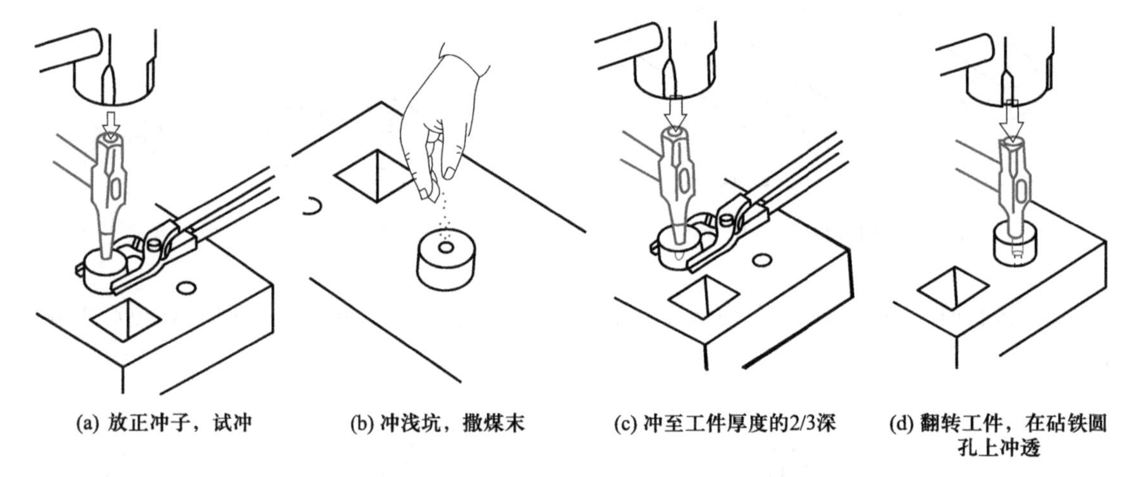

图 3.12　冲孔的步骤

冲孔时应注意的事项有：

（1）冲子必须与冲孔端面相垂直；

（2）翻转后冲孔时，必须对正孔的中心（可根据暗影找正）；

（3）冲子头部要经常浸水冷却，以免受热变软。

4. 弯曲

弯曲是将坯料弯成一定形状的锻造工序，常用于锻造吊钩、链环等锻件，弯曲时一般应将坯料需要弯曲的部分加热。

坯料弯曲时，其弯曲部分的截面形状会走样，并且截面积会减小，如图 3.13a、b 所示。此外，弯曲部分外层金属受拉可能产生拉缩，甚至裂纹，而内层金属受压则会形成皱纹，如图 3.13c 所示。

为了消除上述缺陷，可在弯曲前将弯曲部分局部镦粗，并修出凸肩，如图 3.14 所示。

弯曲的方法很多，最简单的弯曲是在砧铁的边角上进行，图 3.15 列举了几种在砧铁上弯曲的方法。

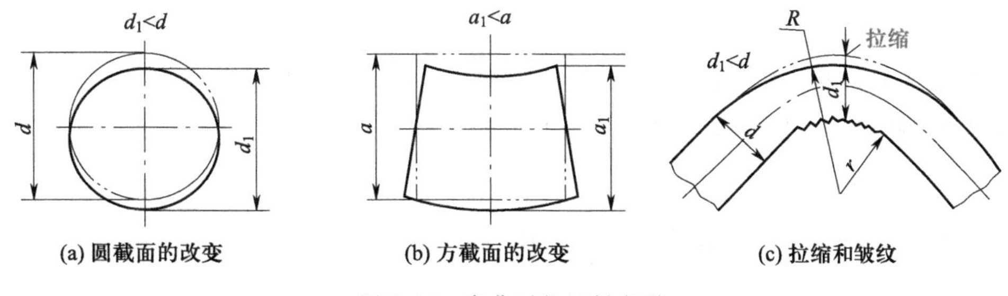

图 3.13　弯曲时的坯料变形

5. 扭转

扭转是将坯料的一部分相对于另一部分绕其共轴线旋转一定角度的锻造工序。扭转过程中，金属变形剧烈，很容易产生裂纹。因此，扭转前应将工件加热到始锻温度，并保证均匀热透，同时受扭转部分必须表面光滑，不允许存在裂纹、伤痕等缺陷。扭转后的锻件，应缓慢冷却。

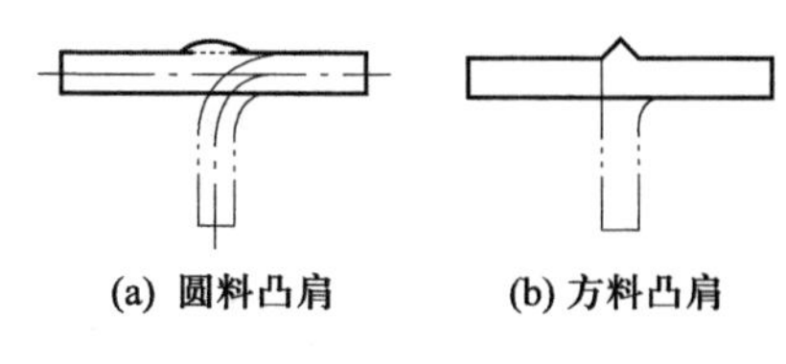

图 3.14　弯曲前的凸肩

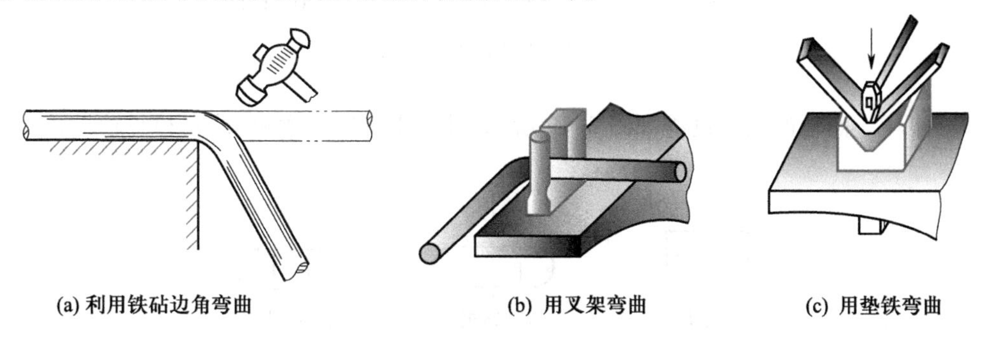

图 3.15　几种在铁砧上弯曲的方法

小锻件的扭转，通常在钳台上进行。扭转时，把坯料的一端夹紧在台虎钳上，另一端用扳手转动到要求的位置，如图 3.16 所示。

6. 错移

错移是将坯料的一部分相对于另一部分平移错开但仍保持轴线平行的锻造工序，如图 3.17 所示。操作的过程是先在错移部位压肩，然后加垫板及支撑，锻打错开，最后修整。

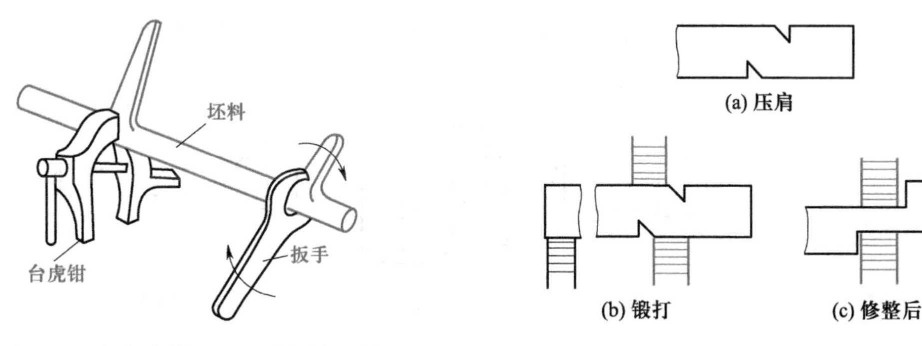

图 3.16　在台虎钳上用扳手扭转坯料

图 3.17　错移

7. 切割

切割是把坯料切断、劈开或切除工件料头的锻造工序。切断时,工件放在砧面上,用錾子錾入一定的深度,然后将工件的錾口移到砧铁边缘錾断。

(三)典型锻件手工自由锻过程示例

(1)齿轮坯 齿轮坯的锻造过程如图 3.18 所示,其基本工序为镦粗、冲孔。

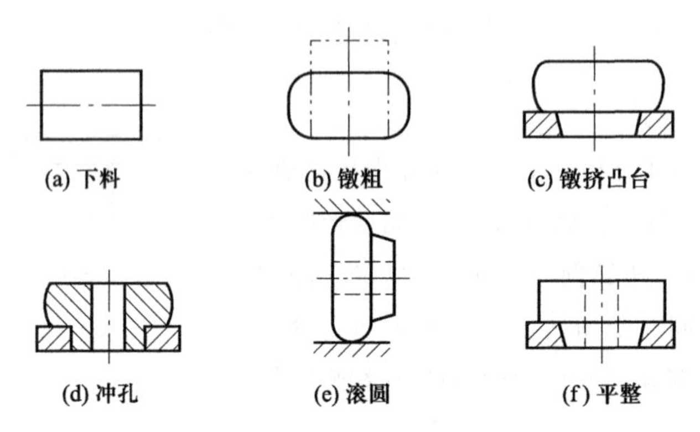

图 3.18 齿轮坯的锻造过程

(2)圆环 圆环的锻造过程如图 3.19 所示,其基本工序为镦粗、冲孔和心轴扩孔。

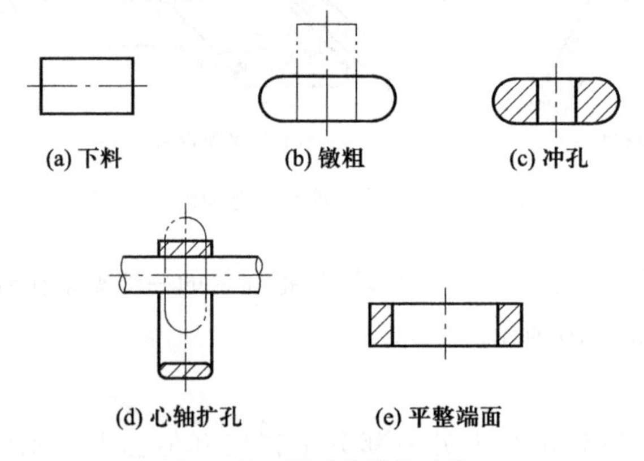

图 3.19 圆环的锻造过程

(3)传动轴 传动轴的锻造过程如图 3.20 所示,其基本工序有拔长、镦粗。

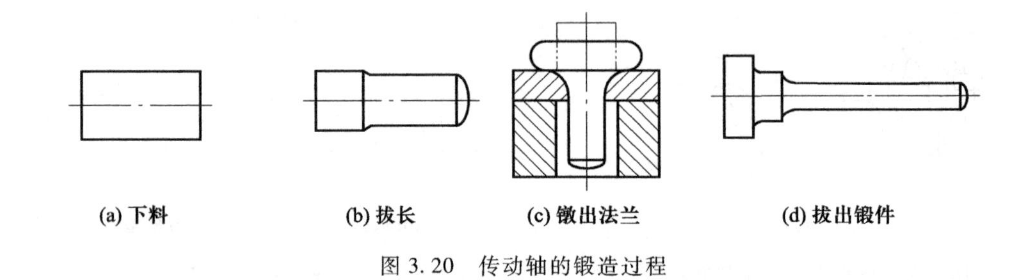

图 3.20 传动轴的锻造过程

【实习操作】

按表 3.3 手工锻造六角头螺栓,或结合各校产品手工锻造简单锻件。

表 3.3　六角头螺栓的锻造过程

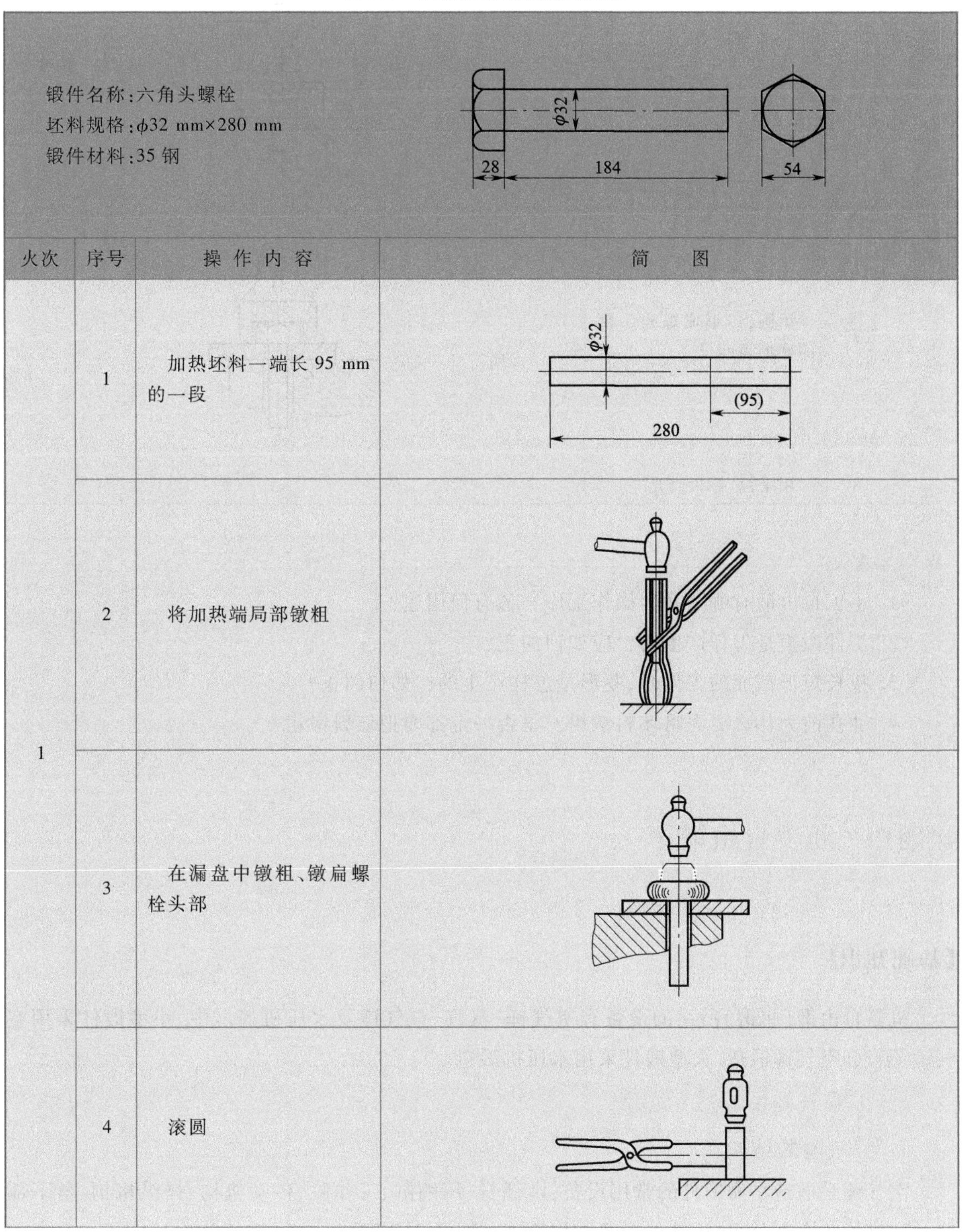

锻件名称:六角头螺栓
坯料规格:ϕ32 mm×280 mm
锻件材料:35 钢

火次	序号	操 作 内 容	简　　图
1	1	加热坯料一端长 95 mm 的一段	ϕ32　(95)　280
	2	将加热端局部镦粗	
	3	在漏盘中镦粗、镦扁螺栓头部	
	4	滚圆	

续表

火次	序号	操作内容	简图
2	5	加热头部	
	6	在型模上锻六角	
	7	罩圆，以形成螺栓头部的球形表面	
	8	用平锤、摔锤修光	

复习思考题

1. 手工自由锻有哪些基本操作工序？各有何用途？
2. 工件镦歪是怎样产生的？应如何纠正？
3. 拔长矩形截面的工件时，菱形是怎样产生的？如何纠正？
4. 冲孔前为什么要先将坯料镦粗？是否一定都要把坯料镦粗？

课题四　机器自由锻

【基础知识】

机器自由锻（机锻）所用的设备有空气锤、蒸汽-空气锤及水压机等。中、小型锻件采用空气锤、蒸汽-空气锤锻造，大型锻件采用水压机锻造。

（一）空气锤

1. 空气锤的结构

空气锤是锻造小型锻件的常用设备，由锤身、压缩缸、工作缸、传动机构、操纵机构、落下部分及砧座等几个部分组成，其外形及工作原理如图 3.21 所示。

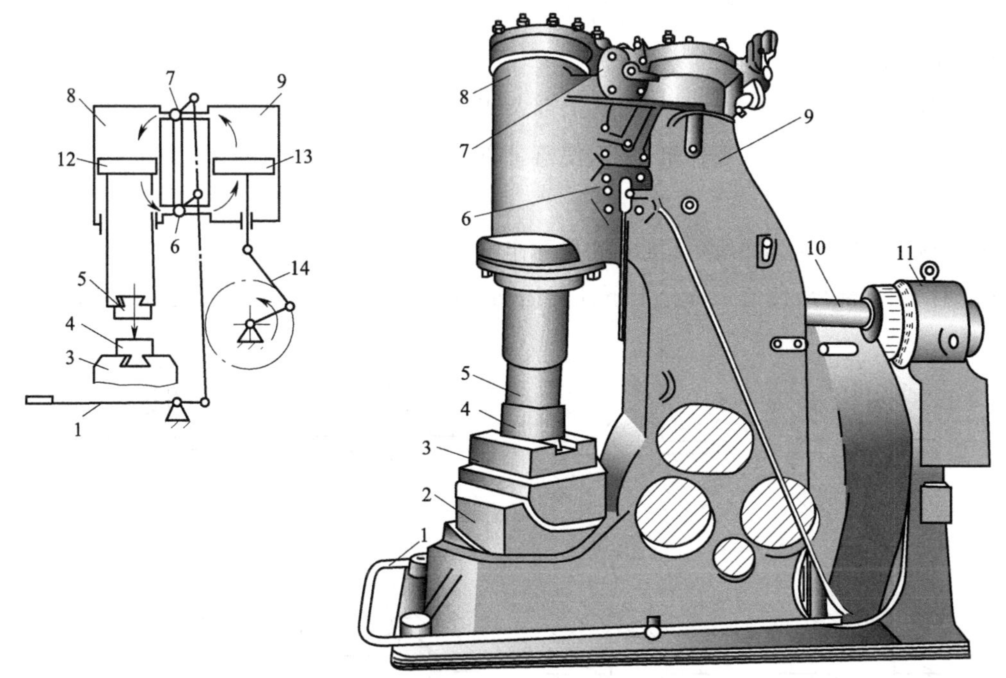

1—踏杆；2—砧座；3—砧垫；4—下砧铁；5—上砧铁；6—下旋阀；7—上旋阀；8—工作缸；9—压缩缸；10—减速装置；11—电动机；12—工作活塞；13—压缩活塞；14—曲柄连杆机构

图 3.21 空气锤

锤身和压缩缸及工作缸铸成一体,用以安装和固定锤的各个部分。传动机构包括减速装置、曲柄和连杆等,其作用是把电动机的旋转运动经减速后传给曲柄,曲柄通过连杆驱动压缩缸内的活塞作上下往复运动。操纵机构包括踏杆(或手柄)、旋阀及其连接杠杆,其作用是使锤实现各种动作。落下部分包括工作活塞、锤杆和上砧铁。空气锤的规格就是以落下部分的质量来表示的,如 65 kg 空气锤,就是指锤的落下部分的质量为 65 kg。

2. 空气锤的工作原理及基本动作

电动机 11 通过减速装置 10 带动曲柄连杆机构 14 运动,使压缩缸 9 中的压缩活塞 13 作上下往复运动并产生压缩空气。当用手柄或踏杆 1 操纵上、下旋阀 7 和 6 使其处于不同位置时,可使压缩空气进入工作缸 8 中的上部或下部,推动落下部分下降或上升,完成各种打击动作。工件置于下砧铁 4 上,下砧铁由砧垫 3 及砧座 2 支承。

为满足锻造工艺的要求,通过踏杆或手柄操纵上、下旋阀,使空气锤处于不同的位置,接通不同的气路,能够在压缩缸照常工作的情况下,使其完成空转、上悬、下压、连打和单次打击等动作。

(1) 空转 如图 3.22a 所示,压缩缸和工作缸的上、下部分都与大气相通,压缩空气能排入大气,落下部分靠自重停在下砧铁上,此时电动机及减速装置空转,锻锤不工作。

(2) 上悬 如图 3.22b 所示,工作缸及压缩缸上部都经上旋阀与大气连通,压缩空气只能经下旋阀进入工作缸的下部,下旋阀内有一个止回阀,可防止压缩空气倒流,这就可使落下部分保持在上悬的位置。此时,可在锤上进行各种辅助操作,例如检查锻件尺寸、更换或安放锻件及工具和清除氧化皮等。

(3) 下压　如图 3.22c 所示,压缩缸上部及工作缸下部与大气相通,压缩空气由压缩缸下部经止回阀及中间通道进入工作缸上部,使落下部分向下压紧锻件。此时,可进行弯曲或扭转等操作。

(4) 连打　如图 3.22d 所示,压缩缸和工作缸都不与大气相通,压缩空气交替地进入和流出工作缸的上、下部分,使落下部分上下往复运动(此时止回阀不起作用),进行连续锻打。

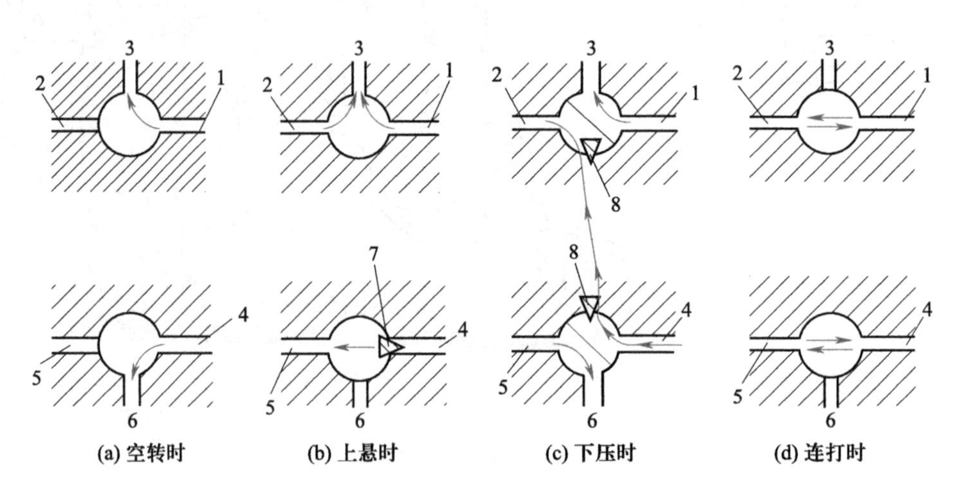

1、2—接通压缩缸和工作缸的上气道；4、5—接通压缩缸和工作缸的下气道；

3、6—接通大气的气道；7、8—止回阀

图 3.22　空气锤压缩空气气路示意图

(5) 单次打击　将踏杆踩下后立即抬起,或将手柄由上悬位置推到连打位置,再迅速退回到上悬位置,即可完成单次打击。此时,压缩缸及工作缸内气体流动路线与连打时相同,不同的只是由于手柄迅速扳回,使锤头迅速打击后又迅速回到上悬位置。

单次打击和连续打击的轻重大小是通过下旋阀中气道孔开启的大小来调节的。手柄扳转角度大,打击力量就大,反之打击力量就小。

(二) 机锻的基本操作

1. 镦粗

机锻镦粗时,坯料镦粗部分的高度(H)与直径(D)之比应保证 $H/D \leqslant 2.5$,又由于锤头和砧铁工作面因磨损会变得不平整,因此,每锤击一次,应将工件绕其轴线转动一下,以获得均匀的变形,而不致镦偏或镦歪。

镦粗时,如果坯料端面不平整,上、下砧铁表面不平行或加热不均匀,都可能产生镦歪。粗而矮的坯料镦歪后,可将其放在砧铁边缘上互换两端镦角,即把镦歪了的坯料(图 3.23a)在砧铁边缘矫正成图 3.23b 所示的形状,然后翻身在砧铁边缘锤击(图 3.23c),最后在砧铁中部镦粗(图 3.23d)。细长坯料镦歪后,先倒角,再垂直放置,打击矫正,如图 3.24 所示。

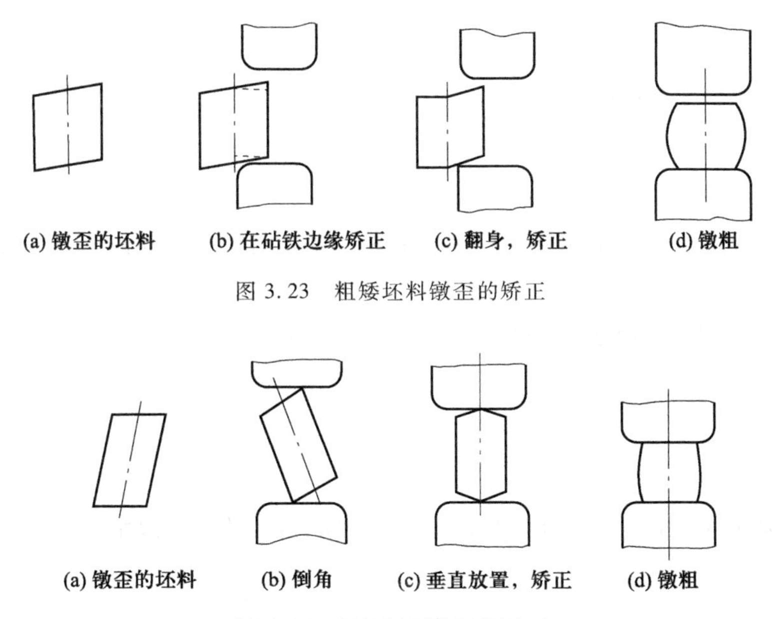

图 3.23　粗矮坯料镦歪的矫正

图 3.24　细长坯料镦歪的矫正

2. 拔长

锻打时,工件应沿砧铁的宽度方向送进,每次的送进量 L 应为砧铁宽度 B 的 0.3~0.7 倍(图 3.25a)。送进量太大,锻件主要向宽度方向流动,反而使拔长的效率降低(图 3.25b);送进量太小,又容易产生夹层(图 3.25c)。

锻打时还应注意,每次锤击的压下量应等于或小于送进量,否则也会产生夹层。

3. 冲孔

机锻的冲孔方法与手工锻大体相同。但直径小于 25 mm 的孔一般不冲出,可在机械加工时钻出。

4. 弯曲

在空气锤上进行弯曲时,可将坯料压紧在上、下砧铁之间,并使欲弯的部分露出,然后用大锤将工件打弯(图 3.26),或用吊车拉弯。

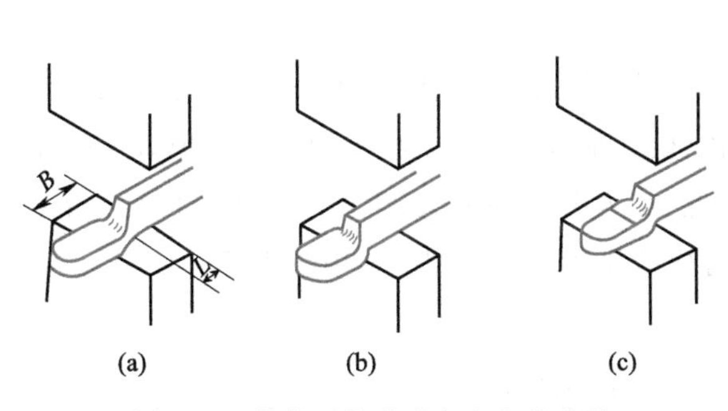

图 3.25　拔长时的送进方向和送进量

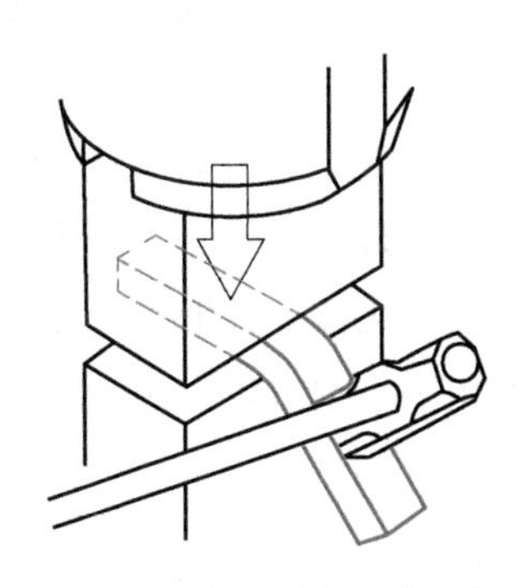

图 3.26　空气锤上弯曲工件

【实习操作】

在空气锤上锻造工件(镦粗、拔长)。

【操作要点】

(1) 握钳时应握紧其尾部,钳把必须置于体侧。切勿将钳把或其他带柄工具的尾部对着身体正面。

(2) 踩踏杆时,脚跟不得悬空,以保证操纵的稳定和准确。不需锤击时,应立即将脚离开踏杆,以防误踏失事。

【教师演示】

由指导教师演示在空气锤上进行冲孔、扩孔、弯曲、扭转及错移操作。

复习思考题

1. 空气锤由哪些部分组成? 各有何用途?
2. 空气锤有哪些动作? 各有何作用?
3. 机锻时,工件镦歪后应如何纠正?
4. 拔长时,加大送进量是否可加速工件的拔长过程? 为什么?

课题五 胎模锻

【基础知识】

(一) 胎模锻的特点及应用

胎模锻是在自由锻锤上使用胎模生产锻件的方法,通常是用自由锻方法使坯料初步成形,然后在胎模中终锻成形。胎模是不固定在锤头和砧座上的,只是在使用时才放到锻锤的下砧铁上。

胎模锻与自由锻相比,生产率较高,锻件质量较好,能锻造形状较复杂的锻件以及节约金属材料等;与模锻相比,不需要昂贵的模锻设备,模具制造简单、成本低。但是,胎模锻件的加工余量及精度比锤上模锻件要差,胎模锻件寿命低,工人劳动强度大,生产率较低。因此,胎模锻造一般用于小型锻件的中、小批量生产,在没有模锻设备的中小型工厂中应用较广泛。

(二) 胎模的种类

胎模的结构形式很多,图 3.27 所示为几种常用的胎模。

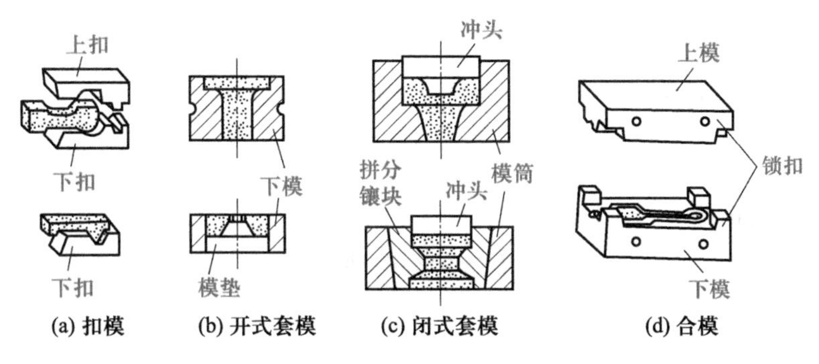

图 3.27　几种常用的胎模

1. 扣模

如图 3.27a 所示，扣模由上、下扣组成，或只有下扣、上扣用上砧铁代替。在扣模中锻造时，坯料不需要转动，扣形后翻转 90°以平整侧面。扣模用于具有平直侧面的非回转体锻件的成形或为合模制坯。

2. 套模

套模有开式套模（图 3.27b）和闭式套模（图 3.27c）两种。开式套模只有下模，上模用上砧铁代替，用于回转体锻件（如齿轮、法兰盘等）的最终成形或制坯。另外还要说明的是，当用于最终成形时，锻件的端面必须是平面。闭式套模主要用于端面有凸台或凹坑的回转体锻件的制坯或最终成形。

3. 合模

如图 3.27d 所示，合模由上模、下模及导向装置（锁扣）组成，适用于各类锻件的最终成形，尤其适用于形状较复杂的非回转体锻件，如连杆、叉形件等。

（三）胎模锻过程示例

图 3.28 所示是一个法兰锻件图，其胎模锻过程如图 3.29 所示。坯料加热后，先用自由锻镦粗，然后在套模中终锻成形。所用套模为闭式套模，由模筒、模垫和冲头三部分组成。锻造时，将模垫和模筒放在锻锤的下砧铁上，再将镦粗后的坯料放在模筒内，并将冲头放入终锻成形，最后将连皮冲除。

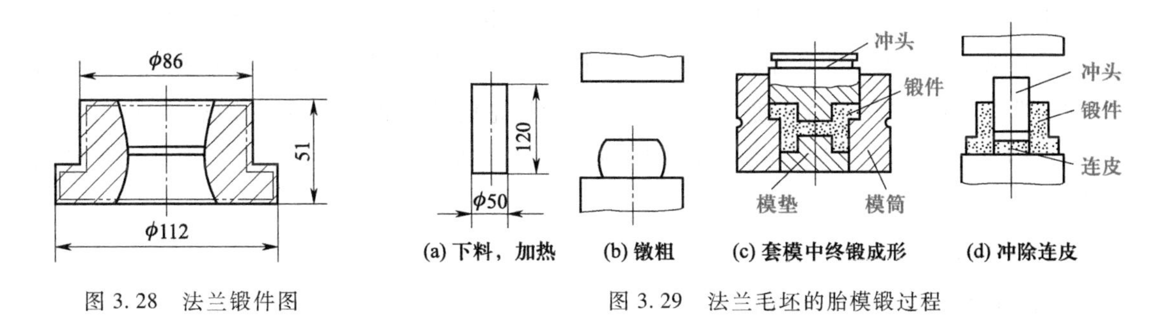

图 3.28　法兰锻件图

图 3.29　法兰毛坯的胎模锻过程

【教师演示】

由指导教师结合本校工厂产品使用胎模进行锻造。

复习思考题

1. 胎模锻与自由锻有何不同?
2. 常用胎模有哪几种? 各适用于锻造什么锻件?

课题六 冲压

【基础知识】

(一) 冲压的特点及应用

冲压主要用于加工板料零件,故又称板料冲压,它是利用冲模使板料产生分离或变形的加工方法。冲压通常在室温下进行,不需加热,所以又称冷冲压。

冲压件的质量小,刚性好,尺寸准确,表面光洁,一般不需要经切削加工就可装配使用。冲压过程易于实现机械化和自动化,生产率高,现已广泛应用于汽车、航空、电器、仪表、日用品等工业部门。

冲压需要专门的模具——冲模。由于冲模的制造周期长,费用高,因此只有在大批量生产时采用冲压才是经济的。

冲压除了用于制造金属材料(最常用的是低碳钢、铜、铝及其合金)的冲压件外,还用于许多非金属材料(如胶木、石棉、云母和皮革等)的加工。

(二) 冲床

1. 冲床的传动原理

冲床是进行冲压的基本设备,其类型很多,按结构可分为开式冲床和闭式冲床。图 3.30 所示为开式冲床的外观图和传动简图。开式冲床可在它的前、左、右三个方向装卸模具和进行操作,使用较方便,但吨位较小。开式冲床传动原理为:电动机通过普通 V 带减速系统带动带轮转动,带轮借助离合器与曲轴相连接,离合器则用踏板通过拉杆控制。其操作过程是:当离合器脱开时,带轮空转;当踩下踏板使离合器接合时,大带轮便带动曲轴旋转,并通过连杆而使滑块沿导轨作上下往复运动,进行冲压;当松开踏板使离合器脱开时,制动器能立即制止曲轴转动,并使滑块停止在最高位置。

2. 冲床的主要参数

表示冲床性能的主要参数有:

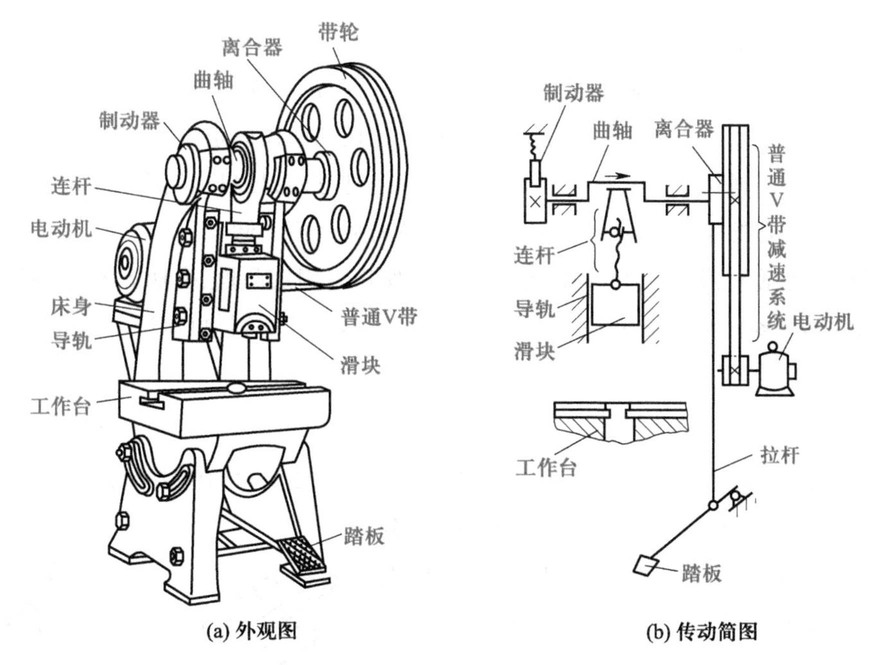

图 3.30　开式冲床

（1）标称压力　冲床工作时，滑块上所允许的最大作用力，单位为 kN。

（2）滑块行程　曲轴旋转时，滑块从最上位置到最下位置所走过的距离，单位为 mm。

（3）闭合高度　滑块在行程达到最下位置时，其下表面到工作台面的距离，单位为 mm。冲床的闭合高度应与冲模的高度相适应。冲床连杆的长度一般都是可调的，调节连杆的长度即可调整冲床的闭合高度。

（三）冲模

冲模是冲压的工具。典型冲模的结构如图 3.31 所示。冲模一般分为上模和下模两部分，上模用模柄固定在冲床滑块上并随滑块上下运动，下模用螺栓紧固在工作台上。

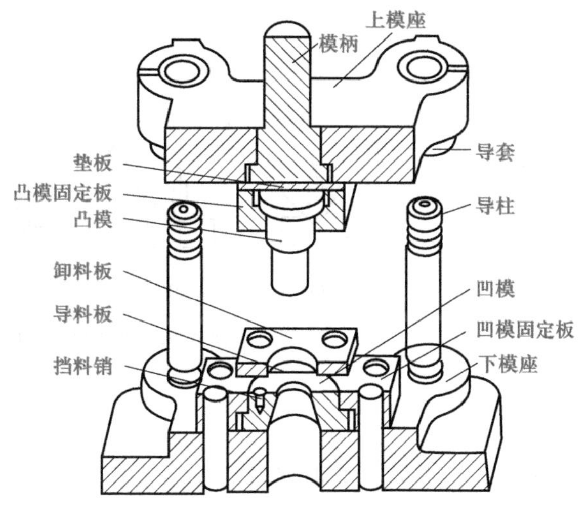

图 3.31　冲模的结构

冲模的主要零件如下：

(1) 凸模与凹模　凸模与凹模是冲模的核心部分，凸模又称冲头。在凸模与凹模共同作用下，板料可分离或变形，凸模与凹模分别通过凸模固定板和凹模固定板固定在上、下模座上。

(2) 导料板与挡料销　导料板用以控制坯料的送进方向，挡料销用来控制坯料的送进量。

(3) 卸料板　它的作用是在冲压后将工件或坯料从凸模上卸下。

(4) 模架　包括上、下模座和导柱、导套。上模座用以固定凸模、模柄等零件，下模座用以固定凹模、送料和卸料零件。导套和导柱分别固定在上、下模座上，这样可保证上、下模对准。

(四) 冲压的基本工序

1. 落料和冲孔

落料和冲孔都是使板料沿封闭轮廓分离的工序(图 3.32)，它们的操作方法、板料分离的过程完全一样，只是用途不同。落料时，被冲下的部分是有用的工件，冲剩的料是废料；冲孔则是在工件上冲出所需要的孔，被冲下的部分是废料。落料和冲孔统称为冲裁，所用的冲模称为冲裁模。

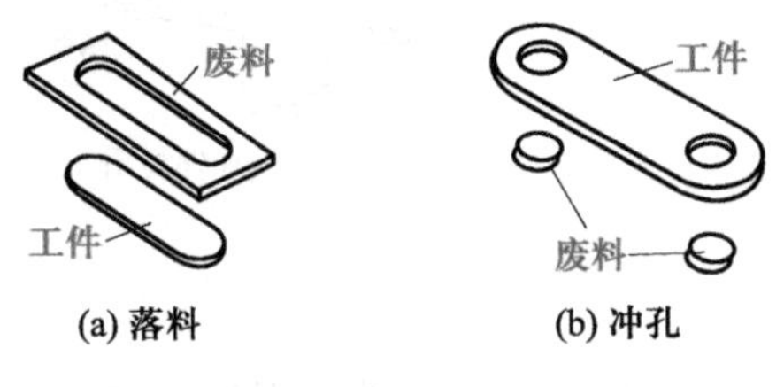

图 3.32　落料和冲孔示意图

冲裁模的凸模与凹模刃口必须锋利，以便进行剪切使板料分离。凸模与凹模之间要有合适的间隙(单边间隙一般为材料厚度的 5%~8%)，如果间隙不合适，则孔的边缘或工件的边缘会带有较大的毛刺。

2. 弯曲

弯曲是变形工序，如图 3.33 所示。弯曲时，板料内层的金属被压缩，容易起皱；外层受拉伸，容易拉裂。弯曲模的工作部分应有一定的圆角，以防止工件外表面弯裂。

图 3.34 所示是一块板料经过多次弯曲后，制成圆筒状零件的弯曲过程。

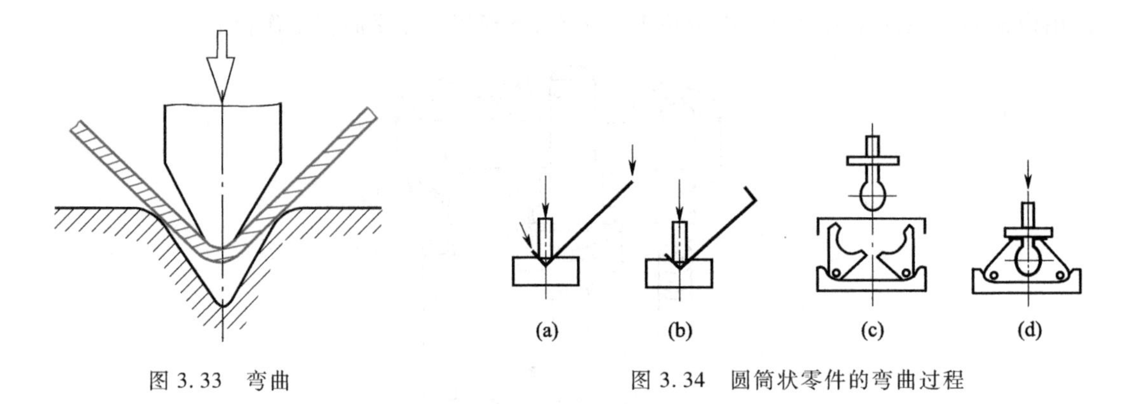

图 3.33　弯曲

图 3.34　圆筒状零件的弯曲过程

3. 拉深

拉深也是变形工序，如图 3.35 所示。平板坯料在拉深模作用下，成为杯形或盒形工件，其坯料通常由落料工序获得。

为避免拉裂，拉深凸模和凹模的工作部分应加工成圆角。凸模与凹模之间应有比板料厚度稍大的间隙，以保证拉深时板料顺利通过。为防止板料起皱，常用压边圈将板料压住。为减少摩擦阻力，拉深时要在板料或模具上涂润滑剂。

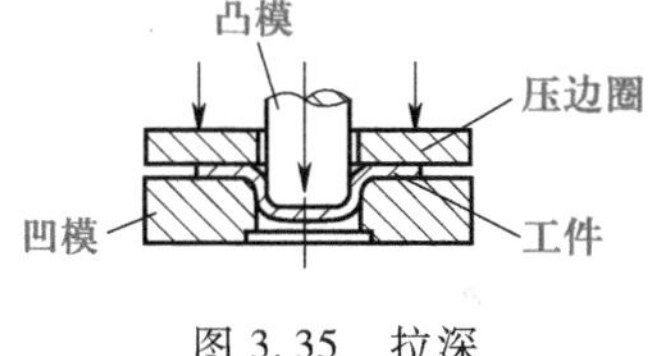

图 3.35　拉深

深度大的拉深件，需经多次拉深才能完成。由于拉深过程中金属产生冷变形强化，因此拉深工序之间有时要进行退火，以消除硬化，恢复塑性。

【实习操作】

在冲床上安装冲模，并结合各校产品进行零件冲压。

【操作要点】

冲模安装步骤为：将装配好的冲模上、下模合好后，搬运到冲床工作台上，模柄对准冲床滑块的模柄孔。用手攀动带轮，使滑块下端面与上模座上平面接触。若滑块到了下死点还未与上模接触，则需调节连杆的长度，使它们接触并锁紧模柄。将滑块上调，使上、下模分开，调节连杆长度，使滑块在下死点时，凸模进入凹模 1 mm 左右，锁紧连杆。最后连续攀动带轮，使冲床完成一个行程，若无异常，说明冲模已安装完毕。

复习思考题

1. 冲压的主要特点是什么？试举出几种冲压制成的零件实例。

2. 冲床由哪些部分组成？各有何用途？冲床的主要参数有哪些？冲床的闭合高度如果不能调节，有什么问题？

3. 试述冲模主要零件的作用，比较冲裁模和拉深模的区别。

4. 若在安装冲模时，滑块已到下死点，连杆已调至最长，而滑块还未与上模接触，该怎么办？

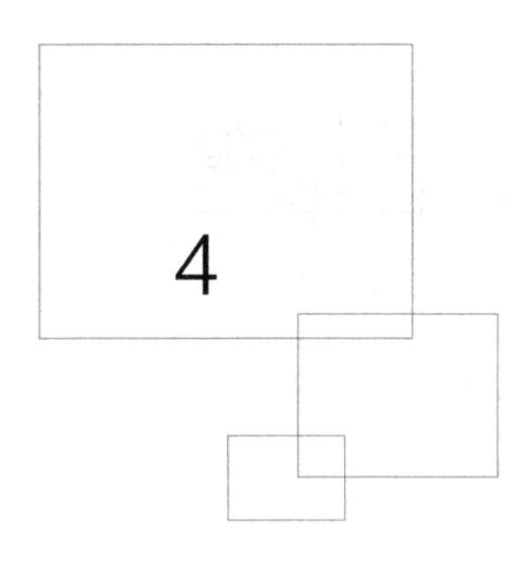

焊　　接

目的和要求

1. 了解焊接生产工艺过程、特点和应用。
2. 了解手弧焊电焊机的种类、结构、性能和使用。了解焊条的组成与作用，熟悉常用结构钢焊条的种类、牌号及应用。
3. 熟悉手弧焊焊条直径、焊接电流和焊接速度对焊缝质量的影响，正确选择焊接电流、焊条直径，独立完成手弧焊的平焊焊接。
4. 了解常见焊接接头形式及坡口形式，焊缝空间位置。
5. 了解气焊设备的组成及作用，工具的结构，气焊火焰的种类、调节方法和应用，焊丝与焊剂的作用。正确调整气焊火焰，独立完成气焊的平焊焊接。
6. 熟悉气割原理、切割过程和金属气割条件。
7. 了解气体保护焊、点焊和钎焊的特点及应用。
8. 熟悉焊件常见缺陷及其产生的主要原因。
9. 了解焊接车间生产安全技术及简单经济分析方法。

安全技术

（一）电焊实习安全技术

1. 防止触电

工作前应检查电焊机是否接地，电缆、焊钳绝缘是否完好，操作时应穿绝缘胶鞋或站在绝缘底板上。

2. 防止弧光伤害和烫伤

电弧发射出大量紫外线和红外线，对人体有害，操作时必须穿着焊工工作服、戴手套和面罩，系好套袜等防护用具，特别要防止弧光照射眼睛。刚焊完的工件需用手钳夹持，而敲渣时应注意熔渣飞出的方向，以防伤人。

3. 保证设备安全

不得将焊钳放在工作台上，以免短路烧坏电焊机。发现电焊机或线路发热烫手时，应立即停止工作。操作完毕或检查电焊机及电路系统时，必须拉闸。

（二）气焊实习安全技术

气焊、气割操作时，除了有关安全注意事项与电焊相同之外，还应注意以下几点：

（1）氧气瓶不得撞击和高温烘晒，不得沾上油脂或其他易燃物品；

（2）乙炔瓶和氧气瓶要隔开一定距离放置，在其附近严禁烟火；

（3）焊前应检查焊炬、割炬的射吸能力，看看是否有漏气，焊嘴、割嘴是否有堵塞等；

（4）在焊、割过程中若遇到回火，应迅速关闭氧气阀，然后关闭乙炔阀，等待处理。

课题一　概述

【基础知识】

焊接是将两个分离的金属工件，在接头处局部加热、加压或既加热又加压，使其连接成为一个整体的加工方法。

作为不可拆卸的连接方法，焊接被广泛应用以前，主要是用铆接来连接金属结构件（图 4.1）。焊接与铆接相比，具有节省金属、生产率高、致密性好和便于机械化、自动化操作等优点，故在工业生产中，大量铆接件已被焊接件所取代，焊接已成为制造金属结构和机器零件的一种基本方法。例如，我国生产的万吨水压机、万吨级远洋货轮、高架吊车、汽车车身等都大量使用焊接，有些大型机床（如大型立式车床的机架）也常利用钢件焊接。此外，焊接还可用来修补铸、锻件的缺陷及磨损的机器零件。

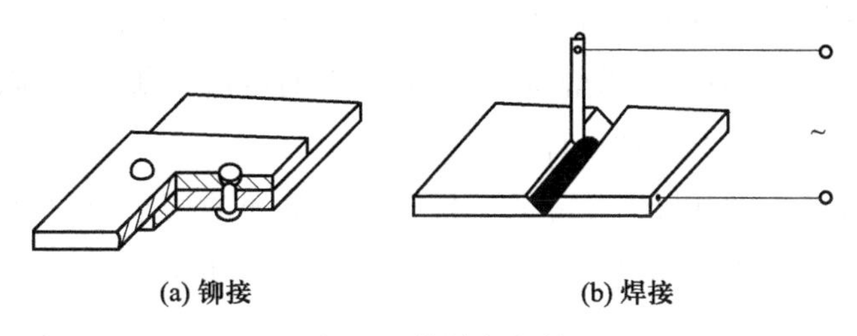

图 4.1　铆接与焊接

焊接时，经受加热、熔化随后冷却凝固的那部分金属，称为焊缝。被焊的工件材料，称为母材（或称基本金属）。两个工件的连接处，称为焊接接头。它包括焊缝及焊缝附近的一段受热影响的区域（图 4.2）。

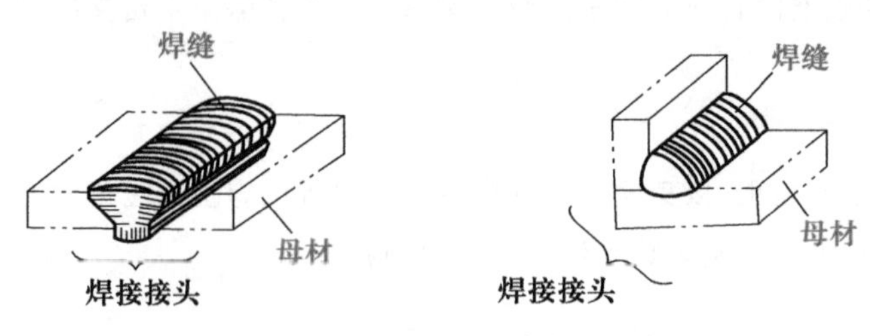

图 4.2 母材、焊缝和焊接接头示意图

焊接方法种类很多，按焊接过程的特点，分为熔焊（如电弧焊、气焊等）、压力焊（如电阻焊）和钎焊三类。

复习思考题

1. 什么是焊接？焊接与铆接比较，具有哪些优点？存在什么缺点？
2. 何谓焊缝？何谓焊接接头？常用的焊接方法有哪些？

课题二 焊条电弧焊

【基础知识】

焊条电弧焊（简称手弧焊）是利用焊条与焊件之间产生的电弧热量，将焊条和焊件熔化，从而获得牢固接头的一种手工操作的焊接方法。其所用的设备简单，操作方便、灵活，故应用极广。

（一）焊接过程及焊接电弧

手弧焊的焊接过程如图 4.3 所示。焊接前，先将工件和焊钳通过导线分别接到电焊机的两极上，并用焊钳夹持焊条。焊接时，先将焊条与工件瞬时接触，造成短路，然后迅速提起焊条，并使焊条与工件保持一定距离，这时，在焊条与工件之间便产生了电弧。电弧热将工件接头处和焊条熔化，形成一个熔池，随着焊条沿焊接方向移动，新的熔池不断产生，原先的熔池则不断地冷却、凝固，形成焊缝，从而将分离的工件连成整体。

焊接电弧是由焊接电源供给的，它是在具有一定电压的两电极间或电极与工件间及在气体介质中产生的强烈而持久的放电现象。焊接电弧由阴极区、阳极区和弧柱三部分组成，如图 4.4 所示。电弧紧靠负极的区域为阴极区，电弧紧靠正极的区域为阳极区，阴极区和阳极区之间的部分为弧柱，其长度相当于整个电弧长度。用钢焊条焊接钢材时，阴极区的温度为2 400 K，产生的热量约占电弧总热量的 36%，阳极区的温度为 2 600 K，产生的热量约占电弧总热量的 43%，弧柱的中心温度最高，可达 6 000~8 000 K，热量约占总热量的 21%。

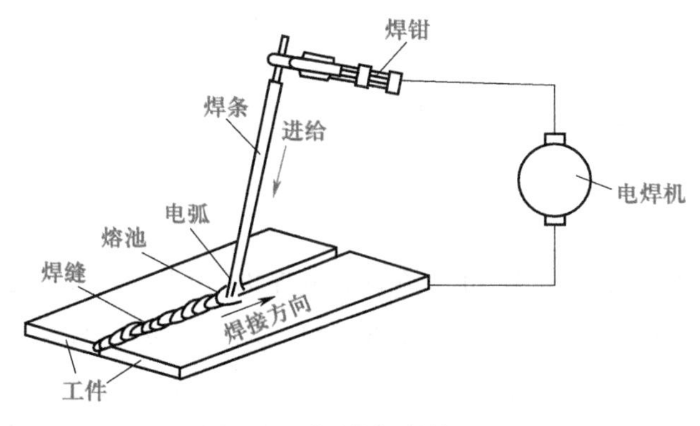

图 4.3　手弧焊的焊接过程

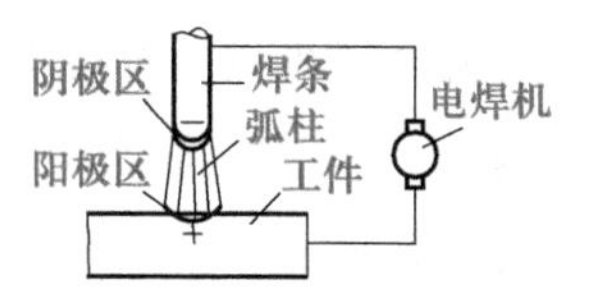

图 4.4　焊接电弧的组成

用直流电进行焊接时，由于正极与负极上的热量不同，所以有正接和反接两种接线方法。当工件接正极，焊条接负极时称正接法，这时电弧中的热量大部分集中在工件上，这种接法多用于焊接较厚的工件；若工件接负极，焊条接正极则称为反接法，用于焊接较薄的钢制工件和有色金属件等。但在使用碱性焊条时，均采用直流反接。

在使用交流电进行焊接时，由于电弧极性瞬时交替变化，因此在焊条与工件上的热量和温度分布是相等的，不存在正接或反接问题。

（二）手弧焊设备和工具

手弧焊的主要设备是电焊机，按产生电流的种类不同，电焊机分为交流和直流两大类。

1. 对电焊机的基本要求

为了便于引弧，保证电弧的稳定燃烧，电焊机必须满足下列基本要求：

（1）要有较高的空载电压，以便引弧。电压一般控制在 50~80 V，以保证工作安全。

（2）短路电流不能太大。因引弧时总是先有短暂的短路，如短路电流过大，会引起电焊机过载，甚至损坏。一般短路电流不超过工作电流的 1.5 倍。

（3）焊接过程中电弧要稳定。因在工作过程中，电弧不断受到频繁的短路和弧长变化的干扰，所以要求电焊机在弧长受到干扰时能自动地、迅速地恢复到稳定燃烧状态，使焊接过程稳定。

（4）焊接电流可以调节，以便焊接不同材料和不同厚度的工件。

2. 交流电焊机

交流电焊机供给焊接电弧的电流是交流电，它实际上是符合焊接要求的降压变压器（图 4.5），其输出电压与普通变压器的输出电压不同，能随输出电流（负载）的变化而变化。空载（不焊接）时，电焊机的电压为 60~80 V，能满足顺利引弧的需要，对人身也比较安全。引弧以后，电压自动下降到电弧正常工作所需的 20~30 V。当引弧开始，焊条与工件接触形成短路时，电焊机的电压会自动降到趋于零，使短路电流不致过大。另外，它还可根据焊接的需要，调节电流的大小。调节电流一般分两级：一级是粗调，通过扭动转换开关来实现电流的大范围调节;另一级是细调,通过旋转调节手柄改变电焊机内可动铁心或可动线圈的位置使电流调到焊接所需的数值。

交流电焊机的优点是结构简单,价格便宜,使用可靠,维修方便,工作噪声小;缺点是焊接时电弧不够稳定。

3. 直流电焊机

直流电焊机供给焊接电弧的电流是直流电。例如,硅整流直流电焊机,相当于在交流电焊机的基础上加上整流器(由大功率的硅整流元件组成),从而把交流电变成直流电,这样就弥补了交流电焊机电弧稳定性不好的缺点。图 4.6 所示逆变式直流电焊机是一种新型的直流电焊机,目前已在不少工厂中应用。在焊接质量要求高或焊接薄的碳钢件、有色金属、铸铁和特殊钢件时,宜采用直流电焊机。

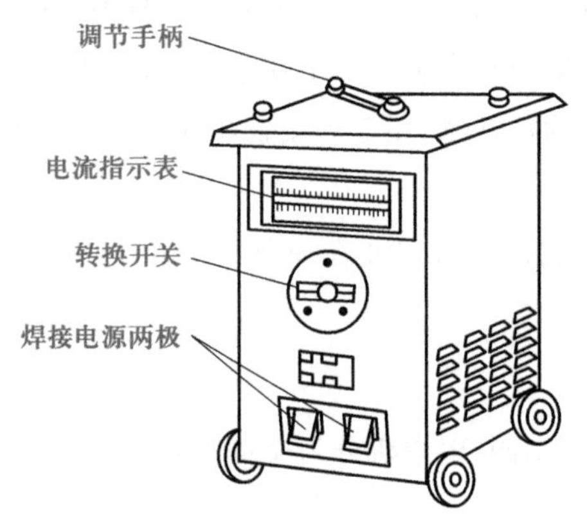

图 4.5 交流电焊机

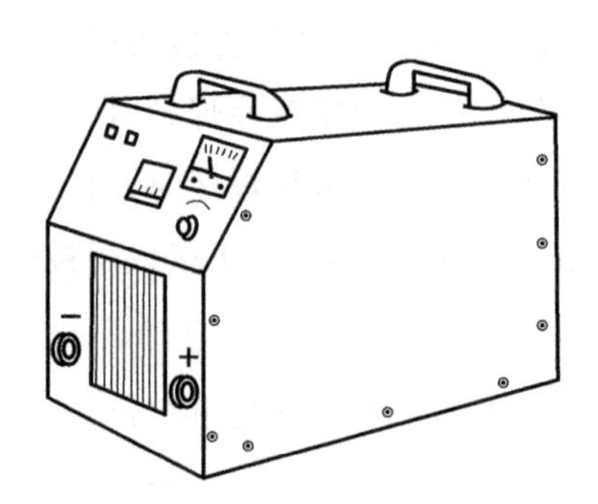

图 4.6 逆变式直流电焊机

(三) 焊条

焊条是由焊芯和药皮(或称涂料)组成的(图 4.7)。

焊芯是一根具有一定直径和长度的金属丝。焊接时焊芯的作用,一是作为电极产生电弧,二是熔化后作为填充金属,与熔化的母材一起形成焊缝。由于焊芯的化学成分将直接影响焊缝质量,所以焊芯是由炼钢厂专门冶炼的。我国目前常用的碳素结构钢焊条焊芯牌号为 H08、H08A,其平均碳的质量分数为 0.08%(“A”表示优质品)。

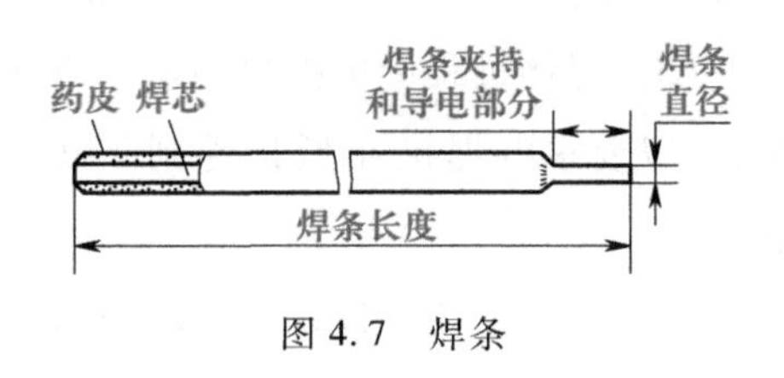

图 4.7 焊条

焊条的直径是用焊芯直径来表示的,常用的直径为 3.2~6 mm,长度为 350~450 mm。

涂在焊芯外面的药皮,是由各种矿物质(大理石、萤石等)、有机物(纤维素、淀粉等)、铁合金(锰铁、硅铁等)等碾成粉末,用水玻璃黏结而成的。药皮的主要作用有:使电弧容易引燃并稳定燃烧,改善焊接工艺性能;产生大量气体和形成熔渣防止空气进入熔池,保护熔池金属不被氧化,起到保护熔池的作用;添加合金元素,以提高焊缝金属的力学性能。

焊条按用途不同可分为结构钢焊条、耐热钢焊条、不锈钢焊条、铸铁焊条、铜及铜合金焊条、铝及铝合金焊条等。由于焊条药皮类型的不同，适用的电源类型也不同。有些焊条交、直流电源都可以应用，有些焊条则只能用直流电源不能用交流电源。

焊条药皮的种类很多，按熔渣化学性质的不同，可将焊条分为酸性焊条和碱性焊条两大类。药皮中含有较多酸性氧化物（如 SiO_2、TiO_2）的焊条，称为酸性焊条。酸性焊条工艺性好（焊接时电弧稳定，飞溅小，易脱渣等），但氧化性较强，焊缝的力学性能及抗裂性较差，所以只适用于交、直流电源焊接一般的低碳钢和低合金结构钢结构。药皮中含有较多碱性氧化物（如 CaO）的焊条，称为碱性焊条。碱性焊条脱硫、脱磷能力强，金属焊缝具有良好的抗裂性和力学性能，特别是韧性高，但焊接时电弧稳定性差，对油、水和铁锈敏感，易产生气孔，故焊前须烘干（温度在 350 ℃以上），并彻底清除焊件上的油污和铁锈，一般用于直流电源焊接重要的结构，如锅炉、压力容器等。

根据 GB/T 5117—2012 标准的规定，非合金钢及细晶粒钢焊条（旧国标为碳钢焊条）的型号以字母“E”加四位数字组成，即 E××××。“E”表示焊条，前两位数字表示熔敷金属抗拉强度的最小值；第三位数字表示焊接位置，“0”与“1”表示焊条适用于全位置焊接（平焊、横焊、立焊、仰焊），“2”表示焊条适用于平焊和平角焊；第三和第四位数字组合时，表示药皮类型及焊接电源种类。例如 E4315：E——焊条，43——熔敷金属抗拉强度的最小值为 430 MPa，1——适用于全位置焊接，15——药皮类型为低氢钠型，焊接电源为直流反接。

（四）手弧焊工艺

手弧焊工艺主要包括焊接接头形式、焊缝的空间位置和焊接规范。

1. 焊接接头形式

根据工件厚度和工作条件的不同，需采用不同的焊接接头形式。常用的接头形式有对接、搭接、角接和 T 字接等，如图 4.8 所示。

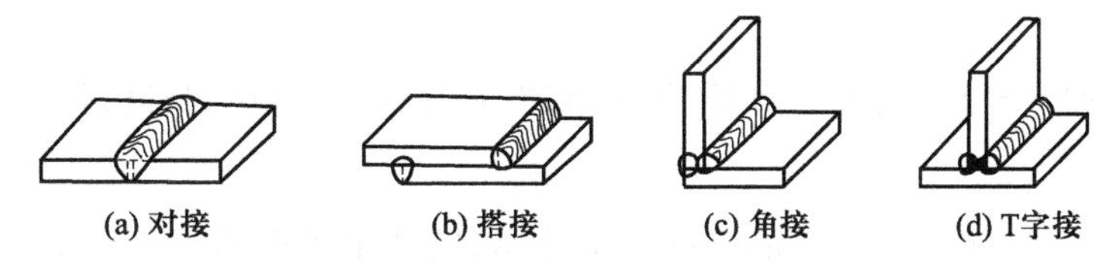

图 4.8　焊接接头形式

对接接头是各种焊接结构中采用最多的一种接头形式。当工件较薄时，只要在工件接口处留出一定的间隙，就能保证焊透。工件厚度>6 mm 时，为了保证焊透，焊接前需要把工件的接口边缘加工成一定的形状，称为坡口，坡口的作用是为了保证电弧深入焊缝根部，使根部焊透；便于清除熔渣，获得较好的焊缝成形和焊接质量。常见的对接接头坡口形状如图 4.9 所示。

V 形坡口加工方便；X 形坡口，由于焊缝两面对称，焊接应力和变形小，当工件厚度相同时，较 V 形坡口节省焊条；U 形坡口，容易焊透，工件变形小，用于焊接锅炉、高压容器等重要厚壁构件。X 形和 U 形坡口加工比较费工时。

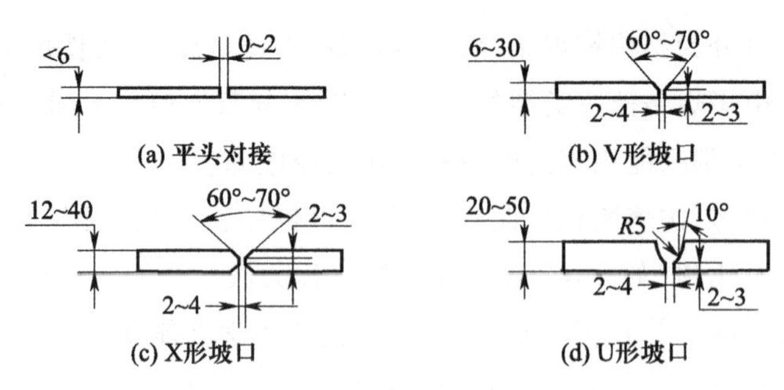

图 4.9　常见的对接接头坡口形状

2. 焊缝的空间位置

按焊缝在空间的位置不同,可分为平焊、立焊、横焊和仰焊,如图 4.10 所示。

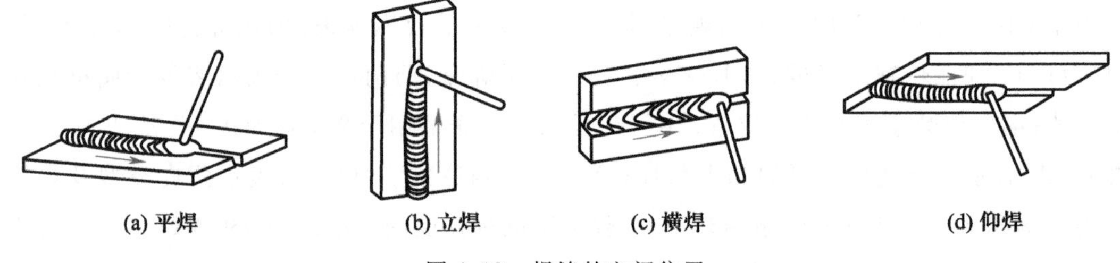

图 4.10　焊缝的空间位置

平焊是将工件放在水平位置或在与水平面倾斜角度不大的位置上进行焊接。平焊操作方便,劳动强度小,易于保证焊缝质量。立焊是在工件立面或倾斜面上纵方向的焊接。横焊是在工件立面或倾斜面上横方向的焊接。仰焊是焊条位于工件下方,焊工仰视工件进行焊接。由于熔池中金属液有滴落的趋势,立焊和仰焊操作难度大,生产率低,质量不易保证,所以应尽可能地采用平焊。

3. 焊接规范

焊接规范包括选择合适的焊条直径、焊接电流、焊接速度和电弧长度,是决定焊接质量和生产率的重要因素。

焊条直径主要取决于被焊工件的厚度。工件厚,应选用较粗的焊条。平焊低碳钢时,焊条直径与焊接电流可按表 4.1 选取。

表 4.1　焊条直径与焊接电流的选择

工件厚度/mm	2	3	4~5	6~12	>12
焊条直径/mm	2	3.2	3.2~4	4~5	5~6
焊接电流/A	55~60	100~130	160~210	200~270	270~300

焊接电流也可根据焊条直径选取。平焊低碳钢时,焊接电流和焊条直径的关系为

$$I=(30\sim60)d$$

式中　I——焊接电流,单位为 A;

　　　d——焊条直径,单位为 mm。

上式求得的焊接电流只是一个大概的数值。实际操作时,还要根据工件厚度、焊条种类、气候条件等因素,通过试焊来调整焊接电流的大小。

焊接速度是指焊条沿焊接方向移动的速度。手弧焊时,焊接速度的大小由焊工凭经验来掌握,不做规定。初学时,要注意避免速度太高。操作熟练后,在保证焊透的情况下,应尽可能提高焊接速度,以提高生产率。

电弧长度是指焊条端部与熔池之间的距离。电弧过长时,燃烧不稳定,并且容易产生缺陷。因此,操作时需采用短电弧,一般要求电弧长度不超过焊条直径。

(五)手弧焊操作技术

1. 引弧

引弧就是使焊条和工件之间产生稳定的电弧。引弧时,将焊条端部与工件表面接触,形成短路,然后迅速将焊条提起 2~4 mm,电弧即被引燃。

引弧方法有敲击法和摩擦法两种,如图 4.11 所示。摩擦法类似擦火柴,焊条在工件表面划一下即可,敲击法是将焊条垂直地触及工件表面后立即提起。

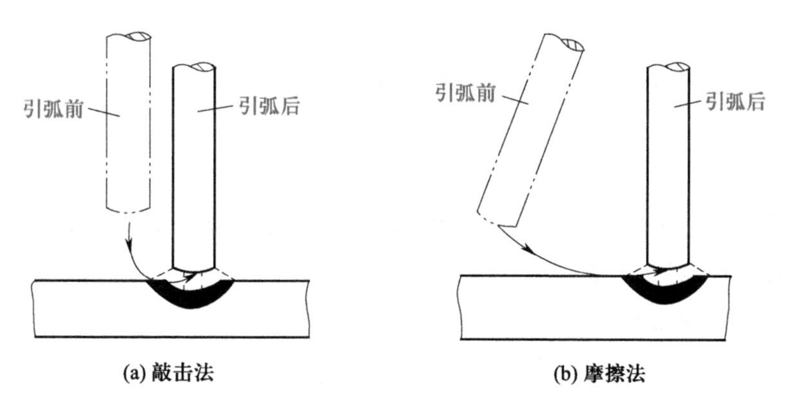

图 4.11　引弧方法

引弧时,焊条提起动作要快,否则容易黏在工件上。摩擦法不易黏焊条,适于初学者采用。如发生黏焊条,可将焊条左右摇动后拉开。若拉不开,则要松开焊钳,切断焊接电路,待焊条稍冷后再作处理。

有时焊条与工件瞬时接触后不能引弧,往往是焊条端部的药皮妨碍了导电,只要将包住焊芯的药皮敲掉即可。

焊条与工件瞬时接触后,提起不能太高,否则电弧点燃后又会熄灭。

2. 运条

焊接时,焊条应有三个基本运动(图 4.12):焊条向下送进,送进的速度应等于焊条的熔化速度,以使电弧长度维持不变;焊条沿焊接方向移动,其速度也就是焊接速度;横向摆动,焊条以一定的运动轨道周期性地向焊缝左右摆动,以获得一定宽度的焊缝。

3. 焊缝的收尾

焊缝收尾时，为了避免出现尾坑，焊条应停止向前移动，而朝一个方向旋转，自下而上地慢慢拉断电弧，以保证收尾处成形良好。

4. 焊前的点固

为了固定两工件的相对位置，焊接前要进行定位焊，通常称为点固，如图 4.13 所示。如工件较长，可每隔 300 mm 左右点固一个焊点。

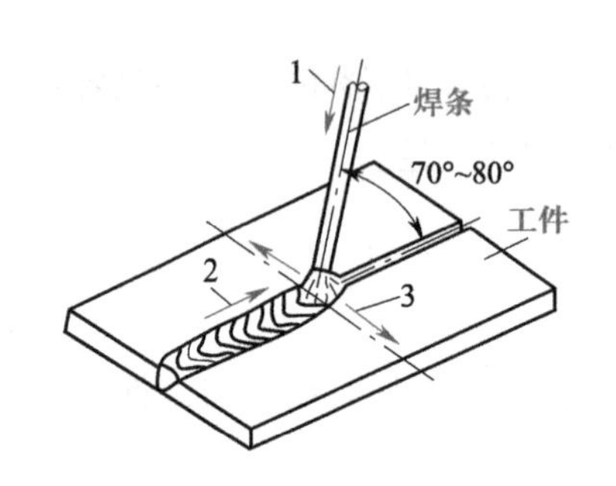

1—向下送进；2—沿焊接方向移动；3—横向摆动

图 4.12　焊条的运动

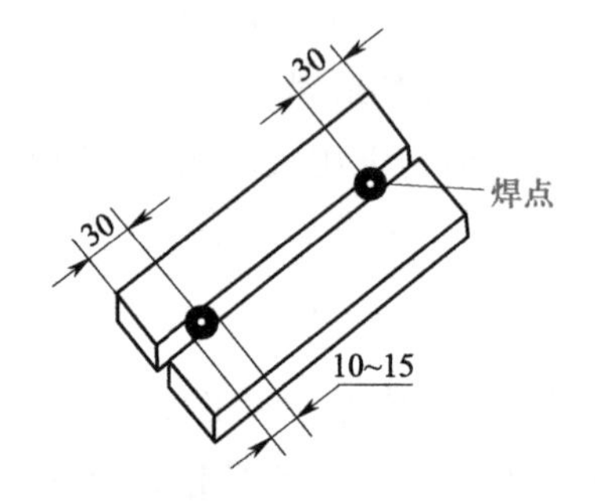

图 4.13　焊前的点固

5. 焊后清理

用钢丝刷等工具把熔渣和飞溅物等清理干净。

【实习操作】

手弧焊操作（用 4~6 mm 厚、150 mm×40 mm 的两块钢板，焊一条 150 mm 的对接平焊缝）。要求能正确选择焊接电流、焊条直径，独立完成。

钢板对接平焊步骤见表 4.2。

表 4.2　钢板对接平焊步骤

步　　骤	附　　图	说　　明
1. 备料		划线，用剪切或气割等方法下料，校正
2. 选择及加工坡口		钢板厚 4~6 mm，不用加工坡口
3. 焊前清理	清理范围 20~30	清除焊缝周围的铁锈和油污
4. 装配，点固	30　间隙1~2　焊点　30　10~15	将两板放平、对齐，留 1~2 mm 间隙，用焊条在图示位置点固后除渣，如果是长工件可在中间每隔 300 mm 点固一次

续表

步　骤	附　图	说　明
5. 焊接		首先选择焊接规范；焊接时先焊点固面的反面，使熔深大于板厚的一半，焊后除渣；再焊另一面，熔深也要大于板厚的一半，焊后除渣
6. 焊后清理，检查		除去工件表面飞溅物、熔渣；进行外观检查；有缺陷要进行补焊

复习思考题

1. 什么是焊接电弧？焊接电弧的构造及温度分布如何？何谓正接？何谓反接？

2. 常用的手弧焊电焊机有哪几种？说明你在实习中使用的电焊机的种类、型号、主要参数及其含义。

3. 焊芯与药皮各起什么作用？用光丝能否进行焊接？若能，会产生什么后果？

4. 何谓酸性焊条和碱性焊条？它们的特点和应用有什么不同？

5. 手弧焊的焊接规范主要包括哪些内容？应该怎样选择焊接规范？

6. 常见的焊接接头形式有哪些？坡口的作用是什么？

7. 手弧焊操作时，应如何引弧、运条和收尾？

课题三　气焊和气割

【基础知识】

气焊是利用可燃性气体和氧气混合燃烧所产生的火焰来加热工件与熔化焊丝进行焊接的，如图 4. 14 所示。

气焊通常使用的可燃性气体是乙炔（C_2H_2），氧气是气焊中的助燃气体。乙炔用纯氧助燃，与在空气中燃烧相比，能大大提高火焰的温度。乙炔和氧气在焊炬中混合均匀后从焊嘴喷出燃烧，将工件和焊丝熔化形成熔池，冷凝后形成焊缝。

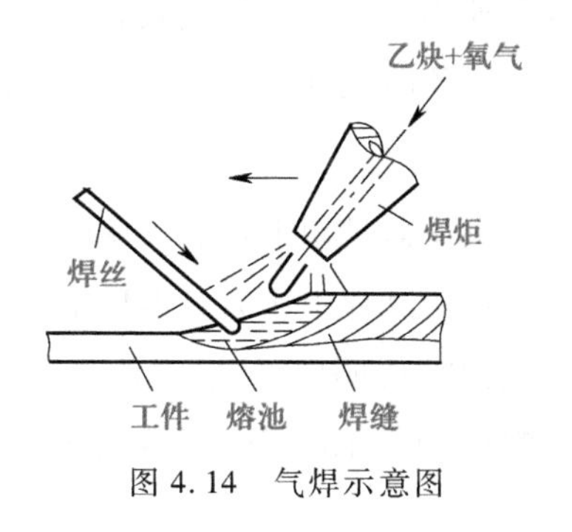

图 4. 14　气焊示意图

气焊的主要优点是设备简单，操作灵活方便，不需要电源，但气焊火焰的温度比电弧低（最高约 3 150 ℃），热量比较分散，生产率低，工件变形严重，所以应用不如电弧焊广泛。

气焊主要用于焊接厚度在 3 mm 以下的薄钢板，铜、铝等有色金属及其合金，以及铸铁的补焊等。此外，没有电源的野外作业也常使用气焊。

（一）气焊设备

气焊设备及管路系统连接方式如图 4.15 所示。

1. 乙炔瓶

乙炔瓶是储存溶解乙炔的装置，如图 4.16 所示。瓶内装有浸满丙酮的多孔填充物，丙酮对乙炔有良好的溶解能力，可使乙炔稳定而安全地储存在瓶中。瓶体上部装有瓶阀，可用方孔套筒扳手启闭。使用时，溶入丙酮中的乙炔，不断逸出，瓶内压力降低，剩下的丙酮可供再次灌气使用。乙炔瓶的表面涂成白色，并用红漆写上“乙炔”字样。

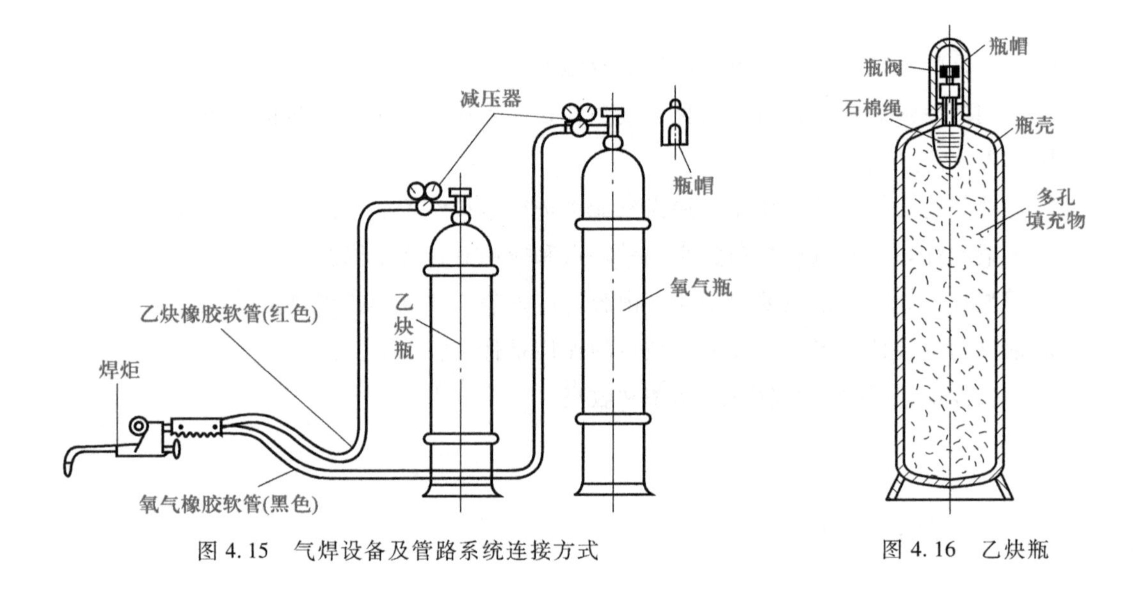

图 4.15 气焊设备及管路系统连接方式

图 4.16 乙炔瓶

2. 氧气瓶

氧气瓶是储运高压氧气的容器，容积一般为 40 L，储氧的最大压力为 14.7 MPa（150 kgf/cm^2）。氧气瓶外表漆成天蓝色，并用黑漆写上“氧气”字样。

氧气的助燃作用很大，如果在高压下遇到油脂，就会有自燃爆炸的危险，所以，应正确地保管和使用氧气瓶。氧气瓶必须放置得平稳可靠，不能与其他气瓶混在一起。气焊工作地和其他火源必须距氧气瓶 5 m 以上，禁止撞击氧气瓶，严禁沾染油脂等。

3. 减压器

减压器是用来将氧气瓶（或乙炔瓶）中的高压氧（或乙炔），降低到焊炬需要的工作压力，并保持焊接过程中压力基本稳定的调节装置，如图 4.17 所示。使用减压器时，先缓慢打开氧气瓶（或乙炔瓶）阀门，然后旋转减压器调压手柄，待压力达到所需值为止。停止工作时，先松开调压螺钉，再关闭氧气瓶（或乙炔瓶）阀门。

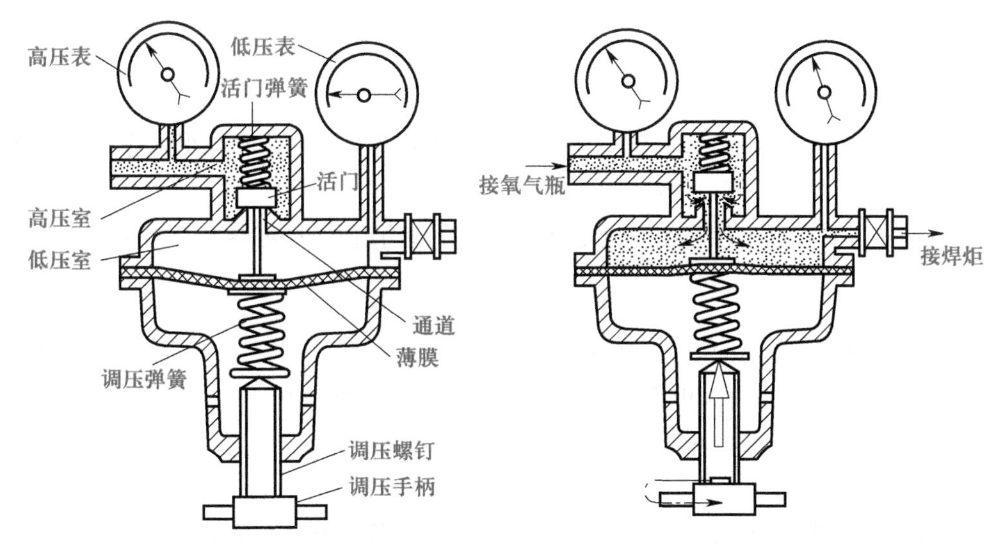

图 4.17　减压器

4. 焊炬

焊炬是使乙炔和氧气按一定比例混合并获得气焊火焰的工具,焊炬的外形如图 4.18 所示。工作时,先打开氧气阀门,后打开乙炔阀门,两种气体便在混合管内均匀混合,并从焊嘴喷出,点火后即可燃烧。控制各阀门的大小,可调节氧气和乙炔的不同混合比例。一般焊炬备有 5 种直径不同的焊嘴,以便用于焊接不同厚度的工件。我国使用最广的焊炬是 H01 型,表 4.3 列出其中两种型号的基本参数可供参考。H01 - 2(或 6)型号中各部分含义如下:“H”——焊炬,“0”——手工,“1”——射吸式,“2”(或“6”)——可焊接低碳钢板的最大厚度为 2 mm(或 6 mm)。由表中数据可以看出,焊接较厚的工件时,要选用较大的焊炬和焊嘴,才能将工件焊透,工件小而薄时,则应使用小的焊炬和焊嘴。

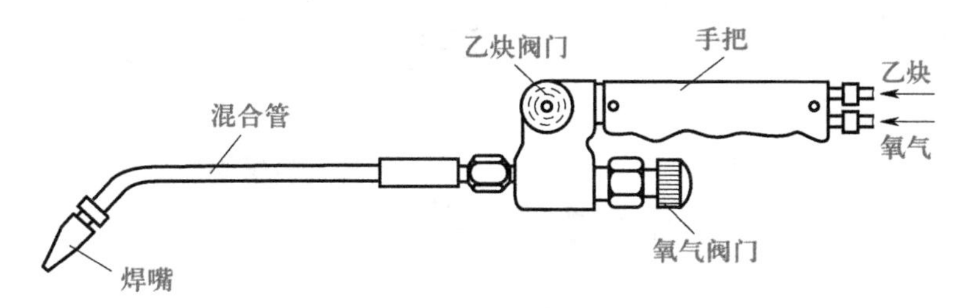

图 4.18　焊炬

表 4.3　H01 型焊炬两种型号的基本参数

型号	焊接低碳钢板厚度/mm	氧气工作压力/MPa	乙炔使用压力/kPa	可换焊嘴个数	焊嘴孔径范围/mm
H01 - 2	0.5~2	0.1~0.25	1~100	5	0.5,0.6,0.7,0.8,0.9
H01 - 6	2~6	0.2~0.4	1~100	5	0.9,1.0,1.1,1.2,1.3

（二）焊丝和焊剂

1. 焊丝

气焊时焊丝被熔化并填充到焊缝中，因此，焊丝质量对焊接的性能有很大影响。各种金属在进行焊接时，均应采用相应的焊丝。

焊丝的直径主要根据工件厚度来决定，碳钢气焊焊丝直径选择可参考表 4.4。

表 4.4　碳钢气焊焊丝直径选择

工件厚度/mm	1.0~2.0	2.0~3.0	3.0~6.0
焊丝直径/mm	1.0~2.0 或不用焊丝	2.0~3.0	3.0~4.0

2. 焊剂

焊剂的作用是去除焊缝表面的氧化物，保护熔池金属及增加液态金属的流动性。气焊低碳钢时，因火焰本身已具有相当的保护作用，可不使用焊剂。气焊铸铁、有色金属及合金钢时，则需用相应的焊剂。

常用的焊剂有 CJ101（气剂 101）（用于焊接不锈钢、耐热钢，俗称不锈钢焊粉），CJ201（气剂 201）（用于铸铁），CJ301（气剂 301）（用于铜合金），CJ401（气剂 401）（用于铝合金）。用于铜合金、铸铁的焊剂，主要成分是硼酸（H_3BO_3）、硼砂（$Na_2B_4O_7$）及碳酸钠（Na_2CO_3）。

（三）气焊火焰

气焊操作时，调节焊炬的氧气阀门和乙炔阀门可以改变氧气和乙炔的混合比例，从而得到三种不同的气焊火焰：中性焰、碳化焰和氧化焰，如图 4.19 所示。

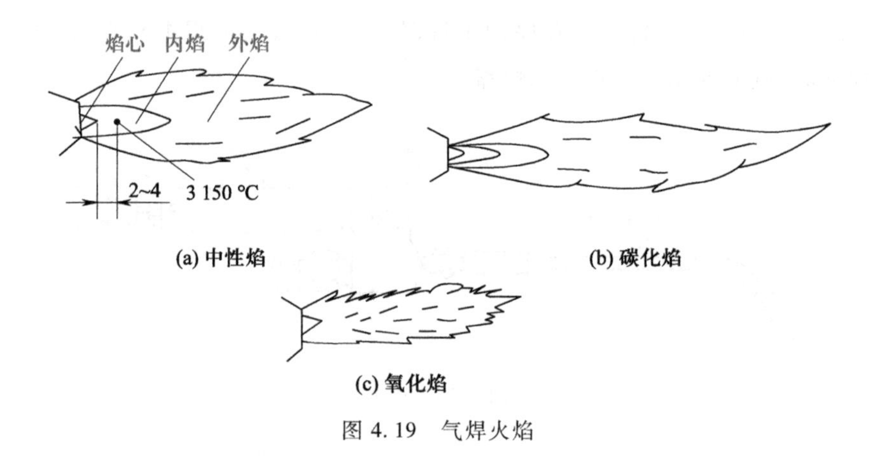

图 4.19　气焊火焰

1. 中性焰

当氧气和乙炔的体积比为 1~1.2 时，产生的火焰为中性焰，又称正常焰。正常焰由焰心、内焰和外焰组成。靠近喷嘴处为焰心，呈白亮色，其次为内焰，呈蓝紫色，最外层为外焰，呈橘红色。火焰的最高温度产生在焰心前端 2~4 mm 处的内焰区，温度高达 3 150 ℃。焊接时应以此区加热工件和焊丝。

中性焰用于焊接低碳钢、中碳钢、合金钢、紫铜和铝合金等材料，是应用最广泛的一种气焊火焰。

2. 碳化焰

当氧气和乙炔的体积比小于1时，得到碳化焰。由于氧气较少，燃烧不完全，整个火焰长度比中性焰长。火焰中含乙炔比例越高，火焰越长，最高温度为2 700~3 000 ℃。当乙炔过多时，还会冒出黑烟（碳粒）。

碳化焰用于焊接高碳钢、铸铁和硬质合金等材料。在焊接其他材料时，会使焊缝金属增加碳含量，变得硬而脆。

3. 氧化焰

当氧气和乙炔的体积比大于1.2时，得到氧化焰。由于氧气较多，燃烧剧烈，火焰长度明显缩短，焰心呈锥形，内焰几乎消失，并有较强的“咝咝”声。最高温度可达3 100~3 300 ℃。

氧化焰易使金属氧化，用途不广，仅用于焊接黄铜和锡青铜，其目的是防止锌、锡在高温时蒸发。

（四）气焊基本操作方法

气焊的基本操作有点火、调节火焰、平焊焊接和熄火等几个步骤。

1. 点火

点火时，先把氧气阀门略微打开，以吹掉气路中的残留杂物。然后打开乙炔阀门，点燃火焰，这时的火焰是碳化焰。若有放炮声或者火焰点燃后即熄灭，则应减少氧气或放掉不纯的乙炔，再行点火。

2. 调节火焰

火焰点燃后，逐渐开大氧气阀门，将碳化焰调整成中性焰。

3. 平焊焊接

气焊时，右手握焊炬，左手拿焊丝。在焊接开始时，为了尽快加热和熔化工件形成熔池，焊炬倾角应大些，接近于垂直工件，如图4.20所示。正常焊接时，焊炬倾角一般保持在40°~50°。焊接结束时，则应将倾角减小一些，以便更好地填满尾坑及避免焊穿。

焊炬向前移动的速度应能保证工件熔化并保持熔池具有一定的体积。工件熔化形成熔池后，再将焊丝适量地点入熔池内熔化。

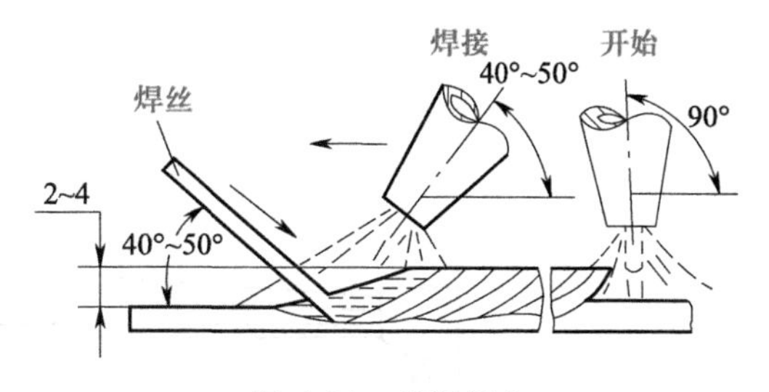

图4.20　焊炬倾角

4. 熄火

工件焊完熄火时，应先关乙炔阀门，再关氧气阀门，以免发生回火和减少烟尘。

（五）气割

气割是根据高温的金属能在纯氧中燃烧的原理进行的，与气焊有着本质不同的过程，即气焊是熔化金属,而气割是金属在纯氧中的燃烧。

气割时,先用火焰将金属预热到燃点,再用高压氧气流使金属燃烧,并将燃烧所生成的氧化物熔渣吹走,形成切口,如图 4.21 所示。金属燃烧时放出大量的热,又预热待切割的部分,所以切割的过程实际上就是重复进行下面的过程:

预热—燃烧—去渣

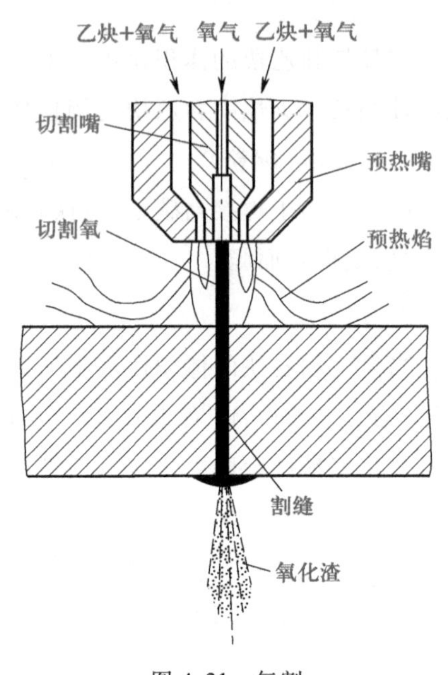

图 4.21　气割

根据气割原理,被切割的金属应具备下列条件:

(1) 金属的燃点应低于其熔点,否则在切割前金属已熔化,不能形成整齐的切口而使切口凹凸不平。钢的熔点随碳的质量分数的增加而降低,当碳的质量分数等于 0.7%时,钢的熔点接近于燃点,故高碳钢和铸铁难以进行气割。

(2) 燃烧生成的金属氧化物的熔点应低于金属本身的熔点,且流动性要好,以便氧化物能及时熔化并被吹掉。铝的熔点(660 ℃)低于其氧化物 Al_2O_3 的熔点(2 050℃),铬的熔点(1 550 ℃)低于其氧化物 Cr_2O_3 的熔点(1 990 ℃),故铝合金和不锈钢不具备气割条件。

(3) 金属燃烧时能放出足够的热量,而且金属本身的热导性低,这就保证了下层金属有足够的预热温度,有利于切割过程不间断地进行。铜及其合金燃烧时释放出的热量较小,且热导性又好,因而不能进行气割。

综上所述,能满足上述条件的金属材料是低碳钢、中碳钢和部分低合金钢。

气割时,用割炬代替焊炬,其余设备与气焊相同。割炬的构造如图 4.22 所示。割炬与焊炬相比,增加了输送切割氧气的管道和阀门,其割嘴的结构与焊嘴也不相同。割嘴的出口有两条通道,其周围的一圈是乙炔与氧气的混合气体出口,中间的通道为切割氧气的出口,两者互不相通。

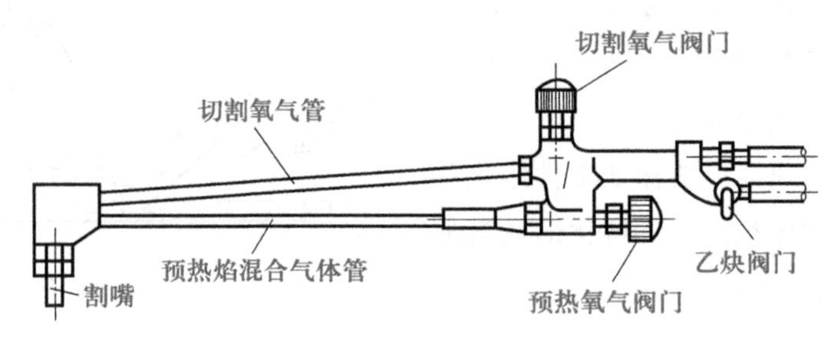

图 4.22　割炬

与其他切割方法比较,气割最大的优点是灵活方便,适应性强,它可在任意位置和任意方向切割任意形状和任意厚度的工件。气割设备简单,操作方便,生产率高,切口质量好,但对金属材料的适用范围有一定的限制。由于低碳钢和低合金钢是工业生产中应用广泛的材料，所以气割应用非常普遍。

【实习操作】

（1）在教师指导下，进行气焊设备的管路连接及气体压力调节练习。

（2）练习气焊点火、火焰调节和熄火。

（3）在 1~2 mm 厚的钢板上焊一条 100 mm 长的直焊缝，要求正确调整气焊火焰，独立完成。

（4）在 5~30 mm 厚的钢板上完成 50~100 mm 长的直线气割。

复习思考题

1. 气焊有哪些优缺点？说明其主要用途。

2. 气焊设备由哪几部分组成？各有何作用？

3. 气焊火焰有哪几种？如何区别？用低碳钢、低合金钢、高碳钢、铸铁、铝合金、黄铜等材料焊接时，各采用哪种火焰？

4. 说明气割的原理及被切割的金属应具备的条件。哪些材料不适合气割？

课题四　气体保护焊、点焊和钎焊

【基础知识】

用外加气体作为电弧介质并保护电弧和焊接区的电弧焊方法，称为气体保护焊。常用的有二氧化碳气体保护焊和氩弧焊。

点焊是将工件装配成搭接接头，并压紧在两个柱状电极之间，利用电阻热熔化母材金属，形成焊点的电阻焊方法。

钎焊是用比工件熔点低的金属作钎料，将工件和钎料加热到高于钎料熔点、低于工件熔点的温度，钎料熔化填满接头间隙并与工件相互扩散，冷却凝固后将工件连接的方法。

（一）二氧化碳气体保护焊（简称 CO_2 焊）

CO_2 焊是利用 CO_2 作为保护气体的气体保护焊。它用焊丝作电极并兼作填充金属，利用电弧热熔化金属，以自动或半自动方式进行焊接。目前应用较多的是 CO_2 半自动焊。

1. CO_2 焊的设备

图 4.23 所示为 CO_2 半自动焊设备组成示意图。CO_2 焊一般采用反接法直流弧焊发电机和硅整流电源。焊枪除夹持和引进焊丝、馈送焊接电流外，还喷射 CO_2 保护气体。其焊接电流的供给与切断由绝缘手柄上的开关来实现。送丝机构将焊丝按一定的速度连续不断地送出，送丝

速度可在一定范围内进行无级调节。CO_2 气瓶、预热器、干燥器、减压表、流量计及电磁气阀等组成供气系统，其作用是使 CO_2 气瓶内的液态 CO_2 变为质量满足要求并具有一定流量的气态 CO_2，供焊接时使用，其通断由电磁气阀控制。控制系统实现对焊接程序的控制，如引弧时提前供气，焊接时控制气流稳定，结束时滞后停气；控制送丝机构对焊丝正常送进与停止送进，焊前调节焊丝伸出长度等以及对焊接电源实现控制，供电可在送丝之前或与送丝同时接通，停电时送丝先停而后断电等。

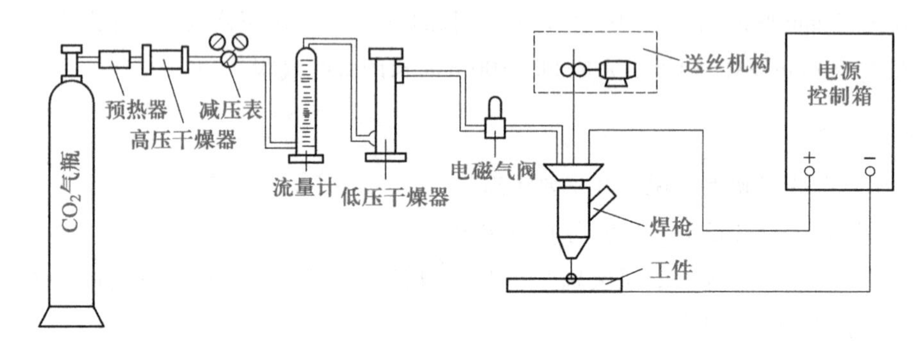

图 4.23 CO_2 半自动焊设备组成示意图

2. CO_2 焊的焊接过程

CO_2 焊的焊接过程如图 4.24 所示。焊丝由送丝轮经导电嘴送进，在焊丝和工件间产生电弧，CO_2 保护气体从喷嘴连续喷出，在电弧周围形成局部气体保护层，保护电极端部，熔滴和熔池处于保护气体中，与空气隔绝。熔池冷凝后形成焊缝。

3. CO_2 焊的特点

CO_2 焊采用廉价的 CO_2 保护气体，成本低，仅为手弧焊的 40%~50%；CO_2 焊电流密度大，熔深大，焊接速度快，焊后不需清渣，生产率高，比手弧焊提高 1~3 倍；CO_2 焊焊缝氢的质量分数较低，焊缝耐锈蚀能力较强，此外，CO_2 焊电弧热量集中，焊接热影响区小，焊接变形小，焊缝质量较好；CO_2 焊为明弧焊，便于观察和操作，适合于各种位置的焊接。CO_2 焊的主要缺点是焊缝成形较差，CO_2 是一种氧化性气体，在高温时会分解，使电弧气氛具有强烈的氧化性，使工件金属和合金元素烧损而降低焊缝金属的力学性能，而且还会导致飞溅和气孔，因此不适于焊接易氧化的有色金属和高合金钢。同时，CO_2 焊接设备较复杂，不便维修。

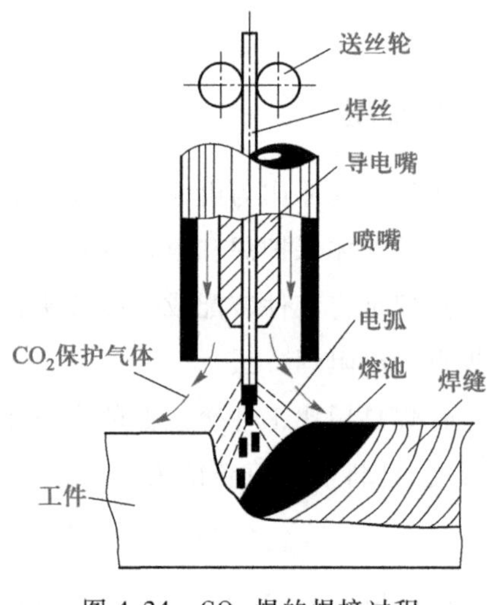

图 4.24 CO_2 焊的焊接过程

CO_2 焊主要适用于焊接低碳钢和低合金钢，也可用于堆焊磨损件或焊补铸铁件。工件厚度一般为 1~4 mm，最厚可达 25 mm。

（二）氩弧焊

氩弧焊是用氩气作为保护气体的气体保护焊。按焊接过程中电极是否熔化，分为熔化极氩弧焊和非熔化极（钨极）氩弧焊，如图 4.25 所示。

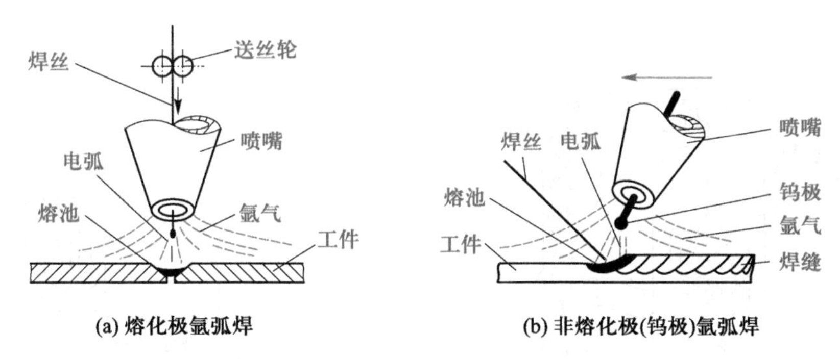

图 4.25　氩弧焊示意图

熔化极氩弧焊可采用自动或半自动方式，其焊接过程与 CO_2 焊相似，如图 4.25a 所示。熔化极氩弧焊所用电流较大，故常用于焊接厚度小于 25 mm 的焊件。为使电弧稳定，一般采用直流反接。

非熔化极（钨极）氩弧焊可采用手工或自动方式进行。其焊接过程如图 4.25b 所示，常用钨或钨合金（钍钨、铈钨等）作电极，焊丝只起填充金属作用。焊接时，在钨极和工件之间产生电弧，焊丝从一侧送入，从喷嘴中喷出的氩气在电弧周围形成气体保护层，在其保护下，电弧热将焊丝与工件局部熔化，冷凝后形成焊缝。钨极在焊接过程中不熔化，但有少量损耗，为减少其损耗，焊接电流不能过大。焊接钢材时，常采用直流正接；焊接铝、镁及其合金时，则采用交流电源。钨极氩弧焊一般用于薄板焊接。

氩弧焊具有以下特点：

（1）保护效果好。氩气是惰性气体，它既不与金属起化学反应，不会导致被焊金属和合金元素受到损失，又不溶解于金属而引起气孔，因而是一种理想的保护气体，可获得高质量的焊缝。

（2）电弧在气流压缩下燃烧，热量集中，焊接热影响区和焊接变形小。

（3）电弧稳定，飞溅小，表面无熔渣，焊缝成形好。

（4）明弧焊接，便于观察、操作并控制，可以进行各种空间位置的焊接，易于实现自动控制。

（5）氩气价格贵，焊接成本高。此外，氩弧焊设备和控制系统较复杂，维修较困难。

氩弧焊目前主要适用于焊接化学性质活泼的金属（铝、镁、钛及其合金）、稀有金属（锆、钼、钽及其合金）、高强度合金钢及某些特殊性能钢（如不锈钢、耐热钢）等。

（三）点焊

点焊是将工件装配成搭接接头，并压紧在两柱状电极之间，利用电阻热熔化母材金属，形成焊点的电阻焊方法。

1. 点焊机

点焊机的基本结构如图 4.26 所示。上、下电极和电极臂既传导电流,又传递压力;冷却水路通过变压器、电极等导电部分(图 4.27),以防止在通过大电流时产生大量热。

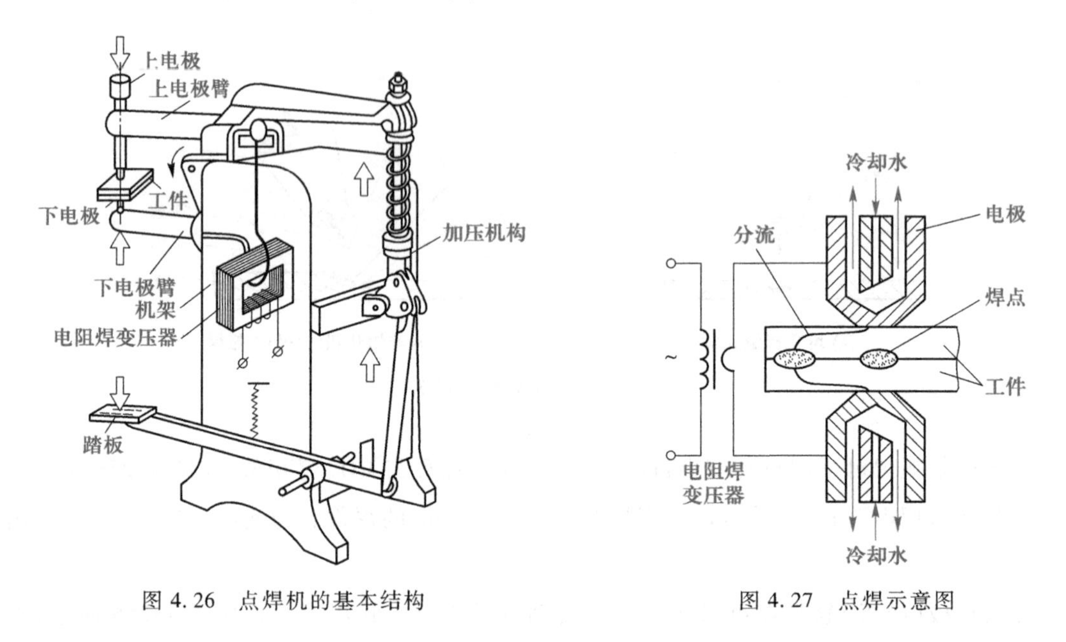

图 4.26 点焊机的基本结构

图 4.27 点焊示意图

2. 点焊过程

如图 4.27 所示,将表面清理干净的工件装配准确后,送入上、下电极之间,加压使其接触良好;通电后,由于电极采用导电性良好的铜合金,且中间通水冷却,使电极与工件接触面因电阻所产生的热量被迅速传走,因此热量主要集中在两个工件的接触处,使该处金属局部熔化形成熔核。断电后,保持或增大电极压力,熔核在压力下冷却凝固,形成焊点。去除压力,取出工件。

点焊操作应注意两点:

(1) 焊前必须清除工件表面氧化物和油渍等。

(2) 如果工件有两个以上的焊点,在焊第二个焊点时,部分电流会流经已焊好的焊点,此现象称为分流(图 4.27)。分流将减小焊接处电流,影响焊接质量。工件越厚,材料导电性越好,点距越小,则分流现象越严重,因此两焊点间应有足够的距离。

点焊接头形式如图 4.28 所示。

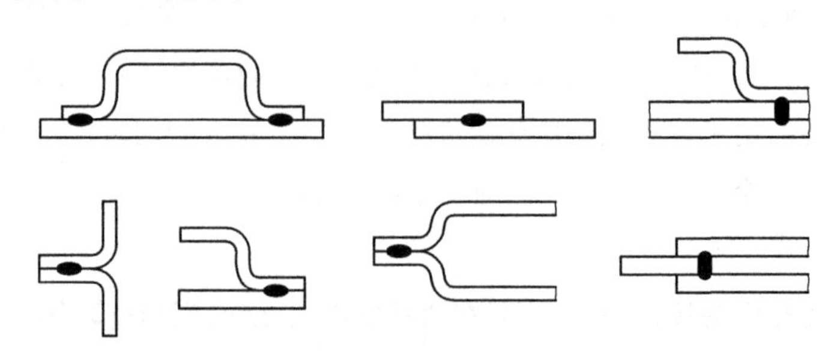

图 4.28 点焊接头形式

3. 点焊的应用

点焊是一种高速、经济的连接方法，点焊接头强度高，变形小；工件表面光洁。主要用于各种薄板零件、冲压结构及钢筋构件等无密封性要求的工件焊接，尤其用于汽车和飞机制造业，如汽车驾驶室、车厢、蒙皮结构、金属网等。点焊的工件厚度一般为 0.05 ~ 8 mm。

（四）钎焊

钎焊是用比工件熔点低的金属作钎料，将工件和钎料加热到高于钎料熔点、低于工件熔点的温度，钎料熔化填满接头间隙并与工件相互扩散，冷却凝固后将工件连接的方法。

钎焊时常使用钎剂，作用是清除钎料和工件表面的氧化物、油污及其他杂质，保证液态钎料和工件在焊接过程中不被氧化；改善液态钎料对工件的润湿性。

按钎料熔点不同，钎焊分为软钎焊和硬钎焊两种。

1. 软钎焊

软钎焊是使用钎料熔点低于 450 ℃的软钎料进行的钎焊，常用的有锡铅钎料。钎剂为松香或氯化锌溶液。软钎焊钎料熔点低，焊接接头强度较低，主要用于受力不大、工作温度不高的工件的焊接，如电器或仪表线路接头的焊接。

2. 硬钎焊

硬钎焊是使用钎料熔点高于 450 ℃的硬钎料进行的钎焊，常用的有铜基钎料和银基钎料。钎剂有硼砂、硼酸等。硬钎焊钎料熔点较高，焊接接头强度较高，适用于受力较大、工作温度较高的工件的焊接，如硬质合金刀头、自行车车架等的焊接。

钎焊接头的承载能力与接头连接面的大小有关，因此，钎焊多采用搭接接头。

钎焊加热方法有：烙铁、火焰、电阻、感应加热等。

钎焊与熔焊相比，钎焊加热温度低，母材不熔化，焊接应力和变形小；焊接接头平整光滑，外表美观。

【实习操作】

对电器或仪表线路接头用烙铁钎焊。

【教师演示】

参观焊接实训室，由指导教师介绍氩弧焊设备、二氧化碳气体保护焊设备、点焊设备及钎焊设备，并操作演示。

复习思考题

1. CO_2 焊有何特点、应用？
2. 氩弧焊有何特点、应用？
3. 点焊有何特点、应用？
4. 钎焊有何特点、应用？

课题五 常见焊接缺陷及焊接变形

【基础知识】

(一) 常见焊接缺陷

在焊接过程中,由于材料(焊件材料、焊条、焊剂等)选择不当,焊前准备工作(清理、装配、焊条烘干、工件预热等)做得不好,焊接规范不合适或操作方法不正确等原因,焊缝有时会产生缺陷。

常见的焊接缺陷及产生原因见表 4.5,其中未焊透、夹渣、裂纹等缺陷会严重降低焊缝的承载能力,重要的工件必须通过焊后检验来发现和消除这些缺陷。

表 4.5 常见焊接缺陷及产生原因

缺陷名称	图　　例	特征及危害性	产生原因
未焊透	未焊透	焊接时接头根部未完全焊透。 由于减少了焊缝金属的有效面积,形成应力集中,易引起裂纹,导致结构破坏	焊速太高,焊接电流过小,坡口角度太小,装配间隙过窄
夹渣	夹渣	焊后残留在焊缝中的熔渣。 由于减少了焊缝金属的有效面积,导致裂纹的产生	工件不洁,电流过小,焊速太高,多层焊时各层熔渣未清除干净
气孔	气孔	焊接时,熔池中的气泡在凝固时未能逸出而残留下来形成了空穴。 由于减少了焊缝有效工作截面,破坏焊缝的致密性,产生应力集中,导致结构破坏	工件不洁,焊条潮湿,电弧过长,焊速太高,电流过小
咬边	咬边	沿焊趾的母材部位产生的沟槽或凹陷。 其危害性与未焊透的危害性相同	电流太大,焊条角度不对,运条方法不正确,电弧过长

续表

缺陷名称	图　例	特征及危害性	产生原因
焊瘤	焊瘤	焊接过程中，熔化金属流淌到焊缝之外未熔化，在母材上所形成的金属瘤。影响成形美观，引起应力集中，焊瘤处易夹渣，不易熔合，导致裂纹的产生	焊接电流太大，电弧过长，运条不当，焊速太低
裂纹	裂纹	在焊接应力及其他致脆因素共同作用下，由于焊接接头中局部的金属原子结合力遭到破坏形成的新界面而产生的缝隙。往往在使用中开裂，酿成重大事故的发生	工件中C、S、P含量过高，焊缝冷却速度太高，焊接顺序不正确，焊接应力过大

（二）焊接变形

焊接时，工件局部受热，温度分布极不均匀，焊缝及其附近的金属被加热到很高的温度。由于受周围温度较低的金属限制，工件不能自由膨胀，在其冷却后就会发生纵向（沿焊缝长度方向）和横向（垂直焊缝方向）的收缩，从而引起整个工件的变形。

焊接变形的主要形式有纵向变形、横向变形、角变形、弯曲变形和翘曲变形等，如图4.29所示。

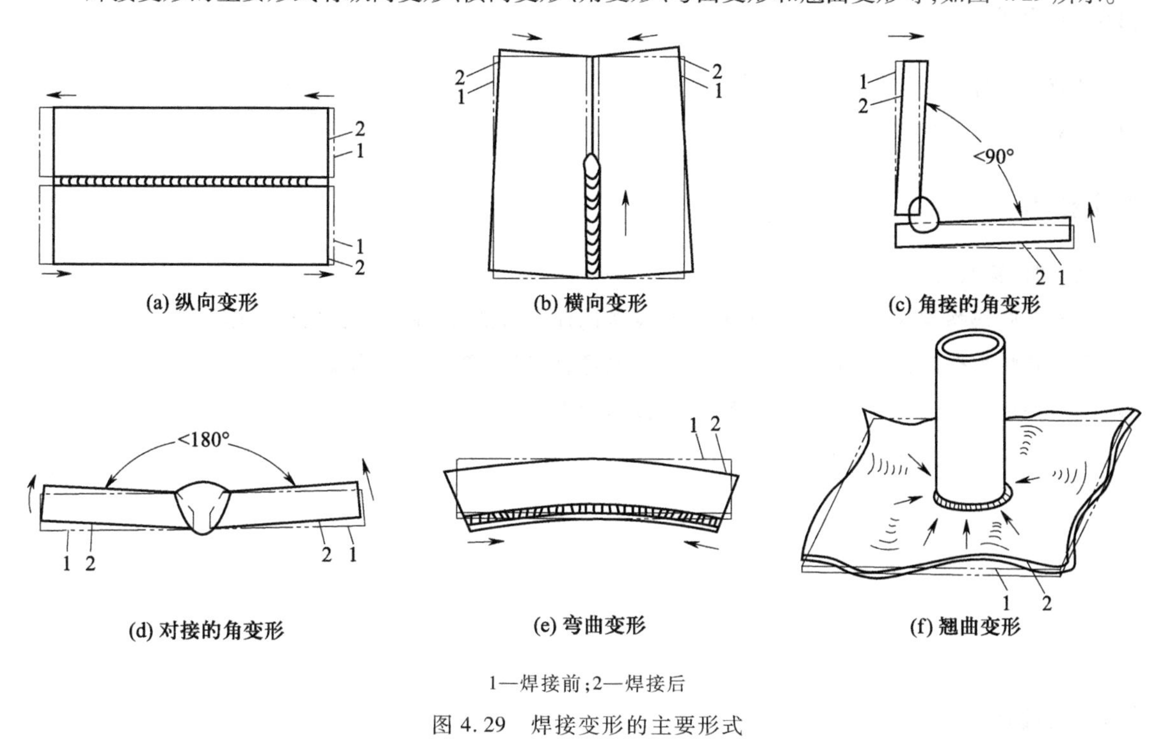

1—焊接前；2—焊接后

图4.29　焊接变形的主要形式

复习思考题

1. 说明焊接缺陷产生的原因。常见的焊接缺陷有哪些？
2. 说明焊接变形产生的原因。焊接变形的主要形式有哪些？

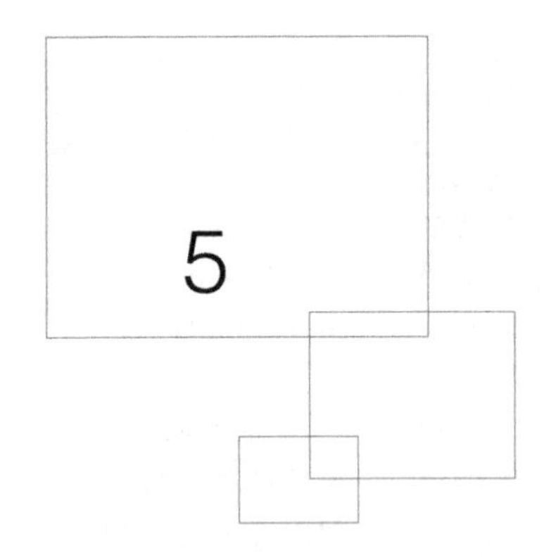

5 热 处 理

目的和要求

1. 了解热处理的作用及应用。
2. 了解常用热处理方法及其设备。

安全技术

1. 操作时，穿戴好防护用品。
2. 操作前应熟悉零件的工艺要求及热处理设备的使用方法，严格按工艺规程操作。
3. 用电阻炉加热时，工件进炉、出炉应先切断电源，然后送取工件，以防触电。
4. 经热处理出炉的工件，不要立即用手摸，以防烫伤。
5. 工件放入盐浴炉前一定要烘干。

课题一　概述、热处理加热炉

【基础知识】

（一）热处理的特点及应用

机器零件在制造过程中要经过冷、热加工等许多工序，其间往往要穿插一些热处理工序。钢的热处理是把钢件按预定的工艺规范加热、保温和冷却，改变钢中的组织，从而得到所需要性能的一种工艺方法。

热处理与铸造、锻压、焊接、切削加工等方法不同,它只改变材料的性能,而不能改变工件的尺寸和形状。

在机械制造中,热处理具有很重要的地位。如钻头、锯条、铣刀、冲模等,它们必须有高的硬度和耐磨性才能保持锋利,才能达到加工金属的目的。因此,除了选用合适的材料外,还必须进行热处理。又如车床上的齿轮、主轴和花键轴等,其局部表面要求有较高的硬度及耐磨性,其他部分则要求有强度、韧性相匹配的综合力学性能,这些要求只有通过热处理才能达到。此外,热处理还可改善坯料的工艺性能,如可以改善材料的切削加工性,使切削省力,刀具磨损小,且工件表面质量高。

(二）热处理加热炉

热处理加热炉是热处理车间的主要设备,通常按下列方法分类:按热能来源分为电阻炉、燃料炉;按工作温度分为高温炉(>1 000 ℃)、中温炉(650~1 000 ℃)和低温炉(<600 ℃);按工艺用途分为正火炉、退火炉、淬火炉、回火炉、渗碳炉等;按外形和炉膛形状分为箱式炉、井式炉等;按加热介质分为空气炉、浴炉、真空炉等。

常用的热处理炉主要有电阻炉和浴炉。

1. 箱式电阻炉

其炉膛由耐火砖砌成,侧面和底面布置有电热元件(铁铬铝或镍铬电阻丝)。通电后,电能转换为热能,通过对流和辐射对工件进行加热。

图 5.1 所示为中温箱式电阻炉,其最高使用温度为 950 ℃,功率有 30 kW、45 kW、60 kW 等规格,可根据工件大小和装炉量的多少选用。中温箱式电阻炉应用很广泛,可用于碳素钢、合金钢件的退火、正火、淬火以及固体渗碳等。

热电偶
炉壳
炉门
电热元件
炉膛
耐火砖

图 5.1　中温箱式电阻炉

2. 井式电阻炉

这类炉子因炉口向上,形如井状而得名(图 5.2),它适用于长轴工件的垂直悬挂加热,可减少弯曲变形。另外,因其炉口向上,可用吊车起吊工件,能大大减轻劳动强度,所以应用较为广泛。

目前我国生产的中温井式电阻炉最高工作温度为 950 ℃,有 30 kW、35 kW、55 kW、70 kW 四个规格。

3. 盐浴炉

热处理浴炉是采用液态的熔盐或油类作为加热介质的热处理设备,按其所用液体介质的不同,浴炉可分为盐浴炉及油浴炉。现主要介绍盐浴炉。

盐浴炉的优点是结构简单,制造容易,加热快而均匀,工件氧化脱碳少,便于细长工件悬挂加热或局部加热,可以减少工件变形。盐浴炉可进行正火、淬火、化学热处理和局部加热淬火、回火等。

图5.3所示为插入式电极盐浴炉,其工作原理为在插入炉膛(坩埚)的电极上,通以低压、大电流的交流电,借助熔盐的电阻发出热能,使熔盐达到要求的温度,以加热熔盐中的工件。

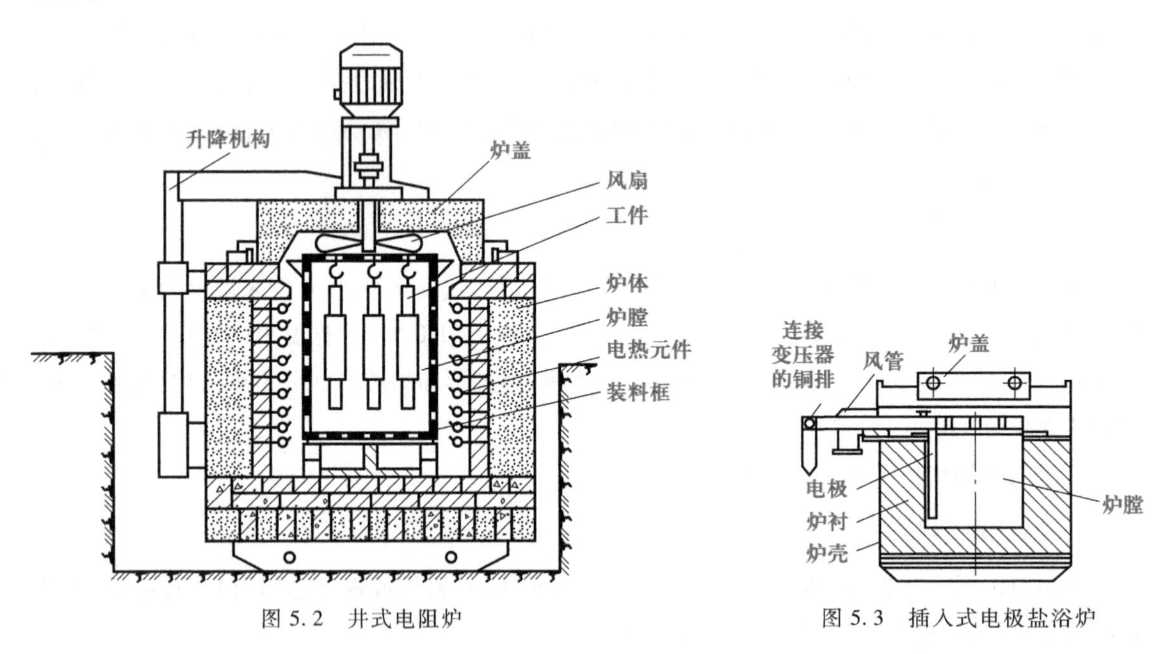

图5.2 井式电阻炉

图5.3 插入式电极盐浴炉

【实习操作】

参观各种热处理加热炉,了解并记下所见加热炉的名称、型号和主要性能参数(如最高加热温度、炉膛尺寸和功率等)。

复习思考题

1. 试述热处理的特点及应用举例。
2. 热处理过程由哪三个阶段组成?

课题二 钢的热处理

【基础知识】

由于加热温度、保温时间和冷却速度的不同,因而构成了不同的热处理工艺。

钢的热处理有多种工艺,常用的有退火、正火、淬火-回火及表面淬火等。

（一）钢的退火和正火

1. 退火

退火是把钢件加热到一定温度，对碳钢来说，一般加热到 750~900 ℃（视钢中碳的质量分数而定），保温一段时间，然后随炉缓慢冷却的热处理工艺。

退火主要用于铸、锻、焊件。

退火的目的：一是均匀组织，细化晶粒。铸钢件晶粒粗大，锻钢件晶粒和组织不均匀，力学性能不够好，尤其是塑性和韧性较低。经退火后，可使钢件组织均匀，晶粒变细，从而提高了钢件的力学性能。二是消除工件的内应力。钢件经铸、锻、焊后，由于加工过程中冷却不均匀，变形不均匀，因而产生内应力。内应力的存在，会使工件变形甚至开裂，通过退火处理，内应力可以消除。三是降低工件硬度，便于切削加工。工具钢件有时硬度较高，切削加工困难，经退火后可使硬度降低，易于切削加工。

工件退火，并不是要同时达到上述三个目的，退火的工艺规范要根据工件的具体要求确定。如仅是为了消除内应力进行退火，一般是将工件加热到 500~600 ℃，保温一段时间后，随炉缓慢冷却到 300~200 ℃以下出炉，称为去应力退火。为了消除由于冷变形所造成的强度和硬度升高、塑性和韧性下降的现象，可把工件加热到 600~700 ℃，保温后再缓慢冷却，以恢复塑性和韧性，称为再结晶退火。

2. 正火

正火是把钢件加热到 780~920 ℃，保温后在空气中冷却的热处理工艺。

正火的作用与退火相似，所不同的是正火冷却速度较高，得到的组织结构较细，力学性能（强度、硬度）也有所提高。

正火是一种方便而又经济的热处理方法。对于低碳钢工件，通常用正火而不用退火，这不仅可获得较满意的力学性能和切削加工性，而且生产率高，又不占用设备。对于一般结构零件，可采用正火作为最终的热处理；对于高碳钢件，正火是为以后的淬火做准备，以防淬火时工件开裂。

（二）钢的淬火和回火

1. 淬火

淬火是将钢件加热至 780~860 ℃，保温后快速冷却的热处理工艺。

淬火的目的是提高钢件的硬度和耐磨性，各种工具（如刀具、量具和模具）以及许多机器零件都需要进行淬火处理。

碳钢工件淬火，一般用水冷却，水便宜且冷却能力较强，如在水中溶有少量的食盐，冷却能力会显著增加；合金钢淬火，则用油冷却，油的冷却能力较低。

淬火时，除了正确选择加热温度、时间和冷却介质外，还必须注意工件浸入淬火冷却剂的方式。如果浸入方式不当，会使工件各部分冷却不一致，造成较大的内应力，引起严重变形甚至开裂，也可能产生局部淬火硬度不够等缺陷。

工件淬入方式如图 5.4 所示。一般来说，工件浸入淬火冷却剂的方式可根据以下原则选择：

(1) 细长工件(如丝锥、钻头和轴类等)应垂直放入冷却剂中，上下移动，以减小变形；

(2) 厚薄不均的工件，厚的部分应先浸入淬火冷却剂；

(3) 薄壁环状件(如套筒等)应沿轴向垂直放入冷却剂中；

(4) 扁平件应侧向放入，大型薄片件放入要快，以减小变形；

(5) 具有凹面的工件应将凹面朝上浸入，以利于蒸气膜的排除，改善其冷却条件。

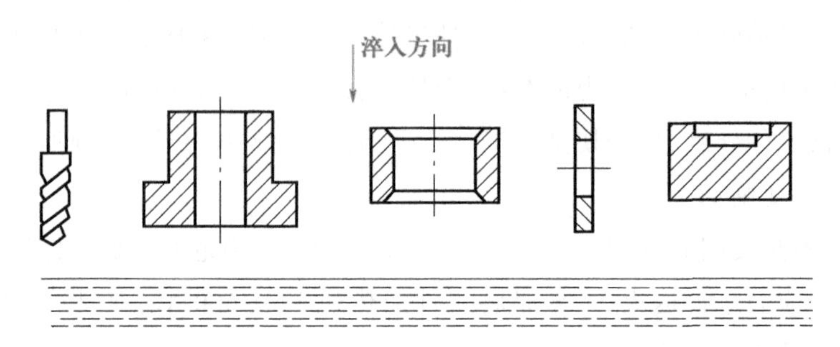

图 5.4　工件淬入方式

2. 回火

回火是把淬火后的工件，重新加热到一定的温度，保温后在空气中冷却的热处理工艺。

生产中，工件的淬火和回火是紧密联系的工序。回火是淬火后紧接着进行的一种操作，通常也是工件热处理的最后一道工序，因此，把淬火和回火的联合工艺称为最终热处理。正确进行回火，对提高产品质量有很大意义。

(1) 淬火钢回火的主要目的有：

① 减小内应力和降低脆性。由于淬火时冷却快，因此，淬火工件存在着很大的内应力，如不及时回火往往会产生变形，甚至开裂。

② 调整工件的力学性能。工件淬火后硬度高、脆性大，为了满足各种工件不同性能的要求，可通过回火调整硬度、强度、塑性和韧性。

(2) 回火操作主要是控制回火温度。回火温度愈高，工件的韧性愈好，内应力愈小，但硬度和强度也下降得愈多。根据回火温度不同，回火可分为三种：

① 低温回火。回火温度为 150~250 ℃，其目的是减少工件淬火后的内应力和脆性，而保持较高的硬度和耐磨性，主要用于刃具、量具及冲模。

② 中温回火。回火温度为 350~500 ℃。工件中温回火后可以大大减少内应力，使工件获得较高的弹性极限，同时又具有一定的韧性和硬度。弹簧、锻模等常采用中温回火，某些要求较高强度的轴、轴套、刀杆等也采用中温回火，目的都是为了获得强度和韧性的适当配合。

③ 高温回火。回火温度为 500~650 ℃，习惯上把淬火加高温回火称为调质处理。高温回火的主要目的是使工件获得既有一定的强度和硬度、又有良好的塑性和韧性相配合的综合力学

性能，广泛应用于中碳钢、合金钢制造的重要结构零件，如轴、齿轮、连杆等。

（三）钢的表面淬火

表面淬火是将工件快速加热，使表层迅速达到淬火温度，而工件内部还来不及升温就被快速冷却的热处理工艺。工件经表面淬火后，其表面层硬度高、耐磨且心部韧性好。

常用的表面淬火方法有火焰加热表面淬火和感应加热表面淬火。前者是用氧气-乙炔火焰喷向工件表面，使其迅速加热到淬火温度，随后喷水（或浸入水中）冷却的淬火方法；后者是将工件放在通有一定频率电流的线圈内加热，然后喷水冷却的淬火方法。

【实习操作】

（1）在热处理车间跟班，参加工件热处理的实际操作，并做记录，其内容包括零件名称、材料、热处理目的、加热炉名称与型号、加热温度、保温时间、冷却方式、工件淬火前后的硬度等。

（2）对在钳工实习时制作的手锤（后面的图 6.84）进行热处理。首先把手锤放在电阻炉中加热至 800~840 ℃，保温 15 min。然后从炉中取出后在冷水中连续调头淬火，浸入水中深度约 5 mm，待工件呈暗黑色后，全部浸入水中。最后从水中取出后，再加热至 250~300 ℃ 回火。

热处理后，用锉刀检查各人自制手锤锤击部分的硬度。

复习思考题

1. 什么叫退火？什么叫正火？什么情况下可用正火代替退火？

2. 什么叫淬火？淬火后为什么要回火？回火温度对钢的性能影响如何？以下工件在淬火后应采用何种回火方法？

手锯条，弹簧夹头，齿轮轴

3. 什么叫表面淬火？什么情况下工作的零件需表面淬火？举例说明。

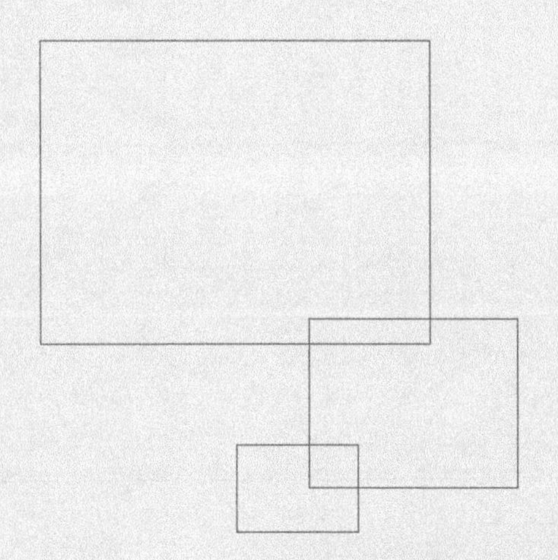

传统切削加工方法实习

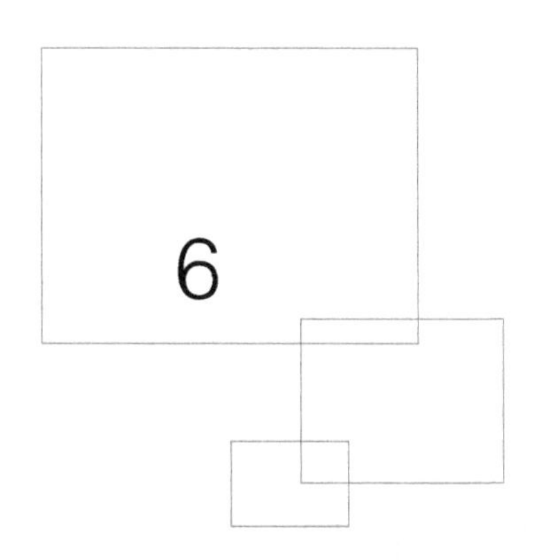

钳　工

目的和要求

1. 了解钳工工作在零件加工、机械装配及维修中的作用、特点和应用。
2. 能正确使用钳工常用的工具。
3. 掌握钳工主要工艺(划线、錾削、锯削、锉削、钻孔、刮削、攻螺纹、套螺纹)的基本操作方法,并能按图样独立加工简单零件。
4. 了解刮削、扩孔、铰孔和锪孔的加工方法和应用。
5. 熟悉钳工车间生产安全技术。

安全技术

1. 实习时,要穿工作服,不准穿拖鞋,操作机床时严禁戴手套,长发要戴工作帽。
2. 不准擅自使用不熟悉的机器和工具。设备使用前要检查,如发现损坏或其他故障,应停止使用并报告。
3. 操作时要时刻注意安全,互相照应,防止意外。
4. 要用刷子清理铁屑,不准用手直接清除,更不准用嘴吹,以免割伤手指和铁屑末飞入眼睛。
5. 使用电气设备时,必须严格遵守操作规程,以防止触电。
6. 要做到文明生产(实习),工作场地要保持整洁。使用的工具(量具)要分类安放,工件、毛坯和原材料应堆放整齐。

课题一　概述

【基础知识】

（一）钳工工作

钳工主要是利用台虎钳、各种手用工具和一些电动工具完成某些零件的加工，部件、机器的装配和调试以及各类机械设备的维护与修理等工作。

钳工是一种比较复杂、细致、技术要求高、实践能力强的工种，其基本工艺包括零件测量、划线、錾削、锯削、锉削、钻孔、扩孔、锪孔、铰孔、攻螺纹、套螺纹、刮削、研磨、矫直、弯曲、铆接、钣金下料以及装配等。

随着机械工业的发展，钳工的工作范围日益广泛，需要掌握的技术知识和技能也越来越多，以至形成了钳工专业的分工，如普通钳工、划线钳工、修理钳工、装配钳工、模具钳工、工具样板钳工、钣金钳工等。

钳工具有所用工具简单、加工多样灵活、操作方便和适应面广等特点。目前虽然有各种先进的加工方法，但很多工作仍然需要由钳工来完成，如某些零件的加工（主要是机床难以完成或者是特别精密的加工），机器的装配和调试，机械的维修，以及形状复杂、精度要求高的量具、模具、样板、夹具等的加工。钳工在保证机械加工质量中起着重要作用，因此，尽管钳工工作大部分是手工操作，生产效率低，工人操作技术要求高，但目前它在机械制造业中仍起着十分重要的作用，是历史悠久又充满活力不可缺少的重要工种之一。

（二）钳工工作台和台虎钳

1. 钳工工作台

钳工工作台（图 6.1a）简称钳台，有单人用和多人用两种，用硬质木材或钢材做成。钳台要求平稳、结实，台面高度一般以装上台虎钳后钳口高度恰好与人手肘平齐为宜（图 6.1b），抽屉可用来放置工具，台桌上必须装有防护网。

2. 台虎钳

台虎钳(图 6.2)用来夹持工件，其规格以钳口的宽度表示，常用的有 100 mm、125 mm、150 mm 三种。

使用台虎钳时应注意的事项如下：

（1）将工件尽量夹持在台虎钳钳口中部，以使其受力均匀；

（2）夹紧后的工件应稳固可靠，便于加工，并且不产生变形；

（3）只能用手扳紧摇动手柄夹紧工件，不准用套管接长手柄或用手锤敲击手柄，以免损坏台虎钳螺母；

（4）不要在活动钳身的光滑表面进行敲击作业，以保证其与固定钳身的配合性能；

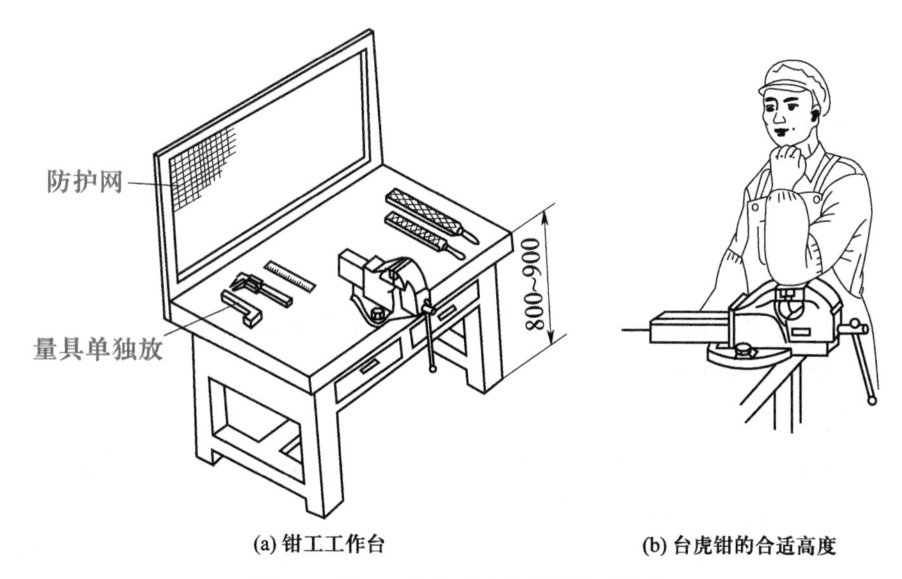

(a) 钳工工作台　　(b) 台虎钳的合适高度

图 6.1　钳工工作台及台虎钳的合适高度

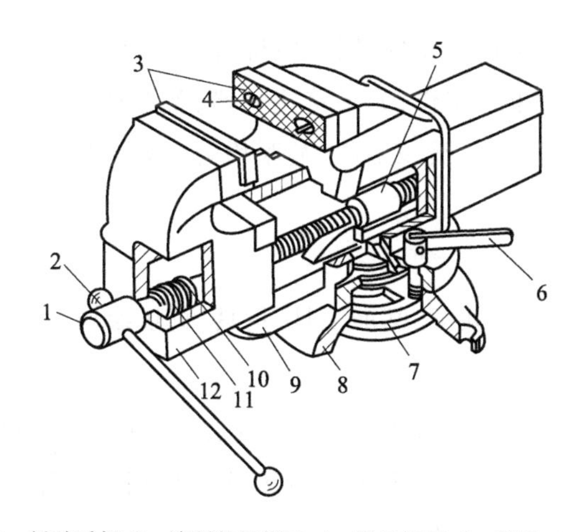

1—丝杠;2—摇动手柄;3—淬硬的钢钳口;4—钳口螺钉;5—螺母;6—紧固手柄;
7—夹紧盘;8—转动盘座;9—固定钳身;10—弹簧;11—垫圈;12—活动钳身

图 6.2　台虎钳

(5) 加工时用力方向最好是朝向固定钳身。

【实习操作】

(1) 熟悉工作位置,整理并安放好所使用的工具(量具不能与其他工具或工件混放在一起)。

(2) 熟悉台虎钳结构(可拆装实践),并在台虎钳上进行工件装夹练习。

复习思考题

1. 什么叫钳工工作？它包括哪些基本操作？
2. 怎样使用和维护台虎钳？
3. 安全生产(实习)的重要性是什么？在钳工实习中应注意些什么？

课题二 划线

【基础知识】

根据图样的尺寸要求，用划线工具在毛坯或半成品工件上划出待加工部位的轮廓线或作为基准的点、线的操作称为划线。

划线的作用：

（1）准确地在毛坯或半成品上表示出加工位置，作为加工和装夹、定位的依据。所划的基准点或线是毛坯或工件安装时的标记或校正线。

（2）借划线来检查毛坯或工件的尺寸和形状，及早剔出不合格品，避免造成后续加工工时的浪费。

（3）在板料上划线下料，可做到正确排料，使材料得以合理使用。

划线是一项复杂、细致的重要工作，如果将线划错，就会造成加工后的工件报废。因此，对划线的要求是尺寸准确、位置正确、线条清晰、冲眼均匀。划线精度一般在 0.25~0.5 mm，划线精度直接关系到产品质量。

（一）划线工具

划线工具按用途可分为以下几类：基准工具、量具、直接绘划工具、夹持工具等。

1. 基准工具

划线平台是划线的主要基准工具（图 6.3），其安放要平稳牢固，上平面应保持水平。划线平台的平面各处要均匀使用，以免局部磨凹。其表面不要碰撞也不要敲击，且要保持清洁。划线平台长期不用时，应涂油防锈，并加盖保护罩。

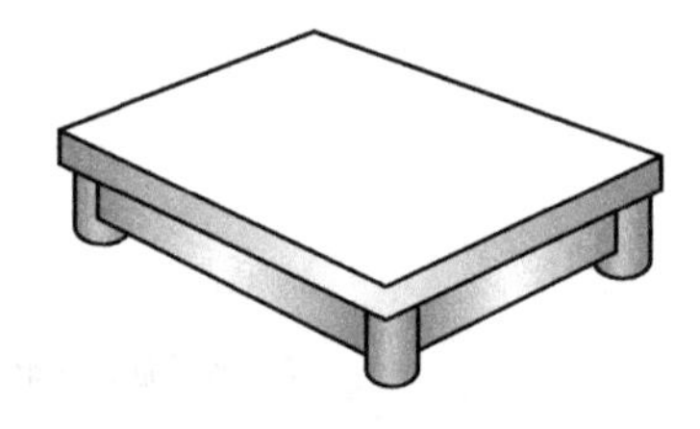

图 6.3 划线平台

2. 量具

量具有钢直尺、90°角尺、高度尺等。普通高度尺又称量高尺（图 6.4a），由钢直尺和底座组成，使用时配合划线盘量取高度尺寸。高度游标卡尺（图 6.4b）能直接表示出高度尺寸，其读数精度一般为 0.02 mm，可作为精密划线工具。

3. 直接绘划工具

直接绘划工具有划针、划规、划卡、划线盘和样冲等。

（1）划针 划针（图 6.5a、b）是在工件表面划线用的工具，常用 $\phi3\sim\phi6$ mm 的工具钢或弹簧钢丝制成，并经淬火处理，其尖端磨成 15°~20°的尖角。有的划针在尖端部位焊有硬质合金，这样划针更锐利，耐磨性更好。划线时，划针要依靠钢直尺或 90°角尺等导向工具移动，并向外侧倾斜 15°~20°，向划线方向倾斜 45°~75°（图 6.5c）。划线时，要做到尽可能一次划成，使线条清晰、准确。

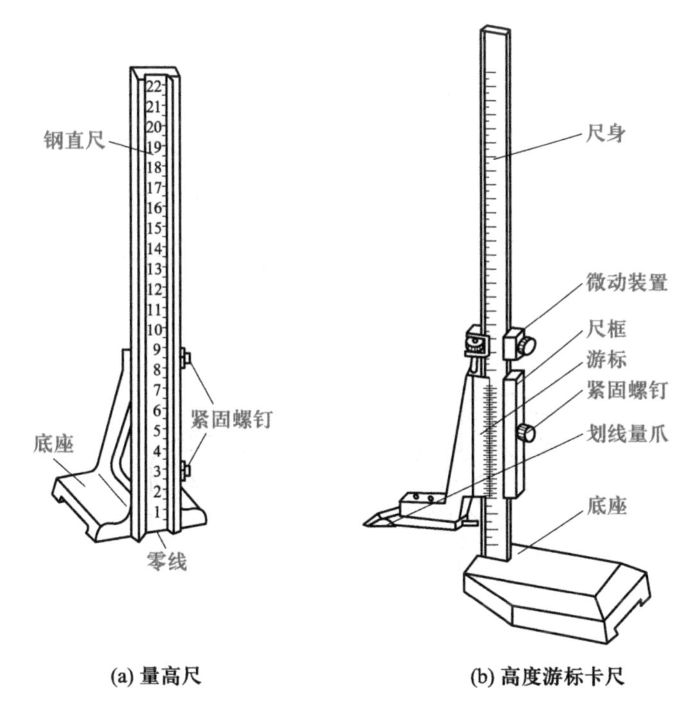

(a) 量高尺　　(b) 高度游标卡尺

图 6.4　量高尺与高度游标卡尺

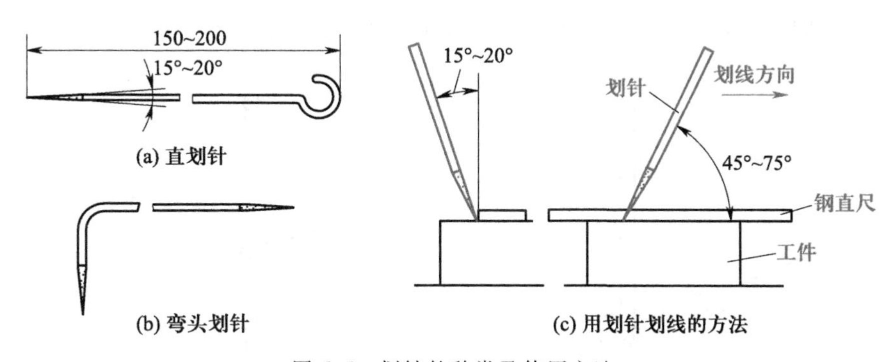

图 6.5　划针的种类及使用方法

(2) 划规　划规(图 6.6)是划圆、弧线、等分线段及量取尺寸等使用的工具,它的用法与制图用的圆规相同。

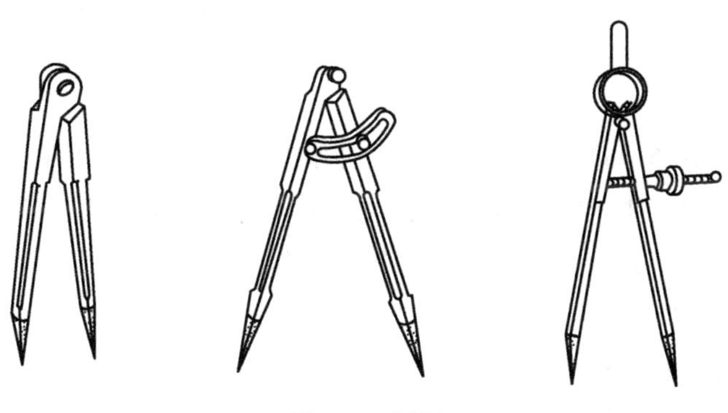

图 6.6　划规

(3) 划卡　划卡(单脚划规)主要是用来确定轴和孔的中心位置,其使用方法如图 6.7 所示。操作时应先划出 4 条圆弧线,然后再在圆弧线中冲一个样冲眼。

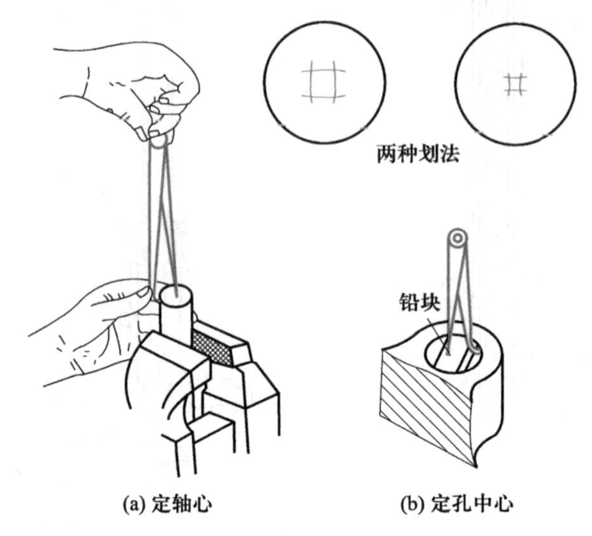

图 6.7　用划卡定中心

(4) 划线盘　划线盘(图 6.8)主要用于立体划线和校正工件位置。用划线盘划线时,要注意划针装夹应牢固,伸出长度要小,以免抖动。其底座要与划线平台贴紧,不要摇晃和跳动。

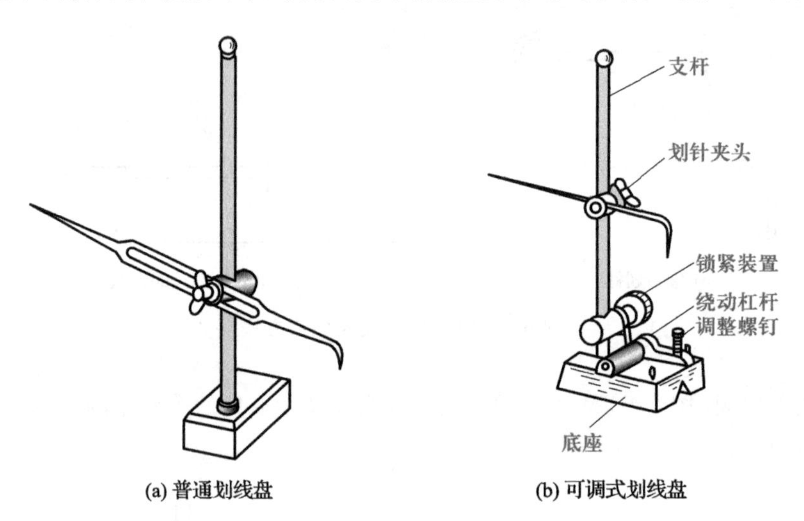

图 6.8　划线盘

(5) 样冲　样冲(图 6.9a)是在划好的线上冲眼时使用的工具,用工具钢制成,尖端处磨成 45°~60°角并经淬火硬化。打样冲眼是为了强化显示用划针划出的加工界线,也是使划出的线条具有永久的位置标记。另外,划圆弧时样冲眼也可作定心脚点使用。

打样冲眼时要注意以下几点:

① 样冲眼位置要准确,中心不能偏离线条;

② 样冲眼间的距离要以划线的形状和长短而定,直线可稀,曲线则稍密,转折交叉点处需

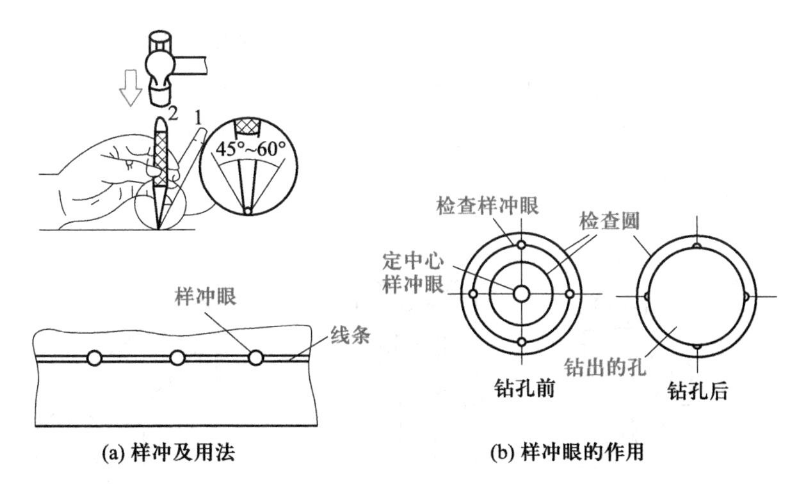

(a) 样冲及用法　　(b) 样冲眼的作用

1—对准位置；2—冲眼

图 6.9　打样冲眼

打样冲眼；

③ 样冲眼的大小要根据工件材料、表面情况而定，薄的可浅些，粗糙的应深些，软的应轻些，而精加工表面一般不允许打样冲眼；

④ 钻孔时圆心处的样冲眼，应打得大些，便于钻头定位、对中。

4. 夹持工具

夹持工具有方箱、千斤顶、V 形架等。

（1）方箱　方箱（图 6.10）是用铸铁制成的空心立方体，它的 6 个面都经过精加工，其相邻各面互相垂直。方箱用于夹持、支承尺寸较小而加工面较多的工件。通过翻转方箱，可在工件的表面上划出互相垂直的线条。

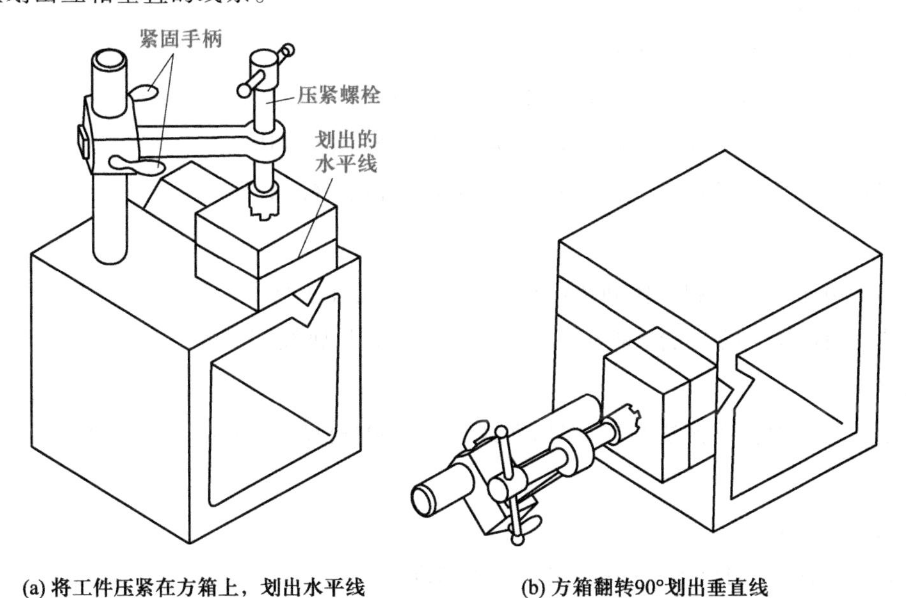

(a) 将工件压紧在方箱上，划出水平线　　(b) 方箱翻转90°划出垂直线

图 6.10　用方箱夹持工件

（2）千斤顶　千斤顶（图6.11）是在平板上作支承工件划线使用的工具，其高度可以调整，通常用三个千斤顶组成一组，用于不规则或较大工件的划线找正。

（3）V形架　V形架（图6.12）用于支承圆柱形工件，使工件轴心线与平台平面（划线基准）平行，一般两个V形架为一组。

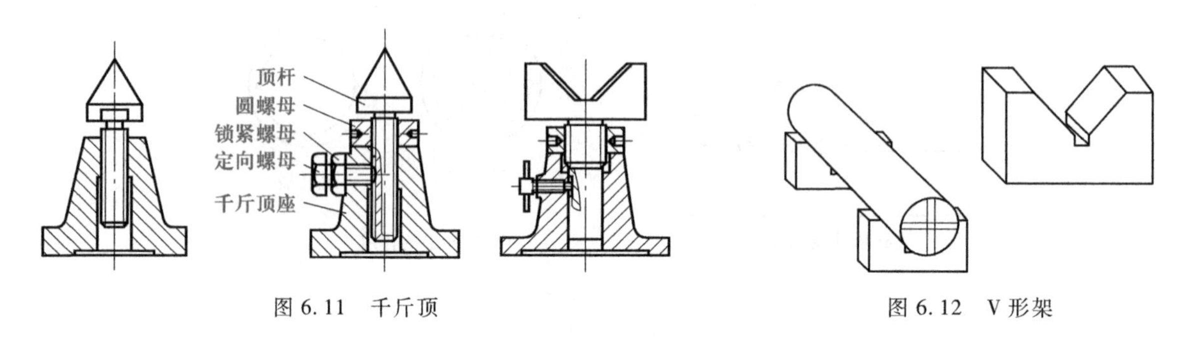

图6.11　千斤顶　　　　图6.12　V形架

（二）划线基准

用划线盘划各水平线时，应选定某一基准作为依据，并以此来调节每次划线的高度，这个基准称为划线基准。

在零件图样上用来确定其他点、线、面位置的基准称为设计基准。划线时，划线基准与设计基准应一致，因此合理选择基准可提高划线质量和划线速度，并避免由失误引起的划线错误。

选择划线基准的原则：一般选择重要孔的轴线为划线基准（图6.13a），若工件上个别平面已加工过，则应以加工过的平面为划线基准（图6.13b）。

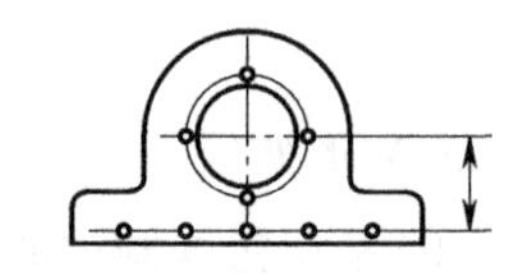

(a) 以孔的轴线为划线基准

(b) 以已加工面为划线基准

图6.13　划线基准

常见的划线基准有三种类型：

（1）以两个互相垂直的平面（或线）为划线基准（图6.14a）；

（2）以一个平面与一对称平面（或线）为划线基准（图6.14b）；

（3）以两互相垂直的中心平面（或线）为划线基准（图6.14c）。

（三）划线方法

划线方法分平面划线和立体划线两种。平面划线是在工件的一个平面上划线（图6.15a）；立体划线是平面划线的复合，是在工件的几个表面上划线，即在长、宽、高三个方向划线（图6.15b）。

平面划线与平面作图方法类似，即用划针、划规、90°角尺、钢直尺等在工件表面上划出几何图形的线条。

平面划线步骤如下：

（1）分析图样，查明要划哪些线，选定划线基准；

（2）检查毛坯并在划线表面涂上涂料；

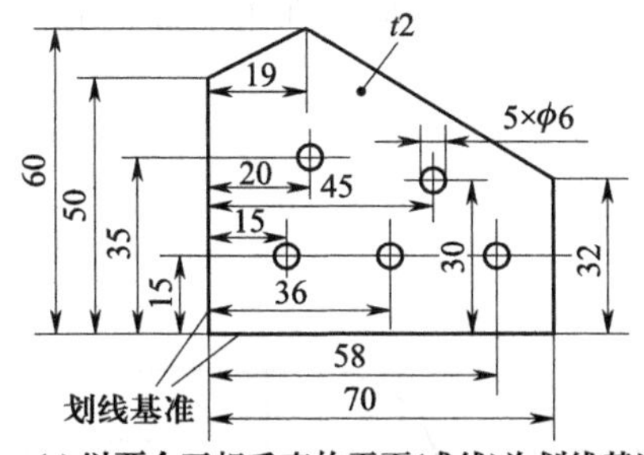

(a) 以两个互相垂直的平面(或线)为划线基准

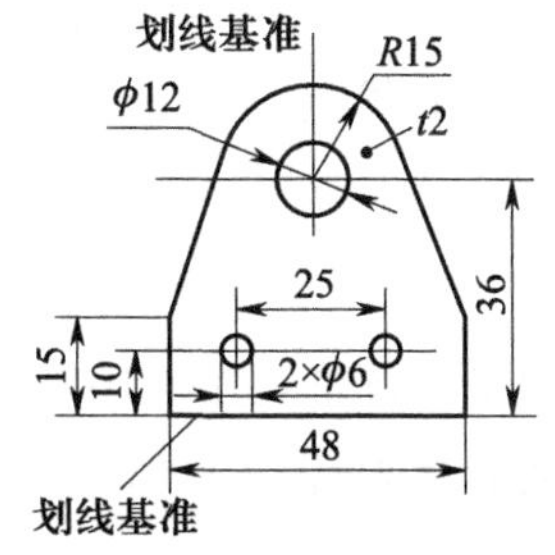

(b) 以一个平面与一对称平面(或线)为划线基准

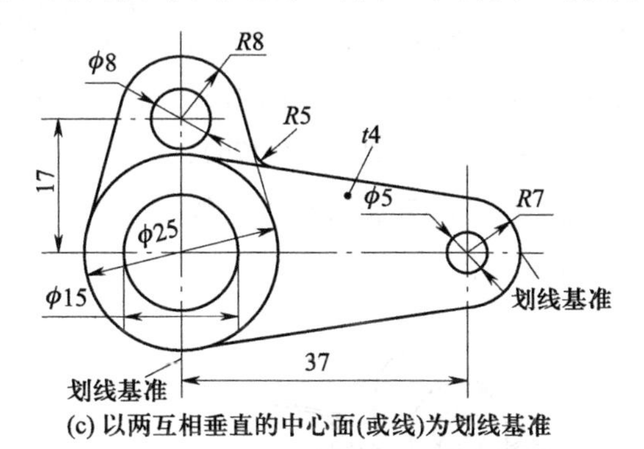

(c) 以两互相垂直的中心面(或线)为划线基准

图 6.14　划线基准种类

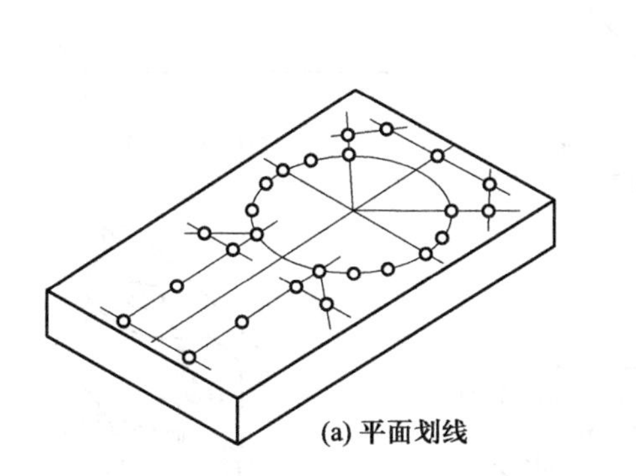
(a) 平面划线

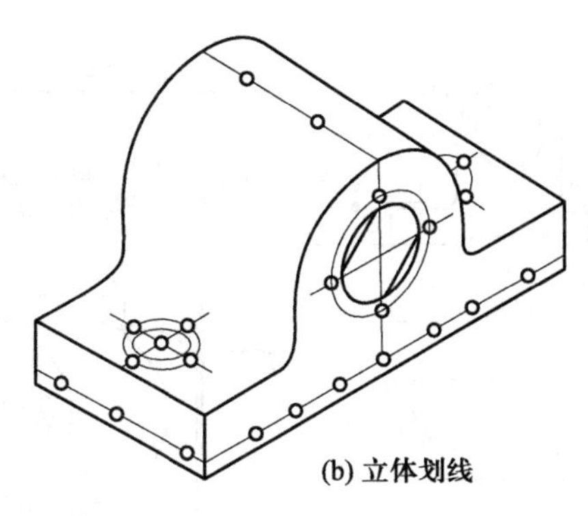
(b) 立体划线

图 6.15　平面划线和立体划线

（3）划基准线和加工时在机床上安装找正用的辅助线；

（4）划其他直线、垂直线；

（5）划圆、连接圆弧、斜线等；

（6）检查核对尺寸；

（7）打样冲眼。

立体划线是平面划线的复合运用，它和平面划线有许多相同之处，其不同之处是在两个或两个以上的面划线。划线基准一经确定，其后的划线步骤与平面划线大致相同。立体划线的常用方法有两种：一种是工件固定不动，该方法适用于大型工件，划线精度较高，但生产率较低；另一种是工件翻转移动，该方法适用于中、小型工件，划线精度较低，而生产率较高。在实际工作中,特别是中、小型工件的划线,有时也采用中间方法,即将工件固定在可以翻转的方箱上,这样便可兼得两种划线方法的优点。

【实习操作】

(1) 在钢板上划平面图形(图 6.16)。

(2) 简单零件的立体划线。

图 6.17 所示为对滑动轴承座进行立体划线的实例。划线步骤如下:研究图样,确定划线基准;清理工件表面,给划线部位涂上石灰水,给铸孔堵上木料或铅料塞块;用千斤顶支承工件后找正(图 6.17a);划基准线,划水平线(图 6.17b);翻转工件,找正,划出互相垂直的线(图 6.17c、d);检查划线质量,确认无误后,打样冲眼,划线结束。

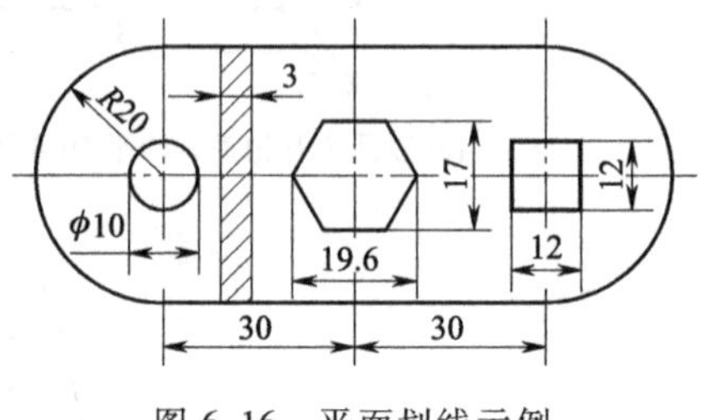

图 6.16 平面划线示例

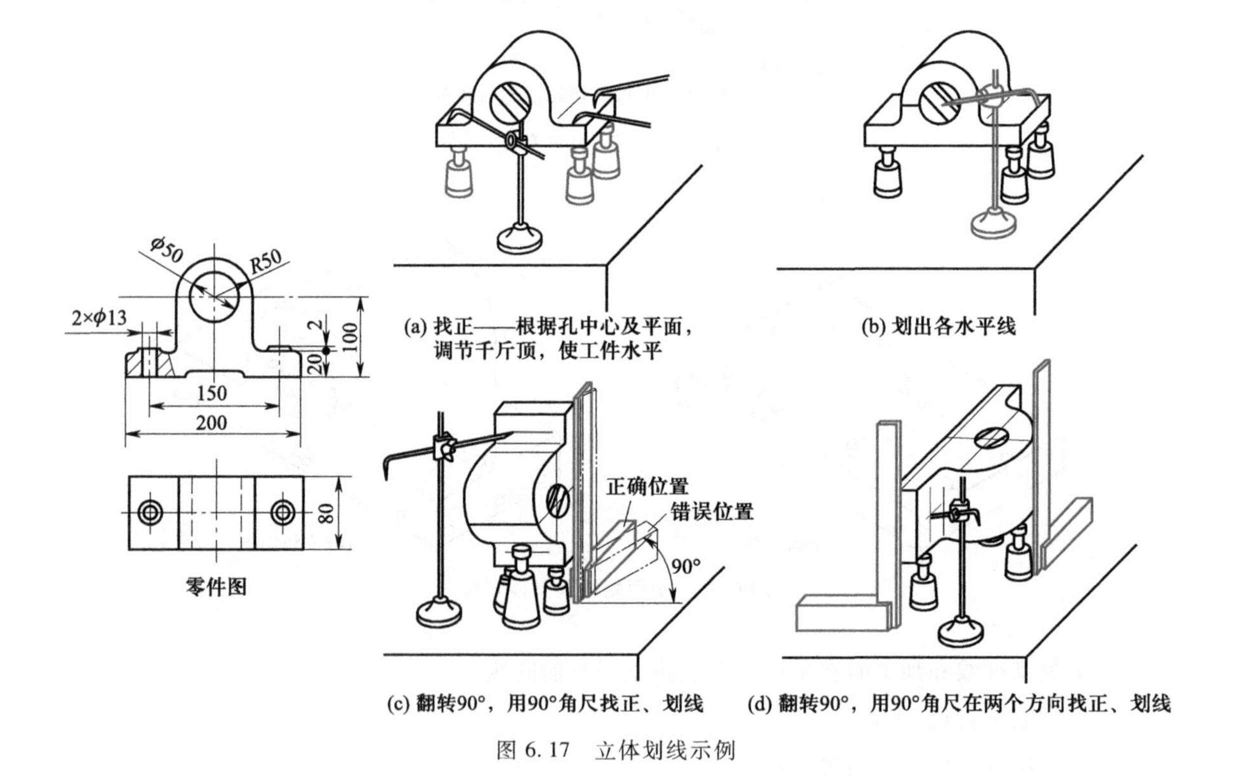

图 6.17 立体划线示例

【操作要点】

1. 划线前的准备

(1) 工件准备。包括工件的清理、检查和表面涂色,必要时在工件孔中安置木料或铅料塞块。

(2) 工具准备。按工件图样要求,选择所需工具并检查和校验工具。

2. 操作时应注意的事项

(1) 看懂图样,了解零件的作用,分析零件的加工工序和加工方法。

(2) 工件夹持或支承要稳当,以防滑倒或移动。

(3) 毛坯划线时,要做好找正工作。第一条线如何划,要从多方面考虑,制订划线方案时要考虑到全局。

(4) 在支承好的工件上应将要划的平行线全部划出,以免再次支承补划造成划线误差。

(5) 正确使用划线工具,划出的线条要准确、清晰,关键部位要划辅助线,样冲眼的位置要准确,大小疏密要适当。

(6) 划线时自始至终要认真、仔细,划完后要反复核对尺寸,确认无误后才能转入后续加工。

复习思考题

1. 划线的作用是什么?
2. 什么是划线基准?如何选择划线基准?
3. 划线工具有几类?如何正确使用?
4. 为什么划线后要打样冲眼?打样冲眼的一般规则是什么?

课题三　錾削

【基础知识】

用手锤打击錾子对金属进行切削加工的操作称为錾削。錾削的作用就是錾掉或錾断金属,使其达到所要求的形状和尺寸。

錾削具有较大的灵活性,它不受设备、场地的限制。一般用于凿油槽、刻模具及錾断板料等。

錾削是钳工的基本技能。通过錾削工件的锻炼,可提高操作者敲击的准确性,为装拆机械设备(钳工装配、机器修理)奠定基础。

(一) 錾削工具

錾削工具主要是錾子和手锤。

1. 錾子

錾子应具备的条件:錾子刃部的硬度必须大于工件材料的硬度,并且必须制成楔形,即有一定楔角。

(1) 錾子的构造　錾子由锋口(切削刃)、斜面、柄部、头部4个部分组成(图6.18)。柄部一般制成棱柱形,全长170 mm左右,直径为$\phi 18 \sim \phi 20$ mm。

(2) 錾子的种类　根据工件加工的需要,常用的錾子有以下几种:

扁錾(平口錾),扁錾有较宽的切削刃,刃宽一般在 15~20 mm,可用于錾大平面、较薄的板料、直径较小的棒料,清理焊件边缘及铸件与锻件上的毛刺、飞边等。

尖錾(狭錾),尖錾的切削刃较窄,一般为 2~20 mm,用于錾削槽和配合扁錾錾削宽的平面。

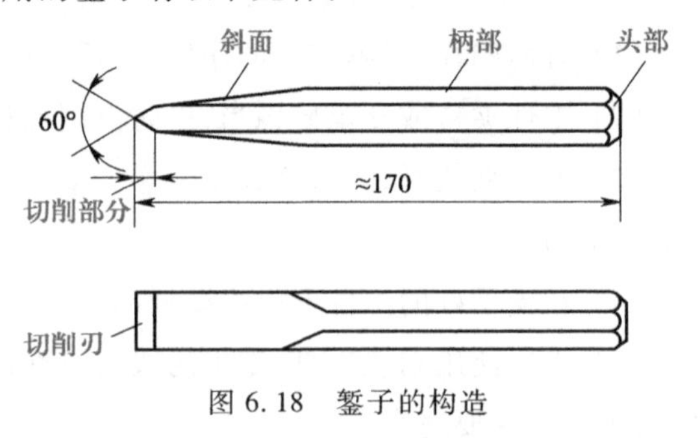

图 6.18　錾子的构造

油槽錾,油槽錾的切削刃很短并呈圆弧状,其斜面做成弯曲形状,可用于錾削轴瓦和机床润滑面上的油槽等。

在制造模具或其他特殊场合,如还需要特殊形状的錾子,可根据实际需要锻制。

(3) 錾子的材料　錾子的材料通常采用碳素工具钢 T7、T8,经锻造和热处理,其硬度要求是:切削部分 52 HRC~57 HRC,头部 32 HRC~42 HRC。

(4) 錾子的楔角　錾子的切削部分呈楔形,它由两个平面与一个切削刃组成,两个面之间的夹角称为楔角 β。錾子的楔角越大,切削部分的强度越高,但錾削阻力也加大,使切削困难,而且会将材料的被切面挤切得不平。所以,应在保证錾子具有足够强度的前提下,尽量选取小的楔角值。一般来说,錾子楔角要根据工件材料的硬度来选择:在錾削硬材料(如碳素工具钢)时,楔角取 60°~70°;錾削碳素钢和中等硬度的材料时,楔角取 50°~60°;錾削软材料(铜、铝)时,楔角取 30°~50°。

2. 手锤

手锤是錾削工作中不可缺少的工具,用錾子錾削工件必须靠手锤的锤击力才能完成。

手锤由锤头和木柄两部分组成。锤头用碳素工具钢制成,两端经淬火硬化、磨光等处理,顶面稍稍凸起。锤头的另一端形状可根据需要制成圆头、扁头、鸭嘴或其他形状。手锤的规格以锤头的质量大小表示,其规格有 0.25 kg(约 0.5 lb)、0.5 kg(约 1 lb)、0.75 kg(约 1.5 lb)、1 kg(约 2 lb)等几种。木柄需用坚韧的木质材料制成,其截面形状一般呈椭圆形。木柄长度要合适,过长操作不方便,过短则不能充分发挥锤击力量。木柄长度一般以操作者手握锤头时手柄与肘长相等为宜,木柄装入锤孔中必须打入楔子,以防锤头脱落伤人。

(二) 錾削操作

1. 錾子的握法

握錾子的方法随工作条件不同而不同,其常用的方法有以下几种:

(1) 正握法(图 6.19a)　手心向下,用虎口夹住錾身,拇指与食指自然伸开,其余三指自然弯曲靠拢并握住錾身。这种握法适于在平面上进行錾削。

(2) 反握法(图 6.19b)　手心向上,手指自然握住錾柄,手心悬空。这种握法适用于小的平面或侧面錾削。

（3）立握法（图 6.19c）　虎口向上，拇指放在錾子一侧，其余四指放在另一侧捏住錾子。这种握法适用于垂直錾断工件，如在铁砧上錾断材料等。

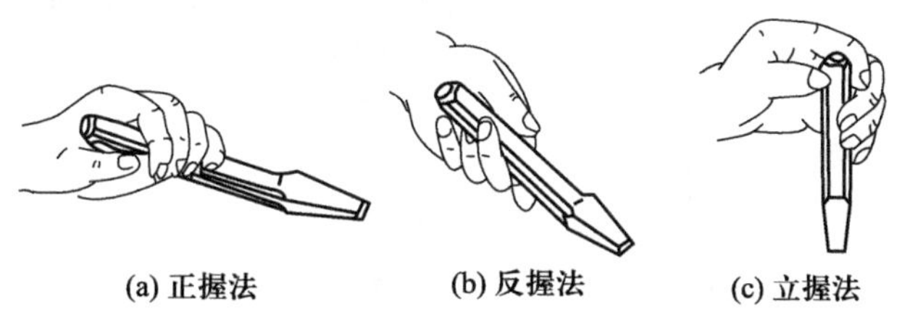

图 6.19　錾子的握法

2. 手锤的握法

手锤的握法有紧握法、松握法两种。

（1）紧握法（图 6.20）　右手五指紧握锤柄，大拇指合在食指上，虎口对准锤头方向，木柄尾端露出 15~30 mm，在锤击过程中五指始终紧握。这种方法因手锤紧握，所以容易疲劳或将手磨破，应尽量少用。

（2）松握法（图 6.21）　在锤击过程中，拇指与食指仍卡住锤柄，其余三指稍有自然松动并压着锤柄，锤击时三指随冲击逐渐收拢。这种握法的优点是轻便自如，锤击有力，不易疲劳，故常在操作中使用。

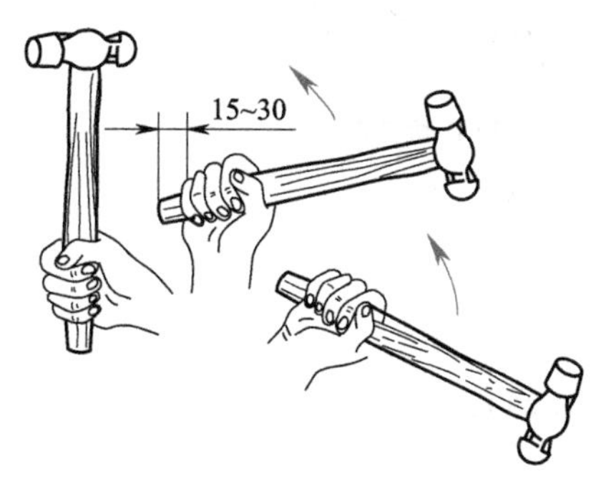

图 6.20　手锤紧握法

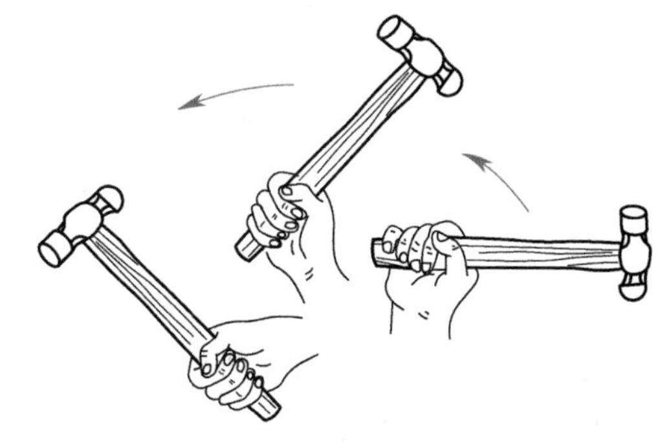

图 6.21　手锤松握法

3. 挥锤方法

挥锤方法有腕挥、肘挥、臂挥三种。

（1）腕挥（图 6.22a）　腕挥是指单凭腕部的动作，挥锤敲击。这种方法锤击力小，适用錾削的开始与收尾，或錾油槽、打样冲眼等用力不大的地方。

（2）肘挥（图 6.22b）　肘挥是靠手腕和肘的活动，也就是小臂的挥动来完成挥锤动作。挥锤时，手腕和肘向后挥动，上臂不大动，然后迅速向錾子顶部击去。肘挥的锤击力较大，应用最广。

（3）臂挥（图 6.22c）　臂挥靠的是腕、肘和臂的联合动作，也就是挥锤时手腕和肘向后上方伸，并将臂伸开。臂挥的锤击力大，适用于要求锤击力大的錾削。

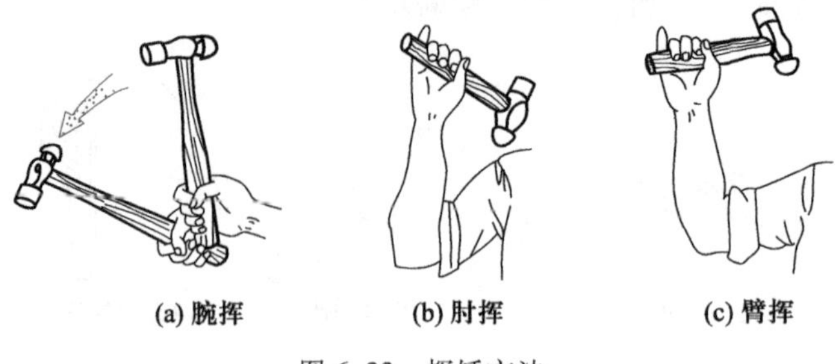

图 6.22 挥锤方法

4. 錾削时的步位和姿势

錾削时，操作者的步位和姿势应便于用力，一般操作者身体的重心偏于右腿，挥锤要自然，眼睛应正视切削刃而不是看錾子的头部，錾削时的步位和正确姿势如图 6.23 所示。

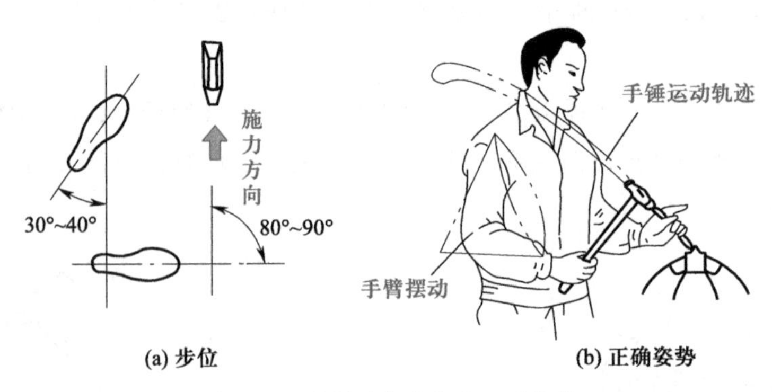

图 6.23 錾削时的步位和正确姿势

5. 錾削时的主要角度对錾削的影响

在錾削过程中錾子需与錾削平面形成一定的角度（图 6.24）。

各角度主要作用如下：

前角 γ（前面与基面之间的夹角）的作用是减少切屑变形并使錾削轻快。前角愈大，切削愈省力。

后角 α（后面与切削平面之间的夹角）的作用是减少后面与已加工面间的摩擦，并使錾子容易切入工件。

切削角 δ（前面与切削平面之间的夹角）的大小对錾削质量、錾削工作效率有很大影响。由 $\delta=\beta+\alpha$ 可知，δ 的大小由 β 和 α 确定，而楔角 β 是根据被加工材料的软硬程度选定的，在工作中是不变的，所以切削角的大小取决于后角 α。后角过大，使錾子切入工件太深，錾削困难，甚至损坏錾子切削刃和工件（图 6.25a）；后角过小，錾子容易从材料表面滑出，或切入很浅，效率不高（图 6.25b）。所以，錾削时后角是关键角度，α 一般以 $5°\sim8°$ 为宜。在錾削过程中，应掌握好錾子，以使后角保持稳定不变，否则工件表面将錾得高低不平。

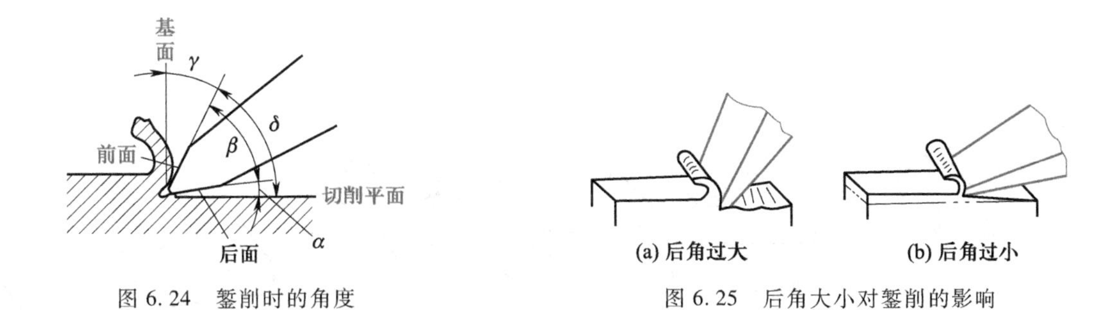

图 6.24　錾削时的角度

图 6.25　后角大小对錾削的影响

6. 錾削要领

起錾时，錾子尽可能向右倾斜 45°左右（图 6.26a），从工件尖角处向下倾斜 30°，轻打錾子，这样錾子便容易切入材料，然后按正常的錾削角度逐步向中间錾削。

当錾削到距工件尽头约 10 mm 时，应调转錾子来錾掉余下的部分（图 6.26b），这样可以避免单向錾削到终端时边角崩裂，保证錾削质量。这在錾削脆性材料时尤其应该注意。

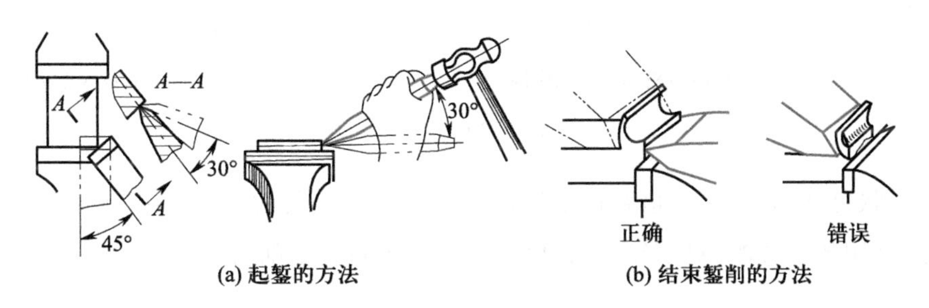

图 6.26　起錾和结束錾削的方法

在錾削过程中每分钟锤击次数在 40 次左右。切削刃不要老是顶住工件。每錾两三次后，将錾子退回一些，这样既可观察錾削切削刃的平整度，又可使手臂肌肉放松一下，效果较好。

（三）錾削操作示例

1. 錾平面

较窄的平面可以用平錾进行，每次錾削厚度为 0.5～2 mm，对宽平面，应先用窄錾开槽，然后用平錾錾平（图 6.27）。

2. 錾油槽

錾削油槽时，要选用与油槽宽度相同的油槽錾，油槽必须錾得深浅均匀，表面光滑（图 6.28）。在曲面上錾油槽时，錾子的倾斜角要灵活掌握，应随曲面而变动，并保持錾削时后角不变，以使油槽的尺寸、深度和表面粗糙度达到要求，錾削后还需用刮刀裹以砂布修光。

3. 錾断

錾断薄板（厚度 4 mm 以下）和小直径（ϕ13 mm 以下）棒料可在台虎钳上进行（图 6.29a），即用扁錾沿着钳口并斜对着板料约成 45°自右向左錾削。对于较长或大型板料，如果不能在台虎钳上进行，可以在铁砧上錾断（图 6.29b）。

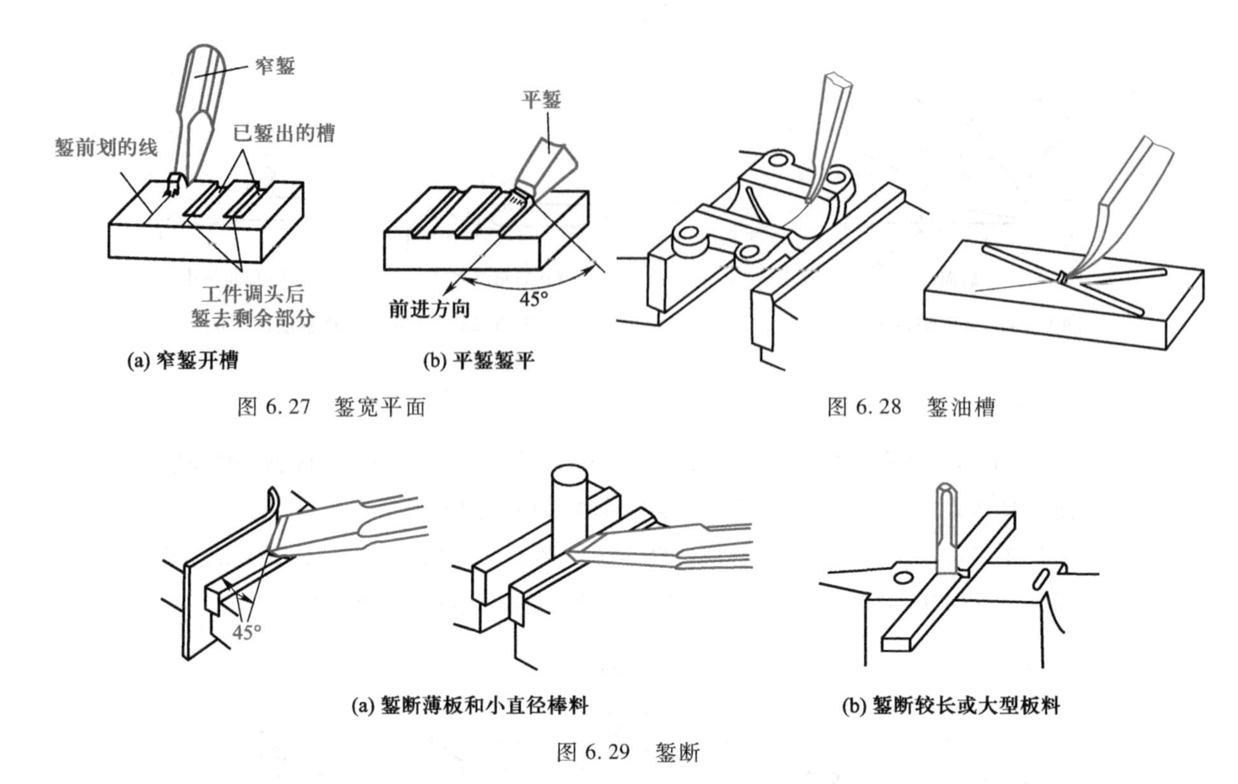

图 6.27 錾宽平面

图 6.28 錾油槽

图 6.29 錾断

当錾断形状复杂的板料时,最好在工件轮廓周围钻出密集的排孔,然后再錾断。对于轮廓的圆弧部分,宜用狭錾錾断;对于轮廓的直线部分,宜用扁錾錾削(图 6.30)。

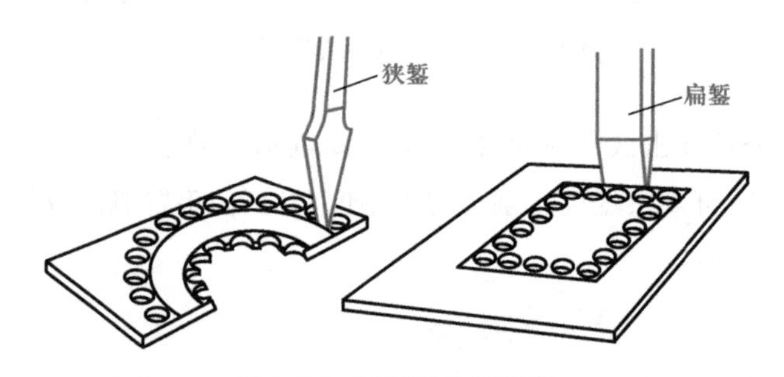

图 6.30 圆弧部分的錾断

（四）錾削质量问题及产生的原因

錾削中常见的质量问题有三种:

(1) 錾过了尺寸界线;

(2) 錾崩了棱角或棱边;

(3) 夹坏了工件的表面。

以上三种质量问题产生的主要原因是操作不认真和操作技巧还未充分掌握。

【实习操作】

(1) 刃磨扁錾。

（2）錾断板料（车刀垫片）如图 6.31 所示。用平口錾在台虎钳上錾断工件，要求錾痕整齐，尺寸准确。

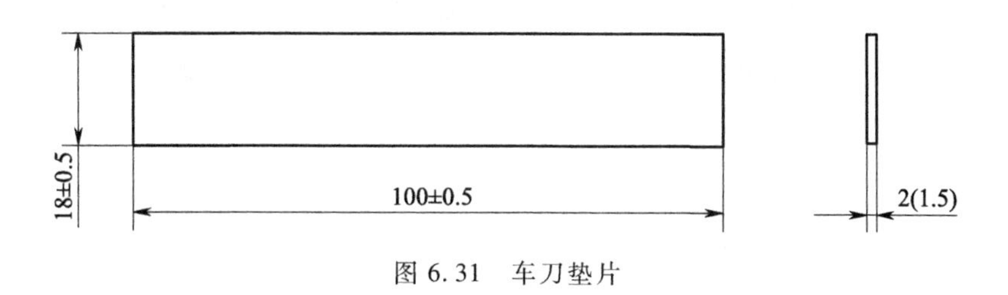

图 6.31　车刀垫片

【操作要点】

1. 刃磨扁錾的要求

錾子切削部分的好坏，直接影响錾削的质量和工作效率。在使用过程中要经常刃磨，其要求是：楔角的大小要与工件材料相适应，且两边对称于中心线，切削刃两面一样宽，切削刃成一直线。

2. 錾削操作的注意事项

（1）工件装夹必须牢固，伸出宽度一般以离钳口 10～15 mm 为宜，同时在工件下面应加垫木衬垫。

（2）及时修复打毛的錾子头部和松动的锤头，以免伤手和锤头飞脱伤人。

（3）手锤头部、柄部和錾子头部不得有油，以免锤击时滑脱伤人。

（4）操作感到疲劳时要适当休息，手臂过度疲劳容易击偏伤手。

复习思考题

1. 錾子用什么材料制成？切削刃与头部硬度为什么不一样？
2. 錾子在切削时有哪些角度？其作用如何？
3. 如何根据材料软硬程度选择錾子的楔角？
4. 錾子的种类有哪些？应用范围如何？
5. 影响錾削质量和錾削效率的主要因素是什么？
6. 錾削的安全注意事项有哪些？

课题四　锯削

【基础知识】

锯削是用手锯对工件或材料进行分割的一种切削加工。锯削的工作范围包括分割各种材料或半成品（图 6.32a），锯掉工件上多余部分（图 6.32b），在工件上锯槽（图 6.32c）。

虽然当前各种自动化、机械化的切割设备已被广泛采用，但是手锯切削依然常见。这是因为，它具有操作方便、简单和灵活的特点，不需任何辅助设备，不消耗动力。在单件、小批量生产时，在临时工地以及在切削异形工件、开槽、修整等场合应用很广。因此，手工锯削也是钳工需要掌握的基本功之一。

（一）手锯

手锯包括锯弓和锯条两部分。

1. 锯弓

锯弓分固定式和可调式两种。固定式锯弓的弓架是整体的，只能装一种长度规格的锯条（图 6.33a）。可调式锯弓的弓架分成前后两段，由于前段在后段套内可以伸缩，因此可以安装多种长度规格的锯条（图 6.33b）。

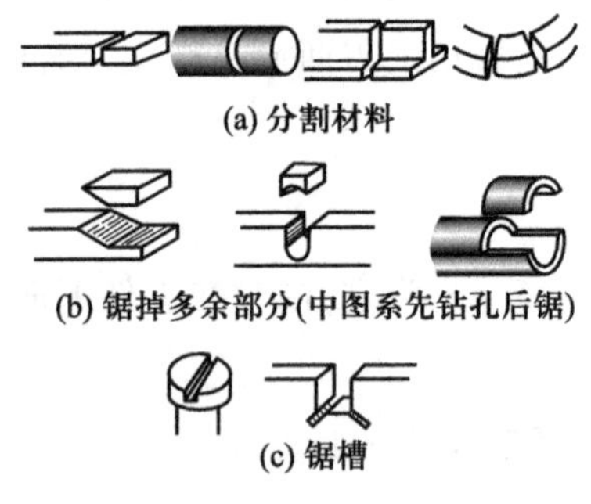

图 6.32 锯削实例

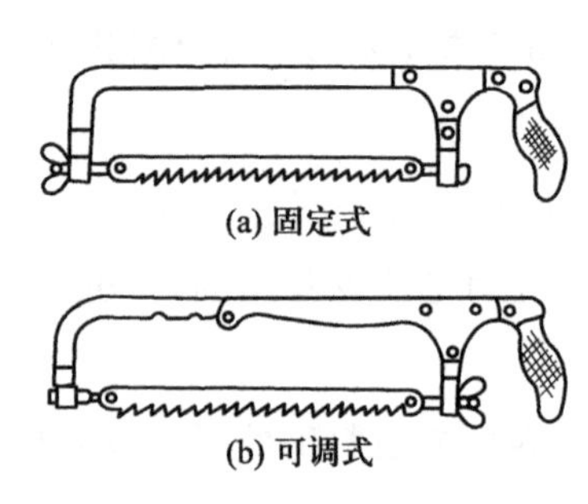

图 6.33 锯弓的构造

2. 锯条

锯条用工具钢制成，并经热处理淬硬。锯条规格以锯条两端安装孔间的距离表示。常用的手工锯条长 300 mm、宽 12 mm、厚 0.8 mm。锯条的切削部分由许多锯齿组成，每一个齿相当于一把錾子，起切削作用。常用的锯条后角 α 为 40°～45°、楔角 β 为 45°～50°、前角 γ 约为 0°（图 6.34）。

制造锯条时，把锯齿按一定形状左右错开，排列成一定的形状，称为锯路。锯路有交叉、波浪等不同排列形状（图 6.35），其作用是使锯缝宽度大于锯条背部的厚度，其目的是防止锯割时锯条卡在锯缝中，减少锯条与锯缝的摩擦力，并使排屑顺利，锯削省力，提高工作效率。

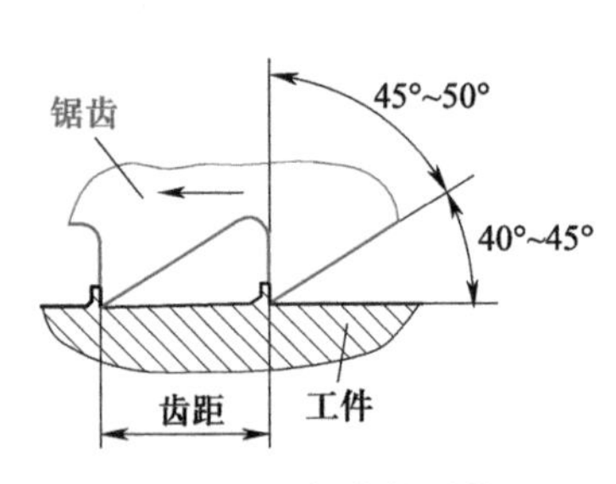

图 6.34 锯齿的形状

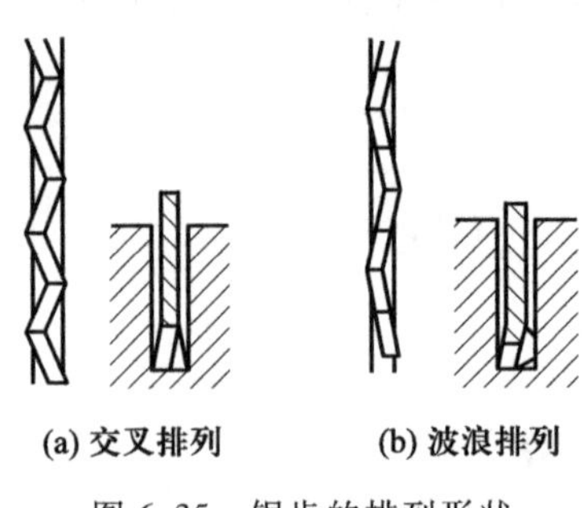

图 6.35 锯齿的排列形状

锯齿的粗细是按锯条上每 25 mm 长度内的齿数来表示的，14～18 齿为粗齿，24 齿为中齿，32 齿为细齿。

锯齿的粗细应根据加工材料的硬度、厚度来选择。锯削软材料或厚材料时，因锯屑较多，要求有较大的容屑空间，应选用粗齿锯条。锯削硬材料或薄材料时，材料硬，锯齿不易切入，锯屑量少，不需要大的容屑空间；薄材料在锯削中锯齿易被工件勾住而崩裂，需要多齿同时工作（一般要有三个齿同时接触工件），使锯齿承受的力量减少，所以这两种情况应选用细齿锯条。一般中等硬度材料选用中齿锯条。

（二）锯削操作

1. 工件的夹持

工件尽可能夹持在台虎钳的左面，以方便操作；锯削线应与钳口垂直，以防锯斜；锯削线离钳口不应太远，以防锯削时产生颤抖。工件夹持应稳当、牢固，不可有抖动，以防锯削时工件移动而折断锯条。同时，也要防止夹坏已加工表面和夹紧力过大使工件变形。

2. 锯条的安装

手锯是在向前推时进行切削的，在向后返回时不起切削作用。因此，安装锯条时要保证齿尖的方向朝前。锯条的松紧要适当，太紧会失去应有的弹性，锯条易崩断，太松会使锯条扭曲，锯缝歪斜，锯条也容易折断。

3. 起锯

起锯是锯削工作的开始，起锯好坏直接影响锯削质量。起锯的方式有远边起锯和近边起锯两种。一般情况下采用远边起锯（图 6.36a），因为此时锯齿是逐步切入材料，不易被卡住，起锯比较方便。如采用近边起锯（图 6.36b），掌握不好时，锯齿由于突然锯入且较深，容易被工件棱边卡住，甚至崩断或崩齿。无论采用哪一种起锯方法，起锯角 α 以 15°为宜。如起锯角太大，则锯齿易被工件棱边卡住；起锯角太小，则不易切入材料，锯条还可能打滑，把工件表面锯坏（图 6.36c）。为了使起锯的位置准确和平稳，可用左手大拇指挡住锯条来定位，而起锯时压力要小，往返行程要短，速度要小。

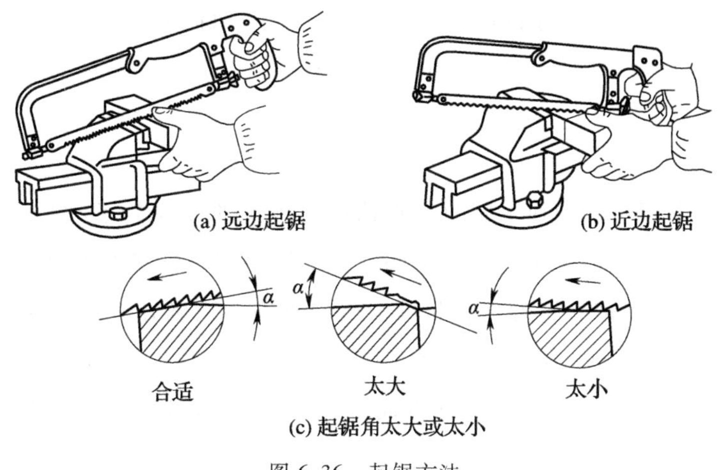

图 6.36　起锯方法

4．锯削的姿势

锯削时的站立姿势与錾削相似，人体重量均分在两腿上，右手握稳锯柄，左手扶在锯弓前端，锯削时推力和压力主要由右手控制（图 6.37）。

推锯时，锯弓运动方式有两种：一种是直线运动，适用于锯缝底面要求平直的槽和薄壁工件的锯削。另一种是锯弓作上、下摆动，这样操作自然，两手不易疲劳。手锯在回程中因不进行切削，故不要施加压力，以免锯齿磨损。在锯削过程中锯齿崩落后，应将邻近几个齿都磨成圆弧（图 6.38），才可继续使用，否则会连续崩齿直至锯条报废。

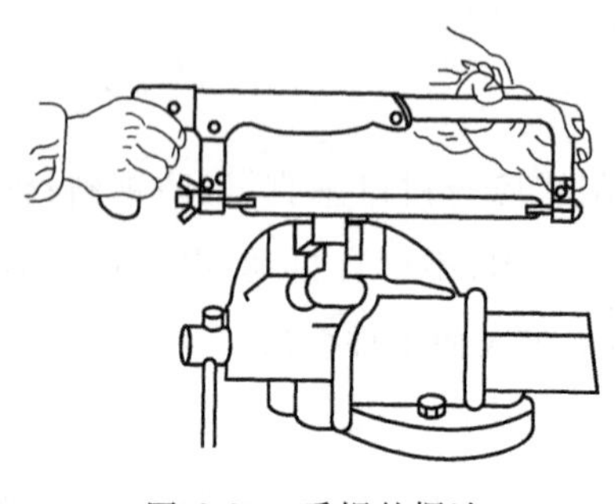

图 6.37 手锯的握法

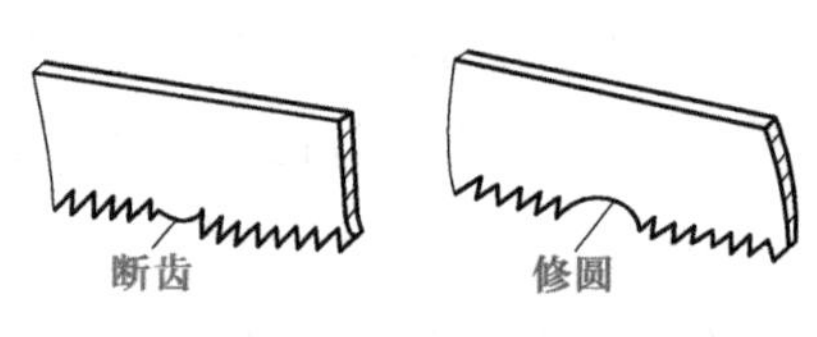

图 6.38 崩齿修磨

（三）锯削操作示例

1．锯圆钢

若断面要求较高，应从起锯开始由一个方向锯到结束。

2．锯扁钢

应在宽面下锯，这样锯缝浅且易平整（图 6.39）。

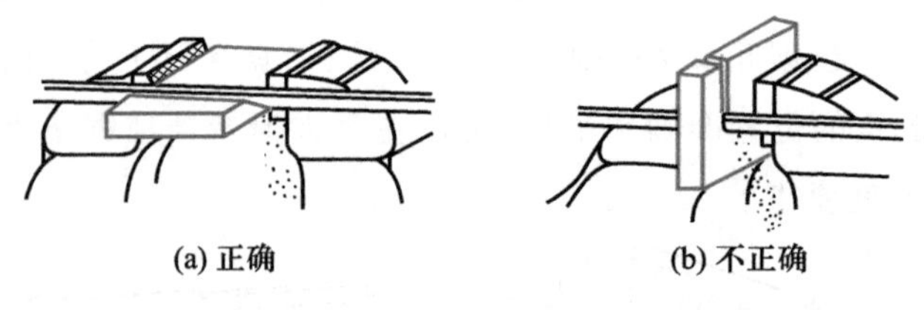

图 6.39 锯扁钢

3．锯圆管

锯圆管时，应将管子夹在两块木制的 V 形槽垫之间，以防夹扁管子（图 6.40）。

锯削时不能从一个方向锯到底（图 6.41b），其原因是锯齿锯穿管子内壁后，锯齿即在薄壁上切削，受力集中，很容易被管壁勾住而折断。圆管锯削的正确方法是：多次变换方向进行锯削，每一个方向只能锯到管子的内壁处，随即把管子转过一个角度，一次一次地变换，逐次进行锯削，直至锯断（图 6.41a）。另外，在变换方向时，应使已锯部分向锯条推进方向转动，不要反转，否则锯齿也会被管壁勾住。

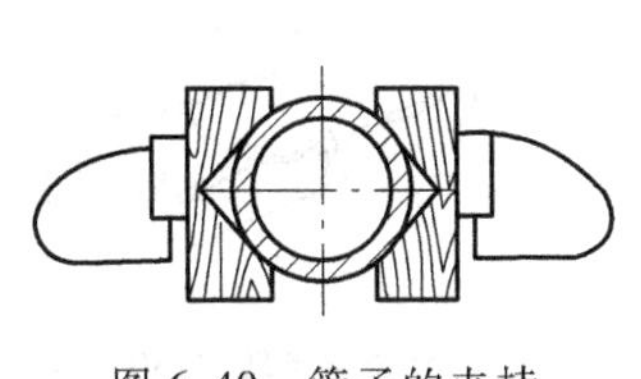

图 6.40　管子的夹持

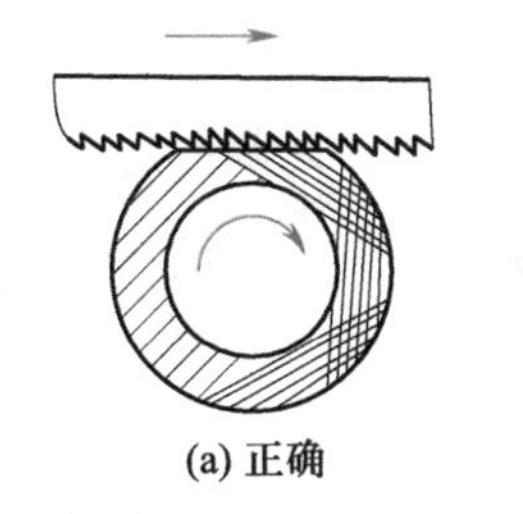

(a) 正确

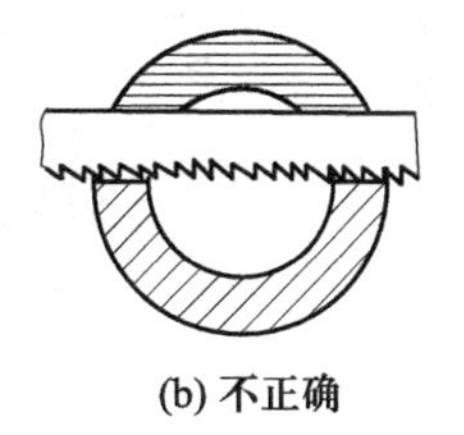

(b) 不正确

图 6.41　圆管锯削的方法

4. 锯薄板

锯削薄板时应尽可能从宽面锯下。如果只能在板料的窄面锯下,可将薄板夹在两木板之间一起锯削(图 6.42a),这样可避免锯齿勾住,同时还可增加板的刚性。当板料太宽,不便用台虎钳装夹时,应采用横向斜推锯削(图 6.42b)。

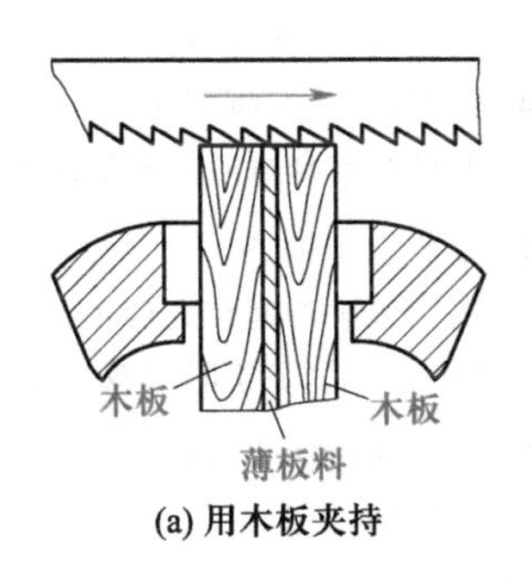

(a) 用木板夹持

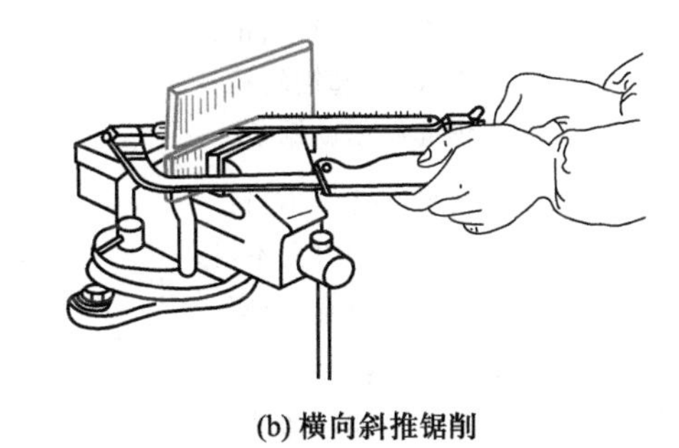

(b) 横向斜推锯削

图 6.42　薄板锯削的方法

5. 锯角钢和槽钢

锯角钢和槽钢的方法与锯扁钢基本相同,但应不断改变工件夹持位置(图 6.43)。

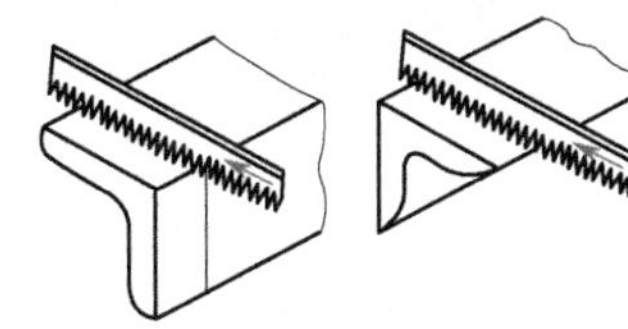
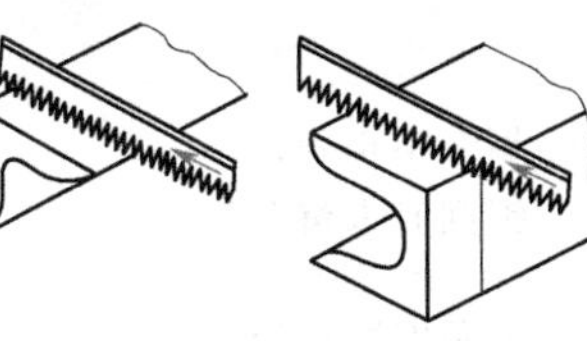
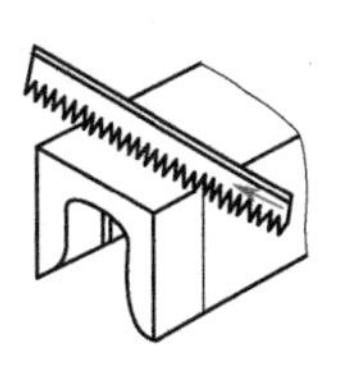
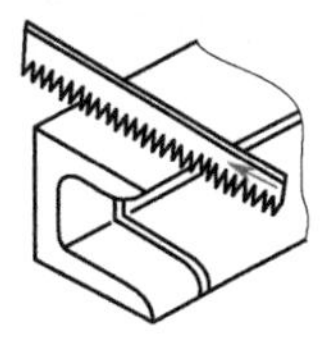

图 6.43　角钢和槽钢的锯削

6. 锯深缝

当锯缝的深度超过锯弓的高度时(图 6.44a),应将锯条转过 90°重新安装,把锯弓转到工件旁边(图 6.44b)。锯弓横下来后锯弓的高度仍然不够时,可按图 6.44c 所示将锯条转过 180°,把锯条锯齿安装在锯弓内进行锯削。

(四) 锯条损坏、锯削质量分析

1. 锯条损坏原因及预防办法

锯条损坏形式主要有锯条折断、锯齿崩裂、锯齿过早磨钝等,产生的原因及预防方法见表 6.1。

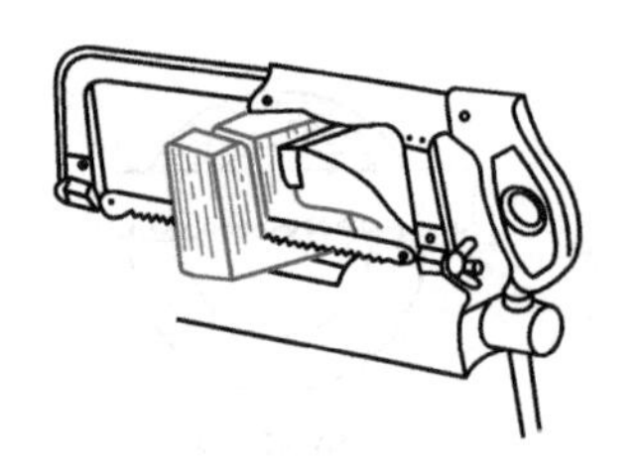

(a) 锯缝的深度超过锯弓的高度

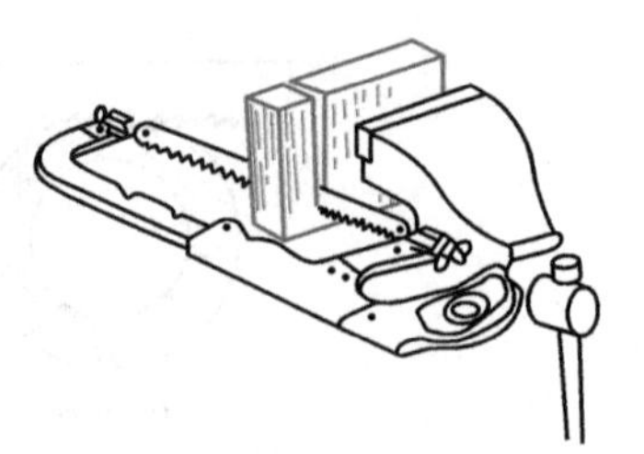

(b) 将锯条转过90°重新安装

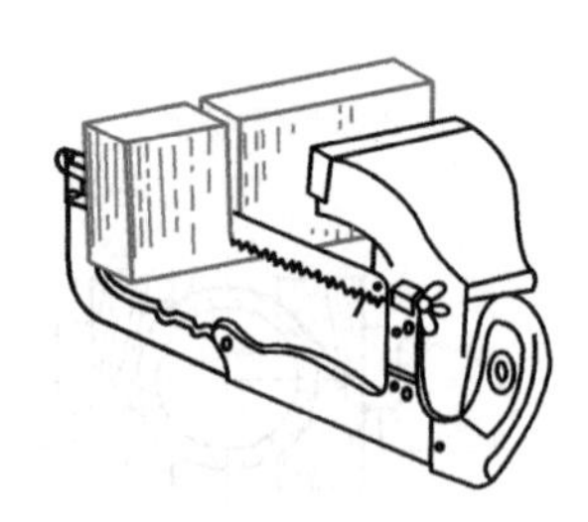

(c) 将锯条转过180°安装

图 6.44 深缝的锯削方法

表 6.1 锯条损坏原因及预防方法

锯条损坏形式	原　　因	预 防 方 法
锯条折断	1. 锯条装得过紧、过松； 2. 工件装夹不准确，产生抖动或松动； 3. 锯缝歪斜，强行纠正； 4. 压力太大，起锯较猛； 5. 旧锯缝使用新锯条	1. 注意锯条装得松紧适当； 2. 工件夹牢，锯缝应靠近钳口； 3. 扶正锯弓，按线锯削； 4. 压力适当，起锯要慢； 5. 调换厚度合适的新锯条，调转工件再锯
锯齿崩裂	1. 锯条粗细选择不当； 2. 起锯角度和方向不对； 3. 突然碰到砂眼、杂质	1. 正确选用锯条； 2. 选用正确的起锯方向及角度； 3. 碰到砂眼、杂质时应减小压力
锯齿过早磨钝	1. 锯削太快； 2. 锯削时未加冷却液	1. 锯削速度适当减低； 2. 可选用冷却液

2. 锯削质量分析

锯削的质量问题和产生原因见表 6.2。

表 6.2 锯削的质量问题和产生原因

质 量 问 题	产 生 原 因
工件尺寸不对	1. 划线不正确； 2. 锯削时未留余量
锯缝歪斜	1. 锯条安装过松或扭曲； 2. 工件未夹紧，产生抖动和松动； 3. 锯削时，方向未控制好
表面锯痕多	1. 起锯角过小； 2. 锯条未靠住定位的左手大拇指

预防方法是：加强责任心，逐步掌握技术要领，提高技术水平。

【实习操作】

用手锯锯削角钢、圆管、深缝、板料等。

【操作要点】

初学锯削时锯削速度不好掌握，往往推拉过快，容易使锯条过早磨钝，一般以 20～40 次/min 为宜。锯削软材料可快些，锯削硬材料应慢些，如果过快锯条发热严重，容易磨损。同时，锯削硬材料的压力应比锯削软材料时大些。锯削行程应保持均匀，回程时因不进行切削，故可稍微提起锯弓，使锯齿在锯削面上轻轻滑过，速度可相对快些。在推锯时应使锯条的全部长度都利用到，若只集中使用局部长度，则锯条的使用寿命将相应缩短，工作效率降低，因此一般往复长度（即投入切削长度）不应少于锯条全长的 2/3。锯条安装松紧要适当，太松易发生扭曲而折断，且锯缝也容易歪斜；太紧易发生弯曲，容易崩断。装好的锯条应与锯弓保持在同一中心面内，这样容易使锯缝正直。

锯削操作的注意事项如下：

（1）锯条要装得松紧适当，锯削时不要突然用力过猛，以防止工作中锯条折断从锯弓上崩出伤人。

（2）工件夹持要牢固，以免工件移动、锯缝歪斜、锯条折断。

（3）要经常注意锯缝的平直情况，发现歪斜应及时纠正。歪斜过多则纠正困难，使锯削的质量难于保证。

（4）工件将锯断时施加的压力要小，应避免压力过大使工件突然断开，手向前冲造成事故。一般工件在将锯断时要用左手扶住工件断开部分，以免落下伤脚。

（5）在锯削钢件时，可加些机油，以减少锯条与工件的摩擦，提高锯条的使用寿命。

复习思考题

1. 什么叫锯路？它有什么作用？

2. 粗、中、细齿锯条如何区分？怎样正确选用？

3. 起锯时应注意哪些问题？

4. 锯齿的前角、楔角、后角各为多少？锯条反装后，这些角度有何变化？对锯削有何影响？

课题五　锉削

【基础知识】

用锉刀对工件表面进行切削加工的操作称为锉削。

锉削一般用于錾削、锯削之后的进一步加工。可对工件上的平面、曲面、内外圆弧、沟槽及其他复杂表面进行加工，其最高加工精度可达 IT8～IT7 级，表面粗糙度 Ra 值可达 0.8 μm。锉削可用于成形样板、模具型腔以及部件、机器装配时的工件修整，是钳工主要操作方法之一。

（一）锉刀

1. 锉刀的材料

锉刀常用碳素工具钢 T12、T13 制成，经热处理淬硬至 62 HRC～67 HRC。

2. 锉刀的组成

锉刀由锉刀面、锉刀边、锉刀舌、锉刀尾、木柄等部分组成，如图 6.45 所示。

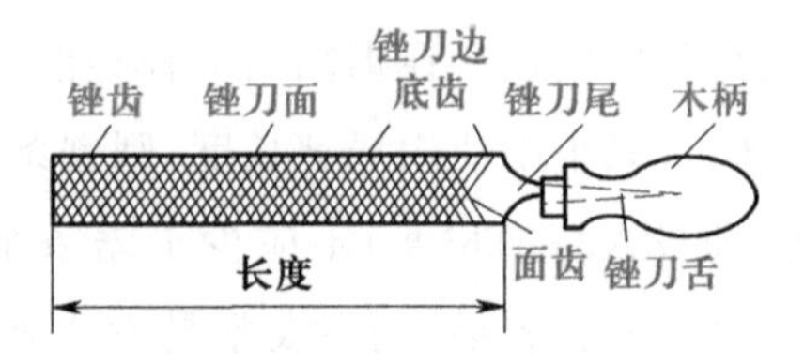

图 6.45 锉刀各部分的名称

3. 锉刀的种类和选用

（1）锉刀的种类　按用途，锉刀可分为钳工锉、整形锉和特种锉三类。

钳工锉按其截面形状可分为平锉、方锉、圆锉、半圆锉和三角锉 5 种，按其长度可分 100 mm、150 mm、200 mm、250 mm、300 mm、350 mm 及 400 mm 等 7 种，按其齿纹粗细（即每 10 mm 长度上的齿数）可分为粗齿、中齿、细齿、粗油光、细油光。

整形锉（什锦锉）主要用于精细加工及修整工件上难以机械加工的细小部位，由若干把各种截面形状的锉刀组成一套。

特种锉可用于加工零件上的特殊表面，它有直的、弯曲的两种，其截面形状很多。

（2）锉刀的选用　合理选用锉刀对保证加工质量、提高工作效率和延长锉刀寿命有很大的影响。锉刀的一般选择原则是：根据工件表面形状和加工面的大小选择锉刀的断面形状和规格，根据材料软硬、加工余量、精度和表面粗糙度的要求选择锉刀齿纹的粗细。

粗齿锉刀由于齿距较大、不易堵塞，一般用于锉削铜、铝等软金属及加工余量大、精度要求低和表面粗糙工件的粗加工；中齿锉刀齿距适中，适用于粗锉后的加工；细齿锉刀可用于锉削钢、铸铁（较硬材料）以及加工余量小、精度要求高和表面粗糙度值小的工件；油光锉用于最后修光工件表面。

（二）锉削操作

1. 锉刀的握法

正确握持锉刀有助于提高锉削质量。

可根据锉刀大小和形状的不同，采用相应的握法。

（1）大锉刀的握法　右手心抵着锉刀木柄的端头，大拇指放在锉刀木柄的上面，其余四指弯在下面，配合大拇指捏住锉刀木柄；左手则根据锉刀大小和用力的轻重，可选择多种姿势（图 6.46）。

（2）中锉刀的握法　右手握法与大锉刀握法相同，而左手则用大拇指和食指捏住锉刀前端（图 6.47a）。

（3）小锉刀的握法　右手食指伸直，靠在锉刀的刀边，拇指放在锉刀木柄上面，左手几个手指压在锉刀中部（图 6.47b）。

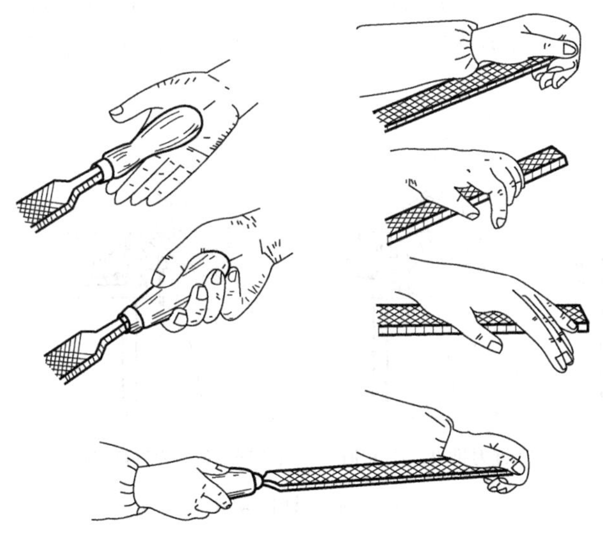

图 6.46　大锉刀的握法

(4) 更小锉刀(整形锉)握法　一般只用右手拿着锉刀,食指放在锉刀上面,拇指自然放在锉刀的左侧(图 6.47c)。

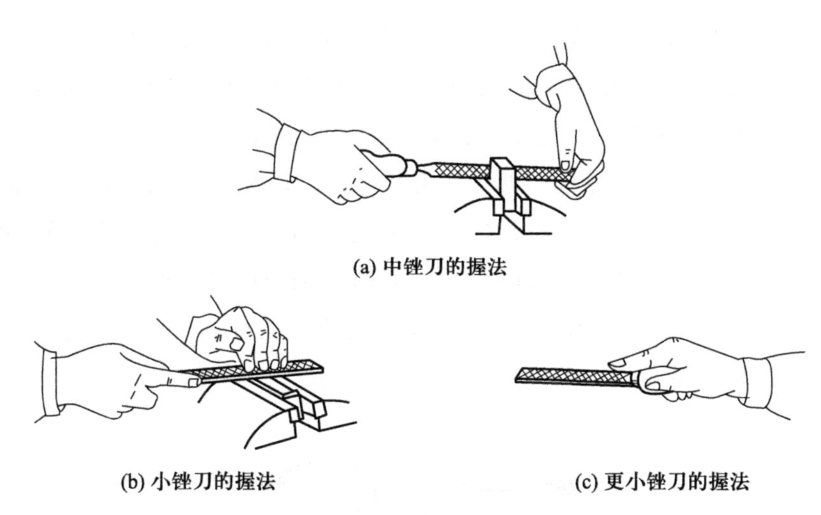

(a) 中锉刀的握法

(b) 小锉刀的握法　　(c) 更小锉刀的握法

图 6.47　中小锉刀的握法

2. 锉削的姿势

正确的锉削姿势,能够减轻疲劳,提高锉削质量和效率。人站立的位置与錾削时基本相同,即左腿弯曲,右腿伸直,身体向前倾斜,重心落在左腿上。

锉削时,两脚站稳不动,靠左膝的屈伸使身体作往复运动,手臂和身体的运动要互相配合,并要使锉刀的全长充分利用。开始锉削时,身体要向前倾斜 10°左右,左肘弯曲,右肘向后(图 6.48a)。锉刀推出 1/3 行程时,身体要向前倾斜 15°左右(图 6.48b),这时左腿稍弯曲,左肘稍直,右臂向前推。锉刀推到 2/3 行程时,身体逐渐倾斜到 18°左右(图 6.48c),最后左腿继续弯曲，左肘渐直，右臂向前使锉刀继续推进，直到推尽，身体随着锉刀的反作用方向退回到15°位置（图6.48d）。行程结束后，把锉刀略微抬起，使身体与手回复到开始时的姿势，如此反复。

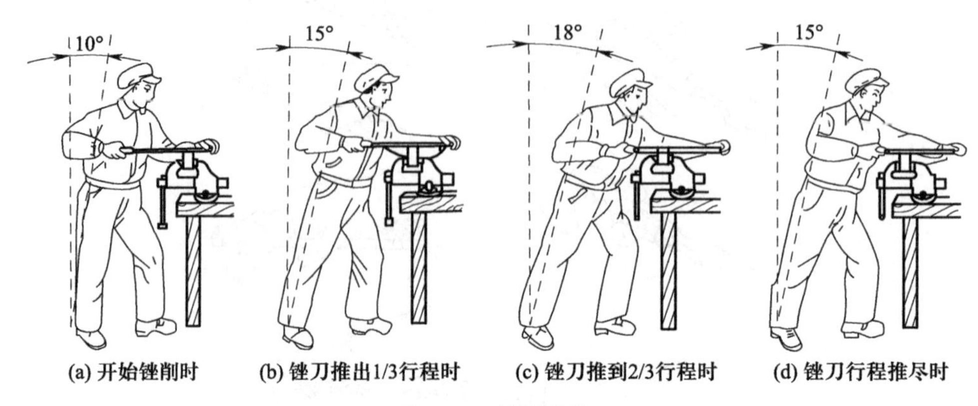

图6.48 锉削动作

3. 锉削力的运用

锉削的力量有水平推力和垂直压力两种。推力主要由右手控制，其大小必须大于切削阻力才能锉去切屑，压力是由两手控制的，其作用是使锉齿深入金属表面。

锉削时锉刀的平直运动是完成锉削的关键。由于锉刀两端伸出工件的长度随时都在变化，因此两手压力大小也必须随之变化，即两手压力对与工件中心的力矩应相等，这是保证锉刀平直运动的关键。保证锉刀平直运动的方法是：随着锉刀的推进，左手压力应由大而逐渐减小，右手的压力则由小而逐渐增大，到中间时两手压力相等（图6.49）。只有掌握了锉削平面的技术要领，才能使锉刀在工件的任意位置时，锉刀两端压力对与工件中心的力矩保持平衡，否则锉刀就不会平衡，工件中间将会产生凸面或鼓形面。锉削时，因为锉齿存屑空间有限，对锉刀的总压力不能太大。压力太大只能使锉刀磨损加快。但压力也不能过小，压力过小锉刀打滑，则达不到切削目的。一般来说，在锉刀向前推进时手上有一种韧性感觉为适宜。

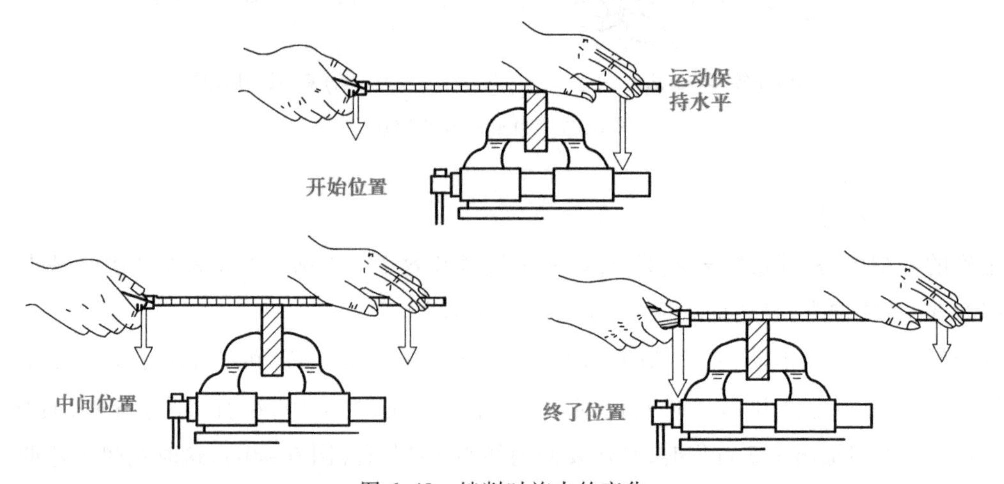

图6.49 锉削时施力的变化

锉削速度一般为 30~60 次/min。太快,操作者容易疲劳且锉齿易磨钝;太慢,切削效率低。

(三) 锉削方法

1. 平面锉削

平面锉削是最基本的锉削,常用的方法有三种:

(1) 顺向锉法(图 6.50a)　锉刀沿着工件表面作横向或纵向移动,锉削平面可得到正直的锉痕,比较平直、光泽。这种方法适用于工件锉光、锉平或锉顺锉纹。

(2) 交叉锉法(图 6.50b)　该方法是以交叉的两方向顺序对工件进行锉削。由于锉痕是交叉的,容易判断锉削表面的不平程度,因而也容易把表面锉平。交叉锉法去屑较快、效率高,适用于平面的粗锉。

(3) 推锉法(图 6.50c)　两手对称地握住锉刀,用两大拇指推锉刀进行锉削。这种方法适用于对表面较窄且已经锉平、加工余量很小的工件进行修正尺寸和减小表面粗糙度值。

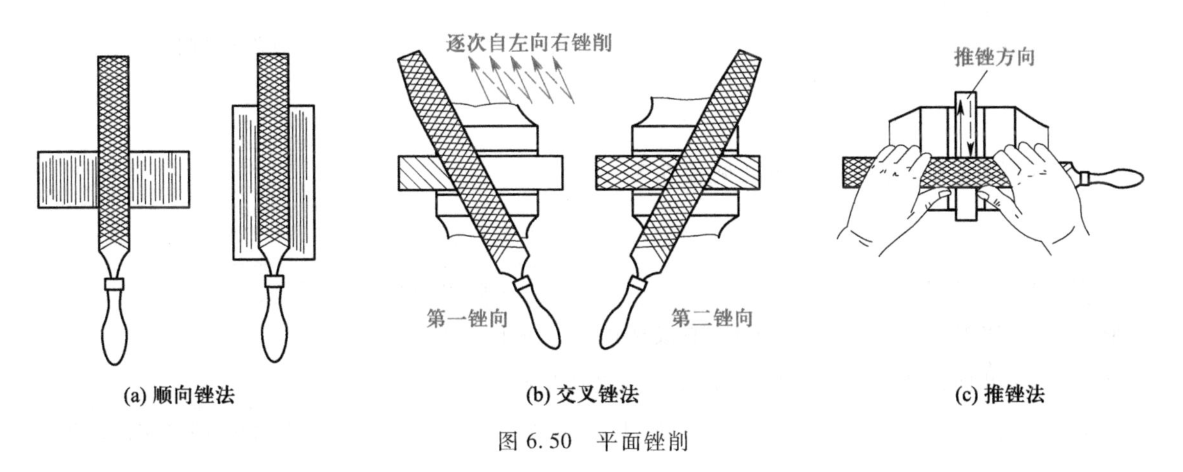

图 6.50　平面锉削

2. 圆弧面(曲面)锉削

(1) 外圆弧面锉削　锉刀要同时完成两个运动:锉刀的前推运动和绕圆弧面中心的转动。前推是完成锉削,转动是保证锉出圆弧面形状。

常用的外圆弧面锉削方法有滚锉法和横锉法两种。滚锉法(图 6.51a)是使锉刀边向前推进,顺着圆弧面锉削,此法用于精锉外圆弧面。横锉法(图 6.51b)是使锉刀边向前推进,横着锉削圆弧面,此法用于粗锉外圆弧面或不能用滚锉法加工的情况。

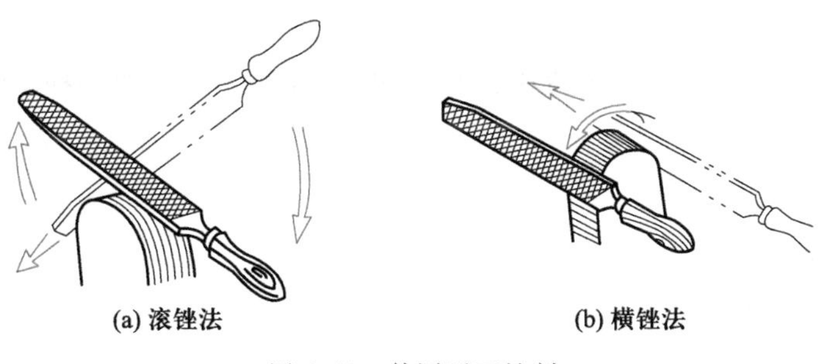

图 6.51　外圆弧面锉削

（2）内圆弧面锉削（图 6.52） 锉刀要同时完成三个运动：锉刀的前推运动、锉刀的左右移动和锉刀自身的转动。缺少任一项运动都将锉不好内圆弧面。

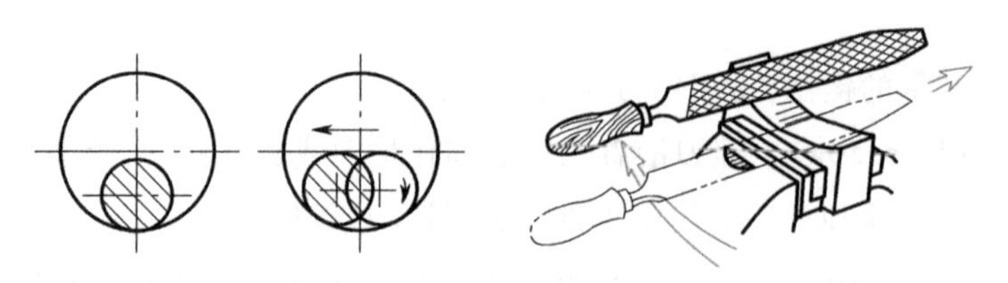

图 6.52 内圆弧面锉削

3. 通孔锉削

根据通孔的形状、工件材料、加工余量、加工精度和表面粗糙度来选择所需的锉刀锉削通孔。通孔的锉削方法如图 6.53 所示。

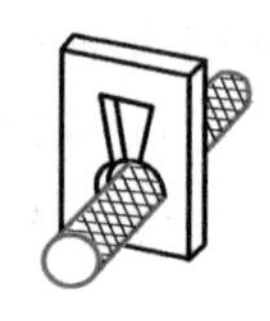

图 6.53 通孔的锉削

（四）锉削质量分析与质量检查

1. 锉削质量分析

锉削时的质量问题及产生原因见表 6.3。

表 6.3 锉削的质量问题及产生原因

质量问题	产生原因
形状、尺寸不准确	划线不准确或锉削时未及时检查尺寸
平面不平直，中间高、两头低	锉削时施力不当，锉刀选择不合适
锉掉了不该锉的部分	由于锉削时锉刀打滑，或者是没有注意带锉齿的工作边和不带锉齿的光边
表面粗糙	锉刀粗细选择不当，锉屑堵塞锉齿而未及时清除
工件夹坏	台虎钳钳口未垫铜片，或夹持工件过紧

2. 锉削质量检查

（1）尺寸精度检查 用游标卡尺在工件全长不同的位置上进行数次测量。

（2）直线度检查 用钢直尺和 90°角尺以透光法来检查工件的直线度（图 6.54a）。

（3）垂直度检查 用 90°角尺采用透光法检查，其方法是：先选择基准面，然后对其他各面进行检查（图 6.54b）。

（4）表面粗糙度检查 一般用眼睛观察即可，如要求准确，可用表面粗糙度样板对照进行检查。

【实习操作】

（1）练习平面锉削。

（2）练习圆弧面锉削。

（3）练习通孔锉削。

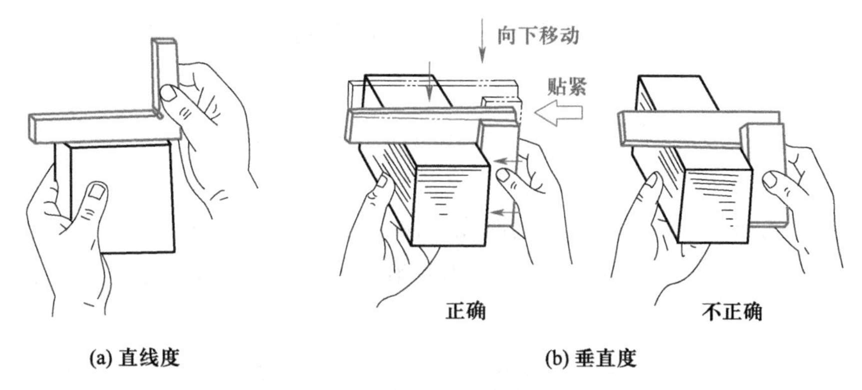

图 6.54　用 90°角尺检查直线度和垂直度

【操作要点】

操作时要注意两方面：一是操作姿势、动作要正确；二是两手用力的方向、大小变化要正确、熟练。在操作时还要经常检查加工面的质量，并以此判断和改进锉削时的施力变化，逐步掌握平面锉削的技能。

锉削操作的注意事项：

（1）不要使用无柄锉刀锉削，以免被锉刀舌戳伤手；

（2）不要用嘴吹锉屑，以防锉屑飞入眼中；

（3）锉削时，锉刀柄不要碰撞工件，以免锉刀柄脱落伤人；

（4）放置锉刀时不要把锉刀伸出到钳台外面，以防锉刀掉落砸伤操作者；

（5）锉削时不可用手摸被锉过的工件表面，因手有油污会使再次锉削时锉刀打滑而造成事故；

（6）锉刀面被锉屑堵塞后，应使用钢丝刷顺着锉纹方向刷去锉屑。

复习思考题

1. 锉刀的种类有哪些？钳工锉如何分类？
2. 根据什么原则选择锉刀的粗细、大小和截面形状？
3. 锉平工件的操作要领是什么？
4. 平面锉削有哪几种方法？各有何特点？
5. 锉削时会产生哪些质量问题？产生的原因是什么？

课题六　钻孔、扩孔、铰孔和锪孔

【基础知识】

各种零件上的孔加工，除去一部分由车、镗、铣等机床完成外，很大一部分是由钳工利用各种钻床和钻孔工具完成的。钳工加工孔的方法一般是指钻孔、扩孔、铰孔和锪孔。

（一）钻孔

用钻头在实心工件上加工孔叫钻孔。钻孔的加工精度一般在 IT10 级以下，钻孔的表面粗糙度 Ra 值为 12.5 μm 左右。

一般情况下，孔加工刀具（钻头）应同时完成两个运动（图 6.55）：一是主运动，即刀具绕轴线的旋转运动（切削运动）；二是进给运动，即刀具沿着轴线方向对着工件的直线运动。

1. 钻床

常用的钻床有台式钻床、立式钻床和摇臂钻床三种，手电钻也是常用的钻孔工具。

（1）台式钻床（图 6.56）　台式钻床简称台钻，是一种放在工作台上使用的小型钻床。台钻质量轻，移动方便，转速高（最低转速在 400 r/min 以上），适于加工小型零件上直径≤13 mm 的小孔，其主轴进给是手动的。

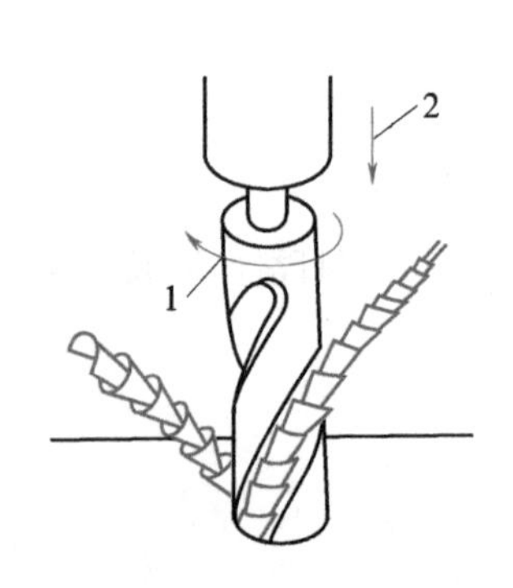

1—主运动；2—进给运动

图 6.55　钻孔时钻头的运动

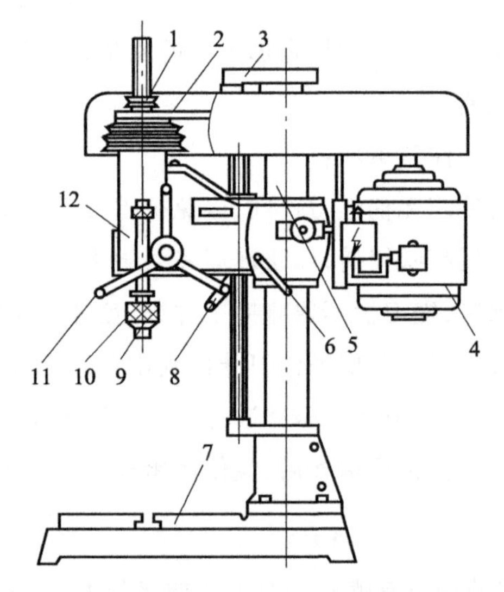

1—塔轮；2—V 带；3—丝杆架；4—电动机；5—立柱；6—锁紧手柄；7—工作台；8—升降手柄；9—钻夹头；10—主轴；11—进给手柄；12—头架

图 6.56　台式钻床

（2）立式钻床（图 6.57）　立式钻床简称立钻，其规格用最大钻孔直径表示。常用的立钻规格有 25 mm、35 mm、40 mm 和 50 mm 等几种。与台钻相比，立钻刚性好、功率大，因而允许采用较大的切削用量，生产效率较高，加工精度也较高。立钻主轴的转速和走刀量变化范围大，而且可以自动走刀，因此可使用不同的刀具进行钻孔、扩孔、锪孔、铰孔、攻螺纹等多种加工。立钻适用于单件小批量生产中的中、小型零件的加工。

（3）摇臂钻床（图 6.58）　这类钻床机构完善，它有一个能绕立柱旋转的摇臂，摇臂带动主轴箱可沿立柱垂直移动，同时主轴箱还能在摇臂上作横向移动。由于结构上的这些特点，操作时能很方便地调整刀具位置以对准被加工孔的中心，而无须移动工件。此外，主轴转速范围和进给量范围很大，适用于笨重、大工件及多孔工件的加工。

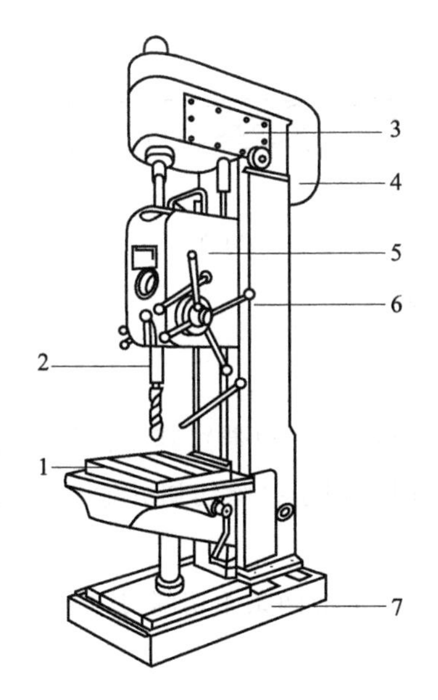

1—工作台；2—主轴；3—主轴变速箱；4—电动机；5—进给箱；6—立柱；7—机座

图 6.57　立式钻床

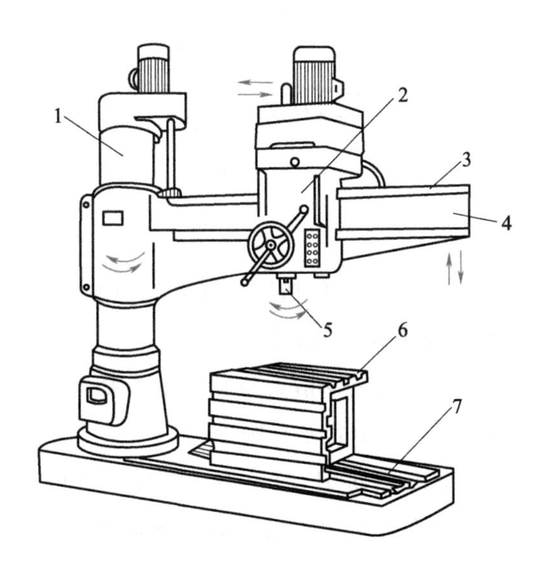

1—立柱；2—主轴箱；3—摇臂轨；4—摇臂；5—主轴；6—工作台；7—机座

图 6.58　摇臂钻床

（4）电钻（图 6.59）　一种手持电动工具，通称手电钻。手电钻主要用于钻直径 12 mm 以下的孔，其常用于不便使用钻床钻孔的场合。手电钻使用的电源有 220 V 和 380 V 两种。手电钻携带方便，操作简单，使用灵活，应用比较广泛。

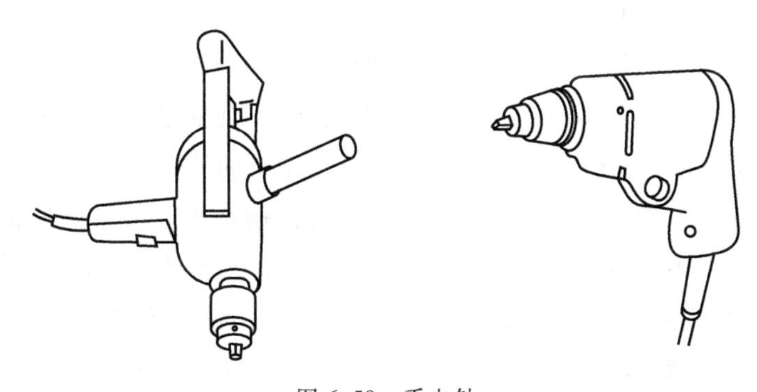

图 6.59　手电钻

2. 钻头

钻头是钻孔用的主要刀具，通常用高速钢制造，其工作部分经热处理淬硬至 62 HRC～65 HRC。钻头由柄部、颈部及工作部分组成（图 6.60）。

（1）柄部　柄部是钻头的夹持部分，起传递动力的作用，有直柄和锥柄两种。直柄传递转矩较小，一般用于直径小于 12 mm 的钻头；锥柄可传递较大转矩，用于直径大于 12 mm 的钻头。锥柄顶部是扁尾，起传递转矩作用。

（2）颈部　颈部是在制造钻头时起砂轮磨削退刀作用的。钻头直径、材料、厂标一般也刻在颈部。

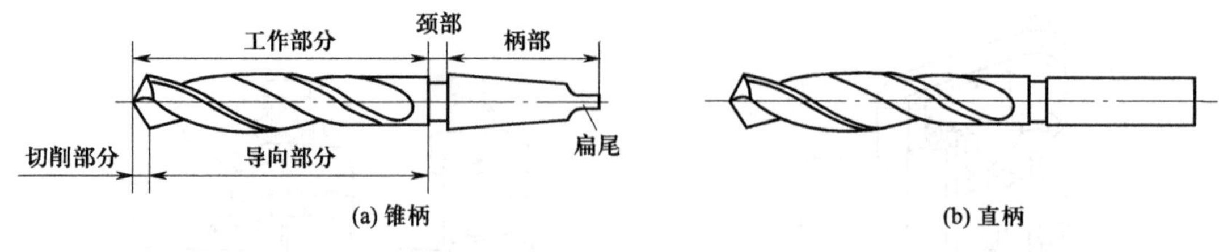

图 6.60 钻头(麻花钻)的构造

(3) 工作部分 包括导向部分与切削部分。

导向部分有两条狭长的、螺旋形的、高出齿背 0.5~1 mm 的棱边(刃带),其直径前大后小,略有倒锥度,可以减少钻头与孔壁的摩擦。两条对称的螺旋槽,用于排除切屑并输送切削液。同时,整个导向部分也是切削部分的后备部分。

切削部分(图 6.61)有三条切削刃(刀刃):前面和后面相交形成两条主切削刃,担负主要切削作用;修磨横刃是为了减小钻削轴向力和挤刮,并提高钻头的定心能力和切削稳定性。两后面相交形成的两条棱边(副切削刃),起修光孔壁的作用。

切削部分的几何角度主要有前角 γ、后角 α、顶角 2ψ、螺旋角 ω 和横刃斜角 ψ,其中顶角 2ψ 是两个主切削刃之间的夹角,一般取 118°±2°。

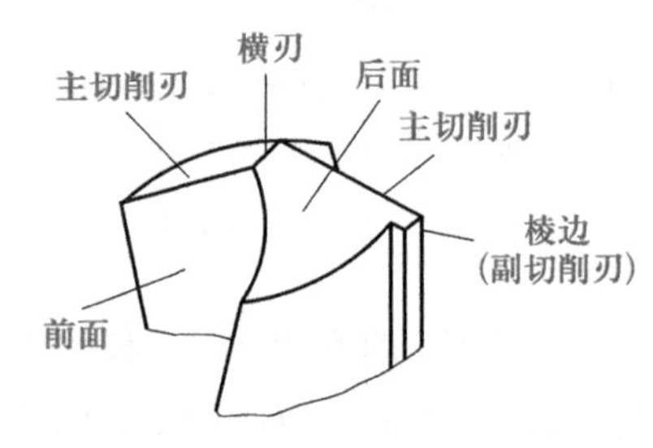

图 6.61 钻头的切削部分

3. 钻孔用的夹具

夹具主要包括钻头夹具和工件夹具两种。

(1) 钻头夹具 常用的钻头夹具有钻夹头和钻套(图 6.62)。

① 钻夹头(图 6.62a)。钻夹头适用于装夹直柄钻头,其柄部的圆锥面与钻床主轴内锥孔配合安装,而其头部的三个夹爪可同时张开或合拢,使钻头的装夹与拆卸都很方便。

② 钻套(图 6.62b)。钻套又称变径套,用于装夹锥柄钻头。由于锥柄钻头柄部的锥度与钻床主轴端锥孔的锥度不一致,为使其配合安装,用钻套作为锥体过渡件。锥套的一端为锥孔,可内接钻头锥柄,其另一端的外锥面接钻床主轴的内锥孔。钻套依其内外锥锥度的不同分为 5 个型号(1~5),例如 2 号钻套其内锥孔为 2 号莫氏锥度,外锥面为 3 号莫氏锥度,使用时可根据钻头锥柄和钻床主轴内锥孔锥度来选用。

(2) 工件夹具 加工工件时,应根据钻孔直径和工件形状来合理地使用工件夹具。装夹工件要牢固可靠,但又不能将工件夹得过紧而损伤工件或使工件变形影响钻孔质量。常用的夹具有手虎钳、机用虎钳、V 形架和压板等。

对于薄壁工件和小工件,常用手虎钳夹持(图 6.63a);机用虎钳用于中、小型平整工件的夹持(图 6.63b);对于轴或套筒类工件可用 V 形架夹持(图 6.63c)并和压板配合使用;对不适于用虎钳夹紧的工件或要钻大直径孔的工件,可用压板、螺栓直接固定在钻床工作台上(图 6.63d)。

在成批和大量生产中广泛应用钻模夹具,以提高生产率。应用钻模钻孔时,可免去划线工作,提高生产效率,钻孔精度可提高一级,加工表面粗糙度值也有所减小。

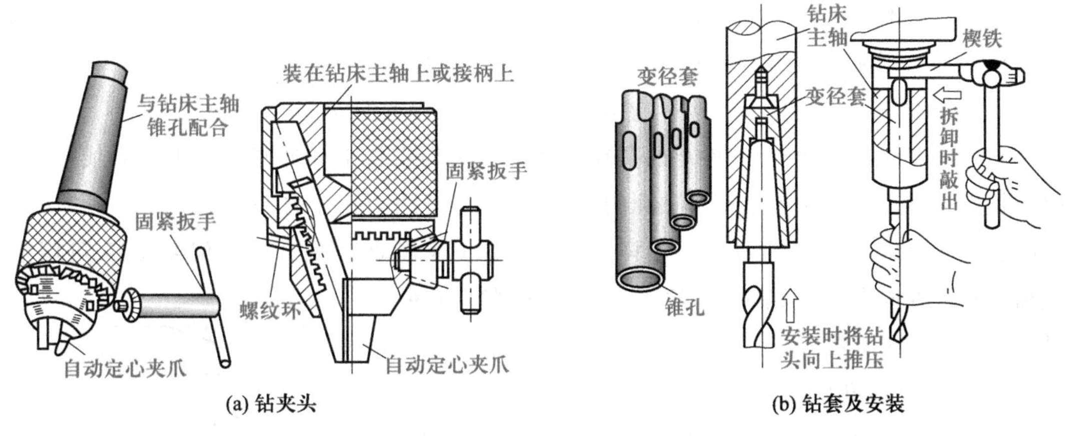

(a) 钻夹头　　(b) 钻套及安装

图 6.62　钻夹头及钻套

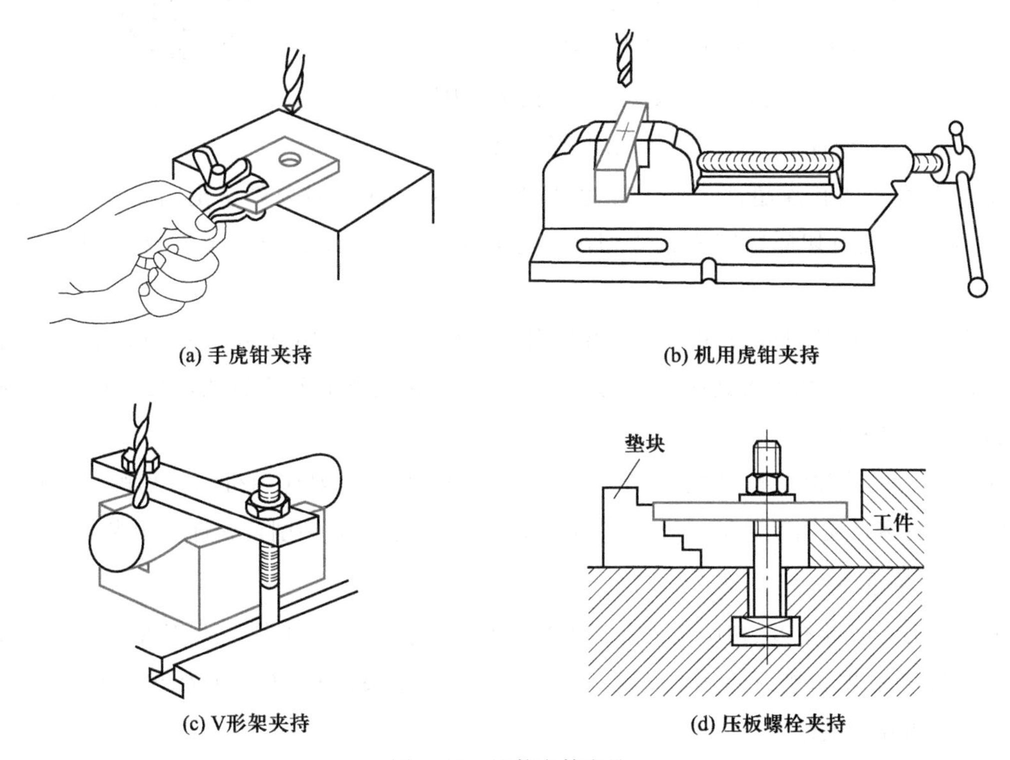

(a) 手虎钳夹持　　(b) 机用虎钳夹持

(c) V形架夹持　　(d) 压板螺栓夹持

图 6.63　工件夹持方法

4. 钻孔操作

（1）切削用量的选择　钻孔切削用量是指钻头的切削速度、进给量和切削深度。切削用量越大，单位时间内切除金属越多，生产效率越高。由于切削用量受到钻床功率、钻头强度、钻头耐用度、工件精度等许多因素的限制而不能任意提高，因此，合理选择切削用量就显得十分重要。通过分析可知，切削速度和进给量对钻孔生产率的影响是相同的；切削速度对钻头耐用度的影响比进给量大；进给量对钻孔表面粗糙度的影响比切削速度大。钻孔时选择切削用量的基本原则是：在允许范围内，尽量先选较大的进给量，当进给量受到孔表面粗糙度和钻头刚度的限制时再考虑较大的切削速度。在钻孔实践中,人们已积累了大量的有关选择切削用量的经验,并经过科学总结制成了切削用量表,在钻孔时可参考使用。

(2) 操作方法 操作方法直接影响钻孔的质量和操作者的安全。

首先要按划线位置钻孔,工件上的孔径圆和检查圆均需打上样冲眼作为加工界线,中心样冲眼应打大一些。钻孔时先用钻头在孔的中心锪一小窝(约为孔径的 1/4),检查小窝与所划圆是否同心。如稍偏离,可用样冲将中心样冲眼冲大矫正或移动工件修正;若偏离较多,可用窄錾在偏离的相反方向凿几条槽再钻,便可逐渐将偏斜部分矫正过来,如图 6.64 所示。

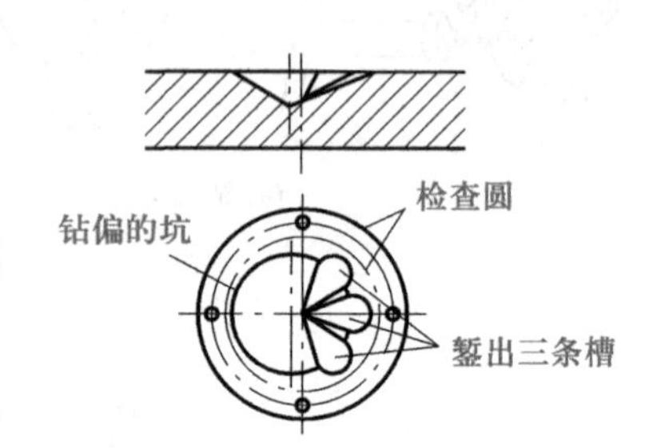

图 6.64 钻偏时的纠正方法

① 钻通孔。在孔将被钻透时,进给量要减小,可将自动进给变为手动进给,避免钻头在钻穿时的瞬间抖动,出现"啃刀"现象,影响加工质量,损坏钻头,甚至发生事故。

② 钻盲孔(不通孔)。要注意掌握钻孔深度,以免将孔钻深出现质量事故。控制钻孔深度的方法有:调整好钻床上深度标尺挡块、安置控制长度量具或用粉笔做标记。

③ 钻深孔。当孔深超过孔径 3 倍时,即为深孔。钻深孔时要经常退出钻头及时排屑和冷却,否则容易造成切屑堵塞或钻头切削部分过热,导致过度磨损甚至折断,影响孔的加工质量。

④ 钻大孔。直径 D 超过 30 mm 的孔应分两次钻。第一次用 $0.5D \sim 0.7D$ 的钻头钻,然后用所需直径的钻头将孔扩大到所要求的直径。分两次钻削既有利于钻头的使用(负荷分担),也有利于提高钻孔质量。

⑤ 钻削时的冷却润滑。钻削钢件时,为降低粗糙度值,一般使用机油作切削液,但为提高生产效率则更多地使用乳化液;钻削铝件时,多用乳化液、煤油;钻削铸铁件则用煤油。

5. 钻孔质量分析

由于钻头刃磨得不好、切削用量选择不当、切削液使用不当、工件装夹不善等原因,会使钻出的孔径偏大,孔壁粗糙,孔的轴线偏移或歪斜,甚至使钻头折断,表 6.4 列出了钻孔时可能出现的质量问题及产生原因。

表 6.4 钻孔的质量问题及产生原因

问题类型	产生原因
孔径偏大	1. 钻头两主切削刃长度不等,顶角不对称; 2. 钻头摆动
孔壁粗糙	1. 钻头不锋利; 2. 后角太大; 3. 进给量太大; 4. 切削液选择不当,或切削液供给不足

续表

问题类型	产生原因
孔偏移	1. 工件划线不正确； 2. 工件安装不当或夹紧不牢固； 3. 钻头横刃太长，对不准样冲眼； 4. 开始钻孔时孔钻偏而没有借正
孔歪斜	1. 钻头与工件表面不垂直，钻床主轴与台面不垂直； 2. 横刃太长，轴向力太大，钻头变形； 3. 钻头弯曲； 4. 进给量过大，致使小直径钻头弯曲
钻头工作部分折断	1. 钻头磨钝后仍继续钻孔； 2. 钻头螺旋槽被切屑堵塞，没有及时排屑； 3. 孔快钻通时没有减小进给量； 4. 在钻黄铜一类的软金属时，钻头后角太大，前角又没修磨，钻头自动旋进
切削刃迅速磨损或碎裂	1. 切削速度太高，切削液选用不当和切削液供给不足； 2. 没有按工件材料刃磨钻头角度（如后角过大）； 3. 工件材料内部硬度不均匀，有砂眼； 4. 进给量太大
工件装夹表面轧毛或损坏	1. 在用作夹持的工件已加工表面上没有衬垫铜片或铝片； 2. 夹紧力太大

（二）扩孔、铰孔和锪孔

1. 扩孔

扩孔用以扩大已加工出的孔（铸出、锻出或钻出的孔），使其获得较正确的几何形状和较小的表面粗糙度值，加工精度一般为 IT10～IT9 级，表面粗糙度 Ra 值为 6.3～3.2 μm。扩孔可作为要求不高的孔的最终加工，也可作为精加工（如铰孔）前的预加工，扩孔加工余量为 0.5～4 mm。

一般用麻花钻作扩孔钻。在扩孔精度要求较高或生产批量较大时，采用专用的扩孔钻扩孔。扩孔钻和麻花钻相似，所不同的是它有 3～4 条切削刃，但无横刃，其顶端是平的，螺旋槽较浅，故钻心粗实、刚性好，不易变形，导向性能好。扩孔钻切削平稳，扩孔后的孔的加工质量可提高，图 6.65所示为扩孔钻及用扩孔钻扩孔的情形。

2. 铰孔

铰孔是用铰刀从工件壁上切除微量金属层，以提高其尺寸精度和表面质量的加工方法。铰孔的加工精度可高达 IT7～IT6 级，铰孔的表面粗糙度 Ra 值为 0.8～0.4 μm。

铰刀是多刃切削刀具，有 6～12 个切削刃，铰孔时其导向性好。由于刀齿的齿槽很浅，铰刀的横截面大，因此铰刀的刚性好。铰刀按使用方法分为手用和机用两种（图 6.66a、b），按所铰孔的形状分为圆柱形和圆锥形两种。

铰孔因余量很小，而且切削刃的前角 $\gamma=0°$，所以铰削实际上是修刮过程。特别是手工铰孔

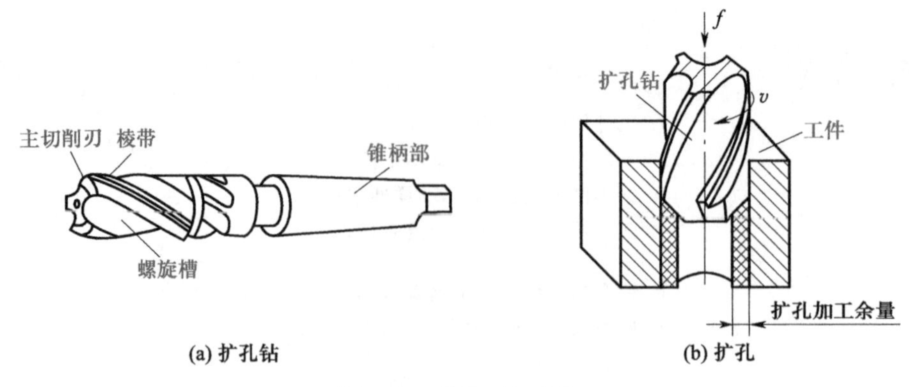

图 6.65 扩孔钻与扩孔

时，由于切削速度很低，不会受到切削热和振动的影响，故铰孔是对孔进行精加工的一种方法。

铰孔时铰刀不能倒转，否则切屑会卡在孔壁和切削刃之间，从而使孔壁划伤或切削刃崩裂。铰削时如采用切削液，孔壁表面粗糙度值将更小（图 6.66c）。

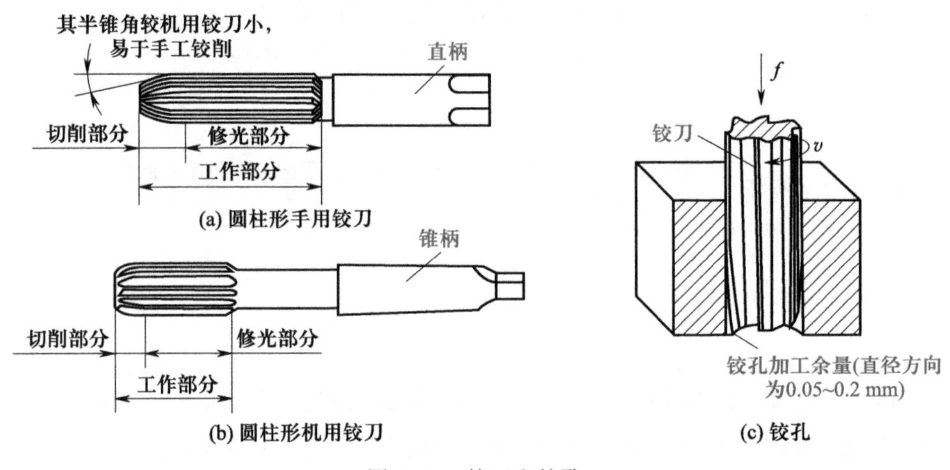

图 6.66 铰刀和铰孔

钳工常遇到锥销孔铰削，一般采用相应孔径的圆锥形手用铰刀进行。

3. 锪孔

锪孔是用锪钻对工件上的已有孔进行孔口形面的加工，其目的是为保证孔端面与孔中心线的垂直度，以便使与孔连接的零件位置正确，连接可靠。常用的锪孔工具有柱形锪钻（锪柱孔）、锥形锪钻（锪锥孔）和端面锪钻（锪端面）三种（图 6.67）。

圆柱形埋头锪钻的端刃起切削作用，其周刃作为副切削刃起修光作用（图 6.67a）。为保证原有孔与埋头孔同心，锪钻前端带有导柱，与已有孔配合起定心作用。导柱和锪钻本体可制成整体也可分开制造，然后装配成一体。

锥形锪钻用来锪圆锥形沉头孔（图 6.67b）。锪钻顶角有 60°、75°、90°和 120°4 种，其中以顶角为 90°的锪钻应用最为广泛。

端面锪钻用来锪与孔轴线垂直的孔口端面，如图 6.67c 所示。

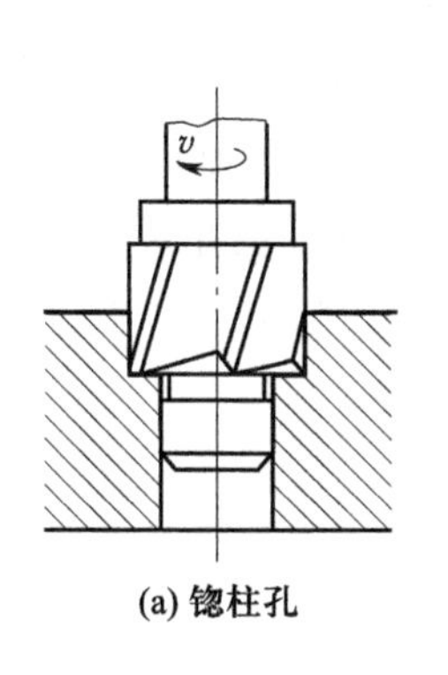

(a) 锪柱孔

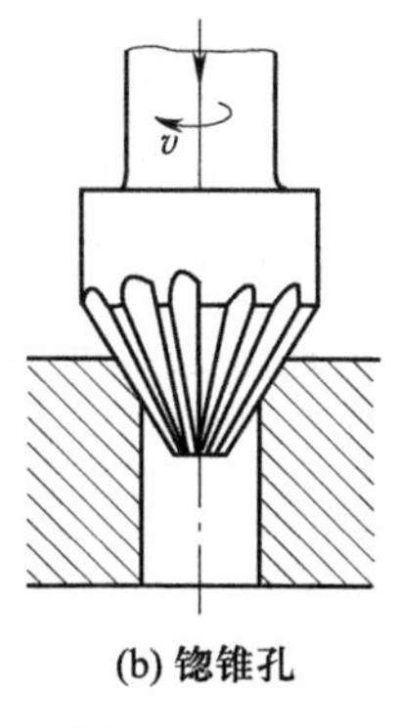

(b) 锪锥孔

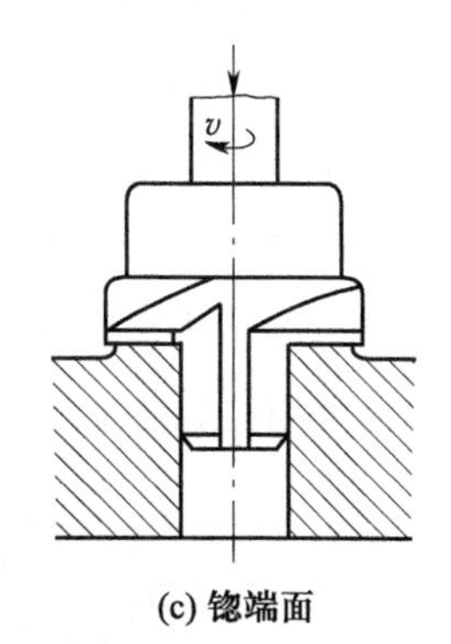

(c) 锪端面

图 6.67　锪孔

【实习操作】

（1）练习钻通孔、盲孔、深孔。

（2）练习扩孔、铰孔。

【操作要点】

钻孔时，选择转速和进给量的方法是：用小钻头钻孔时，转速可高些，进给量要小些；用大钻头钻孔时，转速要低些，进给量适当大些；钻硬材料时，转速要低些，进给量要小些；钻软材料时，转速要高些，进给量要大些；用小钻头钻硬材料时可以适当地降低速度。

钻孔时手进给的压力是根据钻头的工作情况，以目测和感觉的方式进行控制，在实习中应注意掌握。

钻孔操作时应注意的事项如下：

（1）操作者衣袖要扎紧，严禁戴手套，长发必须戴工作帽。

（2）工件夹紧必须牢固，孔将钻穿时要尽量减小进给力。

（3）先停车后变速。用钻夹头装夹钻头，要用钻夹头紧固扳手，不要用扁铁和手锤敲击，以免损坏夹头。

（4）不要用手拉或嘴吹钻屑，以防铁屑伤手和伤眼。

（5）钻通孔时，工件底面应放垫块，或将钻头对准工作台的 T 形槽。

（6）使用电钻时应注意用电安全。

手工铰孔时，两手用力要均匀、平稳，不得有侧向压力，避免孔口成喇叭形或将孔径扩大。铰刀退出时，不能反转，防止刃口磨损及切屑嵌入刀具与孔壁之间划伤孔壁。

【教师演示】

刃磨钻头。

（1）刃磨要求　钻头在使用过程中要经常刃磨，以保持锋利。一般要求是：两条主切削刃等长，顶角 2ψ 应符合所钻材料的要求并对称于轴线，后角 α 与横刃斜角 ψ 应符合要求。

（2）刃磨方法　如图 6.68 所示，右手握住钻头前部并靠在砂轮架上作为支点，将主切削刃摆平（稍高于砂轮中心水平面），然后平行地接触砂轮母线，同时使钻头轴线与砂轮母线在水平面内成半顶角 ψ（$\psi=59°$）；左手握住钻尾，在磨削时上下摆动，其摆动的角度约等于后角 α。一条主切削刃磨好后，将钻头转过 180°，按上述方法再磨另一条主切削刃。钻头刃磨后的角度一般凭经验目测，也可用样板检查。

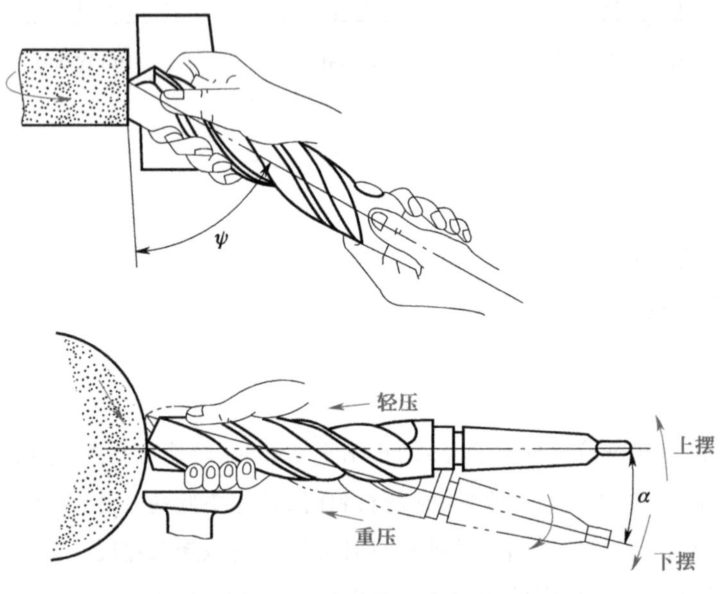

图 6.68　麻花钻刃磨方法

复习思考题

1. 常用钻床有哪几种？各有何特点？适用于什么场合？
2. 麻花钻各组成部分的名称及作用是什么？
3. 钻头有哪几个主要角度？标准顶角是多少？
4. 钻孔时，选择转速、进给量的原则是什么？
5. 怎样合理选用钻夹具？
6. 试分析钻孔、扩孔、铰孔三种方法的工艺特点，并说明三种孔加工之间的联系。

课题七　攻螺纹和套螺纹

【基础知识】

工件圆柱或圆锥外表面上的螺纹称为外螺纹，工件圆柱或圆锥孔表面上的螺纹为内螺纹。

本书仅涉及圆柱螺纹。*

常用的三角形螺纹工件，其螺纹除采用机械设备加工外，还可以用钳工攻螺纹和套螺纹的方式获得。

攻螺纹（攻丝）是用丝锥加工内螺纹。

套螺纹（套丝）是用板牙在圆杆上加工外螺纹。

（一）攻螺纹

1. 丝锥和铰杠

（1）丝锥　丝锥是专门用于加工小直径内螺纹的成形刀具（图6.69），一般用合金工具钢9SiCr制造，经热处理淬硬。丝锥的基本结构形状像一个螺钉，轴向有几条容屑槽，相应的形成几瓣刀刃（切削刃）。丝锥由工作部分和柄部组成，其中工作部分由切削部分与校准部分组成。

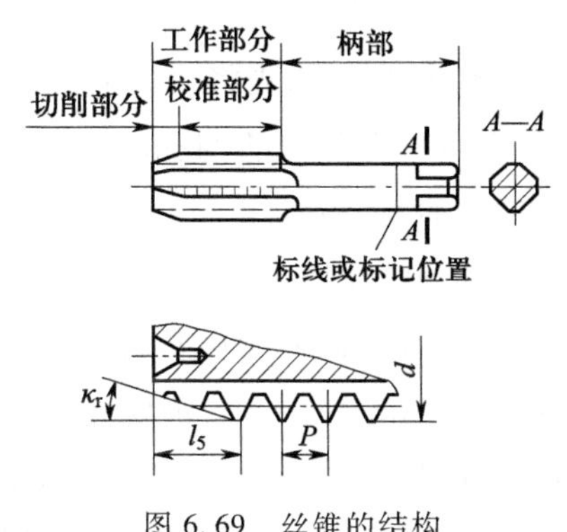

图6.69　丝锥的结构

丝锥的切削部分常磨成圆锥形，以便使切削负荷分配在几个刀齿上，以便切去孔内螺纹牙间的金属，而其校准部分的作用是修光螺纹和引导丝锥。丝锥上有3~4条容屑槽，用于容屑和排屑。丝锥柄部为方头，其作用是与铰杠配合并传递扭矩。

丝锥主要是切削金属，但也有挤压金属的作用，在加工塑性好的材料时，挤压作用尤其显著。

丝锥分手用丝锥和机用丝锥两种。为了减少切削力和提高丝锥使用寿命，常将整个切削量分配给几支丝锥来完成，成组使用，依次分担切削量。M6~M24的丝锥一般是两支一组，小于M6和大于M24的三支一组，分别为头锥、二锥或三锥。小丝锥强度差易折断，大丝锥需切削的金属多，应逐渐切除，将切削量分配在两或三个丝锥上。分组使用可减少切削力，提高丝锥使用寿命。它们的圆锥斜角（κ_r）各不相等，校准部分的外径也不相同，其所负担的切削工作量分配是：头锥为60%（或75%）、二锥为30%（或25%）、三锥为10%。

（2）铰杠　铰杠是用来夹持丝锥的工具（图6.70）。常用的可调式铰杠通过旋动右边手柄，即可调节方孔的大小，以便夹持不同尺寸的丝锥。铰杠长度应根据丝锥尺寸大小进行选择，以便控制攻螺纹时的旋转力（转矩），防止丝锥因旋转力不当而折断。

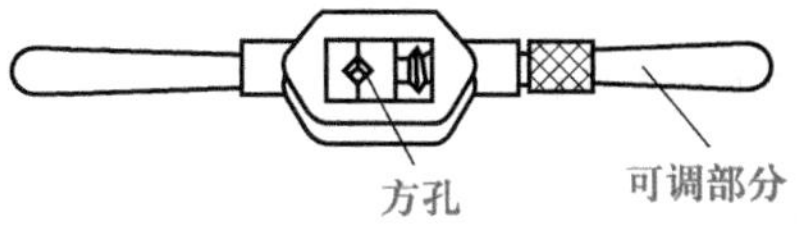

方孔　可调部分

图6.70　铰杠

2. 攻螺纹前确定底孔直径和盲孔深度

攻螺纹前工件的底孔直径（即钻孔直径）必须大于螺纹标准中规定的螺纹小径，其底孔钻头直径d_0，可采用查表法（见有关手册资料）确定，或用下列经验公式计算：

* 有关螺纹基础知识请参阅本书车削加工部分课题八“车螺纹”的基础知识。

钢材及韧性金属 $d_0 \approx d-P$

铸铁及脆性金属 $d_0 \approx d-(1.05\sim1.1)P$

式中 d_0——底孔直径；

d——螺纹公称直径；

P——螺距。

攻盲孔(不通孔)的螺纹时,因丝锥顶部带有锥度不能形成完整的螺纹,所以为得到所需的螺纹深度,孔的深度 h 要大于螺纹深度 l。盲孔深度可按下列公式计算：

$$\text{盲孔深度 } h=\text{所需的螺纹深度 } l+0.7d$$

3. 攻螺纹的操作方法

攻螺纹开始前,先将孔口倒角,以利于丝锥切入。攻螺纹时,先用头锥攻螺纹。首先旋入1~2圈,检查丝锥是否与孔端面垂直(可用目测或90°角尺在互相垂直的两个方向检查),然后继续使铰杠轻压旋入,当丝锥的切削部分已经切入工件后,可只转动而不加压,每转一圈后应反转1/4圈,以便切屑断落(图6.71)。攻完头锥再继续攻二锥、三锥,每更换一锥,仍要先旋入1~2圈,扶正定位,再用铰杠,以防乱扣。攻钢件时,可加机油润滑,使螺纹光洁并延长丝锥使用寿命。攻铸铁件,可加煤油润滑。

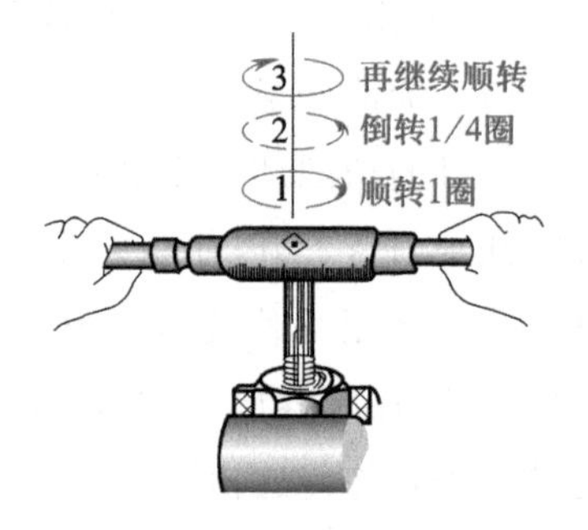

图6.71 攻螺纹操作

4. 攻螺纹质量分析

攻螺纹的质量问题和产生原因见表6.5。

表6.5 攻螺纹的质量问题和产生原因

质量问题	产生原因
烂牙	1. 底孔太小,丝锥攻不进； 2. 二锥中心不重合； 3. 螺孔攻歪偏多时,采用丝锥强行找正； 4. 对低碳钢等塑性好的材料,未加切削液
螺纹牙深不够	底孔直径钻得过大
螺孔攻歪	1. 手攻时,丝锥与工件端面不垂直； 2. 机攻时,丝锥与工件孔中心未对准
螺孔中径太大	机攻时,丝锥晃动
滑牙	1. 攻丝时,碰到较大砂眼,丝锥打滑； 2. 手攻盲孔时,丝锥已攻到底仍旋转丝锥

(二)套螺纹

1. 板牙和板牙架

(1) 板牙　板牙是加工外螺纹的刀具,由合金工具钢9SiCr制成并经热处理淬硬,其外形像一个圆螺母,上面钻有几个排屑孔,形成刀刃(图6.72a)。

板牙由切削部分、定径部分、排屑孔（一般有3~4个）组成。排屑孔的两端有60°的锥度，起主要切削作用，定径部分起修光作用。板牙的外圆有1条深槽和4个锥坑，锥坑用于定位和紧固板牙。当板牙的定径部分磨损后，可用片状砂轮沿槽将板牙切割开，借助调紧螺钉将板牙直径缩小。

（2）板牙架　板牙是装在板牙架上使用的（图6.72b）。板牙架是用于夹持板牙，传递转矩的工具。工具厂按板牙外径规格制造了各种配套的板牙架，供使用者选用。

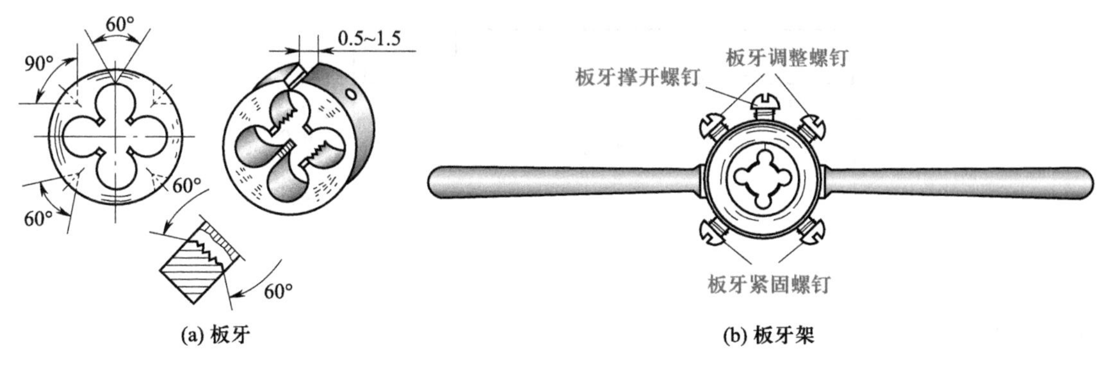

(a) 板牙　(b) 板牙架

图6.72　板牙与板牙架

2. 套螺纹前确定圆杆直径

圆杆外径太大，板牙难以套入；太小，套出的螺纹牙型不完整。因此，圆杆直径应稍小于螺纹公称尺寸。

计算圆杆直径的经验公式为

$$圆杆直径\ d \approx 螺纹大径\ D-0.13P$$

式中　P——螺距。

3. 套螺纹的操作方法

套螺纹的圆杆端部应倒角（图6.73a），使板牙容易对准工件中心，同时也容易切入。工件伸出钳口的长度，在不影响螺纹要求长度的前提下，应尽量短些。套螺纹过程与攻螺纹相似（图6.73b），板牙端面应与圆杆垂直，操作时用力要均匀。开始转动板牙时，要稍加压力，套入3~4扣后可只转动不加压，并经常反转，以便断屑。

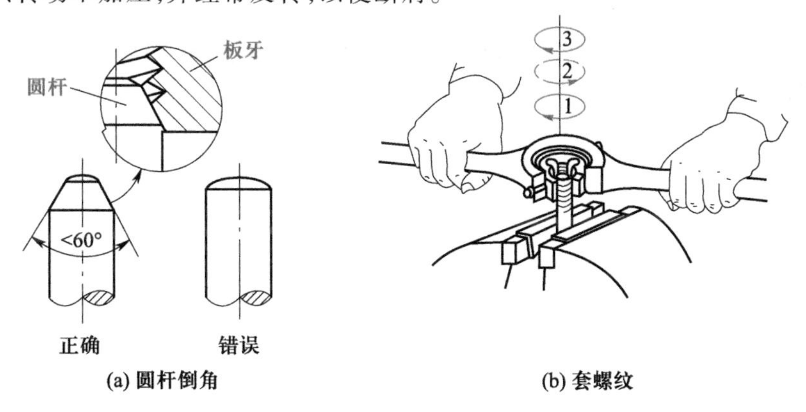

(a) 圆杆倒角　(b) 套螺纹

图6.73　圆杆倒角和套螺纹

【实习操作】

(1) 根据要求计算底孔直径,在钢件、铸件上钻底孔并攻螺纹。

(2) 按图 6.74 所示,计算双头螺柱圆杆直径,并在圆杆上套螺纹。

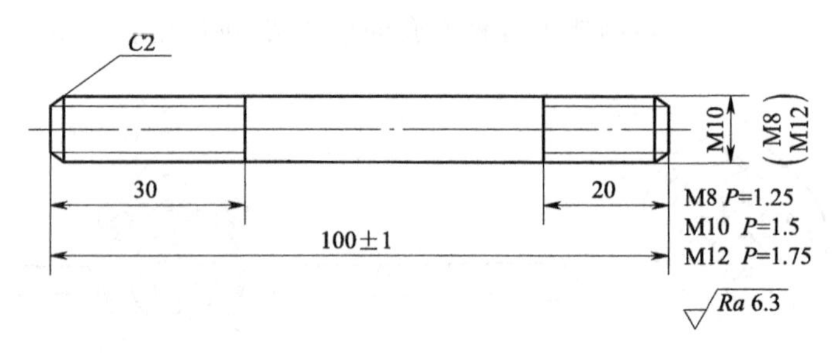

图 6.74 双头螺柱

【操作要点】

起攻、起套要从前后、左右两个方向观察与检查,及时进行垂直度的找正,这是保证攻螺纹、套螺纹质量的重要步骤。特别是套螺纹,由于板牙切削部分圆锥角较大,起套的导向性较差,容易产生板牙端面与圆杆轴线不垂直的情况,造成烂牙(乱扣),甚至不能继续切削。起攻、起套操作正确、两手用力均匀及掌握好最大用力限度是攻螺纹、套螺纹的基本功之一,必须掌握。

攻螺纹及套螺纹的注意事项:

(1) 攻螺纹(套螺纹)已经感到很费力时,不可强行转动,应将丝锥(板牙)倒退出,清理切屑后再攻(套);

(2) 攻制盲孔螺纹时,应注意丝锥是否已经接触孔底,此时如继续硬攻,就会折断丝锥;

(3) 使用成组丝锥,要按头锥、二锥、三锥依次取用。

复习思考题

1. 什么叫攻螺纹?什么叫套螺纹?
2. 攻螺纹前的底孔直径如何计算?
3. 套螺纹前的圆杆直径怎样确定?
4. 攻盲孔螺纹时,丝锥为什么不能攻到底?盲孔深度应如何确定?
5. 攻螺纹、套螺纹操作中要注意些什么问题?

课题八 刮削

【基础知识】

用刮刀在工件已加工表面上刮去一层很薄金属的操作称为刮削。刮削时刮刀对工件既有切削作用,又有压光作用。经刮削的表面可留下微浅刀痕,形成存油空隙,减少摩擦力,这可以改善表面质量,降低表面粗糙度,提高工件的耐磨性,还能使工件表面美观。刮削是一种精加工方法,常用于零件上互相配合的重要滑动表面,如机床导轨、滑动轴承等,以使其均匀接触。在机械制造、工具制造和修理工作中,刮削占有重要地位,得到了广泛的应用。刮削的缺点是生产率低,劳动强度大。

（一）刮削工具

1. 刮刀

刮刀一般用碳素工具钢 T10A、T12A 或轴承钢锻成,也有的刮刀头部焊上硬质合金用于刮削硬金属。刮刀分为平面刮刀和曲面刮刀两类。

（1）平面刮刀　平面刮刀用于刮削平面,有普通刮刀(图 6.75a)和活头刮刀(图 6.75b)两种。活头刮刀除机械夹固外,还可用焊接方法将刀头焊在刀杆上。

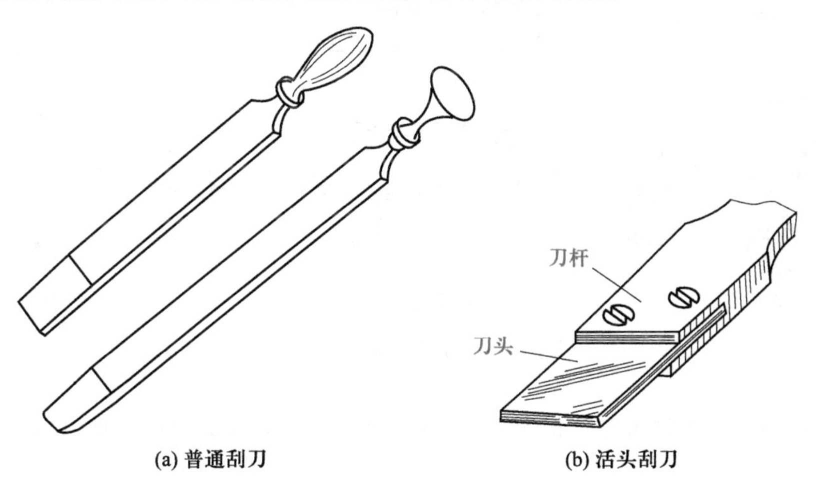

(a) 普通刮刀　(b) 活头刮刀

图 6.75　平面刮刀

平面刮刀按所刮表面精度又可分为粗刮刀、细刮刀和精刮刀三种,其头部形状(刮削刃的角度)如图 6.76 所示。

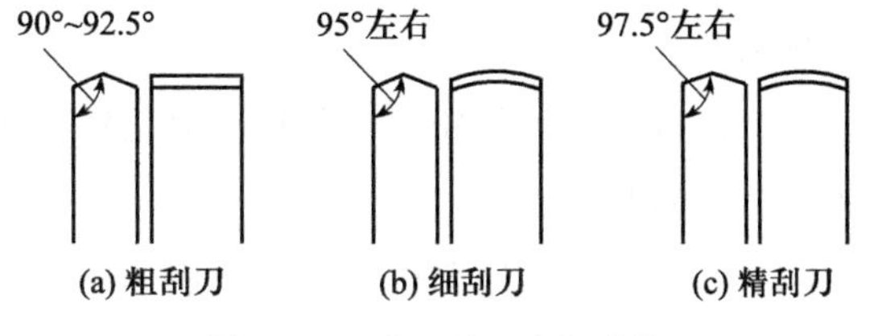

(a) 粗刮刀　(b) 细刮刀　(c) 精刮刀

图 6.76　平面刮刀头部形状

（2）曲面刮刀　曲面刮刀用来刮削内圆弧面(主要是滑动轴承的轴瓦),其式样很多(图 6.77),其中以三角刮刀最为常见。

2. 校准工具

校准工具有两个作用:一是用来与刮削表面磨合,以接触点的多少和分布的疏密程度来显示刮削表面的平整程度,提供刮削的依据;二是用来检验刮削表面的精度。

刮削平面的校准工具(图 6.78)有:校准平板——检验和磨合宽平面用的工具;桥式直尺、工字形直尺——检验和磨合长而窄平面用的工具;角度直尺——检验和磨合燕尾形或 V 形面的工具。

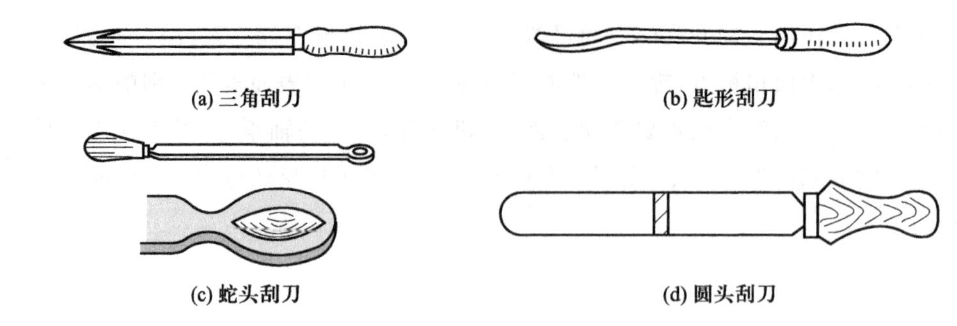

图 6.77　曲面刮刀

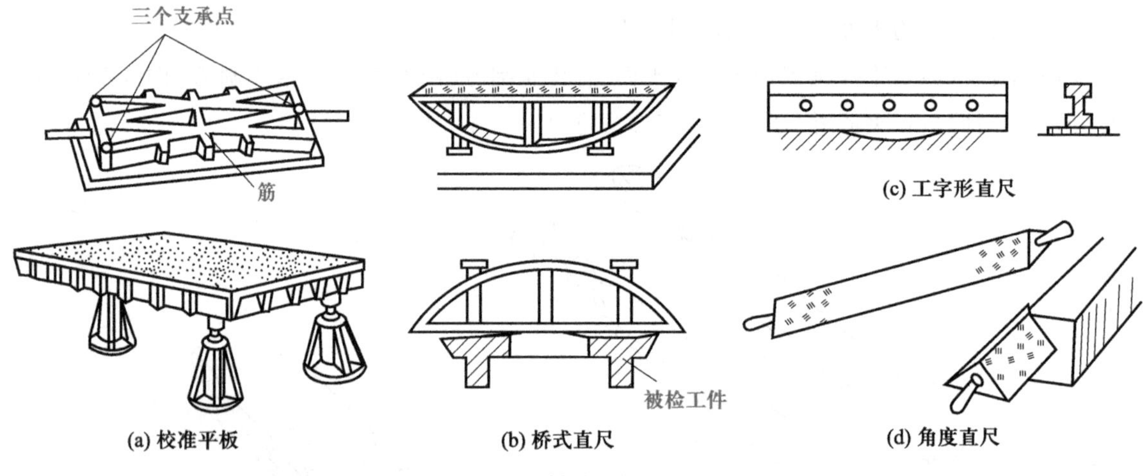

图 6.78　刮削平面的校准工具

刮削内圆弧面时,常采用与之相配合的轴作为校准工具,如无现成的轴,可自制一根标准心轴作为校准工具。

3. 显示剂

显示剂是为了显示被刮削表面与标准表面间的贴合程度而涂抹的一种辅助材料,显示剂应具有色泽鲜明、颗粒极细、扩散容易、对工件没有磨损及无腐蚀性等特点,且价廉易得。目前常用的显示剂及用途如下:

(1) 红丹粉　红丹粉用氧化铁或氧化铝加机油调成,前者呈紫红色,后者呈橘黄色,其多用于铸铁和钢的刮削。

(2) 蓝油　蓝油用普鲁士蓝加蓖麻油调成,多用于铜、铝的刮削。

(二) 刮削质量的检验

刮削质量要根据刮削研点的多少、高低误差、分布情况及工件表面粗糙度来确定。

(1) 刮削研点的检查(图 6.79a)　用边长为 25 mm 的方框检查,刮削精度以方框内的研点数目来表示。

(2) 刮削面质量的检查(图 6.79b)　机床导轨等较长的工件及大平面工件的平面度和直线度,可用水平仪进行检查。

（3）研点高低的误差检查（图 6.79c）　用百分表在平板上检查。小工件可以固定百分表，移动工件；大工件则固定工件，移动百分表来检查。

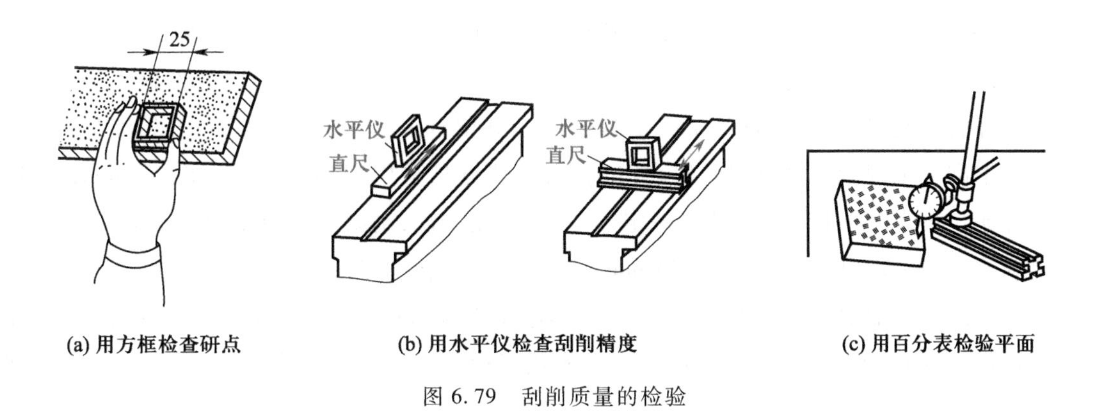

(a) 用方框检查研点　(b) 用水平仪检查刮削精度　(c) 用百分表检验平面

图 6.79　刮削质量的检验

（三）平面刮削

1. 刮削方式

刮削方式有挺刮式和手刮式两种。

（1）挺刮式（图 6.80a）　将刮刀柄放在小腹右下侧，在距刀刃 80～100 mm 处双手握住刀身，用腿部和臂部的力量使刮刀向前挤刮。当刮刀开始向前挤时，双手加压力，在推挤中的瞬间，右手引导刮刀方向，左手控制刮削，到需要的长度时，将刮刀提起。

（2）手刮式（图 6.80b）　右手握刀柄，左手握在距刮刀头部约 50 mm 处，刮刀与刮削平面成 25°～30°角，刮削时右臂向前推，左手向下压并引导刮刀方向。双手动作与挺刮式相似。

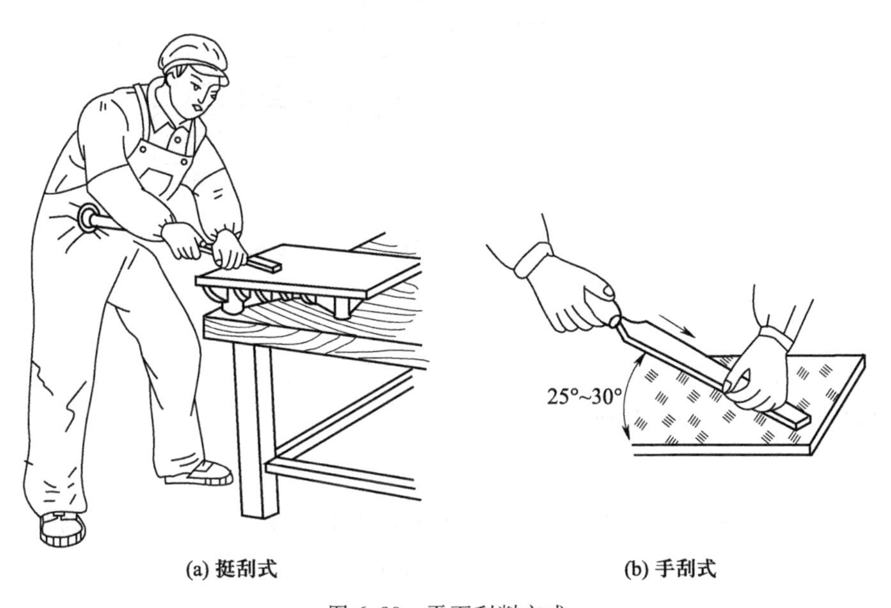

(a) 挺刮式　(b) 手刮式

图 6.80　平面刮削方式

2. 刮削步骤

(1) 粗刮　若工件表面比较粗糙、加工痕迹较深或表面严重生锈、不平或扭曲、刮削加工余量在 0.05 mm 以上时,应先粗刮。粗刮的特点是采用长刮刀,行程较大(10~15 mm),刀痕较宽(10 mm),刮刀痕迹顺向,成片不重复。机械加工的刀痕刮除后,即可研点,并按显出的高点刮削。当工件表面研点每 25 mm×25 mm 上为 4~6 点并留有细刮加工余量时,可开始细刮。

(2) 细刮　细刮就是将粗刮后的高点刮去,其特点是采用短刮法(刀痕宽约 6 mm,长 5~10 mm),研点分散快。细刮时要朝着一定方向刮,刮完一遍,刮第二遍时要成 45°或 60°方向交叉刮出网纹。当平均研点每 25 mm×25 mm 上为 10~14 点时,即可结束细刮。

(3) 精刮　在细刮的基础上进行精刮,采用小刮刀或带圆弧刃的精刮刀,刀痕宽约 4 mm,平面研点每 25 mm×25 mm 上应为 20~25 点,常用于检验工具、精密导轨面、精密工具接触面的刮削。

(4) 刮花　刮花的作用一是美观,二是有积存润滑油的功能。一般常见的花纹有斜花纹、燕形花纹和鱼鳞花纹等。另外,还可通过观察原花纹的完整和消失的情况来判断平面工作后的磨损程度。

3. 原始平板的刮削方法

刮削原始平板一般采用渐近法,即不用标准平板,而以三块平板依次循环互刮,达到平板的平面度。这种方法是一种传统的刮研方法,整个刮削过程如图 6.81 所示。

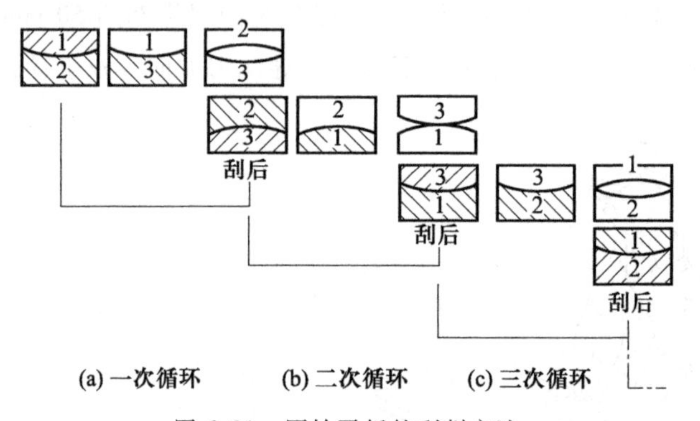

图 6.81　原始平板的刮削方法

在刮削原始平板时应掌握下列原则:每刮一个阶段后,必须改变基准,否则不能提高其精度,在每一阶段中,均以一块为基准去刮另外两块。

(四) 曲面刮削

对于要求较高的某些滑动轴承的轴瓦,通过刮削,可以得到良好的配合。刮削轴瓦时用三角刮刀,而研点的方法是在轴上涂上显示剂(常用蓝油),然后与轴瓦配研。曲面刮削原理和平面刮削一样,只是曲面刮削使用的刀具和掌握刀具的方法和平面刮削有所不同,如图 6.82 所示。

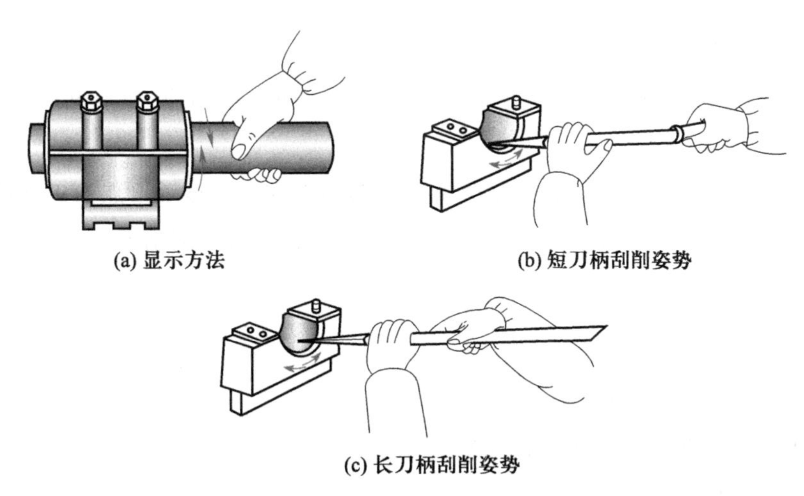

(a) 显示方法　(b) 短刀柄刮削姿势

(c) 长刀柄刮削姿势

图 6.82　内曲面的显示方法与刮削姿势

（五）刮削质量分析

刮削中常见的质量问题有深凹痕、振痕、丝纹、尺寸和形状精度达不到要求等，其产生原因见表 6.6。

表 6.6　刮削质量分析

常见质量问题	产生原因
深凹痕（刮削表面有很深的凹坑）	1. 刮削时刮刀倾斜； 2. 用力太大； 3. 刃口弧形刃磨得过小
振痕（刮削表面有一种连续性的波浪纹）	1. 刮削方向单一； 2. 表面阻力不均匀； 3. 推刮行程太长引起刀杆颤动
丝纹（刮削表面有粗糙纹路）	1. 刃口不锋利； 2. 刃口部分较粗糙
尺寸和形状精度达不到要求	1. 显示研点时推磨压力不均匀，校准工具悬空伸出工件太多； 2. 校准工具偏小，与所刮平面相差太大，致使所显研点不真实，造成错刮； 3. 检验工具本身不正确； 4. 工件放置不稳当

【实习操作】

在平板上进行刮削和精度检验[研点 10～12 点/(25 mm×25 mm)]。

【操作要点】

（1）工件安放的高度要适当，一般应低于腰部。

（2）刮削姿势要正确，力量发挥要好，刀痕控制要正确，研点分布准确合理，不产生明显的振痕和起刀、落刀痕迹。

(3) 用力要均匀,刮刀的角度、位置要准确。刮削方向要常调换,应成网纹形进行,避免产生振痕。

(4) 涂抹显示剂要薄而均匀,如果厚薄不匀会影响工件表面显示研点的正确性。

(5) 推磨刮削研具时,力量要均匀。工件悬空部分不应超过刮削研具本身长度的 1/4,以防失去重心掉落伤人。

复习思考题

1. 刮削有什么特点和用途?
2. 刮削工具有哪些? 如何正确使用?
3. 粗刮、细刮、精刮有什么区别?
4. 刮削后表面精度怎样检查?

课题九 综合作业

(一) 制作六角螺母

六角螺母图样如图 6.83 所示。

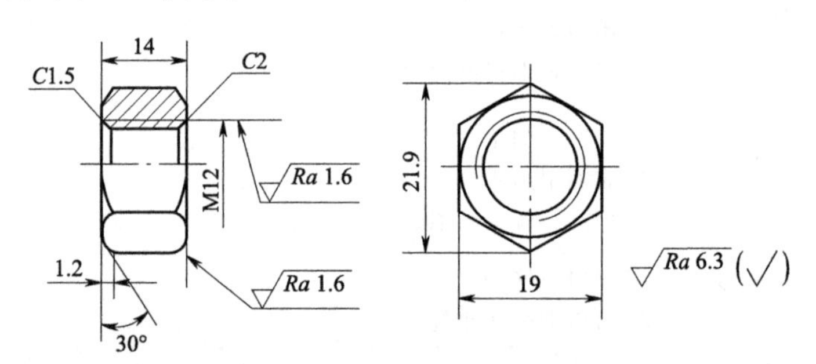

图 6.83 六角螺母(材料:45 钢)

制作六角螺母操作步骤见表 6.7。

表 6.7 制作六角螺母操作步骤

操作序号	加工简图	加工内容	工具
1. 备料		下料 材料:45 钢、ϕ30 mm 棒料、高度 16 mm	钢直尺
2. 锉削		锉两平面 锉平两端面,高度 H = 14 mm,要求平面平直,两面平行	锉刀、钢直尺

续表

操作序号	加工简图	加工内容	工　具
3. 划线	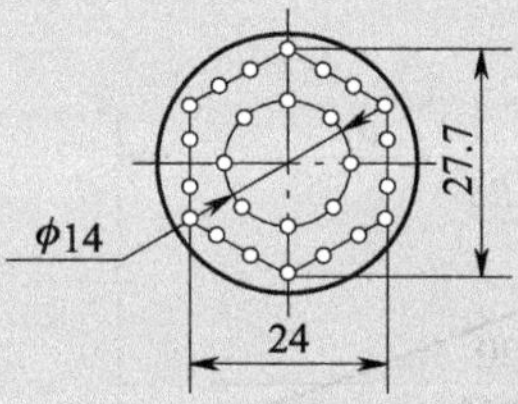	划线 定中心和划中心线，并按尺寸划出六角形边线和钻孔孔径线，打样冲眼	划针，划规，样冲，手锤，钢直尺
4. 锉削	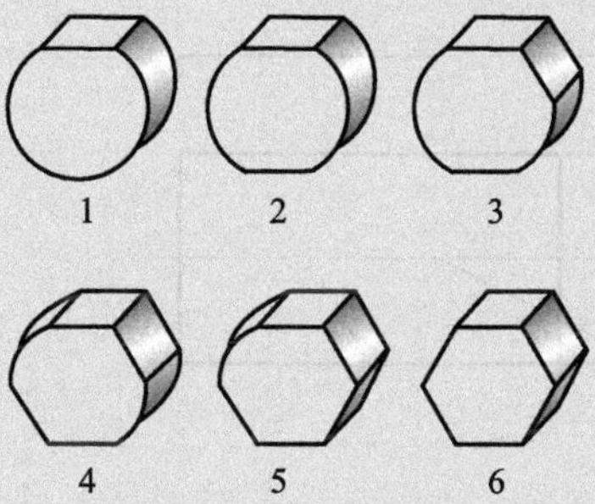	锉6个侧面 先锉平一面，再锉与之相对的平行侧面，然后锉其余4个面。在锉某一面时，一方面参照所划的线，同时用120°角度样板检查相邻两平面的交角，并用90°角尺检查6个角面与端面的垂直度。用游标卡尺测量尺寸，检验平面的平面度、直线度和两对面的平行度。平面要求平直，六角形要均匀对称，相对平面要求平行	锉刀，钢直尺，90°角尺，120°角度样板，游标卡尺
5. 锉削	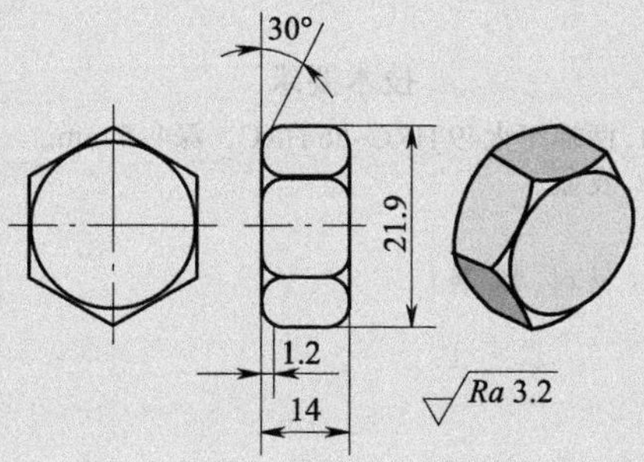	锉曲面(倒角) 按加工界线倒好两端圆弧角	锉刀
6. 钻孔	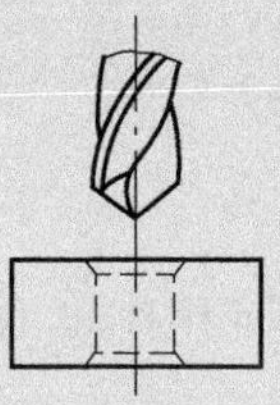	钻孔 计算钻孔直径。钻孔，并用大于底孔直径的钻头进行孔口倒角，用游标卡尺检查孔径	钻头，游标卡尺
7. 攻螺纹	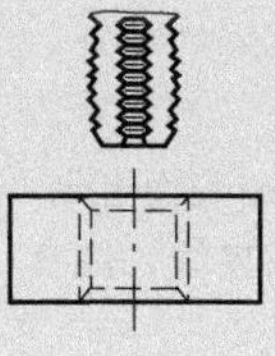	攻螺纹 用丝锥攻螺纹	丝锥，铰杠

（二）制作手锤

手锤图样如图 6. 84 所示。

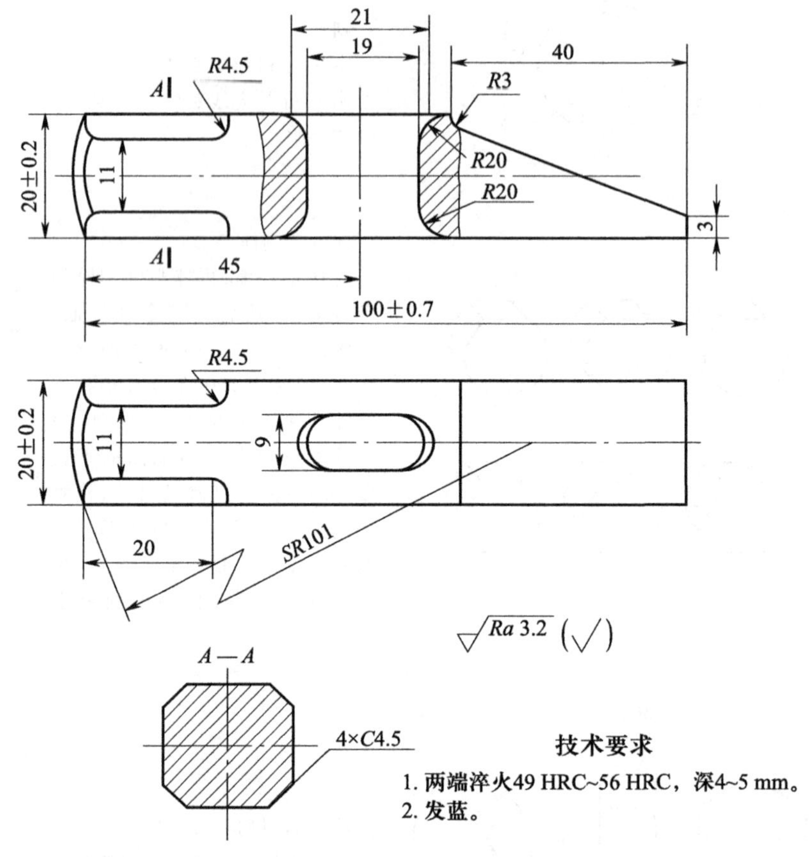

图 6. 84 手锤（材料：45 钢）

制作手锤操作步骤见表 6. 8。

表 6. 8 制作手锤操作步骤

操作序号	加工简图	加工内容	工具
1. 备料	32 103	下料 材料：45 钢，ϕ32 mm 棒料、长度 103 mm	钢直尺
2. 划线	22 22	划线 在 ϕ32 mm 圆柱两端表面上划 22 mm×22 mm 的加工界线，并打样冲眼	划线盘，90°角尺，划针，样冲，手锤

续表

操作序号	加工简图	加工内容	工　具
3. 錾削		錾削一个面 要求錾削宽度不小于 20 mm，平面度、直线度 1.5 mm	錾子，手锤，钢直尺
4. 锯削		锯削三个面 要求锯痕整齐，尺寸不小于 20.5 mm，各面平直，对边平行，邻边垂直	锯弓，锯条
5. 锉削		锉削 6 个面 要求各面平直，对边平行，邻边垂直，断面成正方形，尺寸 $20^{+0.2}_{0}$ mm	粗、中平锉刀，游标卡尺，90°角尺
6. 划线		划线 按工件（图 6.84）尺寸全部划出加工界线，并打样冲眼	划针，划规，钢尺，样冲，手锤，划线盘（游标高度尺）等
7. 锉削		锉削 5 个圆弧面 圆弧半径符合图样要求	圆锉
8. 锯削		锯削斜面 要求锯痕整齐	锯弓、锯条
9. 锉削		锉削 4 个圆柱面和一球面，要求符合图样要求	粗、中平锉刀

续表

操作序号	加工简图	加工内容	工具
10. 钻孔		钻孔 用 ϕ8 mm、ϕ9 mm 钻头钻两孔	ϕ8 mm、ϕ9 mm 钻头
11. 锉削		锉通孔 用小方锉或小平锉锉掉留在两孔间的多余金属，用圆锉将长圆孔锉成喇叭口	小方锉或小平锉，8″中圆锉
12. 修光		修光 用细平锉和砂布修光各平面，用圆锉和砂布修光各圆柱面	细平锉，砂布
13. 热处理		淬火 两头锤击部分 49 HRC~56 HRC，心部不淬火	由实习指导教师统一编号进行，学生自检硬度

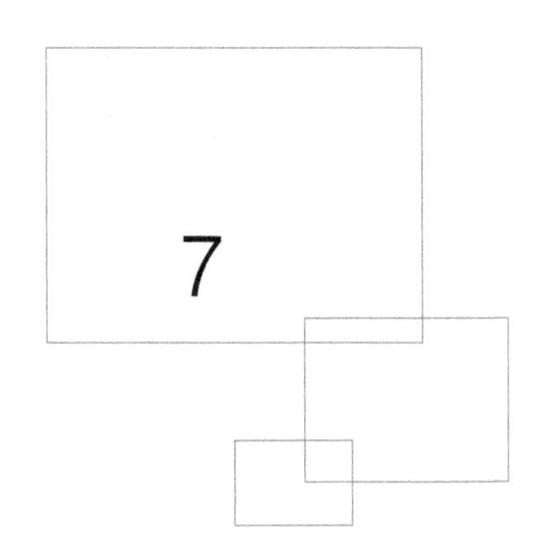

车削加工

目的和要求

1. 了解车削加工的基本知识、工艺特点及加工范围。
2. 熟悉卧式车床的组成及各部分的作用，了解卧式车床的型号及传动系统，掌握卧式车床的主要操作方法并能正确使用和调整。
3. 掌握普通车刀的组成、安装与刃磨，了解车刀的主要角度及作用。了解刀具切削部分材料的性能要求及常用刀具材料，能独立刃磨与安装车刀。
4. 熟悉车削时常用的工件装夹方法、特点和应用，了解常用量具的种类和使用方法，了解卧式车床常用附件的基本结构和用途。
5. 掌握车外圆、车端面、车内圆、钻孔、车螺纹以及切槽、切断、车圆锥面、车成形面的车削方法和测量方法，熟悉车削所达到的尺寸精度、表面粗糙度值范围，能独立加工一般中等复杂程度零件并具有一定的操作技能。
6. 了解机械加工车间生产安全技术及简单经济分析。

安全技术

1. 穿戴合适的工作服，长发要压入工作帽内，不能戴手套操作。
2. 两人共用一台车床时，只能一人操作并注意他人安全。
3. 卡盘扳手使用完毕后，必须及时取下，否则不能起动车床(开车)。
4. 开车前，检查各手柄的位置是否到位，确认正常后才允许开车。
5. 开车后，人不能靠近正在旋转的工件，更不能用手触摸工件的表面，也不能用量具测量工件尺寸，以防发生人身安全事故。
6. 严禁开车时变换车床主轴转速，以防损坏车床并发生设备安全事故。

7. 车削时，方刀架应调整到合适位置，以防小滑板左端碰撞卡盘卡爪而发生人身、设备安全事故。
8. 机动纵向或横向进给时，严禁床鞍及横滑板超过极限位置，以防滑板脱落或碰撞卡盘而发生人身、设备安全事故。
9. 发生事故时，立即关闭车床电源。
10. 工作结束后，关闭电源，清除切屑，认真擦净机床，加油润滑，以保持良好的工作环境。

课题一 概述

【基础知识】

在车床上，工件旋转，车刀在平面内作直线或曲线移动的切削称为车削。车削在机械加工中应用最广泛。

（一）车削的特点及加工范围

1. 车削的特点

车削是以工件旋转为主运动、车刀纵向或横向移动为进给运动的一种切削加工方法。车外圆时各种运动的情况如图 7.1 所示。

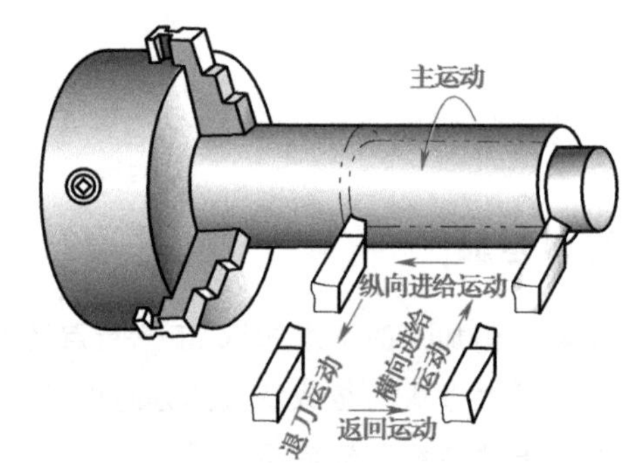

图 7.1 车削运动

2. 车削加工范围

凡具有回转体表面的工件，都可以在车床上用车削的方法进行加工。此外，车床还可以绕制弹簧。车削的加工范围如图 7.2 所示。

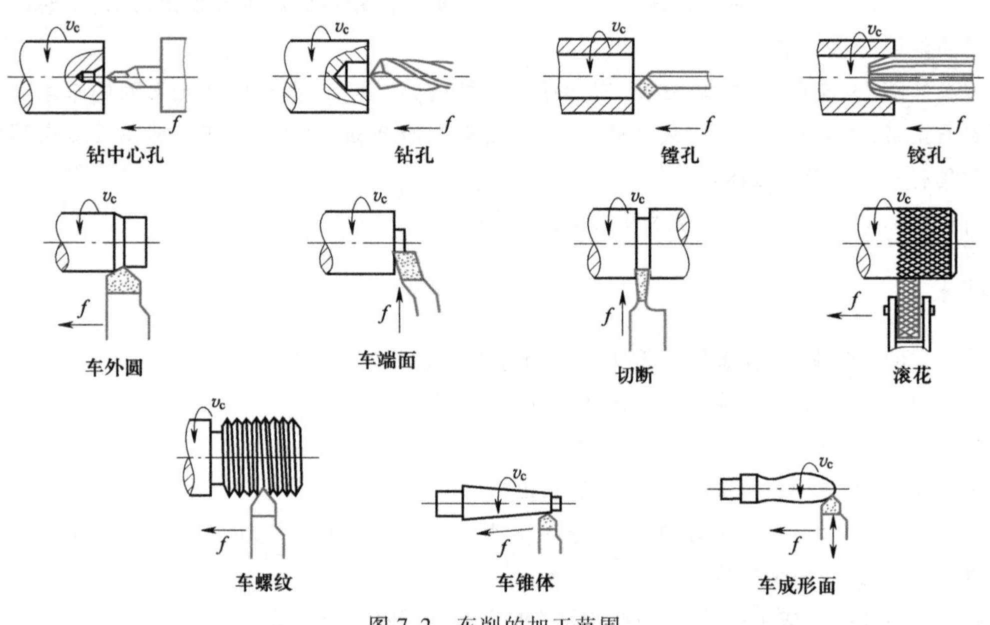

图 7.2 车削的加工范围

车削加工工件的尺寸公差等级一般为IT9~IT7级，其表面粗糙度 Ra 值为3.2~1.6 μm。

（二）切削用量

在车削加工过程中的切削速度(v_c)、进给量(f)、背吃刀量(a_p)总称为切削用量。车削时的纵向进给切削用量如图7.3所示，切削用量的合理选择对提高生产率和切削质量有着密切影响。

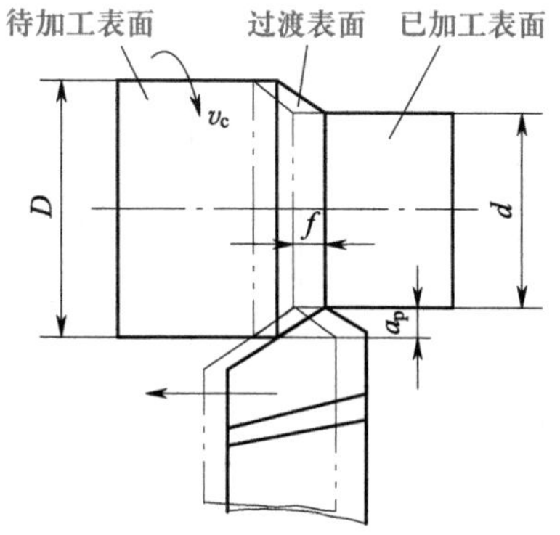

图7.3　纵向进给切削用量示意图

1. 切削速度（v_c）

切削速度是切削刃选定点相对于工件的主运动的瞬时速度，单位为m/min或m/s，可用下式计算：

$$v_c=\frac{\pi Dn}{1\,000}(\text{m/min})=\frac{\pi Dn}{1\,000\times60}(\text{m/s})$$

式中　D——工件加工表面直径，单位为mm；

n——工件每分钟的转速，单位为r/min。

2. 进给量（f）

进给量是工件每转一周时，刀具在进给运动方向上相对工件的位移量，单位为mm/r。

3. 背吃刀量（a_p）

背吃刀量是在通过切削刃基点（中点）并垂直于工作平面的方向（平行于进给运动方向）上测量的吃刀量，即工件待加工表面与已加工表面间的垂直距离，单位为mm。可用下式表达：

$$a_p=\frac{D-d}{2}$$

式中　D、d——分别表示工件待加工、已加工表面直径，单位为mm。

复习思考题

1. 车削的运动特点和加工特点是什么？

2. 车削能加工哪些类型的零件？一般车削加工能达到的最高公差等级和最低表面粗糙度值是多少？

3. 什么是切削用量？其单位是什么？

课题二　卧式车床

【基础知识】

（一）卧式车床的型号

机床的型号用来表示机床的类别、特性、组系和主要参数的代号。按照《金属切削机床

型号编制方法》(GB/T 15375—2008)的规定,机床型号由汉语拼音字母及阿拉伯数字组成,其表示方法如下:

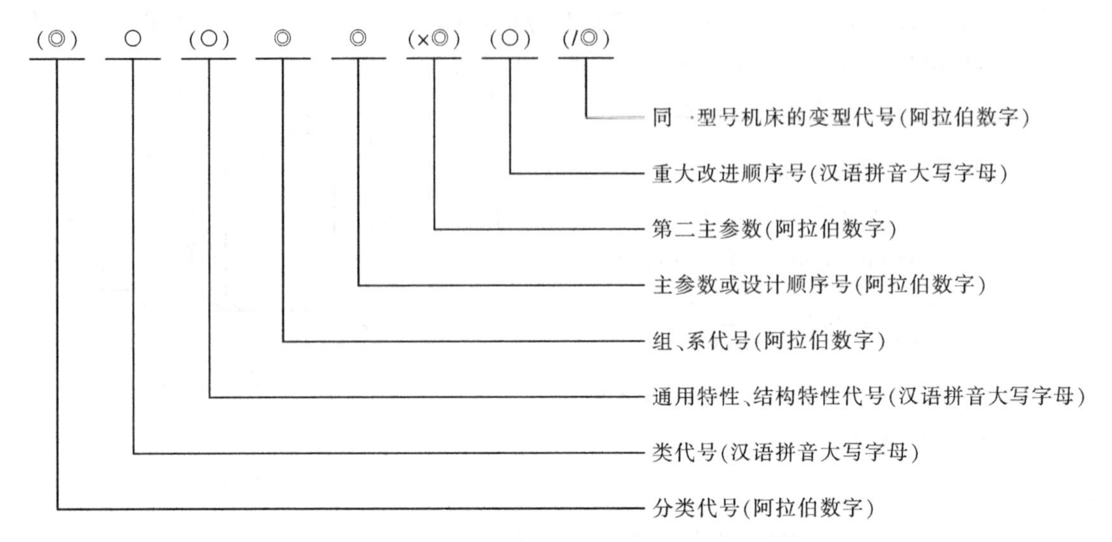

其中带括号的代号或数字,当无内容时则不表示,若有内容时则不带括号。

例如 CA6140:

C——类代号,车床类机床;

A——通用特性、结构特性代号;

61——组、系代号,卧式;

40——主参数,机床可加工工件最大回转直径的 1/10,即该机床可加工最大工件直径为 400 mm。

又如 C6136A,该机床可加工最大工件直径为 360 mm,A 为重大改进顺序号,第一次重大改进。

(二) 卧式车床的组成部分及作用

卧式车床的组成部分主要有主轴箱、交换齿轮箱、进给箱、光杠、丝杠、溜板箱、滑板和刀架、尾座、床身及床腿等,如图 7.4 所示。

1. 主轴箱

箱内装有主轴和主轴变速机构。电动机的运动经普通 V 带传给主轴箱,再经过内部主轴变速机构将运动传给主轴,通过变换主轴箱外部手柄的位置来操纵变速机构,使主轴获得不同的转速。

主轴为空心结构:前部外锥面用于安装卡盘和其他夹具来装夹工件,内锥面用于安装顶尖来装夹轴类工件,内孔可穿入长棒料。

2. 交换齿轮箱

箱内装有交换齿轮机构。主轴的旋转运动通过交换齿轮传给进给箱,改变交换齿轮不同的啮合状态,可使机床获得不同的进给量或螺距。

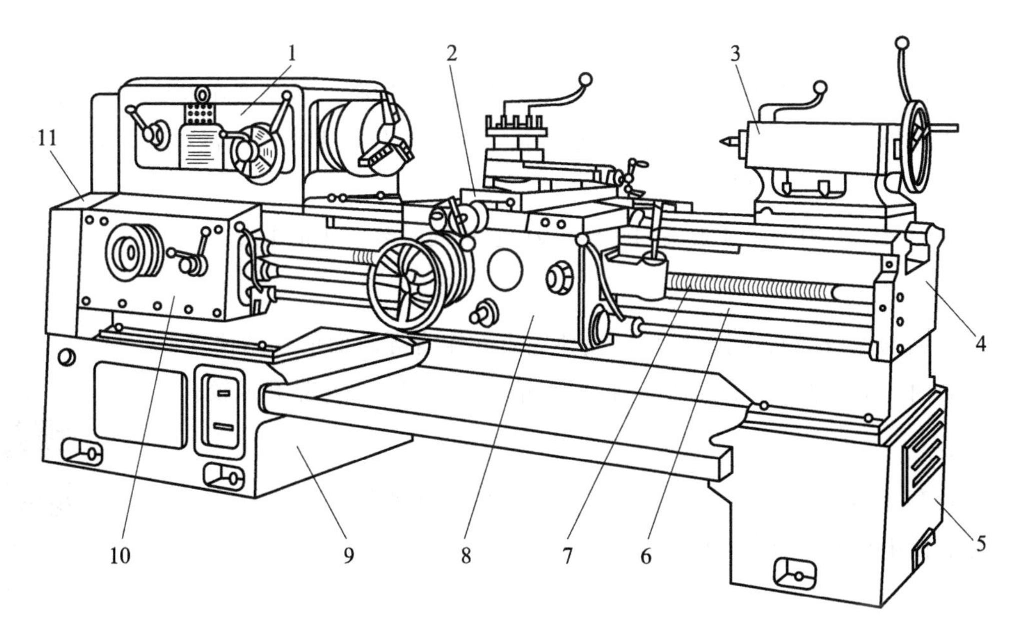

1—主轴箱;2—滑板和刀架;3—尾座;4—床身;5—右床腿;6—光杠;
7—丝杠;8—溜板箱;9—左床腿;10—进给箱;11—交换齿轮箱

图 7.4　CA6140 型卧式车床组成示意图

3. 进给箱

箱内装有进给运动的变速机构,通过调整外部手柄的位置,可获得所需的各种不同的进给量或螺距(单线螺纹为螺距,多线螺纹为导程)。

4. 光杠和丝杠

光杠和丝杠可将进给箱内的运动传给溜板箱。光杠传动用于回转体表面的机动进给车削,丝杠传动用于螺纹车削。光杠和丝杠转动的变换可通过进给箱外部的光杠和丝杠变换手柄来控制。

5. 溜板箱

溜板箱是车床进给运动的操纵箱。箱内装有进给运动的变向机构,箱外部有纵、横向手动进给、机动进给及开合螺母等控制手柄。通过改变不同的手柄位置,可使刀架纵向或横向机动进给用以车削回转体表面,或将丝杠传来的运动变换成车螺纹的走刀运动,或手动操作纵向、横向进给运动。

6. 滑板和刀架

滑板和刀架用来夹持车刀使其作纵向、横向或斜向进给运动,由移置床鞍、横滑板、转盘、小滑板和方刀架组成。

(1) 移置床鞍　移置床鞍与溜板箱连接,可带动车刀沿床身导轨作纵向移动,到达预定位置后可予以紧固。

(2) 横滑板　横滑板可带动车刀沿移置床鞍上面的导轨作横向移动。手动时,可转动横向进给手柄。

(3) 转盘　转盘刻有刻度,与横滑板用螺栓连接,松开螺母,转盘可在水平面内回转角度。

(4) 小滑板　转动小滑板进给手柄,小滑板可在转盘导轨上作短距离移动,如果转盘回转成一定角度,车刀可作斜向运动。

(5) 方刀架　方刀架用来装夹和转换车刀,它可同时装夹 4 把车刀。

7. 尾座

尾座底面与床身导轨面接触,可调整并固定在床身导轨面的任意位置上。在尾座套筒内装上顶尖可夹持轴类工件,装上钻头或铰刀可用于钻孔或铰孔。

拓展阅读

CA6140 型卧式车床的传动系统

8. 床身

床身是车床的基础零件,用于连接各主要部件并保证其相对位置,其导轨用来引导溜板箱和尾座的纵向移动。

9. 床腿

支承床身并与地基连接。

【实习操作】

CA6140 型卧式车床操纵系统如图 7.5 所示。

1. 停车练习

为了安全操作,必须进行如下停车练习:

(1) 正确变换主轴转速　转动主轴箱上面的两个主轴变速手柄 10,可得到各种相对应的主轴转速。当手柄拨动不顺利时,可用手稍转动卡盘即可。

(2) 正确变换进给量　按所选定的进给量查看进给箱上面的标牌,再按标牌上进给变换手柄 7 和进给变速手轮 3 的位置来配合调整,即可得到所选定的进给量。

(3) 熟练掌握纵向和横向手动进给手柄的转动方向　操作时,左手握纵向进给手动手轮 1,右手握横向进给手动手柄 11。逆时针转动手轮 1,溜板箱左进(移向主轴箱),顺时针转动,则溜板箱右退(退向床尾);顺时针转动手柄 11,刀架前进,逆时针转动,则刀架退回。

(4) 熟练掌握纵向或横向机动进给的操作　光杠或丝杠接通手柄 2 位于光杠接通位置上,将自动进给手柄 17 向左移动即可向左纵向机动进给,向右移动则向右纵向机动进给;如将自动进给手柄 17 向前移动即可向前横向机动进给,向后移动则向后横向机动进给;如将自动进给手柄 17 上接开关同时按下,则会快速移动;当手柄处于中间位置时,机动进给停止。

(5) 尾座的操作　尾座可在机床床面上纵向移动,用尾座压紧手柄 19 锁紧在床面上。转动尾座套筒手柄 20,可使套筒在尾座内移动。转动尾座套筒压紧手柄 18,可将套筒固定在尾座内。

(6) 刻度盘的应用　转动横向进给手动手柄 11,可使横向进给丝杠转动,因丝杠轴向固定,与丝杠连接的螺母则带动横滑板横向移动。丝杠的螺距是 5 mm(单线),手柄转动 1 周时横

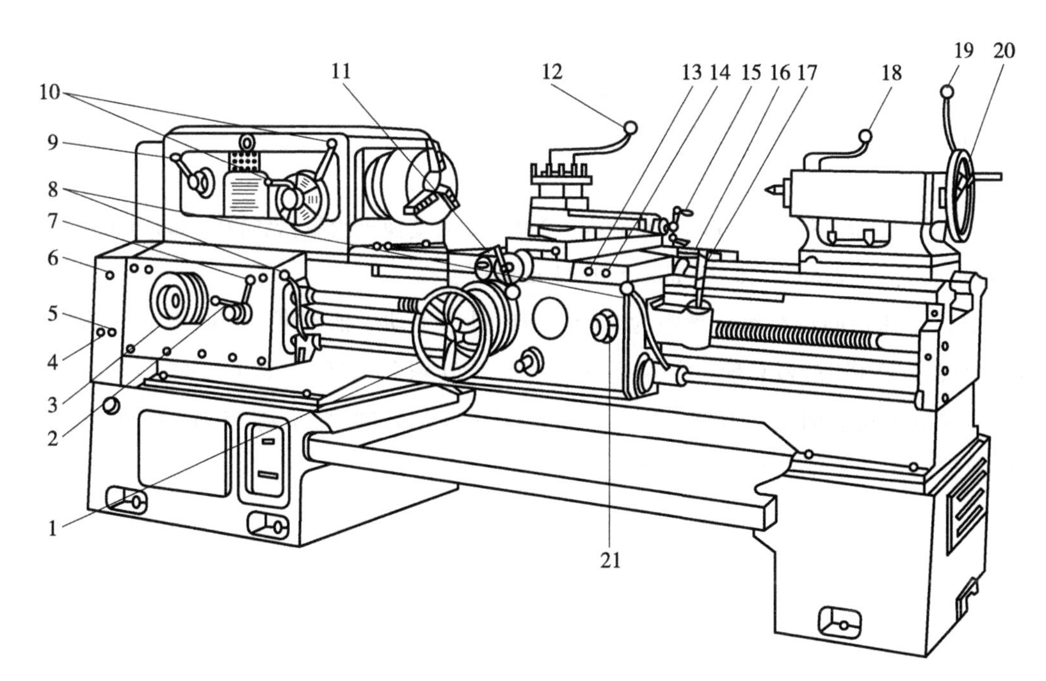

1—纵向进给手动手轮;2—光杠或丝杠接通手柄;3—进给变速手轮;4—油泵开关;5—电源锁;6—电源总开关;7—进给变速手柄;8—主轴起动手柄;9—加工大螺距及左右螺纹手柄;10—主轴变速手柄;11—横向进给手动手柄;12—压紧刀架手柄;13—主电动机控制按钮;14—电源按钮;15—小滑板手动手柄;16—快速移动按钮;17—自动进给手柄;18—尾座套筒压紧手柄;19—尾座压紧手柄;20—尾座套筒手柄;21—开合螺母操纵手柄

图 7.5　CA6140 型卧式车床操作系统图

滑板横向移动 5 mm。与手柄一起转动的刻度盘一周被等分为 100 格,因此手柄转过 1 格时,横滑板的移动量为 0.05 mm。

2. 低速开车练习

开车前,打开电源锁 5,开启电源总开关 6,检查各手柄是否处于正确位置,确认其正确无误后再操纵主轴起动手柄 8 进行主轴起动,操纵自动进给手柄 17 进行纵、横向机动进给练习。

(1) 主轴起动与停止　电动机起动—操纵主轴转动—停止主轴转动—关闭电动机。

(2) 机动进给　电动机起动—操纵主轴转动—纵、横手动进给—纵向机动进给—手动退回—横向机动进给—手动退回—停止主轴转动—关闭电动机。

【操作要点】

(1) 开车后严禁变换主轴转速,否则会发生机床事故。开车前要检查各手柄是否处于正确位置,如没有到位,则主轴或机动进给就不会接通。

(2) 纵向和横向手动进退方向不能摇错,如把退刀摇成进刀,会使工件报废。

(3) 横向进给手动手柄每转过一格时,刀具横向吃刀量为 0.05 mm,其圆柱体直径方向切削量为 0.10 mm。

复习思考题

1. 说明 CA6140 型卧式车床型号的意义。

2. 卧式车床由哪些部分组成？各部分有何作用？

3. 操纵车床时，为什么纵、横手动进退方向不能摇错？

4. 试变换主轴转速：130 r/min、200 r/min、260 r/min；变换进给量：纵向 0.1 mm/r、0.15 mm/r、0.2 mm/r，横向 0.12 mm/r、0.18 mm/r、0.24 mm/r。

5. 卧式车床横向进给丝杠螺距为 5 mm，横向进给手动手柄刻度有 100 格，如果横向进给手动手柄转过 24 格时，刀具横向移动多少毫米？车外圆时，背吃刀量 a_p 为 1.5 mm，对刀试切时横向进给手动手柄应吃刀多少格？外径是 36 mm 的外圆，要车到 35 mm 的外径，对刀试切时横向进给手动手柄应吃刀多少格？

课题三　车刀

【基础知识】

（一）车刀的种类和用途

车刀的种类很多，分类方法也不同，一般按车刀的用途、形状或刀具的材料等进行分类。

车刀按用途可分为外圆车刀、内圆车刀、切断或切槽刀、螺纹车刀及成形车刀等。内圆车刀按其能否加工通孔又可分为通孔车刀或盲孔车刀。车刀按其形状可分为直头或弯头刀、尖刀或圆弧车刀、左或右偏刀等。车刀按其材料可分为高速钢车刀或硬质合金车刀等。按被加工表面精度的高低，车刀可分为粗车刀和精车刀。按结构可分为焊接式和机械夹固式两类，其中机械夹固式车刀又按其能否刃磨分为重磨式和不重磨式（转位式）。

图 7.6 所示为部分车刀的种类和用途。

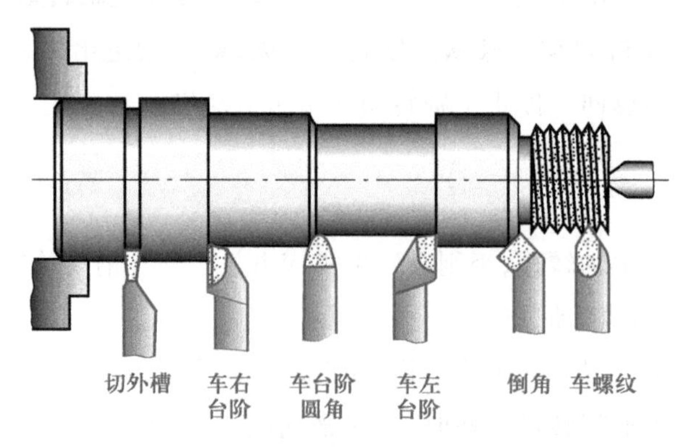

图 7.6　部分车刀的种类和用途

（二）车刀的组成

车刀由刀头和刀杆两部分组成，如图 7.7 所示。刀头是车刀的切削部分，刀杆是车刀的夹持部分。

车刀的切削部分由三面、两刃和一尖组成。

（1）前面　刀具上切屑流过的表面，也是车刀刀头的上表面。

（2）主后面　刀具上同前面相交形成主切削刃的后面。

（3）副后面　刀具上同前面相交形成副切削刃的后面。

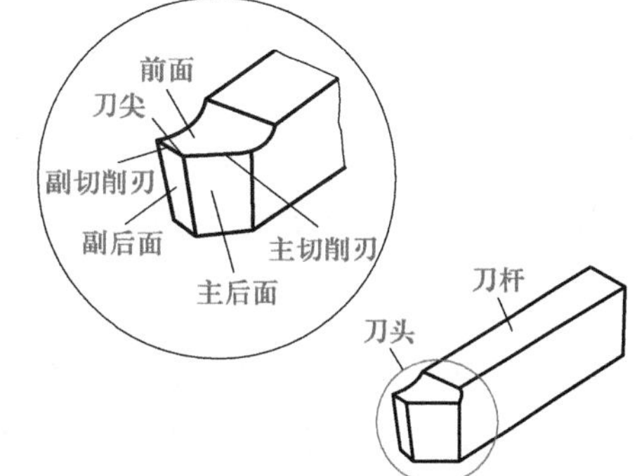

图 7.7　车刀的组成

（4）主切削刃　起始于切削刃上主偏角为零的点且至少有一段切削刃拟用来在工件上切出过渡表面的那个整段切削刃。

（5）副切削刃　切削刃上除主切削刃部分以外的刃，其亦起始于主偏角为零的点，但该刃是向着背离主切削刃的方向延伸的。

（6）刀尖　刀尖指主切削刃与副切削刃的连接处相当少的一部分切削刃，实际上刀尖是一段很小的圆弧过渡刃。

（三）车刀的几何角度及其作用

为了确定车刀切削刃和其前、后面在空间的位置，即确定车刀的几何角度，有必要建立三个互相垂直的坐标平面（辅助平面）：基面、主切削平面和正交平面，如图 7.8 所示。车刀在静止状态下，基面是过工件轴线的水平面，主切削平面是过主切削刃的铅垂面，正交平面是垂直于基面和主切削平面的铅垂剖面。

车刀切削部分在辅助平面中的位置，形成了车刀的几何角度。车刀的主要角度有前角 γ_o、后角 α_o、主偏角 κ_r、副偏角 κ'_r，如图 7.9 所示。

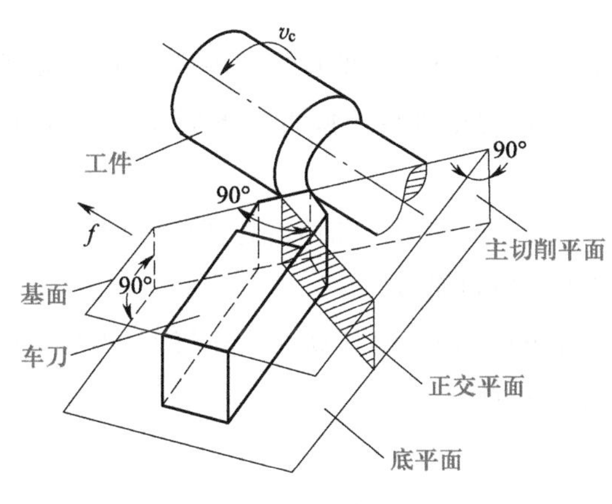

图 7.8　车刀的辅助平面

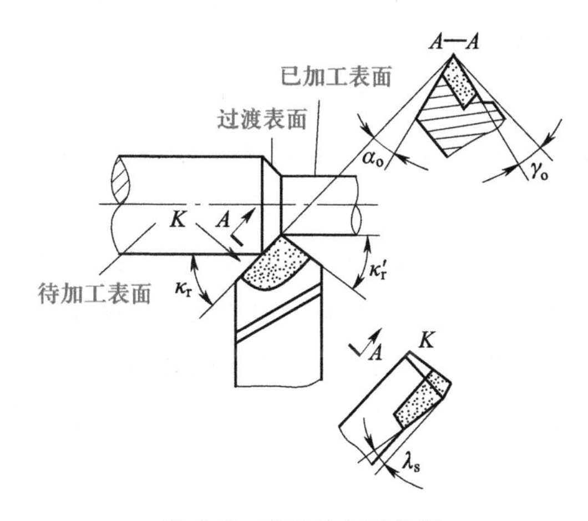

图 7.9　车刀的主要角度

1. 前角 γ_o

前角是指前面与基面间的夹角，其角度在正交平面中测量。增大前角会使前面倾斜程度增加，切屑易流经刀具前面，且变形小而省力；但前角也不能太大，否则会削弱刀刃强度，容易崩坏。一般前角 $\gamma_o=-5°\sim20°$。前角的大小还取决于工件材料、刀具材料及粗、精加工等情况，如工件材料和刀具材料硬，为了保证刀刃强度，前角 γ_o 应取小值；而在精加工时，为了切削省力并提高加工质量，前角 γ_o 应取大值。

2. 后角 α_o

后角是指后面与切削平面间的夹角，其角度在正交平面中测量，其作用是减小车削时主后面与工件间的摩擦，降低切削时的振动，提高工件表面加工质量。一般后角 $\alpha_o=3°\sim12°$，粗加工或切削较硬材料时后角 α_o 取小值，精加工或切削较软材料时取大值。

3. 主偏角 κ_r

主偏角是指主切削平面与假定工作平面（平行于进给运动方向的铅垂面）间的夹角，其角度在基面中测量。减小主偏角，可使刀尖强度增加，散热条件改善，提高刀具使用寿命，但同时也会使刀具对工件的背向力增大，使工件变形而影响加工质量，如不易车削细长轴类工件等，通常主偏角 κ_r 取 45°、60°、75°和 90°等几种。

4. 副偏角 κ_r'

副偏角是指副切削平面（过副切削刃的铅垂面）与假定工作平面（平行于进给运动方向的铅垂面）间的夹角，其角度在基面中测量，其作用是减少副切削刃与已加工表面间的摩擦，以提高工件表面加工质量，一般副偏角 $\kappa_r'=5°\sim15°$。

（四）车刀的材料

1. 对刀具材料的基本要求

（1）硬度高　刀具切削部分的材料应具有较高的硬度，其最低硬度要高于工件的硬度，一般要在 60 HRC 以上，硬度越高，耐磨性越好。

（2）红硬性好　红硬性好是要求刀具材料在高温下保持其原有的良好的硬度性能，红硬性常用红硬温度来表示。红硬温度是指刀具材料在切削过程中硬度不降低时的温度，其温度越高，刀具材料在高温下耐磨的性能就越好。

（3）具有足够的强度和韧性　为承受切削过程中产生的切削力和冲击力，防止产生振动和冲击，刀具材料应具有足够的强度和韧性，才不会发生脆裂和崩刃。

一般的刀具材料，如果硬度高和红硬性好，在高温下必耐磨，但其韧性往往较差，不易承受冲击和振动。反之，韧性好的材料往往硬度和红硬温度较低。

2. 常用车刀的材料

常用车刀的材料有高速钢和硬质合金。

（1）高速钢　高速钢是指含有钨（W）、铬（Cr）、钒（V）等合金元素较多的高合金工具钢，其经热处理后硬度可达 62 HRC～65 HRC。高速钢的红硬温度可达 500～600 ℃，在此温度下刀具材料硬度不会降低，仍能保持正常切削，且其强度和韧性都很好，刃磨后切削刃锋利，能承受冲击和振动。但由于红硬温度不太高，故允许的切削速度一般为 25～30 m/min，所以高速钢材料常用于制造精车车刀或用于制造整体式成形车刀以及钻头、铣刀、齿轮刀具等，其常用牌号有 W18Cr4V 和 W6Mo5Cr4V2 等。

（2）硬质合金　硬质合金是用碳化钨（WC）、碳化钛（TiC）和钴（Co）等材料利用粉末冶金的方法制成的合金，它具有很高的硬度，其值可达 89 HRA～90 HRA（相当于 74 HRC～82 HRC）。硬质合金车刀的红硬温度高达 850～1 000 ℃，但是它的韧性很差，性脆，不易承受冲击、振动且易崩刃。由于红硬温度高，故硬质合金车刀允许的切削速度高达 200～300 m/min。因此，使用这种车刀，可以加大切削用量，进行高速强力切削，可显著提高生产率。虽然硬质合金车刀的韧性较差，不耐冲击，但可以制成各种形式的刀片，将其焊接在 45 钢的刀杆上或采用机械夹固的方式夹持在刀杆上，以提高使用寿命。综上所述，车刀的材料主要采用硬质合金，其他的刀具（如钻头、铣刀等）材料也广泛采用硬质合金。

常用的硬质合金代号有 P01（YT30）、P10（YT15）、P30（YT5）、K01（YG3X）、K20（YG6）、K30（YG8），其使用和工作条件参见国家标准《切削加工用硬切削材料的分类和用途　大组和用途小组的分类代号》（GB/T 2075—2007）。

【实习操作】

1. 刃磨车刀

车刀用钝后，需重新刃磨才能得到合理的几何角度和形状。通常车刀在砂轮机上用手工进行刃磨，步骤如图 7.10 所示。

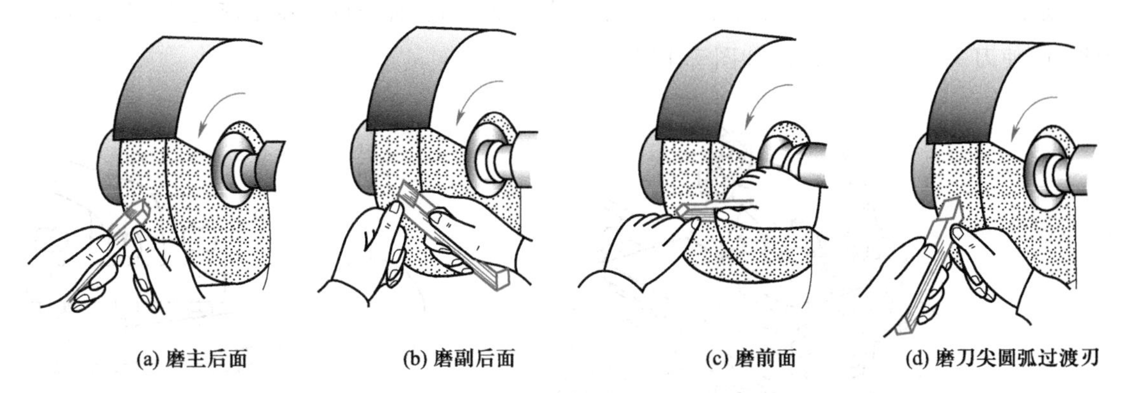

图 7.10　车刀的刃磨步骤

（1）磨主后面　按主偏角大小将刀杆向左偏斜，再将刀头向上翘，使主后面自下而上慢慢地接触砂轮（图 7.10a）。

（2）磨副后面　按副偏角大小将刀杆向右偏斜，再将刀头向上翘，使副后面自下而上慢慢地接触砂轮（图 7.10b）。

(3) 磨前面　先将刀杆尾部下倾，再按前角大小倾斜前面，使主切削刃与刀杆底部平行或倾斜一定角度，再使前面自下而上慢慢地接触砂轮(图 7.10c)。

(4) 磨刀尖圆弧过渡刃　刀尖上翘，使圆弧过渡刃有后角，为防止圆弧过渡刃过大，需轻靠或轻摆刃磨(图 7.10d)。

经过刃磨的车刀，用油石加少量机油对切削刃进行研磨，可以提高刀具耐用度和工件表面的加工质量。

按照图 7.11 所示的车刀几何形状和角度，每人刃磨一把车刀。

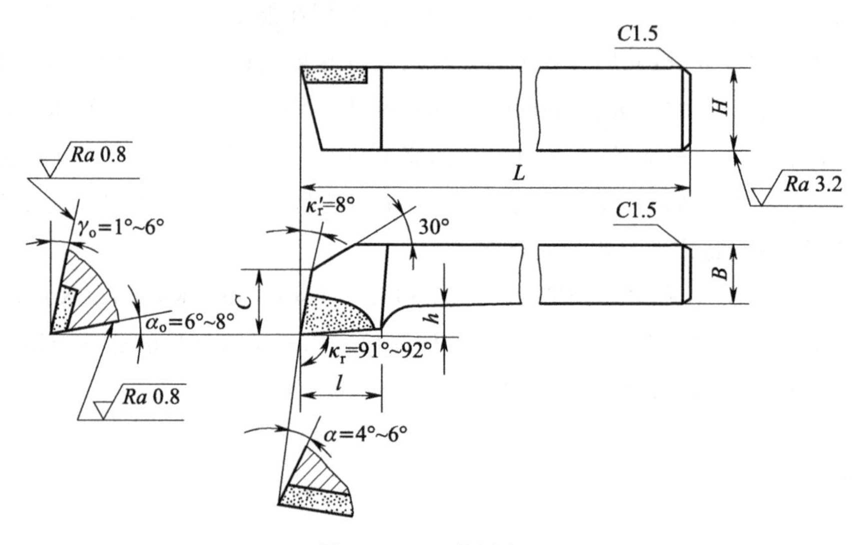

图 7.11　90°外圆车刀

2. 安装车刀

锁紧方刀架后，选择不同厚度的刀垫垫在刀杆下面，刀头伸出的长度不能过长，拧紧刀杆紧固螺栓，使刀尖对准工件轴线，如图 7.12 所示。

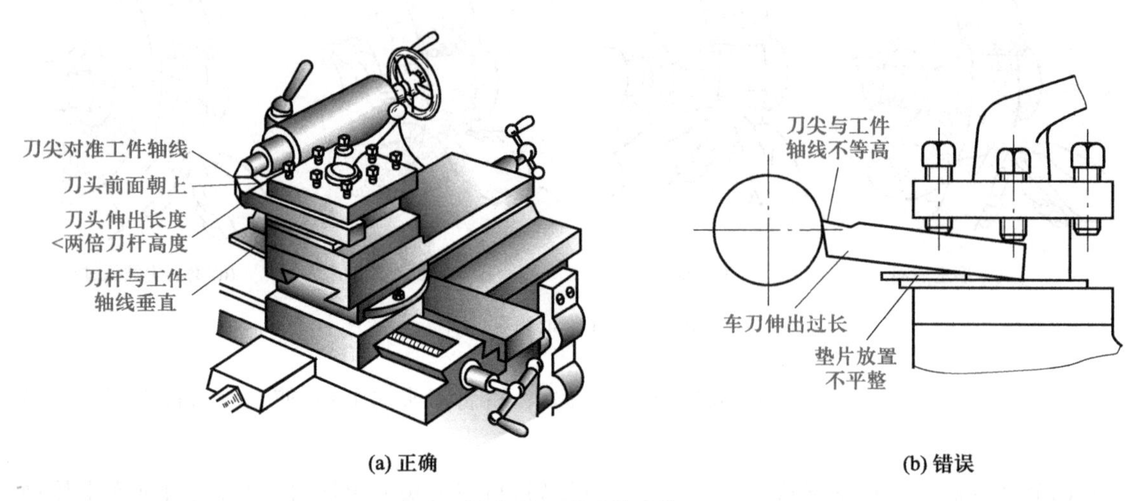

图 7.12　车刀的安装

【操作要点】

1. 砂轮的选择

常用的砂轮有氧化铝和碳化硅两类。氧化铝砂轮呈白色,适用于高速钢和碳素工具钢刀具的刃磨;碳化硅砂轮呈绿色,适用于硬质合金刀具的刃磨。砂轮的粗细以粒度号表示,一般有36、60、80和120等级别,粒度号越大则表示组成砂轮的磨粒越细,反之则越粗。粗磨车刀应选用粗砂轮,精磨车刀应选用细砂轮。

2. 刃磨车刀时的注意事项

刃磨时,两手握稳车刀,轻轻地接触砂轮,不能用力过猛,以免挤碎砂轮造成事故。利用砂轮的圆周磨削车刀时,应经常左右移动,以防止砂轮出现沟槽。不要用砂轮侧面磨削,以免受力后使砂轮破碎。磨硬质合金车刀时,不能沾水,以防刀片收缩变形产生裂纹;而磨高速钢车刀时,则必须沾水冷却,使磨削温度下降,防止刀具变软。同时在安全方面,人要站在砂轮的侧面,防止砂轮崩裂伤人,磨好刀具后要随手关闭电源。

3. 安装车刀时的注意事项

安装后的车刀刀尖必须与工件轴线等高,刀杆与工件轴线垂直,这样才能发挥刀具的切削性能。合理调整刀垫的片数,不能垫得过多,刀头伸出的长度应小于刀杆高度的两倍,以免产生振动而影响加工质量。夹紧车刀的紧固螺栓至少拧紧两个,拧紧后扳手要及时取下,以防发生安全事故。

复习思考题

1. 车刀按其用途和刀具材料如何进行分类?
2. 绘图标注出外圆车刀和端面车刀的主要几何角度。
3. 前角 γ_o、后角 α_o 分别表示哪些刀面在空间的位置?试简述它们的作用。
4. 刃磨和安装车刀时的注意事项是什么?

课题四　车外圆、端面和台阶

【基础知识】

工件外圆与端面的加工是车削中最基本的加工方法。

(一)工件在车床上的装夹方法

在车床上装夹工件的基本要求是定位准确、夹紧可靠。定位准确是指工件在机床或夹具中必须有一个正确位置,即车削的回转体表面中心应与车床主轴中心重合;夹紧可靠是指工件夹紧后能承受切削力,不改变定位并保证安全,且夹紧力适度以防工件变形,保证加工工件质量。

在车床上常用三爪自定心卡盘、四爪单动卡盘、顶尖、中心架、跟刀架、心轴、花盘和弯板等附件来装夹工件,在成批、大量生产中还可以用专用夹具来装夹工件。

1. 用三爪自定心卡盘装夹工件

三爪自定心卡盘的结构如图 7.13a 所示。当用卡盘扳手转动小锥齿轮时,大锥齿轮随之转动,在大锥齿轮背面平面螺纹的作用下,使三个卡爪同时向中心移动或退出,以夹紧或松开工件。三爪自定心卡盘对中性好,自动定心准确度为 0.05~0.15 mm。装夹直径较小的外圆表面用正爪装夹,如图 7.13b 所示,装夹较大直径的外圆表面时可用反爪装夹,如图 7.13c 所示。

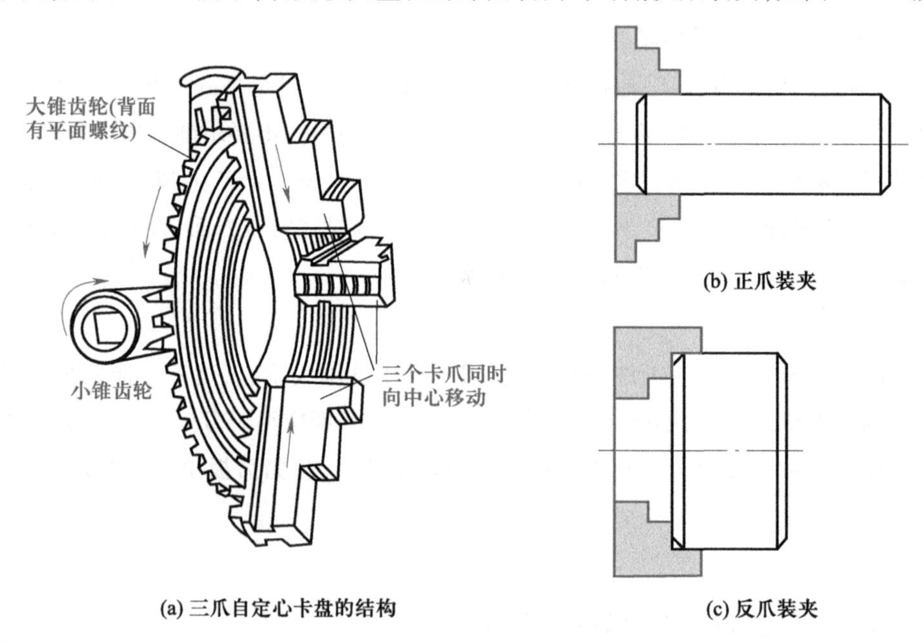

图 7.13 用三爪自定心卡盘装夹工件

2. 用四爪单动卡盘装夹工件

四爪单动卡盘的结构如图 7.14a 所示,它的 4 个卡爪通过 4 个螺杆各自独立移动,除装夹圆柱体工件外,还可以装夹方形、长方形及形状不规则的工件。装夹时,必须用划线盘或百分表进行找正,以使车削的回转体表面中心对准车床主轴中心。用百分表找正的方法如图 7.14b 所示,其精度可达 0.01 mm。

3. 用双顶尖装夹工件

在车床上常用双顶尖装夹轴类工件,如图 7.15 所示。前顶尖为普通顶尖(固定顶尖)(图 7.16a),装在主轴锥孔内同主轴一起转动;后顶尖为活顶尖(图 7.16b),装在尾座套筒内,其外壳不转动,顶尖心与工件一起转动。工件的两个中心孔被顶在前、后顶尖之间,通过拨盘和卡头(图 7.17)随主轴一起转动。

用双顶尖装夹轴类工件的步骤:

(1) 车平两端面、钻中心孔　先用车刀车平端面,再用中心钻钻中心孔。中心钻安装在尾座套筒内的钻夹头中,使之随套筒纵向移动钻削。中心钻和中心孔的形状有 A 型和 B 型两种,

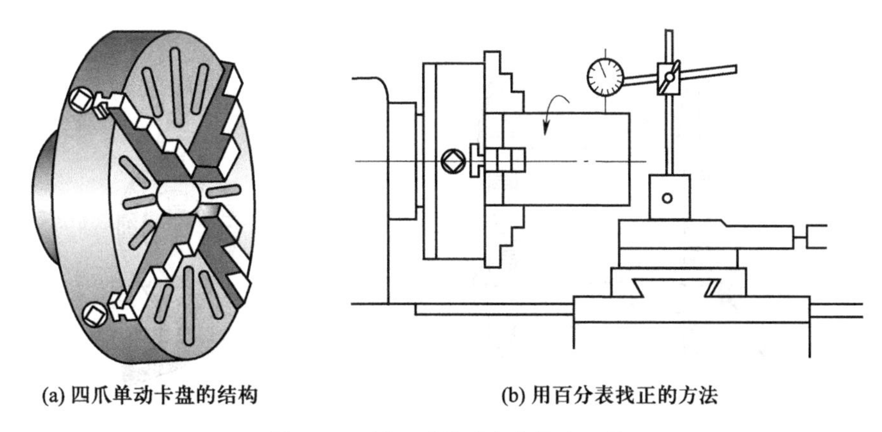

图 7.14　用四爪单动卡盘装夹工件

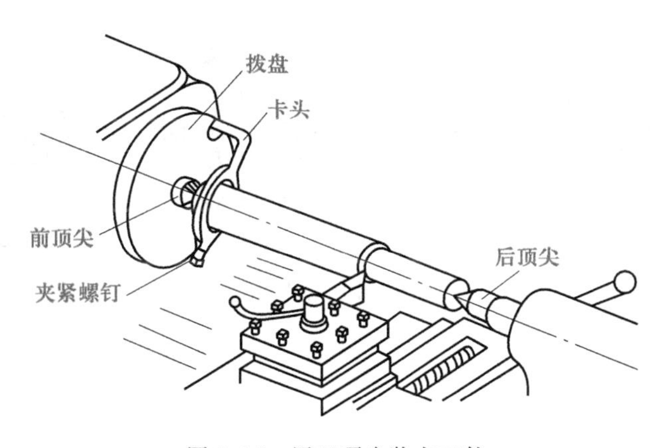

图 7.15　用双顶尖装夹工件

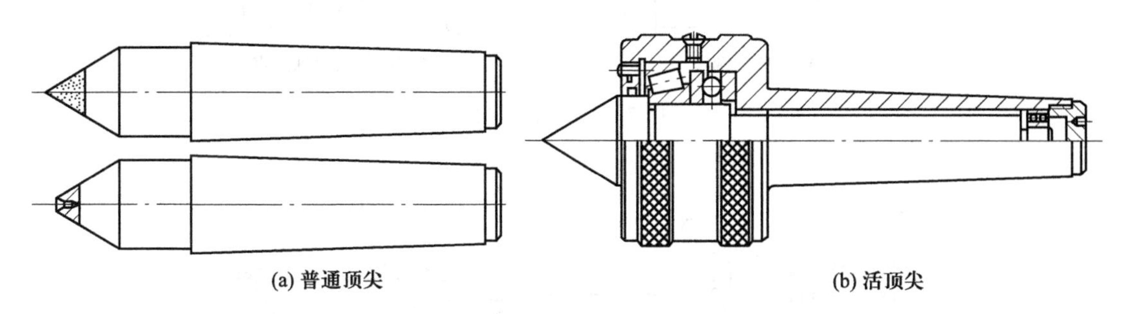

图 7.16　顶尖

如图 7.18 所示。A 型中心孔的 60°锥面与顶尖锥面配合支承;B 型中心孔的 120°锥面是保护锥面,以防 60°锥面被碰坏而影响定位精度。

（2）安装、校正顶尖　安装时,顶尖锥面、主轴内锥孔和尾座套筒锥孔必须擦净,然后把顶尖用力推入锥孔内。校正时,可调整尾座横向位置,使前、后顶尖对准,如图 7.19 所示。如果前、后顶尖未对准,轴将被车成锥体。

（3）安装拨盘和工件　首先擦净拨盘的内螺纹和主轴端的外螺纹,然后将拨盘拧在主轴上,再把轴的一端装上卡头并拧紧卡头螺钉,最后在双顶尖之间安装工件,如图 7.20 所示。

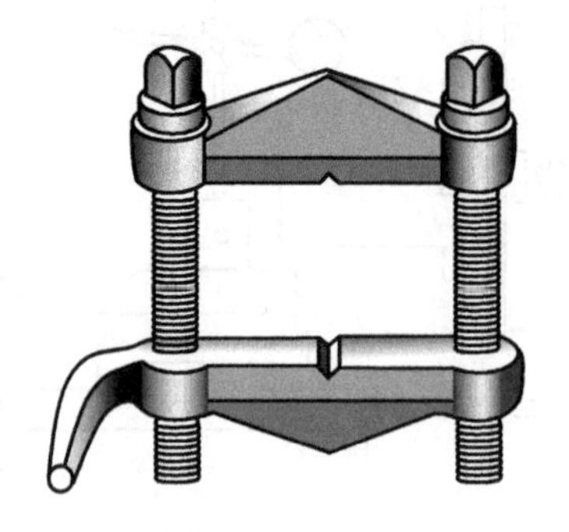

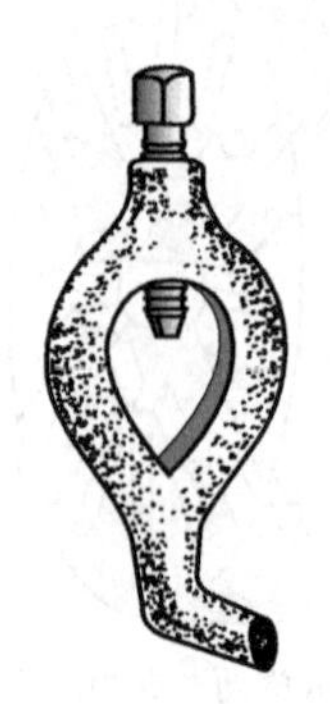

图 7.17 卡头

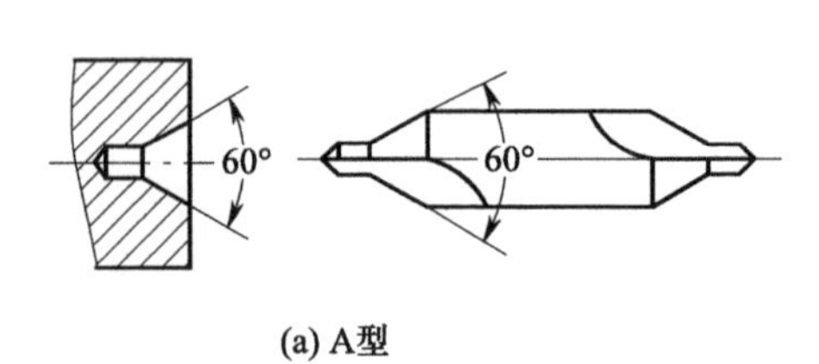

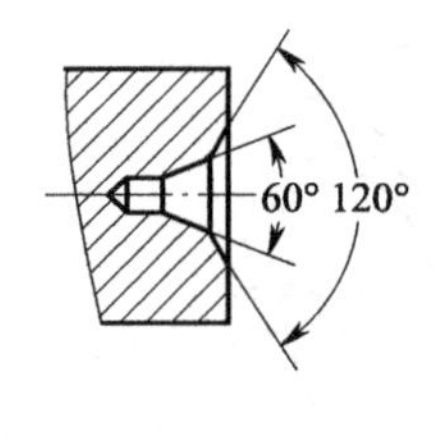

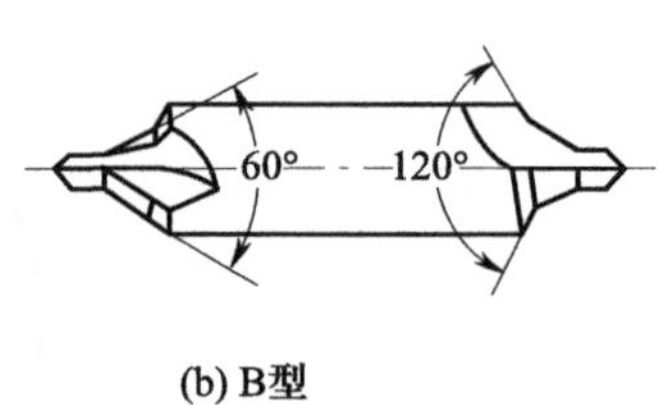

(a) A型

(b) B型

图 7.18 中心钻与中心孔

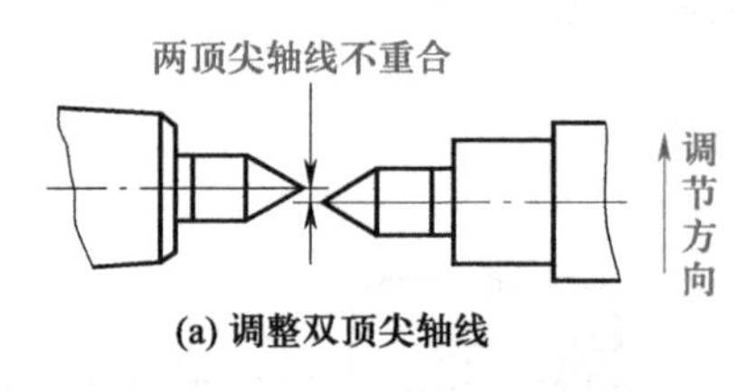

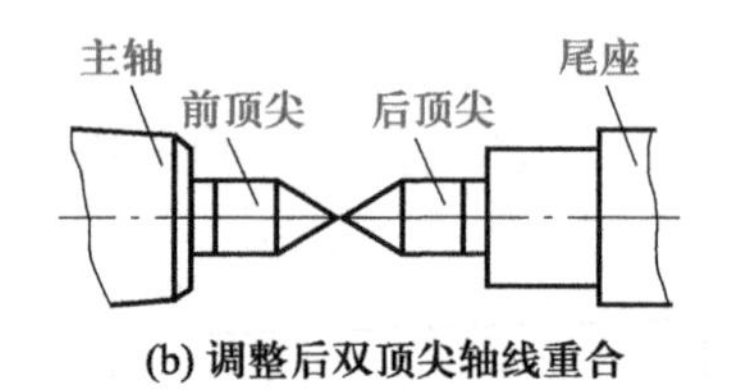

(a) 调整双顶尖轴线

(b) 调整后双顶尖轴线重合

图 7.19 校正顶尖

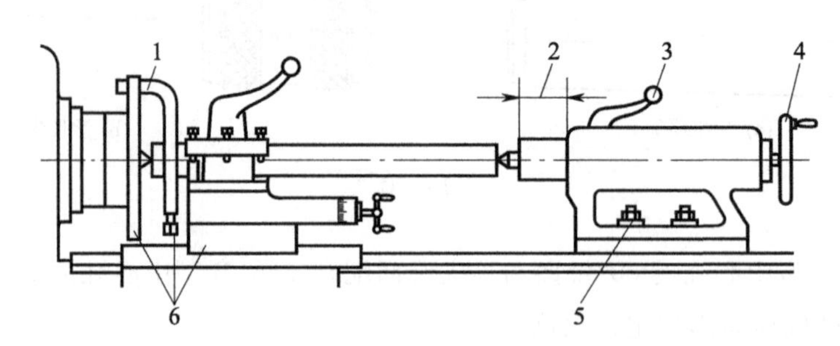

1—拧紧卡头螺钉;2—调整尾座套筒伸出长度;3—锁紧尾座套筒;4—调节工件顶尖松紧;

5—将尾座固定;6—刀架移至车削行程左端,用手转动拨盘,检查是否会碰撞

图 7.20 安装工件

（二）车外圆

将工件车削成圆柱形外表面的方法称为车外圆，几种车外圆的情况如图 7.21 所示。

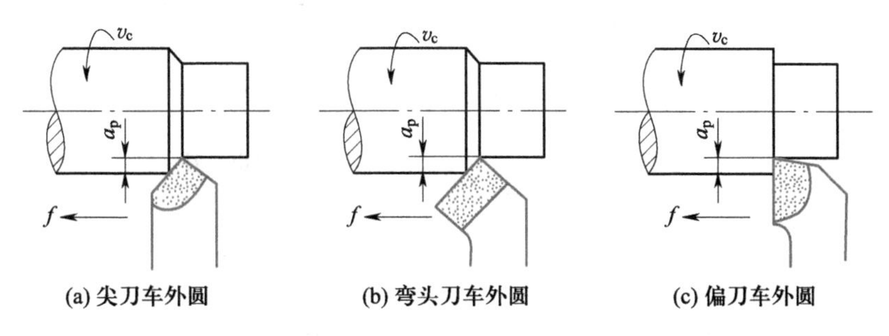

图 7.21　车外圆的几种情况

车削方法一般采用粗车和精车两个步骤。

1. 粗车

粗车的目的是尽快地从工件上切去大部分加工余量，使工件接近图样要求的形状和尺寸。粗车要给精车留有适当的加工余量，其精度和表面粗糙度要求并不高，因此粗车的目的之一是提高生产率。为了保证刀具耐用及减少刃磨次数，粗车时，要先选用较大的背吃刀量，其次根据可能，适当加大进给量，最后选取合适的切削速度。粗车刀一般选用尖刀、弯头刀或 75°偏刀。

2. 精车

精车的目的是切去粗车给精车留下的加工余量，以保证零件的尺寸精度和表面粗糙度。精车后工件尺寸公差等级可达 IT7 级，表面粗糙度 *Ra* 值可达 1.6 μm。对于尺寸公差等级和表面粗糙度要求更高的表面，精车后还需进行磨削加工。在选择精车切削用量时，首先应选取合适的切削速度（高速或低速），再选取进给量（较小），最后根据工件尺寸来确定背吃刀量。

精车时为了保证工件的尺寸精度和表面粗糙度值可采取下列几点措施：

（1）合理地选择精车刀的几何角度及形状　如加大前角可使切削刃锋利，减小副偏角和刀尖圆弧过渡刃能使已加工表面残留面积减小，前、后面及刀尖圆弧过渡刃用油石磨光等。

（2）合理地选择切削用量　在加工钢等塑性材料时，采用高速或低速切削可防止出现积屑瘤。另外，采用较小的进给量和背吃刀量可减少已加工表面的残留面积。

（3）合理地使用切削液　如低速精车钢件时可用乳化液润滑，低速精车铸铁件时可用煤油润滑等。

（4）采用试切法　试切法就是通过试切—测量—调整—再试切，至工件尺寸达到符合要求的加工方法。由于横向刀架丝杠及螺母的螺距与刻度盘的刻线均有一定的制造误差，仅按刻度盘确定吃刀量难以保证精车的尺寸精度，因此，需要通过试切来准确控制尺寸。此外，试切也可防止进错刻度而造成废品。车削外圆工件时的试切方法与步骤如图 7.22 所示。

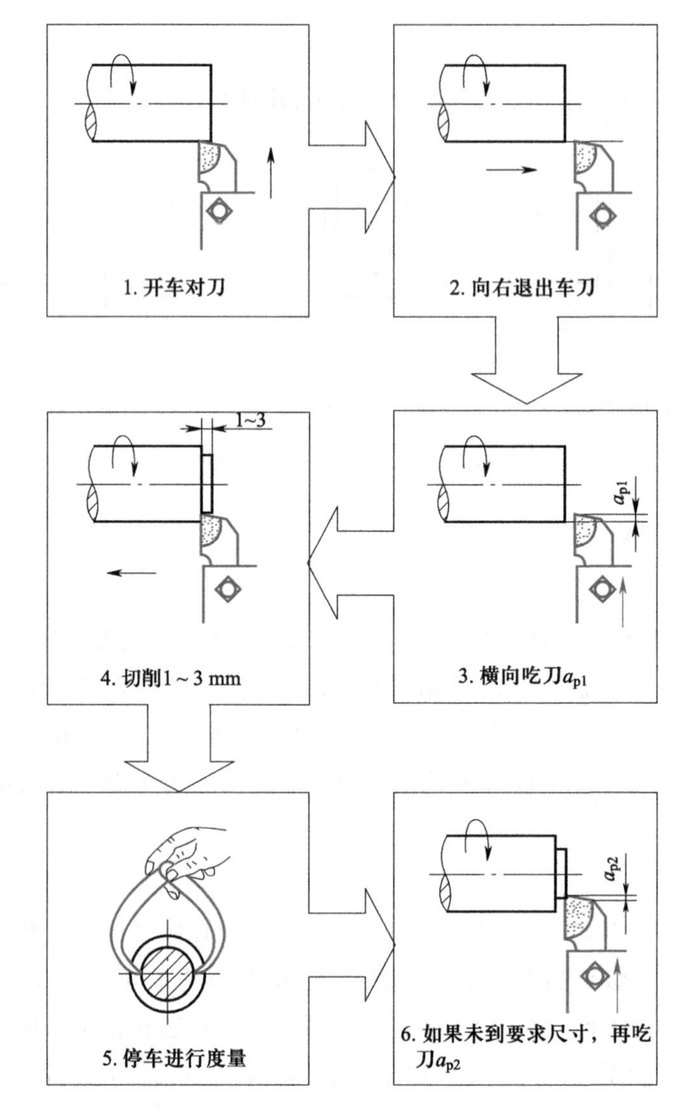

图 7.22　车削外圆工件时的试切方法与步骤

（三）车端面

对工件端面进行车削的方法称为车端面。车端面采用端面车刀，当工件旋转时，移动移置床鞍（或小滑板）控制背吃刀量，横滑板横向走刀便可进行车削。图 7.23 所示为车端面的几种情形。

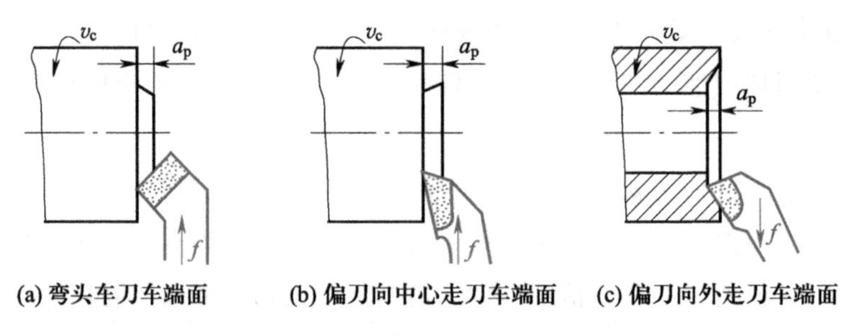

图 7.23　车端面的三种情况

车端面时应注意：刀尖要对准工件中心，以免车出的端面留下小凸台。由于车削时被切部分直径不断变化，引起切削速度的变化。所以，车大端面时要适当调整转速：车刀在靠近工件中心处的转速高些，靠近工件外圆处的转速低些。车削后的端面不平整是车刀磨损或背吃刀量过大导致移置床鞍移动造成的，因此要及时刃磨车刀并将移置床鞍紧固在车床身上。

（四）车台阶

车削台阶处外圆和端面的方法称为车台阶。车台阶常用主偏角 $\kappa_r \geq 90°$ 的偏刀车削，在车外圆的同时车出台阶端面。台阶高度小于 5 mm 时可用一次走刀切出，高度大于 5 mm 的台阶可用分层法多次走刀后再横向切出，如图 7.24 所示。

台阶长度的控制和测量方法如图 7.25 所示。

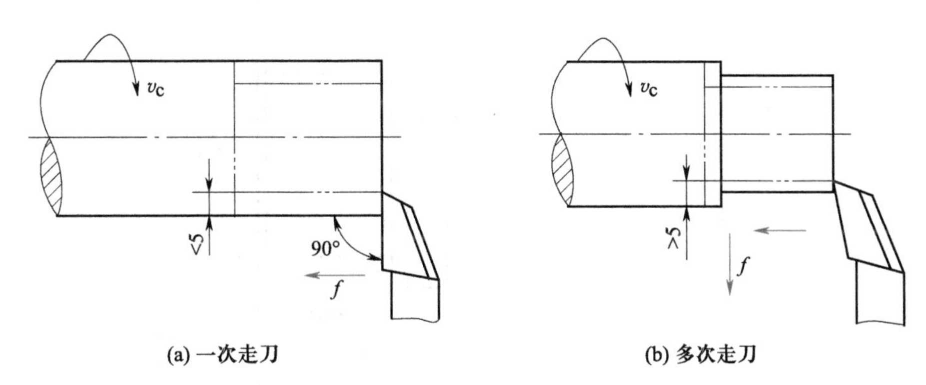

图 7.24　车台阶的两种情况

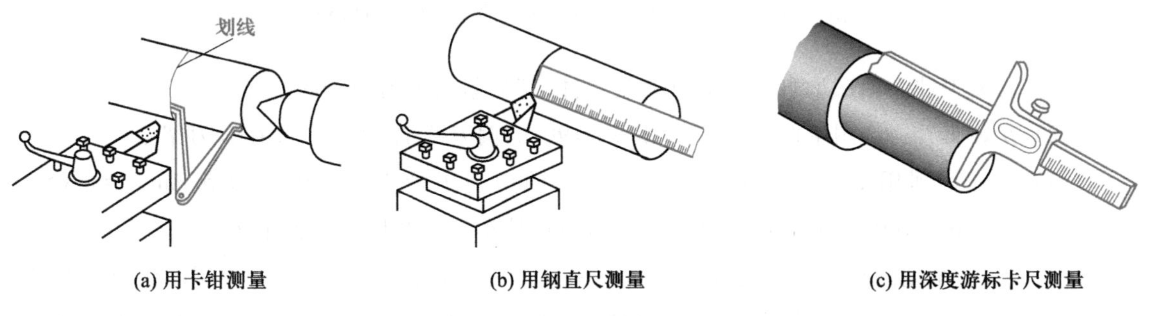

图 7.25　台阶长度的控制和测量方法

【实习操作】

1. 粗车端面和外圆

选取直径为 ϕ90 mm、长度为 125 mm 的灰铸铁棒料（HT150）为毛坯，粗车后的直径为 ϕ85 mm、长度为 120 mm。

（1）装夹工件　由于铸件毛坯表面粗糙不平整，在用三爪自定心卡盘装夹时，一定要使三个卡爪全部接触外圆表面后再夹紧，以防松动。

(2) 安装车刀　选用主偏角 $\kappa_r=45°$的外圆车刀,按要求安装在方刀架上。

(3) 选择切削用量并调整机床　$a_p=1\sim2.5$ mm、$f=0.15\sim0.4$ mm/r、$v_c=40\sim60$ m/min($n=150\sim225$ r/min),按此切削用量调整车床。

(4) 粗车端面和外圆　先车一端的端面和外圆,再调头装夹车另一端面和外圆。车第一刀的背吃刀量要大于硬皮的厚度,以防刀具磨损,另外外圆尺寸可用试切法控制。

2. 粗、精车端面和外圆

以粗车后的铸铁棒为坯料,按图 7.26 所示工件的尺寸和表面粗糙度要求,进行粗、精车外圆和端面。

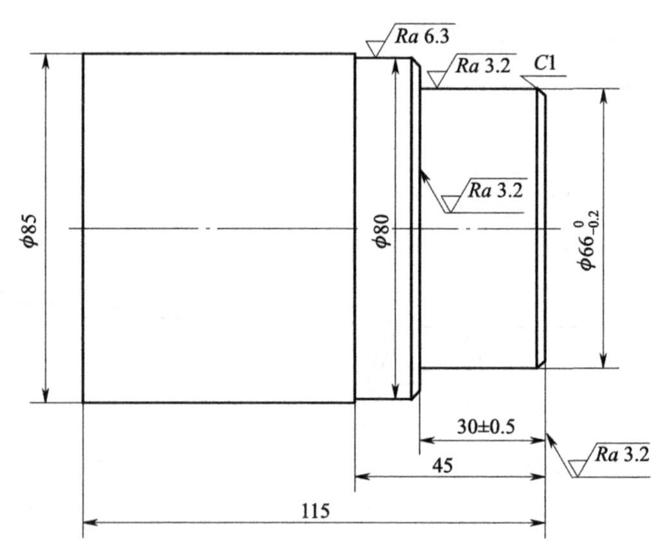

图 7.26　粗、精车外圆和端面的工件图(材料:HT150)

(1) 装夹工件　用三爪自定心卡盘夹紧工件,其夹紧长度为 50 mm 左右。

(2) 安装车刀　选用主偏角 $\kappa_r=45°$和 $\kappa_r\geqslant90°$的偏刀两把,按要求装在方刀架上。

(3) 选择切削用量并调整机床　精车铸铁的切削用量为 $a_p=0.3\sim0.5$ mm、$f=0.05\sim0.2$ mm/r、$v_c=60\sim100$ m/min($n=285\sim476$ r/min),精车时按此用量调整车床。

(4) 粗、精车端面和外圆　先用 45°外圆端面车刀车端面,见平即可。再用 90°外圆偏刀粗、精车外圆及台阶端面,先粗车 $\phi80$ mm×45 mm 尺寸后,粗车 $\phi67$ mm×29 mm 尺寸,最后用试切法精车 $\phi66_{-0.2}^{0}$ mm×(30±0.5) mm 尺寸,最后用 45°车刀倒角。

3. 车台阶和钻中心孔

以图 7.26 所示精车后的工件为坯料,按图 7.27 所示工件的几何公差要求车台阶和钻中心孔。

加工步骤:① 以 $\phi66_{-0.2}^{0}$ mm 和长度为(30±0.5) mm 台阶面为定位基准;② 车端面,保证长度为 80 mm;③ 钻 $\phi4$ mm 中心孔;④ 粗、精车 $\phi68_{-0.2}^{0}$ mm×(70±0.2) mm 台阶尺寸;⑤ 粗、精车 $\phi60_{-0.15}^{0}$ mm×(55±0.15) mm 台阶尺寸;⑥ 粗、精车 $\phi54_{-0.1}^{0}$ mm×(20±0.1) mm 台阶尺寸;⑦ 倒角。

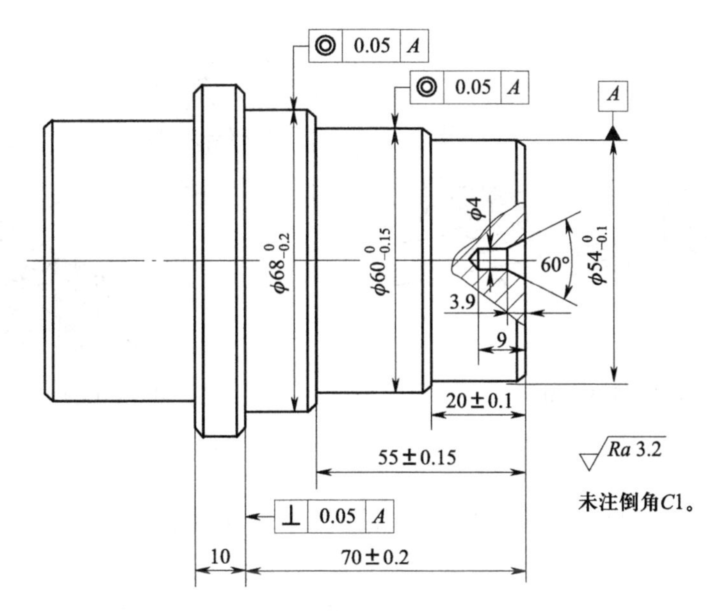

图 7.27　车台阶和钻中心孔的工件图(材料:HT150)

【操作要点】

1. 利用刻度盘控制尺寸精度

用试切法试切外圆时,必须利用横向进给手动手柄刻度盘上的刻度来控制背吃刀量。对刀后,需计算手柄顺时针转动的格数 n,可用下式计算:

$$n=\frac{d_1-d_2}{0.10} \quad (格)$$

式中　d_1——对刀时工件的直径,单位为 mm;

d_2——要车好的工件直径,单位为 mm;

0.10——吃刀一格所切去的圆周余量,单位为 mm。

试切测量的尺寸等于 d_2 时,即可正式进行车削;如果试切后测量的尺寸大于 d_2,则需重新计算吃刀格数试切;如试切后测量的尺寸小于 d_2,则需把手柄逆时针转过两圈后,重新对刀计算吃刀格数后试切。不能把手柄直接退回至 d_2 尺寸就车削,这是因为手柄丝杠与螺母之间有间隙,间隙如不消除,背吃刀量无变化,车削的直径会仍小于 d_2 而导致工件报废。

2. 外圆尺寸的测量

粗略测量时可用外卡钳和钢直尺,一般应使用游标卡尺,还可以用千分尺。对于大批量生产的工件,可用专用卡规测量外圆。

【教师演示】

细长轴类工件常采用中心架或跟刀架进行车削,如图 7.28 所示。

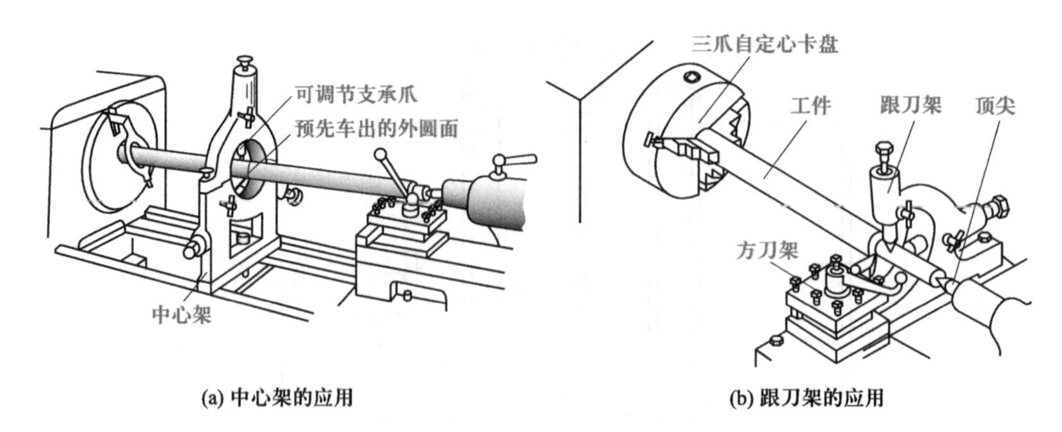

(a) 中心架的应用　　(b) 跟刀架的应用

图 7.28　中心架和跟刀架的应用示意图

表 7.1 是利用跟刀架车削细长轴的示例,供指导教师演示用。

表 7.1　细长轴车削示例

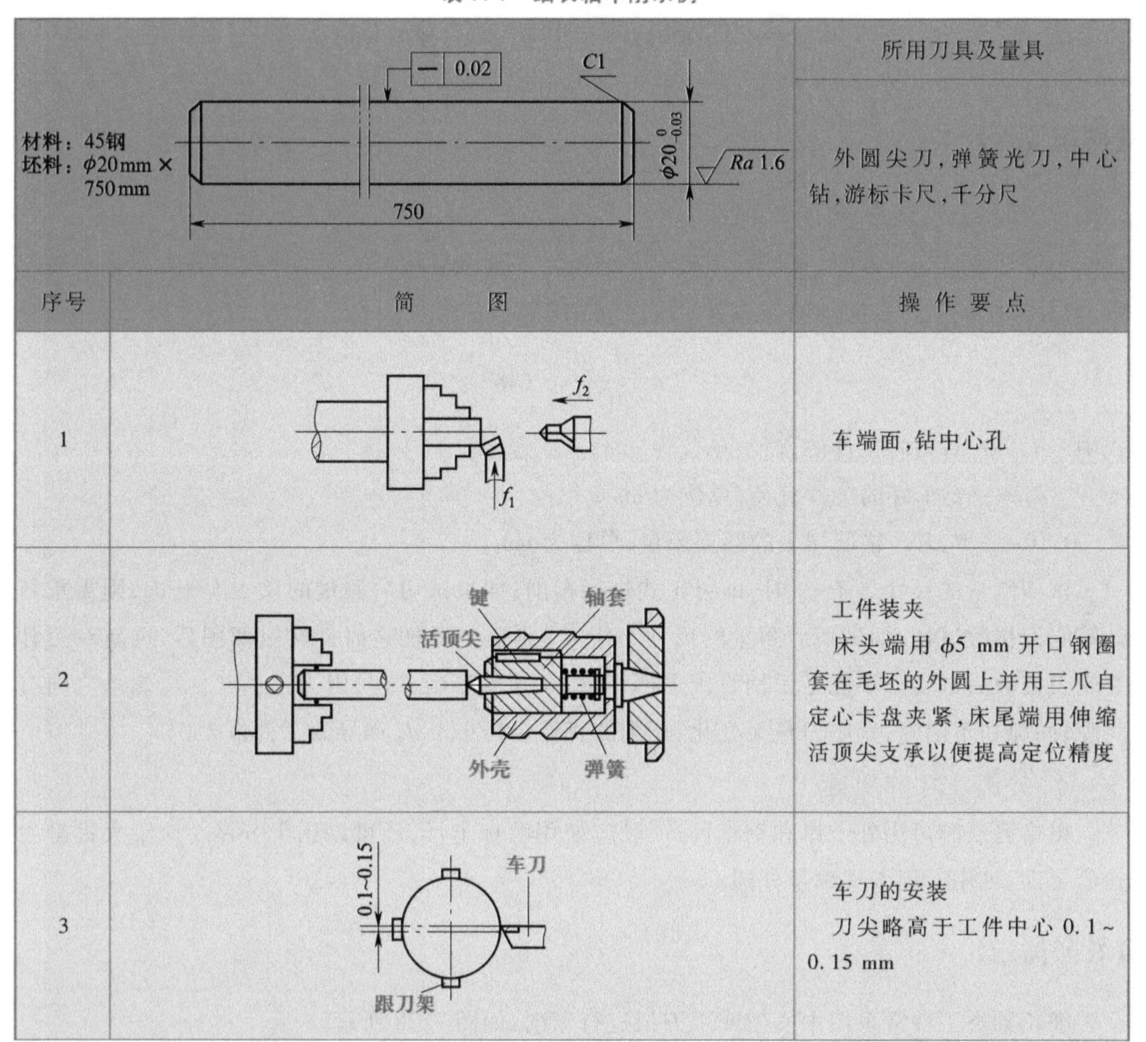

材料：45钢 坯料：ϕ20 mm × 750 mm — 0.02　C1　$\phi 20^{\ 0}_{-0.03}$　Ra 1.6　750		所用刀具及量具 外圆尖刀,弹簧光刀,中心钻,游标卡尺,千分尺
序号	简　图	操 作 要 点
1	f_2　f_1	车端面,钻中心孔
2	键　轴套　活顶尖　外壳　弹簧	工件装夹 床头端用 ϕ5 mm 开口钢圈套在毛坯的外圆上并用三爪自定心卡盘夹紧,床尾端用伸缩活顶尖支承以便提高定位精度
3	0.1~0.15　车刀　跟刀架	车刀的安装 刀尖略高于工件中心 0.1~0.15 mm

续表

序号	简　　　图	操 作 要 点
4	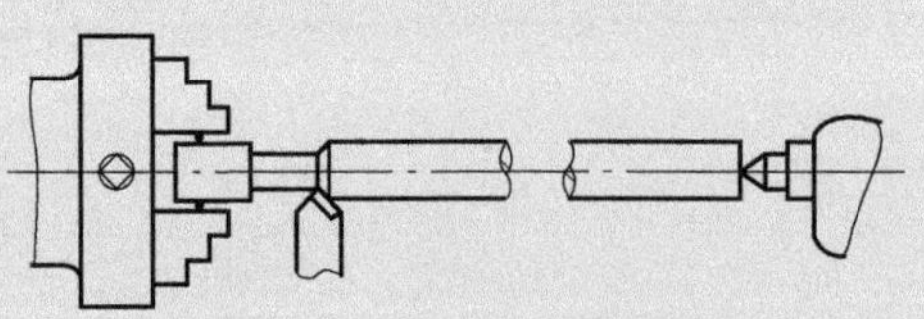	车削跟刀架的支承基准 在靠卡盘的一端车削，车削直径为 ϕ22 mm，长度大于支承爪的宽度 15~20 mm，在接刀处车成小于 45°的倒角以防止接刀时让刀产生“竹节”形
5	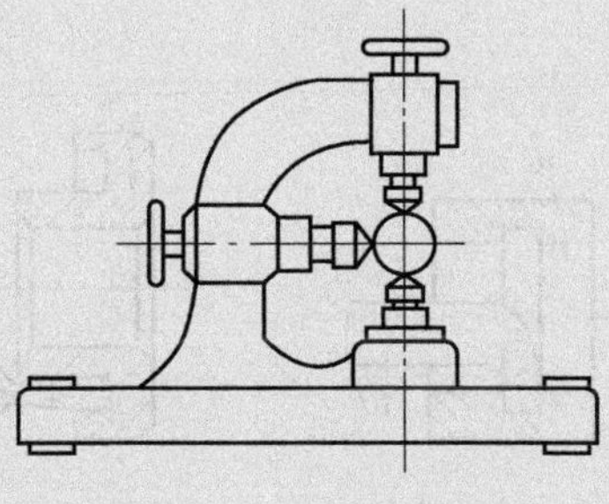	安装跟刀架 研磨跟刀架支承爪，待支承爪圆弧基本成形时再注入机油，调整支承爪与工件接触部位使之接触均匀
6	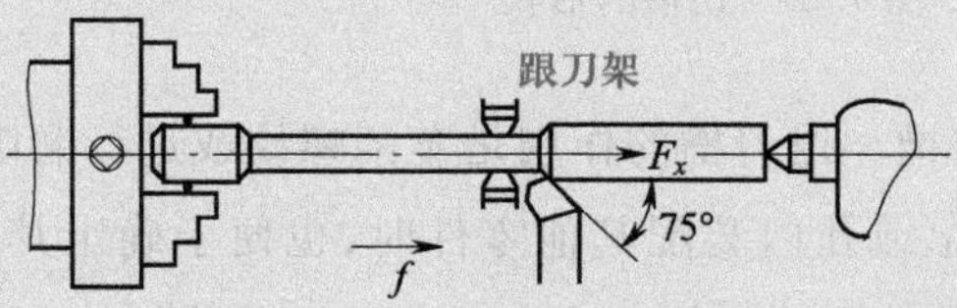 跟刀架 F_x 75° f	粗车 车刀向床尾走刀，使切削部分产生拉应力，减少切削时的径向跳动，消除振动；a_p = 1.5~3 mm，f = 0.3 ~ 0.35 mm/r，v_c = 40 m/min；充分使用切削液
7	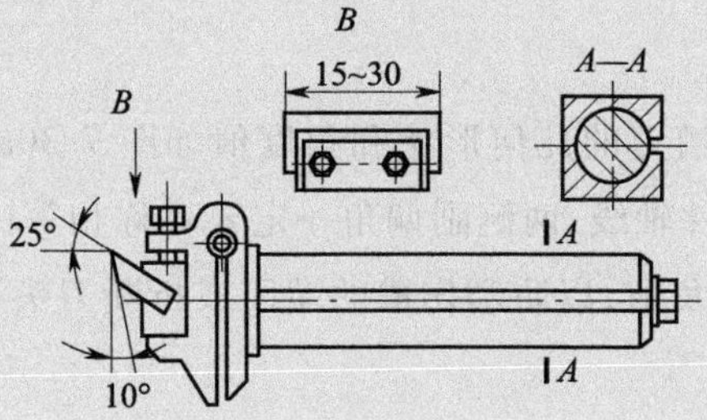 B 15~30 A—A B 25° A A 10°	精车 先检查跟刀架支承爪与工件的配合是否良好，如支承爪磨损过大，必须重新配研；采用左图宽刃光刀；a_p = 0.02 ~ 0.05 mm，f= 10~20 mm/r，v_c = 1~2 m/min；采用硫化切削液

复习思考题

1. 车外圆时有哪些装夹方法？为什么车削长轴类工件时常用双顶尖装夹？

2. 车外圆时为什么要分为粗车和精车？粗车和精车应如何选择切削用量？

3. 工件外径为 ϕ67 mm，要一刀车成 ϕ66.5 mm。对刀后横向进给手动手柄应转过多少格？如试切、测量后尺寸小于 ϕ66.5 mm，为什么必须将手柄退回两转后再重新对刀试切？

4. 测量外径尺寸有哪些方法？能否用外卡钳测量并保证其测量误差在 0.03~0.05 mm？如果能测量，请测量一下。

课题五　切槽和切断

【基础知识】

（一）切槽

在工件表面上车削沟槽的方法称为切槽。用车削加工的方法所加工出槽的形状有外槽、内槽和端面槽等，如图 7.29 所示。

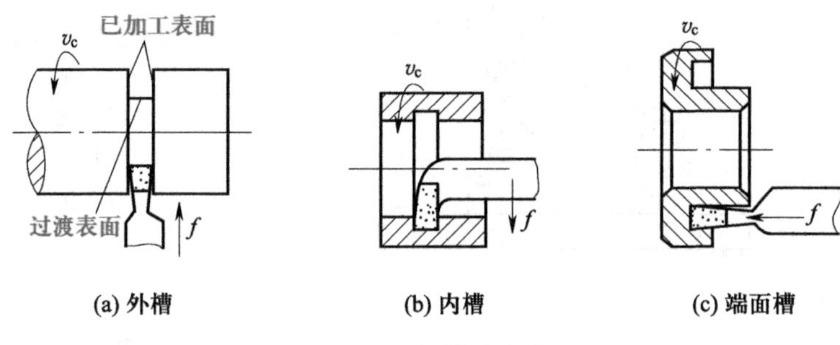

图 7.29　切槽的形状

轴上的外槽和孔的内槽均属退刀槽。退刀槽的作用是车削螺纹或进行磨削时便于退刀的，否则该工件将无法加工。同时，在轴上或孔内装配其他零件时，也便于确定其轴向位置。端面槽的主要作用是减小质量，其中有些槽还可以安装弹簧或垫圈等，其作用要根据零件的结构和使用要求而定。

1. 切槽刀和安装

轴上的槽要用切槽刀进行车削，切槽刀的几何形状和角度值如图 7.30a 所示。安装时，刀尖要对准工件轴线，主切削刃平行于工件轴线，两侧副偏角一定要对称相等（1°～2°），两侧刃副后角也需对称（0.5°～1°，切不可一侧为负值，以防刮伤槽的端面或折断刀头），切槽刀的安装如图 7.30b 所示。

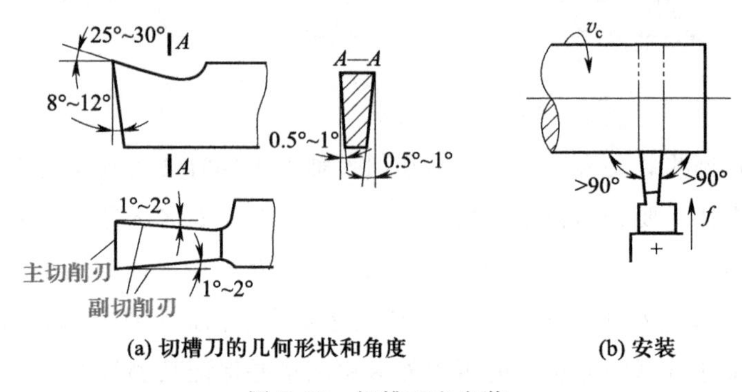

图 7.30　切槽刀和安装

2. 切槽的方法

切削宽度在 5 mm 以下的窄槽时，可采用主切削刃的宽度等于槽宽的切槽刀，在一次横向进给中切出。

切削宽度在 5 mm 以上的宽槽时，一般采用先分段横向粗车（图 7.31a），在最后一次横向切削后，再进行纵向精车的加工方法，如图 7.31b所示。

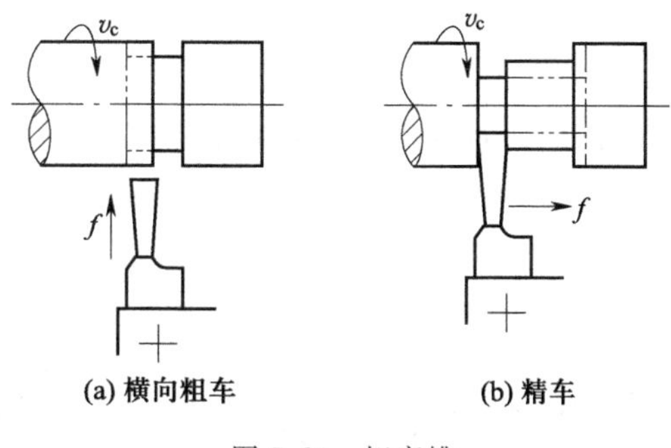

图 7.31　切宽槽

3. 切槽的尺寸测量

槽的宽度和深度测量采用卡钳和钢直尺配合测量，也可用游标卡尺和千分尺测量（图 7.32）。

（二）切断

把坯料或工件分成两段或若干段的车削方法称为切断，它主要用于圆棒料按尺寸要求下料或把加工完的工件从坯料上切下来，如图 7.33 所示。

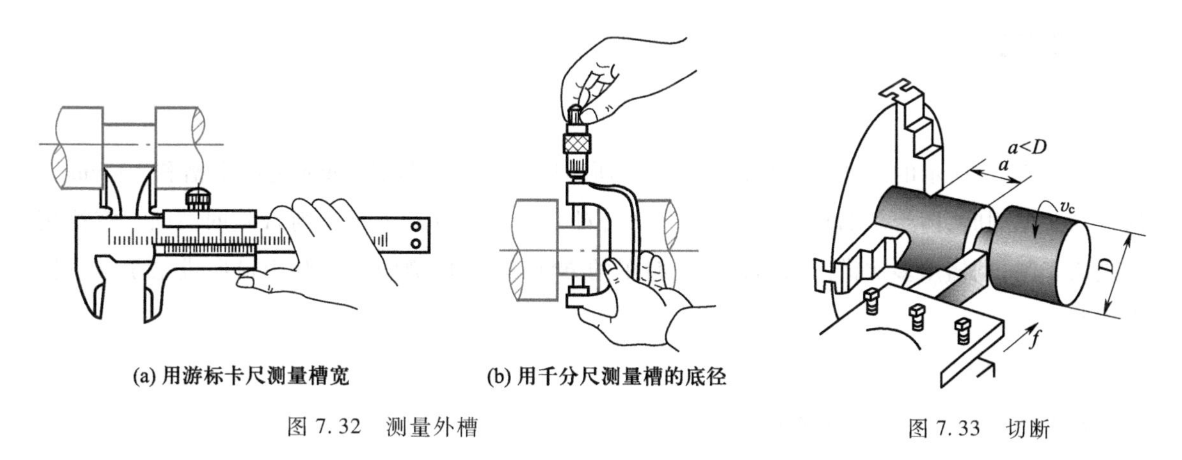

图 7.32　测量外槽

图 7.33　切断

1. 切断刀

切断刀与切槽刀形状相似，其不同点是刀头窄而长、容易折断，因此，用切断刀也可以切槽，但不能用切槽刀来切断。

切断时，刀头伸进工件内部，散热条件差，排屑困难，易引起振动，刀头容易折断，因此，必须合理地选择切断刀。

切断刀的种类很多，按材料可分为高速钢和硬质合金，按结构可分为整体式、焊接式、机械夹固式等。通常为了改善切削条件，常用整体式高速钢切断刀（图 7.34）进行切断。图 7.35 所示为弹性切断刀，在切断过程中，这种刀可以减少振动和冲击，提

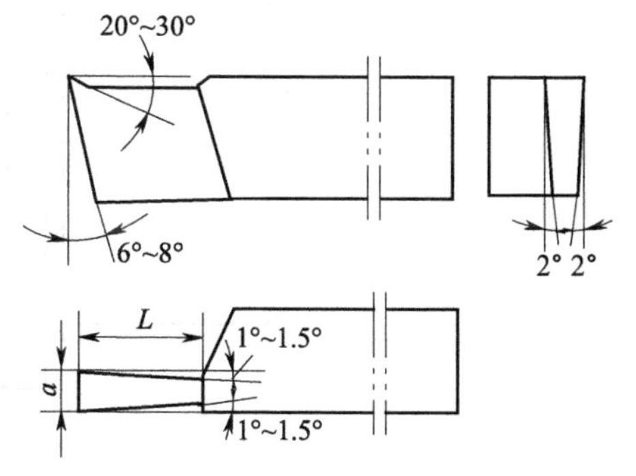

图 7.34　整体式高速钢切断刀

高切断的质量和生产效率。

2. 切断方法

常用的切断方法有直进法和左右借刀法两种,如图 7.36 所示。直进法常用于切削铸铁等脆性材料,左右借刀法常用来切削钢等塑性材料。

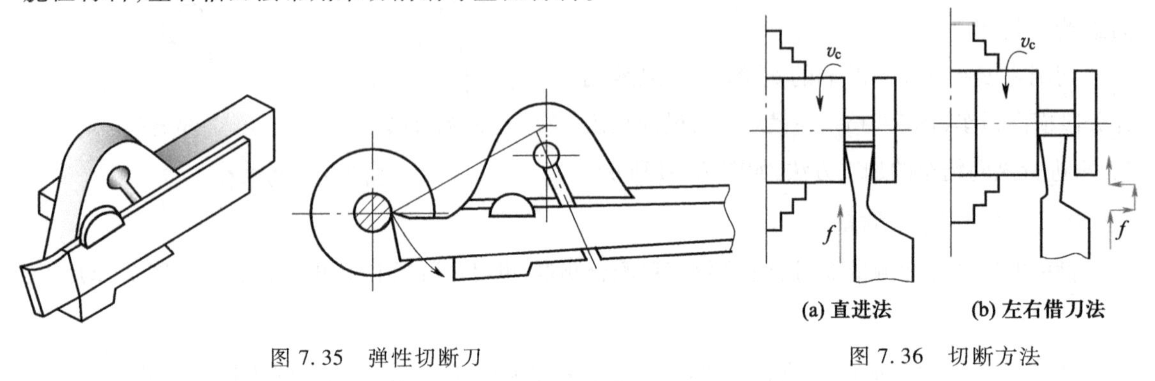

图 7.35 弹性切断刀

图 7.36 切断方法

【实习操作】

1. 切槽

以图 7.27 所示的工件为坯料,按图 7.37 所示图样的要求车削 4 mm 宽的窄槽和 10 mm 宽的宽槽。车削时,因台阶的轴向尺寸已经车好,对刀时应注意不可再车削台阶的端面。窄槽用直进法车削,宽槽用多次横向粗车再纵向精车的方法车削,而槽的深度利用横向进给手动手柄来控制。

2. 下料切断

根据现场生产的实际情况进行下料切断。

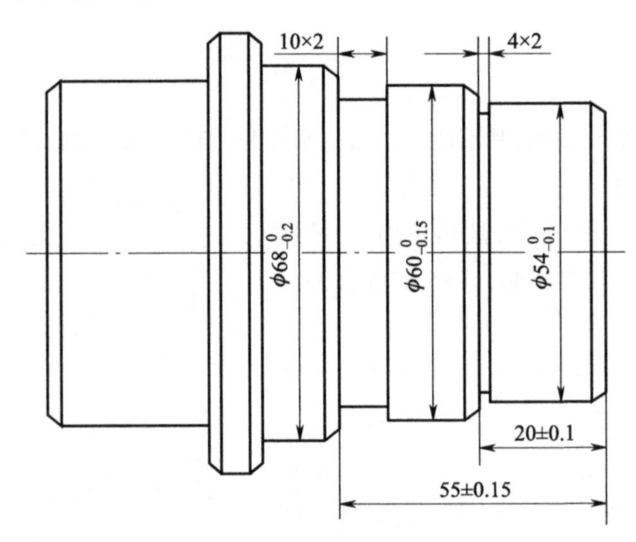

图 7.37 切槽的工件图(材料:HT150)

【操作要点】

切槽和切断操作简单,但要达到相应的技术要求很不容易,特别是切断,操作时稍不注意,刀头就会折断,其操作注意事项如下:

(1) 工件和车刀的装夹要牢固,方刀架要锁紧。切断时,切断刀距卡盘应近些(但不能碰上卡盘),以免切断时因刚性不足而产生振动。

(2) 切断刀必须有合理的几何角度和形状。一般切钢时前角 $\gamma_o=20°\sim25°$,切铸铁时 $\gamma_o=5°\sim10°$;副偏角 $\kappa'_r=1°30'$;后角 $\alpha_o=8°\sim12°$,副后角 $\alpha'_o=2°$;刀头宽度为 3~4 mm;刃磨时要特别注意两副偏角及两副后角各自对应相等。

(3) 安装切断刀时刀尖要对准工件中心。安装位置如低于中心时,车刀还没有切至中心就会被折断,如高于中心时,车刀在接近中心时会被凸台顶住不易切断工件,如图 7.38 所示。同时车刀伸出刀架不宜太长,车刀对称线要与工件轴线垂直,以保证两侧副偏角相等。另外,底面要垫平,以保证两侧都有一定的副后角。

(4) 合理选择切削用量。切削速度不宜过高或过低,一般 $v_c=40\sim60$ m/min(外圆处)。手动进给切断时,进给要均匀,机动进给切断时,进给量 $f=0.05\sim0.15$ mm/r。

(5) 切钢时需加切削液进行冷却润滑,切铸铁时不加切削液但必要时应使用煤油进行冷却润滑。

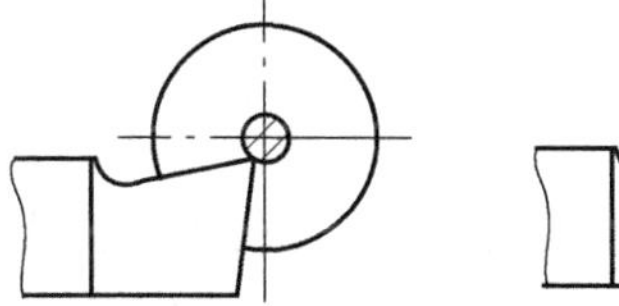

(a) 切断刀安装过低,刀头易被折断

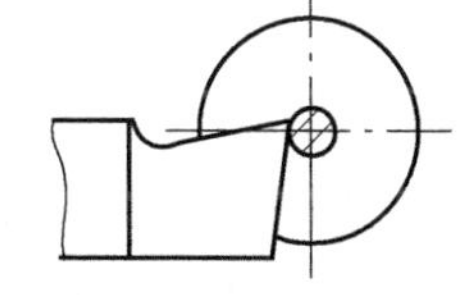

(b) 切断刀安装过高,刀具后面顶住工件,不易切削

图 7.38　切断刀刀尖应与工件中心等高

复习思考题

1. 一般阶梯轴上的几个退刀槽的宽度都相等,为什么?退刀槽的作用是什么?
2. 宽槽和窄槽的深度和宽度尺寸应怎样操作才能保证?
3. 切断时,切断刀易折断的原因是什么?操作过程中怎样防止切断刀折断?

课题六　钻孔和车内圆

【基础知识】

(一) 钻孔

用钻头在工件上加工孔的方法称为钻孔,钻孔通常在钻床或车床上进行。

1. 车床上钻孔与钻床上钻孔的不同点

(1) 切削运动不同　钻床上钻孔,工件不动,钻头旋转并移动,其钻头的旋转运动为主运动,钻头的移动为进给运动。车床上钻孔时,工件旋转,钻头不转动只移动,其工件旋转为主运动,钻头移动为进给运动。

(2) 加工工件的位置精度不同　钻床上钻孔需按划线位置进行,孔易钻偏,不易保证孔的位置精度。车床上钻孔,不需划线,易保证孔与外圆的同轴度及孔与端面的垂直度。

2. 车床上的钻孔方法

车床上钻孔方法如图 7.39 所示,其操作步骤如下:

图 7.39　车床上钻孔的方法

(1) 车端面,钻中心孔　中心孔便于钻头定心,可防止孔钻偏。

(2) 装夹钻头　锥柄钻头直接装在尾座套筒的锥孔内,直柄钻头要装在钻夹头内,然后把钻夹头装在尾座套筒的锥孔内,应注意擦净后再装入。

(3) 调整尾座位置　松开尾座与床身的紧固螺栓和螺母,移动尾座至钻头能进给到所需长度时,固定尾座。

(4) 开车钻削　尾座套筒手柄松开后(但不宜过松),起动车床,均匀地摇动尾座套筒手轮进行钻削。刚接触工件时进给要慢,切削中要经常退回进行排屑,钻透时进给也要慢,退出钻头后再停车。

(5) 钻盲孔时要控制孔深　可先在钻头上用粉笔画好孔深线再钻削控制孔深,还可用钢直尺、深度游标卡尺测量孔深的方法控制孔深。

钻孔的精度较低,尺寸公差等级在 IT10 级以下,表面粗糙度值 *Ra* 值为 6.3 μm。钻孔往往是车孔和镗孔、扩孔和铰孔的预备工序。

(二) 车内圆

对工件上的孔进行车削的方法称为车内圆,即车孔。

1. 车内圆的方法

车内圆的方法如图 7.40 所示,其中图 7.40a 所示为用通孔内圆车刀车通孔,图 7.40b 所示为用盲孔内圆车刀车盲孔。

车内圆与车外圆的方法基本相同,都是通过工件转动及车刀移动的方法从毛坯上切去一层多余金属。在切削过程中也要分粗车和精车,以保证孔的加工质量。

车内圆与车外圆的方法虽然基本相同,但在车内圆时需注意以下几点:

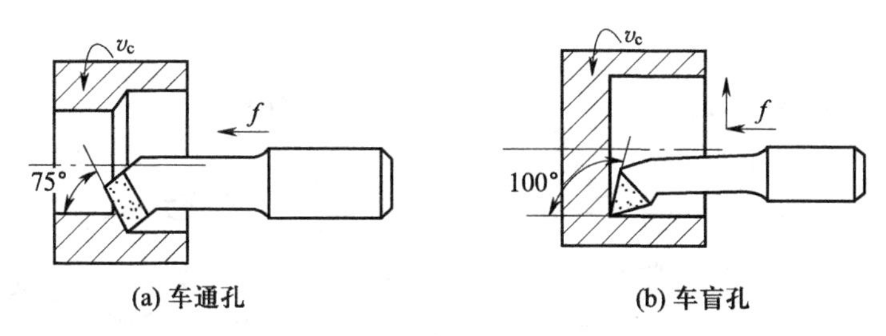

图 7.40　车内圆的方法

(1) 内圆车刀的几何角度　通孔内圆车刀的主偏角 $\kappa_r = 45° \sim 75°$，副偏角 $\kappa'_r = 20° \sim 45°$。盲孔内圆车刀主偏角 $\kappa_r \geqslant 90°$，其刀尖在刀杆的最前端，刀尖到刀杆背面的距离只能小于孔径的一半，否则将无法车平盲孔的底平面。

(2) 内圆车刀的安装　刀尖应对准工件的中心。由于吃刀方向与车外圆相反，故粗车时可略低点，使工作前角增大以便于切削；精车时刀尖略高一点，使其后角增大而避免扎刀。

车刀伸出方刀架的长度尽量缩小，以免产生振动，但总长度不得小于工件孔深加上 3～5 mm，如图 7.41 所示。刀具轴线应与主轴平行，刀头可略向操作者方向偏斜。开车前先用车刀在孔内手动试走一遍，确认没有任何障碍妨碍车刀工作后，再开车切削。

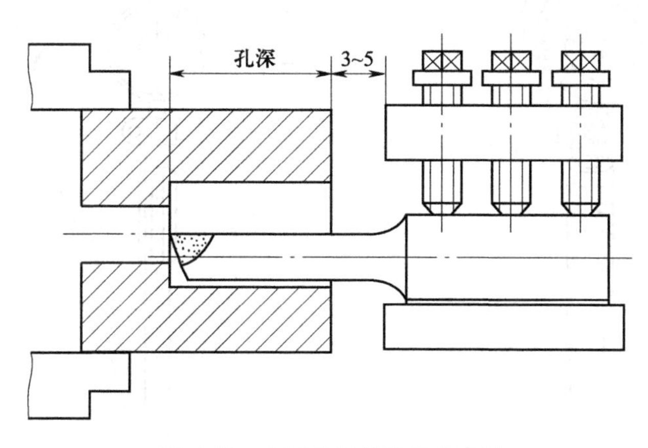

图 7.41　内圆车刀的安装示意图

(3) 切削用量的选择　车内圆时，因刀杆细、刀头散热条件差且排屑困难，易产生振动和让刀，故所选择的切削用量要比车外圆时小些，其调整方法与车外圆相同。

(4) 试切法　车内圆与车外圆的试切方法基本相同，其试切过程是：开车对刀—纵向退刀—横向吃刀—纵向切削 3～5 mm—纵向退刀—停车测量。如果试切已达到尺寸公差要求，可纵向切削；如未达到尺寸公差要求，可重新横向吃刀来调整背吃刀量，再试切直至达到尺寸公差要求为止。与车外圆相比，逆时针转动手柄为横向吃刀，顺时针转动手柄为横向退刀，即与车外圆时相反。

(5) 控制内圆孔深　如图 7.42 所示，可用粉笔在刀杆上画出孔深线控制孔深，也可用铜片控制孔深。

车内圆时的工作条件比车外圆差，所以车内圆的精度较低，一般尺寸公差等级为 IT8～IT7 级，表面粗糙度值 Ra 值为 3.2～1.6 μm。

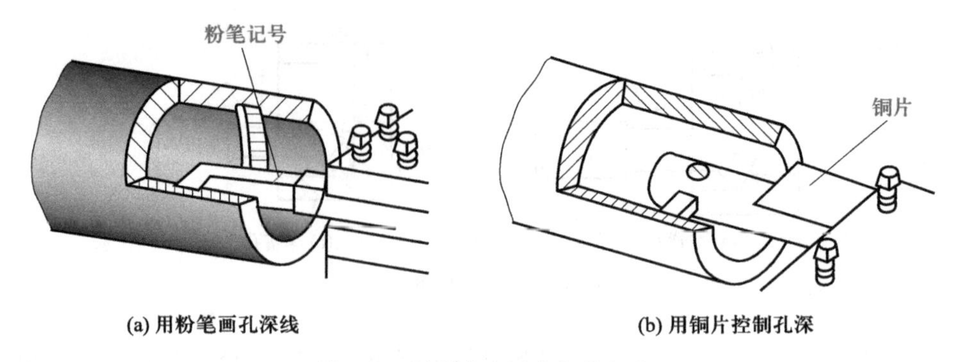

图 7.42 控制车内圆孔深的方法

2. 内圆的测量方法

内卡钳和钢直尺都可测量内圆直径,但一般用游标卡尺测量内圆直径和孔深。对于精度要求高的内圆直径可用内径千分尺或内径百分表测量,图 7.43 所示的是用内径百分表测量内圆直径的实例。对于大批量生产的工件,其内圆直径可用塞规测量。

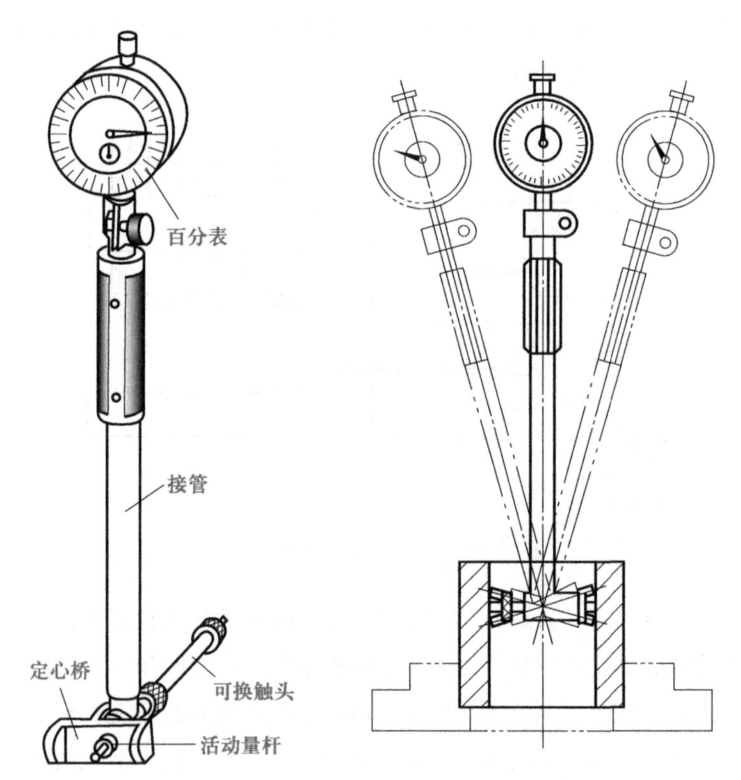

图 7.43 用内径百分表测量内圆直径

【实习操作】

1. 钻孔和车内圆

以图 7.37 所示的工件为坯料,按图 7.44 所示工件的内圆直径尺寸公差和表面粗糙度要求,进行钻孔和车内圆。

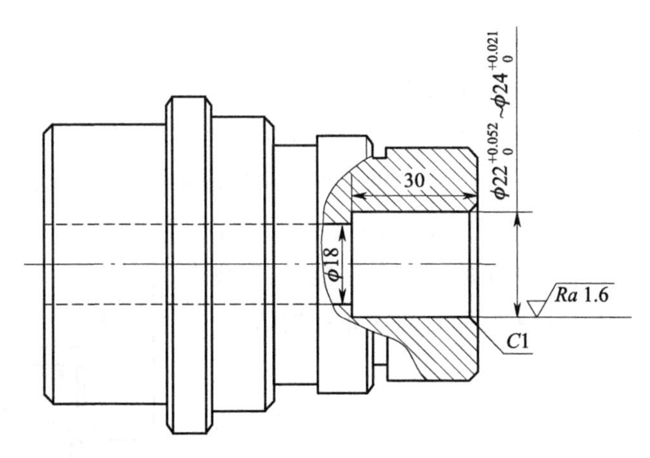

图 7.44　钻孔和车内圆的工件图(材料:HT150)

(1) 安装工件　以 $\phi66_{-0.2}^{0}$ mm 和长度为(30±0.5) mm 的台阶面(图 7.26)为定位基准,用三爪自定心卡盘装夹。

(2) 安装钻头和内圆车刀　把直径为 $\phi18$ mm 的钻头装在尾座套筒内,选择通孔内圆车刀并将其安装在方刀架上。

(3) 选择切削用量,调整机床　钻孔的切削速度 v_c = 20~40 m/min(n = 350~700 r/min),进给采用手动;车内圆的切削速度 v_c = 30 ~ 50 m/min (n = 400 ~ 720 r/min),进给量 f = 0.1 ~ 0.3 mm/r。在车内圆时,低的切削速度和大的进给量适用于粗车,高的切削速度和小的进给量适用于精车。请按选定的具体切削用量调整车床。

(4) 钻 $\phi18$ mm 孔　按钻孔的方法与步骤进行。

(5) 车 $\phi22^{+0.052}_{0}$ ~ $\phi24^{+0.021}_{0}$ mm 的内圆　为了增加学生的练习操作时间,可选取几个不同的尺寸公差供练习操作,比如先用试切法车削精度低、公差较大的内圆 $\phi22^{+0.052}_{0}$ mm、$\phi23^{+0.052}_{0}$ mm,最后用试切法车削精度高、公差较小的内圆 $\phi24^{+0.021}_{0}$ mm。

2. 用内径百分表测量孔的内径

先用游标卡尺测量内径,再用百分表或内径千分尺测量内径。用百分表测量内径时,根据内径尺寸把内径百分表的可换触头换成 15~35 mm 量程的触头,利用外径千分尺校对其尺寸,将表的指针调零。测量时,表的触头接触孔壁,左右移动摆杆,其最小读数值即为被测量孔的内径。百分表大指针每转过一周为 1 mm,转过的每小格为 0.01 mm;百分表小指针每转过一小格为1 mm,测量方法如图 7.43 所示。

【操作要点】

1. 在车床上钻孔时的注意事项

(1) 修磨横刃　钻削时因轴向力大会使钻头产生弯曲变形,影响加工孔的形状,而且轴向力过大时钻头易折断。修磨横刃,减少横刃宽度可以大大减小轴向力,这样就改善了切削条件,可提高孔的加工质量。

（2）切削用量适度　开始钻削时进给量应小，以使钻头能对准工件中心；钻头头部进入工件后进给量应大，以提高生产率；快要钻透时进给量应小些，以防折断钻头。钻大孔时车床旋转速度应低些，而钻小孔时转速应高些，即切削速度适度以改善钻孔的切削条件。

（3）操作要正确　装夹钻头时，钻头的中心必须对准工件的中心，以防孔径钻大。调整尾座后，尾座的位置必须能保证钻孔的深度。钻削时，尾座套筒应松紧适度、进给均匀，这些措施都可防止孔被钻偏。

2. 车内圆时的注意事项

（1）一次装夹工件　车内圆时，如果孔与某些表面有位置公差要求（孔与外圆表面的同轴度、与端面的垂直度等），则工件必须在一次装夹中完成孔与这些表面的全部切削工作，否则难以保证其位置公差要求，如图 7.45 所示。如必须两次装夹工件时，则应校正工件后再切削，这样才能保证工件质量。

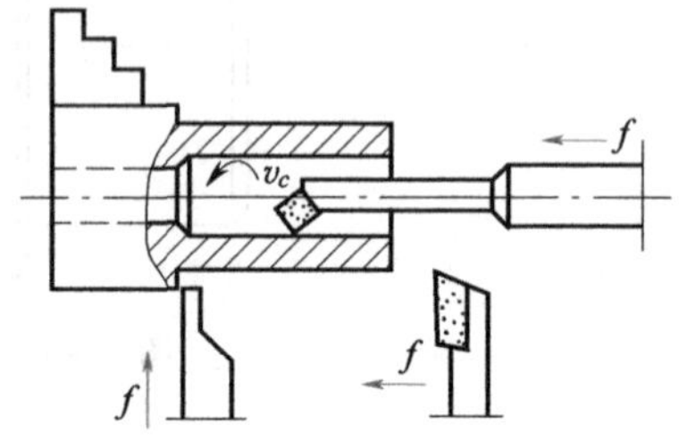

图 7.45　一次装夹工件示意图

（2）车刀的选择与安装　加工通孔选择通孔内圆车刀，加工盲孔选择盲孔内圆车刀。在方刀架上安装好车刀后，一定要在不开车的情况下手动试走一遍，确认其不妨碍车刀工作后再开车切削。

（3）吃刀方向要正确　试切时横向进给手动手柄转向不能摇错，逆时针转动为吃刀，顺时针转动为退刀，与车外圆正好相反。如摇错，把退刀摇成吃刀，则造成工件报废。

复习思考题

1. 车床上钻孔与钻床上钻孔有什么不同？如何在车床上钻孔？

2. 车内圆与车外圆比较，在试切方法上有何不同？如不注意这些不同会出现什么情况？

3. 内孔测量尺寸为 ϕ22.5 mm，要车成 ϕ23 mm 的孔，对刀后横向进给手动手柄应吃刀多少格？是逆时针转动还是顺时针转动？

4. 为什么在车削对位置精度有要求的工件各表面时，必须在一次装夹中完成各表面的切削？

5. 孔的内圆直径和长度有哪几种测量方法？用内卡钳测量时能否保证测量误差在 0.05 mm 以下？如能保证应怎样测量？

课题七　车圆锥

【基础知识】

将工件车削成圆锥表面的方法称为车圆锥。

（一）圆锥的种类及作用

圆锥按其用途分为一般用途圆锥和特殊用途圆锥两类。一般用途圆锥的圆锥角 α 较大时，圆锥角可直接用角度表示，如 30°、45°、60°、90°等；圆锥角较小时用锥度 C 表示，如 1∶5、1∶10、1∶20、1∶50 等。特殊用途圆锥是根据某种要求专门制订的，如 7∶24、莫氏锥度等。圆锥按形状又分为内、外圆锥。

圆锥面配合不但拆卸方便，而且经多次拆卸仍能保证准确的定心作用，有些还可以传递转矩，所以应用很广。例如，顶尖和中心孔的配合圆锥角 $\alpha=60°$，易拆卸零件的锥面锥度 $C=1:5$，工具尾柄锥面锥度 $C=1:20$，铣床主轴锥孔锥度 $C=7:24$，特殊用途圆锥应用于纺织、医疗等行业等。

（二）圆锥各部分名称、代号及计算公式

外圆锥和内圆锥的各部分名称、代号及计算公式均相同，外圆锥的主要尺寸如图 7.46 所示。

锥度　$C=\dfrac{D-d}{l}=2\tan\dfrac{\alpha}{2}$

斜度　$S=\dfrac{D-d}{2l}=\tan\dfrac{\alpha}{2}$

式中　α——圆锥角，$\alpha/2$ 为圆锥半角；

l——锥面轴向长度，单位为 mm；

D——锥面大端直径，单位为 mm；

d——锥面小端直径，单位为 mm。

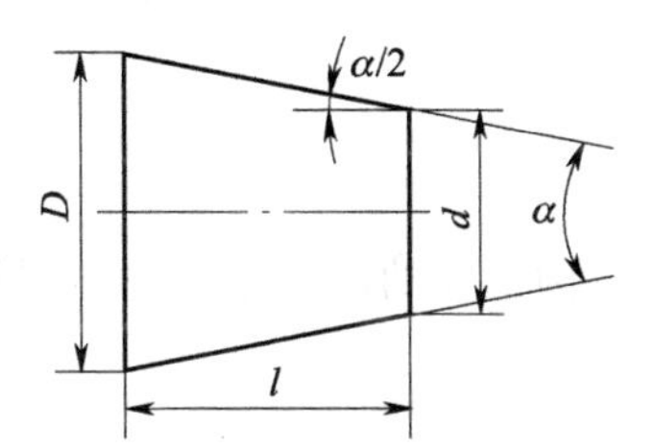

图 7.46　外圆锥的主要尺寸

（三）车圆锥的方法

车圆锥的方法很多，主要有以下几种：小滑板转位法，偏移尾座法，宽刃车刀车削法，靠模法等。除宽刃车刀车削法外，其他几种车圆锥的方法，都是使刀具的运动轨迹与工件轴线相交成圆锥半角 $\alpha/2$，操作后即可加工出所需的圆锥面。

1. 小滑板转位法

根据工件的锥度 C 或圆锥半角 $\alpha/2$，将小滑板转过 $\alpha/2$ 角并将其紧固，然后摇动小滑板手动手柄，使车刀沿圆锥面的母线移动即可车出所需的锥面，如图 7.47 所示。

2. 偏移尾座法

根据工件的锥度 C 或圆锥半角 $\alpha/2$，将尾座顶尖偏移一个距离 s，使工件旋转轴线与车床主轴轴线的交角等于圆锥半角 $\alpha/2$，然后车刀纵向机动进给，即可车出所需的圆锥面，如图 7.48 所示。

尾座偏移量　$s=L\times\dfrac{C}{2}=L\times\dfrac{D-d}{2l}=L\tan\dfrac{\alpha}{2}$

式中　L——工件长度，单位为 mm。

偏移尾座法能加工较长工件上的锥面，并能纵向机动进给切削，但不能加工锥孔，一般圆锥半角不能太大，即 $\alpha/2<8°$，其常用于单件或成批量生产。成批量生产时，应能保证工件的总长及中心孔的深度一致，否则在相同尾座偏移量下会出现锥度误差而影响加工质量。

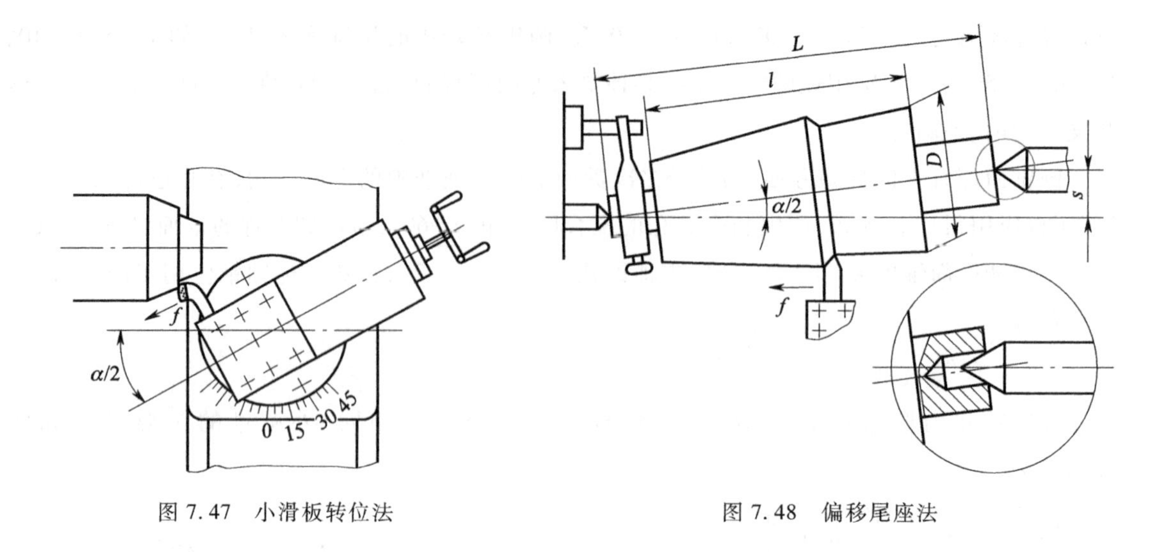

图 7.47 小滑板转位法

图 7.48 偏移尾座法

(四) 圆锥面工件的测量

圆锥面的测量主要是测量圆锥半角(或圆锥角)和圆锥面尺寸。

1. 圆锥角度的测量

调整车床并试切后,需测量圆锥面的角度是否正确,如不正确,需要重新调整车床,再试切直到测量的圆锥面的角度符合图样要求,才可进行正式车削。测量时,常用以下两种方法:

(1) 用圆锥环规或圆锥塞规　圆锥环规(图 7.49a)用于测量外圆锥,圆锥塞规(图 7.49b)用于测量内圆锥。测量时,先在环规或塞规的内、外圆锥面上涂上显示剂,再与被测圆锥面配合,转动量规,取出量规观察显示剂的变化。如果显示剂分布均匀,说明圆锥面接触良好,圆锥角正确;如果环规的小端接触,大端没有接触,说明圆锥角小了(塞规与此相反),要重新调整车床车削。

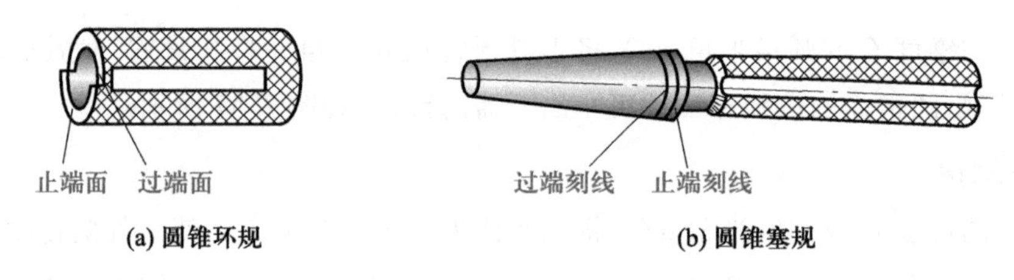

图 7.49 圆锥环规与圆锥塞规

(2) 用万能游标量角器　用万能游标量角器测量圆锥角的方法如图 7.50 所示,这种方法测量范围大,测量精度为 5′~2′。

2. 圆锥面尺寸的测量

圆锥角达到图样要求后,再进行工件长度及其大、小端的车削。常用圆锥环规测量外圆锥的尺寸,如图 7.51 所示;用圆锥塞规测量内圆锥的尺寸,如图 7.52 所示。另外,还可用游标卡尺测量圆锥面的大端或小端的直径来控制工件的长度。

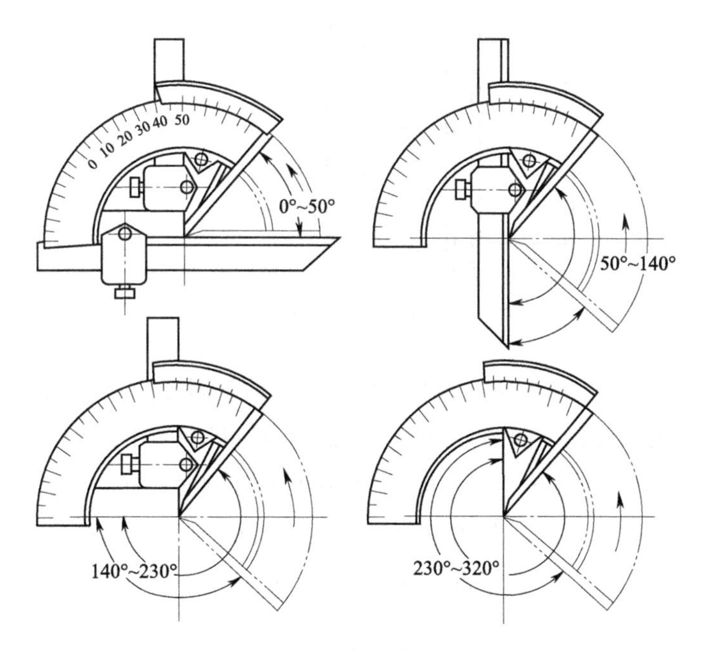

图 7.50　用万能游标量角器测量圆锥角

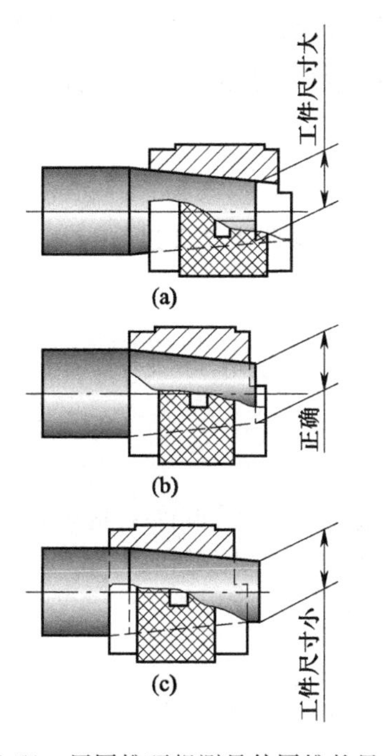

图 7.51　用圆锥环规测量外圆锥的尺寸

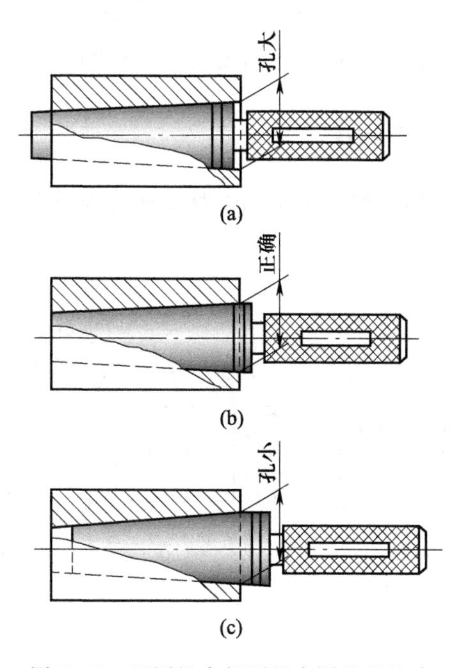

图 7.52　用圆锥塞规测量内圆锥的尺寸

【实习操作】

以图 7.44 所示的工件为坯料，按图 7.53 所示工件的尺寸要求车削外圆锥，保证其锥度 $C=1:5$(圆锥半角 $\alpha/2=5°43'$)，大端直径 $D=54_{-0.1}^{\ 0}$ mm。

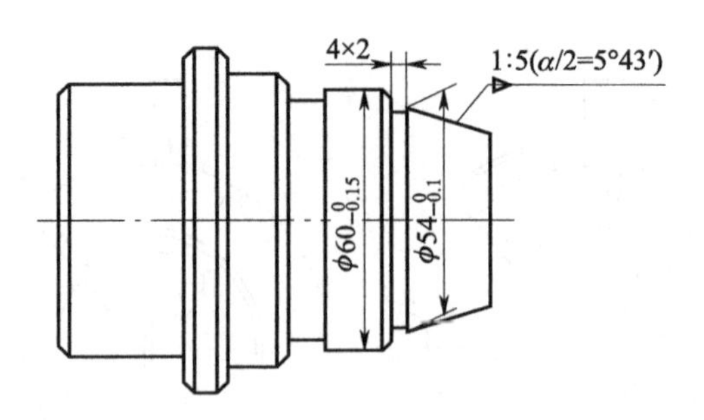

图 7.53 车外锥面工件图(材料:HT150)

采用小滑板转位法车削。先松开小滑板与转盘之间的紧固螺栓,扳转小滑板转过角度 $\alpha/2=5°43'$,然后紧固小滑板与转盘之间的紧固螺栓。摇动小滑板手动手柄,车削外圆锥。

操作时,车刀采用普通外圆车刀,车床主轴转速与车外圆时相同,背吃刀量用横向进给手动手柄来调整,转动小滑板手动手柄,使刀具沿圆锥面母线移动进行车削。车削圆锥面需经过车削—测量—调整圆锥角—车削—测量的试切过程来完成。

【操作要点】

车削中只能通过手动进给小滑板进行操作,严禁使用纵向机动进给。纵向机动进给时,虽然小滑板已扳转了角度,但刀具仍按外圆表面移动,故车出的是圆柱表面而不是圆锥面。

【教师演示】

指导教师可采用偏移尾座法车削外圆锥,其示例演示过程可参照表 7.2 进行。

表 7.2 外圆锥车削示例

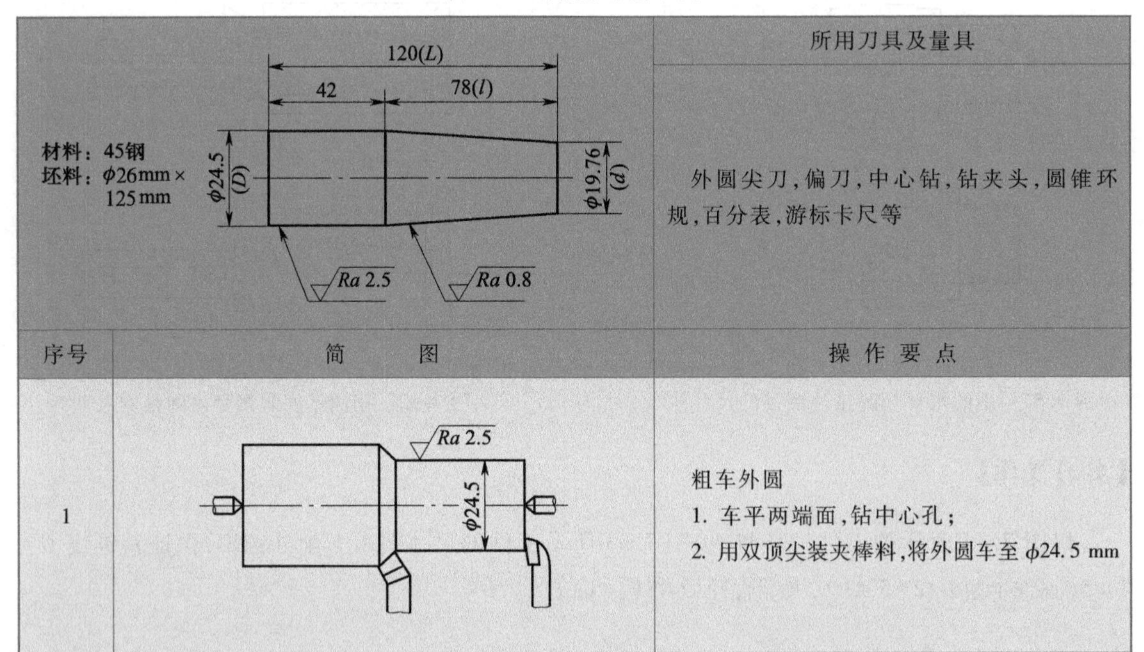

材料：45钢 坯料：φ26 mm×125 mm 120(L)；42；78(l)；φ24.5(D)；φ19.76(d)；Ra 2.5；Ra 0.8		所用刀具及量具： 外圆尖刀,偏刀,中心钻,钻夹头,圆锥环规,百分表,游标卡尺等
序号	简图	操作要点
1	Ra 2.5；φ24.5	粗车外圆 1. 车平两端面,钻中心孔; 2. 用双顶尖装夹棒料,将外圆车至 φ24.5 mm

续表

序号	简　　图	操作要点
2	s=3.65	偏移尾座法 1. 计算尾座偏移量 $s=\frac{(D-d)L}{2l}=\frac{(24.5-19.76)\times120}{2\times78}\ \text{mm}\approx3.65\ \text{mm}$； 2. 利用百分表将尾座向操作者方向移动 3.65 mm
3	l/2 f (a)　(b)	粗车圆锥面 1. 划出圆锥面长度线 $l=78$ mm； 2. 粗车圆锥面，长度为 $l/2$ 左右； 3. 在锥体上涂显示剂，用圆锥环规检验锥度； 4. 偏移尾座调整锥度，如图 a 所示使尾座移离操作者，如图 b 所示移向操作者
4	l f	精车圆锥面 使用精车刀，机动进给车圆锥，切削速度 $v_c=60\sim100$ m/min，$f=0.05\sim0.2$ mm/r，$a_p=0.1\sim0.5$ mm

复习思考题

1. 圆锥的种类和作用有哪些？
2. 锥度和斜度有何不同？又有何关系？
3. 试述小滑板转位法车圆锥的优缺点及应用范围。
4. 已知锥度 $C=1:10$，试求小滑板应扳转的角度 $\alpha/2$。

课题八　车螺纹

【基础知识】

将工件表面车削成螺纹的方法称为车螺纹。

螺纹的种类很多，应用很广。常用螺纹按用途可分为连接螺纹和传动螺纹两类，前者起连接作用（如螺栓与螺母），后者用于传递运动和动力（如丝杠与螺母），其分类如下：

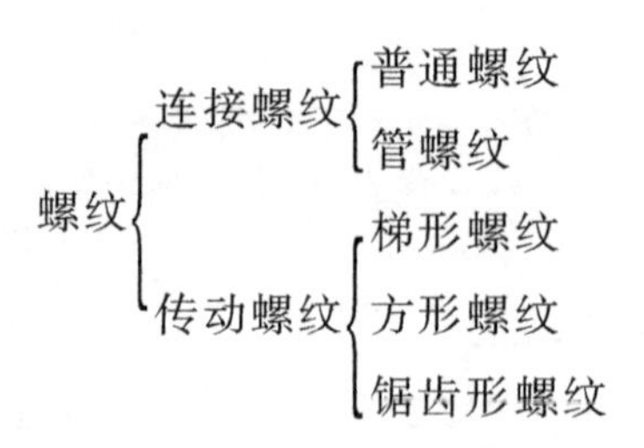

各种螺纹按其使用性能的不同又可分为左旋或右旋、单线或多线、内螺纹或外螺纹。按各国的标准不同又分为公制螺纹、英制螺纹。

（一）普通螺纹的各部分名称及基本尺寸

普通螺纹牙型都为三角形，故又称三角形螺纹。

图 7.54 标注了普通螺纹各部分名称代号。螺距用 P 表示，牙型角用 α 表示，其他各部分名称及基本尺寸如下：

螺纹大径（公称直径）　$D(d)$

螺纹中径　$D_2(d_2)=D(d)-0.649P$

螺纹小径　$D_1(d_1)=D(d)-1.082P$

原始三角形高度　$H=0.866P$

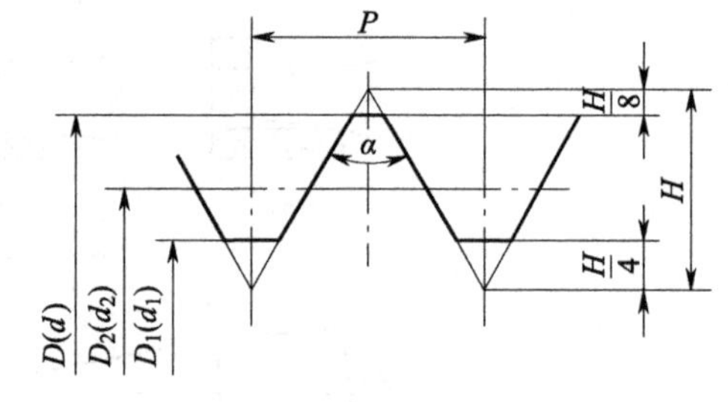

图 7.54　普通螺纹各部分名称代号

式中　D——内螺纹直径（不标下角者为大径，标下角“1”为小径，标下角“2”为中径），单位为 mm；

d——外螺纹直径（不标下角者为大径，标下角“1”为小径，标下角“2”为中径），单位为 mm。

决定螺纹类型的基本要素有以下三个。

1. 牙型角 α

它是螺纹轴向剖面内螺纹两侧面的夹角，普通螺纹 $\alpha=60°$，管螺纹 $\alpha=55°$。

2. 螺距 P

它是沿轴线方向上相邻两牙间对应点的距离，普通螺纹的螺距用 mm 表示，管螺纹用每英寸（25.4 mm）上的牙数 n 表示，螺距 P 与 n 的关系为

$$P=\frac{25.4}{n}\quad(\text{mm})$$

3. 螺纹中径 D_2（d_2）

它是平分螺纹理论高度 H 的一个假想圆柱体的直径。在中径处螺纹的牙厚和槽宽相等。只有内、外螺纹的中径一致时，两者才能很好地配合。

螺纹必须满足上述基本要素的要求。

（二）螺纹车刀及其安装

1. 螺纹车刀的几何角度

如图 7.55 所示，车普通螺纹时，车刀的刀尖角等于螺纹牙型角 $\alpha=60°$，车管螺纹时，车刀的

刀尖角 $\alpha=55°$，并且其前角 $\gamma_o=0°$ 才能保证工件螺纹的牙型角，否则牙型角将产生误差。在粗加工时或螺纹精度要求不高时，前角可取 $\gamma_o=5°\sim20°$。

2. 螺纹车刀的安装

如图 7.56 所示，刀尖对准工件的中心，并用样板对刀，以保证刀尖角的角平分线与工件的轴线相垂直，这样车出的牙型角才不会偏斜。

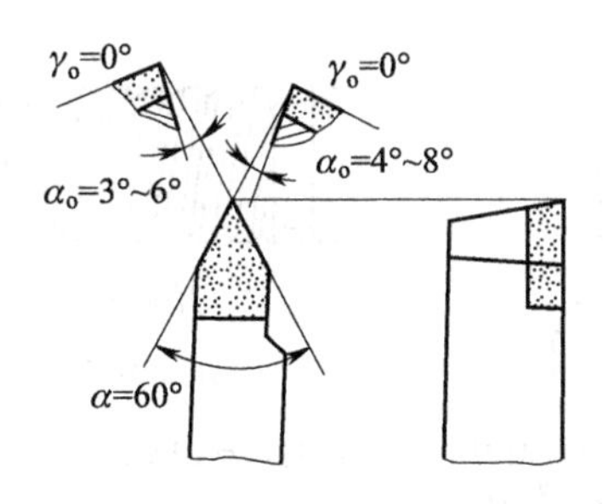

图 7.55　螺纹车刀的几何角度

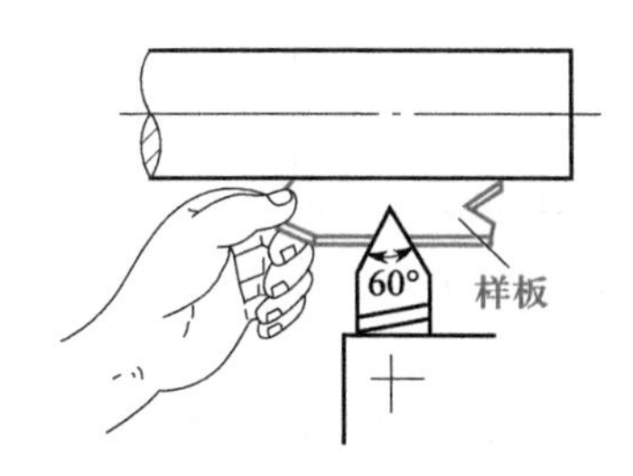

图 7.56　用样板对刀

（三）车床的调整

车螺纹时，必须满足的运动关系是：工件每转过一转时，车刀必须准确地移动一个螺距或导程（单线螺纹为螺距，多线螺纹为导程），其传动路线简图如图 7.57 所示。上述传动关系可通过调整车床来实现，即首先通过手柄把丝杠接通，再根据工件的螺距或导程，按进给箱标牌上所示的手柄位置来变换交换齿轮（挂轮）的齿数及各进给变速手柄的位置，这样就完成了车床的调整。

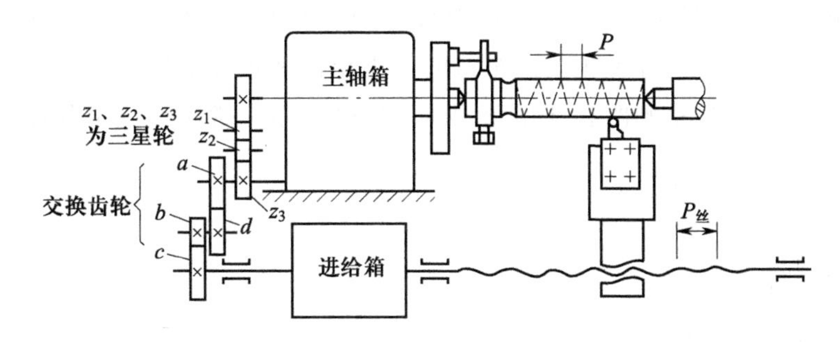

图 7.57　车螺纹时的传动路线简图

车右螺纹时，左右螺纹手柄调整在车右螺纹的位置上；车左螺纹时，左右螺纹手柄调整在车左螺纹的位置上。这种操作的目的是改变刀具的移动方向，即刀具移向床头时为车右螺纹，移向床尾时为车左螺纹。

（四）车螺纹的方法与步骤

以车削外螺纹为例来说明车螺纹的方法与步骤，如图 7.58 所示。这种方法称为正反车法，适于加工各种螺纹。

另一种加工螺纹的方法是抬闸法，也就是利用开合螺母手柄的抬起或压下来车削螺纹。这种方法操作简单，但易产生乱扣，只适用于所加工机床丝杠螺距是工件螺距整数倍的螺纹。这

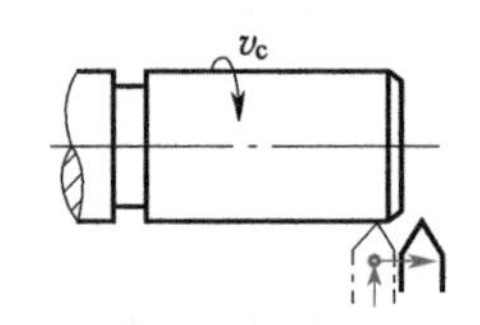

(a) 开车，使车刀与工件轻微接触，记下刻度盘读数，向右退出车刀

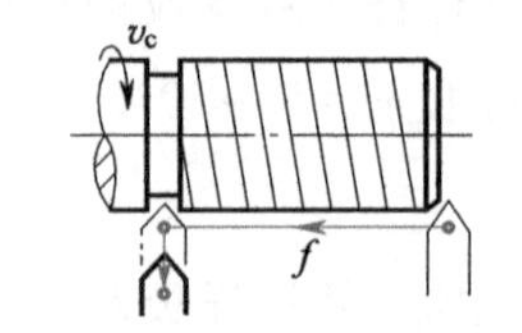

(b) 合上开合螺母，在工件表面上车出一条螺旋线，横向退出车刀

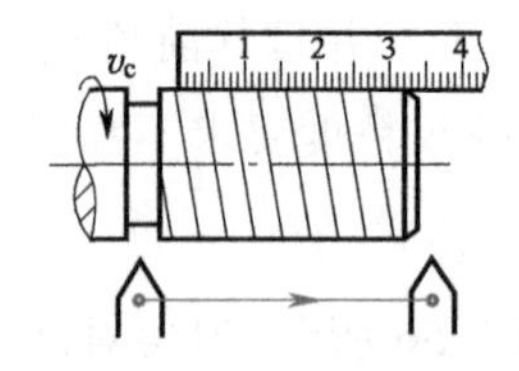

(c) 开反车把车刀退出工件右端，停车，用钢直尺检查螺距是否正确

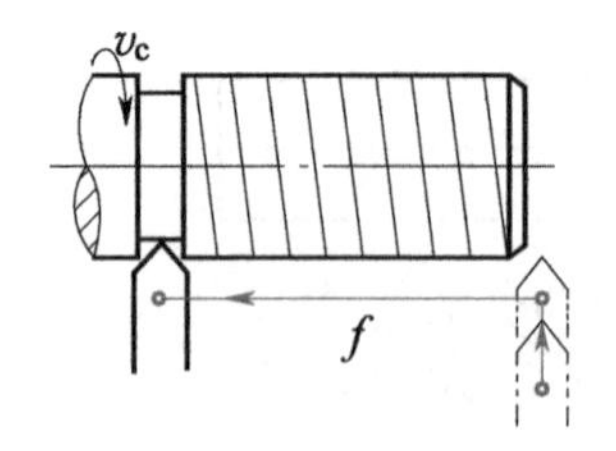

(d) 利用刻度盘调整背吃刀量，进行切削

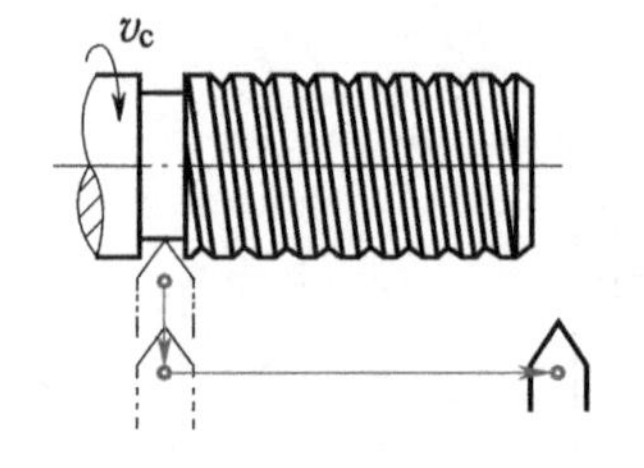

(e) 车刀将至行程终点时，应做好退刀停车准备，先快速退出车刀，然后开反车退回刀架

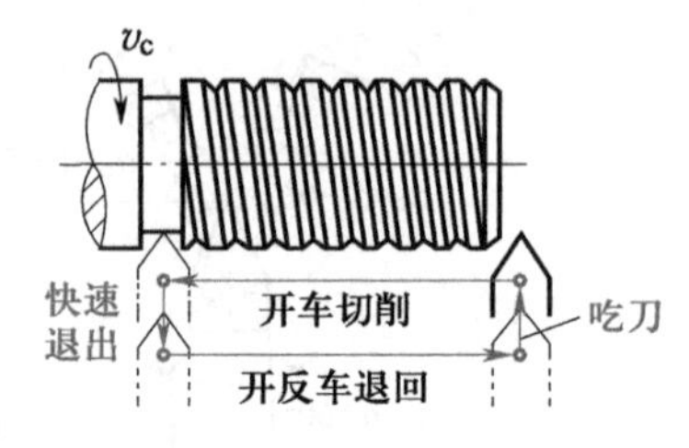

(f) 再次横向吃刀，继续切削

图 7.58　车螺纹的方法与步骤

种方法与正反车法的主要不同之处是车刀行至终点时，横向退刀后不用开反车纵向退刀，只要抬起开合螺母手柄使丝杠与螺母脱开，然后纵向手动退回，即可再吃刀车削。

车内螺纹的方法与车外螺纹基本相同，只是横向进给手动手柄的进退刀转向不同而已。对于直径较小的内、外螺纹可用丝锥或板牙攻出。

（五）螺纹的测量

螺纹的测量主要是测量螺距、牙型角和螺纹中径。由于螺距是由车床的运动关系来保证的，所以用钢直尺测量即可。牙型角是由车刀的刀尖角以及正确的安装方法来保证的，一般用螺纹样板测量，也可同时测量螺距和牙型角，如图 7.59 所示。常用螺纹千分尺测量螺纹中径，如图 7.60 所示。

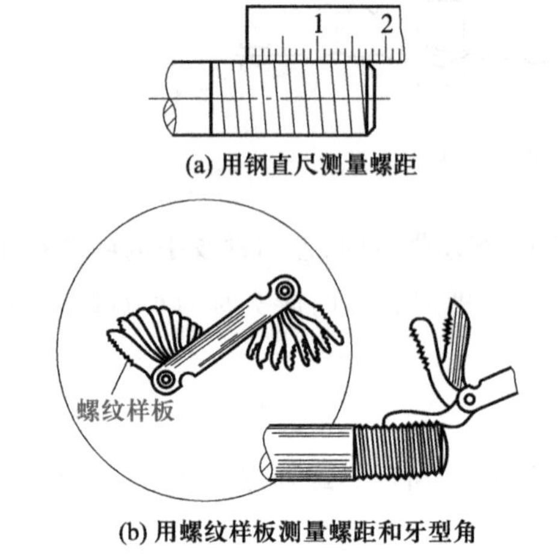

(a) 用钢直尺测量螺距

(b) 用螺纹样板测量螺距和牙型角

图 7.59　测量螺距和牙型角

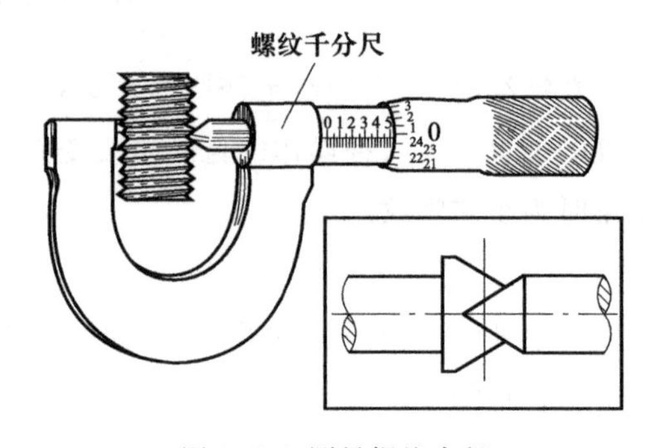

图 7.60　测量螺纹中径

在成批、大量生产中,多用图 7.61 所示的螺纹量规进行综合测量。

【实习操作】

以图 7.53 所示的工件为坯料,按图 7.62 所示工件的尺寸要求,进行车削 M60×2 的螺纹[M 为三角形螺纹代号;60 为螺纹公称直径(mm);2 为螺纹螺距(mm)]。在车削时,要保证螺距 $P=2$ mm、牙型角 $\alpha=60°$ 和中径 $d_2=58.7$ mm。

操作过程:装夹工件—安装车刀—调整车床—抬闸法切削—测量螺纹。

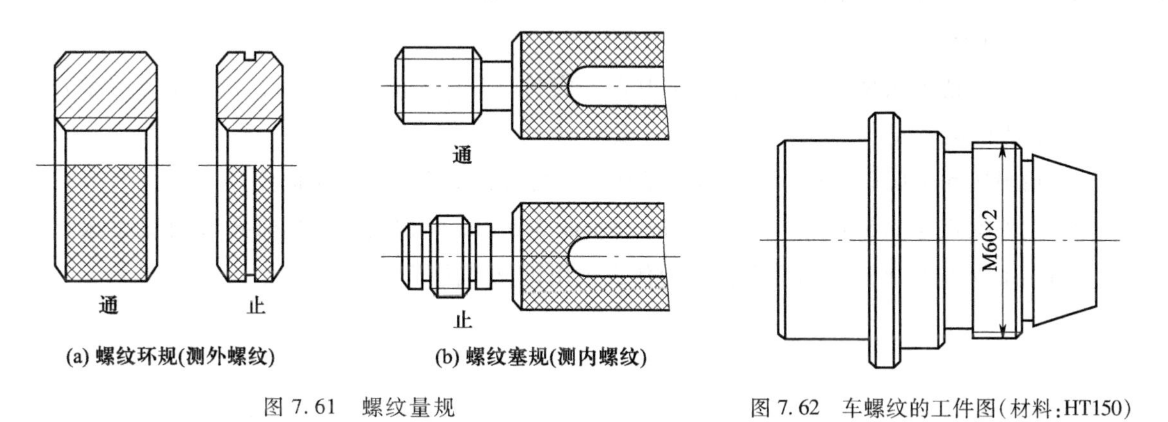

图 7.61　螺纹量规

图 7.62　车螺纹的工件图(材料:HT150)

【操作要点】

1. 控制螺纹牙深高度

如图 7.63 所示,车刀作垂直移动切入工件,由横向进给手动手柄的刻度盘来控制吃刀深度,经几次吃刀切至螺纹牙高深度为止。另外,几次进刀深度的总和应比 0.54 P 大 0.05~0.1 mm。

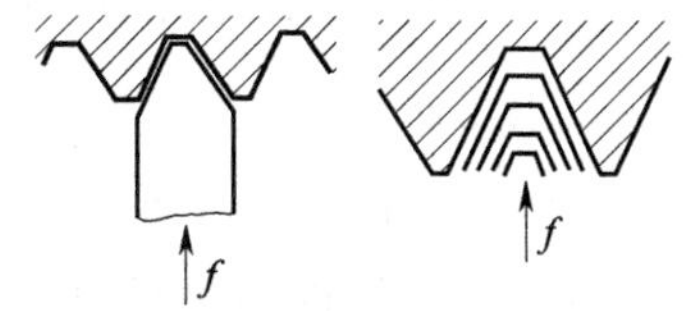

图 7.63　垂直吃刀控制牙深

2. 乱扣及其防止方法

所谓乱扣就是车第二刀螺旋槽轨迹与车第一刀所走过的轨迹不同,刀尖偏左或偏右,两次吃刀切出的牙底不重合,螺纹车坏,这种现象称为乱扣。

如果车床丝杠的螺距不是工件螺距的整数倍,采用抬闸法车削就会乱扣,而采用正反车法车削,使开合螺母在退刀时仍保持抱紧车床丝杠的状态,运动关系没有改变,就不会乱扣。

如果车床丝杠的螺距是工件螺距的整数倍,采用抬闸法车削不会乱扣,但如果开合螺母手柄没有完全压合,使螺母没有抱紧丝杠,也会乱扣。另外,车刀重磨后重新安装,若没有对刀,车刀与工件的相对位置发生了变化,也会乱扣。图 7.62 所示工件的螺距 $P=2$ mm,CA6140 型卧式车床丝杠螺距 $P=12$ mm,故采用抬闸法车削不会乱扣。

【教师演示】

选取螺距 $P=2.5$ mm 的工件,在 CA6140 型卧式车床上先用抬闸法演示车削,观察乱扣现象,然后再用正反车法演示车削,观察不乱扣现象。

复习思考题

1. 螺纹的基本三要素是什么?在车削中怎样保证三要素符合公差要求?

2. 加工螺纹必须满足的运动关系是什么?怎样满足这个运动关系?螺距 $P=2$ mm 的螺纹如何调整车床?

3. 为什么精车螺纹时车刀的前角应为 0°?安装时刀杆还能不能倾斜?粗车螺纹的车刀前角一定是 0°吗?安装时可否倾斜?为什么?

4. 抬闸法和正反车法车螺纹的步骤是什么?两者在操作上有何不同?

5. 工件螺距为 1.5 mm、2 mm、2.5 mm、3 mm、3.5 mm 的螺纹,在 CA6140 型卧式车床上加工,哪几种采用抬闸法车削会乱扣?为什么采用正反车法不会乱扣?

课题九　车成形面与滚花

【基础知识】

（一）车成形面

用成形加工方法进行的车削称为车成形面。

1. 成形面的用途与车削方法

有些零件如手柄、手轮、圆球等,为了使用方便且美观、耐用,它们的表面不是平直的,而要做成曲面;有些零件如材料力学实验用的拉伸试验棒、轴类零件的连接圆弧等,为了使用上的某种特殊要求需把表面做成曲面。上述的这种具有曲面形状的表面被称为成形面(或特形面)。

成形面的车削方法有下面几种:

(1) 用普通车刀车削成形面　该方法也称为双手摇法,它靠双手同时摇动纵向和横向进给手动手柄进行车削,以使刀尖的运动轨迹符合工件的曲面形状。车削时所用的刀具是普通车刀,需要用样板对工件反复度量,最后用锉刀和砂布修整,使工件达到尺寸公差和表面粗糙度的要求。这种方法要求操作者具有较高技术,但不需要特殊工具和设备,在生产中被普遍采用。这种方法多用于单件、小批量生产,其加工方法如图 7.64 所示。

(2) 成形车刀车成形面　这种方法是利用与工件轴向剖面形状完全相同的成形车刀来车出所需的成形面,也称样板刀法,其主要用于车削尺寸不大且要求不太精确的成形面,如图 7.65 所示。

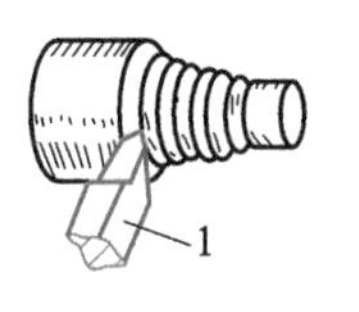

(a) 粗车台阶

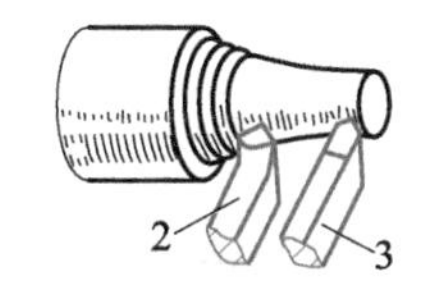

(b) 手动控制粗、精车轮廓

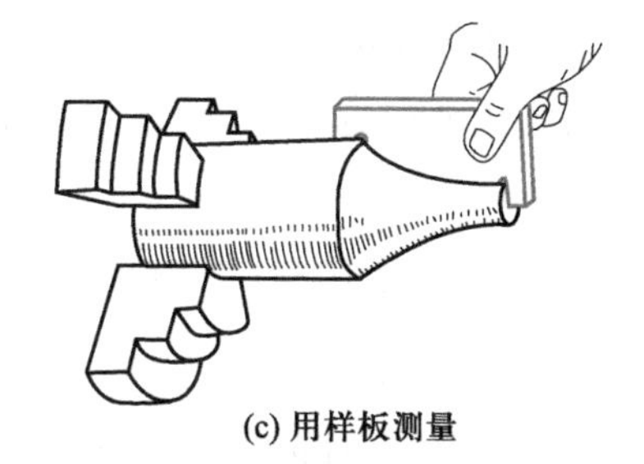

(c) 用样板测量

1—尖刀；2—偏刀；3—圆弧车刀

图 7.64　用普通车刀车成形面的方法

（3）样板法车成形面　它是利用刀尖的运动轨迹与样板（或槽）的形状完全相同车出成形面的方法。图 7.66 所示为加工手柄的成形面时的工作过程，即横滑板已经与丝杠脱开，由于其前端的拉杆上装有滚柱，所以当移置床鞍纵向走刀时，滚柱在样板的曲线槽内移动，从而使车刀刀尖的运动轨迹与曲线槽形状相同，在此同时用小滑板控制背吃刀量，即可车出手柄的成形面。这种方法操作简单，生产率高，多用于大批量生产。当样板为斜槽时，该方法可用于车圆锥。

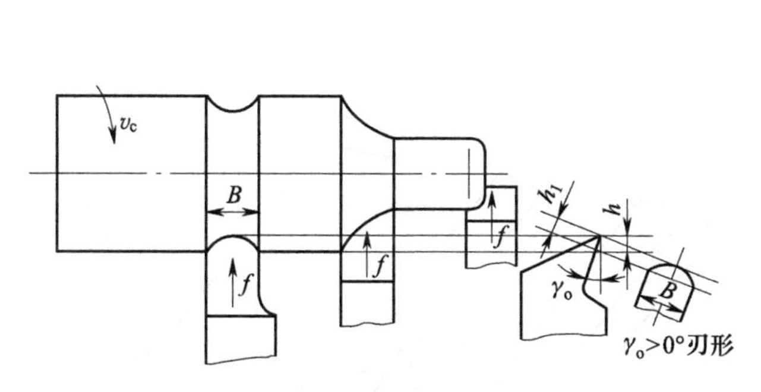

图 7.65　用成形车刀车成形面

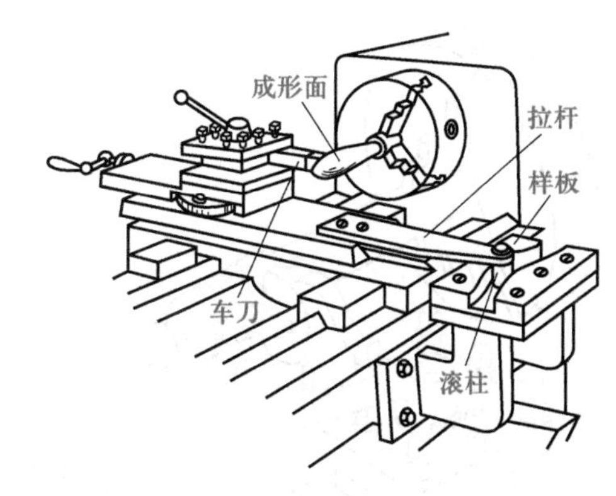

图 7.66　用样板法车成形面

2. 车成形面所用的车刀

用普通车刀车成形面时，粗车刀的几何角度与普通车刀完全相同。精车刀是圆弧车刀，主切削刃是圆弧刃，半径应小于成形面的圆弧半径，所以圆弧刃上各点的偏角是变化的，其后面也是圆弧面，主切削刃上各点后角不宜磨成相等的角度，一般 $\alpha_o = 6° \sim 12°$。由于切削刃是圆弧刃，切削时接触面积大，易产生振动，所以要磨出一定的前角，一般 $\gamma_o = 10° \sim 15°$，以改善切削条件。

用成形车刀车成形面时，粗车也采用普通车刀车削，形状接近成形面后，再用成形车刀精车。刃磨成形车刀时，用样板校正其刃形。当刀具前角 $\gamma_o = 0°$时，样板的形状与工件轴向剖面形状一致；当 $\gamma_o > 0°$时，样板的形状不是工件轴向剖面形状（图 7.65），而是随着前角的变化其样板的形状也变化。因此，在单件、小批量生产中，为了便于刀具的刃磨和样板的制造，防止产生加工误差,常选用 $\gamma_o=0°$ 的成形车刀进行车削;在大批、大量生产中,为了提高生产率和防止产生加工误差,需用专门设计 $\gamma_o>0°$ 的成形车刀进行车削。

(二)滚花

用滚花刀将工件表面滚压出直纹或网纹的方法称为滚花。

1. 滚花表面的用途及加工方法

各种工具和机械零件的手握部分,为了便于握持,防止打滑以及考虑美观,常常在表面上滚压出各种不同的花纹,如千分尺的套管,铰杠扳手及螺纹量规等。这些花纹一般都是在车床上用滚花刀滚压而成的,如图 7.67 所示。

滚花的实质是用滚花刀对工件表面挤压,使其表面产生塑性变形而形成花纹,因此滚花后的外径比滚花前的外径增大 0.02~0.5 mm。滚花时切削速度要低些,一般还要充分供给切削液,以免研坏滚花刀和防止产生乱纹。

2. 滚花刀的种类

滚花刀按花纹的式样分为直纹和网纹两种,其花纹的粗细决定于不同的滚花轮。滚花刀按滚花轮的数量又可分为单轮、双轮、三轮三种(图 7.68),其中最常用的是网纹式双轮滚花刀。

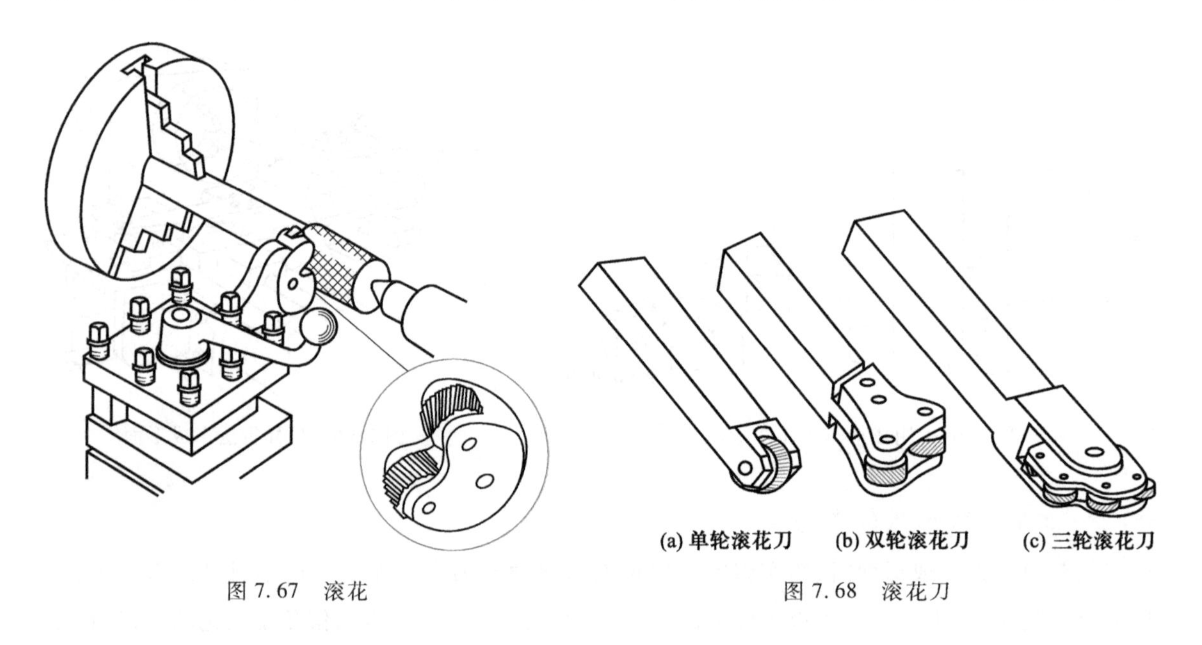

图 7.67 滚花　　图 7.68 滚花刀

【实习操作】

按图 7.69 所示手柄杆的技术要求,车削 $S\phi15$ mm 的圆球表面。

加工步骤:① 下料,选用 $\phi16$ mm 圆钢棒料,下料长度为 100 mm;② 车左端面,钻左端中心孔;③ 车左端外圆 $\phi8$ mm×84 mm、$\phi5.85$ mm×8 mm 尺寸及倒角;④ 套螺纹,用板牙套 M6 螺纹;⑤ 调头车削球面 $S\phi15$ mm,保证长度 98 mm。

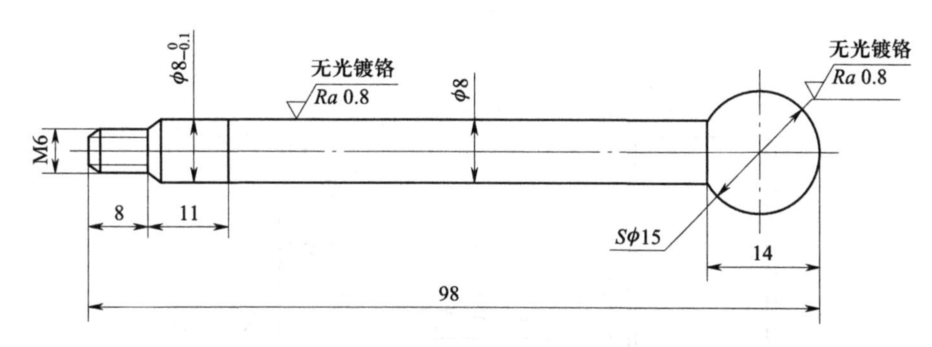

图 7.69 车成形面的工件图(手柄杆)(材料:45 钢)

【操作要点】

车手柄杆左端外圆及套螺纹时,采用一夹一顶(夹右端,顶左端)的装夹方法。调头车削圆球时,以 $\phi 8$ mm 的外圆表面定位。

复习思考题

1. 车成形面有哪几种方法?单件、小批量生产常用哪种方法?

2. 用普通精车刀车成形面时,为什么要有前角?在单件、小批量生产中,用成形车刀车成形面时,为什么前角必须为零?

3. 滚花时的切削速度为何要低些?

课题十 综合作业

综合作业是学生对某一工件的独立实际操作。通过综合作业的练习,可以检验并提高学生的实际动手能力。选择综合作业的实习件,应结合各校工厂的实际,尽量选择生产中的产品为实习件。在没有合适的产品情况下,也可用下面的实习件作为学生进行综合作业的练习,并以此作为评定学生车工实习操作考核成绩的主要依据。

【实习操作】

1. 实习工件

工件名称:套,单件生产,如图 7.70 所示。

2. 分析零件主要尺寸公差和技术要求

(1) $\phi 24^{+0.021}_{0}$ mm 孔的尺寸公差很小,公差等级为 IT7 级,但表面粗糙度要求并不高,*Ra* 值为 1.6 μm。

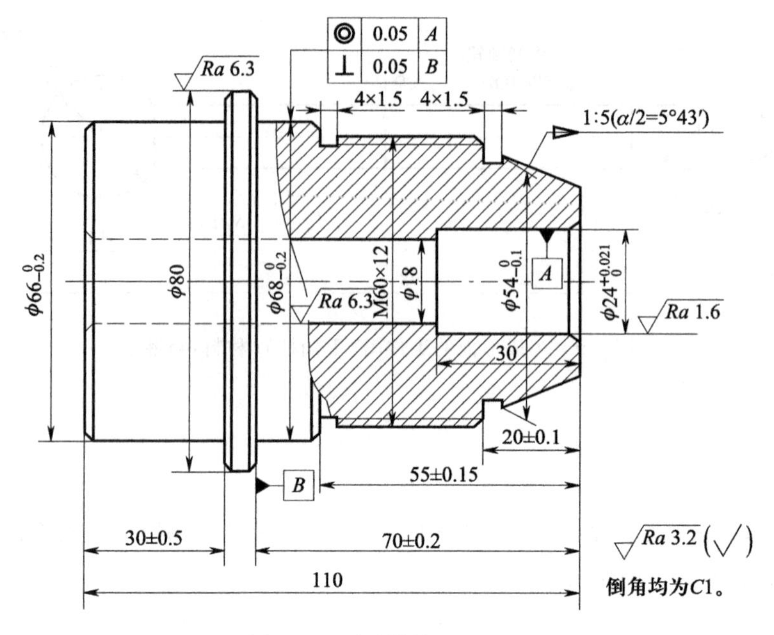

图 7.70　套(材料:HT150)

(2) $\phi68_{-0.2}^{\ 0}$ mm 外圆表面对 $\phi24_{\ 0}^{+0.021}$ mm 内孔表面的同轴度公差为 0.05 mm。

(3) $\phi68_{-0.2}^{\ 0}$ mm 对 $\phi80$ mm 右端面的垂直度公差为 0.05 mm。

3. 保证尺寸公差及形位公差的工艺措施

(1) $\phi24_{\ 0}^{+0.021}$ mm 内孔表面用精车即能满足尺寸公差和表面粗糙度的要求,但测量时必须用内径百分表测量。

(2) 选择 $\phi66_{-0.2}^{\ 0}$ mm 外圆表面为定位基准面,在一次装夹中加工 $\phi80$ mm 右端面、$\phi68_{-0.2}^{\ 0}$ mm 外圆及 $\phi24_{\ 0}^{+0.021}$ mm 内孔,即可保证它们之间的垂直度和同轴度要求。

4. 分析车削顺序,制订车削步骤

套的车削步骤见表 7.3。

表 7.3　套的车削步骤

序号	加工简图	加工内容	刀具、量具
1	≥50 φ85 120	车端面:用三爪自定心卡盘装夹,伸出长度≥50 mm,端面车平即可	45°弯头刀,钢直尺

续表

序号	加工简图	加工内容	刀具、量具
2	45 $\phi80$	车外圆 $\phi80$ mm，长度为 45 mm	45°弯头刀，游标卡尺，钢直尺
3	30 ± 0.5 $\phi66_{-0.2}^{0}$	车台阶面，外圆为 $\phi66_{-0.2}^{\ 0}$ mm，长度为(30±0.5)mm	90°偏刀，游标卡尺
4		倒角 $C1$ 两处	45°弯头刀
5	$\phi66_{-0.2}^{0}$ 80	车端面，调头装夹 $\phi66_{-0.2}^{\ 0}$ mm，保证长度 80 mm	45°弯头刀，游标卡尺
6	$\phi68_{-0.2}^{0}$ 70 ± 0.2	车台阶面，外圆 $\phi68_{-0.2}^{\ 0}$ mm，长度(70±0.2)mm	90°偏刀，游标卡尺
7	$\phi60_{-0.15}^{0}$ 55 ± 0.15	车台阶面，外圆 $\phi60_{-0.15}^{\ 0}$ mm，长度(55±0.15)mm	90°偏刀，游标卡尺

续表

序号	加工简图	加工内容	刀具、量具
8	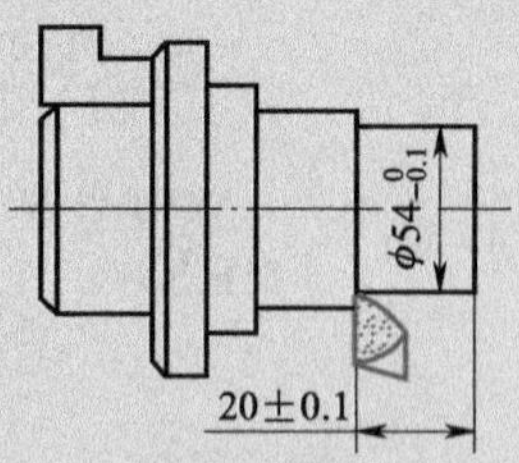 $\phi54_{-0.1}^{0}$ 20±0.1	车台阶面，外圆为 $\phi54_{-0.1}^{0}$ mm，长度为(20±0.1)mm	90°偏刀，游标卡尺
9	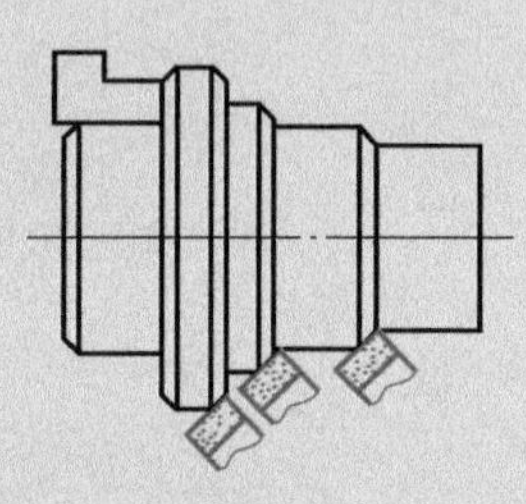	倒角 $C1$ 三处	45°弯头刀
10	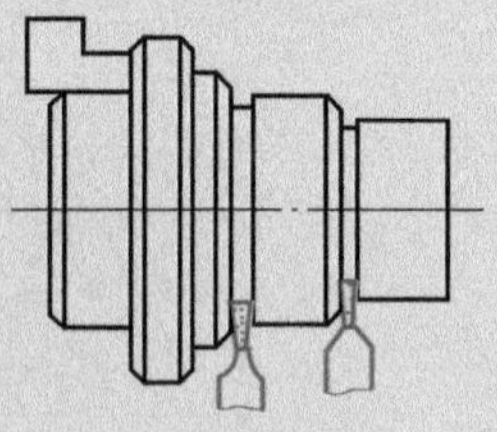	切槽两处 4 mm×1.5 mm	切槽刀，游标卡尺
11	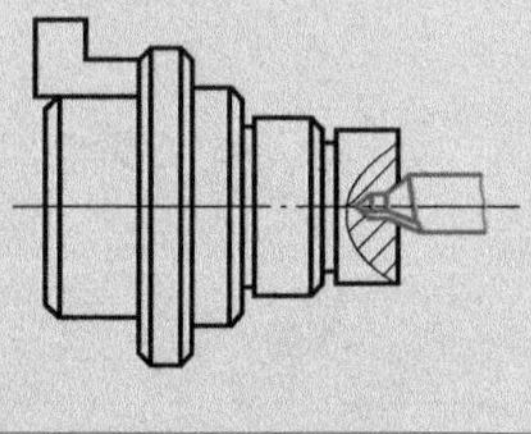	钻中心孔 $\phi3.5$ mm	中心钻
12	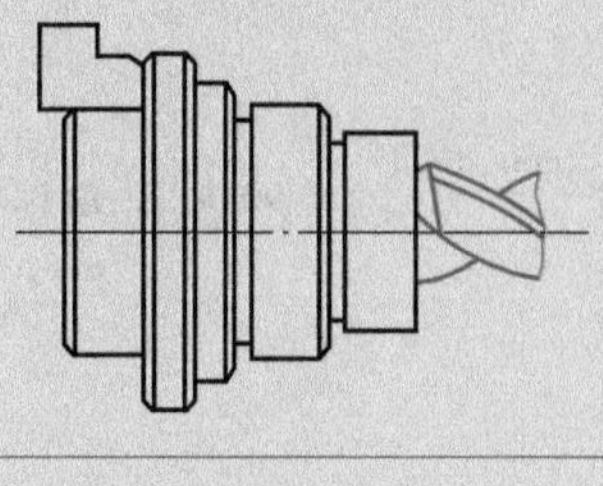	钻通孔 $\phi18$ mm	麻花钻
13	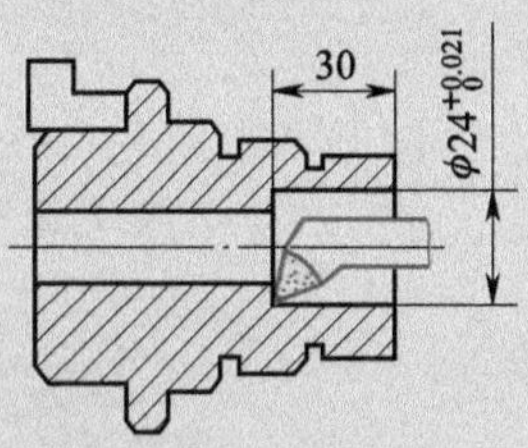 30 $\phi24_{0}^{+0.021}$	车内圆，内径为 $\phi24_{0}^{+0.021}$ mm，孔深 30 mm	盲孔内圆车刀，内径百分表，游标卡尺

续表

序号	加工简图	加工内容	刀具、量具
14	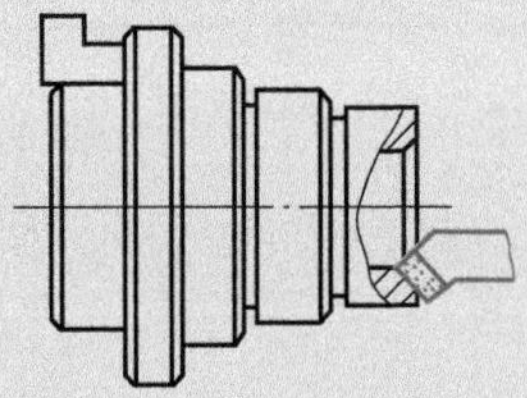	车内圆倒角 $C1$	45°弯头内孔刀
15	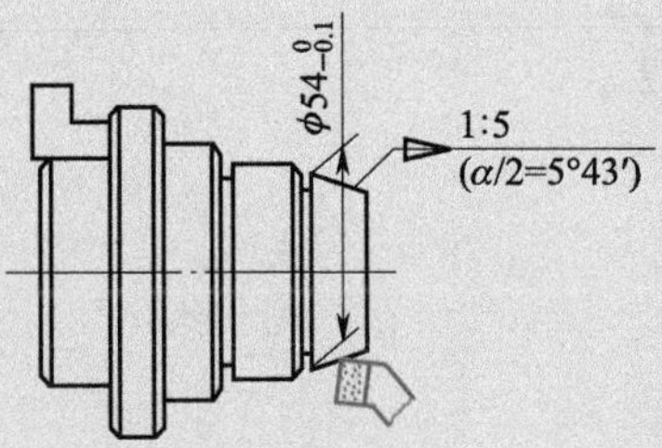 $\phi54_{-0.1}^{0}$ 1:5 ($\alpha/2=5°43'$)	车圆锥，锥度 1∶5，$\alpha/2=5°43'$，大端直径 $\phi54_{-0.1}^{0}$ mm	45°弯头刀，游标卡尺，万能游标量角器
16	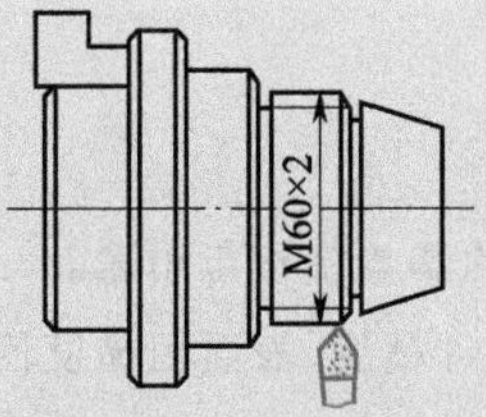 M60×2	车螺纹 M60×2	螺纹车刀，钢直尺，螺纹千分尺，螺纹样板
17	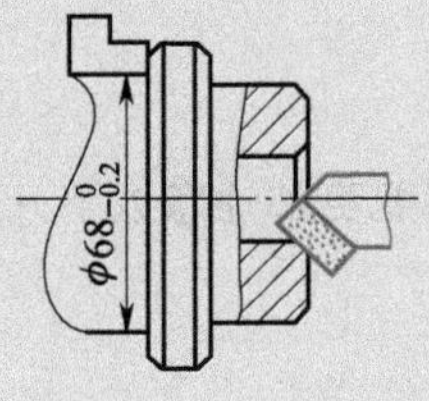 $\phi68_{-0.2}^{0}$	调头，倒内角 $C1$	45°弯头内孔刀

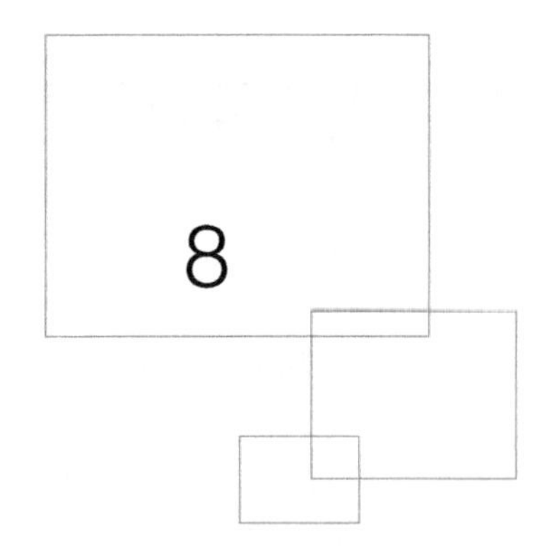

刨削加工

目的和要求

1. 了解刨削加工的工艺特点及加工范围。
2. 了解常用刨床的组成、运动和用途，了解刨床常用刀具和附件的基本结构与用途。
3. 熟悉刨削的加工方法和测量方法，了解刨削加工所能达到的尺寸精度、表面粗糙度值范围。
4. 在牛头刨床上正确安装工件、刀具，完成刨平面、倾斜面和垂直面的加工。

安全技术

刨工实习安全技术与车工实习有很多相同点，可参照执行。同时需要更加注意以下几点：

1. 操作者必须戴安全帽，长发须压入帽内，以防发生人身事故。
2. 多人共同使用一台刨床时，只能一人操作，并注意他人安全。
3. 工件和刀具必须装夹牢固，以防发生事故。
4. 起动刨床后，不能测量工件，以防发生人身安全事故。工作台和滑枕的调整不能超过极限位置，以防发生设备事故。

课题一　概述

【基础知识】

在刨床上用刨刀加工工件的方法称为刨削，它是金属切削加工中常用的方法之一。

（一）刨削运动与刨削用量

图 8.1 所示为牛头刨床刨削平面时的刨削运动及刨削用量。

1. 主运动及切削速度（v_c）

刨刀的直线往复运动是主运动，其切削刃的选定点相对于工件的主运动的瞬时速度为切削速度，可用下式计算：

$$v_c = \frac{2Ln}{1\ 000}$$

式中　L——刀具往复行程长度，单位为 mm；

n——刀具每分钟往复行程次数，单位为行程次数/min。

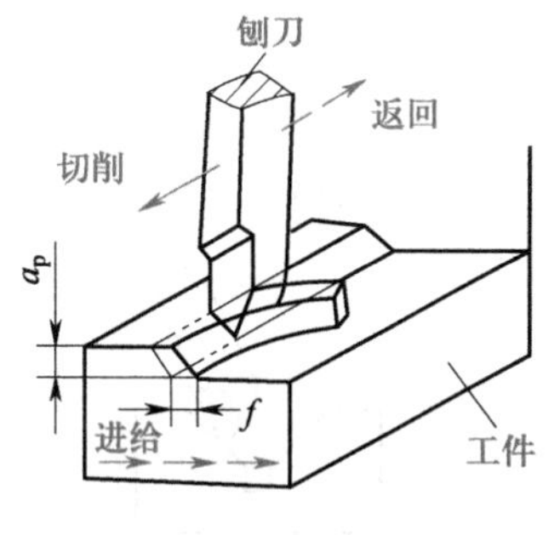

图 8.1　刨削运动及刨削用量

2. 进给运动及进给量（f）

工件的横向间歇移动是进给运动，刀具每往复运动一次工件横向移动的距离称为进给量。B6065 型牛头刨床上的进给量可用下式计算：

$$f = \frac{k}{3} \qquad (\text{mm/行程})$$

式中　k——刨刀每往复行程一次，棘轮被拨过的齿数。

3. 背吃刀量（a_p）

在通过切削刃基点（中点）并垂直于工作平面的方向（平行于进给运动方向）上测量的吃刀量，即每次进给过程中，已加工表面与待加工表面之间的垂直距离，单位为 mm。

龙门刨床上工件的直线往复运动为主运动，刀具的横向间歇移动是进给运动。

（二）刨削特点及加工范围

1. 刨削特点

刨削的主运动为直线往复运动，由于工作行程速度低且回程速度高又不切削，因此刀具在切入和切出时产生冲击和振动，限制了切削速度的提高。另外，回程不切削，增加了加工时的辅助时间。刨削用的刨刀属于单刃刀具，一个表面往往要经过多次行程才能加工出来，所以基本工艺时间较长。刨削的生产率一般低于铣削，但对于窄长表面的加工，如在龙门刨床上采用多刀（或多工件装夹）加工时，刨削的生产率可能高于铣削。

刨床的结构比车床和铣床简单，调整和操作简便，加工成本低。刨刀与车刀基本相同，形状简单，制造、刃磨、安装方便，因此刨削的通用性好。

2. 刨削的加工范围

刨削主要用于加工平面如水平面、垂直面和斜面，还可以加工槽类零件，如直槽、V 形槽、T 形槽、燕尾槽等。另外，牛头刨床装上夹具后还可以加工齿轮、齿条等成形表面。刨削常用于单件、小批量生产，图 8.2 所示为刨削的加工范围。

刨削加工的工件尺寸公差等级一般为 IT10～IT8 级，表面粗糙度 Ra 值为 6.3～1.6 μm。

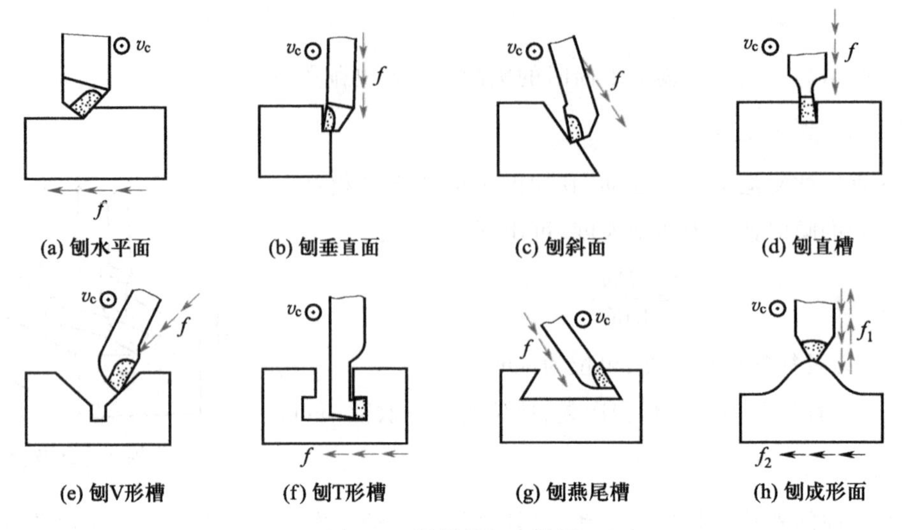

图 8.2 刨削的加工范围

复习思考题

1. 刨削的主运动和进给运动是什么？龙门刨床与牛头刨床上的主运动、进给运动有何不同？

2. 刨削速度的计算公式 $v_c=\frac{2Ln}{1\,000}$中，计算出的速度是实际切削中的线速度吗？为什么？

3. 为什么 B6065 型牛头刨床的进给量 $f=\frac{k}{3}$（k 为刨刀每往复行程一次棘轮被拨过的齿数）？提示：B6065 型牛头刨床进给丝杠螺距 $P=6$ mm，棘轮齿数 $z=18$。

4. 刨削的主要加工范围是什么？

课题二　牛头刨床

【基础知识】

刨床可分为牛头刨床和龙门刨床两大类。牛头刨床主要用来加工较小的零件表面，而龙门刨床主要用来加工较大的箱体、支架、床身等零件表面，下面以牛头刨床为例进行介绍。

（一）牛头刨床的型号

按照《金属切削机床　型号编制方法》（GB/T 15375—2008）的规定，机床型号，例如 B6065，表示的意义如下：

B——分类代号：刨床类机床；

60——组、系代号：牛头刨床；

65——主参数：最大刨削长度的 1/10，即最大刨削长度为 650 mm。

（二）牛头刨床的组成部分

牛头刨床主要由床身、滑枕、刀架、工作台、横梁等部分组成，如图 8.3 所示。

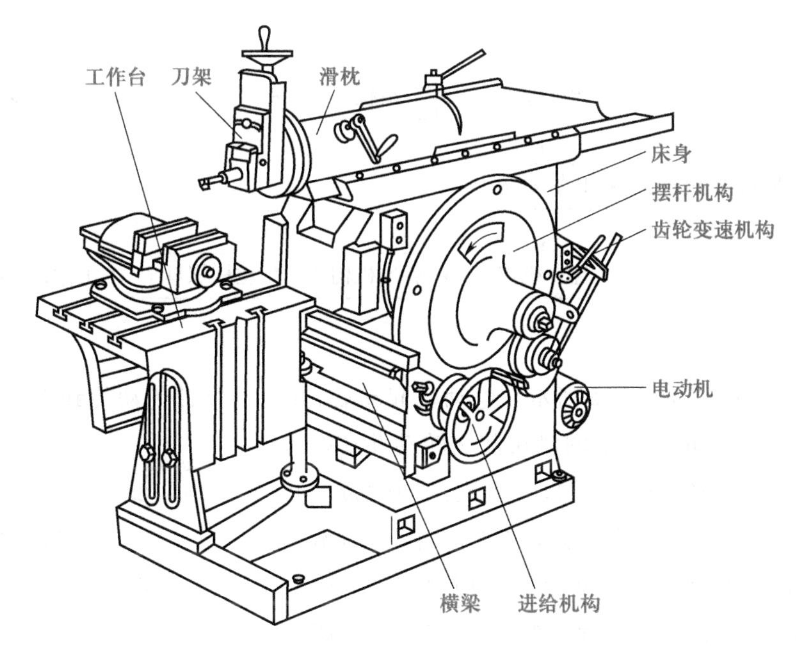

图 8.3　B6065 型牛头刨床的主要组成结构

1. 床身

床身用来支承和连接刨床的各个部件，其顶面导轨供滑枕作往复运动，其侧面导轨供工作台升降。床身内部装有齿轮变速机构和摆杆机构，以改变滑枕的往复运动速度和行程长度。

2. 滑枕

滑枕主要用来带动刨刀进行直线往复运动（即主运动）。滑枕前端装有刀架，其内部装有丝杠螺母传动装置，可用以改变滑枕的往复行程位置。

3. 刀架

刀架如图 8.4 所示，是用以夹持刨刀的部件。摇动刀架进给手柄，滑板便可沿转盘上的导轨移动，带动刨刀上下作退刀或吃刀运动。松开转盘上的螺母，将转盘扳转一定角度后，可使刀架作斜向进给。刀架的滑板装有可偏转的刀座（又称刀盒），刀架的抬刀板可以绕刀座的 A 轴转动。刨刀安装在刀夹上，在回程时，刨刀可绕 A 轴自由上抬，减少了刀具与工件的摩擦。

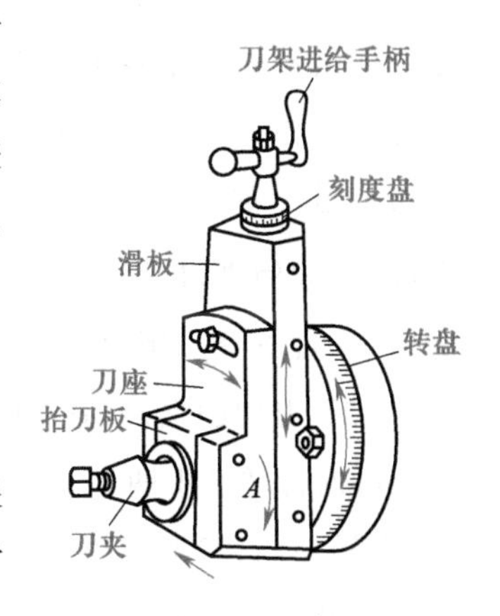

图 8.4　刀架

4. 工作台

工作台是用来安装工件的，其台面上的 T 形槽可穿入螺栓来装夹工件或夹具，工作台可随横梁在床身的垂直导轨上进行上下调整，同时也可在横梁的水平导轨上进行水平方向移动或间歇的进给运动。

（三）牛头刨床的传动

1. B6065 型牛头刨床的传动路线

其传动路线为

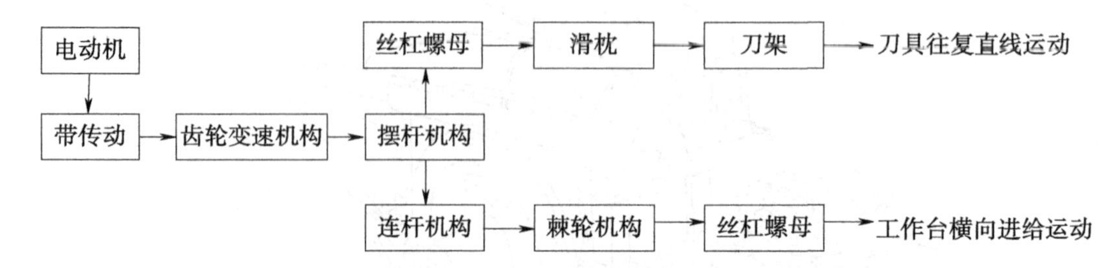

2. 摆杆机构

牛头刨床摆杆机构如图 8.5 所示。电动机起动后，其运动经带传动传到齿轮变速机构，带动大齿轮转动，使大齿轮端面上的滑块随之转动并在摆杆槽内滑动，迫使摆杆绕下支点摆动，上支点同时带动滑枕作往复直线运动。滑枕向前运动（工作行程）时滑块的回转角为 α，而滑枕向后运动（回程）时滑块的回转角为 β。由于 $\alpha>\beta$，所以工作行程时滑枕的速度低，回程时速度高。滑枕运动到两端时速度为零，运动到中间时速度最高，即滑枕在运动过程中的速度是变化的。

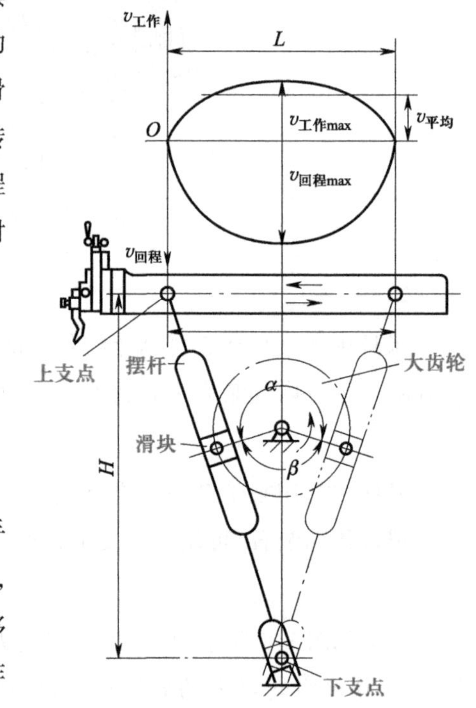

图 8.5 牛头刨床摆杆机构

【实习操作】

B6065 型牛头刨床操纵系统如图 8.6 所示。

1. 停车练习

（1）工作台及滑枕的手动移动　转动横向进给手动手轮 16，带动工作台丝杠转动。由于丝杠轴向固定，故与丝杠配合的螺母带动工作台沿横梁的水平导轨移动。顺时针转动手轮 16，工作台远离操作者；反之，工作台移向操作者。用扳手转动调整工作台升降的方头 9，便可通过一对锥齿轮的传动使垂直进给丝杠转动，其轴向固定，故使螺母带动工作台沿床身垂直导轨作上下移动。顺时针转动方头 9，工作台上升；反之，工作台下降。用扳手转动调整滑枕方头 6，可使滑枕沿床身水平导轨往复移动。

（2）刀架的吃刀、退刀移动　转动刀架进给手柄 12，通过丝杠螺母传动带动刀架垂直上下移动。顺时针转动手柄 12，刀架向下吃刀，反之，刀架向上退回。刀架丝杠螺距 $P=5$ mm（单线），手柄 12 转一周，刀架将移动 5 mm。刀架的刻度盘上一周分布着 50 个格，手柄每转过一格，则刀架移动 0.1 mm。

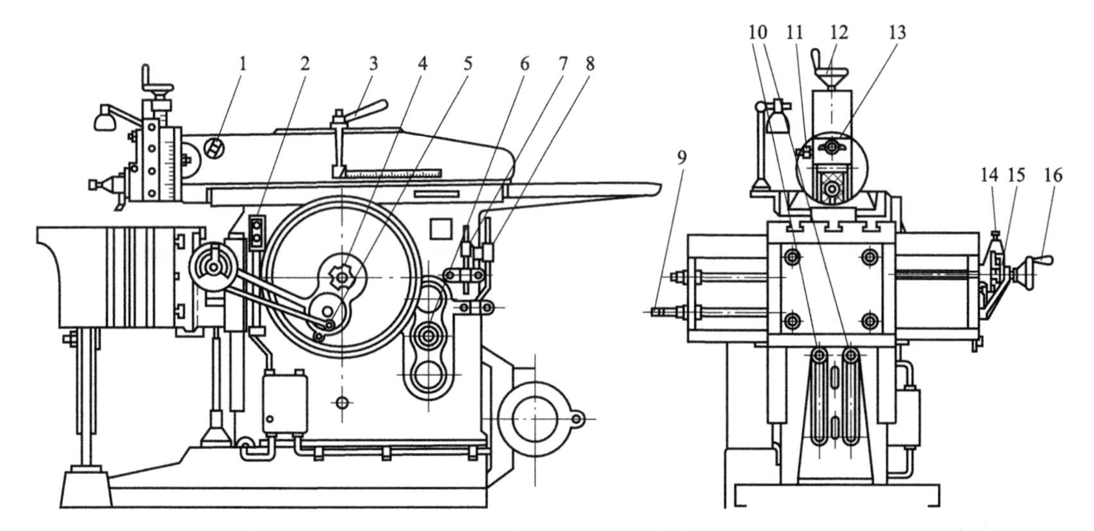

1—调整行程起始位置的方头；2—刨床起动和停止按钮；3—滑枕紧固手柄；4—调整行程长度的方头；
5—改变横向进给方向的插销；6—调整滑枕的方头；7—滑枕变速手柄(A)；8—滑枕变速手柄(B)；
9—调整工作台升降的方头；10—工作台支架夹紧螺钉；11—夹紧刀具螺钉；12—刀架进给手柄；
13—刀座紧固螺钉；14—棘轮爪；15—棘轮罩；16—横向进给手动手轮

图 8.6　B6065 型牛头刨床操纵系统图

2. 低速开车练习

(1) 滑枕移动速度的调整　停车状态下，变换滑枕变速手柄 7 和 8 的位置，得到较低的移动速度后，按下机床的起动按钮 2(上)，观察滑枕低速移动的情况。接下来停车，即按下机床的停车按钮 2(下)。再次变换手柄 7 和 8 的位置，再开车，观察滑枕以较高速度移动的情况。

(2) 行程起始位置的调整　停车状态下，松开滑枕紧固手柄 3，用扳手转动调整行程起始位置的方头 1 后，再拧紧滑枕紧固手柄 3，然后开车观察行程起始位置的变化。顺时针转动方头 1，滑枕起始位置向后移动，反之向前移动。

(3) 行程长度的调整　停车时，用扳手转动调整行程长度的方头 4，即改变滑块的偏心量，使滑枕行程长度变化，然后开车观察行程长度的变化。顺时针转动方头 4，滑枕的行程长度变长，反之行程长度变短。

(4) 进给量的调整　调节棘轮罩 15 的位置，即改变棘轮爪每次摆动而拨动棘轮的齿数，从而改变进给量。每次拨动棘轮的齿数越少，进给量越小；反之，进给量越大。

【操作要点】

操作过程中必须注意以下两点：

(1) 在调整滑枕移动速度、行程起始位置、行程长度的过程中，必须停车进行，以防发生事故。如在调整过程中某手柄没有调整到位，可使用按钮点动，重新调整。

(2) 调整滑枕的行程位置、行程长度不能超过极限位置，工作台的横向移动也不能超过极限位置,以防滑枕和工作台在导轨上脱落。

复习思考题

1. B6065 表示的含义是什么?
2. B6065 型牛头刨床由哪些部分组成?其作用是什么?
3. 牛头刨床的滑枕为什么在工作行程时慢,而回程时快?
4. 牛头刨床的滑枕往复速度、行程起始位置、行程长度、进给量是如何调整的?

课题三　刨刀

【基础知识】

(一)刨刀的特点

刨刀的几何参数与车刀相似。由于刨刀切入时受到较大冲击力,所以一般刨刀刀体的横截面比车刀大 1.25~1.5 倍。平面刨刀的几何角度如图 8.7 所示,通常前角 $\gamma_o=0°\sim25°$,后角 $\alpha_o=3°\sim8°$,主偏角 $\kappa_r=45°\sim75°$,副偏角 $\kappa'_r=5°\sim15°$,刃倾角 $\lambda_s=-15°\sim0°$。为了增加刀尖的强度,刨刀的刃倾角 λ_s 一般取负值。

刨刀一般做成弯头,这是刨刀的一个显著特点。在切削中,当弯头刨刀受到较大的切削力时,刀杆可绕 O 点向后方产生弹性弯曲变形,而不致啃入工件的已加工表面,如图 8.8a 所示。而直头刨刀受力后产生弯曲变形会啃入工件的已加工表面,损坏刀刃及已加工表面,如图 8.8b 所示。

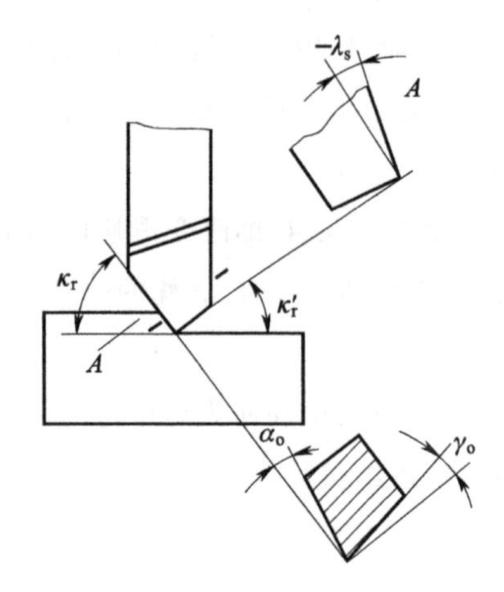

图 8.7　平面刨刀的几何角度

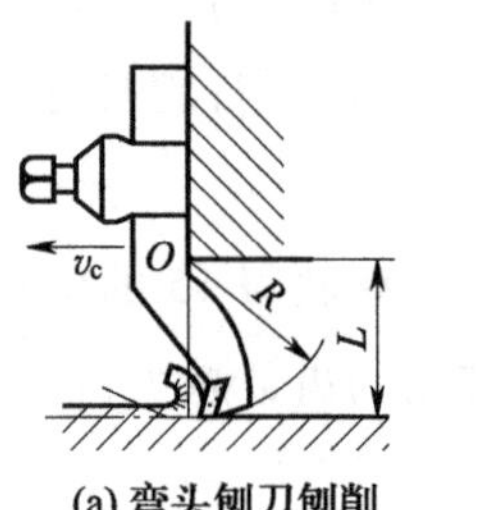

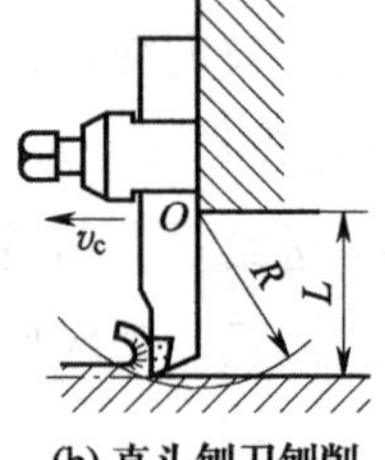

图 8.8　刨刀变形对刨削过程的影响

(二)刨刀的种类及其用途

刨刀的种类很多,按其用途不同,可分为平面刨刀、偏刀、角度偏刀、切刀及成形刨刀等。平面刨刀用来加工水平面,偏刀用来加工垂直面或斜面,角度偏刀用来加工具有一定角度的表面,切刀用来加工各种沟槽或切断,成形刨刀用来加工成形面。常见的刨刀及其用途如图8.9所示。

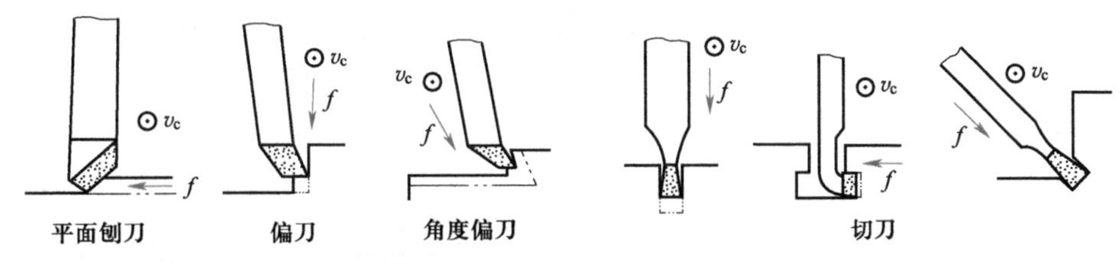

图 8.9　常见的刨刀种类及用途

（三）刨刀的安装

在安装加工水平面用刨刀前,首先应先松开转盘螺钉,调整转盘对准零线,以便准确地控制背吃刀量。然后,转动刀架进给手柄,使刀架下端面与转盘底侧基本相对以增加刀架的刚性,减少刨削中的冲击振动。最后,将刨刀插入刀夹内,其刀头伸出量不要太长,以增加刚性,防止刨刀弯曲时损伤已加工表面,拧紧刀夹螺钉固定刨刀。另外,如需调整刀座偏转角度,可松开刀座螺钉,转动刀座,如图8.10所示。

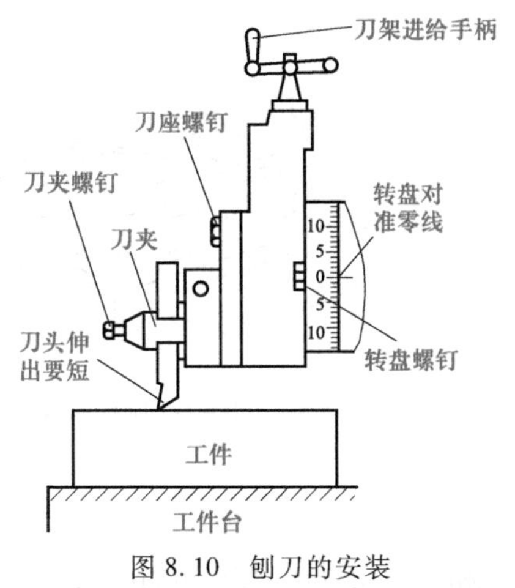

图 8.10　刨刀的安装

【实习操作】

选择直头刨刀或弯头刨刀,按照加工水平面的要求,将刨刀正确地安装在刀架上。

复习思考题

1. 刨刀的刃倾角 λ_s,为什么选择负值?
2. 弯头刨刀与直头刨刀比较,为什么常用弯头刨刀?
3. 刨削水平面、斜面、垂直面、T形槽和V形槽时各选用何种刨刀?
4. 试述加工水平面用刨刀的安装过程。

课题四　刨平面及沟槽

【基础知识】

（一）工件的装夹方法

在刨床上,加工单件、小批量生产的工件,常用机用虎钳或螺栓、压板装夹工件,而加工成批、大量生产的工件可用专门设计制造的专用夹具来装夹工件。刨削用机用虎钳装夹工件的方法与铣削相同(见“铣削加工”课题二“铣床及附件”的“基本知识”)。用螺栓、压板将工件直接固定在工作台上的装夹方法如图 8.11 所示。

用螺栓、压板装夹工件时,必须注意压板及压点的位置要合理,垫铁的高度要合适,这样可以防止因工件松动而破坏定位,如图 8.12 所示。工件夹紧后,要用划线盘复查加工线与工作台的平行度或垂直度。

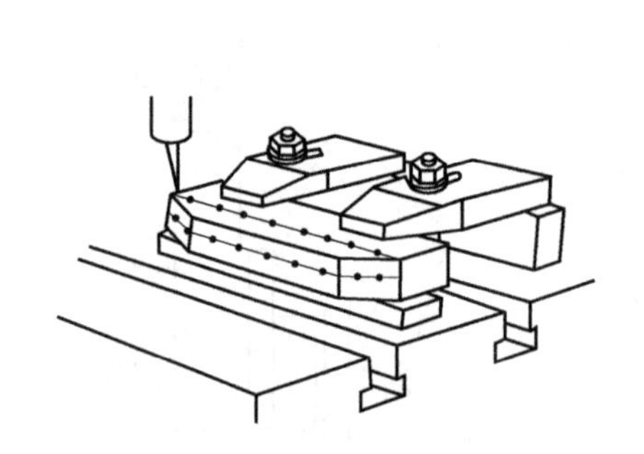

图 8.11 用螺栓、压板装夹工件

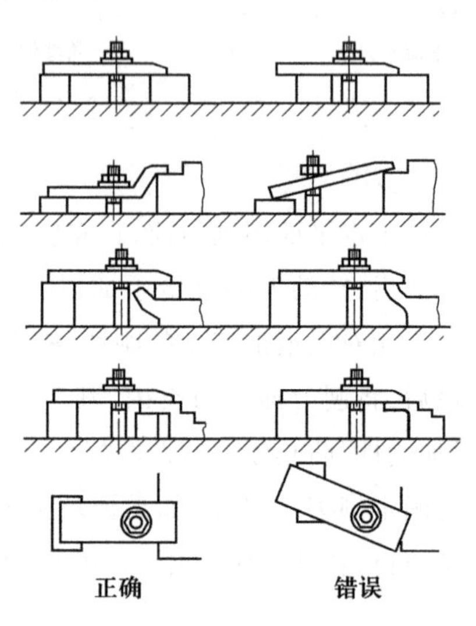

图 8.12 压板的使用

（二）刨水平面

粗刨时用平面刨刀,精刨时用圆头精刨刀,刨刀的切削刃圆弧半径为 $R3 \sim R5$。背吃刀量 a_p = 0.2~2 mm,进给量 f= 0.33~0.66 mm/行程,切削速度 v_c = 17~50 m/min。粗刨时背吃刀量和进给量取大值,切削速度取低值;精刨时切削速度取高值,背吃刀量和进给量取小值。

（三）刨垂直面和斜面

1. 刨垂直面

刨垂直面是用刀架作垂直进给运动来加工平面的方法,其常用于加工台阶面和长工件的端面。

加工前,要调整刀架转盘的刻度线对准零线,以保证加工面与工件底平面垂直。刀座应偏转 10°~15°,使其上端偏离加工面的方向,如图 8.13 所示。刀座偏转的目的是使抬刀板在回程时携带刀具抬离工件的垂直面,以减少刨刀的磨损,并避免划伤已加工表面。

精刨时,为减小表面粗糙度值,可在副切削刃上接近刀尖处磨出 1~2 mm 的修光刃。装刀时,应使修光刃平行于加工表面。

2. 刨斜面

与水平面倾斜的平面称为斜面。零件上的斜面分内斜面和外斜面两种。通常采用倾斜刀架法刨斜面,即把刀架和刀座分别倾斜一定角度,从上向下倾斜进给进行刨削,如图 8.14 所示。

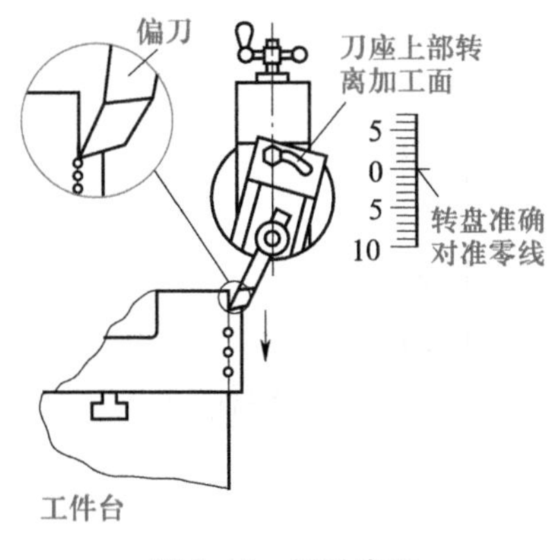

图 8.13　刨垂直面

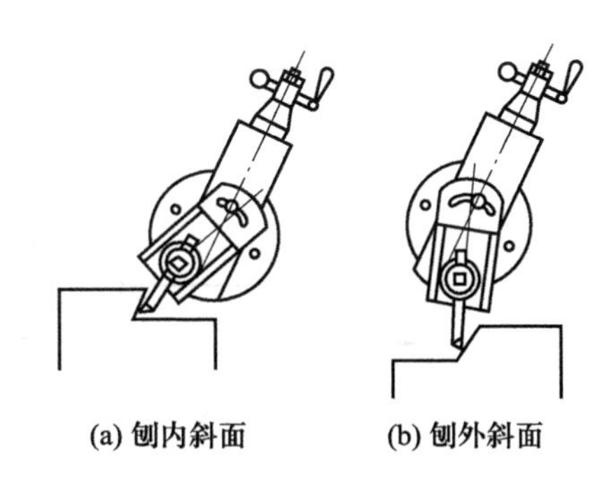

图 8.14　倾斜刀架法刨斜面

刨斜面时,刀架转盘的刻度不能对准零线,刀架转盘扳过的角度是工件斜面与垂直面之间的夹角。刀座偏转的方向应与刨垂直面时相同,即刀座上端要偏离加工面。

(四) 刨 T 形槽

槽类零件很多,如直角槽、T 形槽、V 形槽、燕尾槽等,其作用也各不相同。T 形槽主要用于工作台表面装夹工件,直角槽、V 形槽、燕形槽用于零件的配合表面,V 形槽还可以用于夹具的定位表面。加工槽类零件的方法常用铣削或刨削,在此仅介绍刨 T 形槽。

刨 T 形槽的方法如图 8.15 所示,步骤如下:

(1) 用切刀刨直槽,使其宽度等于 T 形槽槽口的宽度,深度等于 T 形槽的深度(图 8.15a)。

(2) 用右弯头切刀刨右侧凹槽(图 8.15b)。如果凹槽的高度较大,用一刀刨出全部高度有困难,可分几次刨出,最后用垂直进给精刨槽壁。

(3) 用左弯头切刀刨左侧凹槽(图 8.15c)。

(4) 用 45°刨刀倒角(图 8.15d)。

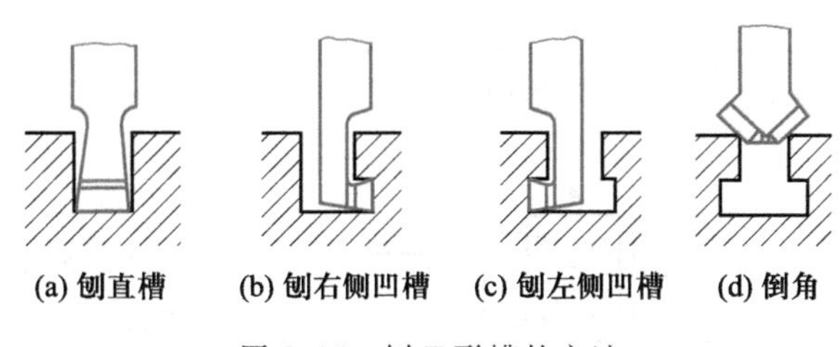

图 8.15　刨 T 形槽的方法

【实习操作】

结合生产实际进行刨平面的实习,如无合适生产件,可按照图 8.16 所示工件的技术要求在牛头刨床上进行刨削实习。

1. 刨刀的选择及安装

选用平面刨刀并按图 8.10 所示方法,将刨刀正确安装在刀架上。

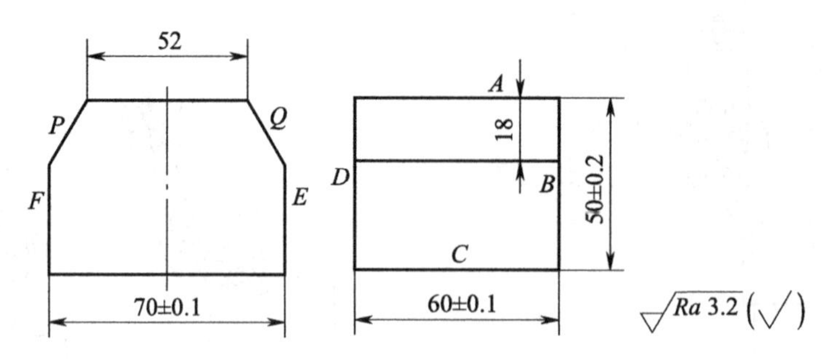

图 8.16 刨平面的工件图(材料:HT150)

2. 工件的装夹

用机用虎钳装夹工件。先把机用虎钳装夹在工作台上,然后把工件装夹在机用虎钳上。

3. 调整刨床

根据切削速度 $v_c=17\sim50$ m/min 来确定滑枕每分钟往复的次数 n,即 $n=\dfrac{1\ 000v_c}{2L}\approx95\sim278$ 行程/min(取 $L=90$ mm)。学生实习时可取低值并按所取值的大小调整滑枕变速手柄的位置,然后根据夹好的工件长度和位置来调整滑枕的行程和行程起始位置。

4. 对刀试切

在开车对刀时,使刀尖轻轻地擦在加工表面上,观察切削位置是否合适。如不合适,需停车重新调整行程起始位置和行程长度。调整合适后即可进行刨削,取背吃刀量 $a_p=0.2\sim2$ mm,$f=0.33\sim0.66$ mm/行程(即棘轮爪每次摆动,拨动棘轮转过一或两个齿)。

5. 刨削步骤

刨削步骤见表 8.1。

表 8.1 刨削步骤

加工方法	序号	简图	操作要点
刨水平面	1	A D B C	以表面 D 为定位粗基准,加工较大的表面 A
	2	B A C D	以表面 A 为定位精基准,并在表面 C 与活动钳口间垫一个圆棒,将工件夹紧,加工表面 B,可满足 $B\perp A$

续表

加工方法	序号	简　　图	操 作 要 点
刨水平面	3	D 60±0.1 A C B	以表面 A、B 为定位精基准，加工表面 D，保证尺寸（60±0.1）mm，且同时满足 $D\perp A$
	4	50±0.2 C D A B	以表面 A、D 为定位精基准，加工表面 C，保证尺寸公差（50±0.2）mm，也同时满足 $C\perp D$、$C/\!/A$
刨垂直面	5	72 E	同上定位，采用垂直进刀法加工垂直端面 E，满足 $E\perp A$，$E\perp D$
	6	70±0.1 F	以表面 A、B 为定位精基准，采用垂直进刀法加工垂直端面 F，保证尺寸（70±0.1）mm
刨斜面	7	61 P 18	以表面 A、B 为定位精基准，采用倾斜刀架法加工斜面 P，刀架转盘的转角为 26°6′，保证尺寸 18 mm 和 61 mm
	8	52 Q 18	以表面 A、D 为定位精基准，采用倾斜刀架法加工斜面 Q，刀架转盘的转角为 26°6′，保证尺寸 18 mm 和 52 mm

6. 工件的测量方法

测量长度尺寸用游标卡尺，测量角度用万能游标量角器，测量垂直度则需将工件放在平台上用 90°角尺检验。

【教师演示】

指导教师按照图 8.17 所示工件的技术要求,进行刨燕尾槽的演示。

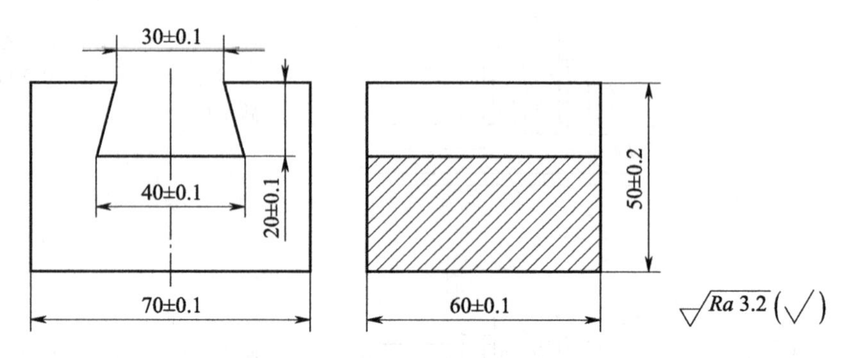

图 8.17　刨燕尾槽工件图(材料:HT150)

在刨削过程中,首先选用切刀刨直槽,再选用左角度偏刀刨左侧斜面 B 及底面 C 左半部,最后选用右角度偏刀刨右侧斜面 D 及底面 C 右半部,如图 8.18 所示。采用倾斜刀架法刨斜面时,一定要注意刀架转盘转过角度的大小及转动方向,切不可转错。

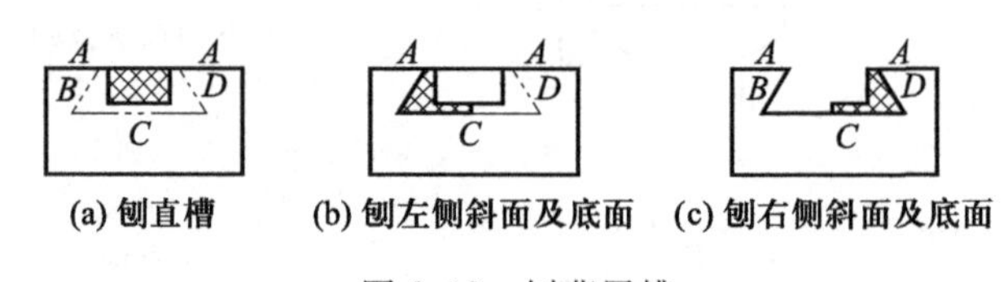

图 8.18　刨燕尾槽

复习思考题

1. 刨水平面和垂直面时,为什么刀架转盘刻度要对准零线?而刨斜面时刀架转盘要转过一定的角度?

2. 刨垂直面时,为什么刀座要偏转 10°~15°?

3. 试述刨 T 形槽和燕尾槽的步骤。

课题五　龙门刨床和插床

【基础知识】

在刨削类机床中,除牛头刨床外还有龙门刨床和插床等。

(一)龙门刨床

龙门刨床与牛头刨床不同,它的框架因呈“龙门”形状而称为龙门刨床。它的运动特点是:

主运动为工作台(工件)的往复直线运动,进给运动是刀架(刀具)的横向或垂直移动。图 8.19 所示为 B2010A 型龙门刨床外观图,机床主要由床身、工作台、立柱、刀架、工作台减速箱、刀架进给箱等部分组成。

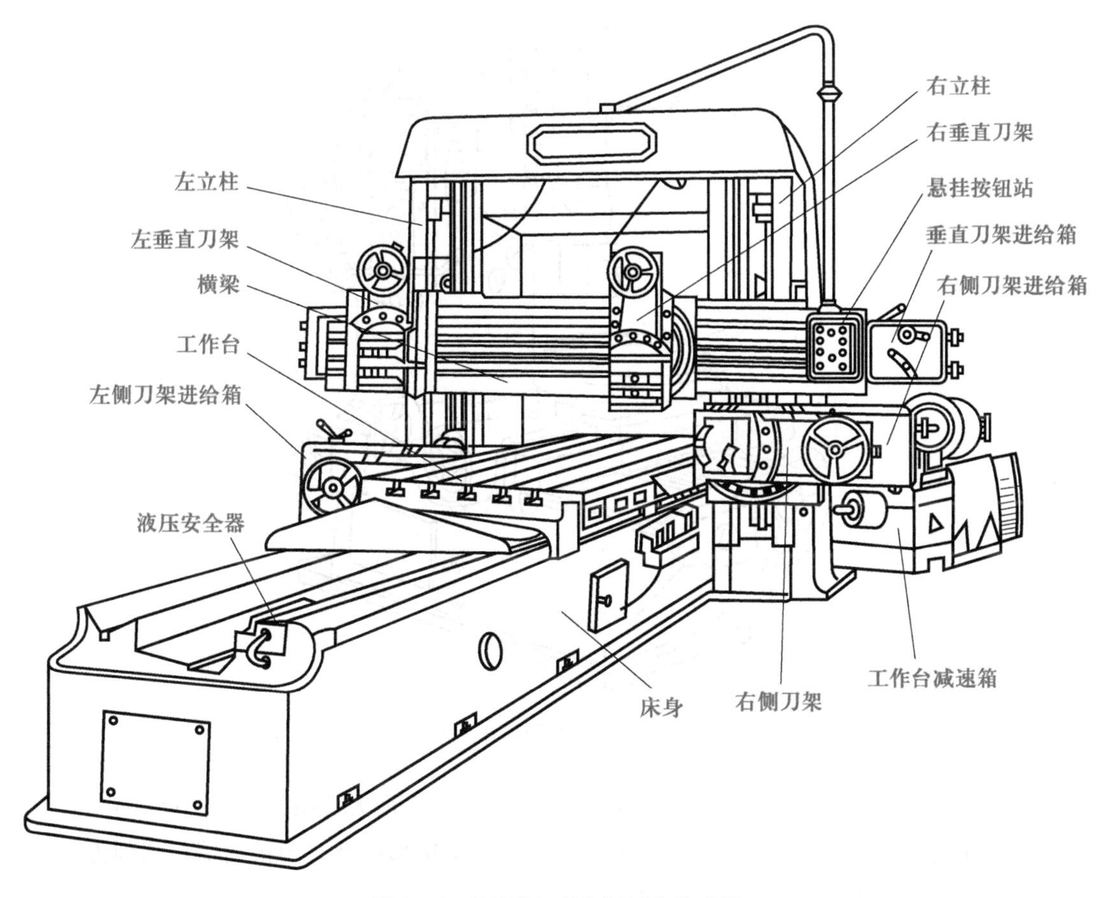

图 8.19　B2010A 型龙门刨床外观图

B2010A 的含义是:B——刨削类机床,20——龙门刨床,10——最大刨削宽度为 1 000 mm,A——经过第一次重大改进。

龙门刨床的工作过程为:工件被装夹在工作台上作往复直线运动;刀架带动刀具沿横梁导轨作横向移动,刨削工件的水平面;立柱上的侧刀架带动刀具沿立柱导轨垂直移动,刨削工件的垂直面;刀架还可以扳转一定角度作斜向移动,刨削工件的斜面。另外,横梁还可以沿立柱导轨上下升降,以调整刀具和工件的相对位置。

龙门刨床主要用来加工床身、机座、箱体等零件的平面,它既可以加工较大的长而窄的平面,又可以同时加工多个中小型零件的小平面。

（二）插床

插床实际上是一种立式牛头刨床,它的结构及工作原理与牛头刨床基本相同,所不同的是插床的滑枕是在垂直方向上作往复直线运动。插床的工作台由下滑板、上滑板及圆形工作台三部分组成。下滑板作横向进给移动,上滑板作纵向进给移动,圆形工作台可带动工件回转。B5020 型插床外观如图 8.20 所示。

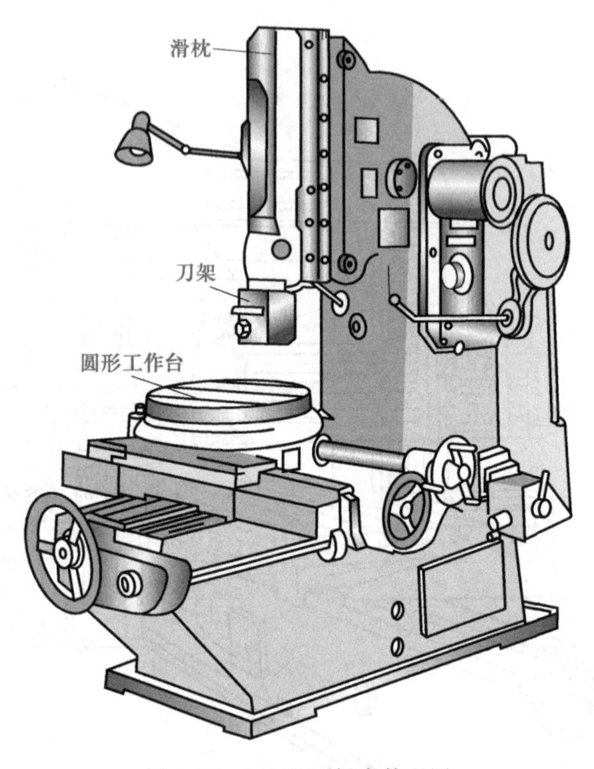

图 8.20 B5020 型插床外观图

B5020 的含义是:B——刨削类机床,50——插床,20——最大插削长度为 200 mm。

插床主要用于工件内表面的加工,如方孔、长方孔、多边形孔及孔内键槽等。插削方孔的方法如图 8.21 所示,插削孔内键槽的方法如图 8.22 所示。

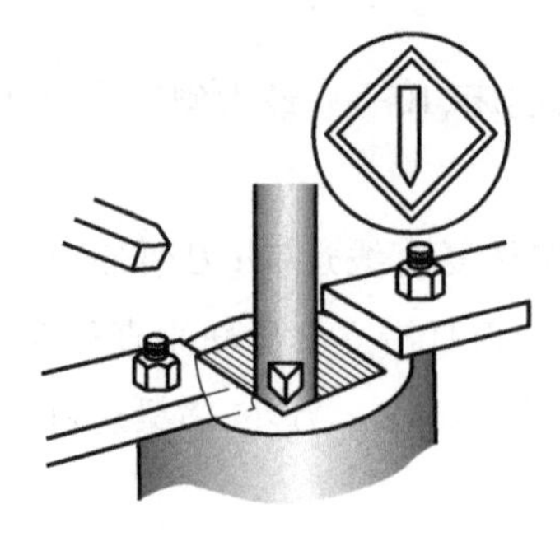

图 8.21 插削方孔

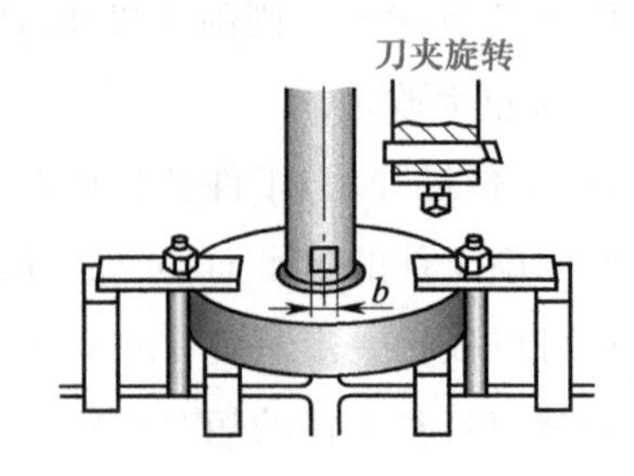

图 8.22 插削孔内键槽

【教师演示】

各校根据实习工厂的实际情况和具体条件,由指导教师开动龙门刨床、插床进行演示和讲解,而不具备条件的学校可由指导教师带领学生参观生产车间并进行讲解。

复习思考题

1. 龙门刨床和牛头刨床的运动有何不同？
2. 龙门刨床的用途是什么？
3. 为什么把插床称为刨削类机床？
4. 在插床上如何插削不通的孔内键槽？

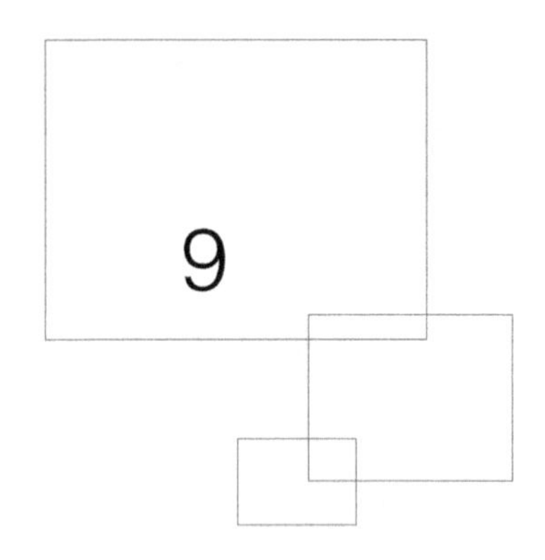

9 铣削加工

目的和要求

1. 了解铣削加工的工艺特点及加工范围。
2. 了解常用铣床的组成、运动和用途，了解铣床常用刀具和附件的基本结构与用途。
3. 熟悉铣削的加工方法和测量方法，了解用分度头进行简单分度的方法以及铣削加工所能达到的尺寸精度、表面粗糙度值范围。
4. 了解常用齿形加工方法及加工特点。
5. 在铣床上能正确安装工件、刀具，能完成铣平面、铣沟槽以及用简单分度进行的加工。

安全技术

铣工实习与车工实习的安全技术有很多相同点，可参照执行，需更加注意如下几点：

1. 多人共同使用一台铣床时，只能一人操作，并注意他人的安全。
2. 开动铣床后人不能靠近旋转的铣刀，更不能用手去触摸刀具和工件，也不能在开机时测量工件。
3. 工件必须压紧夹牢，以防发生事故。

课题一　概述

【基础知识】

在铣床上用旋转的铣刀切削工件上各种表面或沟槽的方法称为铣削，铣削是金属切削加工中常用的方法之一。

（一）铣削运动与铣削用量

铣削运动有主运动和进给运动，铣削用量有切削速度、进给量、背吃刀量和侧吃刀量，如图 9.1所示。

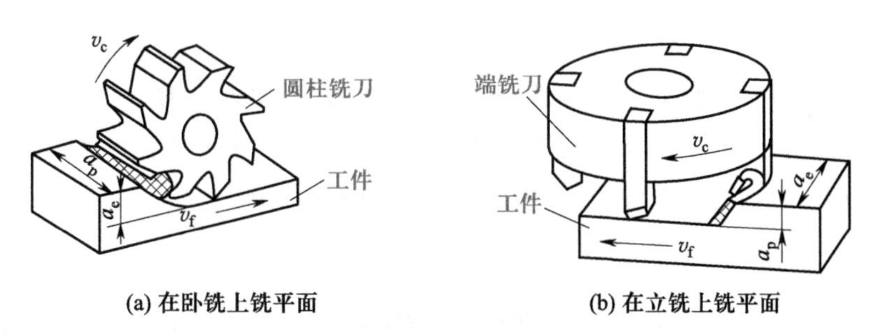

图 9.1　铣削运动及铣削用量

1. 主运动及切削速度（v_c）

铣刀的旋转运动是主运动，其切削刃上选定点相对于工件主运动的瞬时速度称为切削速度，可用下式计算：

$$v_c=\frac{\pi Dn}{1\ 000}\quad(\mathrm{m/min})=\frac{\pi Dn}{1\ 000\times 60}\quad(\mathrm{m/s})$$

式中　D——铣刀直径，单位为 mm；

n——铣刀每分钟转速，单位为 r/min。

2. 进给运动及进给量

工件的移动是进给运动。铣削进给量有下列三种表示方法：

（1）进给速度（v_f）　进给速度是指每分钟内铣刀相对于工件的进给运动的瞬时速度，单位为 mm/min，也称每分钟进给量。

（2）每转进给量（f）　它是指铣刀每转过一转时，铣刀在进给运动方向上相对于工件的位移量，单位为 mm/r。

（3）每齿进给量（f_z）　它是指铣刀每转过一个齿时，铣刀在进给运动方向上相对于工件的位移量，单位为 mm/z。

三种进给量之间的关系如下：

$$v_f=fn=f_z zn$$

式中　n——铣刀每分钟转速，单位为 r/min；

z——铣刀齿数。

3. 背吃刀量

背吃刀量是指在通过切削刃基点并垂直于工作平面的方向上测量的吃刀量，单位为 mm。

4. 侧吃刀量

侧吃刀量是指在平行于工作平面并垂直于切削刃基点的进给运动方向上测量的吃刀量，单位为 mm。

（二）铣削特点及加工范围

1. 铣削特点

铣削时，由于铣刀是旋转的多齿刀具，刀齿轮换切削，因而刀具的散热条件好，可以提高切削速度。此外，由于铣刀的主运动是旋转运动，故可提高铣削用量和生产率。但由于铣刀刀齿的不断切入和切出，切削力不断地变化，因此易产生冲击和振动。

2. 铣削加工范围

铣削主要用于加工平面，如水平面、垂直面、台阶面及各种沟槽表面和成形面等，也可以利用万能分度头进行分度件的铣削加工，还可以对工件上的孔进行钻削或镗削加工。常见的铣削加工类型如图 9.2 所示。

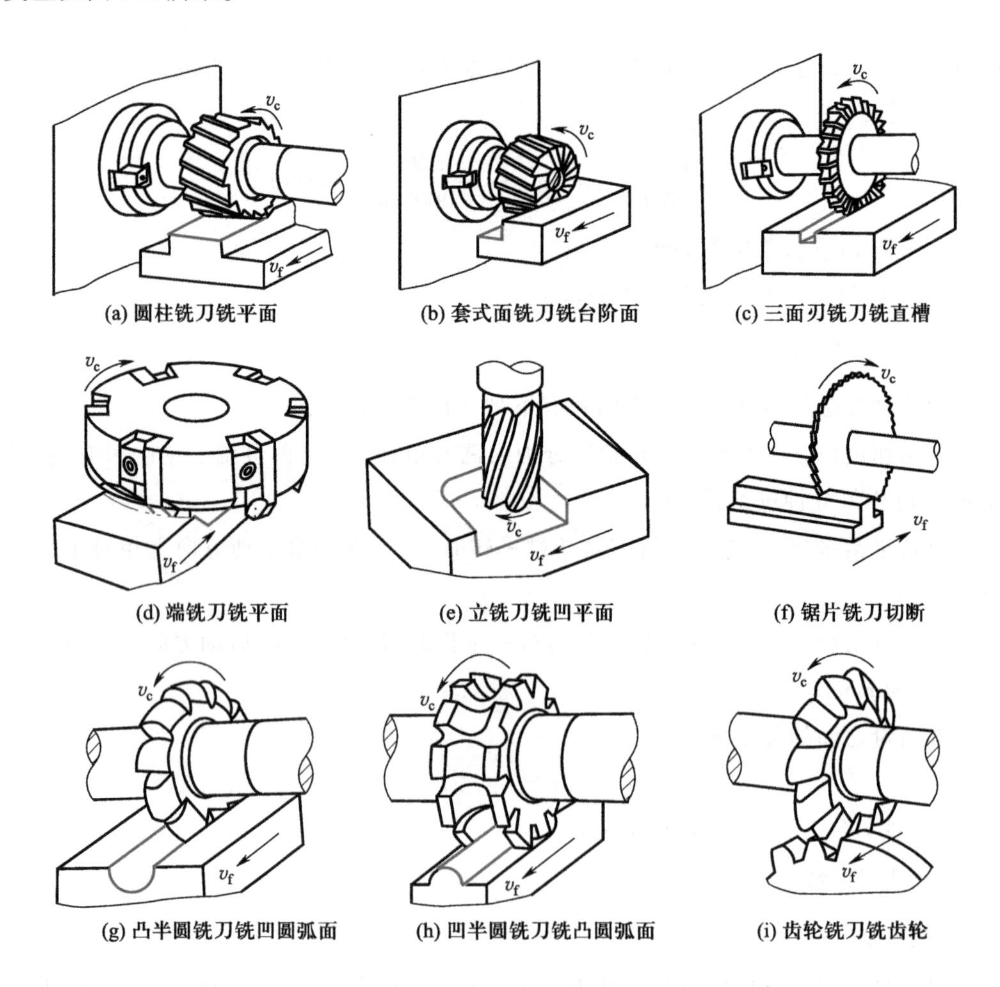

(a) 圆柱铣刀铣平面　(b) 套式面铣刀铣台阶面　(c) 三面刃铣刀铣直槽

(d) 端铣刀铣平面　(e) 立铣刀铣凹平面　(f) 锯片铣刀切断

(g) 凸半圆铣刀铣凹圆弧面　(h) 凹半圆铣刀铣凸圆弧面　(i) 齿轮铣刀铣齿轮

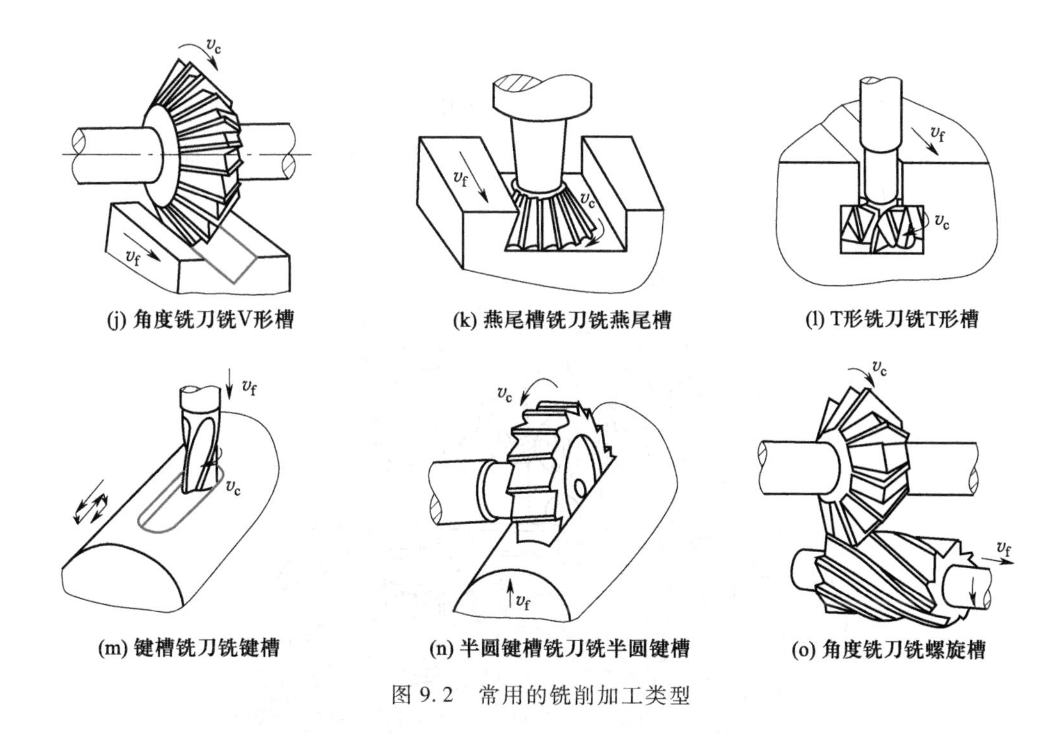

(j) 角度铣刀铣V形槽　(k) 燕尾槽铣刀铣燕尾槽　(l) T形铣刀铣T形槽

(m) 键槽铣刀铣键槽　(n) 半圆键槽铣刀铣半圆键槽　(o) 角度铣刀铣螺旋槽

图 9.2　常用的铣削加工类型

铣削加工的工件尺寸公差等级一般为IT9~IT7级,表面粗糙度值 Ra 值为6.3~1.6μm。

复习思考题

1. 什么是铣削的主运动和进给运动?

2. 铣削的进给量有几种?它们之间的关系是什么?

3. 铣削的主要加工范围是什么?

4. 若铣床主轴的转速 $n=210$ r/min,铣刀的外径 $D=100$ mm,铣削工件的长度 $l=200$ mm,每转进给量 $f=0.15$ mm/r,试求:① 切削速度 v_c;② 进给速度 v_f;③ 一次走刀所用的时间 T。

课题二　铣床及附件

【基础知识】

(一) 铣床的种类和型号

铣床的种类很多,最常用的是卧式升降台铣床和立式升降台铣床,此外还有龙门铣床、工具铣床、键槽铣床等各种专用铣床,以及各种类型的数控铣床。

铣床的型号和其他机床型号一样,按照GB/T 15375—2008《金属切削机床　型号编制方法》的规定表示。例如X6132:X——分类代号,铣床类机床;61——组、系代号,万能升降台铣床;32——主参数,工作台宽度的1/10,即工作台宽度为320 mm。

（二）X6132 型万能升降台铣床

万能升降台铣床是铣床中应用最广的一种。万能升降台铣床的主轴轴线与工作台平面平行且呈水平方向放置，其工作台可沿纵、横、垂直三个方向移动并可在水平平面内回转一定的角度，以适应不同工件铣削的需要，如图 9.3 所示。

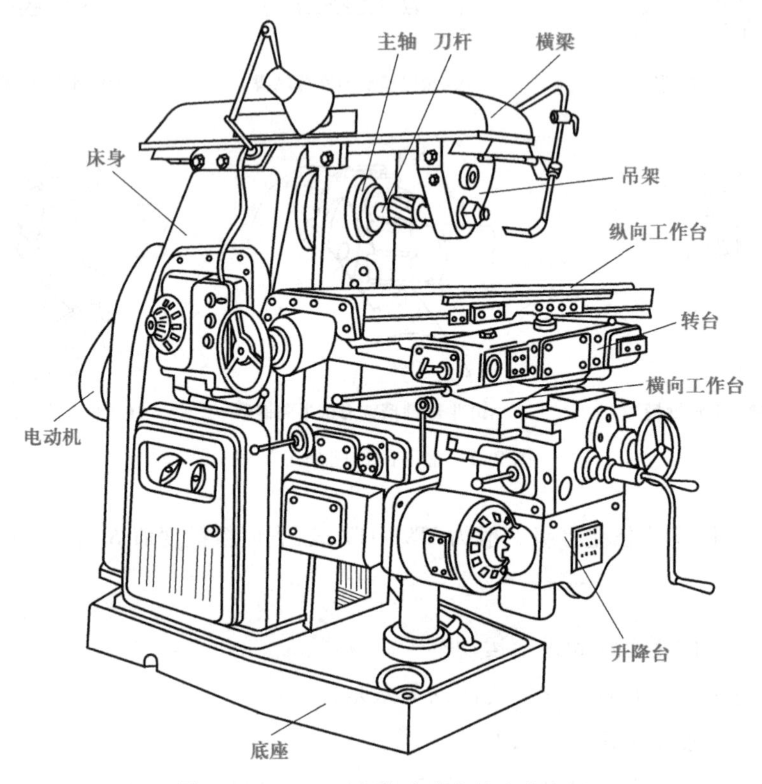

图 9.3 X6132 型万能升降台铣床外观图

1. 主要组成部分及作用

（1）床身　床身用来固定和支承铣床上所有的部件，电动机、主轴变速机构、主轴等安装在其内部。

（2）横梁　横梁上面装有吊架用以支承刀杆外伸，以增加刀杆的刚性。横梁可沿床身的水平导轨移动，以调整其伸出的长度。

（3）主轴　主轴是空心轴，前端有 7∶24 的精密锥孔，用以安装铣刀刀杆并带动铣刀旋转。

（4）纵向工作台　其上面有 T 形槽用以装夹工件或夹具，其下面通过螺母与丝杠螺纹连接，可在转台的导轨上纵向移动；其侧面有固定挡铁，以控制机床的纵向机动反向移动。

（5）转台　其上面有水平导轨，供工作台纵向移动；其下面与横向工作台用螺栓连接，如松开螺栓可使纵向工作台在水平平面内旋转一个角度（最大为±45°），使工件获得斜向移动。

（6）横向工作台　它位于升降台上面的水平导轨上，可带动纵向工作台作横向移动，用以调整工件与铣刀之间的横向位置或获得横向进给。

(7) 升降台　升降台可使整个工作台沿床身的垂直导轨上下移动,用以调整工作台面到铣刀的距离,还可作垂直进给。

带转台的卧式升降台铣床称为万能升降台铣床,不带转台即不能扳转角度的铣床称为卧式升降台铣床。

2. X6132 型万能升降台铣床的传动

其主运动和进给运动的传动路线分述如下:

(1) 主运动传动:

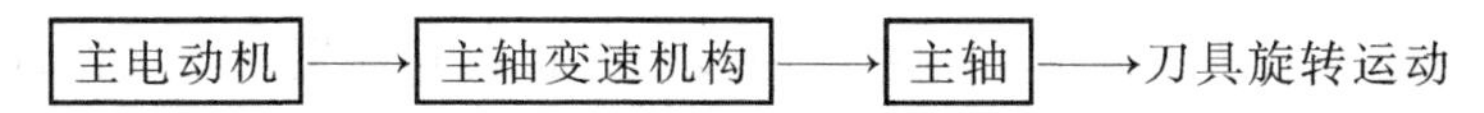

(2) 进给运动传动:

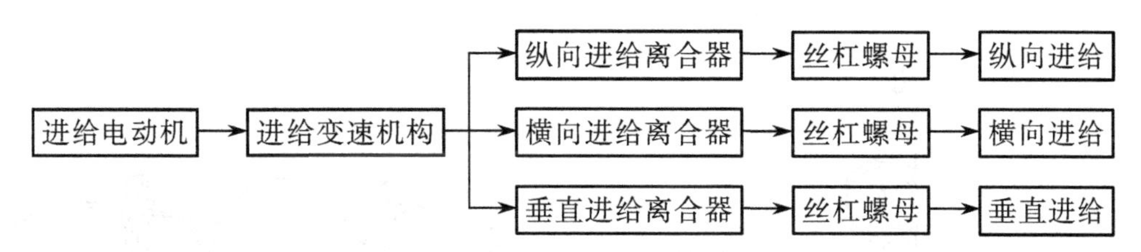

(三) 立式升降台铣床

立式升降台铣床如图 9.4 所示,与卧式升降台铣床的主要区别是其主轴与工作台台面相垂直。立式升降台铣床的头架还可以在垂直面内旋转一定的角度,以便铣削斜面。

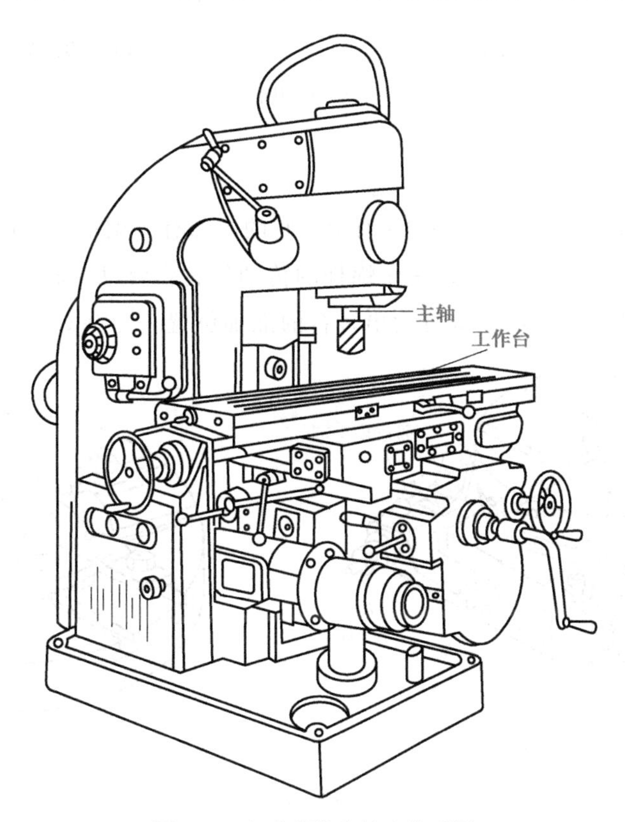

图 9.4　立式升降台铣床外观图

立式升降台铣床主要用于使用端铣刀加工平面，另外也可以加工键槽、T 形槽、燕尾槽等。

(四) 铣床主要附件

铣床主要附件有铣刀(见“铣削加工”课题三“铣刀”)、分度头(见“铣削加工”课题六“铣等分零件”)、机用虎钳、圆形工作台和万能立铣头等。

1. 机用虎钳

机用虎钳是一种通用夹具，使用时应先校正其在工作台上的位置，然后再夹紧工件。校正方法有三种：① 用百分表校正，如图 9.5a 所示；② 用 90°角尺校正；③ 用划线针校正。校正的目的是保证固定钳口与工作台面的垂直度、平行度。校正后利用螺栓与工作台 T 形槽连接，将机用虎钳装夹在工作台上。装夹工件时，要按划线找正工件，然后转动机用虎钳丝杠使活动钳口移动并夹紧工件，如图 9.5b 所示。

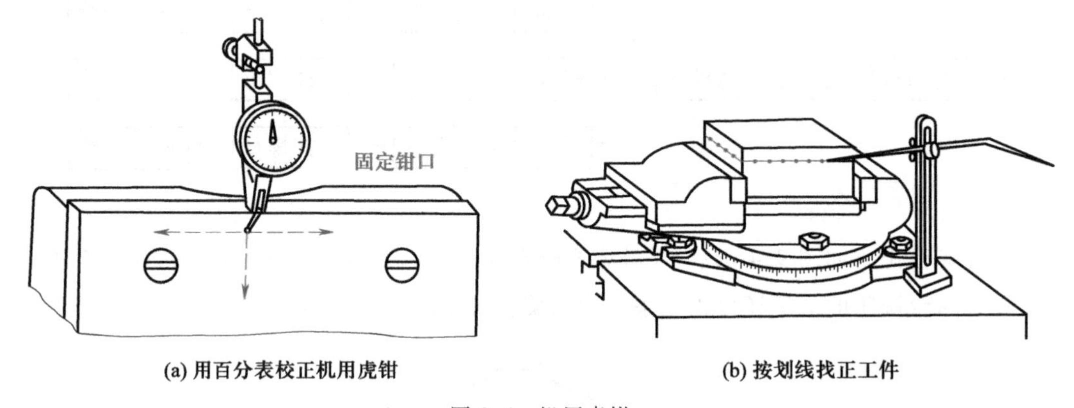

(a) 用百分表校正机用虎钳　　(b) 按划线找正工件

图 9.5　机用虎钳

2. 圆形工作台

圆形工作台即回转工作台，如图 9.6a 所示。它的内部有一副蜗轮蜗杆，手轮与蜗杆同轴连接，转台与蜗轮连接。转动手轮，通过蜗轮蜗杆的传动使转台转动。转台周围有刻度用来观察和确定转台位置，手轮上的刻度盘也可读出转台的准确位置。图 9.6b 所示为在回转工作台上

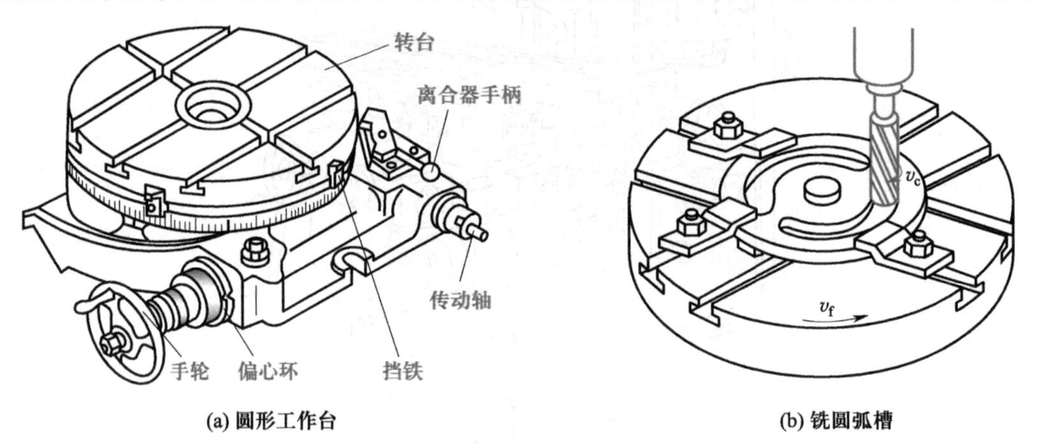

(a) 圆形工作台　　(b) 铣圆弧槽

图 9.6　圆形工作台及应用

铣圆弧槽的情况，即利用螺栓、压板把工件夹紧在转台上，铣刀旋转后，摇动手轮使转台带动工件进行圆周进给，铣削圆弧槽。

3. 万能立铣头

在卧式升降台铣床上装有万能立铣头，根据铣削的需要，可把立铣头主轴扳成任意角度，如图 9.7 所示。图 9.7a 为万能立铣头外形图，其底座用螺钉固定在铣床的垂直导轨上。由于铣床主轴的运动是通过立铣头内部的两对锥齿轮传到立铣头主轴上的且立铣头的壳体可绕铣床主轴轴线偏转任意角度（图 9.7b），又因为立铣头主轴的壳体还能在立铣头壳体偏转任意角度（图 9.7c），因此，立铣头主轴能在空间偏转成所需要的任意角度。

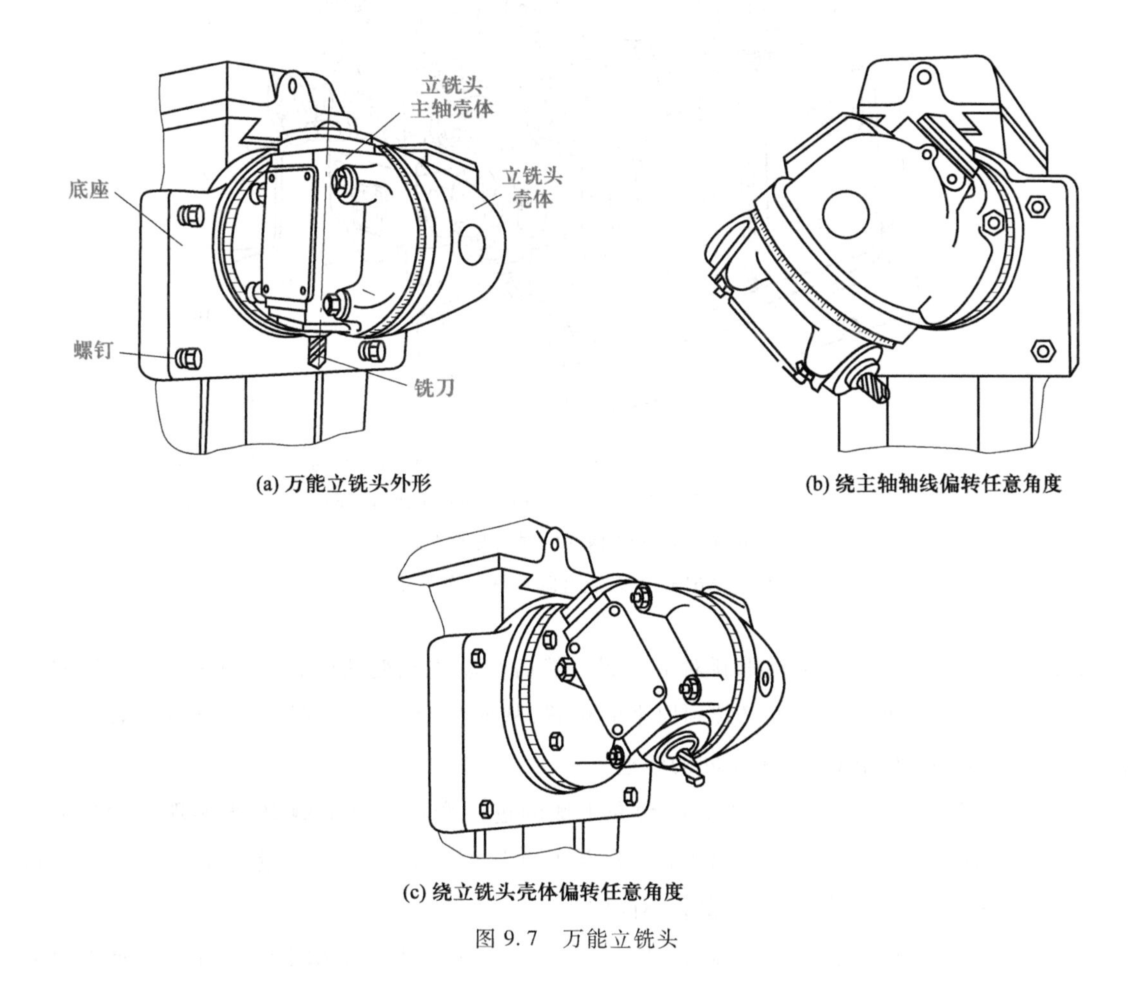

(a) 万能立铣头外形

(b) 绕主轴轴线偏转任意角度

(c) 绕立铣头壳体偏转任意角度

图 9.7　万能立铣头

【实习操作】

X6132 型万能升降台铣床操纵系统如图 9.8 所示。

1. 停车练习

（1）主轴转速的变换　通过操纵床身左侧壁上的主轴变速手柄 4 和主轴变速转盘 3 来实现主轴转速的变换。变换时，先将主轴变速手柄 4 压下向左转动，碰撞行程开关，主电动机瞬时

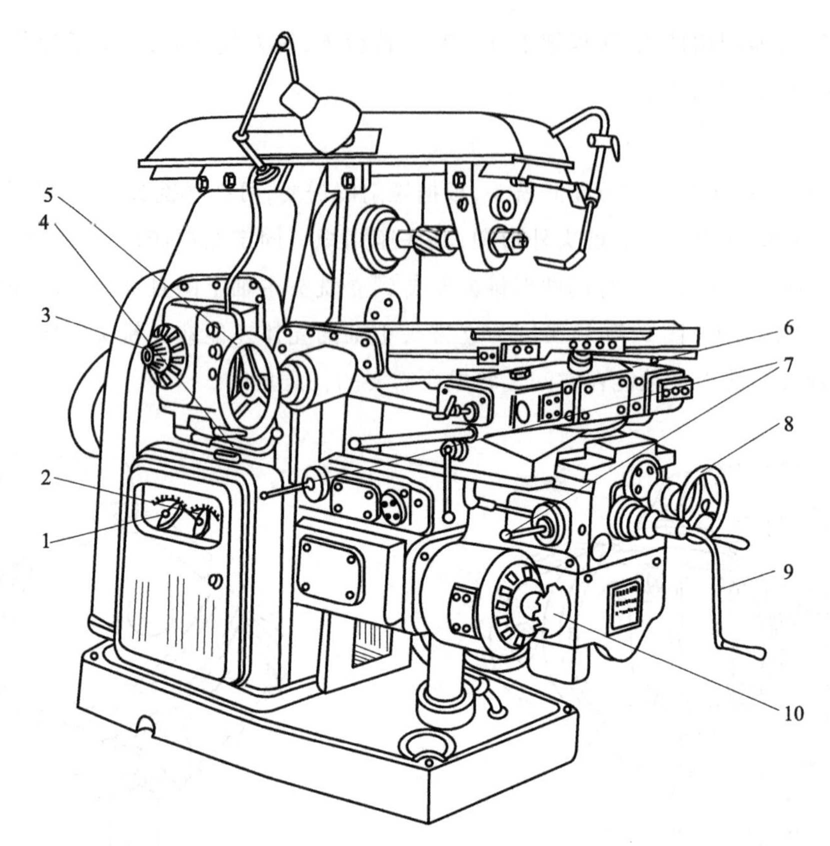

1—机床总电源开关;2—机床冷却油泵开关;3—主轴变速转盘;4—主轴变速手柄;5—纵向进给手动手轮;6—纵向机动进给手柄;7—横向和升降机动进给手柄;8—横向进给手动手轮;9—升降进给手动手柄;10—进给变速转盘手柄

图 9.8　X6132 型万能升降台铣床操纵系统图

起动,使其内部孔盘式变速机构重新对准位置。然后转动主轴变速转盘 3,使所需的转速对准指针。最后,把主轴变速手柄 4 又转到原来的位置,从而改变了主轴的转速。转动主轴变速转盘 3 的位置,可使主轴获得 18 种不同的转速。

(2) 进给量的调整　通过操纵升降台左下侧的进给变速转盘手柄 10 来实现进给量的调整。调整时,向外拉出进给变速转盘手柄 10,再转动它,使所需要的进给量对准指针,最后把进给变速转盘手柄 10 推回原位,即可得到不同的进给量。

(3) 工作台手动纵向、横向、升降移动　顺时针转动纵向进给手动手轮 5,工作台向右纵向移动,反之向左移动。顺时针转动横向进给手动手轮 8,工作台向里横向移动,反之向外移动。顺时针转动升降进给手动手柄 9,工作台上升,反之下降。

2. 低速开车练习

(1) 工作台纵向机动进给　通过操纵纵向机动进给手柄 6 来实现工作台纵向机动进给。纵向机动进给手柄 6 有 3 个位置:纵向机动进给手柄 6 向左扳,工作台向左运动;纵向机动进给手柄 6 向右扳,工作台向右运动;纵向机动进给手柄 6 处于中间位置,工作台不动。当纵向机动进给手柄 6 处于中间位置时,纵向进给离合器脱开,没有拨动行程开关,进给电动机停止转动,工作台不动。当纵向机动进给手柄 6 向左或向右扳时,通过操纵机构使纵向进给离合器接通,可分别拨动两个行程开关使进给电动机正转或反转,使工作台向左或向右移动。

(2) 工作台横向或升降机动进给　通过操纵机床左侧面的两个球形十字手柄 7(横向和升降机动进给手柄)中的任一个(两个手柄 7 联动),即可控制进给电动机的转向以及横向或升降进给离合器(接通或断开),完成工作台的横向或升降进给。手柄 7 有 5 个工作位置:① 向上扳,升降台上升;② 向下扳,升降台下降;③ 向左(床身)扳,工作台向左移动;④ 向右扳,工作台向右移动;⑤ 中间位置,横向和升降机动进给停止。

(3) 快动　按下快动按钮,在电磁铁的作用下,快动离合器(摩擦片式)合上,进给离合器脱开,使运动不经过进给变速机构,直接由进给电动机传给纵、横、升降进给丝杠,以实现机床工作台的快速移动。

复习思考题

1. 机床型号 X6132 表示的含义是什么?

2. 万能升降台铣床由哪些主要部分组成? 其作用是什么?

3. X6132 型万能升降台铣床的主运动和进给运动的传动路线是什么?

4. 试正确变换两种主轴转速,正确调整两种进给量,正确操纵纵向、横向、垂直手动和机动进给。

课题三　铣刀

【基础知识】

(一) 铣刀的种类和用途

铣刀的种类很多,按材料不同,铣刀分为高速钢和硬质合金两大类;按刀齿和刀体是否一体又分为整体式和镶齿式两类;按铣刀的安装方法不同分为带孔铣刀和带柄铣刀两类。另外,按铣刀的用途和形状又可分为如下几类:

(1) 圆柱铣刀　如图 9.2a 所示,由于它仅在圆柱表面上有切削刃,故用于卧式升降台铣床上加工平面。

(2) 端铣刀　如图 9.2d 所示,由于其刀齿分布在铣刀的端面和圆柱面上,故多用于立式升降台铣床上加工平面,也可用于卧式升降台铣床上加工平面。

(3) 立铣刀　如图 9.9 所示,它是一种带柄铣刀,有直柄和锥柄两种,适用于铣削端面、斜面、沟槽和台阶面等。

(4) 键槽铣刀和 T 形槽铣刀　如图 9.10 所示,它们专门加工键槽和 T 形槽。

(5) 三面刃铣刀和锯片铣刀　三面刃铣刀一般用于卧式升降台铣床上加工直槽(图 9.2c),也可加工台阶面和较窄的侧面等。锯片铣刀主要用于切断工件或铣削窄槽,如图 9.2f 所示。

(6) 角度铣刀　角度铣刀主要用于卧式升降台铣床上加工各种角度的沟槽。角度铣刀分为单角铣刀(图 9.2k)和双角铣刀,其中双角铣刀又分为对称双角铣刀(图 9.2j)和不对称双角铣刀[左切双角铣刀(图 9.2o)、右切双角铣刀]。

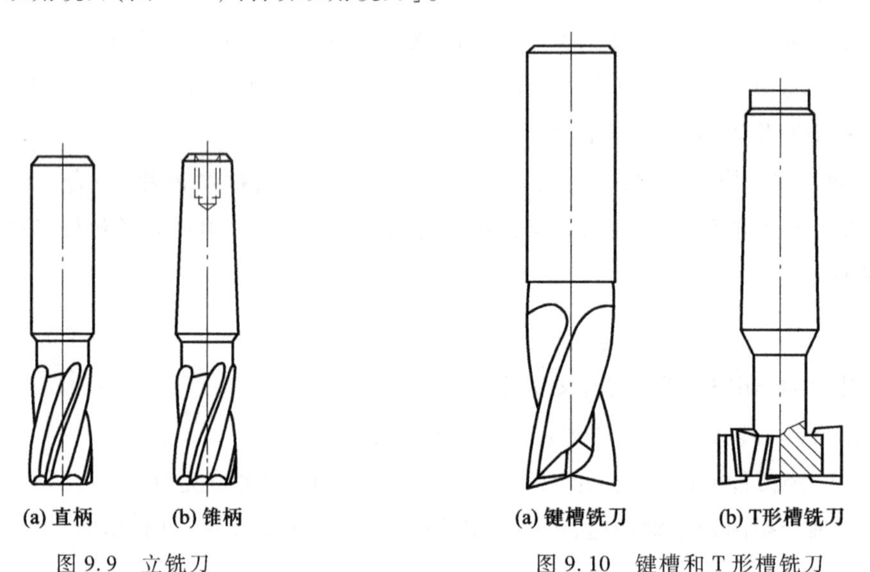

图 9.9　立铣刀

图 9.10　键槽和 T 形槽铣刀

(7) 成形铣刀　成形铣刀主要用于卧式升降台铣床上加工各种成形面(图 9.2g、h、i)。

(二) 铣刀的安装

1. 带孔铣刀的安装

(1) 带孔铣刀中的圆柱形铣刀或三面刃等盘形铣刀常用长刀杆安装,如图 9.11 所示。

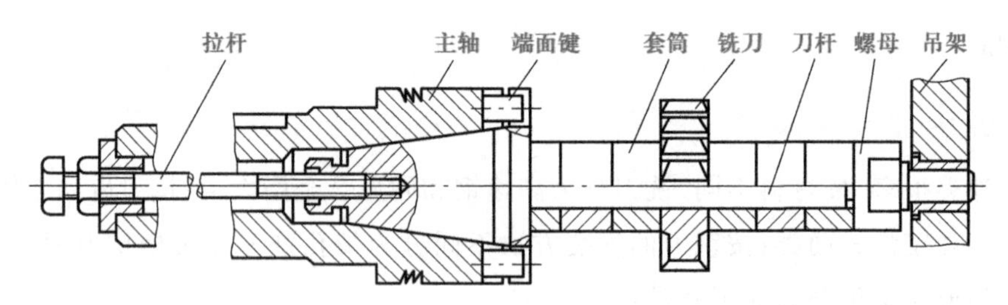

图 9.11　盘形铣刀的安装

(2) 带孔铣刀中的端铣刀常用短刀杆安装,如图 9.12 所示。

2. 带柄铣刀的安装

(1) 锥柄铣刀的安装　如图 9.13a 所示,安装时,要根据铣刀锥柄的大小选择相应的变径套,将各个配合表面擦净,然后用拉杆把铣刀及变径套一起拉紧在主轴上。

(2) 直柄铣刀的安装　如图 9.13b 所示,安装时,要用弹簧夹头,即铣刀的直柄要插入弹簧套内,然后旋紧螺母以压紧弹簧套的端面,弹簧套的外锥面受压使孔径缩小,夹紧直柄铣刀。

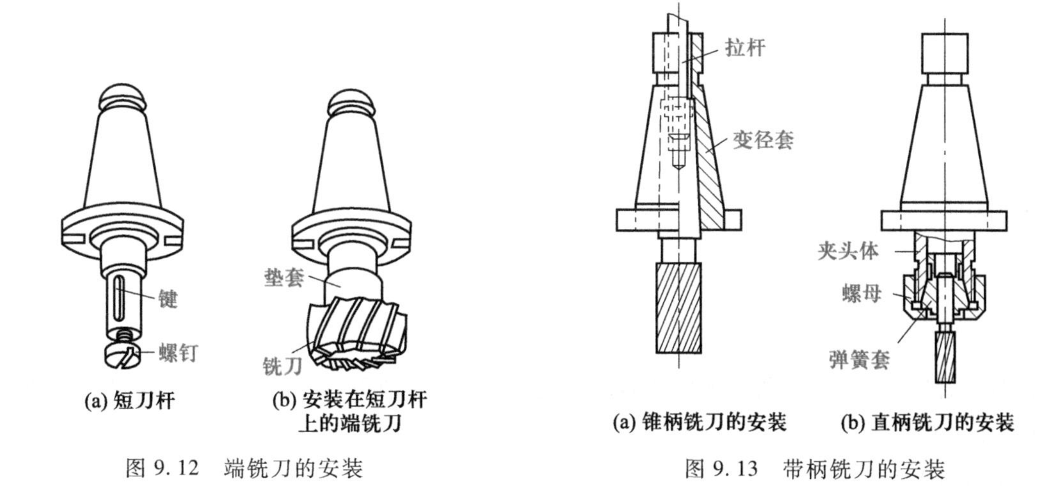

(a) 短刀杆　(b) 安装在短刀杆上的端铣刀

图 9.12　端铣刀的安装

(a) 锥柄铣刀的安装　(b) 直柄铣刀的安装

图 9.13　带柄铣刀的安装

【实习操作】

（1）在卧式升降台铣床上安装圆柱铣刀或盘形铣刀，其安装步骤如图 9.14 所示。

（2）在立式升降台铣床上安装端铣刀，如图 9.12 所示。

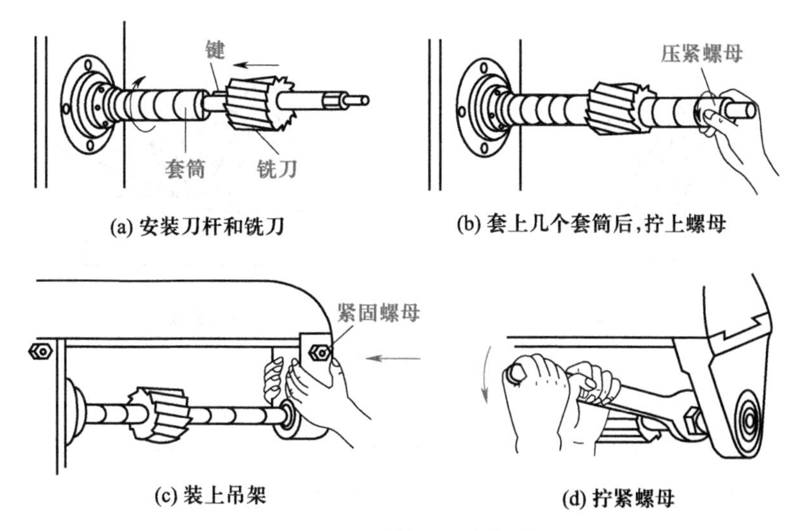

(a) 安装刀杆和铣刀　(b) 套上几个套筒后，拧上螺母

(c) 装上吊架　(d) 拧紧螺母

图 9.14　圆柱铣刀的安装步骤

复习思考题

1. 试指出圆柱铣刀、端铣刀、三面刃铣刀、键槽铣刀的主、副切削刃，并指出这几种铣刀的用途。

2. 为什么铣刀要制成多齿刀具？为什么多数铣刀制成螺旋齿形状？

3. 在长刀杆上安装盘形铣刀时，应注意哪些事项？

4. 铣削平面、台阶面、轴上键槽时应选用什么种类的刀具？

课题四 铣平面、斜面、台阶面

【基础知识】

（一）铣平面

1. 用圆柱铣刀铣平面

在卧式升降台铣床上，利用圆柱铣刀的周边齿刀刃（切削刃）进行的铣削称为周边铣削，简称周铣，如图 9.2a 所示。

（1）顺铣与逆铣

① 顺铣。在铣刀与工件已加工面的切点处，铣刀切削刃的旋转运动方向与工件进给方向相同的铣削称为顺铣，如图 9.15a 所示。

② 逆铣。在铣刀与工件已加工面的切点处，铣刀切削刃的旋转运动方向与工件进给方向相反的铣削称为逆铣，如图 9.15b 所示。

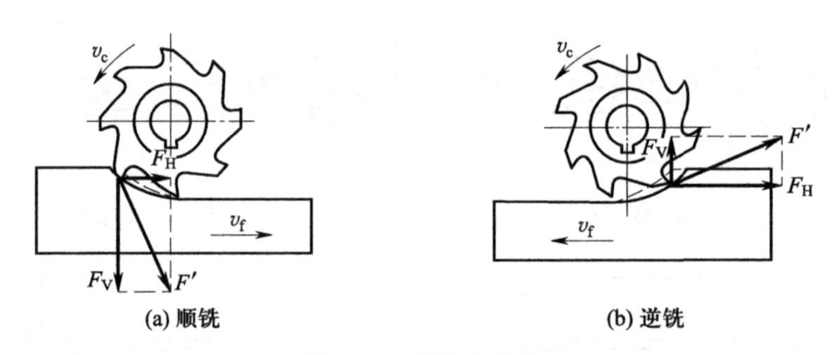

图 9.15 顺铣与逆铣

顺铣时，刀齿切下的切屑由厚逐渐变薄，易切入工件。一方面，由于铣刀对工件的垂直分力 F_V 向下压紧工件，所以切削时不易产生振动，铣削平稳。另一方面，由于铣刀对工件的水平分力 F_H 与工作台的进给方向一致且工作台丝杠与螺母之间有间隙，因此在水平分力的作用下，工作台会因消除间隙而突然窜动，使工作台出现爬行或产生啃刀现象，引起刀杆弯曲、刀头折断。

逆铣时，刀齿切下的切屑是由薄逐渐变厚的。由于刀齿的切削刃具有一定的圆角半径，刀齿接触工件后要滑移一段距离才能切入，因此刀具与工件摩擦严重，致使切削温度升高，工件已加工表面粗糙度增大。另外，铣刀对工件的垂直分力是向上的，工件有抬起趋势，易产生振动而影响表面粗糙度。铣刀对工件的水平分力与工作台的进给方向相反，在水平分力的作用下，工作台丝杠与螺母总是保持紧密接触而不会松动，故丝杠与螺母的间隙对铣削没有影响。

综上所述，从提高刀具耐用度和工件表面质量以及增加工件夹持的稳定性等观点出发，一般以采用顺铣法为宜。但需要注意的是，铣床必须具备丝杠与螺母的间隙调整机构，且间隙调整为零时才能采用顺铣。当铣削带有黑皮的工件表面时，如对铸件或锻件表面进行粗加工，若用顺铣法，刀齿首先接触黑皮，将会加剧刀齿的磨损，应采用逆铣法。

（2）铣削步骤

用圆柱铣刀铣削平面的步骤如下：

① 铣刀的选择与安装。由于螺旋齿铣刀铣平面时，排屑顺利，铣削平稳，所以常用螺旋齿圆柱铣刀铣平面。在工件表面粗糙度 Ra 值较小且加工余量不大时，选用细齿铣刀；表面粗糙度 Ra 值较大且加工余量较大时，选用粗齿铣刀。铣刀的宽度要大于工件加工表面的宽度，以保证一次进给就可铣完待加工表面。另外，应尽量选用小直径铣刀，以免产生振动而影响表面加工质量。圆柱铣刀的安装方法如图 9. 14 所示。

② 切削用量的选择。选择切削用量时，要根据工件材料、加工余量、工件宽度及表面粗糙度要求来综合选择合理的切削用量。一般来说，铣削应采用粗铣和精铣两次铣削的方法来完成工件的加工。由于粗铣时加工余量大，故选择每齿进给量，而精铣时加工余量较小，常选择每转进给量。不管是粗铣还是精铣，均应按每分钟进给速度来调整铣床。

粗铣：侧吃刀量 $a_e=2\sim8$ mm，每齿进给量 $f_z=0.03\sim0.16$ mm/z，铣削速度 $v_c=15\sim40$ m/min。

根据毛坯的加工余量，选择的顺序是：先选取较大的侧吃刀量 a_e，再选择较大的每齿进给量 f_z，最后选取合适的铣削速度 v_c。

精铣：铣削速度 $v_c\geqslant50$ m/min 或 $v_c\leqslant10$ m/min，每转进给量 $f=0.1\sim1.5$ mm/r，侧吃刀量 $a_e=0.2\sim1$ mm。选择的顺序是：先选取较低或较高的铣削速度 v_c，再选择较小的每转进给量 f，最后根据零件图样尺寸确定侧吃刀量 a_e。

③ 工件的装夹方法。根据工件的形状、加工平面的部位以及尺寸公差和形位公差的要求，选择合适的装夹方法。一般用机用虎钳或螺栓压板装夹工件。用机用虎钳装夹工件时，要校正机用虎钳的固定钳口并校正工件（图 9. 5），还要根据选定的铣削方式调整好铣刀与工件的相对位置。

④ 操作方法。根据选取的铣削速度 v_c，按下式调整铣床主轴的转速：

$$n=\frac{1\,000v_c}{\pi D}\quad(\text{r/min})$$

根据选取的进给量按下式调整铣床的每分钟进给量：

$$v_f=fn=f_z zn\quad(\text{mm/min})$$

侧吃刀量的调整要在铣刀旋转（主电动机起动）后进行，即先使铣刀轻微接触工件表面，记住此时升降手柄的刻度值，再将铣刀退离工件，转动升降手柄升高工作台并调整好侧吃刀量，最后固定升降和横向进给手柄并调整纵向工作台机动停止挡铁，即可试铣削。

2. 用端铣刀铣平面

在卧式和立式升降台铣床上用铣刀端面齿刃进行的铣削称为端面铣削，简称端铣，如图 9. 16 所示。

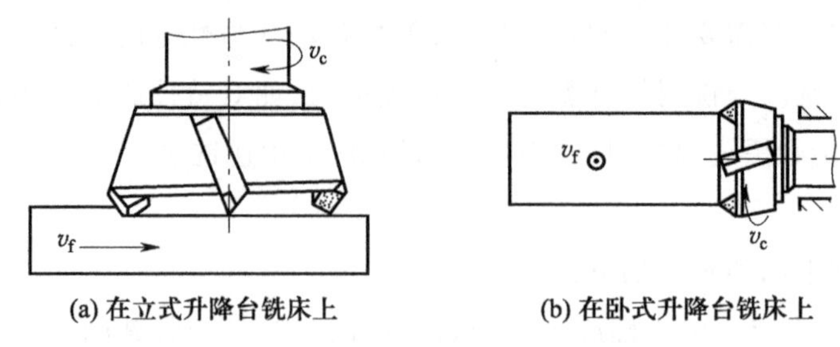

图 9.16　用端铣刀铣平面

由于端铣刀多采用硬质合金刀头,又因为端铣刀的刀杆短、强度高、刚性好以及铣削中的振动小,因此用端铣刀可以高速强力铣削平面,其生产率高于周铣。在生产实际中,端铣已被广泛采用。

用端铣刀铣平面的方法与步骤,基本上与用圆柱铣刀铣平面相同,其铣削用量的选择、工件的装夹和操作方法等均可参照圆柱铣刀铣平面的方法进行。

（二）铣斜面

工件上的斜面常用下面几种方法进行铣削。

1. 用斜垫铁铣斜面

如图 9.17 所示,在工件的基准下面垫一块斜垫铁,则铣出的工件平面就会与基准面倾斜一定角度如改变斜垫铁的角度,即可加工出不同角度的工件斜面。

2. 用分度头铣斜面

如图 9.18 所示,用分度头将工件转到所需位置,即可铣出斜面。

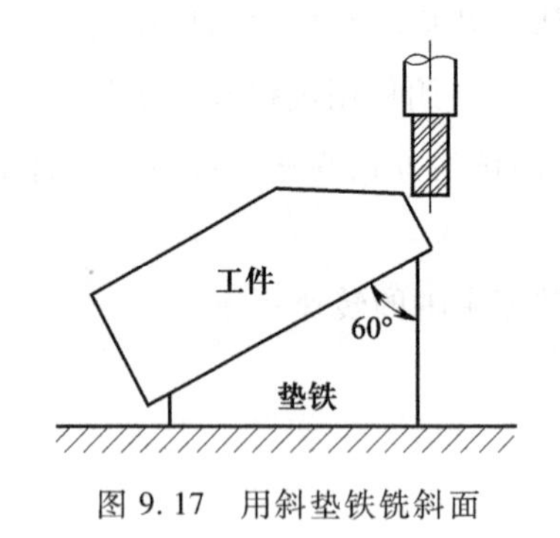

图 9.17　用斜垫铁铣斜面

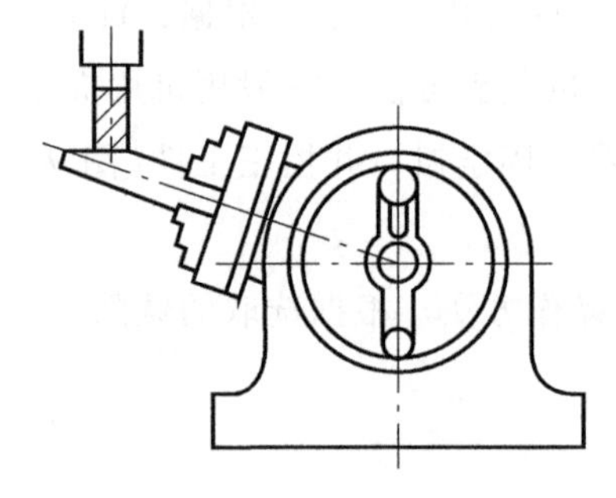

图 9.18　用分度头铣斜面

3. 用万能立铣头铣斜面

由于万能立铣头能方便地改变刀轴的空间位置,因此可通过转动立铣头,使刀具相对工件倾斜一个角度铣削出斜面,如图 9.19 所示。

（三）铣台阶面

在铣床上,可用三面刃铣刀或立铣刀铣台阶面。在成批量生产中,大都采用组合铣刀同时铣削几个台阶面,如图 9.20 所示。

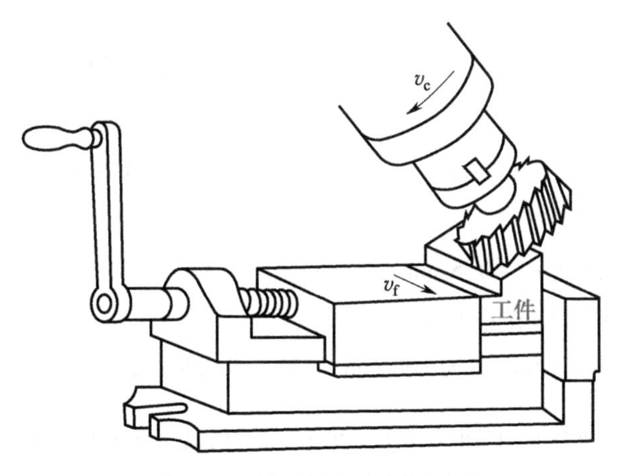

图 9.19　用万能立铣头铣斜面

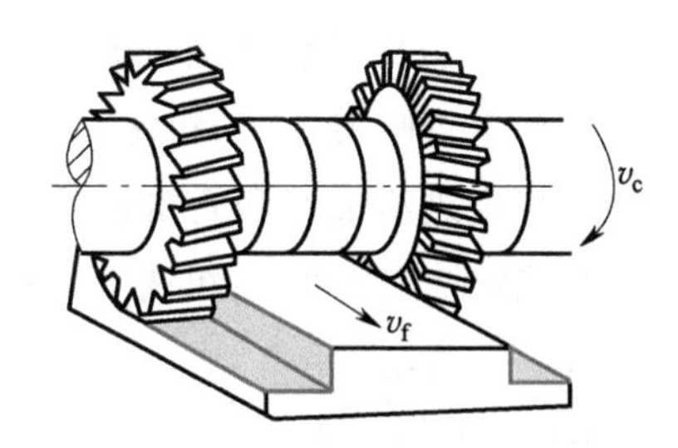

图 9.20　铣台阶面

【实习操作】

铣削如图 9.21 所示的工件,其各尺寸加工余量为 4 mm。

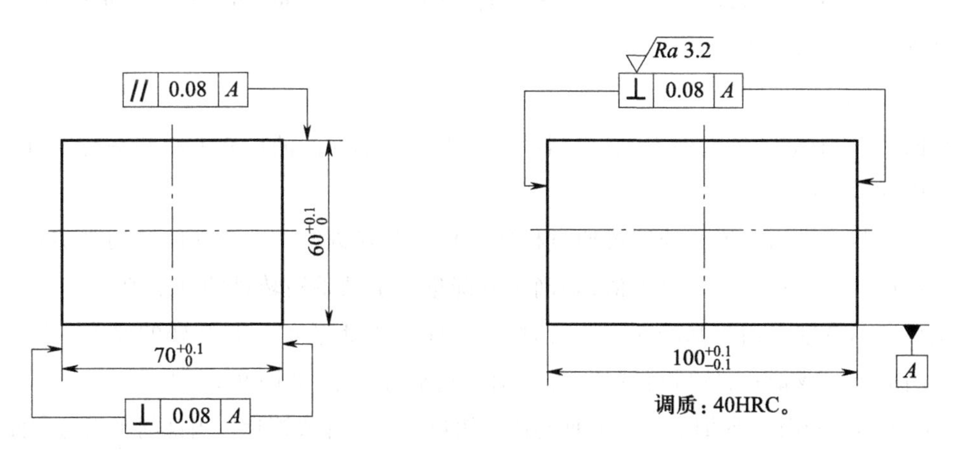

图 9.21　铣平面工件图(材料:45 钢)

为了提高生产率及保证质量,采用硬质合金端铣刀在立式升降台铣床上进行铣削。

1. 铣刀的选择及安装

为保证一次进给铣完一个表面,铣刀直径应按工件宽度的 1.2~1.5 倍选取,即 $D=90\sim100$ mm。铣刀的结构为机械夹固式端铣刀,如图 9.22 所示。

安装时,刀头伸出刀体外的距离不要太大,以免产生振动,同时刀体、刀头要夹紧牢固,以免产生振动或刀头飞出伤人,最后应将端铣刀装在短刀杆上,再把刀杆装在主轴孔内,如图 9.12 所示。

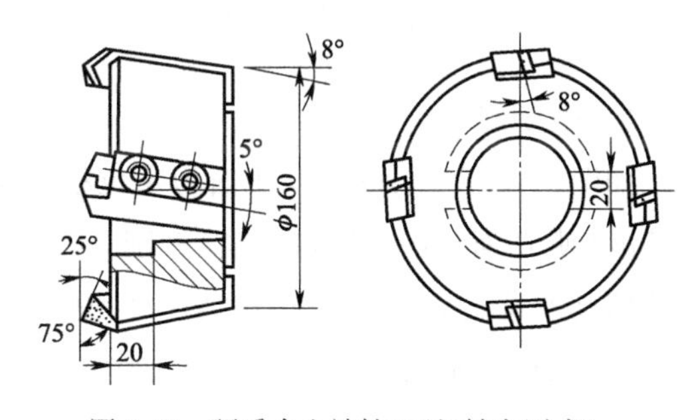

图 9.22　硬质合金端铣刀(机械夹固式)

2. 工件的装夹

采用机用虎钳装夹工件，即先把机用虎钳装在工作台上，再把工件装夹在机用虎钳上。

3. 选择铣削用量

根据工件表面粗糙度的要求，要想一次切去 4 mm 的加工余量而达到 Ra 值为 3.2 μm 比较困难，因此应分粗铣和精铣两次完成。

① 确定背吃刀量 a_p，粗铣 $a_p=3.5$ mm，精铣 $a_p=0.5$ mm。

② 确定进给量 f_z 和 f：粗铣 $f_z=0.05$ mm/z，精铣 $f=0.1$ mm/r。

③ 确定铣削速度 v_c：粗铣 $v_c=70$ m/min，取铣刀直径为 100 mm，齿数 $z=6$，则铣床的主轴转速 $n=\dfrac{1\ 000v_c}{\pi D}=\dfrac{1\ 000\times70}{3.14\times100}$ r/min ≈ 223 r/min，选取机床的主轴转速为 220 r/min；精铣 $v_c=120$ m/min，则铣床主轴的转速 $n=\dfrac{1\ 000v_c}{\pi D}=\dfrac{1\ 000\times120}{3.14\times100}$ r/min ≈ 382 r/min，选取机床的主轴转速为 385 r/min。

粗铣的每分钟进给速度 $v_f=f_z zn=0.05\times6\times220$ mm/min = 66 mm/min，选取机床的每分钟进给速度为 63 mm/min；精铣的每分钟进给速度 $v_f=fn=0.1\times385$ mm/min = 38.5 mm/min，选取机床的每分钟进给速度为 38 mm/min。

4. 试切铣削

铣平面时，一般应先试铣一刀，然后测量铣削平面与基准面的尺寸大小和平行度，以及铣削平面与侧面的垂直度。

铣削平面与基准面的尺寸控制可通过机床工作台升降进给手动手柄的转动来实现，即根据工件的测量尺寸与要铣削的尺寸差值，来确定升降进给手动手柄转过的刻度值。

当试切后的铣削平面与基准面不平行时，如工件的 A 处厚度大于 B 处的厚度，可在 A 处下面垫入适当的纸片或铜片，然后再试切，直至调整到平行为止，如图 9.23 所示。

当铣削平面与侧面不垂直时，可在侧面与固定钳口间垫纸片或铜片。当铣削平面与侧面交角大于 90°时，铜片应垫在下面，如图 9.24a 所示；如两个交角小于 90°，则应垫在上面，如图 9.24b所示。

图 9.23 校正工件平行度

图 9.24 校正工件垂直度

5. 铣削顺序

如图 9.25 所示，图 a 以 A 面为定位粗基准铣削 B 面，保证尺寸 62 mm；图 b 以 B 面为定位精基准（使 B 面与固定钳口靠紧）铣削 A（或 C）面，保证尺寸 72 mm；图 c 以 B 和 A（或 C）面为定位精基准铣削 C（或 A）面，保证尺寸 $70^{+0.1}_{0}$ mm；图 d 以 C（或 A）和 B 面定位精基准铣削 D 面，保证尺寸 $60^{+0.1}_{0}$ mm；图 e 以 B（或 D）为定位精基准铣削 E 面，保证尺寸 102 mm；图 f 以 B（或 D）和 E 面为定位精基准铣削 F 面，保证尺寸（100±0.1）mm。

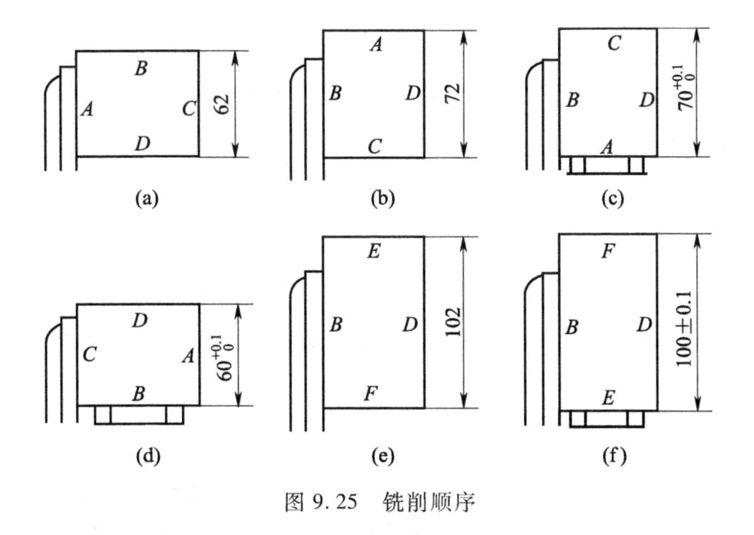

图 9.25　铣削顺序

【操作要点】

(1) 铣削过程中,不能中途停止工作台的进给运动,以防铣刀停在工件上空转。当铣刀空转时,轴向铣削力减小,会使已加工面出现凹痕,这在精铣时是绝对不允许的。如必须停止进给运动时,应先将工作台下降,使工件与铣刀脱离,才可停机。

(2) 进给运动结束后,工件不能立即在旋转的铣刀下面退回,否则会切伤已加工面。正确的方法是,在进给运动结束后,首先使铣刀停止旋转,把工件卸下或把工作台下降后,再退回工作台。

复习思考题

1. 铣平面、斜面、台阶面常用的方法有哪些?

2. 什么是顺铣? 什么是逆铣? 如何选择?

3. 选择铣削用量的原则是什么? 如何根据选用的铣削用量来调整机床?

4. 当选用的铣削速度 $v_c=80$ m/min、铣刀的直径为 120 mm(端铣刀)、铣刀的齿数 $z=4$、每齿进给量 $f_z=0.08$ mm/z、工件的铣削长度 $l=100$ mm 时,试求:① 机床主轴的转速;② 每分钟进给速度 v_f;③ 铣削一刀所用的时间 T。

5. 铣削正六面体时,如何保证各面间的垂直度和平行度?

课题五　铣沟槽

【基础知识】

在铣床上利用不同的铣刀可以加工直槽、V 形槽、T 形槽、燕尾槽、轴上键槽和成形面等,这里着重介绍轴上键槽和 T 形槽的铣削方法。

（一）铣键槽

轴上的键槽有开口式和封闭式两种。铣键槽时，工件的装夹方法很多，一般用机用虎钳或专用抱钳、V形架、分度头等装夹工件。不论哪一种装夹方法，都必须使工件的轴线与工作台的进给方向一致，并与工作台台面平行。

1. 铣开口式键槽

如图9.26所示，使用三面刃铣刀铣削开口式键槽。由于铣刀的振摆会使槽宽扩大，所以铣刀的宽度应稍小于键槽宽度。对于宽度要求较严的键槽，可先进行试铣，以确定铣刀合适的宽度。

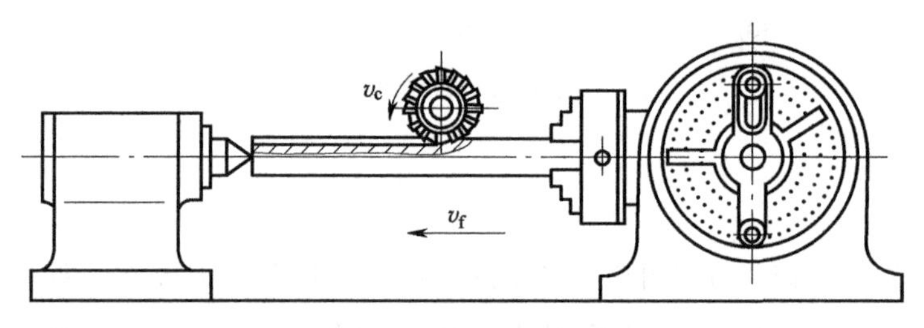

图9.26 铣开口式键槽

铣刀和工件安装好后，要进行仔细地对刀，也就是使工件的轴线与铣刀的中心平面对准，以保证所铣键槽的对称性。随后进行铣削槽深的调整，调好后才可加工。当键槽较深时，需分多次走刀进行铣削。

2. 铣封闭式键槽

如图9.27所示，通常使用键槽铣刀，也可用立铣刀铣削封闭式键槽。铣削时，可用抱钳装夹工件（图9.27a），也可用V形架装夹工件。铣削封闭式键槽的长度是由工作台纵向进给手动手柄上的刻度来控制，宽度则由铣刀的直径来控制。铣封闭式键槽的操作过程如图9.27b所示，即先将工件垂直进给移向铣刀，采用一定的吃刀量将工件纵向进给切至键槽的全长，再垂直进给吃刀，最后反向纵向进给，经多次反复直到完成键槽的加工。

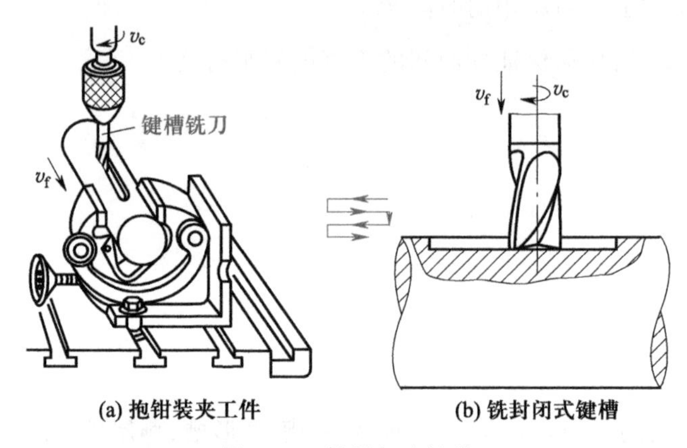

(a) 抱钳装夹工件　(b) 铣封闭式键槽

图9.27 铣封闭式键槽

用立铣刀铣键槽时，由于铣刀的端面齿是垂直的，故吃刀困难，所以应先在封闭式键槽的一端圆弧处用相同半径的钻头钻一个孔，然后再用立铣刀铣削。

（二）铣 T 形槽

如图 9.28 所示，要加工 T 形槽，必须首先用三面刃铣刀或立铣刀铣出直槽，然后再用 T 形槽铣刀铣出 T 形槽，最后用角度铣刀倒角。由于 T 形槽的铣削条件差，排屑困难，所以切削用量应取小些，并加注充足的切削液。

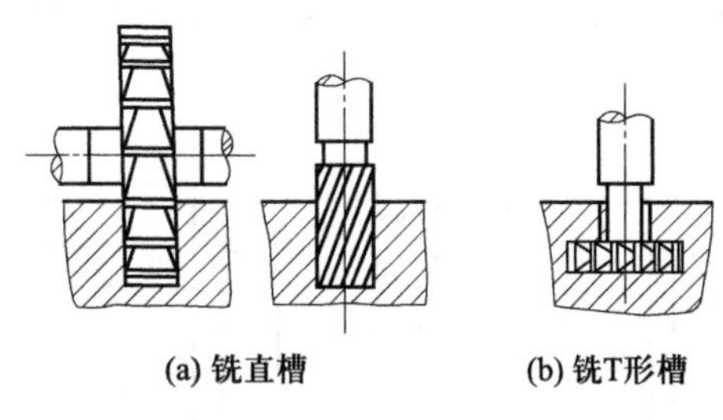

图 9.28 铣 T 形槽

【实习操作】

铣削如图 9.29 所示工件的直槽和 V 形槽，其各表面（平面）的尺寸为加工后尺寸，其加工坯料为图 9.21 所示工件铣削后的六面体。

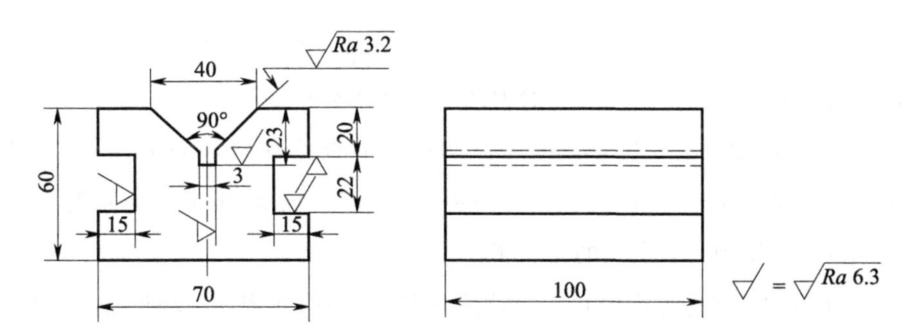

图 9.29 铣直槽和 V 形槽的工件图（材料：45 钢）

在卧式升降台铣床上，利用三面刃铣刀、锯片铣刀、90°铣刀进行铣削。

1. 铣刀的选择及安装

三面刃铣刀的宽度应等于直槽的宽度，即 22 mm；锯片铣刀的宽度应大于 3 mm，以防强度不足而折断；角度铣刀的角度为 V 形槽的角度，即 90°。

安装时，按图 9.14 所示安装步骤将铣刀分别安装在刀杆上，同时校正铣刀的轴向偏摆，以防铣槽宽度扩大。

2. 工件的装夹

把工件夹在机用虎钳上，与铣削六面体的装夹方法相同。

3. 选择铣削用量

虽然表面粗糙度值较大，但由于槽的深度较大，加工余量较大，因此除利用锯片铣刀一次铣削空刀槽外，其余部分均需多次铣削，也就是分为粗铣和精铣进行铣削。

粗铣：每齿进给量 $f_z = 0.03 \sim 0.08$ mm/z，铣削速度 $v_c = 15 \sim 25$ m/min。

精铣：每转进给量 $f = 0.5 \sim 2$ mm/r，铣削速度 $v_c = 20 \sim 30$ m/min。

4. 铣削顺序

按图 9.30 所示顺序进行铣削。先以 B 面为定位精基准,铣削 A、C 面上的直槽(图 9.30a、b),再以 A(或 C)面为定位精基准,铣削空刀槽(图 9.30c),最后用 90°铣刀铣 V 形槽(图 9.30d)。

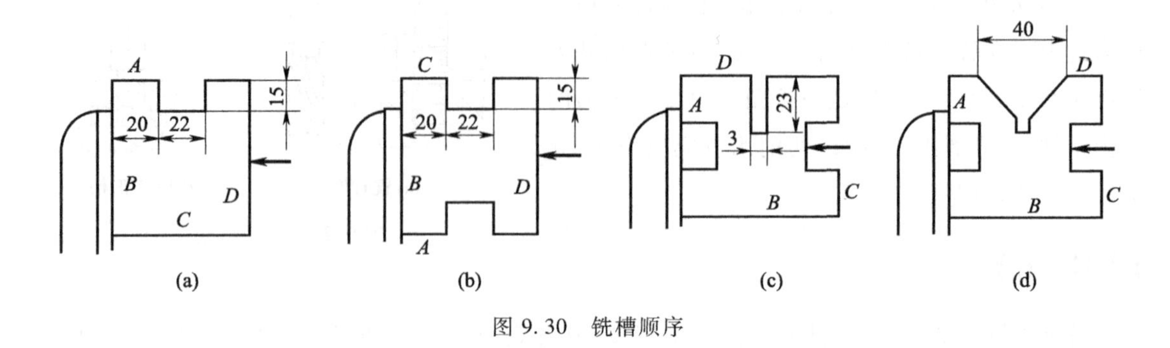

图 9.30 铣槽顺序

复习思考题

1. 铣轴上键槽常用的装夹方法有哪几种?比较理想的装夹方法是哪一种?为什么?

2. 铣轴上键槽时,如何进行对刀?对刀的目的是什么?

3. 如选用的铣削速度 $v_c = 20$ m/min、三面刃铣刀的直径 $D = 120$ mm、铣刀的齿数 $z = 12$、每齿进给量 $f_z = 0.05$ mm/z、工件的铣削长度 $l = 100$ mm 时,试求:① 机床主轴的转速 n;② 每分钟进给速度 v_f;③ 铣削一刀所用的时间 T。

4. 在铣床上可加工哪些槽类零件?各选用何种铣刀?加工时其主运动和进给运动是什么?

课题六 铣等分零件

【基础知识】

在铣削加工中,经常需要铣削四方、六方、齿槽、花键键槽等等分零件。在加工中,可利用分度头对工件进行分度,即铣过工件的一个面或一个槽之后,将工件转过所需的角度,再铣第二个面或第二个槽,直至铣完所有的面或槽。

(一) 分度头(分度数)

1. 分度头的功用

分度头是铣床的重要附件,其主要功用是:① 使工件绕本身的轴线进行分度(等分或不等分);② 让工件的轴线相对铣床工作台台面形成所需要的角度(水平、垂直或倾斜)(图 9.18),利用分度头卡盘在倾斜位置上装夹工件;③ 铣削螺旋槽或凸轮时,可配合工作台的移动使工件连续旋转,图 9.31 所示为利用分度头铣螺旋槽。

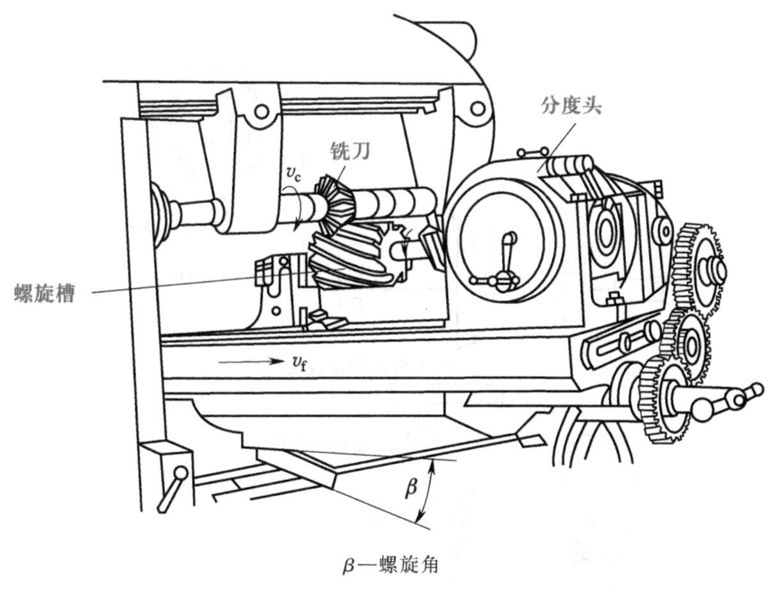

β—螺旋角

图 9.31　铣螺旋槽

2. 分度头的结构

分度头的结构如图 9.32 所示。分度头的基座上装有回转体,分度头主轴可随回转体在垂直平面内作向上 90°和向下 10°范围内的转动。分度头主轴前端常装有三爪自定心卡盘和顶尖。进行分度操作时,需拔出定位销并转动手柄,通过齿数比为 1∶1 的直齿圆柱齿轮传动,带动蜗杆转动,又经齿数比为1∶40的蜗杆传动,带动主轴旋转即可完成分度,如图 9.33 所示。

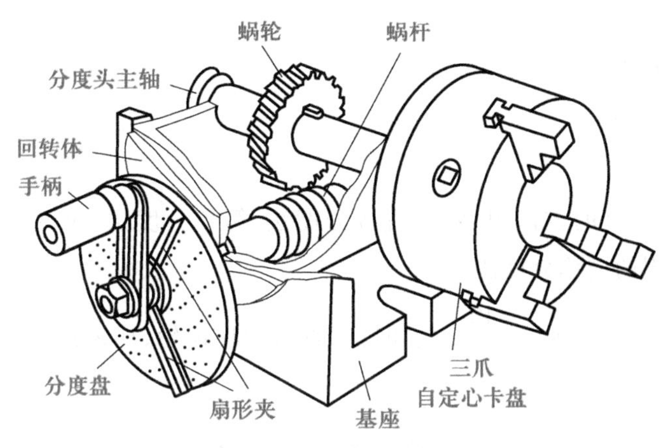

图 9.32　分度头的结构

分度头中蜗杆和蜗轮的齿数比为

$$u=\frac{\text{蜗杆线数}}{\text{蜗轮齿数}}=\frac{1}{40}$$

上式表明,当手柄转动一转时,蜗轮只能带动主轴转过 1/40 转。如果工件在整个圆周上的分度

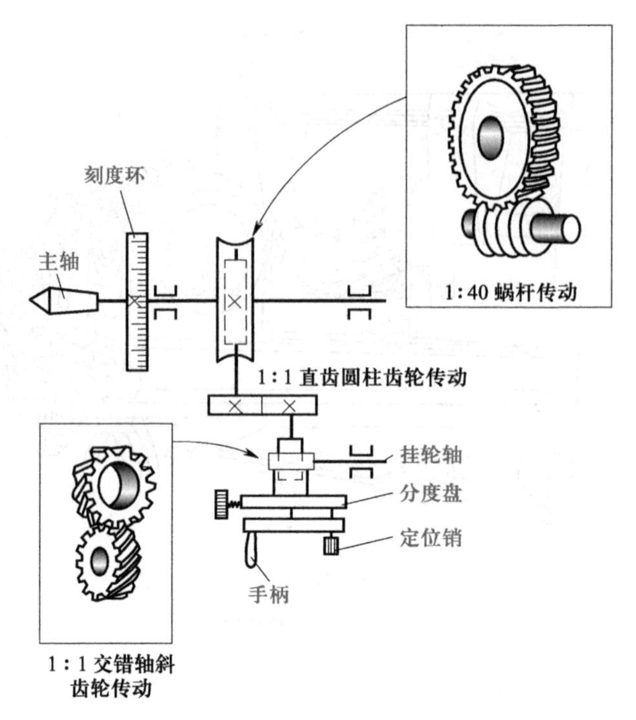

图 9.33 分度头传动系统图

等分数 z 已知,则每分一个等分就要求分度头主轴转过 $1/z$ 转,这时分度手柄所需转过的转数 n 可由下列比例关系推得

$$1:40=\frac{1}{z}:n \quad 即 \quad n=\frac{40}{z}$$

式中 n——手柄转数;

z——工件等分数;

40——分度头定数。

3. 分度方法

使用分度头进行分度的方法很多,如直接分度法、简单分度法、角度分度法和差动分度法等,这里仅介绍最常用的简单分度法。

简单分度法的计算公式为 $n=\frac{40}{z}$。例如铣削直齿圆柱齿轮,如齿数 $z=36$,则每一次分度时手柄转过的转数为

$$n=\frac{40}{z}=\frac{40}{36}=1\frac{1}{9}=1\frac{6}{54}$$

就是说,每分一齿,手柄需转过一整转再转过 1/9 转,而这 1/9 转是通过分度盘来控制的。一般分度头备有两块分度盘,每块分度盘两面各有许多圈孔,且各圈孔数均不等,但在同一孔圈上的孔距则是相等的。第一块分度盘正面各圈孔数为 24、25、28、30、34、37,反面为 38、39、41、42、43;第二块分度盘正面各圈孔数为 46、47、49、51、53、54,反面为 57、58、59、62、66。

简单分度时,分度盘固定不动,此时将分度手柄上的定位销拔出,调整到孔数为 9 的倍数的孔圈上,即在孔数为 54 的孔圈上。分度时,手柄转过一转后,再沿孔数为 54 的孔圈上转过 6 个孔间距,即可铣削第二个齿槽。

为了避免每次数孔的繁琐及确保手柄转过的孔数可靠,可调整分度盘上的扇形夹 1 与 2 之间的夹角,使之等于欲分的孔间距数,这样依次进行分度时就可准确无误,如图 9.34 所示。

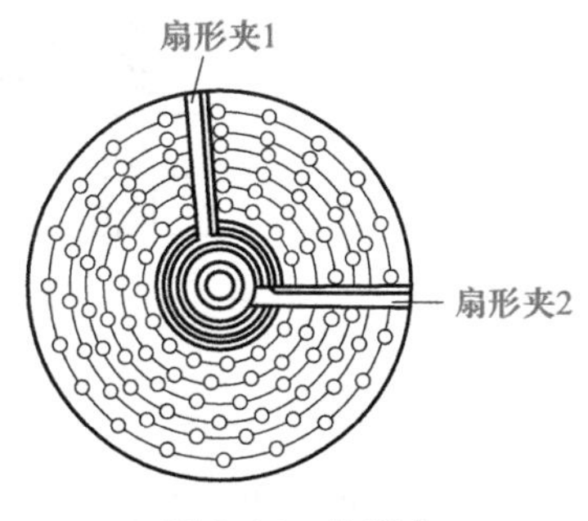

图 9.34　分度盘

(二) 分度头的安装与调整

1. 分度头主轴线与铣床工作台台面平行度的校正

如图 9.35 所示,用 ϕ40 mm 长 400 mm 的校正棒插入分度头主轴孔内,以工作台台面为基准,用百分表测量校正棒两端,当两端百分表数值一致时,则分度头主轴线与工作台台面平行。

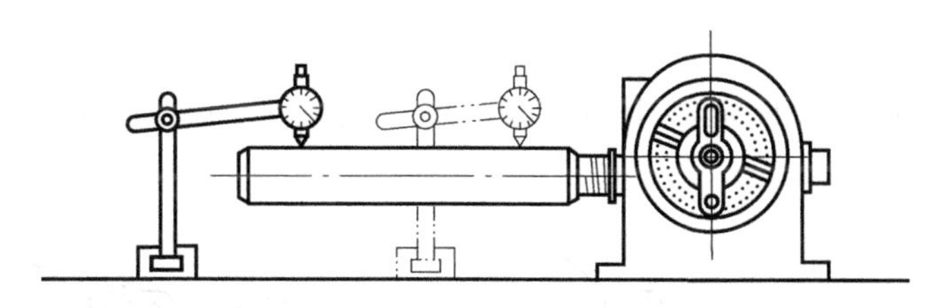
图 9.35　分度头主轴与工作台台面平行度的校正

2. 分度头主轴与刀杆轴线垂直度的校正

如图 9.36 所示,将校正棒插入分度头主轴孔内,表架吸在机床主轴端面上,使百分表的测量头与校正棒的内侧面(或外侧面)接触,然后移动纵向工作台,当百分表指针稳定不动时,则表明分度头主轴与刀杆轴线垂直。

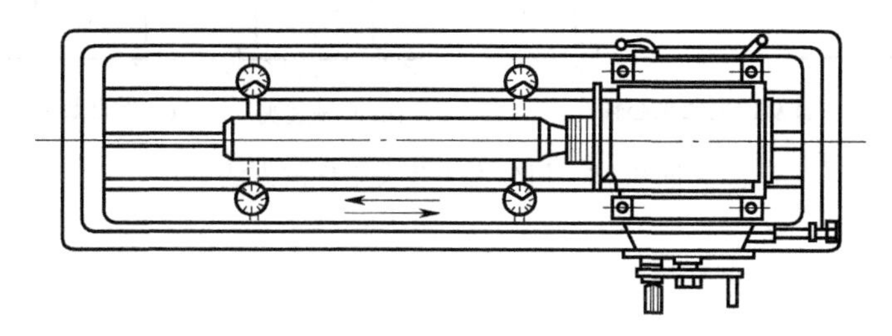
图 9.36　分度头主轴与刀杆轴线垂直度的校正

3. 分度头与后顶尖同轴度的校正

先校正好分度头,然后将校正棒装夹在分度头与后顶尖之间,校正后顶尖与分度头主轴等高,最后校正其同轴度,即两顶尖间的轴线平行于工作台台面且垂直于铣刀刀杆,如图 9.37 所示。

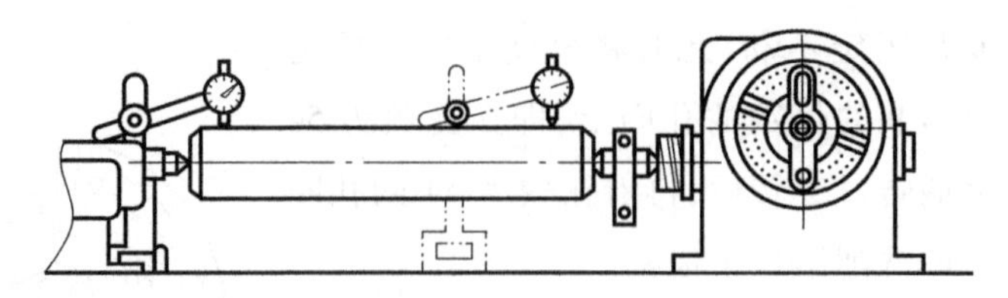

图 9.37 分度头与后顶尖同轴度的校正

(三) 工件的装夹

利用分度头装夹工件的方法,通常有以下几种:

(1) 用三爪自定心卡盘和后顶尖装夹工件,如图 9.38a 所示;

(2) 用双顶尖装夹工件,如图 9.38b 所示;

(3) 工件套装在心轴上用螺母压紧,然后与心轴一起被顶持在分度头和后顶尖之间,如图 9.38c 所示;

(4) 工件套装在心轴上,心轴装夹在分度头的主轴锥孔内,并可按需要使主轴倾斜一定的角度,如图 9.38d 所示;

(5) 工件直接用三爪自定心卡盘夹紧,并可按需要使主轴倾斜一定的角度,如图 9.38e 所示。

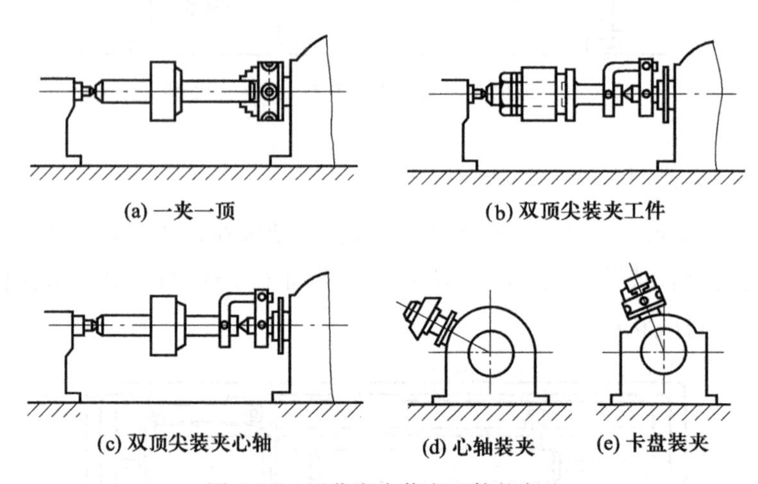

图 9.38 用分度头装夹工件的方法

【实习操作】

如图 9.39 所示,铣削螺栓四方。以圆棒料为坯料,当端面、外圆及螺纹均车削后,在卧式升降台铣床上利用分度头铣削四方。

铣削方法有如下几种:

(1) 分度头主轴处于水平位置,用三爪自定心卡盘装夹工件。当三面刃铣刀铣出一个平面后,用分度头分度,将工件转过 90°铣另一平面,直至铣出四方为止。

(2) 分度头主轴处于垂直位置,用三爪自定心卡盘装夹工件。当三面刃铣刀铣出一个平面后，用分度头分度，将工件转过90°铣另一平面，直至铣出四方为止。

（3）分度头主轴处于垂直位置，用三爪自定心卡盘装夹工件，采用组合铣刀铣四方。这种方法是用两把相同的三面刃铣刀同时铣出两个平面（图9.40），将工件转过90°再铣出另外两个平面。

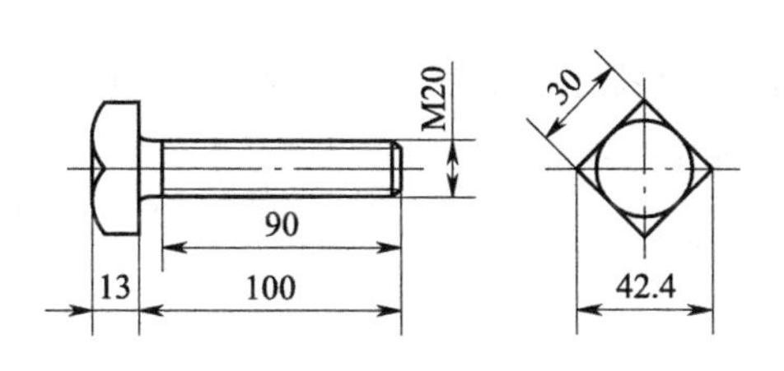

图9.39　铣工件四方（材料：45钢）

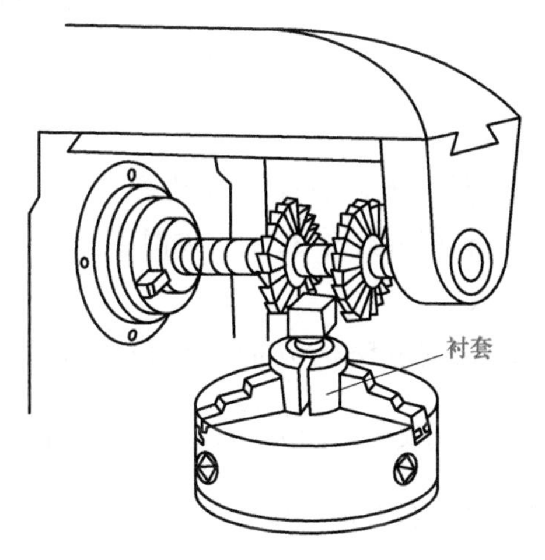

图9.40　用组合铣刀铣工件四方

比较上述几种方法可知，采用组合铣刀铣工件四方，铣削过程平稳，工件易于夹固，铣削效率高。

【操作要点】

采用组合铣刀铣工件四方时，应注意如下操作要点：

（1）将分度头主轴转90°后，其应与工作台台面垂直并需紧固。为防止卡盘把工件上的螺纹夹坏，需在螺纹部分套上开槽的衬套。

（2）采用简单分度法分度时，手柄的转数 $n=\frac{40}{z}=\frac{40}{4}=10$ 转，即每次分度时分度手柄要转过10转。采用直接分度法时，利用分度头上的刻度环将主轴扳转90°即可。

（3）对刀方法如图9.41所示。先使组合铣刀的一个端面的刀刃与工件侧表面接触，然后下降工作台，在工作台横向移动一个距离 A 后，再铣削。横向移动工作台的距离 A 可按下式计算：

$$A=\frac{D}{2}+\frac{s}{2}+B$$

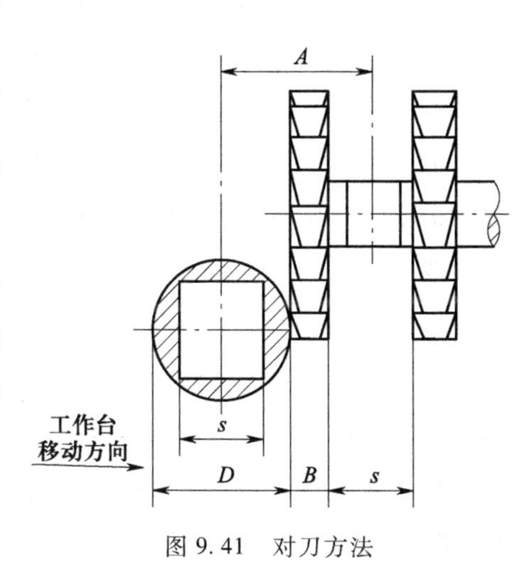

图9.41　对刀方法

式中 A——横向工作台移动的距离,单位为 mm;

D——工件外径,单位为 mm;

s ——工件四方的对边尺寸,单位为 mm;

B——铣刀宽度,单位为 mm。

(4) 刀杆上装两把直径相同的三面刃铣刀,中间用轴套隔开的距离 s 为 30 mm。

(5) 横向工作台的位置确定后,将横向工作台锁紧,然后铣削。

复习思考题

1. 利用分度头可以加工哪些零件?它的主要功用是什么?

2. 铣削齿数 $z=32$ 的直齿圆柱齿轮,试计算每次分度时选择分度盘孔圈的孔数及转过的孔间距数。

3. 铣削齿数 $z=67$ 的直齿圆柱齿轮如何进行分度?(提示:采用差动分度法,分度头主轴与侧轴之间交换齿轮齿数 z_1、z_2、z_3、z_4 可用公式 $\frac{z_1z_3}{z_2z_4}=\frac{40(z_0-z)}{z_0}$ 计算,式中 z_0 为假想的能用简单分度法进行分度的齿数。

4. 在铣床工作台上安装分度头时,为什么要用百分表来找正?

5. 利用分度头装夹工件的方法有哪几种?其定位基准是什么?

6. 简述铣削螺栓四方时的操作要点。

课题七 铣螺旋槽

【基础知识】

在万能升降台铣床上常用分度头铣削带螺旋线的工件,如交错轴斜齿轮、螺旋齿铣刀的沟槽、麻花钻的沟槽、齿轮滚刀的沟槽等,这类工件的铣削统称为铣螺旋槽。

(一) 螺旋线的概念

如图 9.42 所示,有一个直径为 D 的圆柱体,假设把一张三角形的薄纸片 ABC(其底边长 $AC=\pi D$)绕到圆柱体上,底边 AC 恰好绕圆柱一周,而斜边环绕圆柱体所形成的曲线就是螺旋线。

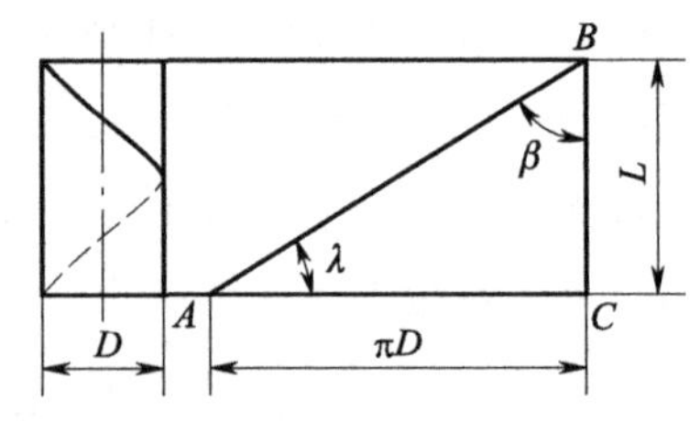

图 9.42 螺旋线的形成

螺旋线要素:

(1) 导程 螺旋线绕圆柱体一周后,在轴线方向上所移动的距离称为导程,用 L 表示;

(2) 螺旋角 螺旋线与圆柱轴线之间的夹角称为螺旋角,用 β 表示;

（3）螺旋升角　螺旋线与圆柱端面之间的夹角称为螺旋升角，用 λ 表示。

从△ABC 中可知：

$$L=\pi D\cot\beta$$

式中 D 为工件的直径。如铣螺旋铣刀或麻花钻的沟槽时，D 应取工件的外径值，而铣斜齿轮时 D 应取工件的分度圆直径。

（二）铣螺旋槽的计算

铣螺旋槽的工作原理与车螺纹基本相同。铣削时，除铣刀作旋转运动外，工件随工作台作纵向进给运动的同时，还要由分度头带动工件作旋转运动，并且要满足下列运动关系：即工件移动一个导程时，主轴刚好转过一周。这个运动关系是通过纵向进给丝杠与分度头挂轮轴之间连接交换齿轮来实现的，如图 9.43 所示。

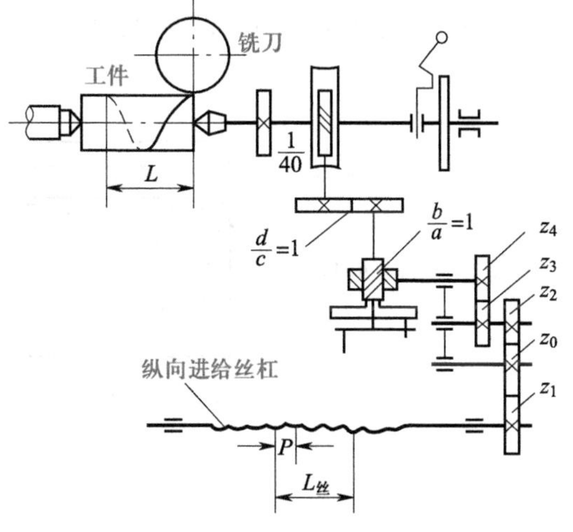

图 9.43　工作台和分度头的传动系统

由图 9.43 可知，工件移动一个导程 L 时丝杠必须转过 $\frac{L}{P}$ 转（P 为铣床丝杠螺距），因此工作台丝杠与分度头侧轴之间的交换齿轮（挂轮）应满足如下关系：

$$\frac{Lz_1z_3bd}{Pz_2z_4ac}\times\frac{1}{40}=1$$

即

$$\frac{z_1z_3}{z_2z_4}=\frac{40P}{L}$$

式中　z_1、z_2、z_3、z_4——交换齿轮的齿数；

P——铣床纵向进给丝杠螺距，单位为 mm；

L——工件导程，单位为 mm。

【例】　在 X6132 型万能升降台铣床上铣削右旋铣刀的螺旋槽，螺旋角 $\beta=32°$，工件外径为 75 mm，试选择交换齿轮的齿数（丝杠螺距 $P=6$ mm）。

解：

1. 求导程 L

$$L=\pi D\cot\beta=3.14\times75\times\cot 32°\text{ mm}\approx377\text{ mm}$$

2. 计算交换齿轮的齿数

$$\frac{z_1z_3}{z_2z_4}=\frac{40P}{L}=\frac{40\times6}{377}\approx0.6366\approx\frac{7}{11}=\frac{7\times1}{5.5\times2}=\frac{70\times30}{55\times60}$$

选择的交换齿轮齿数：$z_1=70$、$z_2=55$、$z_3=30$、$z_4=60$。

（三）万能升降台铣床工作台的调整

为了使螺旋槽的法向截面形状与铣刀的截面形状一致，纵向工作台必须带动工件转过一个

工件的螺旋角 β,这项调整是靠万能升降台铣床转动工作台来实现的。加工右旋螺旋槽时,逆时针扳转工作台(图 9.44);加工左旋螺旋槽时,顺时针扳转工作台。

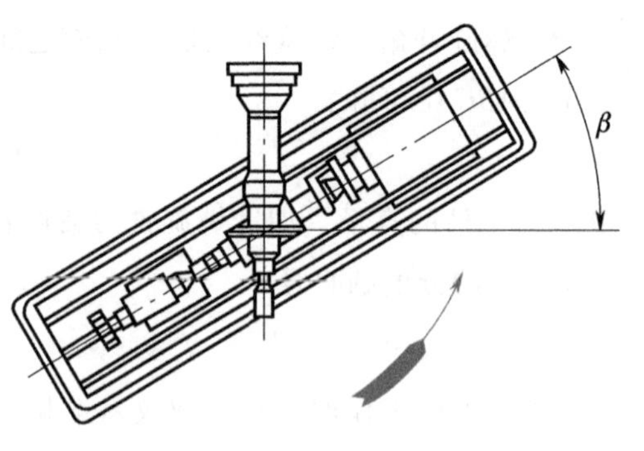

图 9.44 铣右螺旋槽时工作台扳转的角度

【教师演示】

如图 9.45 所示的螺旋齿圆柱铣刀,外径 $D=80$ mm,螺旋角 $\beta=30°$、右旋,齿数 $z=16$,齿槽深 $h=6$ mm,法向前角 $\gamma=15°$,齿槽角 $\theta=65°$。

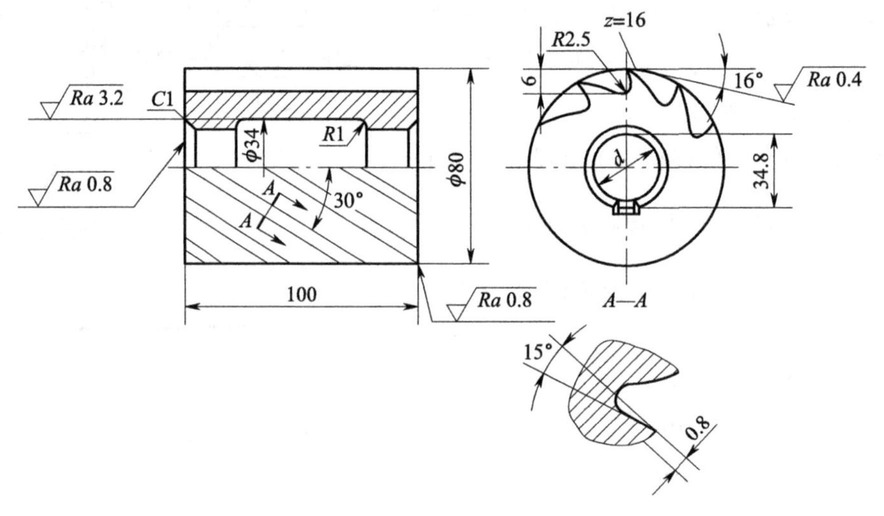

图 9.45 铣螺旋槽的工件图(材料:W18Cr4V)

指导教师按此工件进行铣螺旋槽的演示。在演示中,需进行下列工作。

1. 工作铣刀的选择

加工螺旋槽时,如选用单角铣刀,会产生"内切"现象,即工件的螺旋槽面被多切去一些金属,使螺旋槽的一侧表面不成为螺旋面,所以,铣螺旋槽时一定要选用双角铣刀。同时,为了避免加工中切伤刃口,毛坯的旋转方向总是要离开工作铣刀小角度 δ 的切削刃,如图 9.46 所示。根据上述分析,铣右旋槽时应选择左切双角铣刀,铣左旋槽时应选择右切双角铣刀。本演示采用左切双角铣刀,截形角 $\theta=65°$ * ,小角度 $\delta=15°$。

2. 工件的装夹

将工件(圆柱铣刀)装在心轴上,然后支承在分度头及尾座顶尖间,最后将卡头的尾部放在拨盘的槽内,用螺钉紧固。装夹时,应用划针或百分表校正工件与工作台的平行度以及工件与分度头主轴的同轴度。

* 刀具称为截形角,工件称为齿槽角,两者相等。

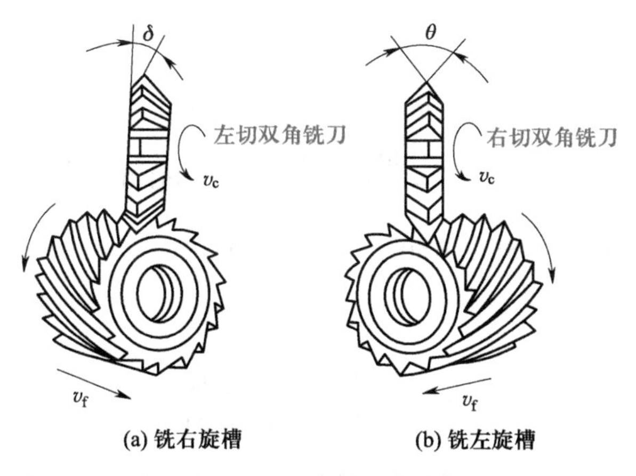

图 9.46　双角铣刀的选择

3. 工作台转角

铣右旋槽时工作台逆时针转动，转动角度一般等于工件螺旋角 β。当 β 较大时，为避免工作铣刀内切工件齿槽底部，工作台实际转角 β_1 应小于工件螺旋角 β。工作台的实际转角 β_1 可用下式计算：

$$\tan\beta_1=\tan\beta\cos(\delta+\gamma)$$

式中　β ——工件螺旋角；

β_1——工作台实际转角；

δ ——工作铣刀的小角度；

γ ——工件法向前角。

所以

$$\tan\beta_1=\tan 30°\cos 30°=0.5$$

$$\beta_1=26°34'$$

4. 调整刀具与工件的相对位置

为了铣出螺旋圆柱铣刀的正前角，对刀时，工作台要横向移动一个距离 s，而为了切出齿槽深度 h，工作台的升高量则为 H，如图 9.47 所示。

偏移量

$$s=\frac{D}{2\cos^2\beta}\sin(\delta+\gamma)-h\sin\delta$$

$$=\left(\frac{40}{\cos^2 30°}\sin 30°-6\sin 15°\right)\text{mm}\approx 25\text{ mm}$$

升高量

$$H=\frac{D}{2}[1-\cos(\delta+\gamma)]+h\cos\delta$$

$$=[40(1-\cos 30°)+6\cos 15°]\text{mm}$$

$$\approx 11.155\text{ mm}$$

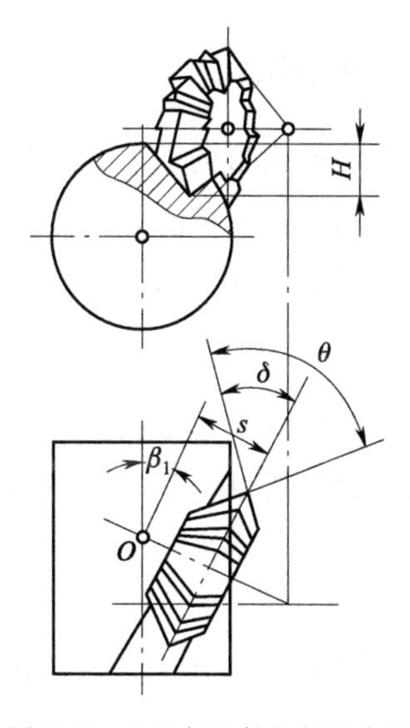

图 9.47　刀具与工件的相对位置

5. 计算导程和交换齿轮

导程 $$L=\pi D\cot\beta\approx 435.58\ \mathrm{mm}$$

交换齿轮 $$\frac{z_1z_3}{z_2z_4}=\frac{40P}{L}=\frac{40\times 6}{435.58}\approx 0.551\,0\approx\frac{11}{20}=\frac{55\times 40}{50\times 80}$$

选择的交换齿轮齿数 $z_1=55$、$z_2=50$、$z_3=40$、$z_4=80$。

6. 计算分度手柄转数

$$n=\frac{40}{z}=\frac{40}{16}=2\frac{8}{16}=2\frac{12}{24}$$

即每铣完一齿槽,手柄先转过两周,再在24孔数的孔圈上转过12个孔间距。

复习思考题

1. 铣螺旋槽的基本工作原理是什么?工件移动和转动之间的运动关系是如何实现的?

2. 加工螺旋齿圆柱铣刀,直径 $D=60$ mm,螺旋角 $\beta=30°$,铣床纵向工作台丝杠螺距 $P=6$ mm。求螺旋槽的导程和交换齿轮的齿数。

3. 铣刀的旋转平面与螺旋槽的方向不一致时,应如何调整机床?若改变工件的旋转方向又应如何调整交换齿轮?

4. 为什么铣螺旋齿圆柱铣刀时,工作台要横向移动一个距离 s?并且必须选用左切或右切双角铣刀?

课题八　齿轮加工

【基础知识】

齿轮齿形的加工方法有两种:一种是成形法,就是利用与被切齿轮齿槽形状完全相符的成形铣刀切出齿形的方法;另一种是展成法,就是利用齿轮刀具与被切齿轮的互相啮合运动而切出齿形的方法。通常,铣齿属于成形法,而滚齿和插齿属于展成法。

(一) 铣齿

在卧式铣床上,利用分度头和尾座顶尖装夹工件,用与被切齿轮模数相同的盘状(或指状)铣刀进行铣削,当一个齿槽铣好后,利用分度头进行一次分度,铣削下一个齿槽,直至铣完全部齿槽。铣削直齿圆柱齿轮的方法如图9.48所示,铣削斜齿圆柱齿轮的方法与前述加工螺旋槽的方法相同。

铣齿这种加工方法的优点是可用一般铣床加工齿轮,刀具简单,加工齿轮的成本低;缺点是辅助时间长,生产率低,加工齿轮的精度低。铣齿主要应用于修配或单件的齿轮加工,

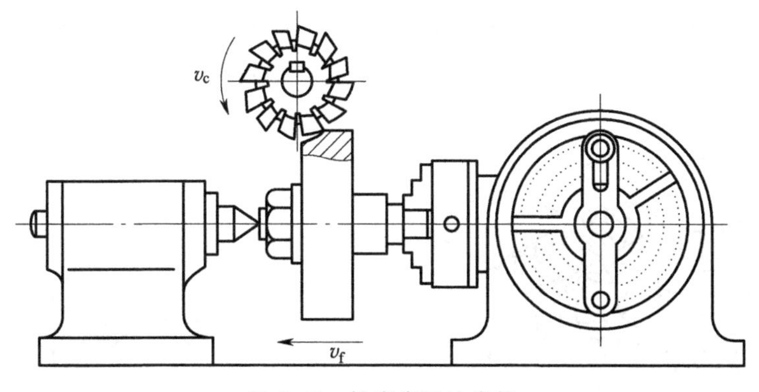

图 9.48 铣直齿圆柱齿轮

一般精度为 11~9 级 * 。

（二）滚齿

在滚齿机上利用齿轮滚刀加工齿轮齿形的方法称为滚齿。

滚齿机是加工齿轮齿形的专用机床，如图 9.49 所示。滚齿机主要由工作台、刀架、支撑架、立柱和床身等部件组成。滚刀安装在刀架的刀轴上，刀轴可扳转一定角度，刀架可沿立柱垂直导轨上下移动。齿轮坯安装在工作台的心轴上，工作台既可带动工件作旋转运动，又可沿床身水平导轨左右移动。

齿轮滚刀如图 9.50 所示，它的形状与模数蜗杆相似（螺旋角 β、螺旋升角 λ）。齿轮滚刀与模数蜗杆的不同之处是其法向模数为标准值（法向齿距 $P_n=\pi m$），并在蜗杆的法向（或轴向）上开有容屑槽，形成了具有前角（$\gamma_o>0°$ 或 $\gamma_o=0°$）的刀齿。另外，刀齿的顶部和侧面经过成形车刀的铲削形成了顶刃后角（α_o）和侧刃后角。

实际上，滚齿是按一对交错轴斜齿轮**相啮合的原理加工齿轮的，如图 9.51 所示。齿轮滚

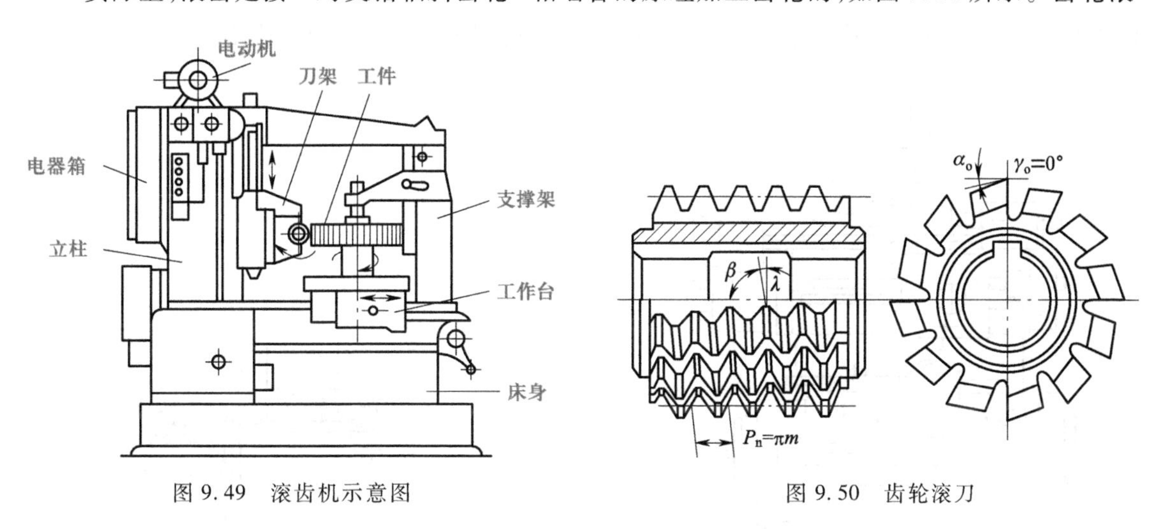

图 9.49 滚齿机示意图

图 9.50 齿轮滚刀

* 齿轮精度等级与尺寸公差等级不同。

** 旧称“螺旋齿轮”，在 GB/T 3374—1992《齿轮基本术语》中规定停止使用该名称。

刀相当于一个螺旋角很大、齿数很少的交错轴斜齿轮,工件为另一个交错轴斜齿轮。在滚齿过程中,强制滚刀与齿轮坯按一定速比关系保持一对交错轴斜齿轮的啮合运动。

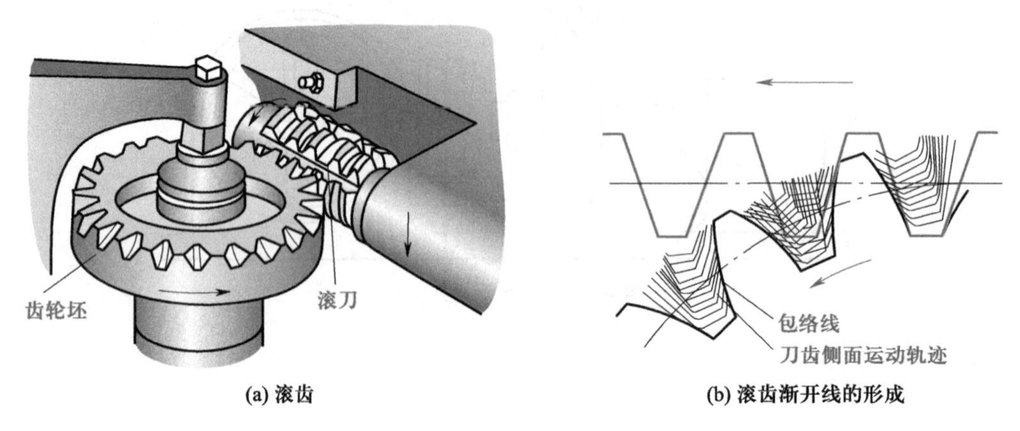

图 9.51　滚齿及滚齿渐开线的形成

用滚齿加工方法加工的齿轮精度等级可达 7 级,另外由于该方法是连续切削,生产率高,这些优点使滚齿加工在实际中应用广泛。滚齿加工不但能加工直齿圆柱齿轮,还可以加工斜齿圆柱齿轮和蜗轮,但不能加工内齿轮和多联齿轮。

（三）插齿

在插齿机上利用插齿刀加工齿轮齿形的方法称为插齿。

插齿机也是加工齿轮齿形的专用机床(图 9.52),其主要由工作台、刀架、横梁和床身等部件组成。插齿刀安装在刀架的刀轴上,刀轴可带动插齿刀转动并同时沿工件轴线上下往复作直线移动;工件安装在工作台的心轴上,工作台带动工件转动并作径向往复移动。

插齿刀如图 9.53 所示,其形状类似于一个直齿圆柱齿轮。插齿刀的齿顶呈圆锥形,即径向的外径不相等以形成刀刃后角,而在其大端面上磨出内圆锥面以形成刀刃前角。

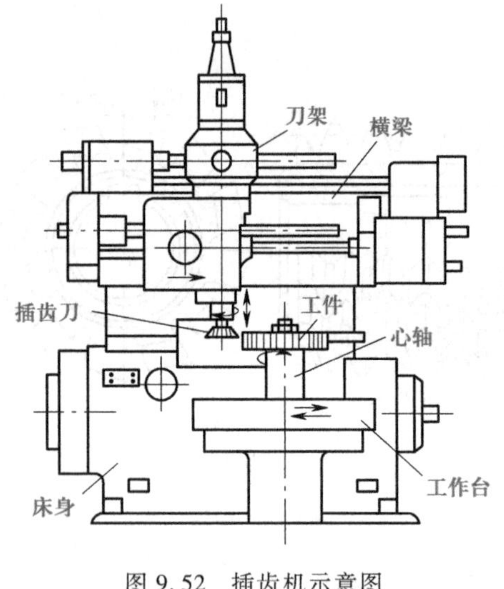

图 9.52　插齿机示意图

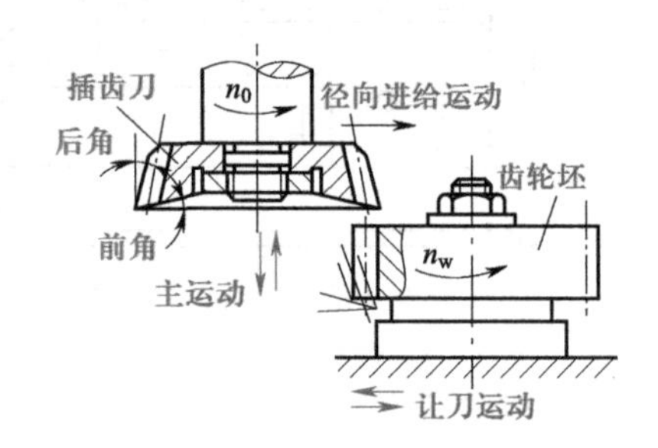

图 9.53　插齿

插齿也是根据一对直齿圆柱齿轮相啮合的原理加工齿轮的。在插齿过程中，强制插齿刀与齿轮坯按一定速比关系保持一对直齿圆柱齿轮的啮合运动，同时插齿刀一边转动，一边上下往复运动，进行切削。刀齿侧面的运动轨迹所形成的包络线，即为渐开线齿形，如图 9.54 所示。

用插齿加工方法加工的齿轮精度可达 7 级，所以该方法应用很广。插齿加工不但广泛应用于加工直齿圆柱齿轮，还可以加工内齿轮和多联齿轮。如果在插齿机上安装螺旋刀轴附件，还可以加工交错轴斜齿内、外齿轮。

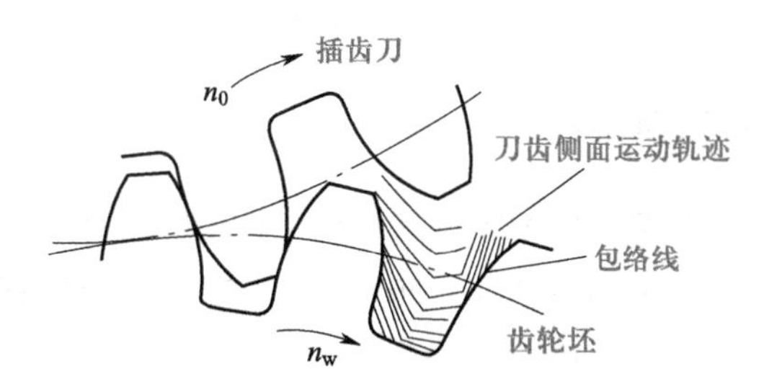

图 9.54　插齿渐开线齿形的形成

【实习操作】

铣齿　在卧式升降台铣床上，利用分度头和模数盘铣刀，铣削标准直齿圆柱齿轮。齿轮的模数 $m=2$ mm，齿数 $z=36$，压力角 $\alpha=20°$，材料 HT200。在实习操作过程中，需进行下列工作：

1. 选择和安装模数盘铣刀

查有关资料，选择 $m=2$ mm、$z=36$ 的 6 号盘铣刀，并将其正确地安装在刀杆上。

2. 工件的装夹

工件装夹在分度头与尾座顶尖之间的心轴上，并校正工件的轴线与工作台的平行度及与刀杆轴线的垂直度。

3. 分度计算

每铣削一个齿槽后，利用分度头分度，使工件转到另一个齿槽位置，再进行铣削。分度手柄的转数为

$$n=\frac{40}{z}=\frac{40}{36}=1\frac{4}{36}=1\frac{1}{9}=1\frac{6}{54}$$

即选择每圈孔数为 54 的孔圈，每次分度时手柄转过一转后，再转过 6 个孔间距。

4. 盘铣刀的对中

如铣刀的刀刃不对准工件的中心，则铣出的齿形将不对称，而成为废品，因此需用划线法或切痕对中心法进行对中。

5. 粗铣

对刀后，工作台的升高量 H 应小于全齿高 h。全齿高 $h=2.25\ m=2.25\times2$ mm $=4.5$ mm，故取工作台的升高量 $H=3$ mm 进行粗铣。

6. 测量公法线长度

模数 $m=2$ mm、齿数 $z=36$ 的标准直齿圆柱齿轮其公法线长度 $W_k=21.67$ mm，跨测齿数 $n=4$。粗铣后，如测量的公法线长度 $W_{k1}=22.73$ mm，需计算工作台的升高量后再精铣。

7. 精铣

工作台的升高量 $H=1.46(W_{k1}-W_k)$，即 $H=1.46\times(22.73-21.67)$ mm $=1.55$ mm。精铣后，工作台应升高 1.55 mm 后再精铣。

【教师演示】

滚齿　在 Y38 型滚齿机*上，用单头右旋滚刀加工标准直齿圆柱齿轮，其模数 $m=2$ mm、齿数 $z=100$，压力角 $\alpha=20°$，材料 45 钢。指导教师在演示中，需对机床进行如下调整。

1. 变速交换齿轮（A、B）

选取中等切削速度，取 $n_0=97$ r/min，即 $u_{变速}=\frac{A}{B}=\frac{28}{32}$，$A=28$，$B=32$。

2. 分齿交换齿轮（z_1、z_2、z_3、z_4）

$u_{分齿}=\frac{z_1z_3}{z_2z_4}=\frac{24k}{z}=\frac{24\times1}{100}=\frac{24}{100}$，取 $z_1=24$，$z_4=100$，并在 z_1 和 z_4 之间加一个介轮，即 $z_{介}=50$。

3. 垂直进给交换齿轮（a、b、c、d）

选取中等进给量 $f_{垂}=1$ mm/r，即

$$u_{垂}=\frac{ac}{bc}=\frac{3}{4}f_{垂}=\frac{3}{4}\times1=\frac{30}{40}$$

取 $a=30$，$d=40$，在 a、d 间加两个介轮为顺铣，即 $z_{介}$ 为 35 和 45，挂上即可。

4. 滚刀扳角度

为了使滚刀的运动方向和加工齿轮的齿向一致，滚刀应顺时针扳转一个滚刀的螺旋升角 $\lambda=2°19'$。

5. 第二次升高量

第一次吃刀后测得公法线长度 $W_{k1}=71.35$ mm（跨测齿数 $n=12$），第二次升高量 $H=1.46(W_{k1}-W_k)=1.46\times(71.35-70.70)$ mm $=0.95$ mm（齿轮公法线长度 W_k 为 70.70 mm）。

复习思考题

1. 齿轮齿形加工有哪两种加工方法？其基本原理是什么？
2. 铣齿时为什么会产生齿形误差？如何减少铣齿的齿形误差？
3. 试简述滚齿和插齿的应用范围。

---

* 无 Y38 滚齿机时，可用其他型号滚齿机或插齿机进行演示。

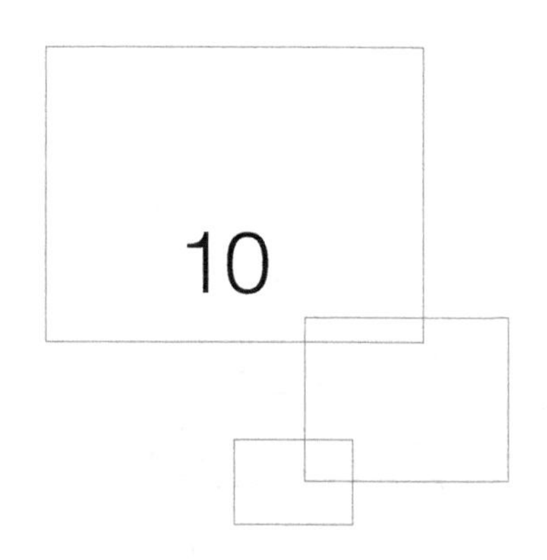

磨削加工

目的和要求

1. 了解磨削加工的工艺特点及加工范围。
2. 了解常用磨床的组成、运动和用途，了解砂轮的特性、砂轮的选择和砂轮的使用方法。
3. 熟悉磨削的加工方法和测量方法，了解磨削加工所能达到的尺寸精度、表面粗糙度值范围。
4. 在磨床上正确安装工件并独立完成磨外圆或磨平面的加工。

安全技术

磨工实习与车工实习的安全技术有许多相同之处，可参照执行。在操作过程中更应注意以下几点：
1. 操作者必须戴工作帽，长发压入帽内，以防发生人身事故。
2. 多人共用一台磨床时，只能一人操作并注意他人安全。
3. 砂轮是在高速旋转下工作的，禁止面对砂轮站立。
4. 砂轮起动后，必须慢慢引向工件，严禁突然接触工件。背吃刀量不能过大，以防背向力过大将工件顶飞而发生事故。

课题一　概述

【基础知识】

用磨具以较高线速度对工件表面进行加工的方法称为磨削加工，它是对机械零件进行精加工的主要方法之一。

（一）磨削运动及磨削用量

磨削外圆时的磨削运动及磨削用量如图 10.1 所示。

1. 主运动及磨削速度（v_c）

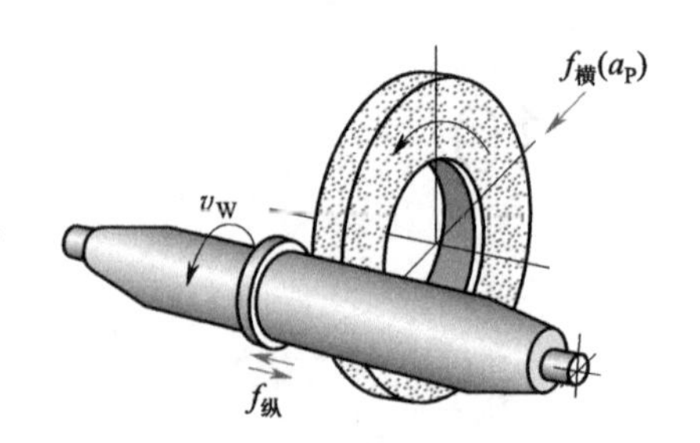

图 10.1 磨削外圆时的磨削运动及磨削用量

砂轮的旋转运动是主运动，砂轮外圆相对于工件的瞬时速度称为磨削速度，可用下式计算：

$$v_c = \frac{\pi d n}{1\ 000 \times 60} \quad (\mathrm{m/s})$$

式中 d——砂轮直径，单位为 mm；

n——砂轮每分钟转速，单位为 r/min。

2. 圆周进给运动及进给速度（v_W）

工件的旋转运动是圆周进给运动，工件外圆处相对于砂轮的瞬时速度称为圆周进给速度，可用下式计算：

$$v_W = \frac{\pi d_W n_W}{1\ 000 \times 60} \quad (\mathrm{m/s})$$

式中 d_W——工件磨削外圆直径，单位为 mm；

n_W——工件每分钟转速，单位为 r/min。

3. 纵向进给运动及纵向进给量（$f_{纵}$）

工作台带动工件所作的直线往复运动是纵向进给运动，工件每转一转时砂轮在纵向进给运动方向上相对于工件的位移称为纵向进给量，用 $f_{纵}$ 表示，单位为 mm/r。

4. 横向进给运动及横向进给量（$f_{横}$）

砂轮沿工件径向上的移动是横向进给运动，工作台每往复行程（或单行程）一次砂轮相对工件径向上的移动距离称为横向进给量，用 $f_{横}$ 表示，其单位是 mm/行程。横向进给量实际上是砂轮每次切入工件的深度即背吃刀量，也可用 a_p 表示，单位为 mm（即每次磨削切入以 mm 计的深度）。

（二）磨削特点及加工范围

1. 磨削特点

磨削与其他切削加工（车削、铣削、刨削）相比较，具有如下特点：

（1）加工精度高、表面粗糙度值小　磨削时，砂轮表面上有极多的磨粒参与切削，每个磨粒相当于一个刃口半径很小且锋利的切削刃，能切下一层很薄的金属。磨床的磨削速度很高，一般 $v_c = 30 \sim 50$ m/s，磨床的背吃刀量很小，一般 $a_p = 0.01 \sim 0.005$ mm。经磨削加工的工件一般尺寸公差等级可达 IT7～IT5 级，表面粗糙度值 Ra 值为 0.2～0.8 μm。

（2）可加工硬度值高的工件　由于磨粒的硬度很高，磨削不但可以加工钢和铸铁等常用金属材料，还可以加工硬度更高的工件，特别是经过热处理后的淬火钢工件。但是，磨削不适用于加工硬度很低、塑性很好的有色金属材料，因为磨削这些材料时，砂轮容易被堵塞，使砂轮失去切削的能力。

（3）磨削温度高　由于磨削速度很高，其速度是一般切削加工速度的10~20倍，所以加工中会产生大量的切削热。在砂轮与工件的接触处，瞬时温度可高达1 000 ℃，同时大量的切削热会使磨屑在空气中发生氧化作用，产生火花。高的磨削温度会烧伤工件的表面，使工件硬度下降，严重时还会产生微裂纹，使工件的表面质量降低，使用寿命缩短。因此，为了减少摩擦和改善散热条件，降低切削温度，保证工件表面质量，在磨削时必须使用大量的切削液。加工钢时，使用苏打水或乳化液作为切削液；加工铸铁等脆性材料时，为防止产生裂纹一般不加切削液，而采用吸尘器除尘，同时也可起到一定的散热作用。

2. 磨削加工的应用范围

磨削主要用于零件的内外圆柱面、内外圆锥面、平面及成形面（如花键、螺纹、齿轮等）的精加工，以获得较高的尺寸精度和较小的表面粗糙度值，常见的磨削加工类型如图10.2所示。

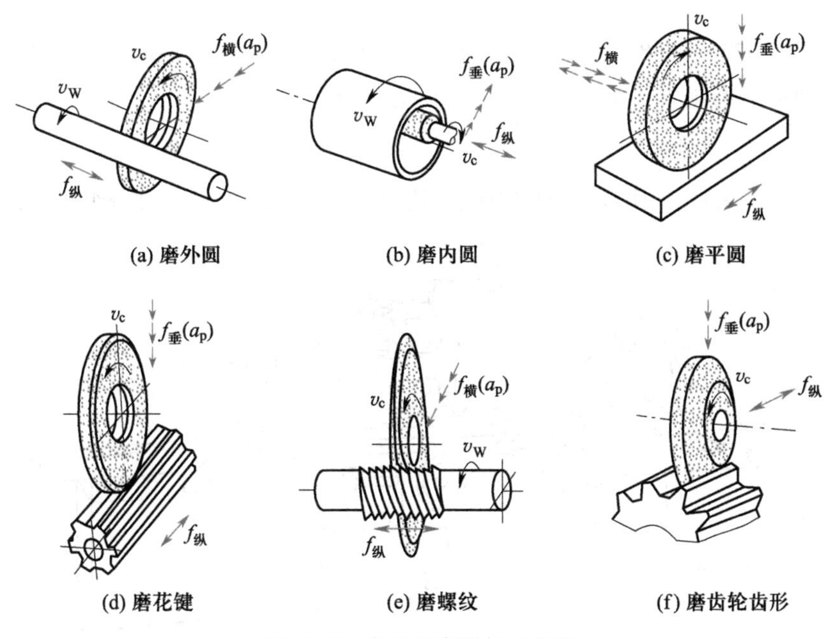

图10.2　常见的磨削加工类型

复习思考题

1. 磨削外圆时必须要有几种运动？

2. 磨削外圆时，磨削速度（v_c）、纵向进给量（$f_纵$）和背吃刀量（a_p）的含义是什么？

3. 磨削加工为什么加工精度高？为什么不适用于加工有色金属材料？

4. 表面粗糙度 Ra 值分别为0.8 μm、1.6 μm、3.2 μm的外圆表面，哪一种必须经过磨削加工？

课题二　磨床

【基础知识】

磨床的种类很多,有外圆磨床、内圆磨床、平面磨床、齿轮磨床、螺纹磨床、导轨磨床、无心磨床、工具磨床等,其中常用的是外圆磨床和平面磨床。

(一) 外圆磨床

外圆磨床又分为普通外圆磨床和万能外圆磨床。普通外圆磨床可以磨削外圆柱面、端面及外圆锥面,万能外圆磨床还可以磨削内圆柱面、内圆锥面。

下面以 M1432A 型万能外圆磨床为例进行介绍。

1. 外圆磨床的型号

根据 GB/T 15375—2008 规定:M——磨床类机床;14——万能外圆磨床;32——最大磨削直径的 1/10,即最大磨削直径为 320 mm;A——第一次重大改进。

2. 外圆磨床的组成部分及作用

外圆磨床主要由床身、工作台、头架、尾座、砂轮架、内圆磨头及砂轮等部分组成,如图 10.3 所示。

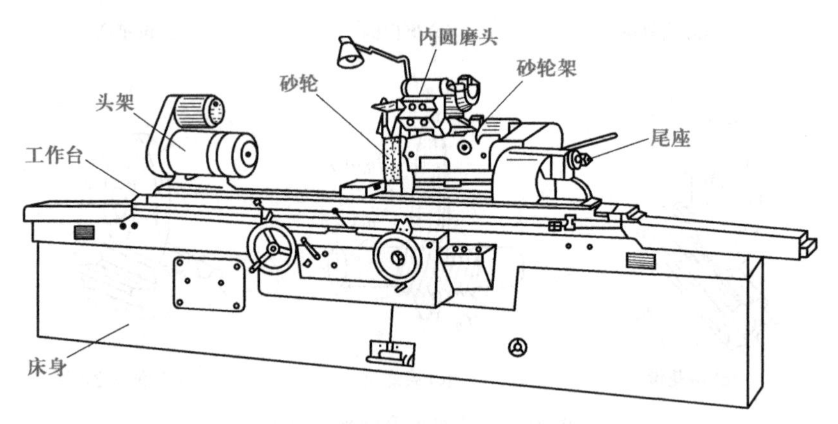

图 10.3　M1432A 型万能外圆磨床外观图

万能外圆磨床的头架内装有主轴,可用顶尖或卡盘夹持工件并带动其旋转。万能外圆磨床的头架上面装有电动机,动力经头架左侧的带传动使主轴转动,改变 V 带的连接位置,可使主轴获得 6 种不同的转速。

砂轮装在砂轮架的主轴上,由单独的电动机经 V 带直接带动旋转。砂轮架可沿床身后部的横向导轨前后移动,其移动的方法有自动周期进给、快速引进或退出、手动三种,其中前两种是靠液压传动来实现的。

工作台有两层,下工作台可在床身导轨上作纵向往复运动,上工作台相对下工作台在水平面内能偏转一定的角度以便磨削圆锥面,另外,工作台上还装有头架和尾座。

万能外圆磨床与普通外圆磨床的主要区别是:万能外圆磨床的头架和砂轮架下面都装有转盘,该转盘能绕垂直轴线偏转较大的角度,另外还增加了内圆磨头等附件,因此万能外圆磨床可以磨削内圆柱面和锥度较大的内外圆锥面。

由于磨床的液压传动具有无级变速、传动平稳、操作简便、安全可靠等优点,所以在磨削过程中,如果因操作失误,使磨削力突然增大时,液压传动的压力也会突然增大,当超过安全阀调定的压力时,安全阀会自动开启使油泵卸载,油泵排出的油经过安全阀直接流回油箱,这时工作台便会自动停止运动。

(二)平面磨床

平面磨床分为立轴式和卧轴式两类:立轴式平面磨床用砂轮的端面进行磨削平面,卧轴式平面磨床用砂轮的圆周面进行磨削平面,图 10.4 所示为 M7120A 型卧轴矩台式平面磨床。

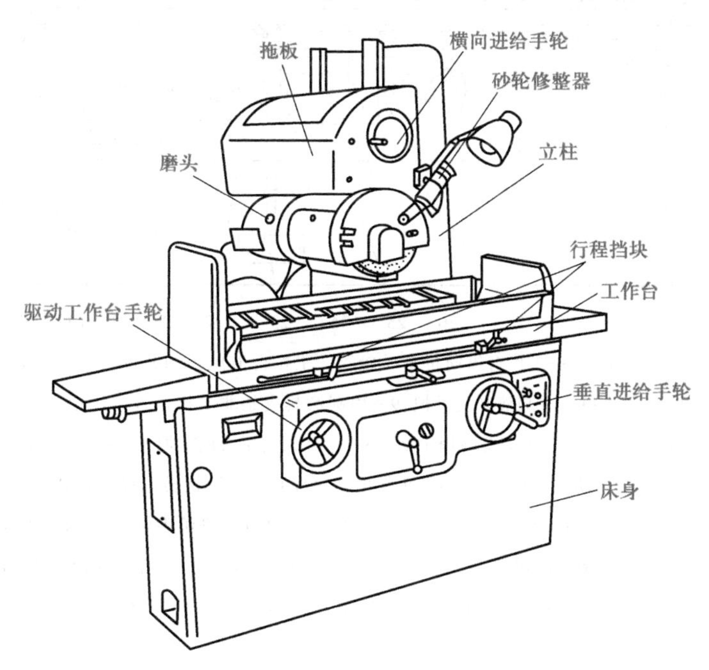

图 10.4　M7120A 型卧轴矩台式平面磨床

1. 平面磨床的型号

根据 GB/T 15375—2008 规定:M——磨床类机床;71——卧轴矩台式平面磨床;20——工作台台面宽度为 200 mm;A——第一次重大改进。

2. 平面磨床的组成部分及作用

M7120A 型卧轴矩台式平面磨床主要由床身、工作台、磨头、立柱、砂轮修整器等部分组成。

该磨床的矩形工作台装在床身的水平纵向导轨上,由液压传动实现其往复运动,也可用手轮操纵以便进行必要的调整。另外,工作台上还装有电磁吸盘,用来装夹工件。

砂轮在磨头上,由电动机直接驱动旋转。磨头沿滑板的水平导轨可作横向进给运动,该运动可由液压驱动或由手轮操纵。拖板可沿立柱的垂直导轨移动,以调整磨头的高低位置及完成垂直进给运动,这一运动通过转动手轮来实现。

【实习操作】

1. M1432A 型万能外圆磨床的操纵

其操纵系统如图 10.5 所示。

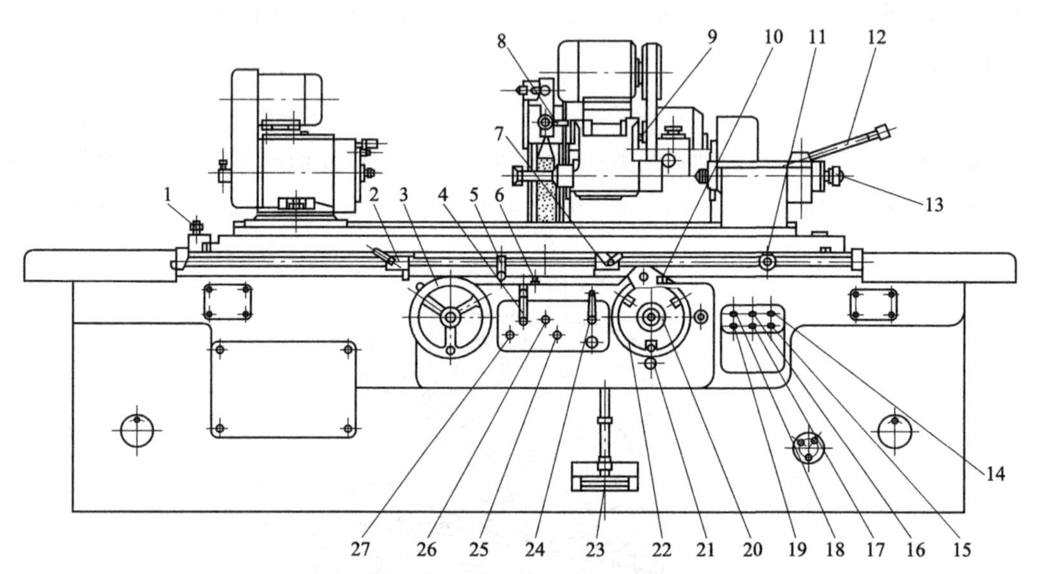

1—放气阀;2—工作台换向挡块(左);3—工作台纵向进给手轮;4—工作台液压传动开停手柄;5—工作台换向杠杆;6—头架点转按钮;7—工作台换向挡块(右);8—冷却液开关手把;9—内圆磨具支架非工作位置定位手柄;10—砂轮架横向进给定位块;11—调整工作台角度用螺杆;12—移动尾架套筒用手柄;13—工件顶紧压力调节捏手;14—砂轮电动机停止按钮;15—冷却泵电动机开停选择旋钮;16—砂轮电动机起动按钮;17—头架电动机停止、慢转、快转选择旋钮;18—电器总停按钮;19—液压泵起动按钮;20—砂轮磨损补偿旋钮;21—粗细进给选择拉杆;22—砂轮架横向进给手轮;23—脚踏板;24—砂轮架快速进退手柄;25—工作台换向停留时间调节旋钮(右);26—工作台速度调节旋钮;27—工作台换向停留时间调节旋钮(左)

图 10.5 M1432A 型万能外圆磨床操纵系统图

(1) 停车练习

① 手动工作台纵向往复运动。顺时针转动工作台纵向进给手轮 3,工作台向右移动,反之工作台向左移动。手轮每转一周,工作台移动 6 mm。

② 手动砂轮架横向进给移动。顺时针转动砂轮架横向进给手轮 22,砂轮架带动砂轮移向工件,反之砂轮架向后退回远离工件。当粗细进给选择拉杆 21 推进时为粗进给,即手轮 22 每转过一周时砂轮架移动 2 mm,每转过一格时砂轮移动 0.01 mm;当拉杆 21 拔出时为细进给,即手轮 22 每转过一周时砂轮架移动 0.5 mm,每转过一个格时砂轮架移动 0.002 5 mm。同时为了补偿砂轮的磨损,可将砂轮磨损补偿旋钮 20 拔出,并顺时针转动,此时手轮 22 不动,然后将砂轮磨损补偿旋钮 20 推入,再转动手轮 22,使其零程撞块碰到砂轮架横向进给定位块 10 为止,即可得到一定量的高程进给(横向进给补偿量)。

（2）开车练习

① 砂轮的转动和停止。按下砂轮电动机起动按钮 16,砂轮旋转,按下砂轮电动机停止按钮 14,砂轮停止转动。

② 头架主轴的转动和停止。使头架电动机旋钮 17 处于慢转位置时,头架主轴慢转;使其处于快转位置时,头架主轴处于快转;使其处于停止位置时,头架主轴停止转动。

③ 工作台的往复运动。按下液压泵起动按钮 19,液压泵起动并向液压系统供油。扳转工作台液压传动开停手柄 4 使其处于开位置时,工作台纵向移动。当工作台向右移动终了时,工作台换向挡块 2 碰撞工作台换向杠杆 5,使工作台换向向左移动。当工作台向左移动终了时,工作台换向挡块 7 碰撞工作台换向杠杆 5,使工作台又换向向右移动。这样循环往复,就实现了工作台的往复运动。调整挡块 2 与 7 的位置就调整了工作台的行程长度,转动工作台速度调节旋钮 26 可改变工作台的运行速度,转动工作台换向停留时间调节旋钮 25 或 27 可改变工作台行至右或左端时的停留时间。

④ 砂轮架的横向快退或快进。转动砂轮架快速进退手柄 24,可压紧行程开关使液压泵起动,同时也改变了换向阀阀芯的位置,使砂轮架横向快速移近工件或快速退离工件。

⑤ 尾座顶尖的运动。脚踩脚踏板 23 时,接通其液压传动系统,使尾座顶尖缩进;脚松开脚踏板 23 时,断开其液压传动系统使尾座顶尖伸出。

2. M7120A 型卧轴矩台式平面磨床的操纵

其操纵系统如图 10.6 所示。

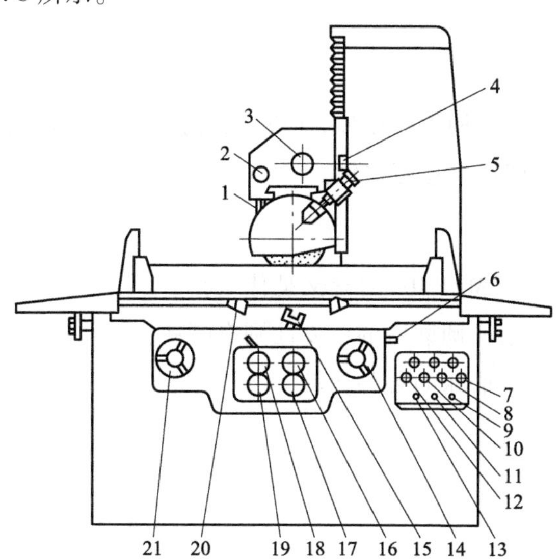

1—磨头横向往复运动换向挡块;2—磨头横向进给手动换向拉杆;3—磨头横向进给手轮;4—润滑立柱导轨的手动按钮;5—砂轮修整器旋钮;6—磨头垂直微动进给杠杆;7—电器总停按钮;8—液压泵起动按钮;9—工件吸磁及退磁按钮;10—磨头停止按钮;11—磁吸盘吸力选择按钮;12—磨头起动按钮;13—整流器开关旋钮;14—磨头垂直进给手轮;15—工作台往复运动换向手柄;16—磨头进给选择手柄;17—磨头连续进给速度控制手柄;18—工作台往复进给速度控制手柄;19—磨头间歇进给速度控制手柄;20—工作台换向挡块;21—工作台移动手轮

图 10.6　M7120A 型卧轴矩台式平面磨床操纵系统图

(1) 停车练习

① 手动工作台往复移动。顺时针转动工作台移动手轮 21,工作台右移,反之工作台左移。手轮每转一周,工作台移动 6 mm。

② 手动砂轮架(磨头)横向进给移动。顺时针转动磨头横向进给手轮 3,磨头移向操作者,反之远离操作者。

③ 砂轮架(磨头)的垂直升降。顺时针转动磨头垂直进给手轮 14,砂轮移向工作台,反之砂轮向上移动。手轮 14 每转一格时,垂直移动量为 0.005 mm,每转过一周,垂直移动量为 1 mm。

(2) 开车练习

① 砂轮的转动与停止。按下磨头起动按钮 12,砂轮旋转。按下磨头停止按钮 10,砂轮停止转动。

② 工作台的往复运动。按下液压泵起动按钮 8,油泵工作。顺时针转动工作台往复进给速度控制手柄 18,工作台往复运动。调整工作台换向挡块 20(两个)间的位置,可调整往复行程长度。挡块 20 碰撞工作台往复运动换向手柄 15 时,工作台可换向。逆时针转动手柄 18,工作台由快动到停止移动。

③ 磨头的横向进给移动。该移动有“连续”和“间歇”两种情况:当磨头进给选择手柄 16 在“连续”位置时,转动磨头连续进给速度控制手柄 17 可调整连续进给的速度;当手柄 16 在“间歇”位置时,转动磨头间歇进给速度控制手柄 19 可调整间歇进给的速度。

【操作要点】

操作过程中应注意以下两点:

(1) 对于机床上的按钮、手柄等操作件,在没有弄清其作用之前,不要乱动,以免发生事故。

(2) 发生事故后,要立即按下总停按钮。

复习思考题

1. 磨床型号 M1432A 和 M7120A 的含义是什么?
2. 万能外圆磨床与普通外圆磨床的主要区别有哪些?
3. 如何操纵磨床来获得磨床的各种运动?

课题三　砂轮

【基础知识】

砂轮是磨削的切削工具,它是由许多细小而坚硬的磨粒用结合剂黏结而成的多孔体,如图 10.7 所示。

（一）砂轮的特性

砂轮的特性对工件的加工精度、表面粗糙度和生产率影响很大，砂轮的特性包括磨料、粒度、结合剂、硬度、组织、形状和尺寸等方面。

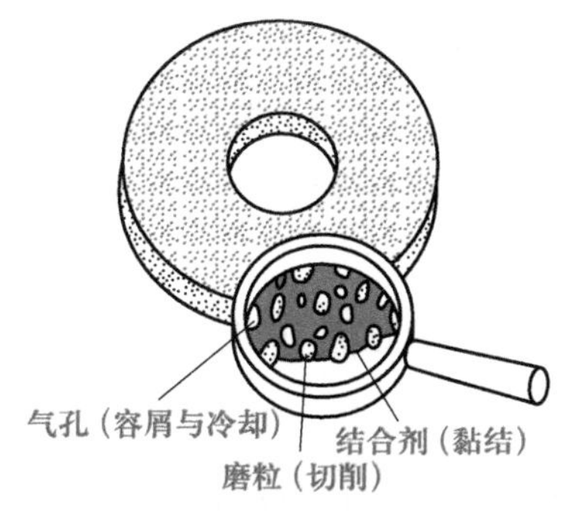

图 10.7　砂轮的构造

1. 磨料

磨料是砂轮的主要原料，直接担负着切削工作。磨削时，磨料在高温工作条件下要经受剧烈的摩擦和挤压，所以磨料应具有很高的硬度、耐热性及一定的韧性。常用的磨料有两类：

（1）刚玉类　主要成分是 Al_2O_3，其韧性好，适用于磨削钢等塑性材料。其代号有：A——棕刚玉，WA——白刚玉等。

（2）碳化物类　硬度比刚玉类高，磨粒锋利，导热性好，适用于磨削铸铁及硬质合金刀具等脆性材料。其代号有：C——黑碳化硅，GC——绿碳化硅等。

2. 粒度

粒度是指磨料颗粒的大小。粒度号以其所通过的筛网上每 25.4 mm 长度内的孔眼数表示，例如 $70^{\#}$粒度的磨粒是用每 25.4 mm 长度内有 70 个孔眼的筛网筛出的。粒度号数字越大，颗粒越小。当磨粒颗粒小于 63 μm 时称为微粉（W），其粒度号则以颗粒的实际尺寸表示。

粗磨时，选择较粗的磨粒（$30^{\#}$ ~ $60^{\#}$），可以提高生产率；精磨时，选择较细的磨粒（$60^{\#}$ ~ $120^{\#}$），可以减小表面粗糙度值。

3. 结合剂

砂轮中，将磨粒黏结成具有一定强度和形状的物质称为结合剂。砂轮的强度、抗冲击性、耐热性及耐腐蚀性，主要取决于结合剂的性能。

常用的结合剂有陶瓷结合剂（代号用 V 表示）、树脂结合剂（B）和橡胶结合剂（R）。

4. 硬度

砂轮的硬度和磨料的硬度是两个不同的概念。砂轮的硬度是指砂轮表面的磨粒在外力作用下脱落的难易程度。即容易脱落称为软，反之称为硬。GB/T 2484—2018《固结磨具　一般要求》将砂轮硬度用拉丁字母表示；A、B、C、D、E、F、G、H、J、K、L、M、N、P、Q、R、S、T、Y 其硬度按顺序递增。

磨削硬材料时，砂轮的硬度应低些，反之应高些。在成形磨削和精密磨削时，砂轮的硬度应更高些，一般磨削选用砂轮的硬度应在 K ~ R。

5. 组织

砂轮的组织是指砂轮中磨料、结合剂、气孔三者体积的比例关系。砂轮的组织号数是以磨料所占的体积百分比来确定的，即磨料所占的体积越大，砂轮的组织越紧密。砂轮组织号由 0、1、2、…、14 共 15 个号组成，号数越小，组织越紧密。

组织号在4~7间的砂轮应用最广,可用于磨削淬火工件及切削工具。0~3号用于成形磨削,而8~14号用于磨削韧性大而硬度低的材料。

6. 形状与尺寸

根据机床类型和磨削加工的需要,砂轮可制成各种标准形状和尺寸,其常用的几种砂轮的形状和用途见表10.1。

表10.1 常用砂轮形状和用途

型号	形状和尺寸标记	简图	用途
1	平形砂轮 1型 圆周型面 $D \times T \times H$	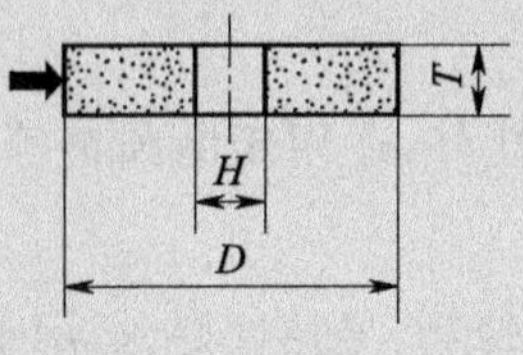 T H D	磨削外圆、内圆、平面,可用于无心磨
4	双斜边砂轮 4型 $D \times T/U \times H$	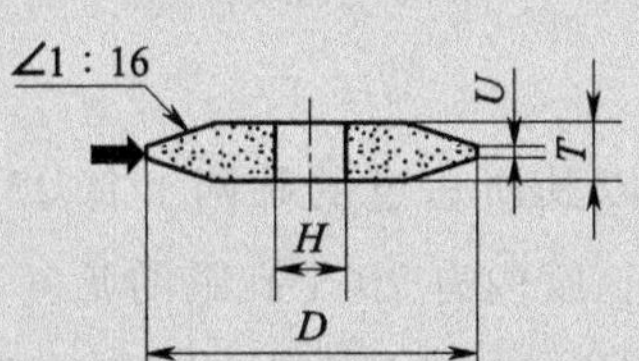 ∠1:16 U T H D	磨削齿轮的齿形和螺纹的牙型
2	黏结或夹紧 用筒形砂轮 2型 $D \times T \times W$	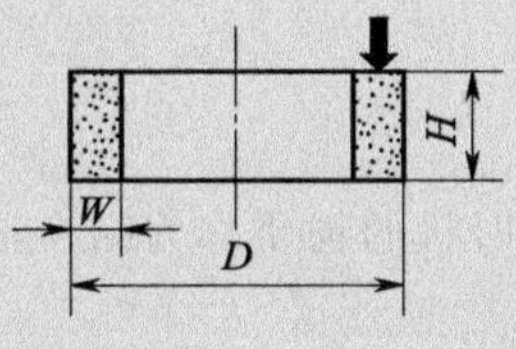 H W D	立轴端面平磨
6	杯形砂轮 6型 $D \times T \times H\text{-}W \times E$	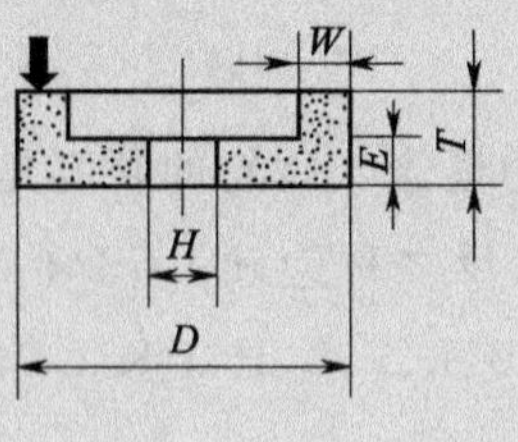 W E T H D	磨削平面、内圆及刃磨刀具
11	碗形砂轮 11型 $D/J \times T \times H\text{-}W \times E$	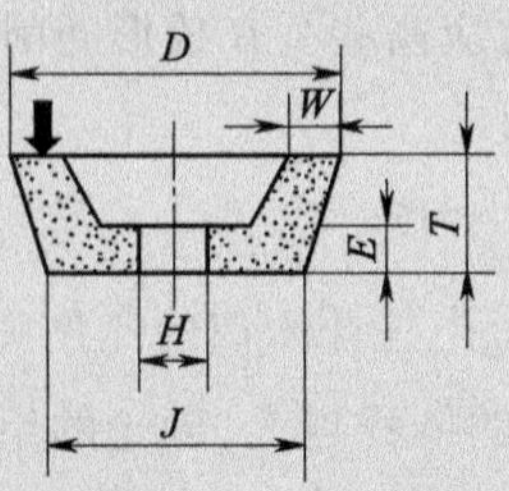 D W E T H J	刃磨刀具,并用于导轨磨

续表

型号	形状和尺寸标记	简　图	用　途
12	碟形砂轮 12 型 $D/J×T/U×H-W×E$		磨削铣刀、铰刀、拉刀及齿轮的齿形
41	平行切割砂轮 41 型 $D×T×H$		切断和开槽

砂轮的特性一般用代号和数字标注在砂轮上，有的砂轮还标出最高工作速度。砂轮特性标志及含义举例如下：

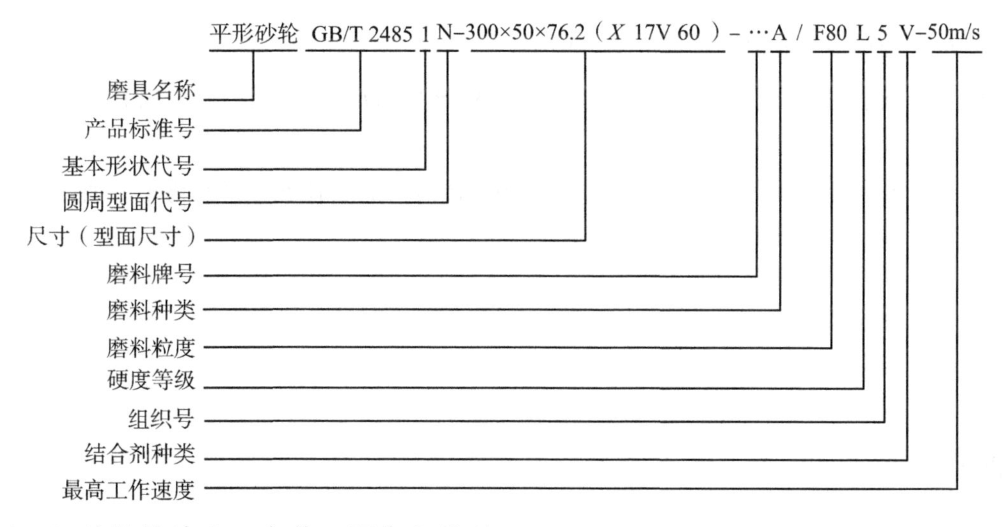

（二）砂轮的检查、安装、平衡和修整

因砂轮在高速运转情况下工作，所以安装前要通过外观检查和敲击的响声来检查砂轮是否有裂纹，以防止高速旋转时砂轮破裂。安装砂轮时，应将砂轮松紧合适地套在砂轮主轴上，并在砂轮和法兰之间垫一 1～2 mm 厚的弹性垫圈(皮革或耐油橡胶制成)，如图 10.8 所示。

为使砂轮平稳地工作，一般直径大于 125 mm 的砂轮都要进行平衡。平衡时将砂轮装在心轴上，再放在平衡架导轨上。如果不平衡，较重的部分总是转在下面，这时可移动法兰端面环形槽内的平衡块进行平衡，直到砂轮可以在导轨上的任意位置都能静止。如果砂轮在导轨上的任意位置都能静止，则表明砂轮各部分质量均匀，平衡良好。这种方法称为静平衡，如图 10.9 所示。

砂轮工作一定时间后，其磨粒逐渐变钝，砂轮表面空隙堵塞，砂轮几何形状磨损严重。这时，需要对砂轮进行修整，使已磨钝的磨粒脱落，恢复砂轮的切削能力和外形精度。砂轮常用金刚石笔进行修整，如图 10.10 所示。修整时要用大量的切削液，以避免金刚石笔因温度剧升而破裂。

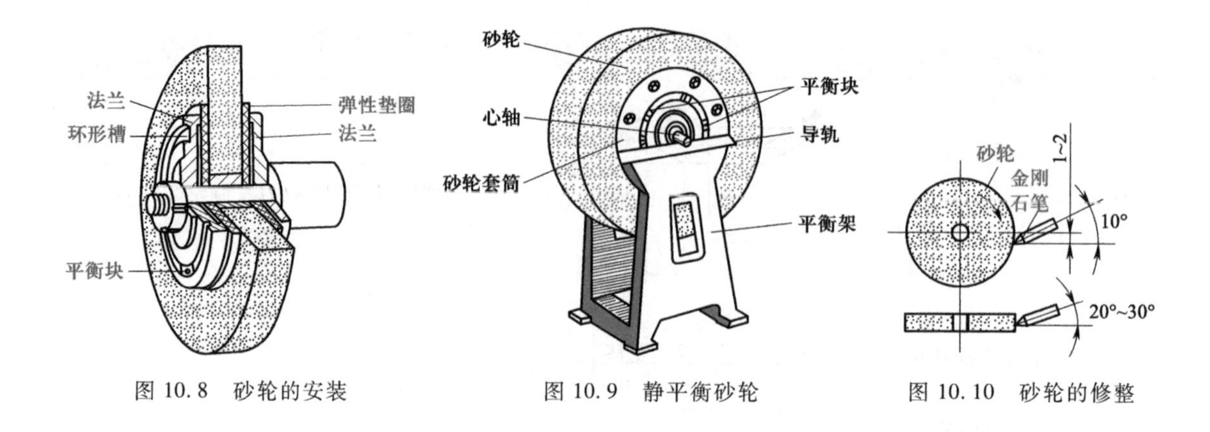

图 10.8 砂轮的安装

图 10.9 静平衡砂轮

图 10.10 砂轮的修整

【教师演示】

用金刚石笔对砂轮进行修整。

复习思考题

1. 砂轮的硬度和磨料的硬度有何不同?

2. 在外圆磨床上磨削 45 钢时,应选用哪一种形状和尺寸、磨料、粒度、硬度、组织、结合剂的砂轮?

3. 较大的砂轮安装前如何进行平衡?使用一段时间后为什么要进行修整?如何修整?

课题四 磨平面

【基础知识】

(一) 工件的装夹方法

在平面磨床上,采用电磁吸盘工作台吸住工件。电磁吸盘工作台的工作原理如图 10.11 所示。当线圈中通过直流电时,铁心体被磁化,磁力线由铁心体经过盖板—工件—盖板—吸盘体而闭合,工件被吸住。电磁吸盘工作台的绝磁层由铅、铜或巴氏合金等非磁性材料制成,它的作用是使绝大部分磁力线都通过工件再回到吸盘体,以保证工件被牢固地吸在工作台上。

当磨削键、垫圈、薄壁套等小尺寸的零件时,由于工件与工作台接触面积小,吸力弱,容易被磨削力弹出造成事故,所以装夹这类工件时,需在工件四周或左右两端用挡铁围住,以防工件移动,如图 10.12 所示。

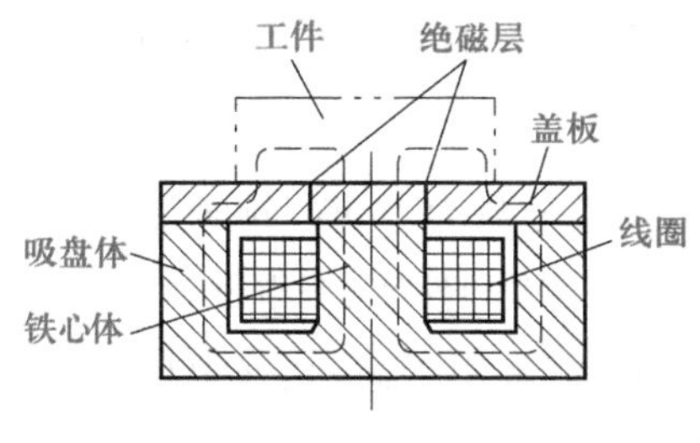

图 10.11　电磁吸盘工作台的工作原理

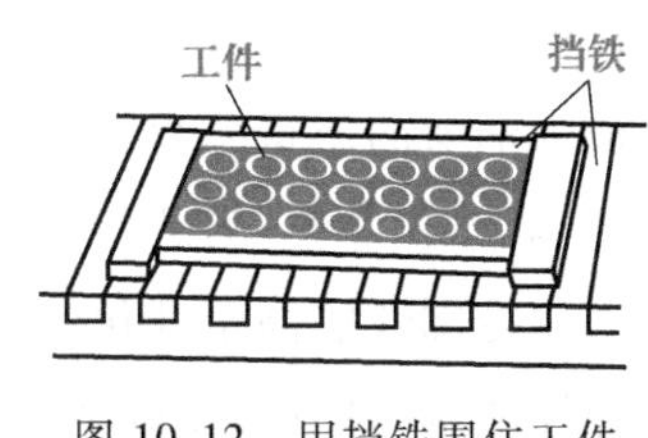

图 10.12　用挡铁围住工件

（二）磨平面的方法

磨平面时，一般是以一个平面为定位基准，磨另一个平面。如果两个平面都要求磨削并要求平行时，可互为基准反复磨削。

常用磨削平面的方法有以下两种。

1. 周磨法

如图 10.13a 所示，用砂轮圆周面磨削工件的方法称为周磨法。用周磨法磨平面时，一方面，由于砂轮与工件的接触面积小，排屑和冷却条件好，工件发热变形小，而且砂轮圆周表面磨削均匀，所以能获得较高的加工质量。但另一方面，该磨削方法的生产率较低，仅适用于精磨。

2. 端磨法

如图 10.13b 所示，用砂轮端面磨削工件的方法称为端磨法。端磨法的特点与周磨法相反，端磨法磨削生产率高，但磨削的精度低，适用于粗磨。

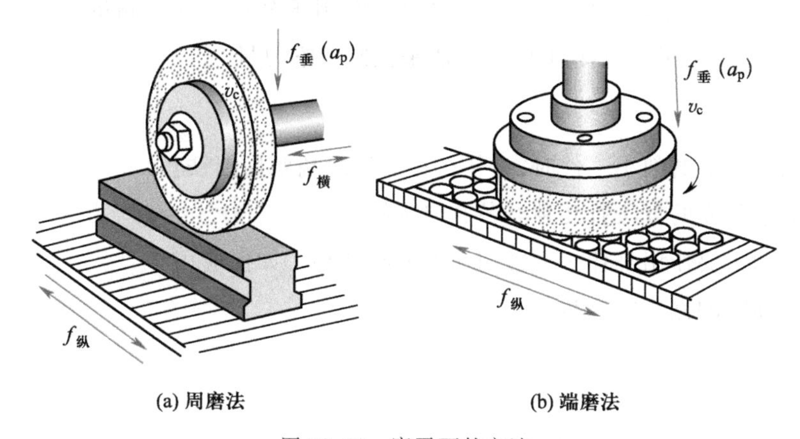

图 10.13　磨平面的方法

（三）切削液

切削液的主要作用是：降低磨削区的温度，起冷却作用；减少砂轮与工件之间的摩擦，起润滑作用；冲走脱落的砂粒和磨屑，防止砂轮堵塞。切削液的使用对磨削质量有重要影响。

常用的切削液有以下两种。

1. 苏打水

苏打水由 1% 的无水碳酸钠（Na_2CO_3）、0.25% 的亚硝酸钠（Na_2NO_2）及水组成，具有良好的冷却性能、防腐性能、洗涤性能，而且对人体无害，成本低，是应用最广的一种磨削液。

2. 乳化液

乳化液为油酸的质量分数为0.5%、硫化蓖麻油的质量分数为1.5%、锭子油的质量分数为8%以及含质量分数为1%的碳酸钠的水溶液，它具有良好的冷却性能、润滑性能及防腐性能。

苏打水的冷却性能高于乳化液，并且配制方便、成本低，常用于高速、强力粗磨。乳化液不但具有冷却性能，而且具有良好的润滑性能，常用于精磨。

【实习操作】

可结合生产实际，在平面磨床上磨削平面。如无合适的生产件时，可按照图10.14所示的工件进行平面磨削。

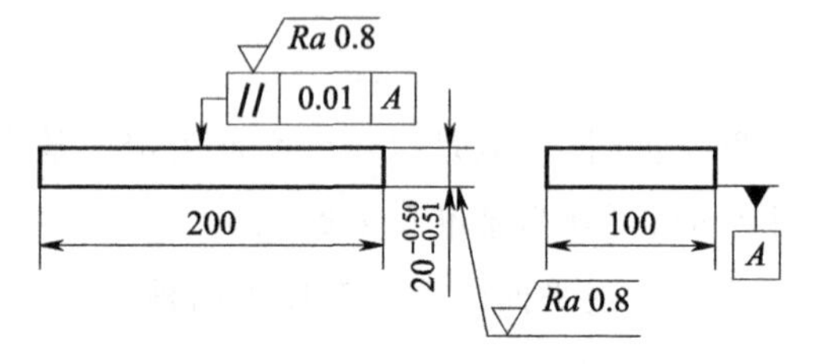

图10.14 磨平面的工件图（材料：45钢）

【操作要点】

（1）正确操纵机床，注意磨头垂直进给手轮的进退方向，以防弄错，使工件报废。

（2）要加充足的磨削液，以防工件表面被烧伤而影响加工质量。

（3）为防止平板磨削后产生弯曲变形，可采用上、下表面多次互为定位基准的方法进行磨削。

（4）装夹时，为防止电磁吸盘吸力不足，工件两端可加挡铁。

（5）粗略测量厚度时用高度尺，精确测量厚度时用千分尺。磨削测量后，精加工切削余量时，可通过改变磨头垂直进给手轮上的刻度值来控制背吃刀量。

复习思考题

1. 在平面磨床上磨削小工件时，为什么在工件两端要加挡铁？
2. 常用磨削平面的方法有几种？各有何优缺点？
3. 切削液的主要作用是什么？常用切削液有几种？如何应用？
4. 磨削平面时的操作要点是什么？

课题五 磨外圆、内圆及圆锥面

【基础知识】

（一）磨外圆

1. 工件的装夹方法

在外圆磨床上磨削外圆表面常用的装夹方法有以下三种。

(1) 双顶尖装夹　轴类零件常用双顶尖装夹,该装夹方法与车削中所用的方法基本相同。由于磨头所用的顶尖都是不随工件转动的,所以这样装夹可以提高定位精度,避免了由于顶尖转动而带来的误差。后顶尖是靠弹簧推力顶紧工件的,其作用是自动控制工件装夹的松紧程度。双顶尖装夹工件的方法如图 10.15 所示。

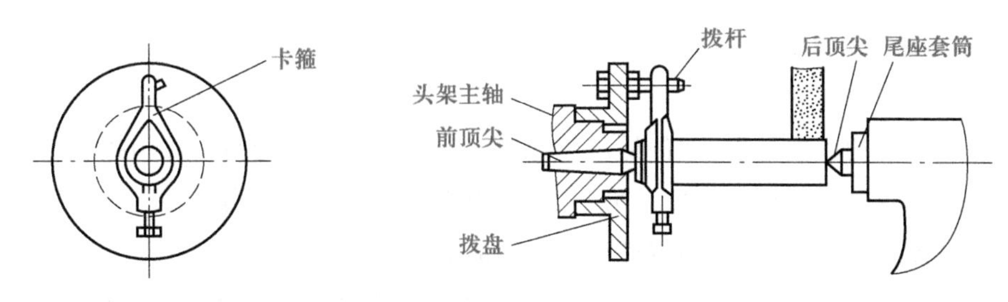

图 10.15　双顶尖装夹工件

磨削前,要修研工件的中心孔,以提高定位精度。修研中心孔一般是用四棱硬质合金顶尖(图 10.16a)在车床上修研,研亮即可。当定位精度要求较高时,可选用油石顶尖(图 10.16b)或铸铁顶尖进行修研。

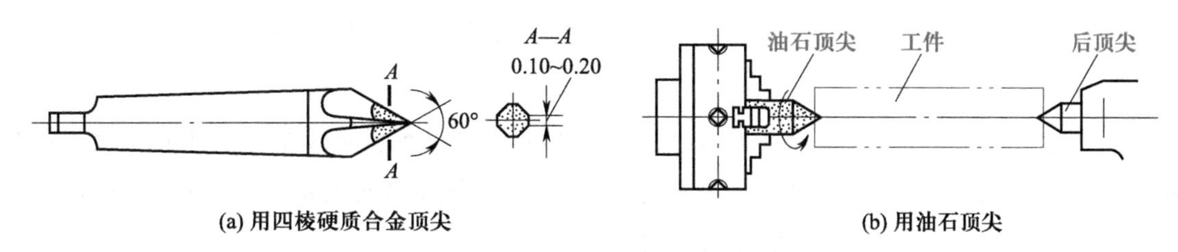

图 10.16　修研中心孔

(2) 卡盘装夹　磨削短工件的外圆时用三爪自定心卡盘或四爪单动卡盘装夹,装夹方法与在车床上装夹的方法基本相同。如果用四爪单动卡盘装夹工件,则必须用百分表找正。

(3) 心轴装夹　盘套类空心工件常以内圆柱孔定位进行磨削,其装夹方法与在车床上相同,但磨削用的心轴精度则要求更高些。

2. 磨削方法

在外圆磨床上磨削外圆的常用方法有纵磨法和横磨法。

(1) 纵磨法　磨削外圆时,工件转动并随工作台作纵向往复移动,而用每次纵向行程终了时(或双行程终了),砂轮作一次横向进给(背吃刀量)。当工件磨到接近最后尺寸时,可作几次无横向进给的光磨行程,直到火花消失为止,如图 10.17 所示。

纵磨法的磨削精度高,表面粗糙度 Ra 值小,适应性好,因此该方法被广泛用于单件小批量和大批大量生产中。

(2) 横磨法　磨削外圆时,工件不作纵向进给运动,砂轮缓慢地、连续或断续地向工件作横向进给运动,直至磨去全部余量为止,如图 10.18 所示。

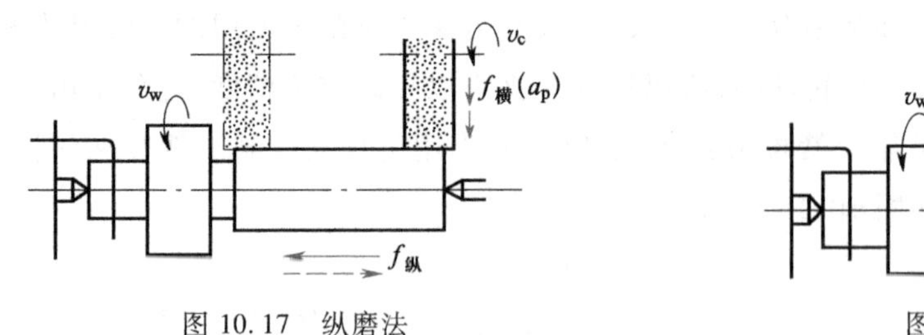

图 10.17 纵磨法

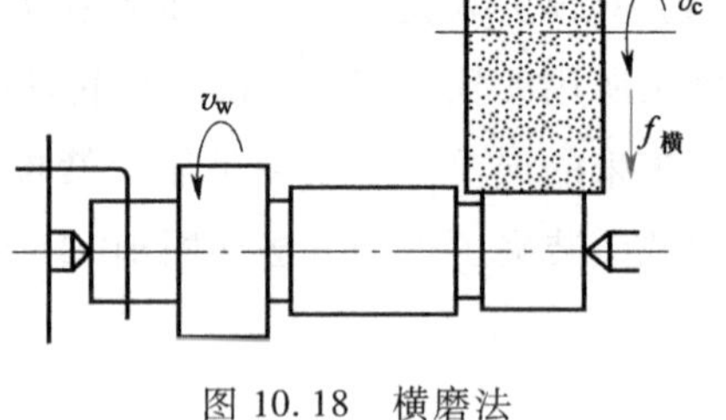

图 10.18 横磨法

一方面,横磨法的径向力大,工件易产生弯曲变形。又由于砂轮与工件的接触面积大,产生的热量多,工件也容易产生烧伤现象。另一方面,由于横磨法生产率高,因此该方法只适用于大批、大量生产精度要求低、刚性好的零件外圆表面的磨削。

对于阶梯轴类零件,外圆表面磨到尺寸后,还要磨削轴肩端面。这时只要用手摇动工作台纵向进给手轮,使工件的轴肩端面靠向砂轮,磨平即可,如图 10.19 所示。

（二）磨内圆

1. 工件的装夹

磨内圆时,一般以工件的外圆和端面作为定位基准,通常用三爪自定心卡盘或四爪单动卡盘装夹工件(图 10.20),其中以用四爪单动卡盘通过找正装夹工件用得最多。

2. 磨削方法

磨削内圆通常是在内圆磨床或万能外圆磨床上进行。其磨削时砂轮与工件的接触方式有两种。一种是后面接触(图 10.21a),用于内圆磨床,便于操作者观察加工表面;另一种是前面接触(图 10.21b),用于万能外圆磨床,便于自动进给。

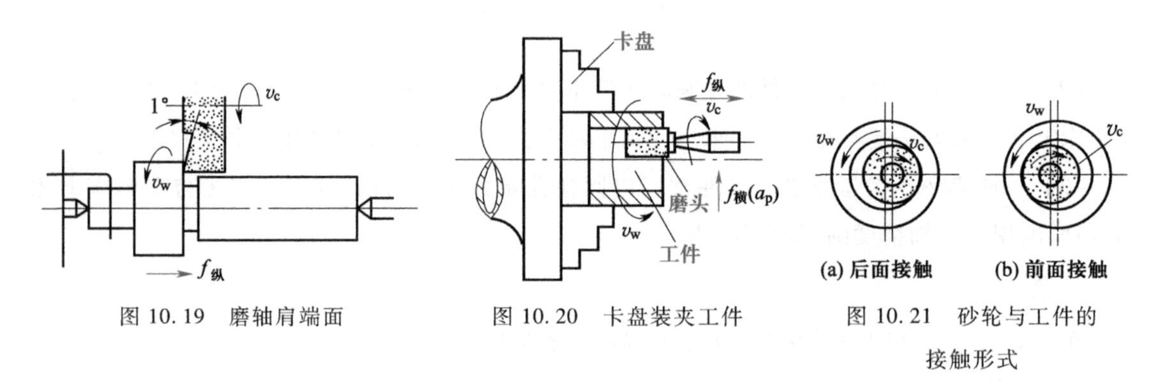

图 10.19 磨轴肩端面

图 10.20 卡盘装夹工件

图 10.21 砂轮与工件的接触形式

（三）磨圆锥面

磨圆锥面的方法很多,常用的方法有以下两种。

1. 转动工作台法

将上工作台相对下工作台扳转一个工件圆锥半角 $\alpha/2$,下工作台在机床导轨上作往复运动进行圆锥面磨削。这种方法既可以磨外圆锥,又可以磨内圆锥,但只适用于磨削锥度较小、锥面较长的工件,图 10.22 所示为用转动工作台法磨外圆锥时的情况。

2. 转动头架法

将头架相对工作台扳转一个工件圆锥半角 $\alpha/2$,工作台在机床导轨上作往复运动进行圆锥面磨削。这种方法可以磨内、外圆锥,但只适用于磨削锥度较大、锥面较短的工件,图 10.23 所示为用转动头架法磨内圆锥的情况。

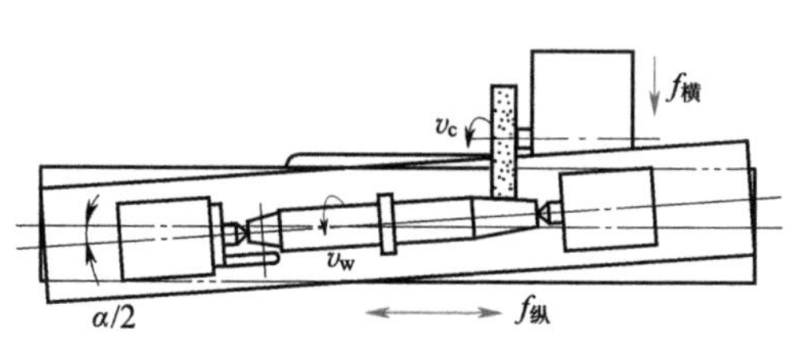

图 10.22　用转动工作台法磨外圆锥

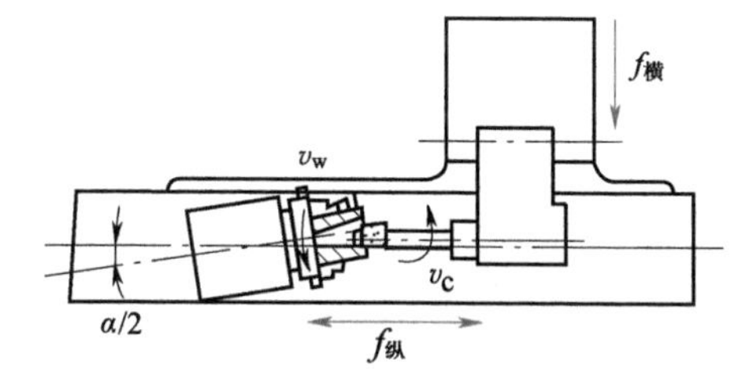

图 10.23　用转动头架法磨内圆锥

【实习操作】

可根据生产实际,进行磨削工件外圆表面的操作,如果无合适的生产件,可按照图 10.24 所示工件的技术要求,在外圆磨床上进行磨削。

磨削步骤:磨削 $\phi60_{-0.02}^{\ 0}$ mm 外圆,磨削右端 $\phi45_{-0.01}^{\ 0}$ mm 外圆,磨削右端轴肩,磨削左端 $\phi45_{-0.01}^{\ 0}$ mm 外圆,磨削左端轴肩。

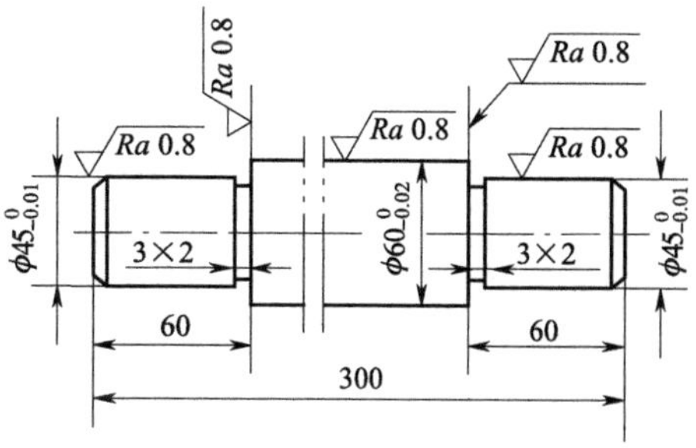

图 10.24　磨外圆的工件图
（材料:45 钢）

【教师演示】

1. 磨外圆锥

在外圆磨床上,扳转工作台磨削圆锥半角 $\alpha/2=3°$ 的外圆锥。

2. 磨内圆锥

在万能外圆磨床上利用内圆磨头或在内圆磨床上,扳转头架磨削圆锥半角 $\alpha/2=30°$的内圆锥。

复习思考题

1. 为什么磨外圆时工件和砂轮的转向相同？为什么磨削内圆时工件与砂轮的转向相反？“不论是磨外圆还是磨内圆,在工件与砂轮的接触处,它们的转动方向总是相反”,这种说法对吗？

2. 磨削外圆的常用方法有几种？如何应用？

3. 为什么在磨削轴类工件之前要修研中心孔？

4. 采用双顶尖装夹轴类工件,调头磨削各部分外圆表面时,能保证各外圆表面的同轴度吗？为什么？

5. 如何磨削内、外圆锥？

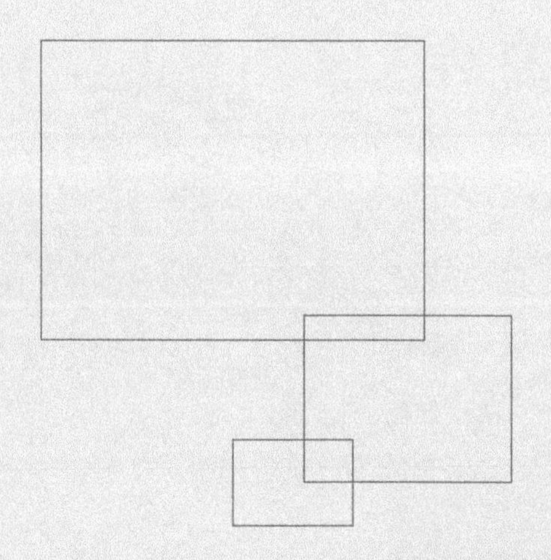

现代制造技术实习

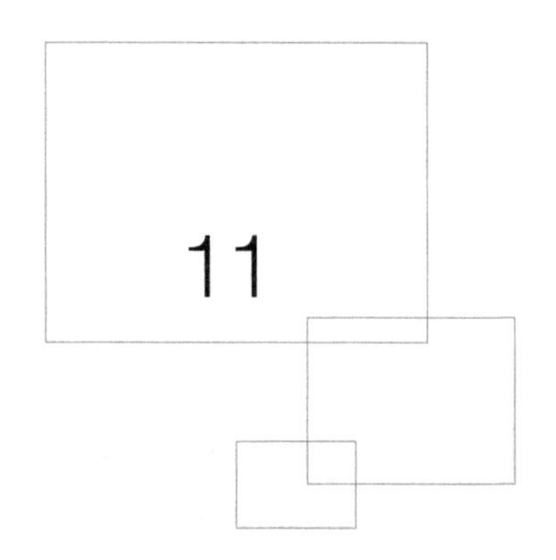

数控机床加工

目的和要求

1. 了解数控机床加工的基本知识，数控机床加工的工艺特点及加工范围。
2. 了解数控机床的基本工作原理及运动控制方式。
3. 掌握数控编程基本方法。
4. 掌握典型数控系统的数控车床、数控铣床、加工中心的操作，能够编制中等复杂零件的数控程序，完成数控加工。

安全技术

1. 检查穿戴、扎紧袖口、戴好护目镜，严禁戴手套操作，若长发需将头发盘好压入工作帽以免造成事故。
2. 开机前清除导轨、滑动面上的障碍物及工具等，并及时移去装夹工具。
3. 开机后让机床空运转 15 min，以使机床达到热平衡状态，认真检查润滑系统工作是否正常，如数控机床长时间未使用，可先采用手动方式向各部分供油润滑。
4. 每次装夹零件、刀具后，应认真检查，确认夹紧后，方可起动机床进行加工。
5. 执行正式加工前，应仔细核对输入的程序和参数，并进行程序试运行，防止加工中刀具与工件碰撞而损坏机床和刀具。
6. 机床运转中，操作者不得离开岗位，机床运行中一旦发现异常情况，应立即按下红色“急停”键，终止机床所有运动和操作。待故障排除后，方可重新操作机床及执行程序。
7. 禁止用手接触刀尖和铁屑，铁屑必须要用铁钩子或毛刷来清理。
8. 禁止用手或其他任何方式接触正在旋转的主轴、工件或其他运动部位。
9. 工作后将机床运动轴返回机床零点，依次关闭系统电源和机床电源等，并清理机床内、外铁屑。

课题一 概述

【基础知识】

随着科学技术的飞速发展,机械产品日趋复杂,对机械产品的质量和生产率提出了越来越高的要求。在航空航天、造船、军工和计算机等工业中,零件精度高、形状复杂、批量小、类型丰富,传统切削加工方法加工困难、生产效率低、劳动强度大,质量难以保证。为解决上述问题,一种灵活、通用、高精度、高效率的“柔性”自动化设备——数控机床应运而生。

数控机床:就是将加工过程所需的各种操作(如主轴变速、进刀与退刀、开车与停车、自动开/关冷却液等)和步骤以及工件的形状尺寸用数字化的代码表示,通过控制介质将数字信息送入数控装置,数控装置对输入的信息进行处理与运算,发出各种控制信号,控制机床的伺服系统或其他驱动组件,使机床自动加工出所需要的工件,具有以下优点:

(1) 高度柔性 在数控机床上加工零件,主要取决于加工程序,它与普通机床不同,不必制造、更换许多工具,不需要经常调整机床。因此,数控机床适用于零件频繁更换的场合。也就是适合单件、小批量生产及新产品的开发,缩短了生产准备周期,节省了大量工艺设备的费用。

(2) 加工精度高,质量稳定、可靠 数控机床是按数字信号形式控制的,数控装置每输出一个脉冲信号,则机床将部件移动一个脉冲当量(一般为 0.001 mm),而且机床进给传动链的反向间隙与丝杠螺距平均误差可由数控装置进行补偿,因此,数控机床定位精度和重复定位精度都比较高。且数控机床是根据数控程序自动进行加工,可以避免人为的误差,这就保证了零件加工的一致性。因此数控机床不仅具有较高的加工精度,而且质量稳定、可靠。

(3) 生产效率高 数控机床加工时能在一次装夹中完成多道工序的加工,省去了在普通机床加工中的中间工序(如划线、检验、测量等),明显提高了生产效率。

(4) 改善劳动条件 数控机床加工前做好准备工作,输入程序并起动,机床就能自动连续地进行加工,直至加工结束。操作者主要是程序的编辑、输入、装卸零件、刀具准备、加工状态的观测、零件的检验等工作,极大降低劳动强度,其劳动趋于智力型工作。另外,数控机床一般是封闭式加工,既清洁,又安全。

(5) 利于生产管理现代化 数控机床的加工,可预先精确估计加工时间,所使用的刀具规范化、管理现代化。数控机床使用数字信号与标准代码作为控制信息,易于实现加工信息的标准化,目前已与计算机辅助设计与制造(CAD/CAM)有机地结合起来,是现代集成制造技术的基础。

(一) 数控机床的基本工作原理及分类

1. 数控机床的基本工作原理

数控机床加工零件时,首先必须将工件的几何数据和工艺数据等加工信息按规定的代码和格式编制成零件的数控程序,这是数控机床的工作指令。将程序用适当的方法输入到数控系统,数控系统对输入的程序进行数据处理,输出各种信息和指令,控制机床主运动的变速、起/停、进给方向、进给速度和进给位移量,以及其他如刀具选择交换、冷却润滑的开关等动作,使刀具与工件及其他辅助装置严格地按照程序规定的顺序、轨迹和参数进行工作。数控机床的运行处于不断地计算、输出、反馈等控制过程中,以保证刀具和工件之间相对位置的准确性,从而加工出符合要求的零件。数控机床工作过程如图 11.1 所示。

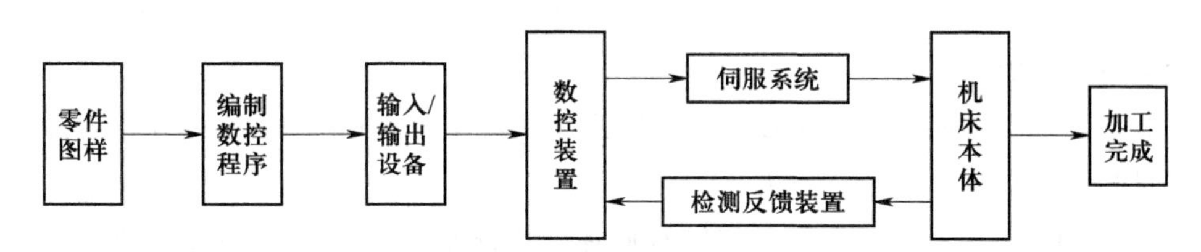

图 11.1　数控机床工作过程

2. 数控机床的分类

数控机床的种类很多,按工艺用途可分为以下几类:

(1) 切削加工类　数控镗床、数控铣床、数控车床、数控磨床、加工中心、数控齿轮加工机床、FMC 等。

(2) 成形加工类　数控折弯机、数控冲裁机等。

(3) 特种加工类　数控线切割机、电火花加工机、激光加工机等。

(4) 其他类型　数控装配机、数控测量机、机器人等。

(二) 数控程序编制基础

编制数控程序是一项重要技术工作,包括:分析零件图样并制订加工工艺方案;计算走刀轨迹,得出刀位数据;编写数控程序;程序检验等。理想的数控程序是加工出合格零件的保障,能使数控机床的功能得到合理的应用,是数控机床能安全、可靠、高效的工作的前提。

1. 数控编程方法

数控编程方法主要有手工编程和自动编程两种。

(1) 手工编程　手工编程是指编程的各个阶段均由人工完成。利用一般的计算工具,通过各种数学方法,人工进行刀具轨迹的运算,并进行指令编制。这种方式比较简单,很容易掌握,适应性较大。适用于中等复杂程度、程序计算量不大的零件编程。

(2) 自动编程　自动编程是指利用计算机专用软件来编制数控加工程序。编程人员只需根据零件图样的要求,使用数控语言,由计算机自动地进行数值计算及后置处理,编写出零件加工程序单,程序通过直接通信的方式送入数控机床,指挥机床工作。自动编程使得一些计算繁琐、手工编程困难或无法编出的程序能够顺利地完成。

2. 数控程序编制的主要步骤

(1) 分析零件图样并制订加工工艺方案　根据图样对零件的材料、形状、尺寸、精度、批量、毛坯形状和热处理要求等进行分析,确定该零件是否适合在数控机床上加工,或适合在哪种数控机床上加工,明确加工的内容和要求,确定零件的加工方法(如采用的工具、装夹定位方法等)、加工路线(如对刀点、换刀点、进给路线)及切削用量(如主轴转速、进给速度和背吃刀量等)等工艺参数。

(2) 计算走刀轨迹,得出刀位数据　编程前先根据零件的几何特征建立一个编程坐标系,然后根据所确定的加工路线,在编程坐标系上,计算出刀具中心的运动轨迹。

(3) 编写数控程序　在完成上述工艺处理和数值计算后,结合数控系统规定使用的指令及程序段格式,编写数控程序。

(4) 程序检验　编制好的程序必须经过校验和试切才能正式使用,一般有空运行、图形模拟和零件试切等几种程序检验的方法。

空运行:按下"空运行"按钮,使机床以 G00 速度执行加工程序(空运行速度快,不能加工工件,所以空运行一定要让刀具远离工件,通过 Z 坐标补偿实现),检查机床动作和运动轨迹的正确性,以检验程序。

图形模拟:在有图形模拟显示功能的数控机床上,按下"空运行"和"机床锁住"按钮后再执行程序,看程序的模拟图形(此时机床不动,有清晰的刀具运动轨迹,比空运行检验更直观,并且对机床有很好的保护功能,不像空运行时机床以最快速度运动,机床在改变运动方向时有很大的惯性力,对机床有损伤,所以图形模拟检验程序是常用方式),从而验证程序是否正确。

零件试切:空运行和图形模拟只能检验刀具的运动轨迹是否正确,不能检查加工精度,因此还应该进行零件的试切,在确认程序没问题后,可以通过单段控制等方式对工件进行试切,只有第一个工件被加工出来经检验合格后才能进行生产。

3. 数控机床的坐标系

在数控机床中,为了实现零件的加工,往往需要控制几个方向的运动,这就需要建立坐标系,以便区别不同运动方向。为了使编出的程序在不同厂家生产的同类机床上有互换性,必须统一规定数控机床的坐标系。标准规定,其坐标系采用右手直角笛卡尔坐标系,如图 11.2 所

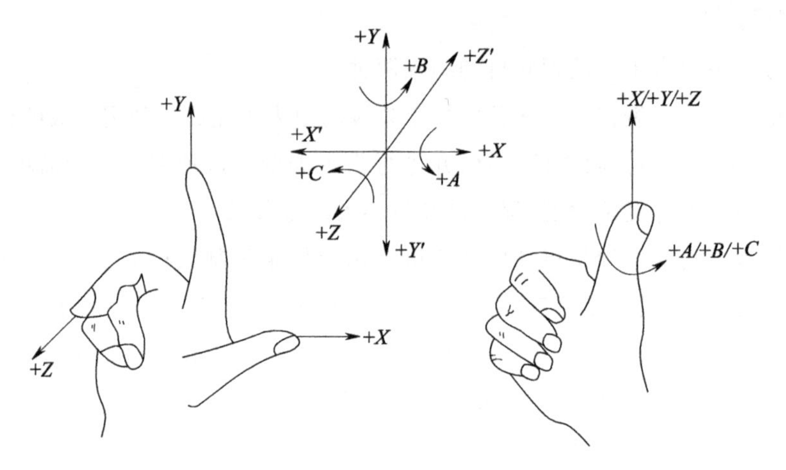

图 11.2　右手直角笛卡尔坐标系

示。右手的拇指、食指、中指相互垂直，且分别代表+X、+Y、+Z 轴。围绕+X、+Y、+Z 轴的回转运动分别用+A、+B、+C 表示，其正方向用右手螺旋定则确定。

（1）机床坐标系。

① 机床原点。机床原点又称为机械原点，是机床坐标系的原点。该点是机床上的一个固定的点，其位置是由机床设计和制造单位确定的，通常用户不允许改变。机床原点是工件坐标系、编程坐标系、机床参考点的基准点。通常，数控车床的原点一般取在卡盘端面与主轴中心线的交点处。同时，通过设置参数的方法，也可将机床原点设定在 X、Z 坐标正方向的极限位置上；数控铣床（加工中心）的原点一般取在 X、Y、Z 坐标正方向的极限位置上。

② 机床参考点。机床参考点是机床坐标系中一个固定不变的点，是用于对机床工作台、滑板与刀具相对运动的测量系统进行标定和控制的点。机床参考点的位置是由制造单位在每个进给轴上用限位开关精确调整好的，坐标值已输入数控系统中，因此机床参考点对机床原点的坐标是一个已知数，可以根据机床参考点在机床坐标系中的坐标值间接确定机床原点的位置。通常在数控铣床（加工中心）上机床原点和机床参考点是重合的；而在数控车床上机床参考点是离机床原点最远的极限点。数控机床开机时，必须先进行回零操作，回零操作又称为返回参考点操作，即刀具返回参考点的操作。只有机床参考点被确认后，刀具（或工作台）移动才有基准。

③ 机床坐标轴的确定。确定机床坐标轴时，一般先确定 Z 轴，再确定 X 轴、Y 轴。

Z 轴：规定平行于机床主轴轴线的坐标轴为 Z 轴，并且取刀具远离工件的方向为其正方向（+Z）。对于工件旋转的机床（如车床、磨床等），工件转动的轴为 Z 轴；刀具旋转的机床（如铣床、镗床、钻床等），刀具转动的轴为 Z 轴；如果机床上有几个主轴，则选一个垂直于工件装夹面的主轴为 Z 轴。对于刀具和工件都不旋转的机床（如牛头刨床），无主轴，则取垂直于装夹工件的工作台的垂直方向为 Z 轴方向。

X 轴：X 轴为水平方向，且垂直于 Z 轴并平行于工件装夹面。对于工件旋转的机床（如车床），取平行于横向滑座的方向即工件的径向为 X 轴坐标，同样，取刀具远离工件的方向为其正方向。对于刀具旋转的机床，若 Z 轴为水平（如卧式铣床），则从刀具主轴向工件看，右手方向为 X 轴正方向。若 Z 轴为垂直，对单立柱机床（如立式铣床），从刀具主轴向立柱方向看，右手方向为 X 轴正方向；对于双立柱机床（如龙门铣床），从主轴看龙门的方向为 X 轴正方向。对于工件和刀具都不旋转的机床，X 轴与主切削方向平行且平行于切削运动方向为正方向（如牛头刨床）。

Y 轴：在确定 Z、X 轴正方向后，可以根据右手直角笛卡尔坐标系确定 Y 轴的正方向。常见数控机床的坐标系如图 11.3 所示。

（2）编程坐标系及编程原点。

编程坐标系是编程人员根据零件图样及加工工艺等建立的坐标系，又称工件坐标系。编程坐标系一般供编程使用，确定编程坐标系时不必考虑工件毛坯在机床上的实际装夹位置，但编程坐标系各轴的方向一定要与机床各轴方向一致。编程原点是根据加工零件图样及加工工艺

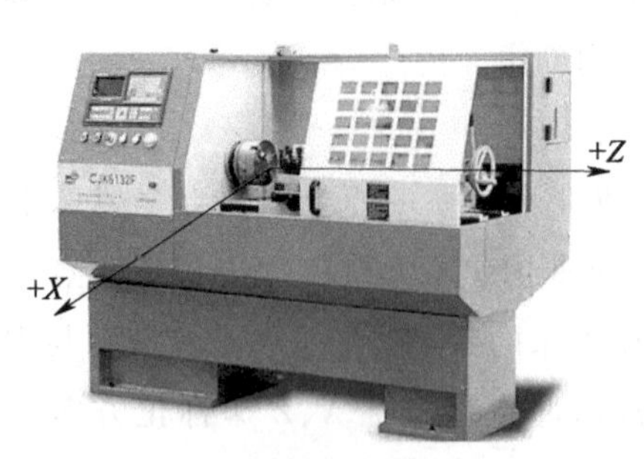

(a) 前置刀架数控车床的坐标系

(b) 后置刀架数控车床的坐标系

(c) 卧式数控铣床的坐标系

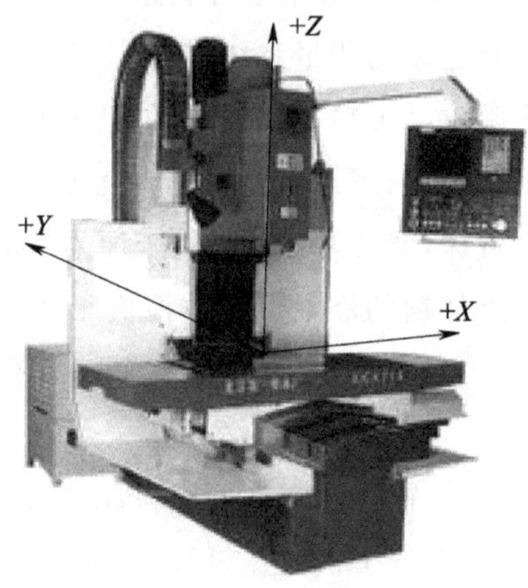

(d) 立式数控铣床的坐标系

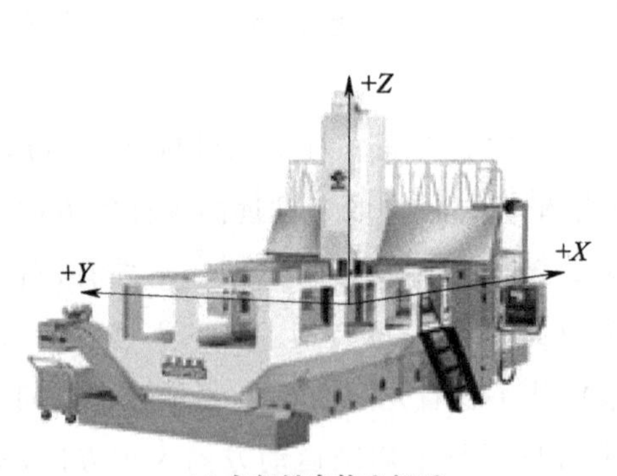

(e) 龙门铣床的坐标系

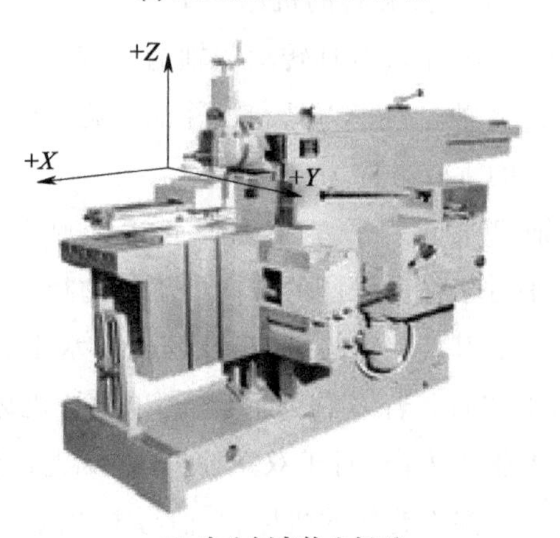

(f) 牛头刨床的坐标系

图 11.3　常见的数控机床坐标系

要求选定的编程坐标系的原点,又称工件零点。选择工件零点的一般原则是:

① 选在工件图样的基准上,以利于编程;

② 尽量选在尺寸精度高、表面粗糙度值低的工件表面上;

③ 最好选在工件对称中心上;

④ 要便于测量和检验。

在编程时，为了编程方便，一律假定工件固定不动，全部用刀具运动的坐标系来编程。

在数控车床中，编程原点 O_p 一般设定在工件精切后的右端面或精切后的夹紧定位面与主轴轴线的交点上，如图 11.4 所示。在数控铣床中，Z 轴的原点一般设定在工件的上表面，对于非对称工件，X、Y 轴的原点一般设定在工件的左前角上；对于对称工件，X、Y 轴的原点一般设定在工件对称轴的交点上，如图 11.5 所示。

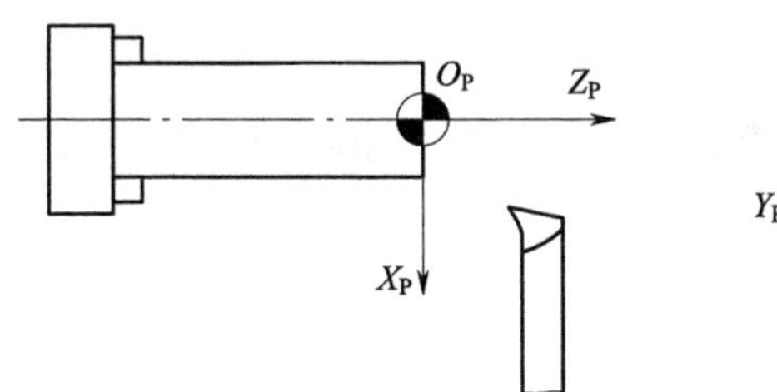

图 11.4　数控车床编程原点

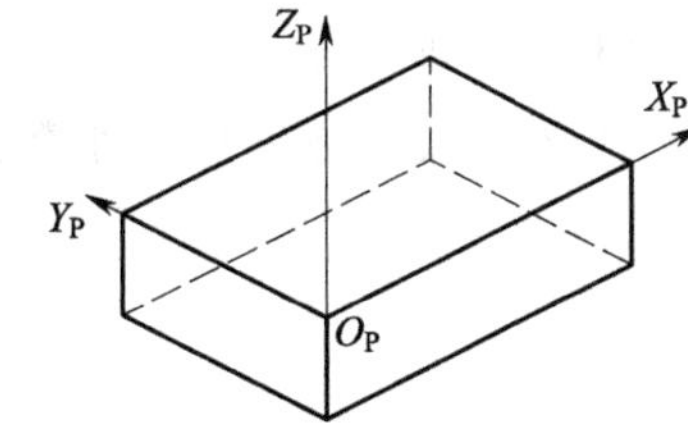

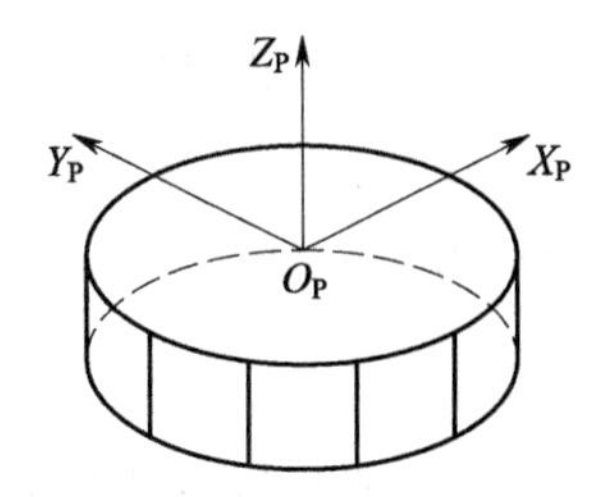

图 11.5　数控铣床编程原点

4. 程序结构

（1）程序的构成　一个完整的程序由程序号、程序内容和程序结束三部分组成。如：

O100;　　　　//程序号

N10 G00 G40 G97 G99 T0101 S1000 M03;　　　　//程序内容（程序内容是整个程序的核心，它由多个程序段组成）

N20 X40.0 Z3.0;

N30 G01 G42 Z-45.0　F0.05;

N40 X60.0 W-37.5;

N50 Z-120.0;

N60 G28 U0 W0 T0100 M05;　　　　//程序内容

N70 M02;　　　　//程序结束（以程序结束指令 M02 或 M30 作为程序结束的符号）

（2）程序段的构成　机床默认有/无小数点编程时的长度单位与系统参数 No.3401 有关，可以更改参数 No.3401 使编程时长度单位都为 mm，即 X30 和 X30.0 都表示 X 坐标为 30 mm，为了以后编程不出错，在出现整数值坐标时，建议都用有小数点编程，如 X50.或 X50.0，不要写成 X50。

N_G_X_Y_Z_F_M_S_T_;*

式中　N——程序段序号，编程时可省略；

G——准备功能指令；

X——X 轴移动指令；

* 为保持与数控编程时机床显示的一致性，程序指令中的变量统一用正体。

Y——Y 轴移动指令；

Z——Z 轴移动指令；

F——进给功能指令；

M——辅助功能指令；

S——主轴功能指令；

T——刀具功能指令；

“；”——程序段结束，用 EOB 按键实现。

注意：在 FANUC 系统中，机床默认坐标值后无小数点时长度单位为 μm，有小数点时长度单位为 mm。

复习思考题

1. 数控机床具有哪些优点？
2. 数控机床按工艺用途分为哪几类？
3. 编程原点的设置一般应遵循哪些原则？

课题二　数控车床编程

【基础知识】

（一）数控车床加工的使用范围和功能特点

数控车床是一种高精度、高效率的自动化机床，也是使用量最多的数控机床，约占数控机床总数的 25%。它主要用于精度要求高、表面粗糙度值小、轮廓形状复杂的轴类、盘类等回转体零件的加工，如内、外圆柱面、圆锥面、圆弧面、螺纹的切削等加工，并且能进行切槽、钻孔、扩孔、铰孔等加工。与普通车床相比，数控车床具有加工精度高、加工灵活、通用性强、生产效率高、质量稳定等优点，特别适合加工多品种、小批量形状复杂的零件，在企业生产中有着至关重要的地位。

（二）数控车床常用指令

1. 辅助功能指令

辅助功能是用地址 M 及两位数字来表示，这类指令的作用是控制机床或系统辅助功能的动作，如冷却液开、关；主轴正、反转；程序结束等。FANUC 0i Mate 数控系统的辅助功能指令见表 11.1。

当一个零件包括重复的图形时，可以把这个图形编成一个子程序存在存储器中，使用时可反复调用。子程序的有效使用可以简化并缩短检查时间，子程序的调用命令是 M98，子程序可以多重调用（嵌套式），最多可达四重。该指令格式为：

表 11.1　FANUC 0i Mate 辅助功能指令

M 代码	功　能	说　明
M00	程序暂停	M00 为程序无条件暂停指令，程序执行到此进给停止、主轴停转及冷却液停止，数控系统停止读入其后程序段，以便进行手动操作，只有重新按“程序起动”按钮后，才能继续执行后面的程序
M01	选择性暂停	与执行 M00 类似，不同的是只有按下机床操作面板上的“选择停止”按钮时，该指令才有效，执行后的效果与 M00 相同，若要重新起动则程序同上。如果不按下机床操作面板上的“选择停止”按钮，则 M01 不起作用，系统继续执行后面的程序
M02	程序结束	M02 的功能是完成工件加工程序段的所有指令后，使主轴、进给和冷却液停止，使数控装置和机床复位。M02 结束程序后，若要重新执行就要重新调用该程序，然后再按“循环起动”按钮
M30	程序结束	M30 指令除完成 M02 指令功能外，M30 执行后不退出程序，而是回到程序头，若要重新执行，只需按“循环起动”按钮
M03	主轴正转	—
M04	主轴反转	—
M05	主轴停止	—
M08	冷却液开	—
M09	冷却液关	—
M98	调用子程序	程序自动调用其指定的子程序
M99	子程序结束	子程序结束，并返回到主程序中 M98 所在程序段的下一行

M98 P□□□ ○○○○；

式中　P——子程序的程序号；

□——前三位数字表示子程序的调用次数；

○——后四位数字表示子程序的程序号。

例如：子程序的程序号 100，调用两次指令为：M98 P20100；调用一次则为：M98 P100。

子程序格式为：

O　　　//子程序号，一定要与 M98 中 P 后的字符一致

⋮　　　//加工程序段

M99；　//子程序结束，返回主程序

注意：一个程序段内只能允许一个 M 代码。

2. 进给功能指令

进给功能指令表示进给速度，采用 F 和其后若干数字表示，在程序中有两种度量单位：

（1）每转进给量指令 G99　该指令格式为：

G99 F_；　　(mm/r)(车床默认方式)

式中　F——进给速度,单位为 mm/r。

例:G99 F0.2 表示机床现在的进给速度为 0.2 mm/r。

使用该指令时注意：

① 该指令是模态指令(后续有效),当未遇到 G98 指令时,G99 一直起作用。

② 车床最大进给速度一般不超过 0.5 mm/r,加工螺纹除外。

③ 该指令是机床默认的进给方式,即机床断电再开机后,机床现在的进给速度为 G99 模式,即使 F 前没 G99 指令。

（2）每分钟进给量指令 G98　该指令格式为：

G98 F_；　　(mm/min)

式中　F——进给速度,单位为 mm/min。由于该指令是模态指令,当未遇到 G99 指令时,G98 一直起作用。

例:G98 F100 表示机床现在的进给速度为 100 mm/min。

3. 主轴功能指令

（1）主轴最高转速指令 G50　该指令格式为：

G50 S_；　　(r/min)

例:G50 S2000 表示最高转速限制为 2 000 r/min。

（2）直接设定主轴转速指令 G97　该指令格式为：

G97 S_；　　(r/min)

例:G97 S1000 表示转速限制为 1 000 r/min。

（3）设定主轴线速度恒定指令 G96　该指令格式为：

G96 S_；　　(m/min)

例:G96 S100 表示切削点线速度控制在 100 m/min。

设定主轴线速度恒定时要注意:随着加工工件的直径变小,主轴转速变快,所以一般设定主轴线速度恒定时同时限定其最高转速。

G97 S600；　　//取消线速度恒定,主轴转速 600 r/min

G96 S150；　　//线速度恒定,切削速度 150 m/min

G50 S2500；　　//设定主轴最高转速 2 500 r/min

G97 S300；　　//取消线速度恒定,主轴转速 300 r/min

4. 刀具功能指令

刀具功能指令可指定刀具及刀具补偿。该指令格式为：

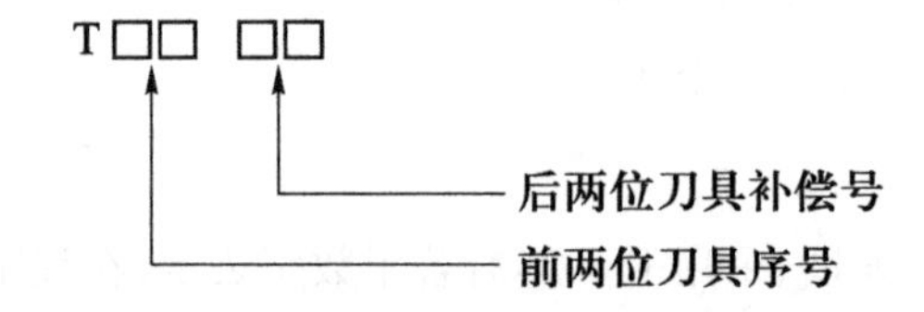

例:T0303 表示选用 3 号刀具及调用 3 号刀具补偿。

使用该指令时注意:

① 刀具的序号应与刀架上刀位号相对应;

② 刀具补偿包括形状补偿和磨损补偿,通过补偿可实现粗加工、半精加工和精加工;

③ 取消刀具补偿指令格式为 T□□或 T□□00 如:T01 或 T0100。

5. 快速点定位与直线插补指令

(1) 快速点定位指令 G00　该指令命令刀具以点定位控制方式从刀具所在位置快速移动到目标位置,刀具先沿 45°方向斜线运动,再沿轴向(X 或 Z)运动,不需特别规定进给速度。该指令格式为:

G00 X(U)__Z(W)__;

式中　X(U)、Z(W)——目标点的坐标值,X、Z 后接绝对值尺寸,U、W 后接增量值尺寸。

使用该指令时注意:

例题

11-1

① 在数控车床中有直径编程和半径编程两种(默认直径编程),直径编程时,输入 X 的是直径值,输入 U 的是径向实际位移值的两倍(两点之间的直径差),并附上正、负号(正号省略);半径编程时,输入 X 的是半径值,输入 U 的是径向实际位移值,并附上正、负号(正号省略)。

② X、Z 指令与 U、W 指令可在一个程序段内混用,在某一轴上相对位置不变时,可省略该轴的移动指令。

③ 该指令是模态指令。

(2) 直线插补指令 G01　该指令用于直线或斜线运动,可使数控车床沿 X 轴、Z 轴方向执行单轴运动,也可以沿 XZ 平面内任意斜率作直线运动。该指令格式为:

G01 X(U)__Z(W)__F__;

式中　X(U)、Z(W)——目标点的坐标值,F 为进给速度。

例题

11-2

使用该指令时注意:

① 该指令是模态指令。

② 在未遇到下一个进给速度前该指令速度一直有效,系统默认进给速度是每转进给量(mm/r),数控车床一般最大为 0.5 mm/r(除车螺纹)。

6. 圆弧插补指令 G02、G03

圆弧插补指令能使刀具沿着圆弧运动,切出圆弧轮廓。G02 为顺时针圆弧插补指令,G03 为逆时针圆弧插补指令,指令格式为:

G02(G03) X(U)__Z(W)__I__K__F__;

或　G02(G03) X(U)__Z(W)__R__F__;

式中　X(U)、Z(W)——圆弧终点坐标;

I、K——圆弧起点到圆弧圆心的距离在 X、Z 轴的投影(X 方向为半径值);

R——圆弧半径,指定角度小于 180°;

F——圆弧进给速度。

使用该指令时注意：

① 该指令为非模态指令，只在当前段有效；

② 在圆弧插补程序段内不能有刀具功能指令；

③ 顺时针圆弧、逆时针圆弧的判断：沿 Y 轴正方向向负方向看刀具加工轨迹的运动方向，刀具顺时针走动为 G02，逆时针为 G03。对于前置刀架机床，由于 Y 轴垂直朝下为正方向，为了判断方便，我们可以假想将工件绕 Z 轴旋转 180°，使 Y 正方向朝上(相当于后置刀架机床)，这样编程时可根据图样上方的圆弧来判断是 G02 还是 G03 编程。

例题

11-3

7. 刀具半径补偿功能指令 G40、G41、G42

G40 为取消刀具半径补偿；G41 为左刀具半径补偿；G42 为右刀具半径补偿。

(1) 刀具半径补偿的原因　数控编程和对刀都是以理想刀尖为基准进行的，为了提高刀具使用寿命和降低加工表面的粗糙度，实际加工的车刀刀尖不是理想状态，总是有一个半径不大的圆弧，如图 11.6 所示；刀尖磨损还会改变圆弧的半径。刀具半径补偿就是为了解决刀尖圆弧可能引起的加工误差。

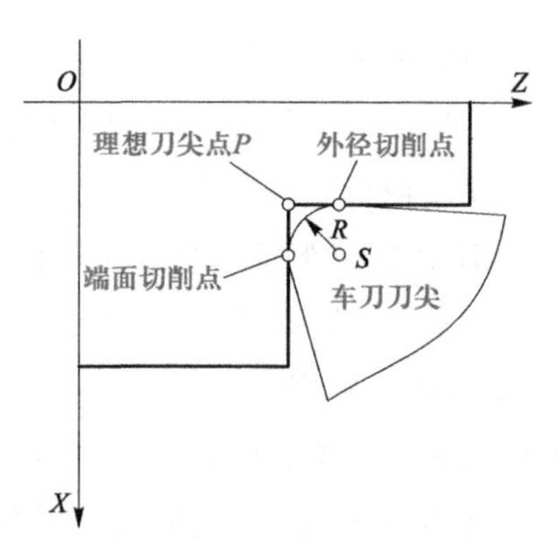

图 11.6　刀尖圆弧和理想刀尖点

当加工轨迹与机床轴线不平行(斜线或圆弧)时，则实际切削点与理想刀尖点在 X、Z 轴向间都存在位置偏差(过切或欠切)，如图 11.7 所示。

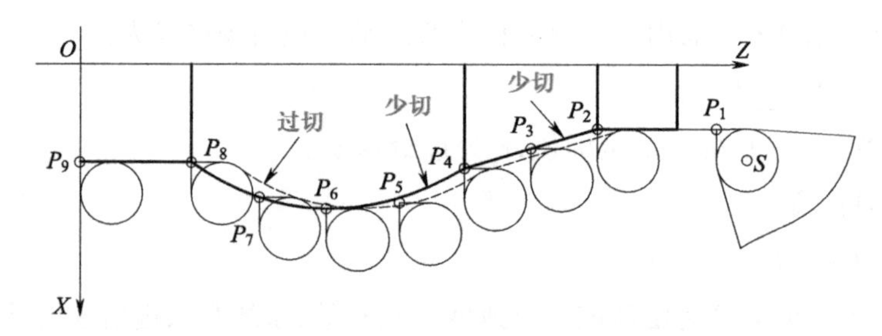

图 11.7　刀尖圆弧对加工精度的影响

如图 11.8 所示，采用刀具半径补偿功能，编程时按实际轮廓编程，数控系统可自动计算刀尖圆弧中心轨迹(图中点画线)，使刀尖圆弧中心 S 始终偏离工件轮廓一个半径值 R，从而正确加工出零件。

(2) 刀具半径补偿的步骤如下：

① 补偿方向的确定　由 Y 轴正方向到负方向、沿刀具进给方向看，刀具在工件左侧为左刀具半径补偿 G41，右侧为右刀具半径补偿 G42，见图 11.9 所示。

② 输入刀尖圆弧半径　将刀尖圆弧半径值 R 输入数控车床。

③ 输入理想刀尖位置　刀具半径补偿参数包括刀尖圆弧半径值 R 和刀尖方位代码 T。刀

尖方位代码 T 表示刀尖圆弧的位置，即理想刀尖点相对于刀尖圆弧中心 S 的方位，两者的对应关系如图 11.10 所示。

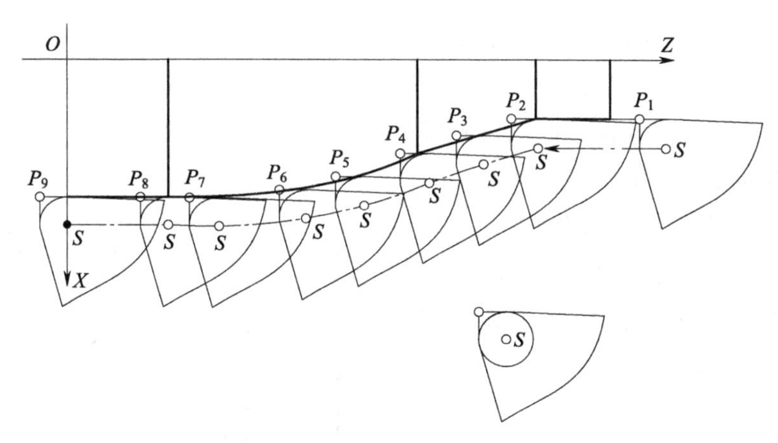

图 11.8　刀具半径补偿的实现

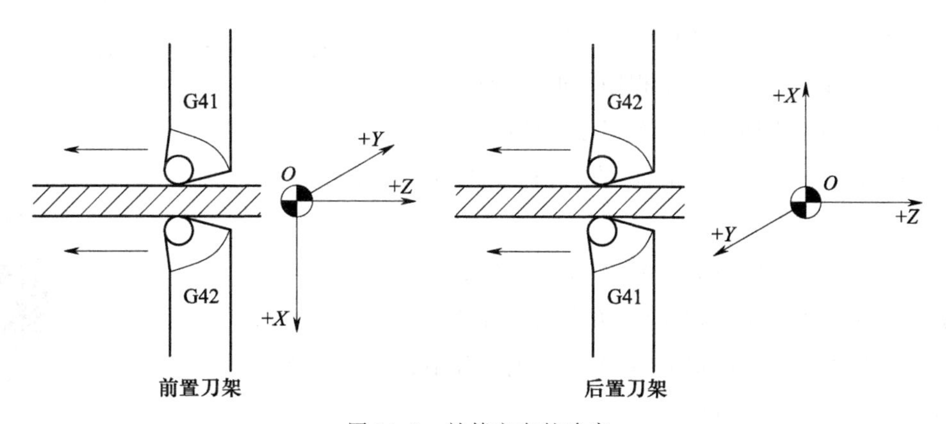

图 11.9　补偿方向的确定

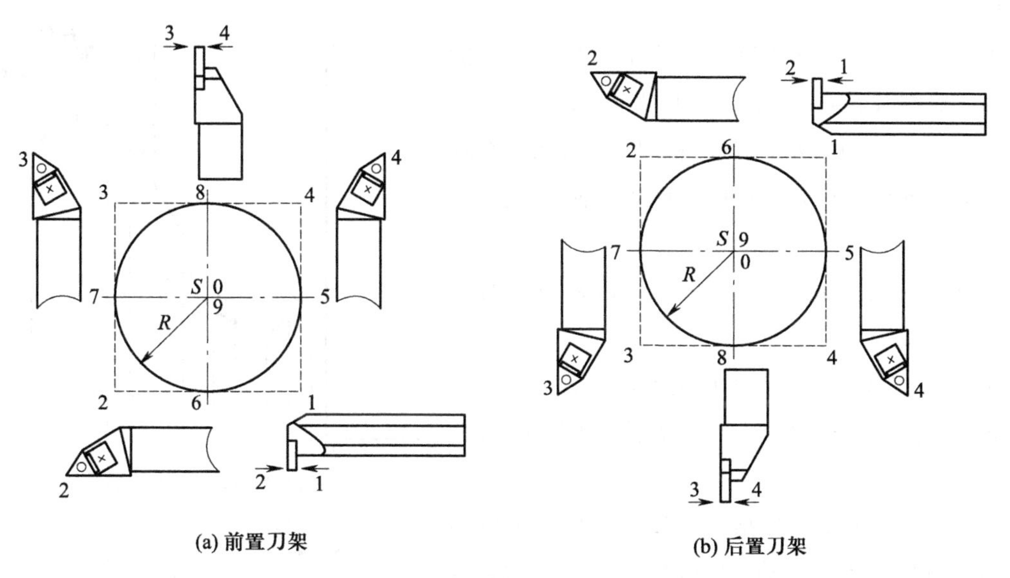

图 11.10　刀尖方位代码

8. 固定循环功能指令

对于外径、内径、端面、螺纹切削的粗加工，刀具常常要反复执行相同的动作，才能切出工件要求的尺寸，为了简化程序，数控装置可以用一个程序段指定刀具作反复切削，这就是固定循环功能。在 FANUC 0i Mate 数控系统中有单一固定循环指令（刀具每次只能完成一个循环，即“切入-切削-退刀-返回”四个动作）和复合固定循环指令（对零件的轮廓定义之后，刀具自动完成零件的粗加工到精加工的全过程）。

（1）内/外径粗加工循环指令 G71　该指令可将工件切削至精加工之前的尺寸，精加工前形状及粗加工的刀具路径如图 11.11 所示，由系统根据精加工尺寸自动设定。

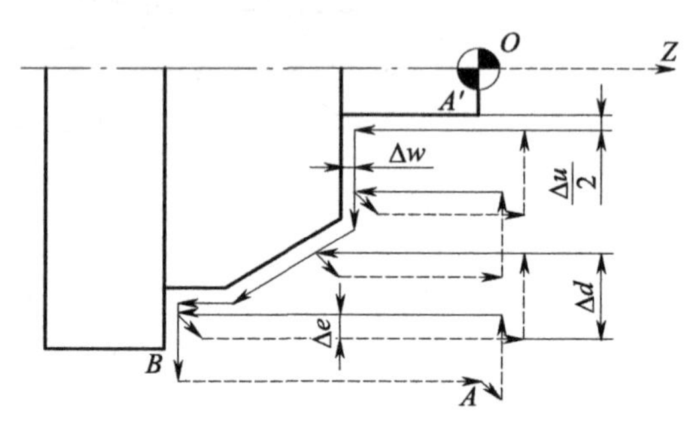

图 11.11　内/外径粗加工循环指令 G71

该指令格式为：

G71 U <u>Δd</u> R <u>Δe</u>;

G71 P <u>ns</u> Q <u>nf</u> U <u>Δu</u> W <u>Δw</u> F__S__T__;

式中　ns——精加工程序第一个程序段的序号；

nf——精加工程序最后一个程序段的序号；

Δu——*X* 方向的精加工余量（直径值，带正、负号，车外圆为正，加工孔时为负）；

Δw——*Z* 方向的精加工余量（带正、负号）；

Δd——粗加工每次的切深（*X* 方向的半径值，不带正、负号）；

Δe——粗加工每次的退刀量（*X* 方向的半径值，不带正、负号）；

例题

11-4

F、S、T 只在粗加工时有效。

使用该指令时注意：

① 包含在 ns 到 nf 程序段中的任何 F、S、T 功能在粗加工时都被忽略，只在精加工时有效；

② *A* 和 *A'* 之间的刀具轨迹（精加工程序第一个程序段 ns），只允许在 G00 或 G01 下移动 *X* 轴，不能移动 *Z* 轴；

③ *A'* 和 *B* 之间的刀具轨迹在 *X* 和 *Z* 方向必须逐渐增加或减少；

④ 循环点 *A* 一定要在工件毛坯以外；

⑤ 粗加工的循环加工结束后，刀具回到循环点 *A*。

（2）端面粗加工循环指令 G72　该指令可以用于切削端面变化大的场合，刀具路径如图 11.12 所示。指令格式为：

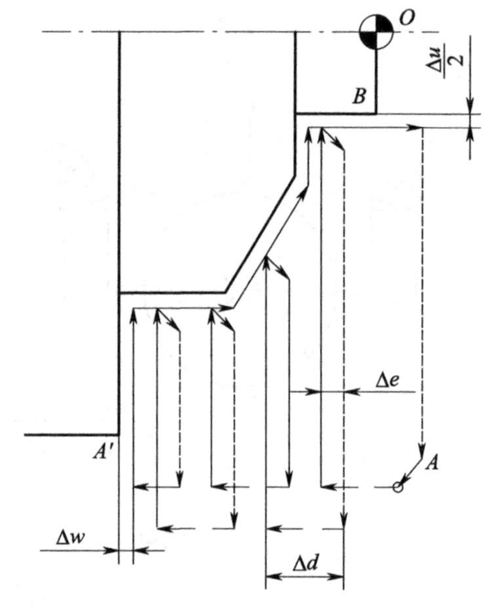

图 11.12　端面粗加工循环指令 G72

G72 W Δd R Δe；

G72 P ns Q nf U Δu W Δw F__S__T__；

式中　ns——精加工程序第一个程序段的序号；

nf——精加工程序最后一个程序段的序号；

Δu——*X* 方向的精加工余量（直径值，带正、负号）；

Δw——*Z* 方向的精加工余量（带正、负号）；

Δd——粗加工每次的切深（*Z* 方向，不带正、负号）；

Δe——粗加工每次的退刀量（*Z* 方向，不带正、负号）；

F、S、T 只在粗加工时有效。

使用该指令时注意：

① 包含在 ns 到 nf 程序段中的任何 F、S、T 功能在粗加工时都被忽略，只在精加工时有效；

例题

11-5

② *A* 和 *A′*之间的刀具轨迹（精加工程序第一个程序段 ns），只允许在 G00 或 G01 下移动 *Z* 轴，不能移动 *X* 轴；

③ *A′*和 *B* 之间的刀具轨迹在 *X* 和 *Z* 方向必须逐渐增加或减少；

④ 循环点 *A* 一定要在工件毛坯以外；

⑤ 粗加工的循环加工结束后，刀具回到循环点 *A*。

（3）闭合车削循环指令 G73　该指令可以用于车削固定的图形，刀具路径如图 11.13 所示。这种切削循环，可以有效切削铸造成形、锻造成形或已粗车成形的工件，指令格式为：

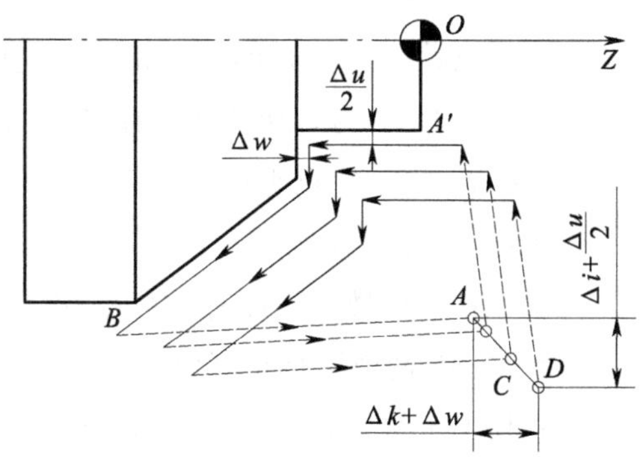

图 11.13　闭合车削循环指令 G73

G73 U Δi W Δk R d；

G73 P ns Q nf U Δu W Δw F__S__T__；

式中　ns——精加工程序第一个程序段的序号；

nf——精加工程序最后一个程序段的序号；

Δi——*X* 方向的退刀量和方向（半径值）；

Δk——*Z* 方向的退刀量和方向；

d——粗加工次数，不能带小数点；

Δu——*X* 方向的精加工余量（直径值，带正、负号）；

Δw——*Z* 方向的精加工余量（带正、负号）；

F、S、T 只在粗加工时有效。

使用该指令时注意：

① 包含在 ns 到 nf 程序段中的任何 F、S、T 功能在粗加工时都被忽略，只在精加工时有效；

例题

11-6

② 循环点 *A* 一定要在工件毛坯以外；

③ 粗加工的循环加工结束后，刀具回到循环点 *A*；

④ $\Delta i=\frac{d-1}{d}\Delta i_1$（$\Delta i_1$为零件的 *X* 方向粗加工余量，半径值）；

⑤ $\Delta k=\frac{d-1}{d}\Delta k_1$（$\Delta k_1$为零件的 *Z* 方向粗加工余量）。

（4）精加工循环指令 G70　该命令可以实现执行 G71、G72、G73 指令后的精加工。该指令格式为：

G70 P <u>ns</u> Q <u>nf</u>;

式中　ns——精加工程序第一个程序段的序号；

nf——精加工程序最后一个程序段的序号。

例题

11-7

在使用该指令时注意：

① 当 G70 指令循环加工结束时，刀具返回到循环点并读取下一个程序段；

② 循环点一定要设在工件毛坯以外；

③ 包含在 ns 到 nf 程序段中的任何 F、S、T 功能在 G70 指令执行时有效。

（5）内/外径啄式钻孔循环指令 G75　在该循环可处理断屑，可在 *X* 轴进行切槽及在 *X* 轴进行啄式钻孔，刀具路径如图 11.14 所示。该指令格式为：

G75 R(e) ;

G75 X(U) Z(W) P(Δi) Q(Δk)R(Δd) F(f);

式中　e——*X* 方向的退刀量；

Δi——*X* 方向每次的切深；

Δk——*Z* 方向的进给量（两刀之间 *Z* 方向的距离）；

Δd——刀具切削到底部 *Z* 方向的退刀量；

X(U)、Z(W)——终点坐标。

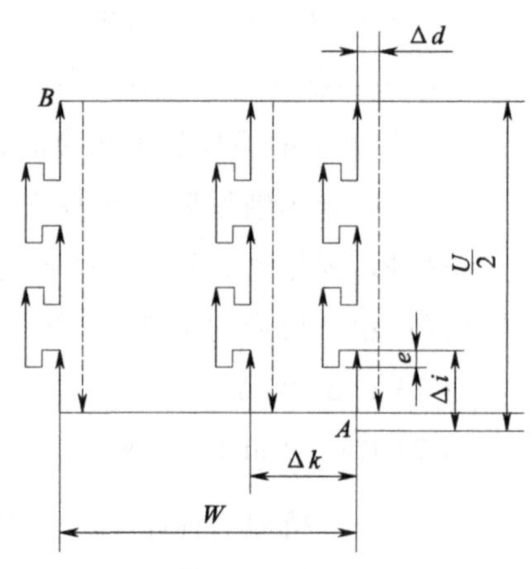

图 11.14　内/外径啄式钻孔循环指令 G75

使用该指令时注意：

① P、Q 后的数值不能有小数点，单位为 μm；

② Δi、Δk 两值不带正、负号；

③ 槽加工结束后刀具返回循环点 *A*；

④ 如果槽的宽度等于刀的宽度，底部退刀量 Δd 一定要设为 0，否则会折断切槽刀。

（6）螺纹切削循环指令 G92、G76。

1）单一固定循环螺纹切削指令 G92：该指令可以完成圆柱螺纹和圆锥螺纹的切削，自动完成“进刀→车螺纹→退刀→返回”四个动作，如图 11.15 所示。

圆柱螺纹切削指令格式为：

G92 X(U)__Z(W)__F__;

圆锥螺纹切削指令格式为：

G92 X(U)__Z(W)__R__F__;

式中　X(U)、Z(W)——切削终点坐标。

例题

11-8

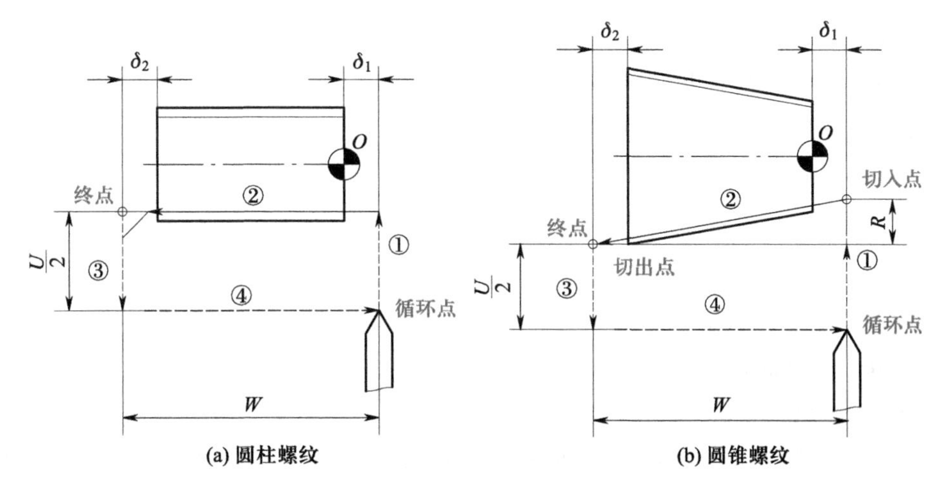

图 11.15　单一固定循环螺纹切削指令 G92

使用该指令时注意：

① F:单线螺纹为螺距；多线螺纹为导程；

② R 为刀具切削圆锥螺纹时切出点到切入点在 X 轴的投影；

③ 刀具运动轨迹如图 11.15 所示，①③④快速移动，②由 F 代码给定；

④ G92 指令采用直进式进刀方式，由于刀具两侧刃同时切削工件，为了避免因切削力过大而造成刀具的损伤，在切削螺纹时切削深度要逐渐减小，即由深及浅的原则，直至切到螺纹的最后深度；

⑤ 螺纹切削应注意在两端设置足够的升速进刀段 δ_1 和降速退刀段 δ_2（图 11.15），δ_1、δ_2 值可按下面公式计算

$$\delta_1=\frac{SL}{1\ 800}\times 3.605,\quad \delta_2=\frac{SL}{1\ 800}$$

式中　S——主轴转速；

　　L——螺纹导程。

2）复合固定循环螺纹切削指令 G76：该指令可以完成一个螺纹段的全部加工任务，刀具路径如图 11.16 所示，它的进刀方法有利于改善刀具的切削条件，在编程中应优先考虑应用该指令。

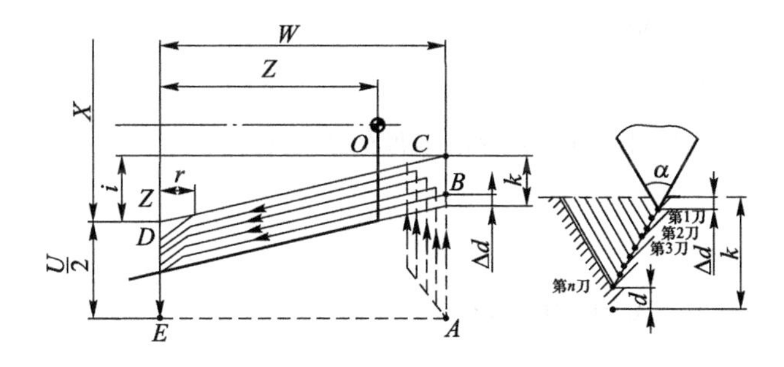

图 11.16　复合固定循环螺纹切削指令 G76

该指令格式为：

G76 P（m）(r)(α)Q(Δdmin)R(d)

G76 X(U) Z(W) R(i) F(f) P(k) Q(Δd)

式中　　m——精加工重复次数；

r——倒角量；

α——刀尖角；

Δdmin——最小切入量；

d——精加工余量；

X(U)、Z(W)——终点坐标；

i——螺纹部分半径之差，即螺纹切削起始点与切削终点的半径差。加工圆柱螺纹时，i=0。加工圆锥螺纹时，当 *X* 方向切削起始点坐标小于切削终点坐标时，i为负，反之为正；

k——螺纹牙型的高度（*X* 方向的半径值）；

Δd——第一次切入量(*X* 方向的半径值)；

f——单线螺纹为螺距，多线螺纹为导程。

例题

11-9

在使用该指令时注意：

① P、Q 后的数值不能有小数点，单位为 μm；

② m、r、α 都是两位数字表示；

③ r 的数值是 0.1f，单位同 f；

④ 螺纹加工结束后，刀具自动返回到循环点 *A*。

9. 综合训练

技术要求：

① 零件毛坯为 ϕ35 mm 的棒料，材料为铝材。

② 所有未注倒角为 *C*1.5。

③ 刀具参数：

T01　55°　粗车刀　S700　F0.2　刀尖圆弧半径 0.8

T02　35°　精车刀　S1200　F0.06　刀尖圆弧半径 0.4

T03　切槽刀刀宽 4　S600　F0.06

T04　螺纹车刀　S500

【综合训练 1】 试编制如图 11.17 所示零件的加工程序。

解：

O1010；

G00 G40 G97 G99 S700 T0101 M03 F0.2；

G42 X37.0 Z2.0；

G71 U1.0 R0.5；

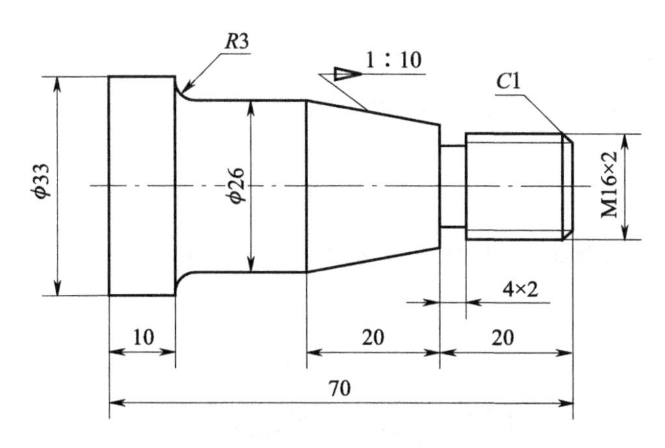

图 11.17　综合训练一

```
G71 P10 Q11 U0.8 W0.1;
N10 G00 X0;
    G01 Z0;
    X14.0;
    X16.0 Z-1.0;
    Z-20.0;
    X24.0;
    X26.0 Z-40.0;
    Z-57.0;
    G02 X32.0 Z-60.0 R3.0;
    G01 X33.0;
N11 Z-70.0;
G28 U0 W0 T0100 M05;
G00 G40 G97 G99 S1200 T0202 M03 F0.06;
G42 X37.0 Z2.0;
G70 P10 Q11;
G28 U0 W0 T0200 M05;
G00 G40 G97 G99 T0303 S600 M03 F0.06;
X25.0 Z-20.0;
G75 R0.5;
G75 X11.0 Z-20.0 P1000;
G28 U0 W0 T0300 M05;
G00 G40 G97 G99 T0404 S500 M03;
```

```
X18.0 Z3.0;
G76 P021060 Q200 R0.1;
G76 X13.4 Z-18.0 R0 F2.0 P1300 Q300;
G28 U0 W0 T0400 M05;
M30;
```

【综合训练 2】 试编制如图 11.18 所示零件的加工程序。

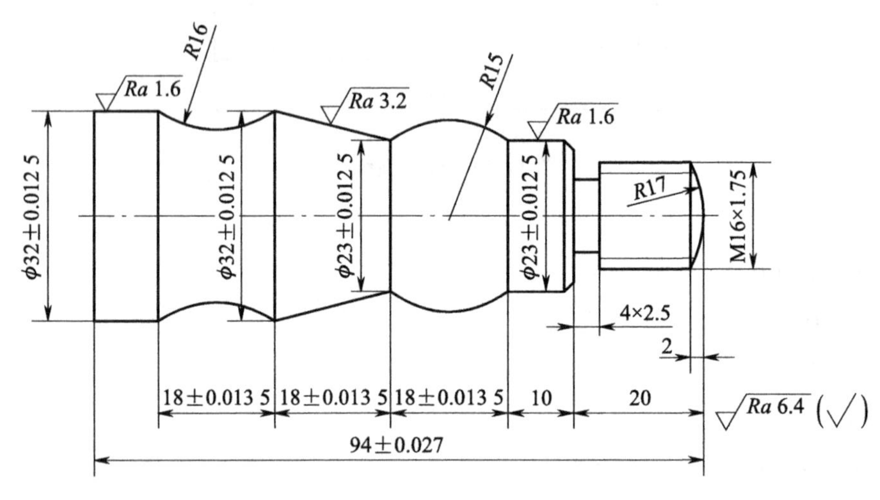

图 11.18 综合训练二

解:

```
O1011;
G00 G40 G97 G99 S700 T0101 M03 F0.2;
G42 X37.0 Z2.0;
G73 U8.0 R9;
G73 P10 Q11 U0.8 W0.1;
N10 G00 X0;
    G01 Z0;
    G03 X16.0 Z-2.0;
    G01 Z-20.0;
    X20.0;
    X23.0 W-1.5;
    Z-30.0;
    G03 X23.0 Z-48.0 R15.0;
    G01 X32.0 Z-66.0;
    G02 Z-84.0 R16.0;
```

```
N11 G01 Z-94.0;
G28 U0 W0 T0100 M05;
G00 G40 G97 G99 S1200 T0202 M03 F0.06;
G42 X37.0 Z2.0;
G70 P10 Q11;
G28 U0 W0 T0200 M05;
G00 G40 G97 G99 T0303 S600 M03 F0.06;
X25.0 Z-20.0;
G75 R0.5;
G75 X11.0 Z-20.0 P1000;
G28 U0 W0 T0300 M05;
G00 G40 G97 G99 T0404 S500 M03;
X18.0 Z3.0;
G76 P021060 Q200 R0.1;
G76 X13.725 Z-18.0 R0 F1.75 P1138 Q300;
G28 U0 W0 T0400 M05;
M30;
```

复习思考题

1. 请编制图 11.19 所示零件的加工程序。
2. 请编制图 11.20 所示零件的加工程序。
3. 请编制图 11.21 所示零件的加工程序。

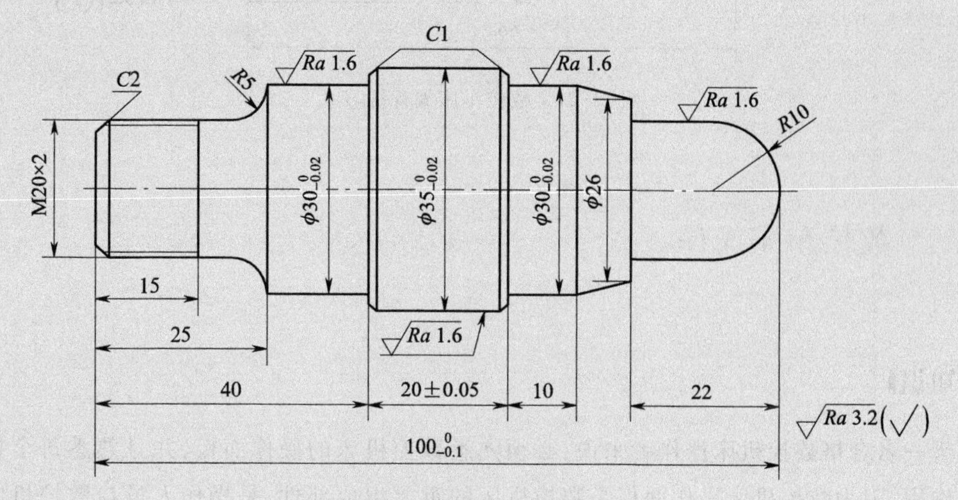

图 11.19　数控车床编程练习 1

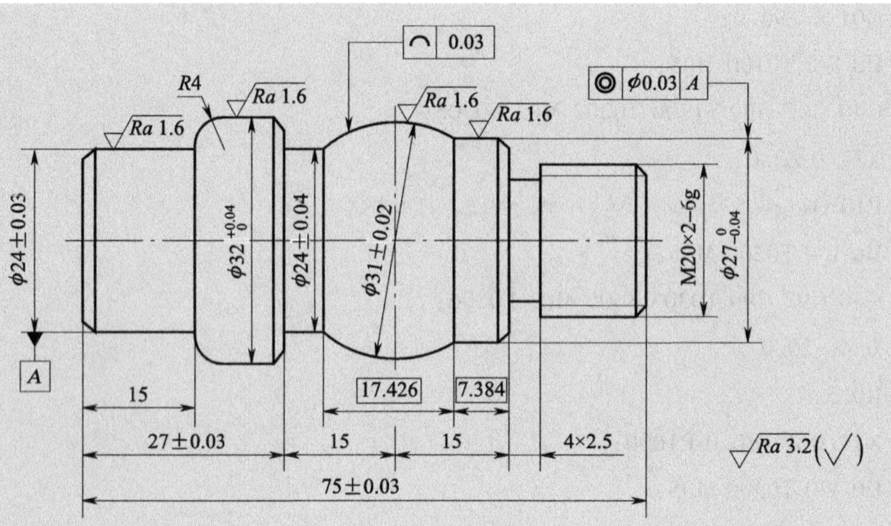

图 11.20　数控车床编程练习 2

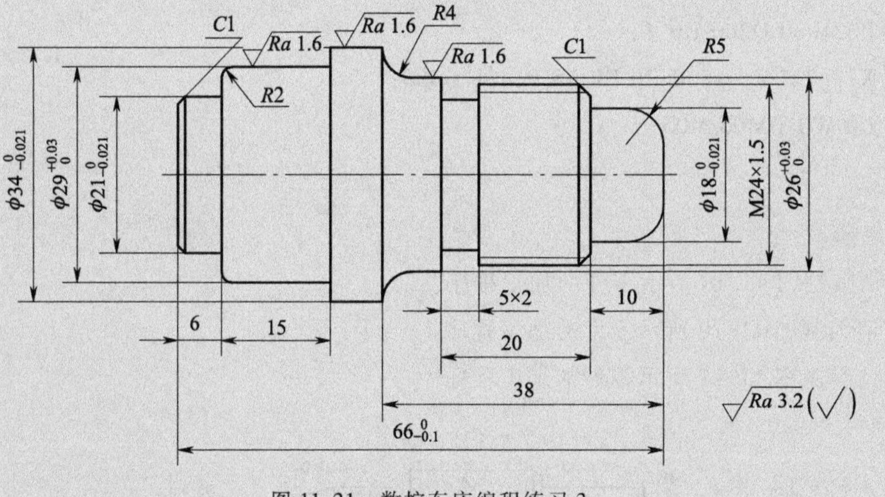

图 11.21　数控车床编程练习 3

课题三　数控车床操作

【基础知识】

对于一名合格数控机床操作者来说，必须熟悉数控机床的操作面板，并且熟悉每个按键的功能及作用，因为数控机床操作面板是数控机床的重要组成部件，是操作人员与数控机床进行交互的工具，操作人员可以通过它对数控机床（系统）进行操作、编程、调试，还可以通过它了解、查询数控机床的运行状态，是数控机床特有的一个输入、输出部件。

数控车床的类型和数控系统的种类很多，各生产厂家设计的操作面板也不尽相同，但都是由数控系统面板和机床面板组成，对于同一数控系统的数控机床，其数控系统面板都是一样，所不同的都是机床面板（机床面板由制造单位设计）。

本文通过沈阳机床厂 CAK6140V 数控车床，以选用 FANUC 0i Mate TC 系统为例，介绍数控车床的操作。

（一）数控系统操作面板

图 11.22 所示为 FANUC 0i Mate TC 系统操作面板，由 CRT 显示界面（左半部分）、软功能键和 MDI 键盘（右半部分）组成，MDI 键盘用于程序的编辑、参数的输入等功能。

（1）CRT 显示界面　可以显示车床各种参数和状态，如机床坐标、刀具补偿、报警信号、自诊结果等。

（2）软功能键　在 CRT 显示界面下方有 7 个软功能键，当中间的 5 个用以选择操作功能后，“向右翻页”软功能键▶用以显示当前操作功能未显示完的内容，“向左翻页”软功能键◀用以返回到最初的界面状态。

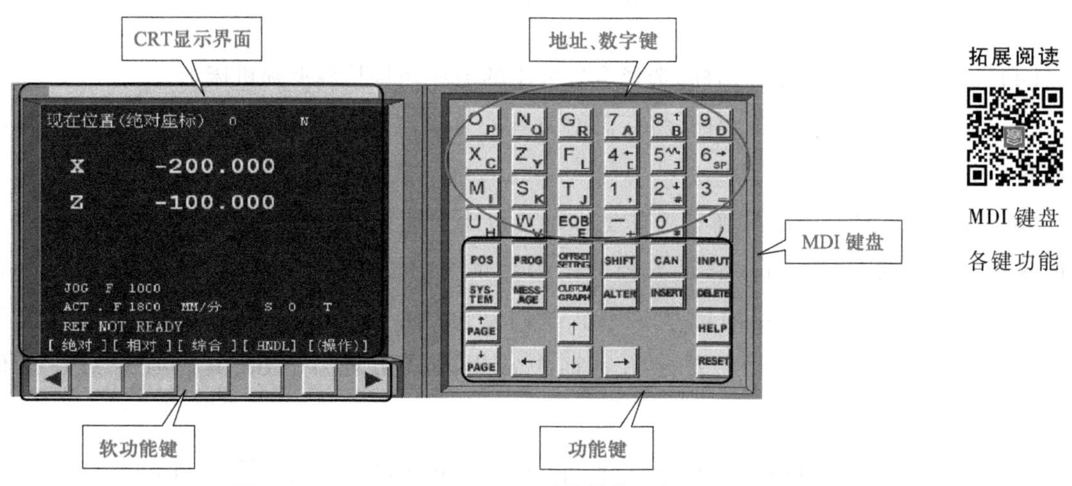

图 11.22　FANUC 0i Mate TC 系统操作面板

拓展阅读

MDI 键盘各键功能

（二）数控车床操作面板

图 11.23 所示为沈阳机床厂 CAK6140V 数控车床操作面板。

（三）数控车床操作实训

CAK6140V 数控车床操作举例如下。

（1）开机床电源　首先开起机床总电源。

（2）开控制系统电源　按下起动系统电源键（绿色）起动机床数控系统，然后松开急停键。

（3）机床回零　首先按回零键使其指示灯亮起，机床处于回零模式，先将 X 轴回零点，按住操作面板上的 X 正方向键↓，直至 X 轴回零指示灯X轴回零变亮再松开键↓，同样再按住 Z 正方向键→，直至 Z 轴回零指示灯 Z轴回零 变亮再松开键→。

注意：回零之前一定要使每轴运动距离大于 50 mm 以上，否则机床回零会出现超程现象，如果回零距离小于 50 mm 则要通过手动方式，使各轴负方向运动，先 Z 负方向运动，再 X 负方向运动，然后再回零。

图 11.23　CAK6140V 数控车床操作面板

拓展阅读

CAK6140V 数控车床操作面板按键功能

（4）装夹工件　根据零件图样，选择合适大小的毛坯并将其装夹到机床上。

（5）装夹刀具　根据加工程序，将所需的刀具安装到刀架对应的刀位上，使刀尖与工件中心在同一个水平面上。

（6）对刀　对刀的目的是确定工件坐标系与机床坐标系之间的空间位置关系，并将对刀数据输入到相应的存储位置。它是数控加工中最重要的操作内容，其准确性将直接影响零件的加工精度，数控车床常用的对刀方法有三种：试切对刀、机械对刀仪对刀（接触式）、光学对刀仪对刀（非接触式）。现主要介绍实训中常用的试切对刀方法，其编程原点在工件右端面。

1）主轴转动：按 MDI 键使其指示灯变亮，机床进入 MDI 模式，再按 PROG 键，CRT 显示界面如图 11.24 所示。利用 MDI 键盘输入“S500 M03；”按 INSERT 键，CRT 显示界面如图 11.25 所示，按“循环起动”键，主轴转动。

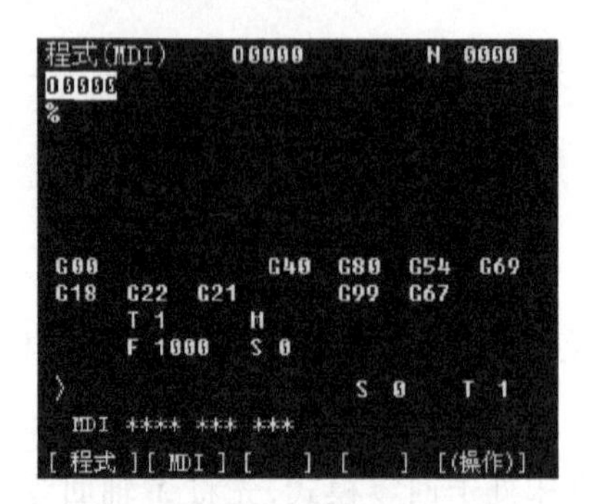

图 11.24　MDI 模式

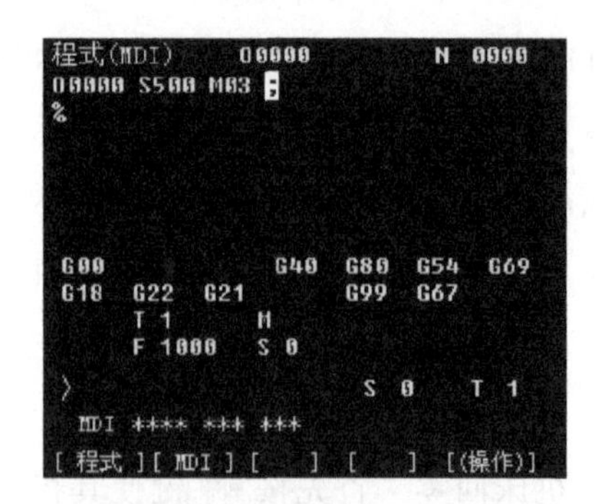

图 11.25　MDI 模式程序输入

2）刀具移动至工件附近：按手动键使其指示灯变亮，机床进入手动操作模式，按控制面板上的← ↑ ↓ → 快移键，使机床刀架在 X、Z 方向移动，通过手动方式将刀具移到距离工件 100 mm 范围内。

3）Z 方向对刀切削端面：

① 按“手摇”键X手摇或Z手摇，使机床进入手摇方式。转动手轮以及通过手轮的“步进倍率”键X1 F0 X10 25% X100 50% X1000 100%来控制机床 X、Z 轴运动方向和速度，将刀具移至如图 11.26a 所示位置（刀尖在工件外，距端面左侧 1 mm），按X手摇键和步进倍率键X10 25%，逆时针转动手轮切削工件端面，如图 11.26b 所示。然后顺时针转动手轮，刀具退出如图 11.26c 所示位置（刀尖在端面内，距外圆 1 mm）。

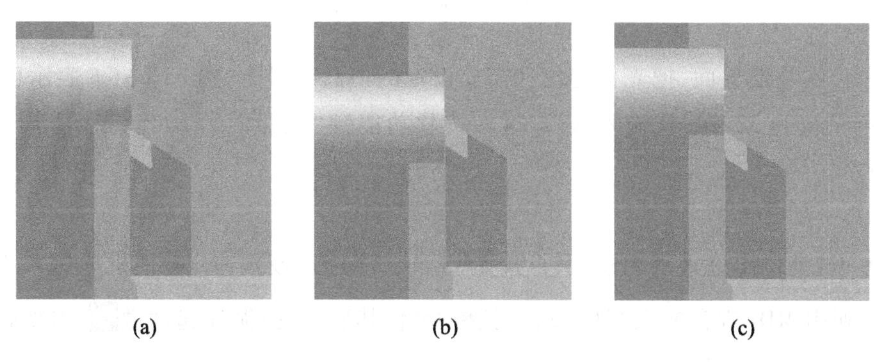

(a)　(b)　(c)

图 11.26　Z 方向对刀刀具位置

② 按 MDI 键盘上的OFFSET SETTING键，按软功能键“补正”后再按“形状”键，CRT 显示的形状补偿界面如图 11.27 所示。

③ 用光标移动键↑ ↓ ↑ ↓把光标定位到需要设定的刀具番号上，输入“Z0”，按功能软键“测量”，自动计算 Z 方向补偿值，如图 11.28 所示。

工具补正/形状　O　N

番号	X	Z	R	T
01	0.000	0.000	0.000	0
02	0.000	0.000	0.000	0
03	0.000	0.000	0.000	0
04	0.000	0.000	0.000	0
05	0.000	0.000	0.000	0
06	0.000	0.000	0.000	0
07	0.000	0.000	0.000	0
08	0.000	0.000	0.000	0

现在位置(相对座标)
U　242.742　W　170.183
>　S 120　1
HNDL **** *** ***
[摩耗] [形状] [SETTING][坐标系] [(操作)]

图 11.27　形状补偿界面

工具补正　O　N

番号	X	Z	R	T
01	0.000	179.592	0.000	0
02	0.000	0.000	0.000	0
03	0.000	0.000	0.000	0
04	0.000	0.000	0.000	0
05	0.000	0.000	0.000	0
06	0.000	0.000	0.000	0
07	0.000	0.000	0.000	0
08	0.000	0.000	0.000	0

现在位置(相对座标)
U　600.000　W　414.025
>　S 0　T
JOG **** *** ***
[NO检索] [测量] [C.输入] [+输入] [输入]

图 11.28　自动计算 Z 方向补偿值

4）X 方向对刀切削外圆：

① 按Z手摇键和步进倍率键X10 25%，逆时针转动手轮切削工件外圆，如图 11.29a 所示。然后顺

时针转动手轮，刀具退出如图 11.29b 所示位置（距离端面 100 mm 以上，保证换刀时不会发生碰撞），按手动键使机床进入手动模式，再按主轴停止键，主轴停转，测量工件直径。

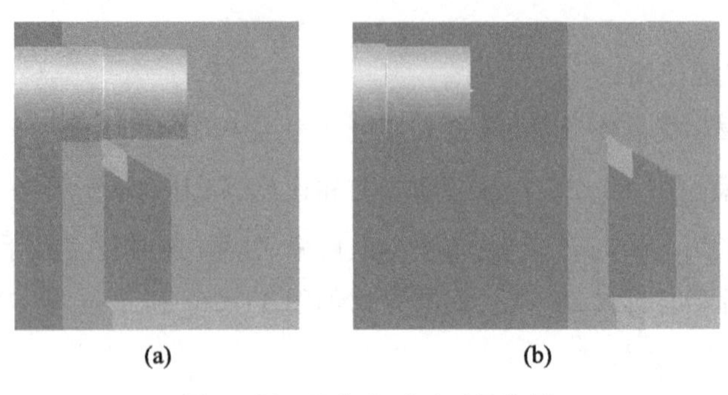

(a) (b)

图 11.29 X 方向对刀刀具位置

② 进入形状补偿界面，把光标定位在需要设定的刀具番号上，输入 Xϕ（ϕ 表示已测量的直径值，比如测量值为 32.24，就输入 X32.24），按软功能键“测量”，自动计算 X 方向补偿值，如图 11.30 所示。

5）换刀：

① 按手动键使机床进入手动模式，再按手动选刀键，换 2 号刀，或按 MDI 键使机床进入 MDI 模式，再按 PROG 键，利用 MDI 键盘输入“T0202;”，按 INSERT 键将其插入，按循环起动键，刀架转动换取 2 号刀为当前刀具，同理可以换 3 号刀、4 号刀。

② 按上述方法将其他刀具进行 X、Z 方向对刀，需要注意的是后面的刀具 Z 方向对刀后不能再切削端面，只能通过手摇模式操作，最好按手轮倍率键 X1 F0 使刀具接触到工件右端面，X 方向对刀始终可以切削外圆（可以换不同位置切削，保证工件直径）。

6）刀尖半径和刀尖方位代码输入：

① 进入形状补偿界面，用光标移动键 ↑ ↓ ← → 将光标移到对应刀具的 R 或 T 的区域。

② 按 MDI 键盘上的数字键，输入刀尖半径值或刀尖方位代码，按“输入”软功能键或按 INPUT 键，将参数输入到指定区域，如图 11.31 所示。

（7）输入程序。

1）创建程序。

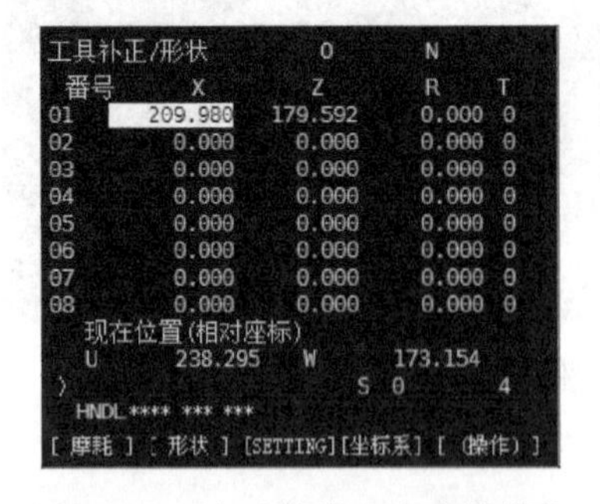

图 11.30 自动计算 X 方向补偿值

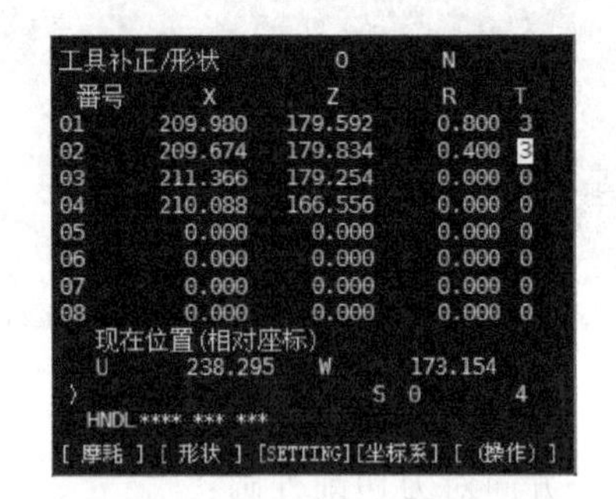

图 11.31 最终刀具补偿界面

① 按 编辑 键使机床进入编辑模式，按 PROG 键，CRT 显示程序编辑界面；

② 输入要占用的程序号(以字母 O 开头，后接数字，最多四位，如 O1、O10)，按 INSERT 键，即可创建当前程序，系统自动切换至该程序的编辑界面；

③ 按 EOB 键输入程序段结束标志“;”，按 INSERT 键将其输入到机床中；

④ 按 MDI 键盘中数字/地址键输入程序，按 INSERT 键将程序输入到机床中，如图 11.32 所示。

2）程序的编辑。

① 插入：用 EOB 键输入指令字符后，按 INSERT 键将其插入到当前光标后面；

② 删除：移动光标到要删除的指令字符位置，按 DELETE 键删除；

③ 替换：移动光标到要替换的指令字符处，输入新的内容，然后按 ALTER 键，即可替换；

④ 输入程序指令时，在没有按 INSERT 键前，用 CAN 键可退格，按 INSERT 键将其插入。

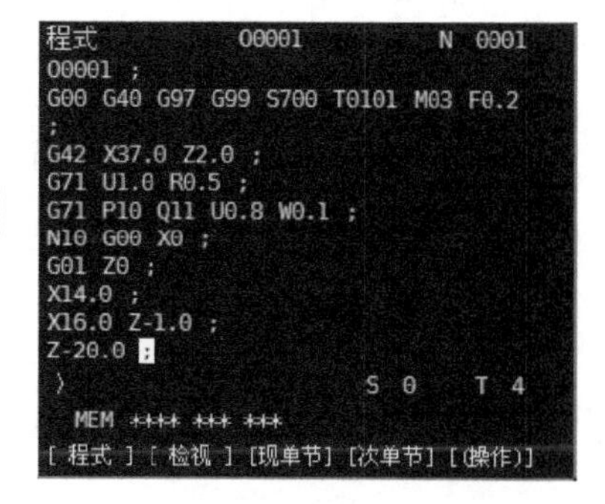

图 11.32　程序编辑界面

3）程序的删除。输入要删除的程序号(如 O100)，按 DELETE 键(删除 100 号程序)，不能删除当前程序(即按 PROG 键 CRT 显示的程序)。

4）不同程序之间的切换。输入要切换的程序号(如 O10)，按“O 检索”软功能键或光标向下键 ↓ 即可将程序(如 O10)切换为当前程序。

5）从计算机中导入事先编辑好的程序。

① 先用记事本或 CAM 软件编写程序，保存为 TXT 文件或 NC 文件于计算机中；

② 按 编辑 键使机床进入编辑模式；

③ 按 PROG 键，再按软功能键“操作”；

④ 按“向右翻页”软功能键 ▶，直至可以看见 READ、PUNCH 等选项；

⑤ 按 READ 软功能键；

⑥ 输入程序号；

⑦ 按 EXEC 软功能键；

⑧ 打开计算机上专用的传送软件，如：CIMCO Edit、MasterCAM、Pcin 等软件，单击“发送”按钮即可。

(8) 程序检测。

① 按 自动 键使机床进入自动模式，按 空运行 键和 机床锁住 键，按 CUSTOM GRAPH 键，再按“加工图”软功能键，CRT 显示图形模拟界面，再按循环起动键，机床自动模拟程序加工轨迹，注意观察刀具运动轨迹正确与否。

② 注意：“机床锁住”键只能锁住机床 X、Z 方向的轴向运动，不能锁住刀架运动，所以在测试程序时，一定要注意车床换刀时不能与机床发生碰撞；程序测试后一定要回零。

(9) 零件加工　程序检测无误,机床回零后,将光标移到程序头,按 自动 键,再按循环起动键。

(10) 打扫机床　零件加工完,打扫机床,保持干净的实训环境。

(11) 关机　先按下急停键,再按关闭系统电源键(红色)关闭数控系统,最后关闭机床总电源。

复习思考题

1. 数控车床回零注意事项?
2. 数控车床开机和关机顺序?
3. 数控车床对刀步骤?

课题四　加工中心(数控铣床)编程

【基础知识】

(一) 加工中心使用范围和功能特点

加工中心(数控铣床)能实现三轴或三轴以上的联动控制,能保证刀具进行复杂表面的加工,它能够进行外形轮廓、平面或曲面型腔以及三维复杂型面的加工,还可以进行各类孔系的加工,加工中心是从数控铣床上发展而来的,它与数控铣床的最大区别在于加工中心具有自动换刀功能。

(二) 加工中心(数控铣床)常用指令

1. 辅助功能指令

M00　程序停止

M01　选择停止(通过机床操作面板上的"选择停止"键执行)

M02　程序结束

M30　程序结束返回程序头

M03　主轴正转

M04　主轴反转

M05　主轴停止

M06　换刀(换刀命令格式为:T__M06;如 T1 M06;数控铣床无此命令,有些加工中心换刀命令为:G91 G28 Z0 M05;T__M06;)

M07　气冷开

M08　水(油)冷开

M09　冷却停止

M98　调用子程序

M99　子程序结束

2. 与坐标系有关的指令

(1) 绝对值编程指令 G90　它表示程序段中的数字是以编程原点为坐标原点的坐标值,如图 11.42 所示,绝对值编程为“G90 G01 X40.0 Y70.0 F150;”。

(2) 增量值编程指令 G91　它表示程序段中的数字是以刀具起点为坐标原点的坐标值,即刀具运动的终点相对于起点的坐标值增量。如图 11.33 所示,用增量值编程为“G91 G01 X－60.0 Y40.0 F150;”。

绝对编程指令 G90 和增量编程指令 G91 都是模态指令。

(3) 坐标平面选择指令 G17、G18、G19　它们分别用来指定程序中刀具的圆弧插补平面和刀具半径编程平面。

G17 表示选择在 *XY* 平面内加工,如图 11.34 所示。

G18 表示选择在 *XZ* 平面内加工,如图 11.34 所示。

G19 表示选择在 *YZ* 平面内加工,如图 11.34 所示。

立式加工中心(数控铣床)大都在 *XY* 平面内加工,故 G17 可省略。

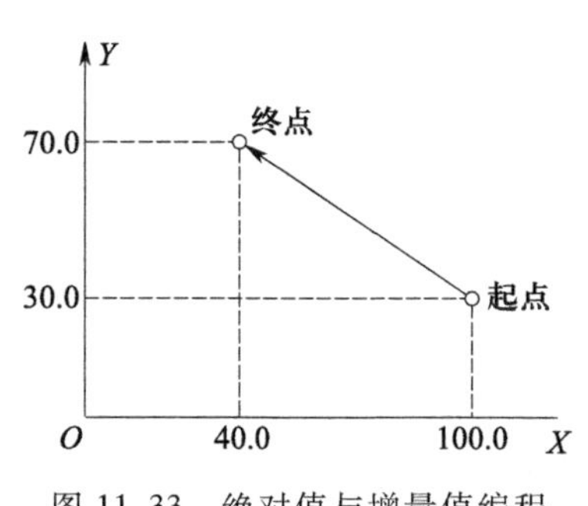

图 11.33　绝对值与增量值编程

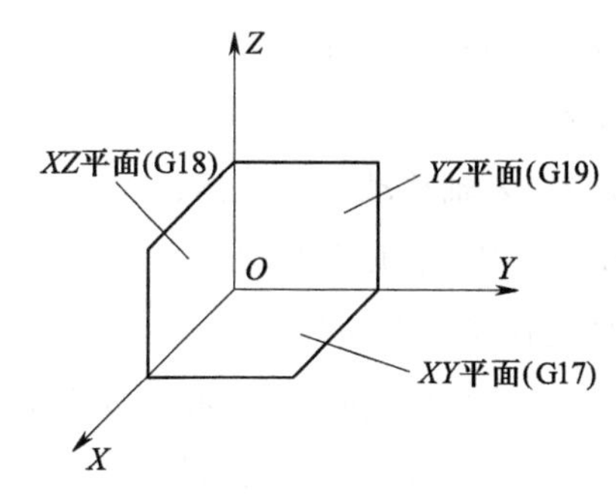

图 11.34　坐标平面

3. 快速点定位与直线插补指令

(1) 快速点定位指令 G00　G00 指令使刀具以点定位控制方式,从刀具所在点以最快的速度,移动到目标终点,该指令格式为:

G00 X__Y__Z__;

式中　X、Y、Z 为目标终点坐标。当用绝对值编程时,X、Y、Z 为目标终点在工件坐标系中的坐标,当用增量指令编程时,X、Y、Z 为目标终点相对于起点的增量坐标,不移动的坐标可以不写。

(2) 直线插补指令 G01　G01 指令表示刀具相对于工件以 F 指令的速度从当前点向终点进行直线插补,加工出任意斜率的平面或空间直线。该指令格式为:

G01 X__Y__Z__F__;

式中　X、Y、Z 为目标终点坐标。用绝对值或增量坐标编程均可,F 为刀具移动速度,G01 与 G00 都是模态指令,G01 程序中必须含有 F 指令,否则机床认为进给速度为零。

4. 圆弧插补指令 G02、G03

G02 为顺时针圆弧插补,G03 为逆时针圆弧插补,该指令格式为:

$$XY\text{平面圆弧}:\left\{\begin{matrix}G02\\G03\end{matrix}\right\}X\_\ Y\_\left\{\begin{matrix}I\_\ J\_\\R\_\end{matrix}\right\}F\_;$$

$$ZX\text{平面圆弧}:G18\left\{\begin{matrix}G02\\G03\end{matrix}\right\}X\_\ Z\_\left\{\begin{matrix}I\_\ K\_\\R\_\end{matrix}\right\}F\_;$$

$$YZ\text{平面圆弧}:G19\left\{\begin{matrix}G02\\G03\end{matrix}\right\}Y\_\ Z\_\left\{\begin{matrix}J\_\ K\_\\R\_\end{matrix}\right\}F\_;$$

式中　X、Y、Z——圆弧终点坐标;

I、J、K——圆弧起点到圆弧圆心的距离在 *X*、*Y*、*Z* 轴的投影(分别为圆心与起点的坐标差);

R——圆弧半径(大于 180°时圆弧 R 为负,加工整圆时必须用 I、J、K 编程)。

5. 刀具长度补偿指令 G43、G44、G49

G43 为正补偿,G44 为负补偿,G49 为取消长度补偿,该指令格式为:

G43(G44)Z__H__;

G49 Z__;

式中　Z——*Z* 轴移动终点坐标;

H——刀具长度补偿号。

在使用该指令时应注意:

① 进行长度补偿时,刀具必须要有 *Z* 轴移动。

② H 为补偿号,H0 为取消长度补偿,与 G49 功能相同。

6. 刀具半径补偿指令 G40、G41、G42

例题

11-10

G41 为左补偿,G42 为右补偿,G40 为取消半径补偿,该指令格式为:

G00(G01) G41(G42)X__Y__D__;

G00(G01) G40X__Y__;

式中　X、Y——*X*、*Y* 轴移动终点坐标;

D——刀具半径补偿号。

在使用该指令时应注意:

① 刀具半径补偿必须在程序结束时取消,否则刀具中心不能回到编程原点。

② 补偿开始和取消补偿都必须在 G00 或 G01 模式下进行,不能在 G02 或 G03 下进行。

③ 刀具半径补偿与运动方向垂直,不能出现补偿模式中连续两句程序都没有实现补偿平面内的移动,否则会产生过切或欠切现象。

④ 要善于利用刀具半径补偿实现零件的粗加工、半精加工、精加工。

7. 孔加工固定循环指令(G73、G74、G76、G80~G89)

应用孔加工固定循环指令,使得用其他方法需要几个程序段完成的功能可在一个程序段内完成。表 11.2 列出了所有的孔加工固定循环。一般,一个孔加工固定循环需要完成以下 6 步操作(图 11.35):

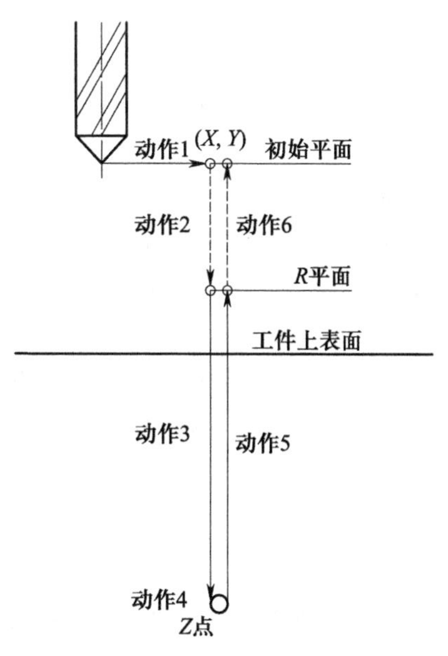

图 11.35 孔加工固定循环

动作 1:在 X、Y 轴上快速定位;

动作 2:在 Z 轴上快速定位到 R 平面;

动作 3:孔加工;

动作 4:孔底动作;

动作 5:Z 轴返回 R 平面;

动作 6:Z 轴快速返回初始平面。

孔加工固定循环指令格式为:

G98(G99)G□□ X__Y__Z__R__Q__F__K__;

取消固定循环指令格式为:

G80;

式中 G□□——孔加工固定循环指令 G73、G74、G76、G81~G89;

G98——返回初始平面;

G99——返回安全平面(R 平面);

X、Y——孔中心位置;

Z——孔深;

R——安全平面高度;

P——用于孔底动作有暂停的固定循环中指定暂停时间,单位为 ms;

Q——每步切削深度,用于分次切削进给(抬刀断屑)循环 G73、G83;

F——进给速度;

K——固定循环的重复次数。

例题

11-11

例题

11-12

一般情况下,G99 用于第一次钻孔,G98 用于最后的钻孔。

表 11.2 孔加工固定循环

G 代码	应用	加工运动 (-Z 方向)	孔底动作	返回运动 (+Z 方向)
G73	高速深孔钻削	分次,切削进给	—	快速定位
G74	左旋螺纹攻丝 (使用该指令前主轴反转)	切削进给	暂停—主轴正转	切削进给
G76	精镗循环	切削进给	主轴定向,让刀	快速定位
G80	取消固定循环	—	—	—
G81	普通钻削循环	切削进给	—	快速定位

续表

G代码	应用	加工运动 (-Z方向)	孔底动作	返回运动 (+Z方向)
G82	钻削或粗镗削	切削进给	暂停	快速定位
G83	深孔钻削循环	分次,切削进给	—	快速定位
G84	右旋螺纹攻丝	切削进给	暂停—主轴反转	切削进给
G85	镗削循环	切削进给	—	切削进给
G86	镗削循环	切削进给	主轴停	快速定位
G87	反镗削循环 (该指令与G99不能同时使用)	切削进给 加工方向为+Z向	主轴正转	快速定位
G88	镗削循环	切削进给	暂停—主轴停	手动
G89	镗削循环	切削进给	暂停	切削进给

(三)加工中心(数控铣床)操作面板

本文主要介绍汉川机床厂XK715D型立式加工中心(数控铣床)的操作,以FANUC 0i系统为例,数控系统操作面板和加工中心(数控铣床)操作面板如图11.36和图11.37所示。由于加工中心(数控铣床)的数控系统操作面板和数控车床的数控系统操作面板一样,这里就不再赘述。

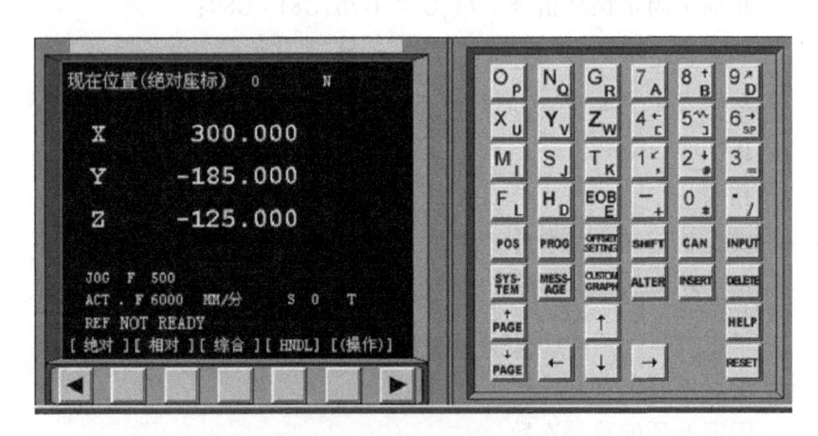

图11.36 数控系统操作面板

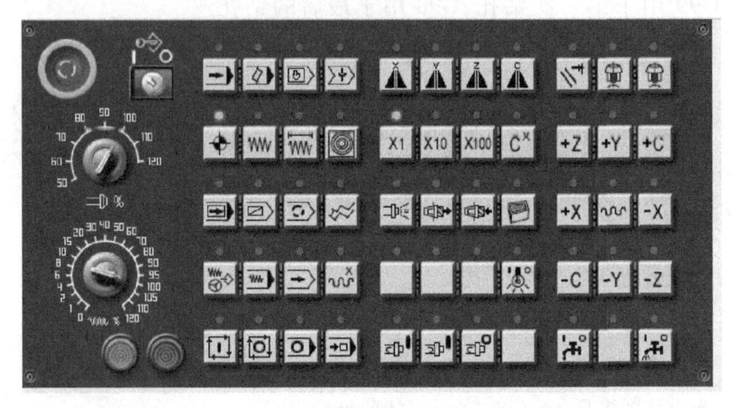

图11.37 加工中心(数控铣床)操作面板

拓展阅读

加工中心(数控铣床)操作面板按键功能

(四)加工中心(数控铣床)操作实训

对加工中心(数控铣床)的操作举例如下。

(1) 开压缩空气　加工中心(数控铣床)换刀时必须要有足够的气压。

(2) 开机床电源　开起机床总电源为机床和数控系统供电。

(3) 开控制系统电源　按下起动系统电源键(绿色)起动机床数控系统,然后松开“急停”键。

(4) 机床回零　首先按键使其指示灯亮起,机床处于回零模式,先按下操作面板上的“Z正方向”键使 Z 轴回零,再分别按下“X 正方向”键和“Y 正方向”键使 X、Y 轴回零。注意:回零之前一定要使每轴运动距离大于 100 mm 以上,否则机床回零会出现超程现象,如果回零距离小于 100 mm 则要通过手动方式,将各轴向负方向运动,然后再回零。

(5) 对刀　对刀操作分为 X、Y 方向和 Z 方向对刀,对刀的准确程度将直接影响加工精度。对刀方法一定要同零件加工精度要求相适应,根据使用的对刀工具的不同,常用的对刀方法分为以下几种:① 试切对刀法;② 塞尺、标准心棒和块规对刀法;③ 采用寻边器、偏心棒和 Z 轴设定器等工具对刀法;④ 顶尖对刀法;⑤ 百分表(或千分表)对刀法;⑥ 专用对刀器对刀法;另外根据选择对刀点位置和数据计算方法的不同,又可分为单边对刀、双边对刀、转移(间接)对刀法和“分中对零”对刀法(要求机床必须有相对坐标及清零功能)等。本文主要介绍试切对刀法,这种方法简单方便,但会在工件表面留下切削痕迹,且对刀精度较低,以对刀点(此处与工件坐标系原点 W 重合)在工件表面中心位置为例(采用双边对刀方式),如图 11.38 所示。

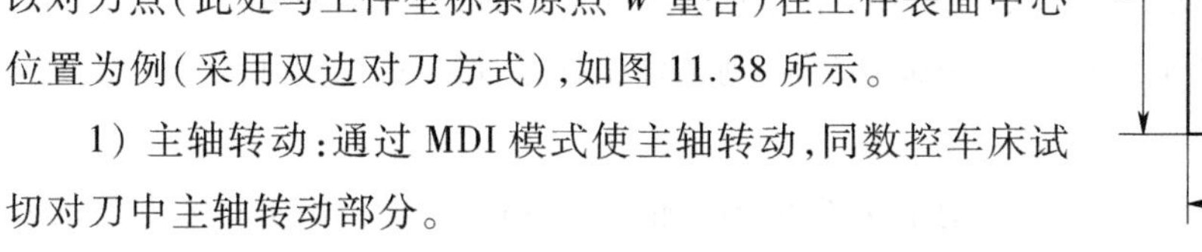

1) 主轴转动:通过 MDI 模式使主轴转动,同数控车床试切对刀中主轴转动部分。

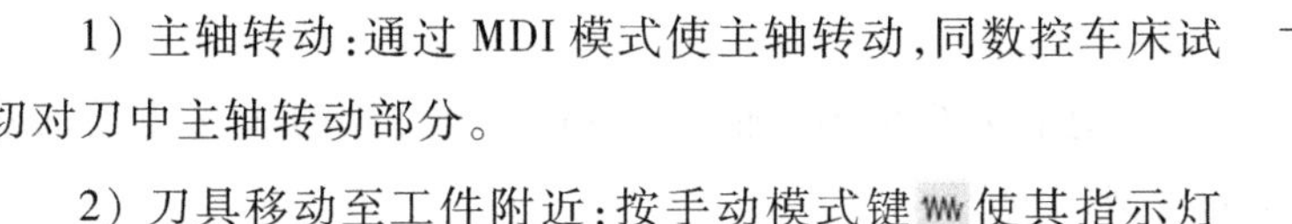

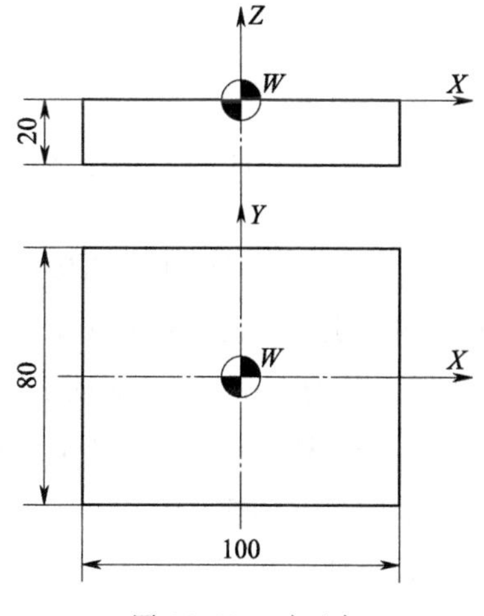

图 11.38　对刀点

2) 刀具移动至工件附近:按手动模式键使其指示灯变亮,机床刀架进入手动操作模式,按控制面板上的 +X、-X、+Y、-Y、+Z、-Z、键,使机床在 X 轴、Y 轴、Z 轴方向移动,通过手动方式将刀具移到工件中心上方 100 mm 内;

3) X、Y 方向对刀:

① 按手摇模式键使其指示灯变亮,机床进入手摇模式,通过控制手轮的轴选择键及手轮的步进倍率键,转动手轮旋钮让刀具快速移动到靠近工件左侧有一定安全距离的位置(手轮的步进倍率调至 100),然后降低速度(手轮的步进倍率调至 10)移动至接近工件左侧的位置,如图 11.39 所示;靠近工件时改用微调操作(手轮的步进倍率调至 1),让刀具慢慢接近工件左侧,使刀具恰好接触到工件左侧表面,再回退 0.01 mm。记下此时机床坐标系中显示的 X 坐标值,如-355.165 等。

② 沿 Z 正方向退刀至工件表面以上,用同样方法接近工件右侧,记下此时机床坐标系中显

示的 X 坐标值,如-245.169 等。

③ 据此可得工件坐标系原点在机床坐标系中 X 坐标值为[-355.165+(-245.169)]/2 =-300.167。

④ 同理可测得工件坐标系原点 W 在机床坐标系中的 Y 坐标值。

4) Z 方向对刀:

① 通过手摇模式将刀具快速移至工件上方(手轮的步进倍率调至 100),让刀具快速移动到靠近工件上表面有一定安全距离的位置,然后降低速度移动(手轮的步进倍率调至 10)让刀具端面接近工件上表面,如图 11.40 所示。

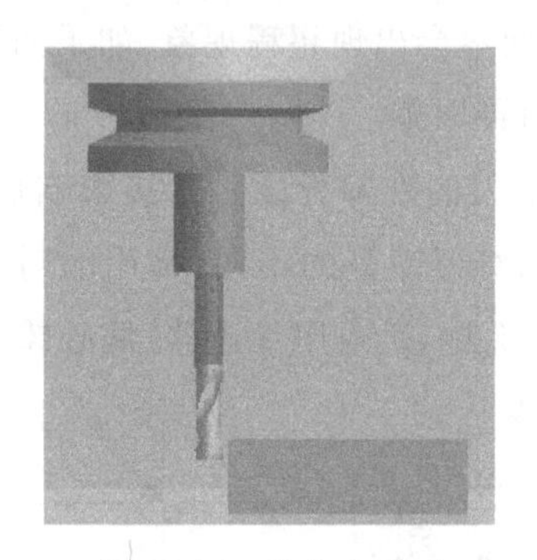

图 11.39　X 方向对刀

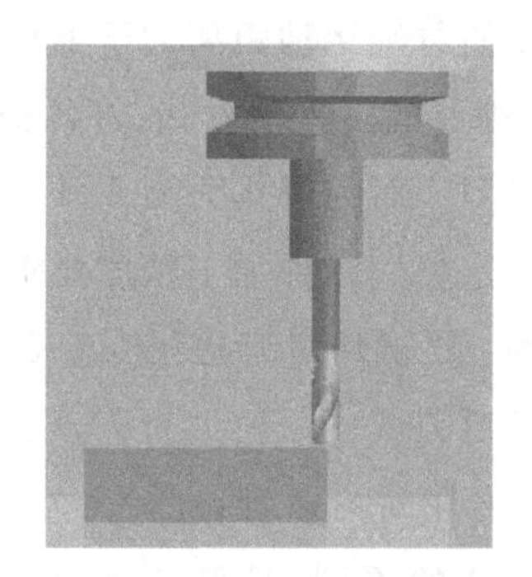

图 11.40　Z 方向对刀

② 靠近工件时改用微调操作(手轮的步进倍率调至 1),让刀具端面慢慢接近工件表面(注意:刀具特别是立铣刀时最好在工件边缘下刀,刀的端面接触工件表面的面积小于半圆,尽量不要使立铣刀的中心孔在工件表面下刀),使刀具端面恰好碰到工件上表面,再将 Z 轴抬高 0.001 mm,记下此时机床坐标系中的 Z 坐标值,如-380.405 等,则工件坐标系原点 W 在机床坐标系中的 Z 坐标值为-380.405。

③ 同理换剩下的加工刀具,对 Z 轴记下 Z 坐标值(加工中心和数控铣床的 X、Y 方向的对刀只需对一把刀,而 Z 方向每把刀都必须要对刀)。

5) 对刀结果输入:

① 按 MDI 键盘上的键, CRT 显示坐标补偿界面;将刚才计算出来的 X 和 Y 坐标值输入到 G54 地址里(可以输入到 G54~G59 其中的任何一个地址里,与编程相对应,若编程采用 G55,则 X、Y 坐标值输入到 G55 里),如图 11.41 所示。

② 再按键进入刀具的工具补正界面,输入对应刀的 Z 坐标值和编程时采用的刀具半径补偿值(H 和 D),如图 11.42 所示。

6) 检验:检验对刀是否正确,按 MDI 模式键使机床进入 MDI 模式,输入"G00 G90 G54 X0 Y0 S700 M03;G43 Z100.0 H1;"(如果是第二把刀则换成 H2);按"循环起动"键执行程序,检查刀具是否在距工件中心高度为 100 mm 的位置处。

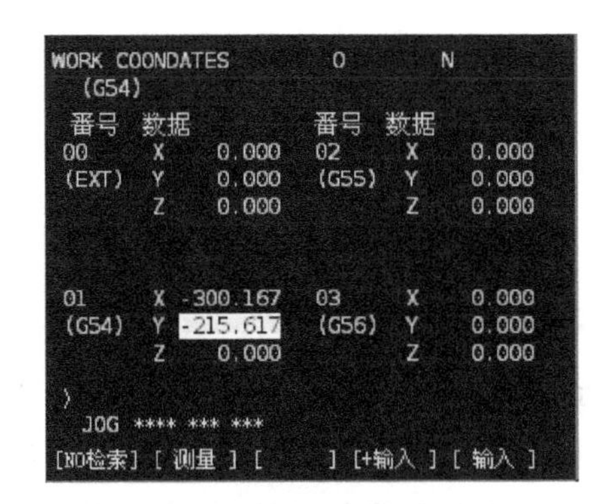

图 11.41　坐标补偿界面

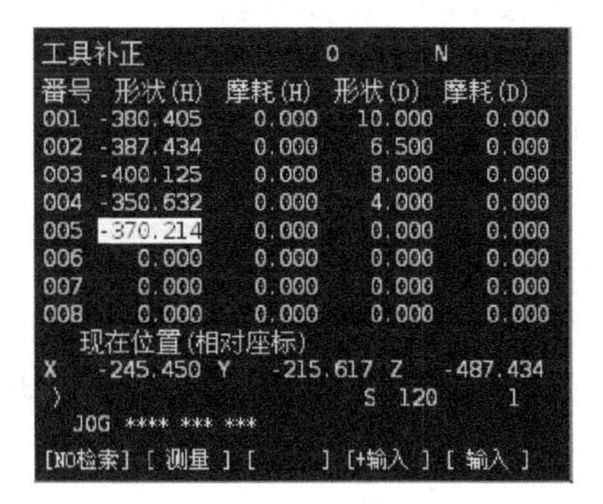

图 11.42　工具补正界面

(6) 输入程序。

1) 创建程序:

① 按编辑模式键使机床进入编辑模式,按PROG键,CRT显示程序编辑界面;

② 输入要占用的程序号(以字母O开头,后接数字,最多四位,如O1、O10),按INSERT键,即可创建当前程序,系统自动切换至该程序的编辑界面;

③ 按EOB E键输入程序段结束标志";",按INSERT键将其输入到机床中;

④ 按MDI键盘上的数字/地址键以输入程序,按INSERT键将程序输入到机床中,如图11.43所示。

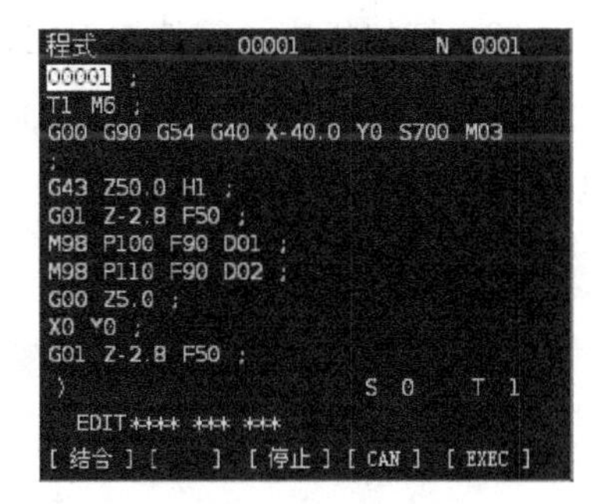

图 11.43　程序编辑界面

2) 程序的编辑。

① 插入:输入指令字符、按EOB E键后,按INSERT键将其插入到当前光标后面;

② 删除:移动光标到要删除的指令字符位置,按DELETE键删除;

③ 替换:移动光标到要替换的指令字符处,输入新的内容,然后按ALTER键,即可替换;

④ 输入程序指令时,在没有按INSERT键前,用CAN键可退格,按INSERT键将其插入。

3) 程序的删除:输入要删除的程序号(如O100)按DELETE键(删除100号程序),但不能删除当前程序(即按PROG键时CRT显示的程序)。

4) 不同程序之间的切换:输入要切换的程序号(如O10),按"O检索"软功能键或光标向下键↓即可将程序(如O10)切换为当前程序。

5) 从计算机中导入事先编辑好的程序:

① 事先用记事本或CAM软件编写的程序,保存为TXT文件或NC文件于计算机中;

② 按键使机床进入编辑模式;

③ 按PROG键,再按软功能键"操作";

④ 按"向右翻页"软功能键,直至可以看见READ、PUNCH等选项;

⑤ 按 READ 软功能键；

⑥ 输入程序号；

⑦ 按 EXEC 软功能键；

⑧ 打开计算机上专用的传送软件，如：CIMCO Edit、MasterCAM、Pcin 等软件，单击“发送”按钮即可。

(7) 程序检测

① 按自动模式键使机床进入自动模式，按空运行键和机床锁住键，按CUSTOM GRAPH键进入图形参数显示界面，输入图形模拟参数（比例、中心点、坐标平面选择等），再按“加工图”软功能键，CRT 显示图形模拟界面后，再按循环起动键，机床自动模拟程序加工轨迹，注意观察刀具运动轨迹正确与否。

② 注意：程序测试后一定要回零。

(8) 零件加工　程序检测无误，机床再次回零后，将光标移到程序头，按自动模式键，再按循环起动键。

(9) 打扫机床　零件加工完，打扫机床，保持干净的实训环境。

(10) 关机　先按下急停键，再按关闭系统电源键来关闭数控系统，最后关闭机床总电源。

复习思考题

1. 请编制图 11.44 所示零件的加工程序并进行加工。

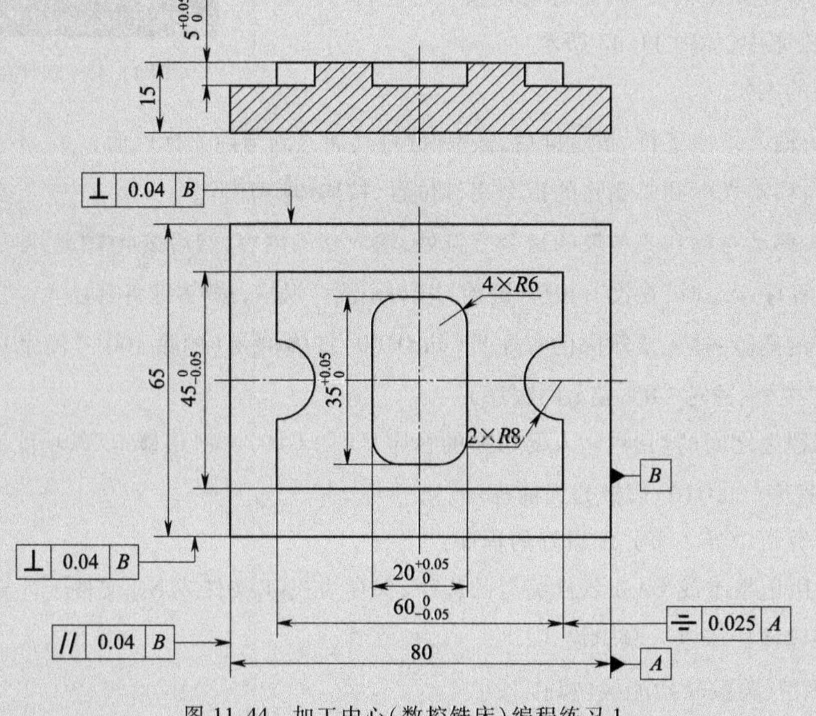

图 11.44　加工中心（数控铣床）编程练习 1

所使用的刀具参数：

T1　ϕ12 mm 高速钢端铣刀 S700 Fxy90 Fz50

T2　ϕ8 mm 高速钢端铣刀 S1100 Fxy130 Fz80

T3　ϕ3 mm 中心钻 S1500 F80

T4　ϕ11.8 mm 高速钢钻头 S800 F60

T5　ϕ12 mm 高速钢铰刀 S200 F50

2. 请编制图 11.45 所示零件的加工程序并进行加工。

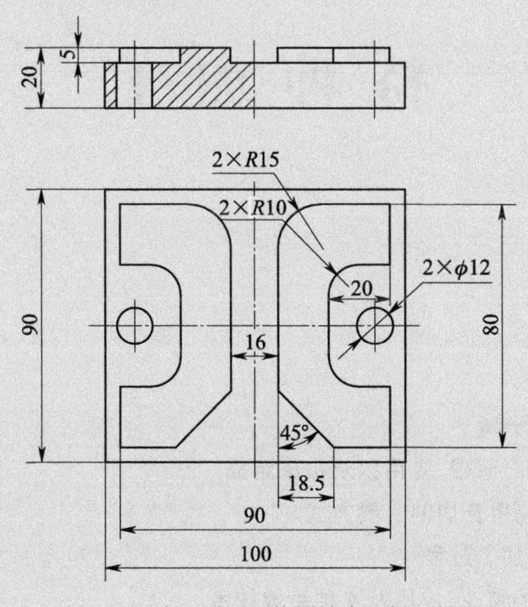

图 11.45　加工中心(数控铣床)编程练习 2

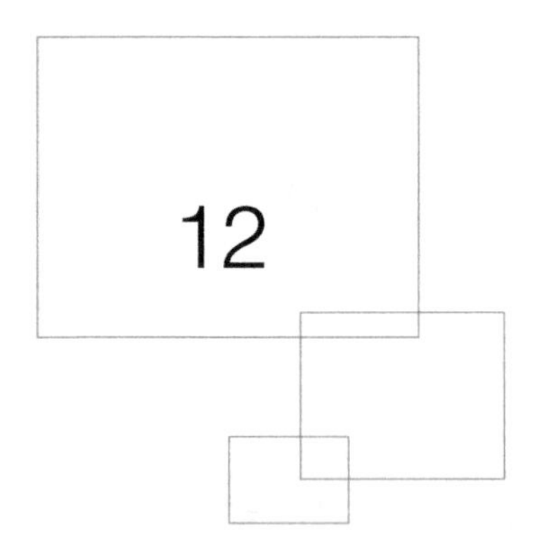

特种加工

目的和要求

1. 了解特种加工的特点及分类。
2. 了解电火花线切割的加工原理、应用以及机床组成。
3. 了解激光切割的原理、应用及切割主要方式。
4. 了解激光内雕的原理和加工过程。
5. 了解3D快速成型技术的特点、应用及4种关键技术。
6. 掌握数控电火花线切割的手工编程方法。
7. 掌握激光切割机、激光内雕机及3D打印机的操作方法。

安全技术

1. 电火花线切割加工实习安全技术与车、铣工实习安全技术有很多相同点,可参照执行;还需注意检验好程序。
2. 激光加工时,需佩戴防护眼镜,在运行过程中严禁打开激光器机罩。
3. 严格按照设备使用说明和规程进行操作,开机前做好检查。

课题一　概述

【基础知识】

机械制造已向着高精度、高效率方向发展,高技术产品零件的结构形状越来越复杂,对材料性能的要求也越来越高。近年来，随着生产技术和材料科学的发展，在航空航天、汽车、船舶、模具制造等领域中新型难加工材料的使用越加广泛，零件结构形状亦越加复杂，对新型材料的加工提出了更高的要求，特种加工可以完成传统加工方法难以实现的加工要求，已经成为先进制造技术中的关键加工方法。

特种加工是指直接利用电能、热能、声能、光能、化学能、特殊机械能等能量去除或增加材料从而加工出产品的工艺方法，也叫非传统加工，可以有效解决材料难切削、结构特殊、型面复杂的零件的加工难题。常用的特种加工方法主要有：电火花加工、超声加工、电子束和离子束加工、激光加工、快速成型、电化学加工等方法。

特种加工技术主要的特点有：

(1) 与传统加工方法不同，特种加工主要是依靠电能、热能、声能、光能、化学能等对材料进行加工，而非机械能。

(2) 由于在加工过程中工具和工件不直接接触，相互之间没有切削力的作用，所以特种加工对工具和工件的强度、硬度和刚度均没有严格要求，可用于加工薄壁件、脆性材料和弹性元件等精密零件。

(3) 特种加工中一般不会产生加工硬化的现象，且工件加工部位变形小，发热少或发热仅限于工件表层加工部位，工件热变形小，加工中产生的应力也小，易于获得较好的加工质量，且可在一次安装中完成工件的粗、精加工。

(4) 特征加工中能量易于转换和控制，有利于保证加工精度和提高生产效率。

(5) 特种加工技术的材料去除速度一般低于常规加工方法，这也是目前常规加工方法在机械加工中仍占主导地位的主要原因。

复习思考题

1. 什么是特种加工？与传统加工有何区别？

2. 特种加工的特点有哪些？常用的特种加工方法有哪几种？

课题二　电火花线切割

【基础知识】

电火花线切割加工又称为线切割加工，它是电火花加工技术的一种工艺，也是利用工具电极对工件进行脉冲放电时产生的电腐蚀现象来进行加工的。但是，电火花线切割加工不需要制作成型电极，主要利用电极丝与工件电极之间的相对运动切割出各种形状的工件，目前已成为先进制造技术的重要组成部分，广泛应用于精密仪器、模具制造、航空航天、汽车等行业。

(一) 线切割加工的原理

电火花线切割加工是利用一根运动的细金属丝（钼丝、黄铜丝）作工具电极，在工件与金属丝间通以脉冲电流,靠火花放电对工件进行切割加工的。如图 12.1 所示,电极丝 4 穿过工件 2 上预先加工好的小孔,经导向轮 5 由储丝筒 7 带动作正、反向交替移动,由脉冲电源 3 供给脉冲电流,在电极丝和工件之间喷注工作液介质,放置工件的工作台在 X、Y 坐标方向上,各自按预定的要求由数控系统驱动作伺服进给移动,即可合成各种曲线轨迹,把工件切割成形。

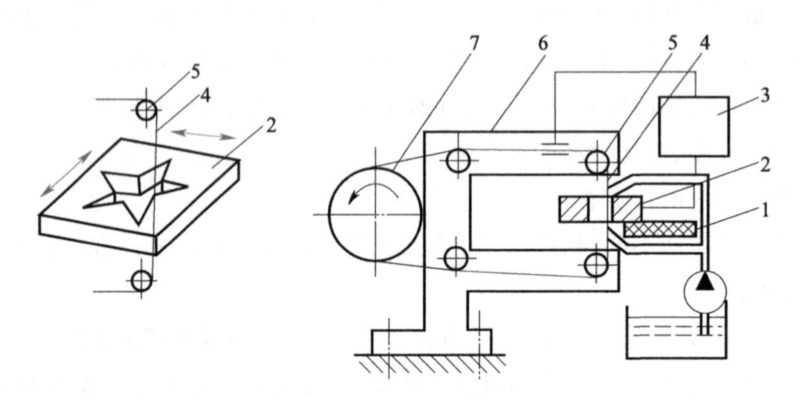

1—绝缘垫;2—工件;3—脉冲电源;4—电极丝;5—导向轮;6—支架;7—储丝筒

图 12.1 电火花线切割原理

(二) 线切割加工的特点与应用

1. 线切割加工的特点

(1) 不需要制造成型的工具电极,缩短了生产准备时间,降低了成本。

(2) 电极丝很细,切缝窄,可加工尖角、窄缝及截面形状复杂的工件,但不能加工盲孔。

(3) 工具电极(电极丝)损耗很少且加工的热影响极小,加工精度高,尺寸精度可达 0.01~0.02 mm,表面粗糙度 Ra 值可达 1.6 μm 或更小。

(4) 对各种硬度的导电材料均可加工,切割作用力极小,可加工极薄的工件。

(5) 易于实现微机控制,自动化程度高,操作方便。

(6) 工作液多采用水机乳化液,不会引燃起火,容易实现安全无人操作运行。

2. 线切割加工的应用

(1) 加工各种类型的模具,如冲裁模、注塑模、挤压模、粉末冶金模和弯曲模等。

(2) 可在坯料上直接切割出零件,进行新产品的装配,大大缩短新产品的开发周期。

(3) 加工精密零件,加工难加工材料。

(4) 加工成型工具,如电火花成型加工用的电极、成型刀具等。

(三) 线切割机床

线切割机床按电极丝运动的线速度,可分为高速走丝和低速走丝两种。电极丝线速度为 7~10 m/s 的为高速走丝,低于 0.25m/s 的为低速走丝。常用的 DK7725 型机床为高速走丝线切割机床,DK7632 型机床为低速走丝线切割机床。其含义为:D 为机床类代号,表示电加工机床;K 为机床特性代号,表示数控(亦可用 G 表示高精度,M 表示精密);第 1 个数字 7 为组别代号,表示电火花线切割机床;第 2 个数字 7 或 6 为型别代号,7 表示高速走丝,6 表示低速走丝;最后两位数 25 或 32 为基本参数代号,表示工作台横向宽度或行程为 250 mm 或 320 mm。

图 12.2 所示为 DK7725 型高速走丝线切割机床,由床身、脉冲电源及微机控制装置等部分组成。

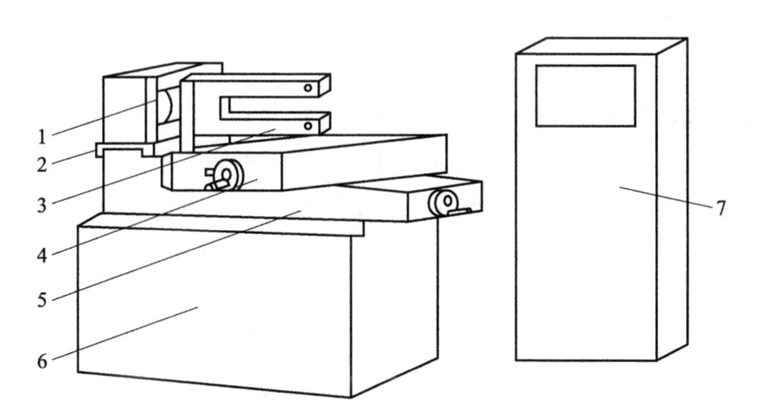

1—储丝筒;2—走丝溜板;3—丝架;4—上工作台;5—下工作台;6—床身;7—脉冲电源及微型控制装置

图 12.2　DK7725 型高速走丝线切割机床外形简图

(四) 电火花线切割编程

电火花线切割编程方法有两种:手工编程和自动编程。手工编程适用于形状简单的零件,它所需程序不多,坐标计算也较简单,穿孔带较短,不容易出错,此时用手工编程既经济又省时。如果零件形状复杂,则计算工作量很大,易出错,难校验,工作效率低,此时应采用自动编程。

1. 手工编程

(1) 程序格式　线切割程序格式有 3B、4B、5B、ISO 和 EIA 等。我国高速走丝线切割机床统一采用 3B 程序格式,见表 12.1。

表 12.1　3B 程序格式

N	B	X	B	Y	B	J	G	Z
序号	间隔符	*X* 轴坐标值	间隔符	*Y* 轴坐标值	间隔符	计数长度	计数方向	加工指令

B:间(分)隔符,用来区分、隔离 X、Y 和 J 等数值,B 后的数字如为零,则此零可省略。

X、Y:直线的终点或圆弧起点的坐标值,编程时均取绝对值,单位为 μm。

J:计数长度,单位为 μm。

G:计数方向,分 GX 或 GY,即可按 *X* 方向或 *Y* 方向计数,工作台在该方向每走 1 μm,则计数累减 1,当减到计数长度 J=0 时,这段程序即加工完毕。

Z:加工指令,分为直线 L 与圆弧 R 两大类。

(2) 直线的编程。

① 以直线的起点作为坐标原点,建立直角坐标系,X、Y 表示直线终点坐标的绝对值,单位

为 μm,亦可用公约数将 X、Y 缩小整数倍。

② 若直线与 X 或 Y 轴重合,为区别一般直线,X、Y 均可写作 0,也可以不写。

③ 计数长度 J,按计数方向 GX 或 GY 取该直线在 X 轴和 Y 轴上的投影值。决定计数长度时,要和选计数方向一并考虑。

④ 计数方向应取程序最后一步的轴向为计数方向,对直线而言,取 X、Y 中较大的绝对值和轴向作为计数长度 J 和计数方向。

⑤ 加工指令按直线走向和终点所在象限的不同分为 L1、L2、L3、L4,当直线处于第 1 象限时,加工指令记作 L1;当处于第 2 象限时,记作 L2;L3、L4 以此类推。其中与 $+X$ 轴重合的直线算作 L1;与 $+Y$ 轴重合的算作 L2;与 $-X$ 轴重合的算作 L3;与 $-Y$ 轴重合的算作 L4;而与 X、Y 轴重合的直线,编程时 X、Y 均可记作 0,且在 B 后可不写,如图 12.3 所示。

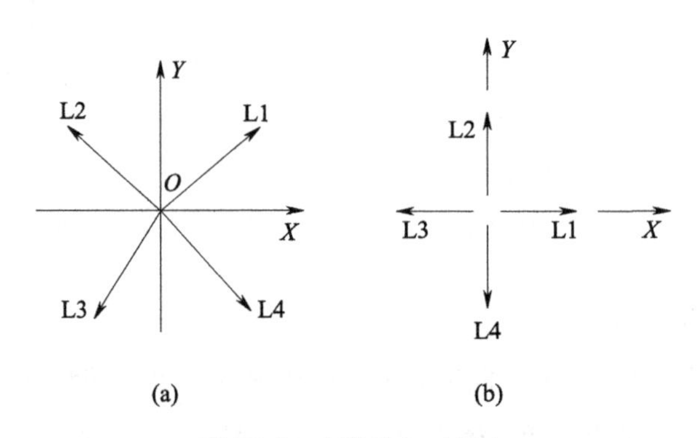

图 12.3 直线的加工指令

(3) 圆弧的编程。

① 把圆弧的圆心作为坐标原点。

② 把圆弧起点的坐标值作为 X、Y,均取绝对值,单位为 μm。

③ 计数长度 J 按计数方向取 X 轴或 Y 轴上的投影值,单位为 μm。如圆弧较长,跨越两个以上象限,则分别取计数方向,X 轴(或 Y 轴)上各个象限投影值的绝对值相累加作为该方向总的计数长度,也要和选计数方向一并考虑。

④ 计数方向选取与该圆弧终点走向较平行的轴作为计数方向,以减少编程和加工误差。对圆弧来说,取终点坐标中绝对值较小的轴向作为计数方向(与直线相反)。最好也取最后一步的轴向为计数方向。

⑤ 加工指令对圆弧而言,按其第一步所进入的象限可分为 R1、R2、R3、R4;按切割走向又可分为顺圆和逆圆,于是共有 8 种指令即 SR1、SR2、SR3、SR4、NR1、NR2、NR3、NR4。当圆弧的起点顺时针第一步进入第 1 象限时,加工指令记作 SR1(简称顺圆 1);当起点顺时针第一步进入第 2 象限时,记作 SR2(简称顺圆 2);SR3、SR4 以此类推。当圆弧的起点逆时针第一步进入第 1 象限时,加工指令记作 NR1(简称逆圆 1);当起点逆时针第一步进入第 2 象限时,记作 NR2(简称逆圆 2);NR3、NR4 以此类推,如图 12.4 所示。

（4）编程举例　以图 12.5 所示样板零件为例，起点为 A，加工路线按图中所标的① ~⑧进行，共分 8 个程序段。其中①为切入程序段，⑧为切出程序段。在一个完整程序的最后应有停机字符“FF”，表示程序结束，加工完毕。样板零件编程举例（3B 程序）见表 12.2。

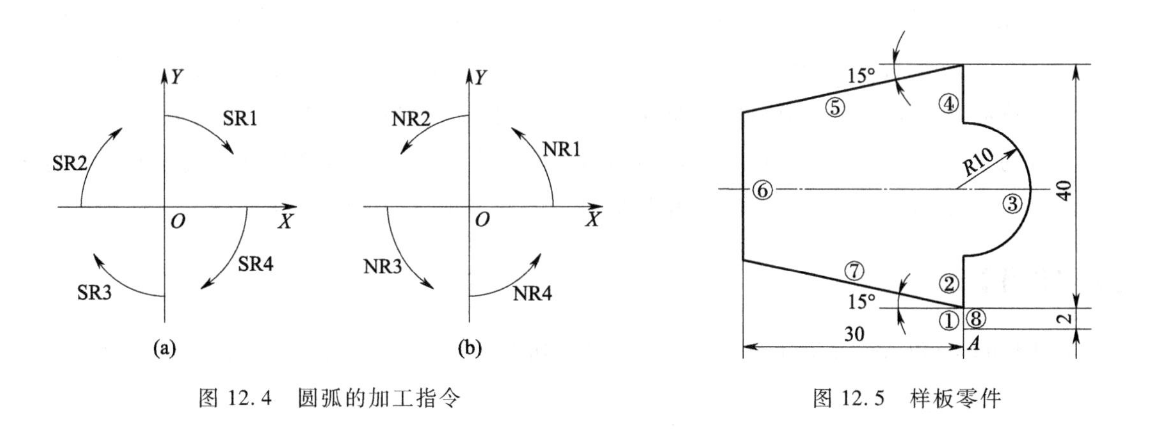

图 12.4　圆弧的加工指令　　　图 12.5　样板零件

表 12.2　样板零件编程举例（3B 程序）

N	B	X	B	Y	B	J	G	Z	G、Z 代码
1	B	0	B	2000	B	2000	GY	L2	89
2	B	0	B	10000	B	10000	GY	L2	89
3	B	0	B	10000	B	20000	GX	NR4	14
4	B	0	B	10000	B	10000	GY	L2	89
5	B	3000	B	8040	B	30000	GX	L3	1B
6	B	0	B	23920	B	23920	GY	L4	8A
7	B	3000	B	8040	B	30000	GX	L4	0A
8	B	0	B	2000	B	2000	GY	L4	8A
FF									

注意：表中的 G、Z 两项通常在线切割控制台键盘上已直接用 GX、GY、L1、L2、L3、L4、SR1、SR2、SR3、SR4、NR1、NR2、NR3、NR4 表示。否则需转换成计算机识别的代码表形式，具体转换见表 12.3。例如 GY 和 L2 的代码为 89，输入计算机时，只需输入 89 即可。

表 12.3　G、Z 代码

代码		Z											
		L1	L2	L3	L4	SR1	SR2	SR3	SR4	NR1	NR2	NR3	NR4
G	GX	18	09	1B	0A	12	00	11	03	05	17	06	14
	GY	98	89	9B	8A	92	80	91	83	85	97	86	94

2. 自动编程

自动编程又称计算机辅助编程,自动编程使用专用的数控语言及各种输入手段,向计算机输入必要的形状和尺寸数据,利用专门的应用软件即可求得各交点、切点坐标及编写数控程序所需的数据,编写出数控程序,再将程序输入到线切割机床。目前已有多种可输出两种格式(ISO 和 3B)程序的自动编程机。此外,也可利用 YH 型、CAXA 型等绘图式编程技术,直接在计算机上绘制待加工的零件图,计算机内部即可自动将其转换成切割程序,对于各种美术画、艺术字或复杂曲线的图案,可以使用扫描仪直接将图形扫描输入计算机,经内部软件处理编译成线切割程序,实现加工。自动编程无须记忆编程语言规则,容易学习掌握,极大地简化编程人员的工作。

【实习操作】

在 100 mm×150 mm,厚 10 mm 的钢板上,利用线切割机床加工一型孔。型孔尺寸如图 12.6 所示。

1. 操作方法和步骤

(1) 预制穿丝孔　凹类型腔工件在切割前需预制穿丝孔,以保证工件的完整性;可以减小凸模加工中的变形量和防止发生因材料变形而造成的夹丝现象;能够保证被加工部分跟其他有关部位的位置精度要求。

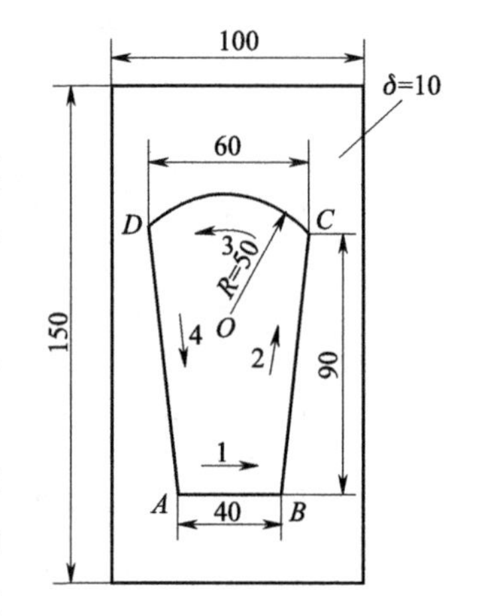

图 12.6　线切割的工件图

(2) 穿丝操作　将电极丝穿过预制穿丝孔,注意储丝筒上的电极丝不能交叉,否则容易导致断丝。

(3) 工件装夹　在装夹过程中需要注意:① 确认工件的设计基准或加工基准面,尽可能使设计或加工的基准面与 X、Y 轴平行;② 工件的基准面应清洁、无毛刺。经过热处理的工件,在穿丝孔内及扩孔的台阶处,要清理热处理残物及氧化皮,否则会影响工件与电极丝之间的正常放电,甚至卡断电极丝;③ 工件装夹的位置应有利于工件找正,并应与机床行程相适应;④ 工件的装夹应确保加工中电极丝不会过分靠近或误切割机床工作台;⑤ 工件的夹紧力大小要适中、均匀,不得使工件变形或翘起;⑥ 精密、细小、薄壁类工件应先固定在不易变形的辅助夹具上才能进行装夹,否则无法加工。常见的装夹方法有:悬臂支承方式、两端支承方式、桥式支承方式、板式支承方式、复式支承方式、利用夹具支承方式等。

(4) 工件找正　工件找正精度影响到线切割加工零件的位置精度,常见的工件找正方法有:① 百分表找正,将百分表固定在丝架或者其他固定位置上,百分表的测量头与工件基面接触,往复移动工作台,按百分表指示值调整工件的位置,直至百分表指针的偏摆范围达到所要求的数值,并旋紧压板即可;② 划线找正,将划针固定在丝架上,划针尖指向工件图形的基准线或基准面,往复移动工作台,根据目测进行调整校正,适于工件等切割图形与定位基准间的相互位置精度要求不高且有余量的场合;③ 固定基面靠定找正,利用通用或专用夹具纵、横方向的基准面靠定,经过一次校正后,保证基准面与相应坐标方向一致。具有相同加工基准面的工件可以直接靠定,适用于批量加工。

(5) 电极丝找正　可利用找正块进行火花法找正，首先目测电极丝的垂直度，若明显不垂直则调节 U、V，使电极丝大致垂直工作台，然后将找正块放在工作台上，在弱加工条件下，将电极丝沿 X 方向缓缓移向找正块，当电极丝快碰上找正块时，两者间会产生火花放电；观察火花上下是否均匀，如果火花上下均匀，则表示电极丝垂直度良好；若下面火花较多，则说明电极丝右倾，需将 U 值调小，直至火花上下均匀；若上面火花较多，则说明电极丝左倾，需将 U 值调大，直至火花上下均匀，如图 12.7 所示；同理，可调节 V 值，使电极丝在 Y 轴方向的垂直度良好。

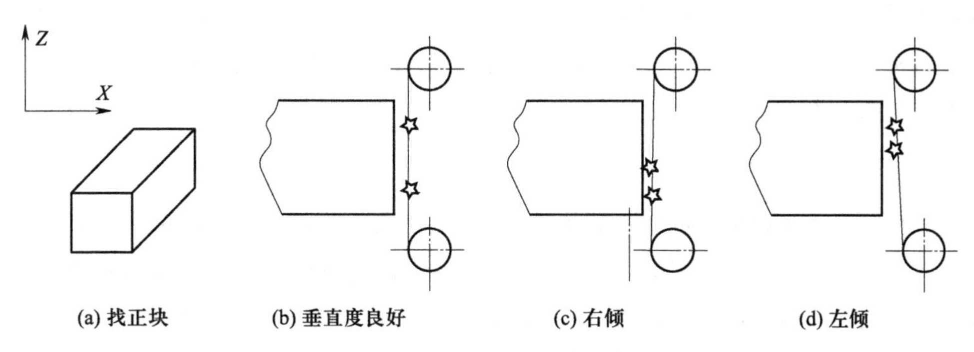

图 12.7　电极丝垂直度校正

(6) 确定电极丝的切入位置。

(7) 编制程序　用微机按照 3B 程序格式进行线切割数控程序手工编程或利用 CAM 软件绘图生成加工轨迹和代码程序。

(8) 加工　把程序由输入机床传入控制执行机构，进行零件加工。加工时，在电极丝和工件之间喷注工作液。

2. 操作注意事项

(1) 手工编程容易出错，编好的程序一定要仔细检验。

(2) 实际线切割加工和编程时，要考虑电极丝半径 r 和单面放电间隙 s 的影响。对于切割孔和凹体时，应将编程轨迹减小 $(r+s)$ 距离；对于凸体，则应增大 $(r+s)$ 距离。

复习思考题

1. 在电火花线切割机床上由图样到加工出零件，须经过哪些主要步骤？
2. 对图 12.8 所示图形进行线切割数控编程。

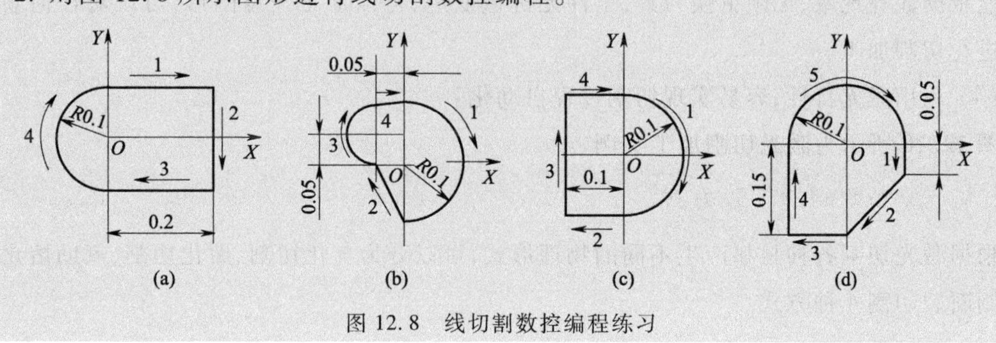

图 12.8　线切割数控编程练习

课题三 激光切割

【基础知识】

激光切割是应用激光聚焦后产生的高功率密度能量来实现的,激光切割技术广泛应用于金属和非金属材料的加工中,可大大减少加工时间,降低加工成本,提高工件质量,是激光加工技术中最为成熟的技术之一。

(一)激光切割的原理

激光切割是将激光束聚焦成很小的光斑,在光束焦点处获得超过 10^4 W/mm^{2}的功率密度,其产生的能量能使被照射处材料的温度急剧上升,并瞬间达到熔化、气化、烧蚀或燃点的温度,使材料表面形成孔洞,随着光束与材料相对线性移动,使孔洞连续形成宽度很窄的切缝,同时借助于辅助气体的吹力吹除切缝处的熔融物质,从而实现割开工件的一种热切割方法。图 12.9 所示为激光切割过程示意图。

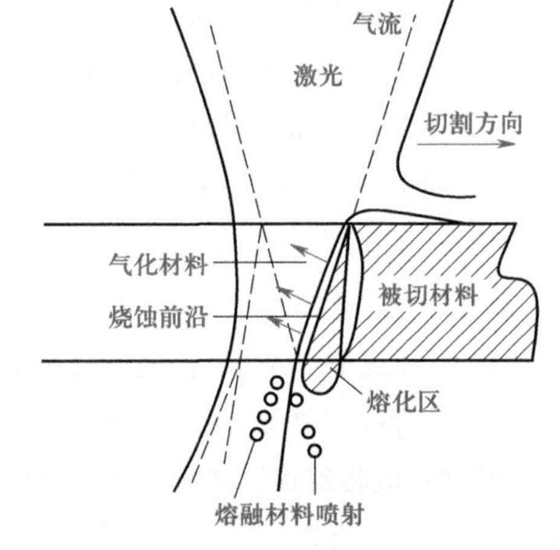

图 12.9 激光切割过程示意图

(二)激光切割的特点

与其他传统切割方法相比,激光切割的特点如下:

(1) 切缝窄,具有良好的切割质量。由于激光光斑小,能量密度高,切缝宽度只有 0.1 mm 左右,切割零件的尺寸精度可达 0.05 mm,重复精度为 0.02 mm。切缝两边平行且与表面垂直,切口光滑,可作为最后一道工序。

(2) 切割效率高。切割速度可达 10 m/min,最大定位速度可达 70 m/min,比线切割速度快很多。

(3) 加工柔性好。激光切割不存在刀具损耗和接触能量损耗等现象,无须更换刀具,工件无机械变形,可以加工任意图形,可以对任何硬度的材料进行切割加工。

(4) 利用激光特性,容易实现切割过程自动化。

图 12.10 所示为激光切割加工实例。

(三)激光切割的主要方式

根据激光切割各种材料产生不同的物理形式,可以分为气化切割、熔化切割、氧助熔化切割与控制断裂切割 4 种方式。

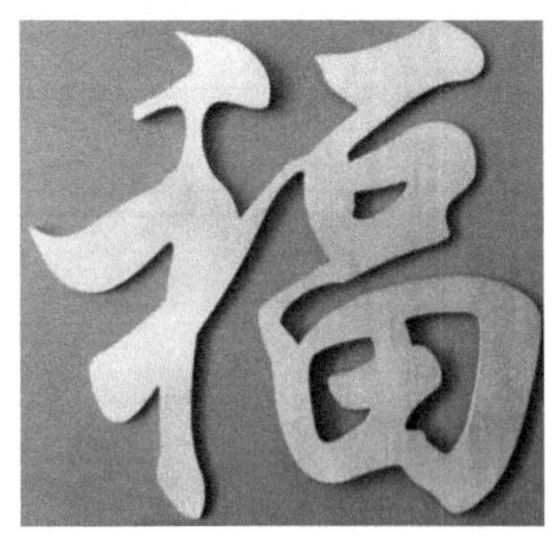

图 12.10　激光切割加工实例

1. 气化切割

利用高能量密度的激光束加热工件，使温度迅速上升，在非常短的时间内达到材料的沸点，材料开始气化，形成蒸气。这些蒸气的喷出速度很大，在蒸气喷出的同时，在材料上形成切口。材料的气化热一般很大，所以激光气化切割时需要很大的功率和功率密度。该方法主要用于不能熔化的材料，如木材、纸张、碳素和某些有机物的切割。

2. 熔化切割

在激光熔化切割中，工件被局部熔化后借助与光束同轴的辅助气流把熔化的材料喷射出去。因为材料的转移只发生在其液态情况下，所以该过程被称作熔化切割，所需能量只有气化切割的 1/10。

3. 氧助熔化切割

氧助熔化切割是用氧或其他活性气体作为辅助气流代替熔化切割所用的惰性气体，喷吹出的气体一方面与被切割金属作用，发生氧化反应，放出大量的氧化热；另一方面把熔融的氧化物和熔化物从熔化区吹出，在金属中形成切口。氧助熔化切割同时存在激光照射能和氧-金属放热反应能两个加热源，因此其切割速度远远大于气化切割和熔化切割。主要用于碳钢、钛钢以及热处理钢等易氧化的金属材料。

4. 控制断裂切割

控制断裂切割是利用激光束对易受热破坏的脆性材料进行加热，使其高速、可控地被切断。这种方法的切割过程可以概括为：激光束加热脆性材料小块区域，引起该区域大的热梯度和严重的机械变形，导致材料形成裂缝。只要保持均衡的加热梯度，激光束可引导裂缝在任何需要的方向产生。这种方法不适合切割锐角和角边，也不适合切割特大封闭外形的工件。

【实习操作】

本文以正天激光生产的 E1309M 型激光切割机介绍激光切割的具体操作。

1. 软件处理

（1）打开正天激光切割软件，界面如图 12.11 所示。

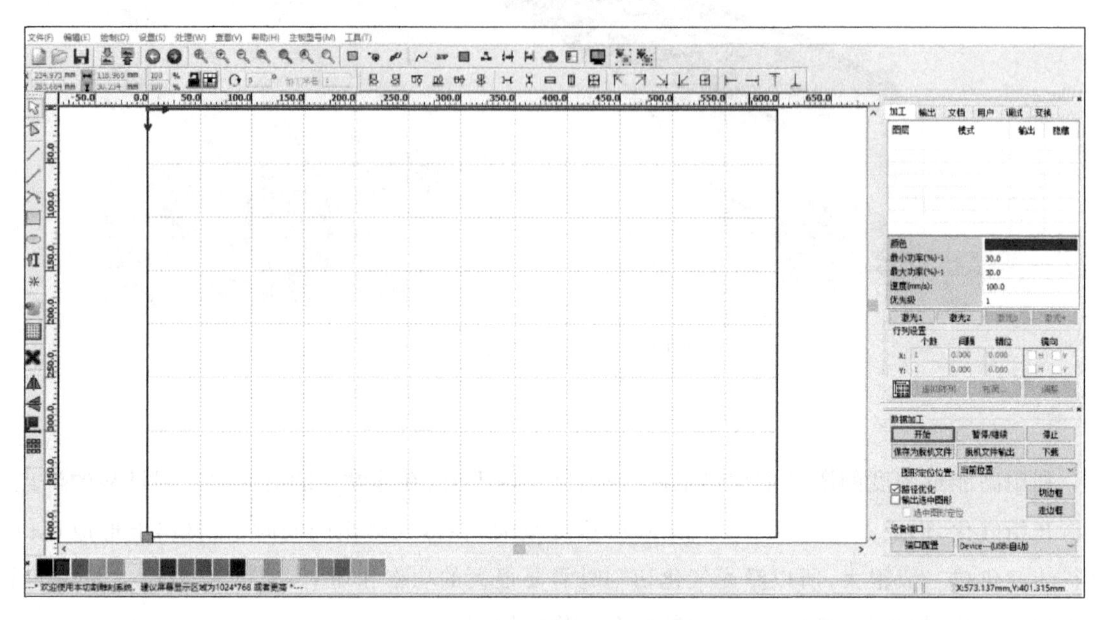

图 12.11　激光切割软件界面

（2）单击左上角的“打开”按钮，导入模型，模型格式为 . dxf。

（3）可以对模型进行编辑等操作，也可在界面添加其他图形或文字，具体介绍如下：

① 绘制直线。选择菜单栏“绘制｜直线”命令，或单击编辑工具栏按钮，在绘图区拖动鼠标即可画出任意直线。

② 绘制多点线。选择菜单栏“绘制｜多点线”命令，或单击编辑工具栏按钮，在绘图区拖动鼠标即可画出任意线条。

③ 绘制矩形。选择菜单栏“绘制｜矩形”命令，或单击编辑工具栏按钮，在绘图区拖动鼠标即可画出任意大小的矩形。

④ 绘制椭圆。选择菜单栏“绘制｜椭圆”命令，或单击编辑工具栏按钮，在绘图区拖动鼠标即可画出任意大小的椭圆。

⑤ 绘制点。选择菜单栏“绘制｜点”命令，或单击编辑工具栏按钮，在绘图区任意位置单击鼠标，即可绘制点。

⑥ 对齐选项。选中多个对象后，单击排版工具栏的工具即可，其中分别为左、右、上、下对齐，分别为垂直中心、水平中心对齐，分别为被选对象边水平等间距、垂直等间距，分别为被选对象等宽、等高、等大小。

⑦ 改变对象大小。可直接在对象属性工具条内输入对象的长宽，或者要变化的比例，也可锁定对象的长宽比，如图 12.12 所示。

图 12.12　改变对象大小

⑧ 镜像对象。单击对象操作栏按钮即可水平翻转被选取的对象,单击按钮即可垂直翻转被选取的对象,如图 12.13 所示,左边为原图,中间为水平翻转对象,右图为垂直翻转对象。

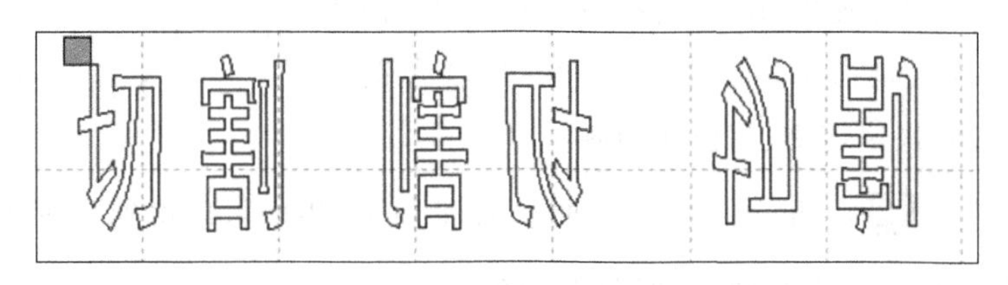

图 12.13　镜像对象

⑨ 文本输入。单击菜单栏“绘制｜文本”,或单击编辑工具栏按钮,然后在绘图区任意位置单击,就弹出“文字”对话框,如图 12.14 所示,选择字体,输入文本,然后设置字高、字宽、字间距、行间距,最后单击“确定”按钮即可。

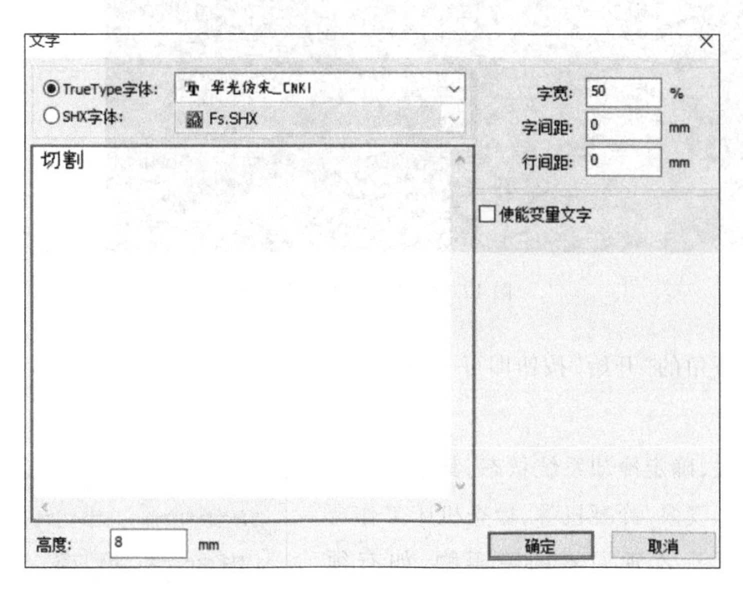

图 12.14　文本输入

(4) 模型编辑好后,设置切割参数,如图 12.15 所示,其中,空程速度决定了机器在运动过程中所有不出光的直线的最高速度,该参数最小不能低于 *X/Y* 轴最小速度的小者,最大不能超过两轴最大速度的大者,若用户设置非法,控制器会自动将该参数置于以上范围内,空程速度设置较大,可缩短整个图形的工作时间,但设置太大,可能导致轨迹有抖动,设置时需综合考虑;空程加速度对应空走时的加速快慢,空程加速度要与空程速度进行匹配,如果设置得过慢,实际空程速度可能达不到设置的值，如果设置过快，机械结构又可能因无法承受而造成抖动，一般空程加速度略高于切割加速度；空程加速倍率对应空走时速度的系数，倍率越大，空程速度也越大；切割加速度对应切割的加速快慢；切割加速度倍率对应切割时速度的系数，倍率越大，切割速度就越大；拐弯速度对应切割过程中在拐弯降速时，所降的最低速度；拐弯加速度要与拐弯速度相匹配；拐弯速度越大，拐弯系数也越大；一键设置是指用户可根据实际应用场合选择切割模式：精度切割、快速切割、超快速切割。

图 12.15 设置切割参数

(5) 单击工具栏按钮，预览加工，通过“加工预览”界面可以得到一些加工的基本信息，如实际输出的加工路径、加工时间等，如图 12.16 所示。

图 12.16 “加工预览”界面

(6) 单击右下角的“开始”按钮即可开始激光切割加工，如图 12.17 所示。

2. 机器操作

(1) 打开开关，确定冷却系统状态，其中冷却系统包括风机、水泵、气泵、冷凝机等，检查机床工作台上是否有影响 X、Y、Z 轴回零的障碍物，如有须清除。

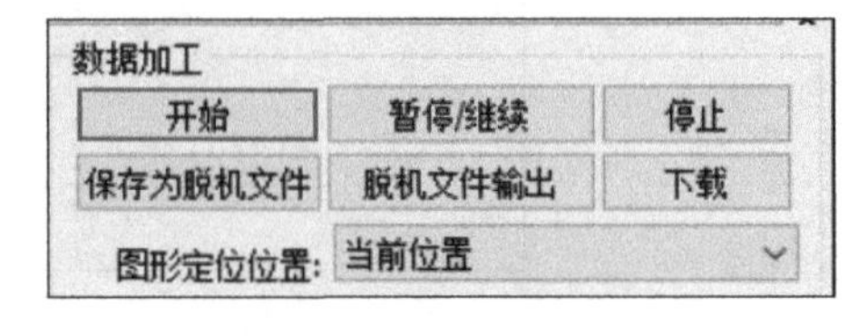

图 12.17 开始加工

(2) 松开急停开关后复位报警，回机床参考点。

(3) 将材料放入机器中，需确认材料处于水平状态，并用强力磁铁固定好材料四周边缘，如图 12.18 所示。

(4) 调节焦距，在激光头底部放置一个 6 mm 的调焦尺，拧松激光头上方右侧金属螺母，使激光头刚好抵住调焦尺，拧紧螺母，调焦完毕。

图 12.18　放入加工材料

(5) 确定边框,控制操作面板(图 12.19)上的“上、下、左、右”按键将激光头定位在合适的位置,先按“定位”键确定原始位置,接着按“边框”键让激光头模拟出最大工作边框。模拟过程中如果出现激光头碰到磁铁或跑出材料边界,需重新进行定位,直至边框在材料内部且无障碍为止。

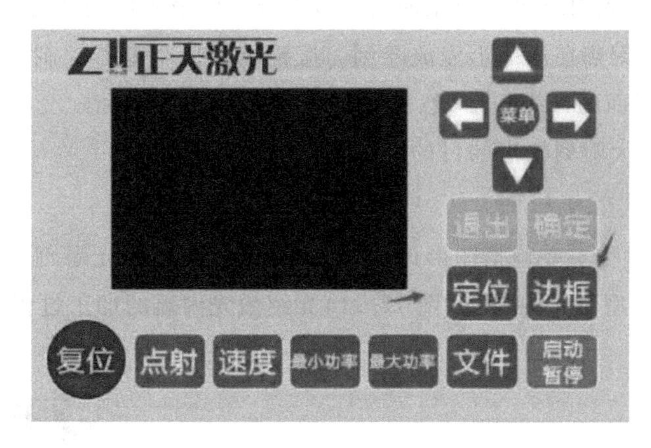

图 12.19　操作面板

(6) 开始雕刻,盖紧防护罩,按下操作面板的“启动/暂停”键,激光切割机开始工作。

在激光切割机使用过程中,应注意下列事项:

① 在开光闸时,除了被加工工件外,人和其他物件不应在激光照射范围内。

② 运行期间严禁操作人员离开。

③ 一旦发现异常,立即按下急停开关。

④ 经常检查冷却水温度、流量及工作气体压力。

复习思考题

1. 激光切割的原理是什么?
2. 激光切割有何特点和应用?
3. 选择一张图片进行处理,并使用激光切割机加工实物。

课题四 激光内雕

【基础知识】

激光内雕机是集电子技术、精密机械、激光技术、计算机技术等学科于一体的高技术设备。

（一）激光内雕的加工原理

激光内雕是指利用激光对水晶等玻璃制品表面及内部进行文字、图形的雕刻，是激光加工的一种形式。激光内雕的过程是激光与材料相互作用的过程，当激光束的能量密度大于玻璃破坏的某一临界值（阈值）时，其脉冲能量能够使得玻璃瞬间受热破裂，从而产生极小的白点，而其余未受热部分保持原样，并在计算机和振镜的控制下，使有序的白点组成一幅有观赏价值的二维或三维文字、图形。激光内雕广泛应用于水晶工艺品加工等行业。

图 12.20 所示为激光内雕机结构原理图。激光器产生激光后用 X 轴和 Y 轴振镜使激光束产生偏转，再通过透镜聚焦在水晶上完成雕刻。振镜由扫描驱动器控制，两个转轴互相垂直的振镜即可实现对 XY 平面的二维扫描，然后通过工作平台的移动和配套软件控制，可实现图片分块雕刻，同时达到更大雕刻幅面的目的。

（二）激光内雕的加工过程

激光内雕的加工过程主要包括图形设计、点云数据处理和激光雕刻 3 个步骤，本文通过正天激光生产的 ZT-532 型激光内雕机（图 12.21）介绍激光内雕的加工过程。

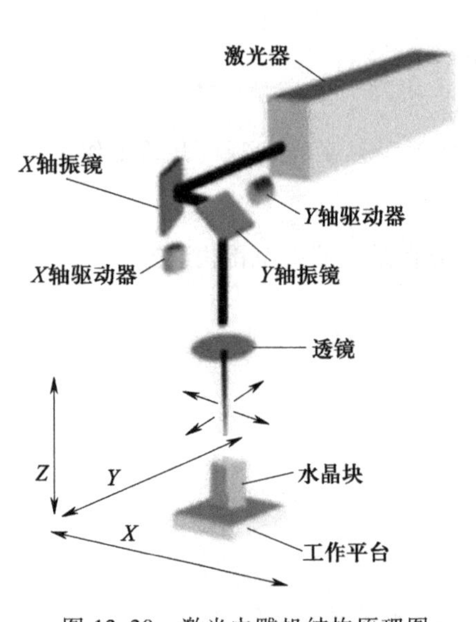

图 12.20 激光内雕机结构原理图

图 12.21 ZT-532 型激光内雕机

1. 图形设计

可以使用多种三维设计软件进行图形绘制，如 UG、Solidworks、3dMax 等，数据输出格式需为 3DS、DXF、OBJ、CAD、ASC 等。

2. 点云数据处理

打开激光内雕机后，在算点软件中打开加工模型对图形进行算点处理。设置水晶和模型文件的大小，调整模型位置，设置布点参数，最后生成点云文件并保存。

3. 激光雕刻

在打点软件中打开已生成的点云文件，设置好雕刻参数，单击“应用”按钮，然后将水晶表面擦拭干净后放入工作台右上角，调节电压，单击“雕刻”按钮。其中“点数”表示要加工图的点数，“已雕”表示在已雕时间里所雕刻的点数。图 12.22 所示为已加工好的激光内雕加工实例。

图 12.22　激光内雕加工实例

【实习操作】

ZT-532 型激光内雕机操作举例如下。

(1) 打开急停开关，再打开总电源开关，最后打开激光电源开关。

(2) 打开工控机及计算机显示器。

(3) 打开打点软件。

(4) 打开算点软件后导入模型(图 12.23)，设置模型和水晶大小(图 12.24)，并对模型进行算点处理。

(5) 保存点云文件。

(6) 在打点软件中单击 ● 复位 ● Reset 按钮，导入模型(图 12.25)，即已算好点的“ *. dxf”文件。

图 12.23 导入模型(算点软件)

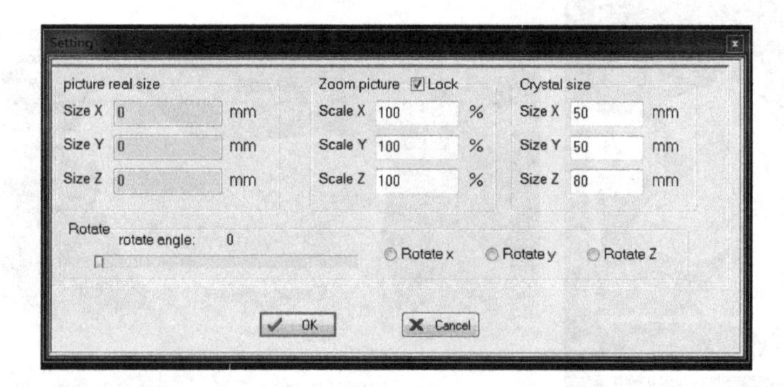

图 12.24 设置模型和水晶大小

图 12.25 导入模型(打点软件)

(7) 设置需要内雕的水晶尺寸,如图 12.26 所示。

(8) 单击你所要雕刻的“文件名”,单击整体居中 整体居中 按钮;

(9) 根据图案文件选择分块方式,确认后单击“应用”按钮。

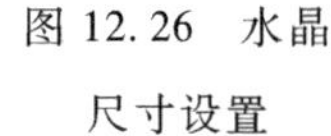

图 12.26　水晶尺寸设置

(10) 将水晶表面擦拭干净,在水晶底部粘上双面胶,防止加工中振动移位,然后将水晶放入工作台右上角靠齐并粘紧。

(11) 单击“雕刻”按钮开始加工,如图 12.27 所示。

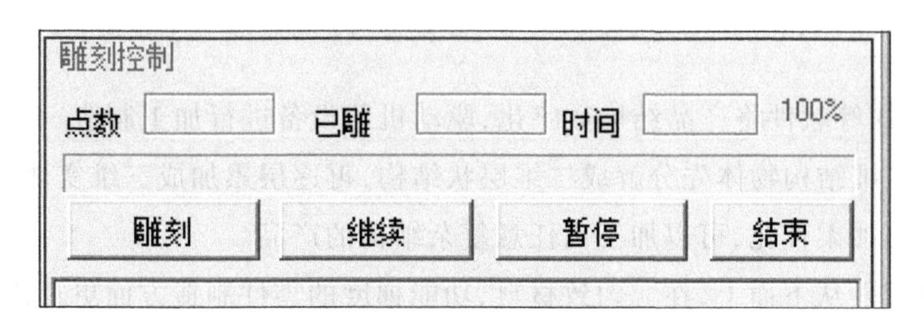

图 12.27　开始加工

复习思考题

1. 激光内雕的原理是什么?
2. 请简述激光内雕的加工过程?
3. 激光内雕机的使用步骤是什么?

课题五　3D 快速成型技术

【基础知识】

3D 快速成型技术又称 3D 打印技术,诞生于 20 世纪 80 年代,被视为第三次工业革命的代表性技术之一。它是综合 CAD 技术、数据处理技术、数控技术、测试传感技术、激光技术等多种机械电子技术和材料技术而形成的一种从三维设计到实际原形、零件加工的全新的制造技术。3D 快速成型技术可以采用分层加工、叠加成型的方式逐层增加材料来实现 3D 实体。

(一) 3D 快速成型技术的原理

3D 快速成型技术基于增材制造,它的技术原理基本分为以下 3 部分。

1. 三维设计

3D 打印的设计过程是:先通过计算机辅助设计(CAD)或计算机动画建模软件建模,再将建成的三维模型进行“切片”处理,得到切片信息及扫描加工路径信息,将所得到的信息进行程序处理,转化为数控命令代码形式,并输入到 3D 打印机中,从而指导打印机逐层打印。设计软件和打印机之间协作的标准文件格式为 STL 格式。

2. 打印过程

打印机通过读取文件中的切片信息,用液态、粉状或片状的材料将这些切片逐层的打印出来,再将各层切片以各种方式黏合起来从而制造出一个实体。

3. 打印完成

(二) 3D 快速成型技术的特点及应用

1. 特点

(1) 借助 CAD 等软件将产品结构数字化,驱动机器设备进行加工制造。

(2) 可以将三维结构物体先分解成二维层状结构,再逐层累加成三维实体,因此 3D 快速成型技术制造过程更加柔性化,可以加工出任意复杂结构的产品。

(3) 制造过程是从下而上,在非匀致材料、功能梯度的零件制造方面更具优势。

(4) 加工过程可一次性直接完成,实现了设计制造一体化。

(5) 无须机械加工或模具,能直接从计算机图形数据中生成任何形状的物体,从而及大地缩短产品的研制周期,提高生产率和降低生产成本。

(6) 适合小批量定制化物件的加工。

2. 应用

图 12.28 所示为 3D 打印产品。目前,3D 快速成型技术的主要应用于航空航天、工业设计、机械制造、建筑、医学、轻工、家电、雕刻、首饰等领域,为这些领域的创新发展带来了巨大的可能。3D 打印技术的主要应用方面如下:

(1) 产品设计验证与功能测试。

(2) 可制造性、可装配性检验。

(3) 单件、小批量和复杂零件的直接生产。

(4) 快速模具制造和快速铸造。

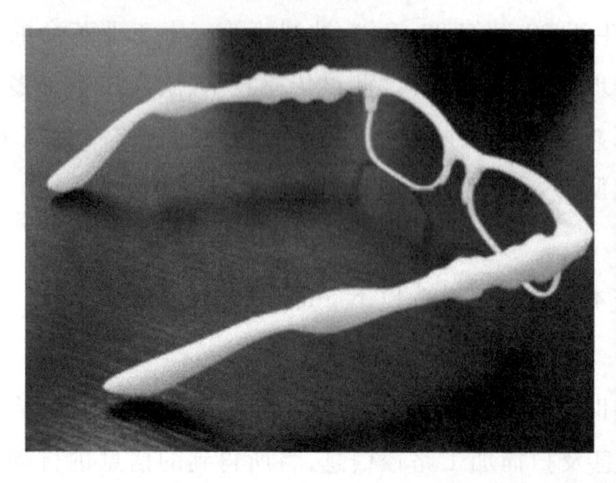
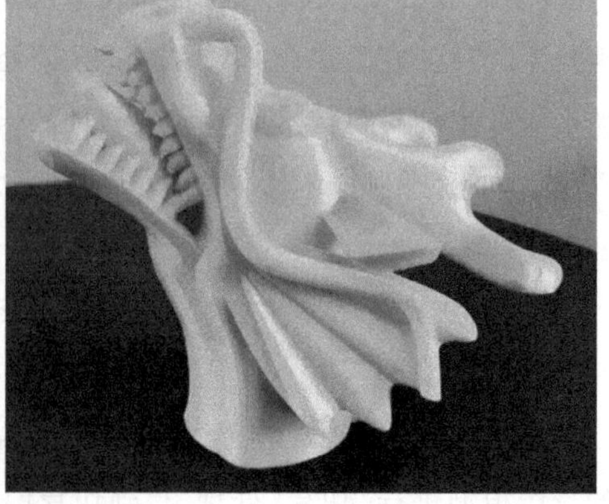

图 12.28 3D 打印产品

（三）关键技术

1. 熔融沉积成型（FDM）

熔融沉积成型主要是借助细丝状的塑性材料作为原料，借助挤压喷打手段，在软件技术作用下完成逐层堆积，得到实体零件的技术。目前熔融沉积成型技术是一项最常见的 3D 打印技术，有着较为成熟的技术优势，和其他技术相比，这项技术成本比较低廉，操作简单，应用范围相对比较广泛。

2. 光固化立体成型（SLA）

光固化立体成型需要利用紫光对光敏聚合物进行逐层扫描，确保原本的液态形式转变为固态，从而实现成型要求。这种技术可以制作结构十分复杂的模型，精准度较高，原材料利用率将近 100%，但需要花费较高的成本。

3. 分层制造技术（LOM）

分层制造技术主要以超薄片作为原料，并在每层薄片上涂抹热熔胶，从而将每个薄片黏合在一起，是一项全新的成型技术，通常被应用在面积较大的零件制造中。

4. 电子束选区熔化（EBM）

电子束选区熔化需要在真空条件下进行，电子束是最主要的热源，金属粉末为主要材料，通过逐层金属粉末散布，在电子束的热作用下对金属粉末进行熔化，实现材料的固化技术。

【实习操作】

本文通过太尔时代生产的 UP PLUS 2 型 3D 打印机介绍 3D 打印机的操作过程。

（1）启动程序，软件界面如图 12.29 所示。

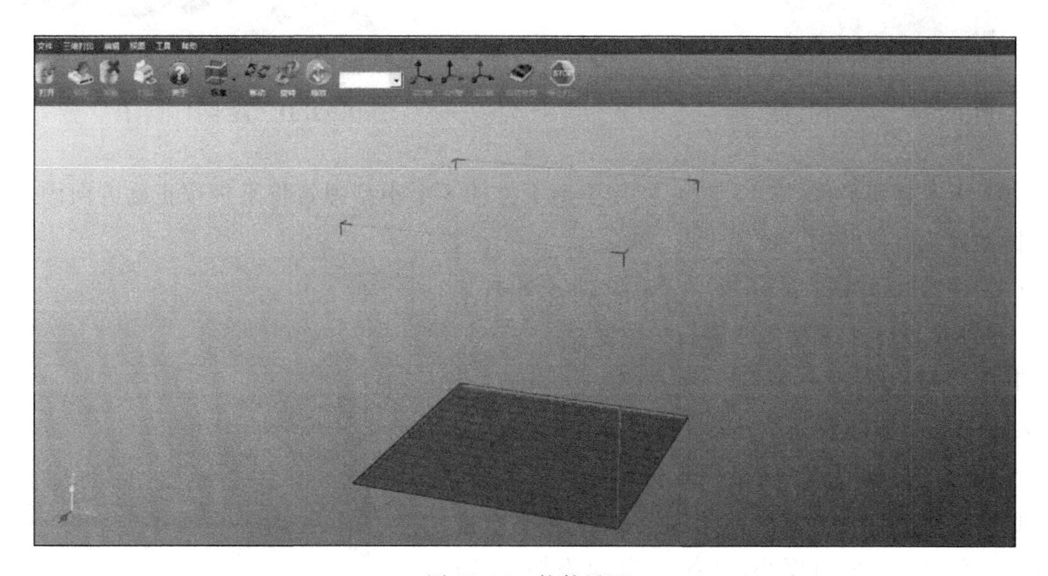

图 12.29　软件界面

（2）单击“打开”按钮，导入需要打印的模型（模型需为 STL 格式），加载模型，需注意，为了准确打印模型，模型的所有面都要朝向外，模型的默认颜色通常为灰色或粉色，如模型有法向的错误，则错误部分会呈现红色，如有错误，选择错误表面，在“编辑”菜单下选择“修复”选项即可。

（3）对模型编辑，通过菜单栏的“编辑”选项下“旋转”“移动”“缩放”“视图”命令或直接单击菜单栏下方的相应按钮进行调整，模型尽量放置在打印平台的适当位置，有助于提高打印质量，可单击“自动布局”按钮，软件会自动调整模型在平台上的位置。

（4）对打印机进行初始化，选择“三维打印”菜单下面的“初始化”选项（图 12.30），当打印机发出蜂鸣声，初始化即开始。打印喷头和打印平台将再次返回到初始位置，准备好后将再次发出蜂鸣声。

（5）调平打印平台，检查喷头和平台 4 个角距离是否一致，可借助水平校准器进行校准，当选择“自动水平校准”选项时，水平校准器将会一次对平台的 9 个点进行校准，并自动列出当前各点数值，如发现平台不平或各点之间的距离不同，可通过调节平台底部的螺丝的松紧进行矫正，如图 12.31 所示。

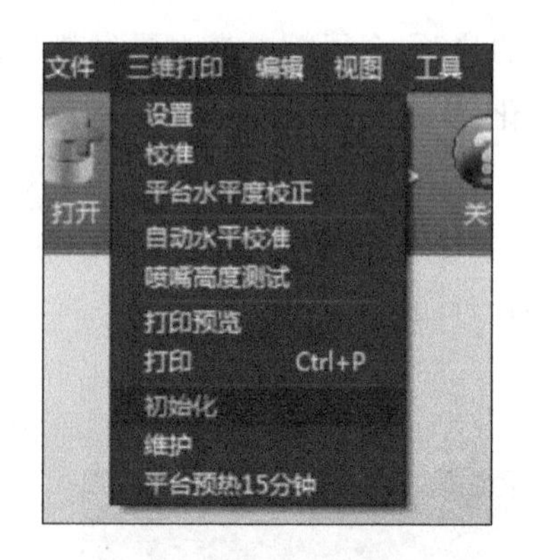

图 12.30 初始化设置

图 12.31 调平打印平台

（6）固定打印平台（图 12.32），使用平台下方的 8 个小型弹簧将平板按正确方向固定好，轻轻拨动弹簧以便卡住平板。

（7）设置打印参数，选择“设置”选项，将会出现如图 12.33 所示界面，按所需要求进行参数设置。

其中，“层片厚度”一般设定为 0.15～0.4 mm，“支撑”表示在打印实际模型前，打印机打印出的一部分底层作为支撑材料；“表面层”决定打印底层的层数；“角度”表示使用支撑材料时的角度，决定在什么时候添加支撑结构，如果角度小，系统会自动添加支撑；“填充”选项表示打印材料的支撑方式，线条越密代表

图 12.32 固定打印平台

内部结构材料越紧密、坚固，如图 12.34 所示；“壳”有助于提升中空模型的打印效率，其内部不会产生内部填充；“表面”指仅打印模型的一次表面层，且模型上部与下部将不会封口；“密封层”指为避免模型主材料凹陷入支撑网格内，在贴近主材料被支撑的部分要做数层密封层，支撑间隔越大，密封层数值相应越大；“间隔”表示支撑材料线与线之间的距离；“面积”表示支撑材料的表面使用面积。

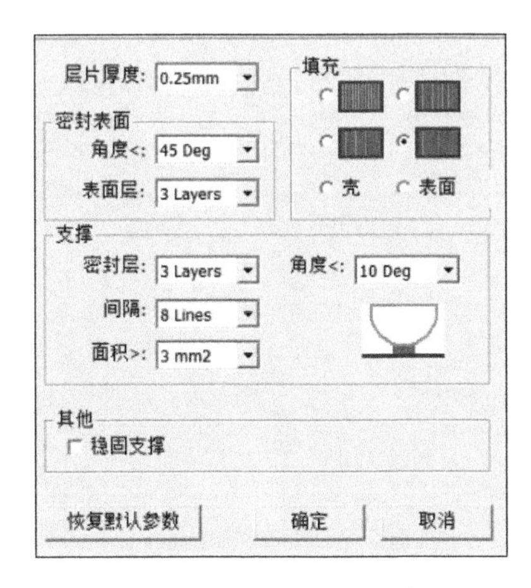

图 12.33　设置打印参数

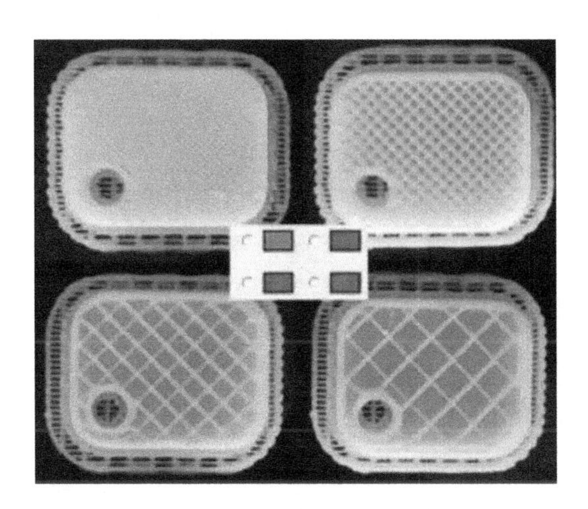

图 12.34　4 种填充方式的对比

（8）选择“平台预热 15 分钟”选项，打印机对平台进行加热，当温度达到 100 ℃时，单击“打印”按钮即可开始打印。

（9）打印完毕后，打印机发出蜂鸣声，喷嘴和打印平台停止加热，将扣在平台周围的弹簧顺时别在平台底部，轻轻撤出打印平台，慢慢滑动铲刀到模型下面，来回撬松模型，操作需佩戴手套防止烫伤。

（10）使用钢丝钳或尖嘴钳去除支撑材料。

复习思考题

1. 3D 快速成型技术与传统制造方法有何区别？
2. 3D 快速成型技术的特点和应用是什么？
3. 3D 快速成型技术的关键技术有哪几种？
4. 设计一个三维模型，并用 3D 打印机加工。

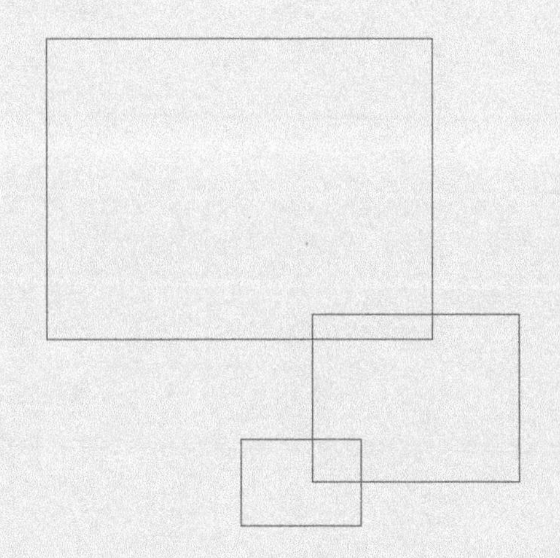

装配调试实习

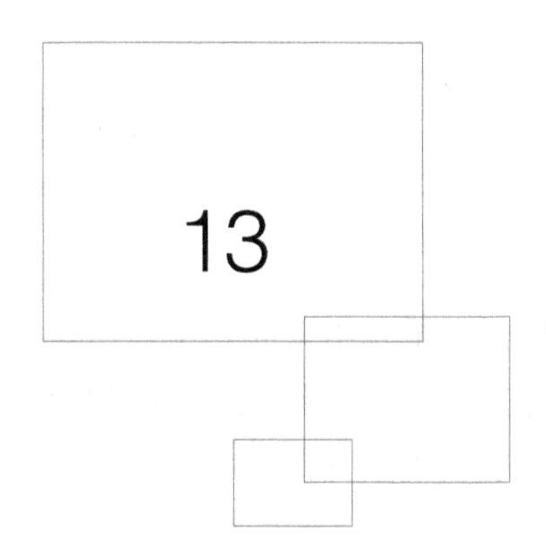

机器的装配

目的和要求

1. 了解装配在机械制造中的特点和应用。
2. 掌握装配工艺及基本要求。
3. 能正确使用装配的常用工具。
4. 熟悉装配的概念及简单部件的装配方法。
5. 完成简单部件的装配工作。
6. 熟悉装配车间生产安全要求。

安全技术

1. 实习时要穿工作服,不准穿拖鞋,长发须戴工作帽。
2. 正确使用装拆工具,不要野蛮操作。
3. 操作时遵守操作规程,要注意安全。
4. 要做到文明生产(实习),工作场地要保持整洁,使用的工具要分类安放,单件、组件、半成品均应摆放整齐。

课题一　概述

【基础知识】

按规定的技术要求将合格的零件组合成部件或机器,经过调整、实验使之成为合格产品的过程称为装配。

装配是机器制造中的最后一道工序，因此它是保证机器达到各项技术要求的关键。装配工作的好坏直接影响机器的质量，因此在机械制造中占有重要地位。

（一）装配的组合形式

任何一台机器都可分解为若干零件、组件和部件。零件是机器的最基本单元。组件由若干零件组合而成，如车床主轴箱中的一根传动轴，就是由轴、齿轮、键等零件装配而成的组件。部件是由若干零件和组件安装在另一基础零件上而构成的，如车床主轴箱、进给箱等都是部件。

把部件、组件、零件连接组合而成为整台机器的操作过程，称为总装配。

装配中所有零件按加工的来源不同可分为：自制件（在本厂制造），如床身、箱体、轴、齿轮等；标准件（在标准件厂订购），如螺钉、螺母、垫圈、销、轴承、密封圈等；外购件（由其他工厂协作加工），如电气元（零）件等。

装配中所有零件按所起的作用分为：机体（床身），传动件（齿轮、轴），紧固件（螺钉、螺母）、密封件（密封圈）等。

（二）装配时连接的种类

按照部件或零件连接方式的不同，装配连接可分为固定连接与活动连接两类。固定连接是指在零件相互之间没有相对运动，活动连接是指零件相互之间在工作情况下可按规定的要求作相对运动。

装配时连接的种类见表 13.1。

表 13.1　装配时连接的种类

固定连接		活动连接	
可拆卸的	不可拆卸的	可拆卸的	不可拆卸的
螺纹、键、楔、销等	铆接、焊接、压合、胶合、热压等	轴与轴承、丝杆与螺母、柱塞与缸筒等	连接的铆合头

（三）装配工艺一般步骤

（1）读图。熟悉和研究产品装配图及技术要求，了解产品结构、零件作用及相互连接关系。

（2）确定装配方法、顺序。制订装配单元系统图。图中的零件名称、件数、件号、图号必须与设计图一一对应。

（3）准备工具。根据技术要求，备好装配用工具。

（4）对装配的零件进行清洗、去油污、去毛刺。

（5）完成组件、部件装配和总装配。

（6）调整、检验和试车。调整零件间的相对位置和配合精度，检验各部分的几何精度、工作精度和整机性能，如温升、转速、平稳性、噪声等。

（四）装配单元系统图

1. 装配单元

零件是组成机器(或产品)的最小单元,其特征是没有任何相互连接。部件是由两个或两个以上零件以各种不同的方式连接而成的装配单元,其特征是能够单独进行装配。可以单独进行装配的部件称为装配单元。

2. 装配单元系统图

表示装配单元装配先后顺序的图称为装配单元系统图。图 13.1 为某减速器低速轴的装配示意图,它的装配过程可用装配单元系统图表示,如图 13.2 所示。由装配单元系统图可以清楚地看出成品的装配过程,装配时所有零件、组件的名称、编号和数量,并可以根据它编写装配工序。因此,装配单元系统图可起到指导和组织装配工作的作用。

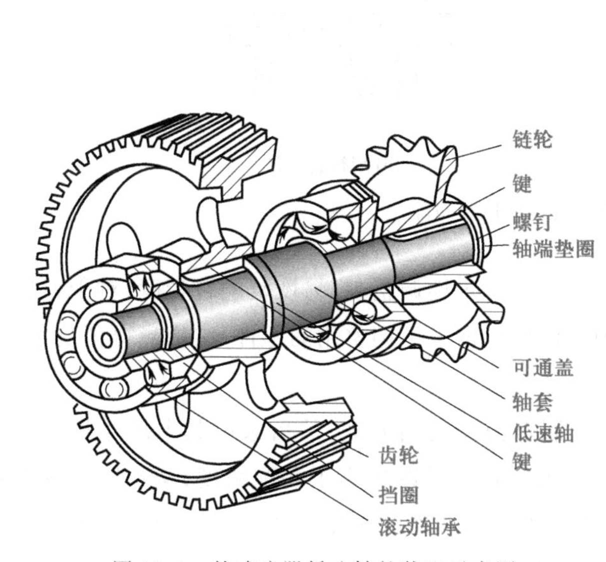

图 13.1　某减速器低速轴的装配示意图

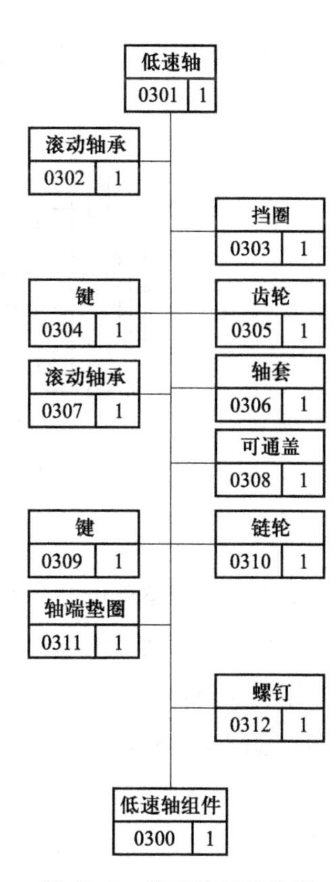

图 13.2　装配单元系统图

3. 装配单元系统图的绘制

装配单元系统图的绘制如下:

① 先画一条横线。

② 横线左端画出代表基准件的长方格,在格中注明装配单元编号、名称和数量。

③ 横线右端画出代表装配成品的长方格。

④ 按装配顺序,将直接装到成品上的零件画在横线上面,组件画在横线下面。

装配单元系统图可起到指导和组织装配工艺的作用。

(五) 装配方法

为了保证机器的工作性能和精度,达到零、部件相互配合的要求,根据产品结构、生产条件和生产批量不同,其装配方法可分为下面 4 种。

(1) 完全互换法　装配精度由零件制造精度保证,在同类零件中任取一个,不经修配即可装入部件中,并能达到规定的装配要求。

完全互换法装配的特点是装配操作简单,生产效率高,有利于组织装配流水线和专业化协作生产。由于零件的加工精度要求较高,制造费用较大,故只适用于成组件数少、精度要求不高或批量大的生产。

(2) 调整法　指装配过程中调整一个或几个零件的位置,以消除零件积累误差,达到装配要求的方法,如用不同尺寸的可换垫片(图 13.3a)、衬套(图 13.3b)、可调节螺母或螺钉、镶条等进行调整。

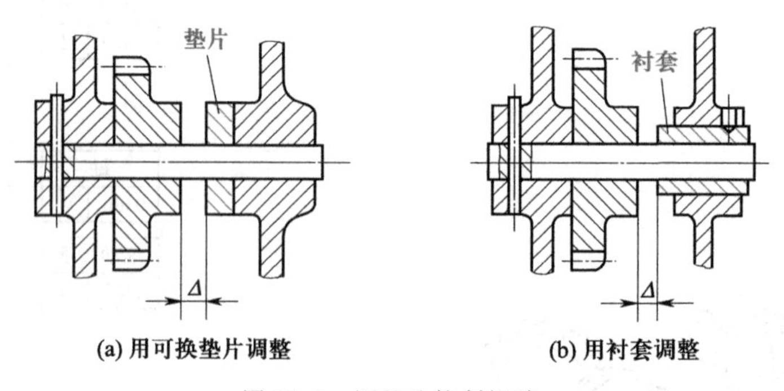

(a) 用可换垫片调整　　(b) 用衬套调整

图 13.3　调整法控制间隙

调整法只靠调整就能达到装配精度的要求,并可定期调整,容易恢复配合精度,对于容易磨损及需要改变配合间隙的结构极为有利,但此法由于增设了调整用的零件,结构显得稍复杂,易使配合件刚度受到影响。

(3) 选配法(不完全互换法)　将零件的制造公差适当放宽,然后选取其中尺寸相当的零件进行装配,以达到配合要求。选配法装配最大的特点是既提高了装配精度,又不增加零件制造费用,但此法装配时间较长,有时可能造成半成品和零件的积压。选配法适用于成批或大量生产中的装配精度高、配合件的组成数少及不便于采用调整法装配的情况。

(4) 修配法　当装配精度要求较高,采用完全互换法不够经济时,常用修正某个配合零件的方法来达到规定的装配精度,如图 13.4 所示的车床两顶尖不等高,装配时可修刮尾座底座来达到精度要求(图中,$A_2=A_1-A_3$)。

修配法虽然使装配工作复杂化且增加了装配时间,但在加工零件时可适当降低其加工精度,不需要采用高精度的设备,节省了机械加工时间,从而使产品成本降低。该方法适于单件、小批量生产或成批量生产精度高的产品。

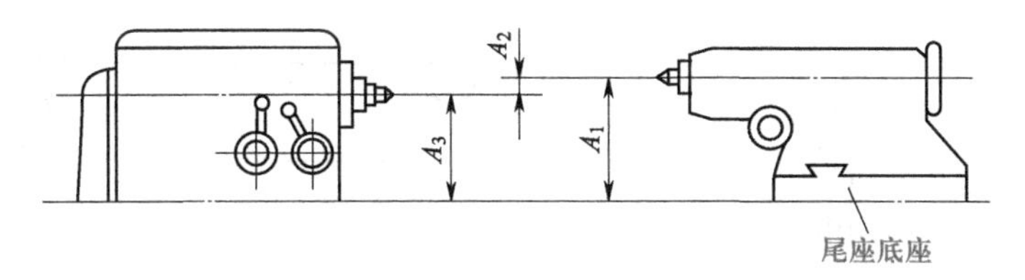

图 13.4　修刮尾座底座

复习思考题

1. 什么叫装配？
2. 装配方法有哪几种？各种方法应用于何种场合？
3. 什么叫装配单元系统图？其作用是什么？

课题二　常用连接的装配

【基础知识】

机器装配工作中遇到最多的是螺纹连接，键、销连接及滚动轴承的装配。

（一）螺纹连接的装配

螺纹连接是现代机械制造中应用最广泛的一种连接形式，它具有装拆、更换方便，宜于多次装拆等优点。常见的螺纹连接装配形式如图 13.5 所示。

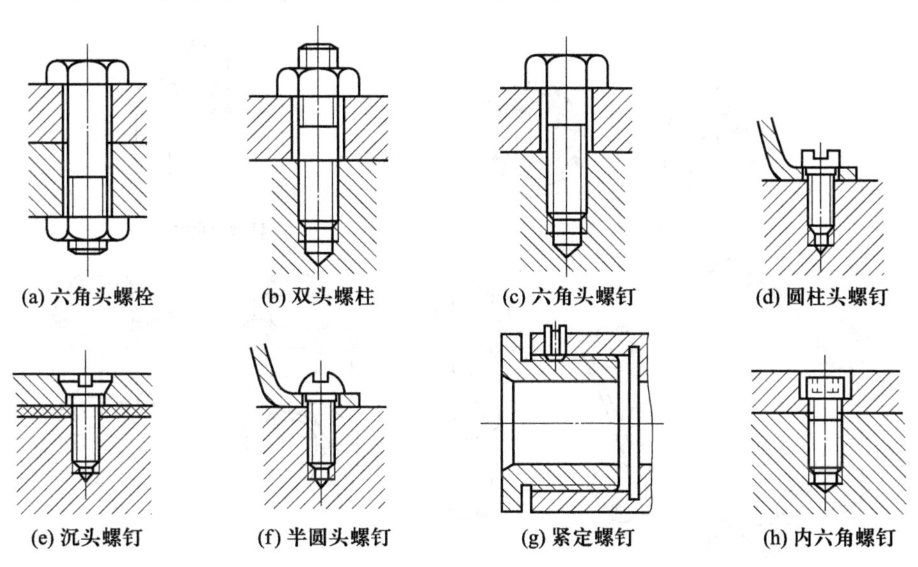

图 13.5　常见的螺纹连接装配形式

装配螺纹连接的技术要求是：获得规定的预紧力，螺母、螺钉不产生偏斜和歪曲，防松装置可靠等。装配螺钉和螺母一般用扳手，常用的扳手有活扳手（图 13.6）、专用扳手（图 13.7）和特殊扳手。

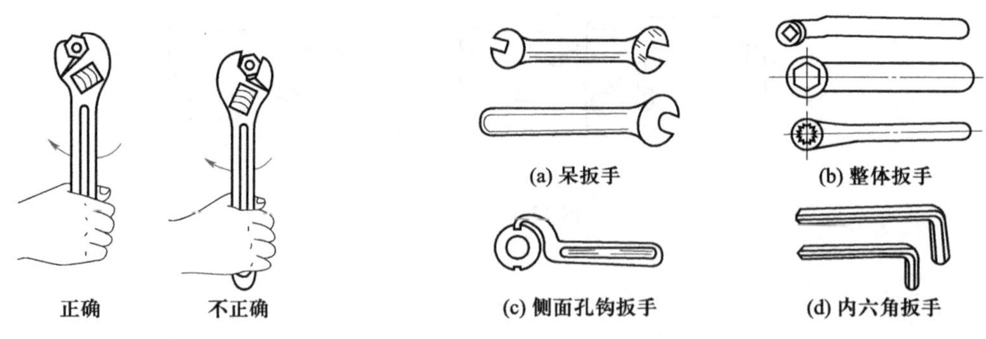

图 13.6 活扳手及使用时用力方向

图 13.7 专用扳手

装配一组螺纹连接时，应遵守一定的旋紧次序，即分次、对称、逐步地旋紧，以防旋紧力不一致，造成个别螺母(钉)过载而降低装配精度。成组螺母(钉)旋紧次序如图 13.8 所示。

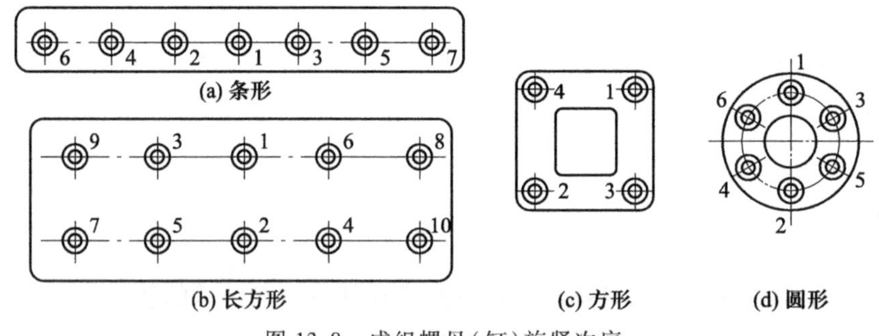

图 13.8 成组螺母(钉)旋紧次序

对于在变载荷和振动条件下工作的螺纹连接，必须采用防松装置。按其工作原理的不同分为附加摩擦和机械防松两类。图 13.9 所示为螺纹连接防松方法。

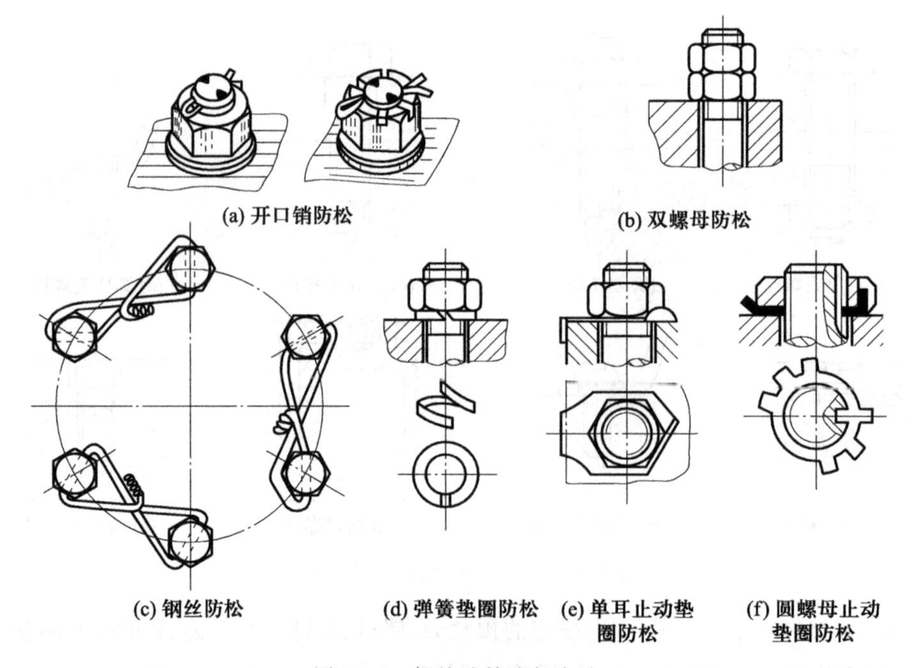

图 13.9 螺纹连接防松方法

（二）键、销连接的装配

齿轮等传动件常用键连接传递运动及转矩，如图 13. 10a 所示。选取的键长应与轴上键槽相配，键底面与键槽底部接触，而键两侧则应有一定的过盈量。装配轮毂时，轮毂与键顶面间有一定间隙，但与键两侧配合不允许松动。销连接主要用于零件装配时定位。有时用于连接零件并传递运动，如图 13. 10b 所示。常用的有圆柱销和圆锥销，销轴与孔配合不允许有间隙。

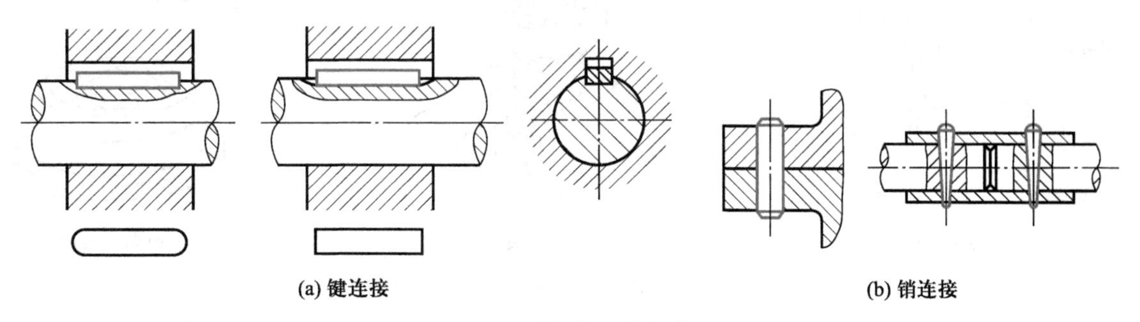

图 13. 10　键、销连接的装配

（三）滚动轴承的装配

滚动轴承的装配，多数为较小的过盈配合，装配时可采用手锤或压力机械施力。装配后轴承应转动灵活。将轴承压入轴颈时，要施力于内环端面上（图 13. 11a）；压入座孔时，要施力于外环端面上（图 13. 11b）；当同时压入轴颈和座孔时，压入工具（套筒）要同时顶住内、外环端面（图 13. 11c）。

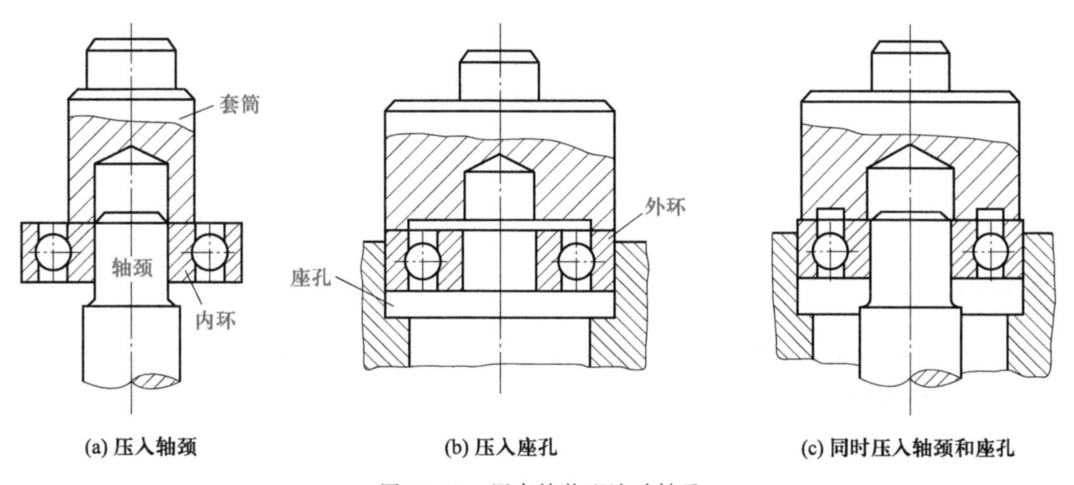

图 13. 11　用套筒装配滚动轴承

上述三种情况都需要通过对套筒施力才能达到装配要求。这种方法使装配件受力均匀，不会歪斜，工效高。

如果没有专用套筒，也可以采用手锤、铜棒沿着零件四周对称、均匀地敲入，达到装配要求（图 13. 12）。

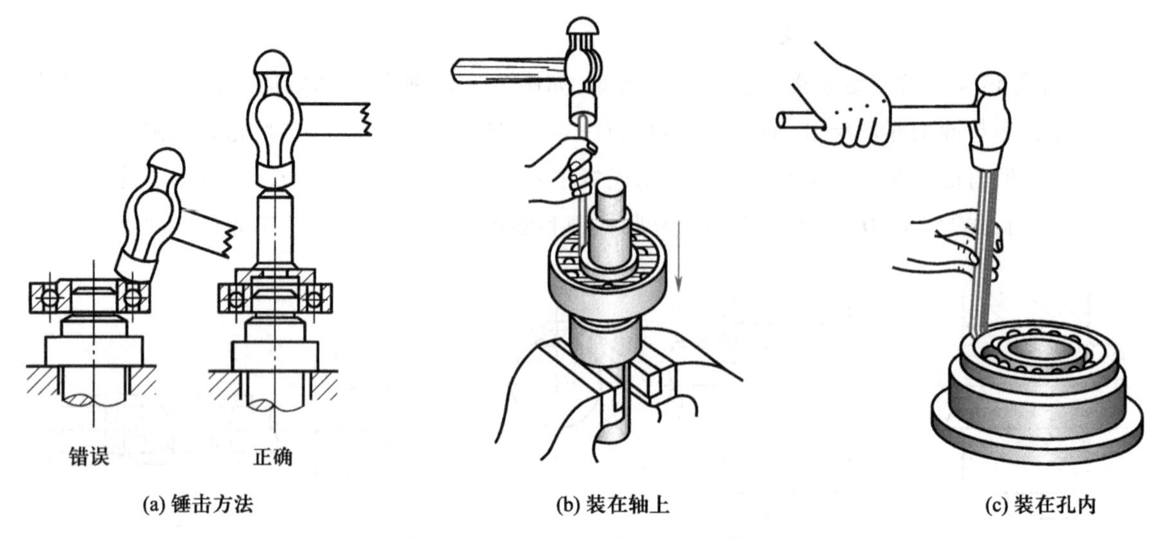

图 13.12 用手锤、铜棒装配滚动轴承

当轴承与轴为较大过盈配合时,可将轴承放到 80~90 ℃的机油中预热,然后趁热装配,可得到满意的装配效果。装配后轴承应转动灵活,并有合理的间隙。

复习思考题

1. 螺纹连接的装配有哪些技术要求?
2. 装配成组螺纹连接时,应遵守的旋紧次序?
3. 键、销连接如何装配?
4. 滚动轴承如何装配?

课题三 组件装配示例

【基础知识】

图 13.13 所示为某减速箱锥齿轮轴组件,a 为装配图,b 为装配顺序图。

现以该组件为例说明其装配步骤:

(1) 根据装配图将零件编号,并且对号计件。

(2) 清洗 去除油污、灰尘和切屑。

(3) 修整 修锉锐角、毛刺。

(4) 制订锥齿轮轴装配单元系统图。

分析锥齿轮轴组件的装配图和装配顺序图,并确定装配基准零件。

装配单元系统图的绘制如下:

① 绘制一横线,表示装配基准(锥齿轮),在线的左端标上名称、代号和件数(图 13.14)。

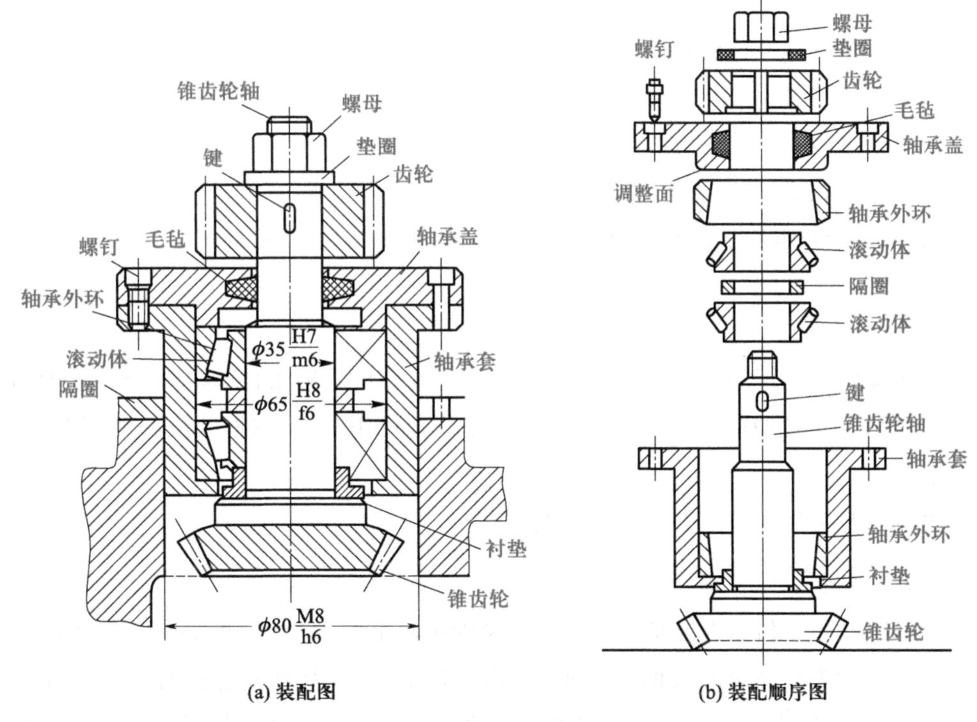

图 13.13　某减速器锥齿轮轴组件

② 按装配顺序自左至右在横线上列出零件、组件的名称、代号和件数。

③ 在线的右端标上组件的名称、代号和件数。

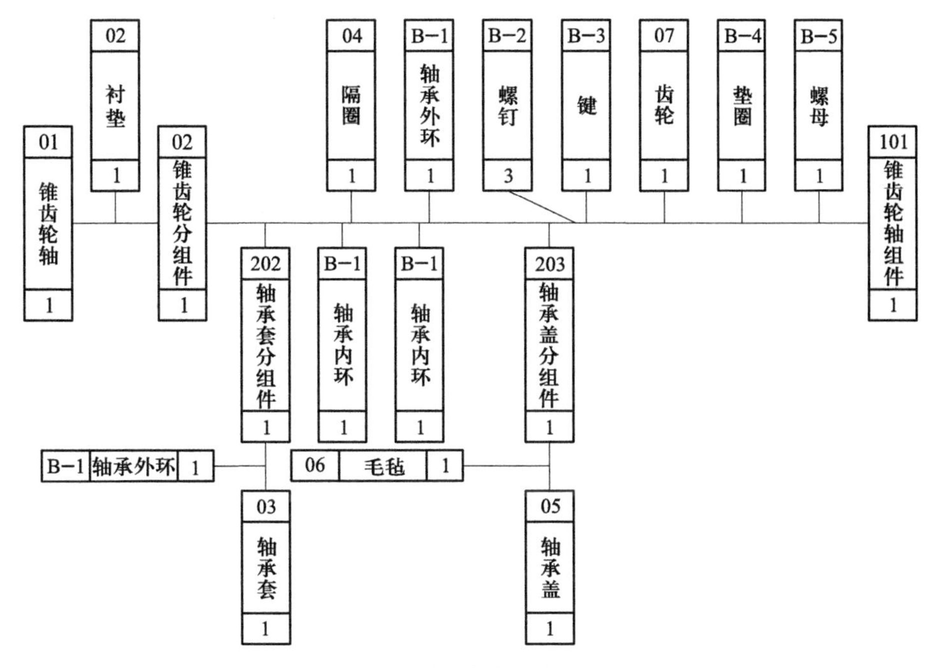

图 13.14　锥齿轮轴装配单元系统图

④ 分组件组装,如 B-1 轴承外环与 03 轴承套装配成轴承套分组件。

(5) 组件组装。以 01 锥齿轮轴为基准零件,将其他零件和分组件按一定的技术要求和顺序装配成锥齿轮轴组件。

(6) 检验。

① 按装配单元系统图检查各装配组件和零件是否装配正确。

② 按装配图的技术要求检验装配质量,如轴转动的灵活性、平稳性等。

【实习操作】

各校可根据实习工厂的具体情况,组织学生分组进行齿轮轴组件、车床三箱(主轴箱、进给箱、溜板箱)或齿轮变速箱的装配,使学生能基本正确地使用工具,掌握装配的顺序及分析零件的连接方法。

有条件的学校可组织学生参观产品装配线。

复习思考题

写一个装配实习报告,内容是自己装配典型轴承套组件、车床三箱、齿轮变速箱的收获体会;或者写一个参观产品装配线的实习报告,内容包括:该产品装配包括哪几个阶段?是单件、小批量还是成批、大量生产?装配中采用了哪些装配工具?其调整、检验、试车是怎样进行的?

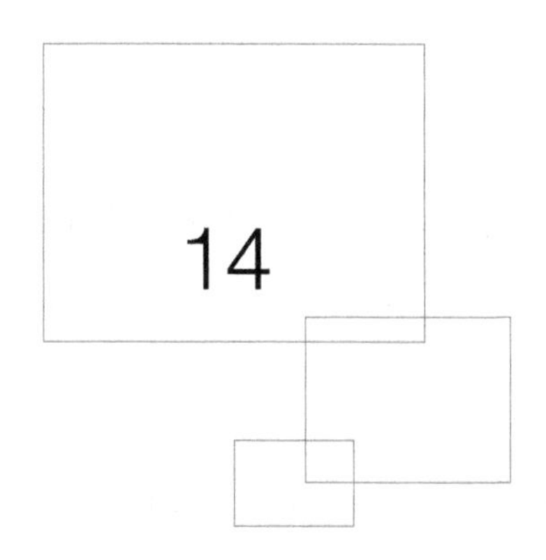

机器的拆卸

目的和要求

1. 了解拆卸在机械制造中的特点和应用。
2. 掌握拆卸工艺及基本要求。
3. 能正确使用拆卸的常用工具。
4. 熟悉拆卸的概念及简单部件的装拆方法。
5. 完成简单部件的拆卸工作。
6. 熟悉拆卸车间生产安全要求。

安全技术

同“机器的装配”部分。

课题　概述

【基础知识】

机器长期使用后,某些零件产生磨损和变形,使机器精度下降,常需要进行拆卸修理或更换零件。

拆卸是修理工作中的重要环节。如果拆卸不当,不但会造成设备零件损坏,而且会降低机器精度,甚至有时因一个零件破坏而卡住,影响整个拆卸工作,延长修理时间,造成损失。为保证修理的质量,提高效率,降低成本,必须做好拆卸工作。

（一）拆卸工艺概述

1. 拆卸前的准备工作

首先熟悉设备的样图和有关技术资料，了解设备的结构特点、传动系统，零、部件的结构特点和相互间的配合关系，明确各自的用途和相互的作用。然后确定合适的拆卸方法、选用合适的拆卸工具。

2. 拆卸原则

正确解除零件间的相互连接。拆卸工作应按照与装配相反的顺序进行，即先装的零件应后拆，后装的零件先拆。按照先上后下、先外后内的顺序，依次拆卸。

3. 拆卸方法

使用工具必须保证不会对合格零件产生损伤。对不同的连接方式和配合性质，采取不同的拆卸方法：击卸、压卸或拉拔，应尽量使用专用工具（如铜棒、木锤、拔销器、单头构形扳手、弹簧卡环钳等）。严禁用手锤直接在零件的工作表面上敲击。

紧固件上的防松装置（如开口销等），拆卸后一般要更换，避免再次使用时断裂而造成事故。

拆卸螺纹连接的零件前必须辨别螺纹旋向。

4. 拆卸步骤

以机床为例，其拆卸步骤如下：

（1）拆卸机床上的全部电气设备。

（2）放出所有的液压油和润滑油。

（3）拆卸所有的护罩、观察板等，并观察、研究机床部件的结构及其连接情况。

（4）拆卸机床上的附件、冷却润滑水泵。

（5）拆卸部件间相互联系的零、部件（如丝杠、传动杆、操纵杆、联系主轴箱与进给箱的交换齿轮架等）。

（6）进行基本部件的拆卸（如尾座、主轴箱、进给箱、溜板箱、刀架等）。

（7）分解基础件（如机床、油盘、床脚等）。

5. 拆卸时的注意事项

（1）密封连接、过盈连接、铆接、焊接等应当尽量避免拆卸。

（2）拆卸螺纹连接的零件前必须辨别螺纹旋向。

（3）对成套加工或不能互换的零件拆卸时，应做好标记，以防装配时装错。零件拆卸后，应按顺序放置整齐，尽可能按原来结构套在一起。对小零件如销、止动螺钉、键等拆下后应立即拧上或插入孔中，避免丢失。

（4）对丝杠、长轴类零件应用布包好，并用铁丝等物将其吊起垂直放置，以防止弯曲变形和碰伤。

（二）常用的拆卸工具

常用的拆卸工具如图 14.1 所示。

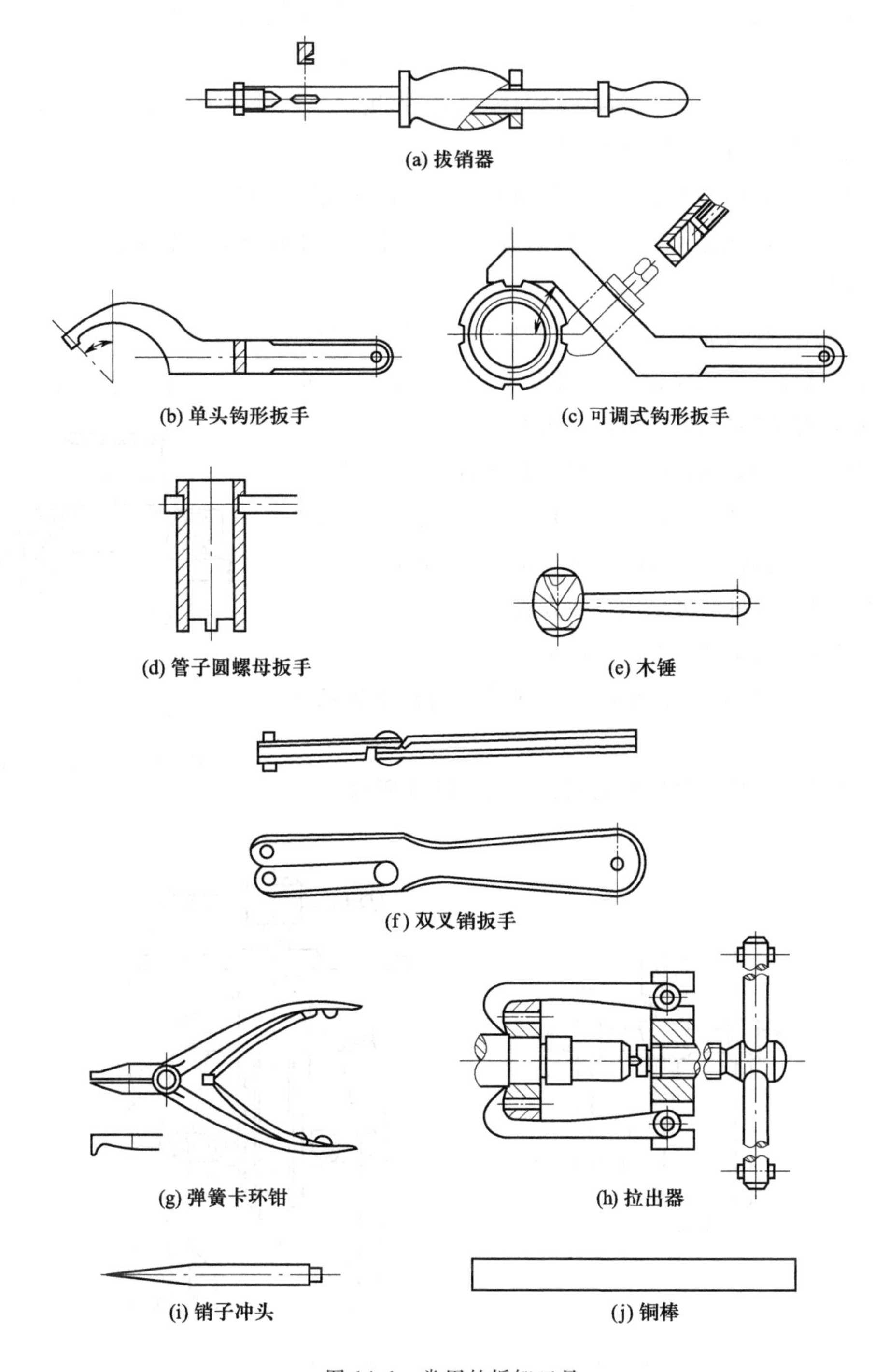

图 14.1 常用的拆卸工具

（三）常用的拆卸方法

拆卸时，根据零、部件的结构特点，采用相应的拆卸方法。常用的有以下几种。

（1）击卸法　用手锤敲击拆卸零件的方法。由于击卸法使用的工具简单，操作方便，因此广泛使用。但应注意，敲击时不要损伤或破坏被拆卸的零、部件。

（2）压卸法　利用机械或拆卸工具与零、部件作用产生的静压力拆卸零、部件的方法。如在压力机上拆卸轴和齿轮、滚动轴承等。

（3）拉拔法　利用通用或专用工具与零、部件相互作用产生的静拉力或不大的冲击力拆卸零、部件的方法。常用的拉卸工具为拉出器（拉码），主要用来拉卸装在轴上的滚动轴承、带轮、齿轮、联轴器等。

（4）温差法　利用加热包容件或冷却被包容件进行拆卸的方法。对于拆卸尺寸较大、配合过盈量较大或无法用击卸、压卸、拉拔法拆卸的零件，可采用温差法拆卸。

（5）破坏法　当必须拆卸一些固定连接件或轴与套相互咬死时，不得已而采用的方法。此法拆卸后要损坏一些零、部件，造成一定的经济损失。因此，应尽量避免采用此法。

滚动轴承部件的拆卸可采用三种方法。

（1）击卸法　用手锤敲击滚动轴承四周。

（2）压卸法　如图 14.2 所示，对心轴施压将滚动轴承从轴颈上卸下。

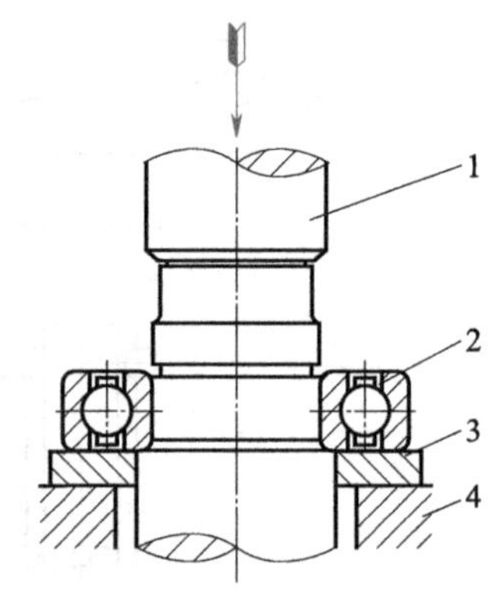

1—心轴；2—滚动轴承；3—衬垫；4—漏盘

图 14.2　用心轴拆卸

（3）拉拔法　用拉出器（拉码）拆卸，如图 14.3 所示。

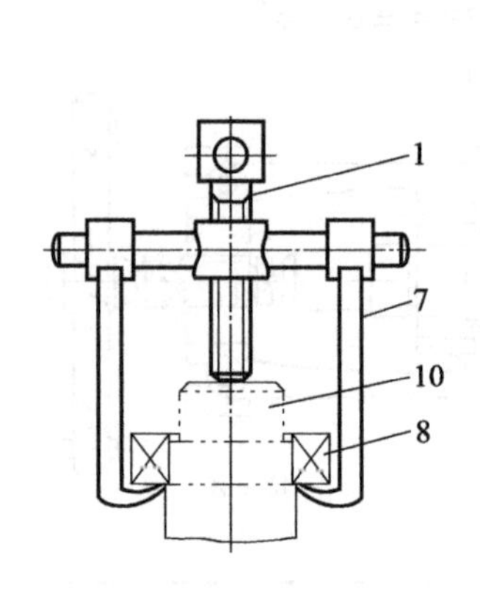

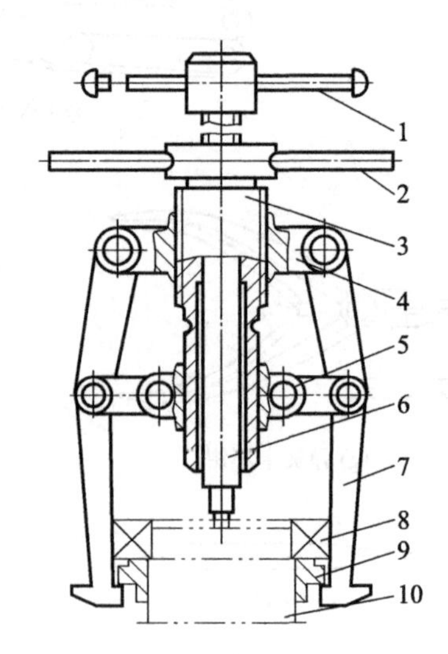

1、2—手柄；3—螺母套；4—右旋螺母；5—左旋螺母；6—螺杆；7—拉杆；8—轴承；9—卡环；10—轴颈

图 14.3　用拉出器拆卸

【实习操作】

各校可根据实习工厂的具体情况，组织学生分组进行齿轮轴组件、车床三箱（主轴箱、进给箱、溜板箱）或齿轮变速箱的拆卸，使学生能分析零件的连接方法及基本正确地使用工具，掌握拆卸的顺序和方法。

复习思考题

1. 什么叫拆卸？拆卸的作用如何？
2. 拆卸方法有哪几种？各种方法应用于何种场合？
3. 对拆卸工作有哪些要求？
4. 拆卸时有哪些注意事项？
5. 写一个拆卸实习报告，内容是自己拆卸齿轮轴组件、车床三箱或齿轮变速箱的收获和体会。

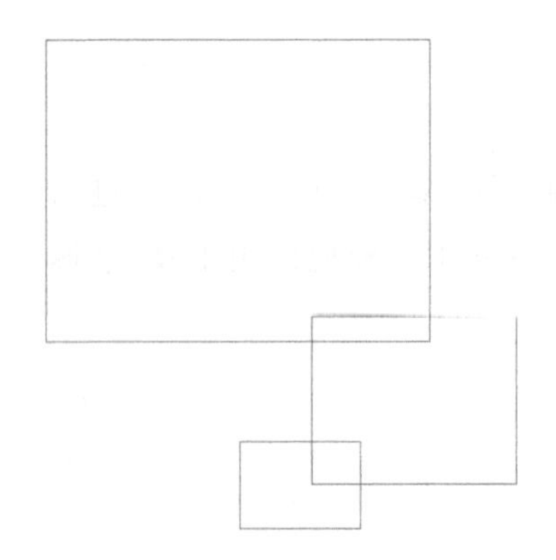

参考文献

［1］孙石山.精密机械加工技术及其发展动向［J］.造纸装备及材料,2021,50(02):91-93.

［2］梁艳丰.特种加工与机械制造工艺技术的变革［J］.南方农机,2020,51(24):83,142.

［3］孙伦业,张新,史德福,等.特种加工工程实训教学模式改革与探索［J］.教育教学论坛,2020(51):196-197.

［4］郭东军,王建波,张竹青,等.特种加工综合项目实训教学探索［J］.实验技术与管理,2020,37(10):207-210.

［5］顾波.激光加工技术及产业的现状与应用发展趋势［J］.金属加工(热加工),2020(10):37-42,47.

［6］胡彦萍.激光内雕技术在工艺品上的应用［J］.机械工程与自动化,2020(03):129-130,135.

［7］傅中明,李德明.激光加工技术在工程机械制造中的应用与发展趋势［J］.金属加工(热加工),2020(06):10-13.

［8］马西宁.激光加工技术的应用现状及发展趋势［J］.电子技术与软件工程,2019(07):104-105.

［9］马富豪.3D 打印技术的发展现状及前景分析［J］.南方农机,2018,49(10):104.

［10］唐洋,陈海锋,刘志强,等.3D 打印技术产业化现状及发展趋势分析［J］.自动化仪表,2018,39(05):12-17.

［11］杨林丰,曹雪璐,罗婕,等.激光内雕加工工程训练项目的建设［J］.机械制造与自动化,2016,45(05):69-71.

［12］赵剑峰,马智勇,谢德巧,等.金属增材制造技术［J］.南京航空航天大学学报,2014,46

(05):675-683.

[13] 张楠,李飞.3D 打印技术的发展与应用对未来产品设计的影响[J].机械设计,2013,30(07):97-99.

[14] 刘伟,李素丽.特种加工技术研究现状及发展趋势[J].广西轻工业,2010,26(08):52-53.

[15] 刘厚才,莫健华,刘海涛.三维打印快速成形技术及其应用[J].机械科学与技术,2008(09):1184-1186,1190.

[16] 鄂大辛.特种加工基础实训教程[M]. 2 版.北京:北京理工大学出版社,2017.

[17] 白基成,刘晋春,郭永丰,等.特种加工[M]. 6 版.北京:机械工业出版社,2014.

[18] 曹凤国.激光加工[M].北京:化学工业出版社,2015.